OEUVRE

D'ARCHIMÈDE,

TRADUITES LITTÉRALEMENT,

AVEC UN COMMENTAIRE,

PAR F. PEYRARD,

Professeur de Mathématiques et d'Astronomie au Lycée Bonaparte;

SUIVIES

D'un Mémoire du Traducteur, sur un nouveau Miroir Ardent, et d'un autre Mémoire de M. DELAMBRE, sur l'Arithmétique des Grecs.

OUVRAGE APPROUVÉ PAR L'INSTITUT ET ADOPTÉ PAR LE GOUVERNEMENT POUR LES BIBLIOTHÈQUES DES LYCÉES.

DÉDIÉ A SA MAJESTÉ L'EMPEREUR ET ROI.

A PARIS,

CHEZ FRANÇOIS BUISSON, LIBRAIRE-ÉDITEUR,
RUE GIT-LE-COEUR, N° 10, ET CI-DEVANT RUE HAUTE-FEUILLE, N° 20.

M DCCC VII.

OEUVRES
D'ARCHIMÈDE.

A SA MAJESTÉ
L'EMPEREUR ET ROI.

SIRE,

JE m'étois imposé la tâche longue et pénible de faire passer dans notre Langue les ŒUVRES D'ARCHIMÈDE, qui n'avoient encore été traduites dans aucune Langue vivante. Ma tâche étant terminée, je ne formois plus qu'un vœu : c'étoit de dédier au plus grand de tous les Guerriers la Traduction des Écrits du plus grand des

Géomètres. *VOTRE MAJESTÉ* daigne en agréer la Dédicace, le plus cher de mes vœux est accompli.

Je suis, avec respect,

SIRE,

DE *VOTRE MAJESTÉ IMPÉRIALE ET ROYALE,*

Le très-humble, très-obéissant et très-fidèle Sujet,

F. PEYRARD.

PRÉFACE.

Archimède naquit 287 ans avant l'ère vulgaire ; il étoit le parent et l'ami du Roi Hiéron, qui gouverna, avec douceur et sagesse, les Syracusains, pendant l'espace de cinquante ans.

Platon et Aristote florissoient dans le siècle précédent. Euclide n'existoit plus., ou du moins il étoit d'une extrême vieillesse, lorsqu'Archimède parut. La naissance d'Apollonius de Perge n'eut lieu qu'environ quarante ans après.

Archimède avoit pour ami intime Conon, dont parle Virgile dans sa troisième Eglogue (*). Conon étant mort, Archimède écrivit à Dosithée la lettre suivante, qui est à la tête de son Traité de la Quadrature de la Parabole :

« Je venois d'apprendre que Conon, le seul de mes amis qui me restoit encore, étoit mort ; je savois que tu étois étroitement lié d'amitié avec lui, et très-versé dans la Géométrie. Profondément affligé de la mort d'un homme qui étoit mon ami et qui avoit dans les sciences Mathématiques une sagacité tout-à-fait admirable, je pris la résolution de t'envoyer, comme je l'aurois fait à lui-même, un théorème de Géométrie, dont personne ne s'étoit encore occupé et qu'enfin j'ai voulu examiner, etc. ».

Archimède continua de correspondre avec Dosithée, et lui adressa tous les Ouvrages qu'il publia dans la suite.

(*) In medio duo signa : Conon, et quis fuit alter ?
  Descripsit radio totum qui gentibus orbem,
  Tempora quæ messor, quæ curvus arator haberet.

La Vie d'Archimède est peu connue. Héraclides l'avoit écrite; mais malheureusement elle n'est point parvenue jusqu'à nous. Ce que nous en savons, nous le devons à Polybe, à Cicéron, à Tite-Live, à Plutarque et à quelques autres Auteurs anciens.

Archimède fit un voyage en Egypte. Ce fut alors qu'il inventa la fameuse vis qui porte son nom, dont les Egyptiens se servirent dans la suite pour répandre et distribuer les eaux du Nil dans les lieux qu'elles ne pouvoient atteindre.

Archimède avoit une ardeur invincible pour l'étude. On raconte de lui que, sans cesse retenu par les charmes de l'étude, il oublioit de boire et de manger. Traîné souvent par force aux bains et aux étuves, il traçoit des figures de Géométrie sur les cendres, et des lignes sur son corps enduit d'essence.

« De quelle ardeur, dit Cicéron, Archimède ne devoit-il pas être enflammé pour l'étude, lui qui, occupé à décrire certaines figures, ne s'apperçut pas même que sa Patrie étoit au pouvoir des Romains (*) »?

Le Roi Hiéron avoit fait remettre à un orfèvre une certaine quantité d'or pour en faire une couronne; mais l'Artiste retint une partie de cet or, et lui substitua un égal poids d'argent. Archimède fut consulté sur le moyen de découvrir la quantité d'argent substituée à l'or. Un jour qu'il étoit aux bains, tout-à-coup se présente à son esprit la solution de ce problème. On dit que transporté

(*) Quem enim ardorem studii censetis fuisse in Archimede, qui dum in pulvere quodam describit attentius, ne patriam quidem captam esse senserit? Cic. *De Finibus*, lib. v.

de joie, il s'élance du bain, et, oubliant qu'il étoit nu, il traverse les rues de Syracuse, en criant : *Je l'ai trouvé, je l'ai trouvé.*

On raconte encore que dans une autre circonstance, il démontra au Roi Hiéron, qu'on pouvoit, avec une force donnée, mouvoir une masse quelque grande qu'elle pût être. Il ajouta même que d'une autre terre il pourroit déranger la nôtre de sa place. Le Roi, étonné, l'invite à faire mouvoir devant lui une grande masse, avec une très-petite force. Il se trouvoit dans le port une galère qui ne pouvoit être tirée à terre qu'à force de peines et de bras ; Archimède y fait placer un grand nombre d'hommes, outre sa charge ordinaire ; il s'assied ensuite à une distance considérable, et, au moyen d'un moufle, attire à lui avec la main, et sans un grand effort, le vaisseau, qui sembloit voguer naturellement sur la surface de la mer. Le Roi frappé d'étonnement, admire la puissance de l'art ; il presse Archimède de lui construire des machines, à l'aide desquelles il puisse à son gré attaquer ou se défendre.

Hiéron ne se servit point des machines que lui construisit Archimède ; car il dut à la fortune et sur-tout à lui-même de passer sa longue vie dans une paix continuelle.

Après la mort d'Hiéron, Hiéronyme, son petit-fils, monta sur le trône. Au lieu d'imiter son aïeul, il affecta de marcher sur les traces de Denis le Tyran. Les Syracusains se soulevèrent et le précipitèrent du trône, après un règne de quelques mois. Hipparque, général des Syracusains, favorisa le parti des Carthaginois. Le Sénat romain chargea Marcellus de s'emparer de Syracuse.

« Tout étant prêt, dit Polybe, les Romains étoient sur

le point d'attaquer les tours. Mais Archimède avoit de son
côté disposé des machines capables de lancer des traits à quelque distance que ce fût. Les ennemis étoient encore loin de la
ville, qu'avec des balistes et des catapultes plus grandes qu'à
l'ordinaire et animées d'une très-grande force, il les perçoit
de tant de traits, qu'ils ne savoient comment les éviter.
Quand les traits passoient au-delà, il avoit de plus petites
catapultes proportionnées à la distance; ce qui causoit une
si grande confusion parmi les Romains, qu'ils ne pouvoient
rien entreprendre. Marcellus, ne sachant quel parti
prendre, fut obligé de faire avancer secrètement ses galères
à la faveur de la nuit. Mais quand elles furent près de
terre et à la portée du trait, Archimède inventa un autre
stratagême contre ceux qui combattoient de leurs vaisseaux; il fit percer des trous dans la muraille, à hauteur d'homme et d'une palme d'ouverture en dehors.
Il plaça en dedans des arbalêtriers et de petits scor-
pions. Par le moyen de ces ouvertures, il atteignoit la
flotte ennemie, et mettoit en défaut toutes ses attaques.
De cette manière, soit que les ennemis fussent éloignés,
ou qu'ils fussent près de terre, non-seulement il rendoit
tous leurs projets inutiles, mais encore il en tuoit une
grande partie. Lorsqu'ils vouloient dresser les sambuques,
des machines disposées le long des murs en dedans, s'éle-
voient sur les forts, et s'avançoient bien loin au-delà.
Beaucoup d'entre elles jetoient des pierres qui ne pesoient
pas moins de dix talens, et d'autres des masses de plomb
d'une égale pesanteur. Quand les sambuques s'approchoient, on tournoit par le moyen d'une corde les becs
de ces machines selon le besoin, et de là on faisoit tomber
sur les sambuques des pierres qui non-seulement brisoient

ces machines, mais encore mettoient les vaisseaux et ceux qui s'y trouvoient dans un extrême péril.

» Il y avoit encore d'autres machines qui dirigeoient des pierres contre les ennemis qui s'avançoient couverts par des claies, et qui se croyoient en sûreté contre les traits lancés des murailles; mais ces pierres tomboient si juste, qu'ils étoient obligés de se retirer de la proue.

» Outre cela, il lançoit une main de fer attachée à une chaîne. Lorsque cette main avoit saisi la proue d'un vaisseau, celui qui conduisoit le bec de la machine abaissoit vers la terre le bout qui étoit en dedans du mur. Quand il avoit dressé le vaisseau sur la poupe, il tenoit immobile pendant quelque temps le bec de la machine, et lâchoit ensuite la main de fer et la chaîne, par le moyen d'une poulie. De cette manière il y avoit des navires qui tomboient sur le côté, d'autres sur le devant, et la plupart tomboient perpendiculairement sur la proue, et étoient submergés. Marcellus étoit dans un très-grand embarras : tous ses projets étoient renversés par les inventions d'Archimède; il faisoit des pertes considérables, et les assiégés se moquoient de tous ses efforts.

» Appius qui avoit éprouvé sur terre les mêmes difficultés, avoit abandonné son entreprise. Quoique son armée fût loin de la ville, elle étoit accablée des pierres et des traits que lançoient les balistes et les catapultes; tant étoit prodigieuse la quantité des traits qui en partoient, et la roideur avec laquelle ils étoient lancés.

» Lorsque les ennemis s'approchoient de la ville, blessés par les traits qu'on lançoit à travers la muraille, ils faisoient des efforts superflus. Si, couverts de leurs boucliers, ils s'avançoient avec impétuosité, ils étoient assommés par les pierres et par les poutres qu'on leur faisoit tomber sur la tête; sans parler des pertes que leur causoient ces mains de fer dont nous avons fait mention plus haut, et qui, en élevant des hommes avec leurs armes, les brisoient ensuite contre terre.

» Appius se retira dans son camp, et assembla le Conseil des Tribuns. On résolut de tenter toutes sortes de moyens pour surprendre Syracuse, à l'exception d'un siége en forme; et cette résolution fut exécutée. Car pendant huit mois qu'ils restèrent devant la ville, il n'y eut sorte de stratagêmes que l'on n'inventât, ni d'actions de valeur que l'on ne fît, à l'assaut près, que l'on n'osa jamais tenter. Telle étoit la puissance d'un seul homme; tel étoit le pouvoir de son génie. Avec des forces de terre et de mer aussi considérables la ville, à la première attaque, tomberoit au pouvoir des Romains, si un seul vieillard n'étoit dans Syracuse. Archimède est dans ses murs, et ils n'osent même pas en approcher ».

Voilà ce que rapporte Polybe : Tite-Live et Plutarque racontent les mêmes choses.

« Lorsque les vaisseaux de Marcellus furent à la portée de l'arc, dit Tzetzès, le vieillard (Archimède) fit approcher un miroir hexagone qu'il avoit fabriqué. Il plaça, à une distance convenable de ce miroir, d'autres miroirs plus petits, qui étoient de la même espèce, et qui se mouvoient à l'aide de leurs charnières et de certaines lames quarrées de métal. Il posa ensuite son miroir au milieu des rayons solaires du midi d'été et d'hiver. Les rayons du soleil étant réfléchis par ce miroir, il s'alluma un horrible incendie dans les vaisseaux, qui furent réduits en cendres à une distance égale à celle de la portée de l'arc.....(*)».

Marcellus désespérant de prendre Syracuse, cessa toute attaque de vive force ; convertit le siége en blocus, et quelque temps après, profitant d'une fête de Diane, fit enfoncer une des portes de la ville, et surprit les Syracusains au milieu des festins et des plaisirs. Tandis que les vainqueurs répandus dans la ville se livrent à toutes sortes d'excès, Archimède, entièrement occupé de figures qu'il avoit tracées, fut tué par un soldat qui ne le connoissoit point. Marcellus déplora la perte d'Archimède ; lui fit donner une sépulture honorable ; ordonna de chercher ses parens et les prit sous sa protection.

Archimède avoit prié ses proches et ses amis de mettre sur son tombeau une sphère inscrite dans un cylindre, et de marquer dans l'inscription les rapports de ces deux figures : ses vœux furent accomplis. Cicéron, étant questeur en Sicile, découvrit son tombeau environné de ronces et d'épines.

« Etant questeur en Sicile, dit Cicéron, je mis tous mes soins à découvrir le tombeau d'Archimède. Les Syracusains affirmoient qu'il n'existoit point. Je le trouvai environné de ronces et d'épines. Je fis cette découverte à l'aide d'une inscription qu'on disoit avoir été gravée sur son monument, et qui indiquoit qu'il étoit surmonté d'une sphère et d'un cylindre. Parcourant des yeux les nombreux tombeaux qui se trouvent vers la porte d'Agragante, j'apperçus une petite colonne qui s'élevoit au-dessus des buissons, dans laquelle se trouvoit la figure d'une sphère et d'un cylindre. Je m'écriai aussitôt, devant les principaux habitans de Syra-

_____

(*) Voyez mon Mémoire sur un nouveau Miroir ardent, pag. 561.

cuse, qui étoient avec moi : voilà, je pense, ce que je cherchois ! Un grand nombre de personnes furent chargées de couper les buissons et de découvrir le monument. Nous nous approchâmes de la colonne. Nous vîmes l'inscription à moitié rongée par le temps. Ainsi la plus noble et jadis la plus docte des cités de la Grèce, ignoreroit encore où est le tombeau du plus illustre de ses citoyens, si un homme d'Arpinum ne le lui avoit appris (*) ».

Voilà tout ce que nous savons de la vie d'Archimède, d'après les anciens Auteurs. Je vais parler à présent de ses écrits et des machines qu'il a inventées.

Beaucoup de personnes croient que les Ouvrages d'Archimède qui sont parvenus jusqu'à nous, sont altérés et tronqués. Ces personnes sont dans l'erreur. Les Ouvrages d'Archimède que nous possédons, c'est-à-dire presque tous les Ouvrages qu'il a composés, ne sont ni altérés ni tronqués. Il faut cependant en excepter son Traité des Corps qui sont portés sur un fluide, que nous ne possédons

---

(*) Cujus (Archimedis) ego Quæstor ignoratum ab Syracusanis, cùm esse omnino negarent, septum undique, vestitum vepribus et dumetis indagavi sepulcrum : tenebam ènim quosdam senariolos, quos in ejus monumento esse inscriptos acceperam : qui declarabant in summo sepulcro sphæram esse positam cum cylindro. Ego autem cùm omnia collustrarem oculis (est enim ad portas Agragianas magna frequentia sepulcrorum), animadverti columellam non multum è dumis eminentem : in qua inerat sphæræ figura, et cylindri. Atque ego statim Syracusanis (erant autem principes mecum) dixi, me illud ipsum arbitrari esse quod quærerem. Immissi cum falcibus multi purgarunt, et aperuerunt locum. Quò cùm patefactus esset aditus, ad adversam basim accessimus. Apparebat epigramma exesis posterioribus partibus versiculorum, dimidiatis ferè. Ita nobilissima Græciæ civitas, quondam verò etiam doctissima, sui civis unius acutissimi monumentum ignorasset, nisi ab homine Arpinate didicisset. Cic. *Tuscul.* lib. v.

plus qu'en latin, et dont les démonstrations de la proposition 8 du premier livre, et de la proposition 2 du second, ont péri en partie par l'injure des temps. Je ne parle pas du livre des Lemmes que nous n'avons qu'en arabe.

Les Ouvrages d'Archimède sont : *De la Sphère et du Cylindre, de la Mesure du Cercle, des Conoïdes et des Sphéroïdes, des Hélices, de l'Équilibre des Plans, de la Quadrature de la Parabole, l'Arénaire, des Corps portés sur un fluide,* et *les Lemmes.*

Je vais mettre sous les yeux du Lecteur les principaux théorèmes qui sont démontrés et les principaux problèmes qui sont résolus dans les Œuvres d'Archimède. Je ne parlerai point d'une foule de théorèmes infiniment précieux, qu'il est obligé de démontrer pour arriver à son but.

DE LA SPHÈRE ET DU CYLINDRE.

LIVRE I.

1. La surface d'un cylindre droit quelconque, la base exceptée, est égale à un cercle dont le rayon est moyen proportionnel entre le côté du cylindre et le diamètre de sa base.

2. La surface d'un cône droit quelconque, la base exceptée, est égale à un cercle dont le rayon est moyen proportionnel entre le côté du cône et le rayon du cercle qui est la base du cône.

3. La surface d'une sphère quelconque est quadruple d'un de ses grands cercles.

4. Une sphère quelconque est quadruple d'un cône qui a

une base égale à un grand cercle de cette sphère, et une hauteur égale au rayon de cette même sphère.

5. Ces choses étant démontrées, il est évident que tout cylindre qui a une base égale à un grand cercle d'une sphère, et une hauteur égale au diamètre de cette sphère, est égal à trois fois la moitié de cette sphère, et que la surface de ce cylindre, les bases étant comprises, est aussi égale à trois fois la moitié de la surface de cette même sphère.

6. La surface d'un segment sphérique quelconque plus petit que la moitié de la sphère, est égale à un cercle qui a pour rayon une droite menée du sommet du segment à la circonférence du cercle qui est à la base du segment.

7. Si le segment est plus grand que la moitié de la sphère, sa surface sera encore égale à un cercle dont le rayon est égal à la droite menée du sommet du segment à la circonférence du cercle qui est la base du segment.

8. Un secteur quelconque d'une sphère est égal à un cône qui a une base égale à la surface du segment sphérique qui est dans le secteur, et une hauteur égale au rayon de cette sphère.

LIVRE II.

1. Un cône ou un cylindre étant donné, trouver une sphère égale à ce cône ou à ce cylindre.

2. Couper une sphère donnée de manière que les segmens aient entre eux une raison donnée.

3. Construire un segment sphérique semblable à un segment sphérique donné, et égal à un autre segment sphérique aussi donné.

4. Etant donnés deux segmens de la même sphère, ou de différentes sphères, trouver un segment sphérique qui soit semblable à l'un des deux, et qui ait une surface égale à celle de l'autre.

5. Retrancher d'une sphère un segment, de manière que la raison de ce segment au cône, qui a la même base et la même hauteur que le segment, soit la même qu'une raison donnée.

DE LA MESURE DU CERCLE.

1. Un cercle quelconque est égal à un triangle rectangle dont un des côtés de l'angle droit est égal au rayon de ce cercle, et dont l'autre côté de l'angle droit est égal à la circonférence de ce même cercle.

2. La circonférence d'un cercle quelconque est égale au triple du diamètre, réuni à une certaine portion du diamètre, qui est plus petite que le septième de ce diamètre et plus grande que les dix soixante-onzièmes de ce même diamètre.

DES CONOÏDES ET DES SPHÉROÏDES (*).

1. Un segment quelconque d'un conoïde parabolique retranché par un plan perpendiculaire sur l'axe, est égal

---

(*) Par conoïdes Archimède entend des solides engendrés par la révolution d'une parabole ou d'une hyperbole tournant sur son axe ; et par sphéroïde il entend des solides engendrés par la révolution d'une ellipse tournant sur son grand ou sur son petit axe.

à trois fois la moitié du cône qui a la même base et le
même axe que ce segment.

2. Si un segment d'un conoïde parabolique est retranché par un plan non perpendiculaire sur l'axe, ce plan
sera parallèlement égal à trois fois la moitié du segment
du cône qui a la même base et le même axe que ce
segment.

3. Si deux segmens d'un conoïde parabolique sont retranchés par deux plans, dont l'un soit perpendiculaire sur
l'axe et dont l'autre ne lui soit pas perpendiculaire, et si
les axes des segmens sont égaux, ces segmens seront égaux
entre eux.

4. Si deux segmens d'un conoïde parabolique sont retranchés par un plan conduit d'une manière quelconque,
ces segmens sont entre eux comme les quarrés de leurs axes.

5. Un segment d'un conoïde hyperbolique retranché
par un plan perpendiculaire sur l'axe, est à un cône qui
a la même base et le même axe que ce segment, comme
une droite composée de l'axe du segment et du triple de
la droite ajoutée à l'axe est à une droite composée de
l'axe du segment et du double de la droite ajoutée à
l'axe (*).

6. Si un segment d'un conoïde hyperbolique est retranché par un plan non perpendiculaire sur l'axe, le segment du conoïde sera au segment du cône qui a la même
base et le même axe que le segment, comme une droite
composée de l'axe du segment, et du triple de la droite

(*) L'ajoutée à l'axe est la droite comprise entre le sommet du conoïde et
le sommet du cône dont la surface est engendrée par les asymptotes; c'est ce
que nous appelons la moitié du premier axe.

ajoutée à l'axe est à une droite composée de l'axe du segment, et du double de la droite ajoutée à l'axe.

7. La moitié d'un sphéroïde quelconque coupé par un
plan conduit par le centre et perpendiculaire sur l'axe,
est double du cône qui a la même base et le même axe
que le segment.

8. Si un sphéroïde quelconque est coupé par un plan
conduit par le centre et non perpendiculaire sur l'axe,
la moitié du sphéroïde sera encore double d'un segment
de cône qui aura la même base et le même axe que le
segment.

9. Le segment d'un sphéroïde quelconque coupé par un
plan perpendiculaire sur l'axe qui ne passe pas par le
centre, est au cône qui a la même base et le même axe
que ce segment, comme une droite composée de la moitié
de l'axe du sphéroïde, et de l'axe du plus grand segment
est à l'axe du plus grand segment.

10. Si un sphéroïde est coupé par un plan qui ne passe
pas par le centre et qui ne soit pas perpendiculaire sur
l'axe, le plus petit segment sera au segment de cône qui
a la même base et le même axe que le segment, comme
une droite composée de la moitié de la droite qui joint
les sommets des segmens qui sont produits par le plan
coupant et de l'axe du petit segment est à l'axe du grand
segment.

11. Le grand segment d'un sphéroïde quelconque coupé
non par son centre par un plan perpendiculaire sur l'axe,
est au cône qui a la même base et le même axe que ce
segment, comme une droite composée de la moitié de
l'axe du sphéroïde et de l'axe du petit segment est à l'axe
du petit segment.

12. Si un sphéroïde est coupé par un plan qui ne passe pas par le centre et qui ne soit pas perpendiculaire sur l'axe, le plus grand segment du sphéroïde sera au segment de cône qui a la même base et le même axe que lui, comme une droite composée de la moitié de la droite qui joint les sommets des segmens qui ont été produits par cette section, et de l'axe du petit segment est à l'axe du petit segment.

DES HÉLICES.

1. Si une ligne droite, une de ses extrémités restant immobile, tourne dans un plan avec une vîtesse uniforme jusqu'à ce qu'elle soit revenue au même endroit d'où elle avoit commencé à se mouvoir, et si un point se meut avec une vîtesse uniforme dans la ligne qui tourne, en partant de l'extrémité immobile, ce point décrira une hélice dans un plan; la surface qui est comprise par l'hélice, et par la ligne droite revenue au même endroit d'où elle avoit commencé à se mouvoir, est la troisième partie d'un cercle qui a pour centre le point immobile, et pour rayon la partie de la ligne droite qui a été parcourue par le point dans une seule révolution de la droite.

2. Si une droite touche l'hélice à son extrémité dernière engendrée, et si de l'extrémité immobile de la ligne droite qui a tourné et qui est revenue au même endroit d'où elle étoit partie, on mène sur cette ligne une perpendiculaire qui coupe la tangente; cette perpendiculaire sera égale à la circonférence du cercle.

3. Si la ligne droite qui a tourné et le point qui s'est

mu dans cette ligne continuent à se mouvoir en réitérant leurs révolutions, et en revenant au même endroit d'où ils avoient commencé à se mouvoir; la surface comprise par l'hélice de la troisième révolution est double de la surface comprise par l'hélice de la seconde; la surface comprise par l'hélice de la quatrième est triple; la surface comprise par l'hélice de la cinquième est quadruple; et enfin les surfaces comprises par les hélices des révolutions suivantes sont égales à la surface comprise par l'hélice de la seconde révolution multipliée par les nombres qui suivent ceux dont nous venons de parler. La surface comprise par l'hélice de la première révolution est la sixième partie de la surface comprise par l'hélice de la seconde.

4. Si l'on prend deux points dans une hélice décrite dans une seule révolution, si de ces points on mène des droites à l'extrémité immobile de la ligne qui a tourné, si l'on décrit deux cercles qui aient pour centre le point immobile et pour rayons les droites menées à l'extrémité immobile de la ligne qui a tourné, et si l'on prolonge la plus petite de ces droites; la surface comprise tant par la portion de la circonférence du plus grand cercle, qui est sur la même hélice entre ces deux droites, que par l'hélice et par le prolongement de la plus petite droite, est à la surface comprise tant par la portion de la circonférence du plus petit cercle, que par la même hélice et par la droite qui joint les extrémités, comme le rayon du petit cercle, conjointement avec les deux tiers de l'excès du rayon du plus grand cercle sur le rayon du plus petit est au rayon du plus petit cercle, conjointement avec le tiers de l'excès dont nous venons de parler.

DE L'ÉQUILIBRE DES PLANS.

LIVRE I.

1. Des grandeurs commensurables sont en équilibre, lorsqu'elles sont réciproquement proportionnelles aux longueurs auxquelles ces grandeurs sont suspendues.

2. Des grandeurs incommensurables sont en équilibre, lorsque ces grandeurs sont réciproquement proportionnelles aux longueurs auxquelles ces grandeurs sont suspendues.

3. Si d'une grandeur quelconque, on retranche une certaine grandeur qui n'ait pas le même centre de gravité que la grandeur entière, pour avoir le centre de gravité de la grandeur restante, il faut prolonger, vers le côté où est le centre de gravité de la grandeur entière, la droite qui joint le centre de gravité de la grandeur totale et de la grandeur retranchée; prendre ensuite sur le prolongement de la droite qui joint les centres de gravité dont nous venons de parler, une droite qui soit à la droite qui joint les centres de gravité comme la pesanteur de la grandeur retranchée est à la pesanteur de la grandeur restante, le centre de gravité de la grandeur restante sera l'extrémité de la droite prise sur le prolongement.

4. Le centre de gravité d'un parallélogramme est le point où les deux diagonales se rencontrent.

5. Le centre de gravité d'un triangle quelconque est le point où se coupent mutuellement des droites menées des angles du triangle aux milieux des côtés.

6. Le centre de gravité d'un trapèze quelconque, ayant

deux côtés parallèles, est dans la droite qui joint les milieux des deux côtés parallèles, partagée de manière que la partie placée vers le point où le plus petit des côtés parallèles est partagé en deux parties égales, soit à l'autre partie comme le double du plus grand des côtés parallèles, conjointement avec le plus petit est au double du plus petit, conjointement avec le plus grand.

LIVRE II.

1: Le centre de gravité d'un segment compris par une droite et par une parabole, partage le diamètre, de manière que la partie qui est vers le sommet est égale à trois fois la moitié de la partie qui est vers la base.

2. Le centre de gravité d'un segment retranché d'une surface parabolique est dans la ligne droite qui est le diamètre du segment partagé en cinq parties égales ; et il est placé dans la partie du milieu, coupée de manière que la portion qui est plus près de la plus petite base dn segment, soit à l'autre portion comme un solide ayant pour base le quarré construit sur la moitié de la grande base du segment, et pour hauteur le double de la plus petite base, conjointement avec la plus grande, est à un solide ayant pour base le quarré construit sur la moitié de la plus petite base du segment et pour hauteur le double de la plus grande base du segment, conjointement avec la plus petite base du segment.

DE LA QUADRATURE DE LA PARABOLE.

Un segment quelconque compris par une droite et par une parabole, est égal à quatre fois le tiers d'un triangle qui a la même base et la même hauteur que ce segment.

L'ARÉNAIRE.

Dans ce livre, adressé à Gélon, qui étoit fils d'Hiéron et qui mourut quelques mois avant son père, Archimède fait voir que le nombre des grains de sable contenus dans la sphère des étoiles fixes, seroit au-dessous de 1 suivi de 63 zéros, le diamètre des étoiles fixes étant de 10,000,000,000 stades; la stade étant de 10,000 doigts, et une sphère dont seroit la quarantième partie d'un doigt, contenant 64,000 grains de sable.

Ce livre est infiniment intéressant. Archimède expose le système du monde imaginé par Aristarque, qui est le même que celui de Copernic. Il donne un moyen fort ingénieux pour prendre le diamètre apparent du soleil. Pour faire ses calculs, il a imaginé un système de numération qui est à peu de chose près le même que le nôtre; il se sert de deux progressions, l'une arithmétique, l'autre géométrique. Le premier terme de la première progression est zéro, et la différence est un; le premier terme de la progression géométrique un et la raison dix. C'est la comparaison de ces deux progressions qui nous ont menés à la découverte des logarithmes.

DES CORPS PORTÉS SUR UN FLUIDE.

LIVRE I.

1. Si un corps qui, sous un volume égal, à la même pesanteur qu'un fluide, est abandonné dans ce fluide, il s'y plongera jusqu'à ce qu'il n'en reste rien hors de la surface du fluide; mais il ne descendra point plus bas.

2. Si un corps plus léger qu'un fluide est abandonné dans ce fluide, une partie de ce corps restera au-dessus de la surface de ce fluide.

3. Si un corps plus léger qu'un fluide est abandonné dans ce fluide, il s'y enfoncera jusqu'à ce qu'un volume de liquide égal au volume de la partie du corps qui est enfoncé ait la même pesanteur que le corps entier.

4. Si un corps plus léger qu'un fluide est enfoncé dans ce fluide, ce corps remontera avec une force d'autant plus grande, qu'un volume égal du fluide sera plus pesant que ce corps.

5. Si un corps plus pesant qu'un fluide est abandonné dans ce fluide, il sera porté en bas jusqu'à ce qu'il soit au fond; et ce corps sera d'autant plus léger dans ce fluide, que la pesanteur d'une partie du fluide, ayant le même volume que ce corps, sera plus grande.

6. Si une grandeur solide qui est plus légère qu'un fluide, et qui a la figure d'un segment sphérique, est abandonnée dans un fluide, de manière que la base du segment ne touche point le fluide, le segment sphérique se placera de manière que l'axe du segment ait une position verticale. Si l'on incline le segment de manière

d

que la base du segment touche le fluide, il ne restera point incliné, s'il est abandonné à lui-même, et son axe reprendra une position verticale.

7. Si un segment sphérique plus léger qu'un fluide est abandonné dans ce fluide, de manière que la base entière soit dans le fluide, il se placera de manière que l'axe du segment ait une position verticale.

LIVRE II.

Archimède détermine dans ce livre les différentes positions que doit prendre un conoïde plongé dans un fluide suivant les différens rapports de l'axe au paramètre, et suivant les différens rapports des pesanteurs spécifiques du conoïde et du fluide.

LEMMES.

Ce livre renferme plusieurs théorêmes et plusieurs problèmes très-curieux, et utiles à l'analyse géométrique.

Tels sont les théorêmes qu'Archimède a démontrés, et les problèmes qu'il a résolus. Aucun de ces théorêmes n'avoit été démontré, aucun de ces problèmes n'avoit été résolu avant lui. Bien différent en cela d'Euclide et d'Apollonius, qui n'ont guère fait que rassembler en corps de doctrine des matériaux épars; mais qui l'ont fait d'une manière admirable.

Archimède, pour démontrer ces théorêmes et pour

résoudre ces problêmes, n'a employé que la Géométrie élémentaire, et les trois principes suivans :

1. Deux lignes qui sont dans un plan, et qui ont les mêmes extrémités, sont inégales, lorsqu'elles sont l'une et l'autre concaves du même côté, et que l'une est comprise toute entière par l'autre et par la droite qui a les mêmes extrémités que cette autre, ou bien lorsque l'une n'est comprise qu'en partie et que le reste est commun : la ligne comprise est la plus courte.

2. Pareillement lorsque des surfaces ont les mêmes limites dans un plan, la surface plane est la plus petite.

3. Deux surfaces, qui ont les mêmes limites dans un plan, sont inégales, lorsqu'elles sont l'une et l'autre concaves du même côté, et que l'une est comprise toute entière par l'autre et par le plan qui a les mêmes limites que cette autre; ou bien lorsque l'une n'est comprise qu'en partie et que le reste est commun : la surface comprise est la plus petite.

C'est à l'aide de ces trois principes, dont personne n'avoit encore fait usage, qu'Archimède fit faire à la Géométrie des progrès dont toute l'antiquité fut étonnée, et qui excitent encore aujourd'hui toute notre admiration. Sans ces trois principes, il lui eût été impossible de faire aucune de ses sublimes découvertes, à moïns qu'il n'eût fait usage de la considération de l'infini; c'est-à-dire, à moins qu'il n'eût regardé une courbe comme étant un assemblage d'une infinité de lignes droites, et un solide de révolution comme étant un polyèdre terminé par une infinité de surfaces plânes, ou comme étant un assemblage d'une infinité de troncs de cône. Mais les Anciens étoient loin d'admettre de semblables suppositions, et aujourd'hui même on commence à ne vouloir plus les admettre, du moins dans les élémens de Mathématiques.

Archimède n'a point cherché à démontrer les trois principes dont il a fait usage, parce qu'il est impossible de les démontrer, quand on ne veut pas faire usage de la considération de l'infini. Cependant Eutocius et dans la suite plusieurs autres Géomètres l'ont tenté, mais en vain. Pour démontrer, par exemple, que la somme de deux tangentes est plus petite que l'arc de cercle qu'elles embrassent, ces Géomètres font le raisonnement suivant : Partageons l'arc en deux parties égales, et par le point de division menons une tangente; partageons les nouveaux arcs chacun en deux parties égales, et par les points de division menons de nouvelles tangentes, et ainsi de suite, jusqu'à ce que l'arc soit divisé en une infinité de parties égales. La somme des deux tangentes est plus grande que le contour de la portion du polygone régulier premièrement circonscrit ; le contour de la portion de polygone régulier premièrement circonscrit est plus grand que le contour de la portion de polygone secondement circonscrit ; et enfin le contour de la portion du polygone régulier qui a été circonscrit l'avant-dernier, est plus grand que le contour de la portion du polygone régulier circonscrit en dernier lieu ; donc la somme des deux premières tangentes est plus grande que le contour de la portion de polygone régulier circonscrit en dernier lieu. Mais le contour de la portion du polygone régulier circonscrit en dernier lieu, est égal à l'arc entier, parce que la portion d'un polygone régulier d'une infinité de côtés, est égale à l'arc auquel il est circonscrit. Donc la somme des deux premières tangentes est plus grande que l'arc entier.

Pour que cette conclusion fût légitime, il faudroit qu'ils démontrassent encore que là somme de deux tangentes menées en dernier lieu est plus grande que l'arc qu'elles embrassent; c'est-à-dire qu'ils n'ont encore rien démontré pour ceux qui bannissent de la Géométrie l'usage de la considération de l'infini.

. Plusieurs Géomètres pensent que la partie des élémens d'Euclide qui regarde les corps ronds est incomplète : c'est une erreur. Tout ce qu'on regrette de ne pas trouver dans Euclide, relativement à ces corps, ne peut se démontrer qu'à l'aide des trois principes posés par Archimède.

En faisant usage de la considération à l'infini, et à l'aide des nouveaux calculs, on démontreroit beaucoup plus facilement les sublimes découvertes d'Archimède.

Pour démontrer, par exemple, qu'un cercle est égal à un triangle rectangle dont un des côtés de l'angle droit est égal au rayon, et dont l'autre côté de l'angle droit est égal à la circonférence, Archimède est forcé de faire usage d'une démonstration indirecte. Il démontre qu'il est impossible que le cercle soit plus grand que ce triangle ; il démontre ensuite qu'il est impossible qu'il soit plus petit, et il conclut que le cercle est égal à ce triangle. La démonstration d'Archimède est sans réplique, mais elle est indirecte, et cela ne pouvoit être autrement.

En faisant usage de la considération de l'infini, on se contente de dire : Circonscrivons au cercle un polygone régulier d'une infinité de côtés; ce polygone sera égal à un triangle rectangle, dont un des côtés de l'angle droit sera égal au rayon, et dont l'autre côté de l'angle droit sera égal au contour de ce polygone. Mais un polygone régulier d'une infinité de côtés circonscrit à un cercle est égal

à ce cercle; donc le cercle est égal au triangle. Cette démonstration est simple et facile; mais est-elle sans réplique? mais satisfait-elle l'esprit? Non, certes. Cette seconde manière de raisonner est fondée sur ce principe :
deux quantités qui ne diffèrent qu'infiniment peu l'une
de l'autre sont égales entr'elles. L'esprit repousse ce principe; il lui est impossible de reconnoître que deux choses
soient égales, quand l'une est plus grande que l'autre. Il
sent qu'un cercle ne sauroit être égal à un polygone qui
lui est circonscrit.

Sans doute les démonstrations d'Archimède sont plus
longues, sont moins faciles qu'elles ne l'auroient été s'il
avoit fait usage de la considération de l'infini et s'il avoit
employé les nouveaux calculs; mais aussi elles sont sans
réplique; elles satisfont pleinement l'esprit. Aristote dit
que la tâche du Géomètre est de démontrer sans réplique;
Archimède a rempli sa tâche aussi bien qu'Euclide.

Ceux qui desirent faire des progrès véritablement solides dans les sciences mathématiques; ceux qui veulent
que leur esprit soit doué d'une grande force et d'une grande
exactitude, qu'il ait la capacité d'appercevoir à-la-fois
clairement et distinctement un grand nombre d'objets et
les rapports qu'ils ont entr'eux; ceux-là doivent lire et
méditer Archimède. Archimède est l'Homère des Géomètres.

On lui a reproché de faire souvent usage de démonstrations indirectes. Archimède ne les emploie que lorsqu'il y est forcé; et il y est forcé dans tous les théorèmes,
qui ne pourroient se démontrer directement qu'en faisant
usage de la considération de l'infini.

Archimède n'est véritablement difficile que pour ceux

à qui les méthodes des Anciens ne sont point familières ;
il est clair et facile à suivre pour ceux qui les ont étudiées.
J'avoue cependant qu'il y a quelques-unes de ses démonstrations, et sur-tout la démonstration de la proposition 9
de l'Equilibre des Plans, qu'on ne peut suivre qu'avec la
plus grande contention d'esprit. Il est aussi quelquefois
obscur, parce que souvent il franchit des idées intermédiaires. Au reste, voici comment Plutarque s'explique sur
cette prétendue obscurité que les Modernes lui reprochent.

« On ne sauroit trouver dans toute la Géométrie de
théorêmes plus difficiles et plus profonds que ceux d'Archimède, et cependant ils sont démontrés de la manière la plus
simple et la plus claire. Les uns attribuent cette clarté à
un esprit lumineux ; d'autres l'attribuent à un travail
opiniâtre, qui donne un air aisé aux choses les plus difficiles. Il seroit impossible de trouver, selon moi, la démonstration d'un théorême d'Archimède ; mais lorsqu'on
l'a lue, on croit qu'on l'auroit trouvée sans peine, tant est
facile et court le chemin qui conduit à ce qu'il veut démontrer ». *Plutarque, Vie de Marcellus.*

Galilée, qui étoit pénétré d'admiration pour les Écrits
d'Archimède, enchérit encore sur les expressions de
Plutarque.

Quoique j'aie dit plus haut que les Ouvrages d'Archimède n'étoient difficiles que pour ceux à qui les méthodes des Anciens n'étoient pas familières, je ne partage point cependant l'opinion de Plutarque et de Galilée. Je me garderai bien de dire, par exemple, que
les démonstrations d'Archimède sont aussi faciles que
celles d'Euclide et d'Apollonius.

Voilà ce que j'avois à dire sur les Ecrits d'Archimède,

dont je publie la Traduction accompagnée d'un Commentaire. J'ai fait tous mes efforts pour que ma Traduction fût fidèle, et même mot à mot, quand le génie de notre langue me l'a permis. Dans mon Commentaire, je cherche à éclaircir les endroits difficiles ; je supplée aux idées intermédiaires que j'ai crues nécessaires pour rendre le sens plus clair, et je démontre plusieurs théorèmes sur lesquels Archimède s'appuie et dont les démonstrations n'existent plus, parce que les Ouvrages où elles se trouvoient ne sont point parvenus jusqu'à nous.

Lorsque mon travail fut terminé, je le livrai à l'examen des Commissaires de l'Institut, MM. Lagrange et Delambre. M. Delambre eut la complaisance de comparer mon Manuscrit avec le Texte grec, et de faire des notes marginales. La Classe des Sciences physiques et mathématiques ayant approuvé mon Ouvrage, je le revis avec le plus grand soin, avant de le livrer à l'impression. M. Delambre a vu toutes les épreuves, il les a comparées scrupuleusement avec le Texte grec, et il m'a fait part de ses observations.

Ma Traduction sort des presses de M. Crapelet, ainsi que je l'avois annoncé dans mon Prospectus. Les Figures devoient être placées à la fin de l'Ouvrage ; M. Buisson, Libraire-Editeur, a bien voulu qu'elles fussent mises dans le Texte, et répétées autant de fois que le demande la démonstration ; il a consenti volontiers à se charger encore des frais énormes occasionnés par ce changement. Ces Figures ont été calculées avec toute la rigueur possible. Elles ont été dessinées sur bois par M. Gaucher, un des plus habiles Dessinateurs pour le trait. M. Duplat, un des meilleurs Graveurs sur bois que la France possède, a été chargé de la gravure.

Il me reste encore à parler des machines inventées par Archimède.

Les Anciens lui attribuoient quarante inventions mécaniques ; mais on n'en trouve plus que quelques-unes indiquées obscurément par les auteurs. La plupart de ces inventions nous sont inconnues, parce qu'il dédaigna d'en donner la description. Archimède, dit Plutarque dans la vie de Marcellus, avoit un esprit si profond, un génie si élevé ; il possédoit de si grandes connoissances dans la théorie, qu'il ne voulut jamais rien laisser par écrit sur ses inventions mécaniques, qui lui avoient acquis tant de gloire, et qui lui avoient fait attribuer, non une science humaine, mais une intelligence divine.

Des quarante inventions d'Archimède, on ne cite plus aujourd'hui que son Miroir ardent ; la vis qui porte son nom ; sa sphère ; son invention appelée *loculus*. La vis sans fin et la multiplication des poulies passent aussi pour des inventions d'Archimède.

Quant à son Miroir ardent, voyez ce que je dis dans mon Mémoire. Je ne ferai point la description de sa vis inclinée ; elle est connue de tout le monde. Son mécanisme consiste en ce que la pesanteur, qui fait naturellement descendre un corps, est employée seule dans cette machine pour le faire monter, l'eau ne montant à l'aide de la vis que parce qu'elle descend à chaque instant par son propre poids dans cette vis. Ce qui a fait dire à Galilée : *La quale inventione non solo è maravigliosa, ma è miracolosa.*

Qu'on se garde bien de croire que la vis d'Archimède n'est qu'une invention curieuse : cette invention est au contraire capable de produire les plus grands effets. Près de Furnes, il y avoit un étang de près de deux lieues quarrées, dont le fond, dans une grande partie, étoit à six pieds et demi au-dessous du niveau de la basse mer. Des sommes immenses avoient été employées, mais inutilement, pour le dessécher. Des terres couvertes de riches moissons et des habitations nombreuses ont remplacé cet étang. Une vis d'Archimède et deux moulins à palette, mus par le vent, ont opéré toutes ces merveilles. Voyez les deux lettres que M. Alphonse Leroy fils m'a fait l'honneur de m'écrire, et qui se trouvoient dans le *Moniteur* du 22 octobre 1806 et du 12 novembre même année.

La sphère d'Archimède, qui représentoit les mouvemens des astres étoit fameuse chez les Anciens.

Cum Archimedes lunæ, solis, quinque errantium motus in sphæra illigavit, efficit idem quod ille, qui in timæo mundum ædificavit Platonis Deus, ut tarditate et celeritate dissimillimos motus una regeret conversio. Cic. Tusc. quæst. lib. 1.

An Archimedes Siculus concavo ære similitudinem mundi ac figuram potuit machinari, in quo ita solem ac lunam composuit, ut inæquales motus ac cælestibus similes conversionibus singulis quasi diebus efficerent : et non modo accessus solis et recessus, vel incrementa diminutionesque lunæ, verum etiam stellarum vel inerrantium, vel vagarum dispares cursus orbis ille dum vertitur, exhiberet? Lactantius. Divin. inst. lib. 2, cap. 5.

Sans doute qu'Archimède faisoit plus de cas de sa sphère que de ses autres inventions, puisque c'est la seule dont il avoit laissé une description qui malheureusement ne nous est pas parvenue.

Il seroit difficile de se faire une idée de l'invention

appelée *loculus*. Cette invention semble n'être d'aucune importance ; sans doute on a eu tort de l'attribuer à Archimède. Au reste , voici la description que nous en donne Fortunatianus.

Nam si loculus illa Archimedeus quatuordecim eboreas lamellas, quarum anguli varii sunt, in quadratam formam inclusas habens, componentibus nobis aliter atque aliter, modò galeam, modò sicam., aliàs navem, aliàs columnam figurat, et innumerabiles efficit species, solebatque nobis pueris hic loculus ad confirmandam memoriam, plurimum prodesse, quantò majorem potest nobis afferre voluptatem; quantoque pleniorem utilitatem, etc. Gramm. vet. p. 2684.

Avant de finir , je dois parler des Traducteurs et Commentateurs d'Archimède.

Nicolas Tartalea traduisit du grec en latin, et publia à Venise, en 1543, les ouvrages suivans d'Archimède :

1°. *De Centris gravium valde planis æque repentibus.*

2°. *Quadratura Parabolæ.*

3°. *De insidentibus aquæ, liber primus.*

En 1555 , les deux livres *De insidentibus aquæ* parurent à Venise. M. Montucla est dans l'erreur lorsqu'il dit dans son Histoire des Mathématiques, que ces deux livres d'Archimède ont été traduits d'après un manuscrit arabe. Tartalea les a traduits d'après un manuscrit grec , comme il le déclare dans sa préface (1). Peut-être le manuscrit grec

_____

(1) Cum sorte quadam ad manus meas pervenissent fracti , et qui vix legi poterant quidam libri manu græcâ scripti illius celeberrimi philosophi Archimedis , omnem operam , omne studium, et curam adhibui ut in nostram linguam quæ partes eorum legi poterant, converterentur, etc.

existe-t-il encore enfoui dans quelque bibliothèque. J'invite tous les bibliothécaires de l'Europe à s'assurer s'ils ne posséderoient pas ce précieux manuscrit.

En 1545 parut à Bâle une édition des Œuvres d'Archimède, avec la traduction latine de Jean de Cremone, et revue par Jean Regiomontan. Cette édition ne renferme ni les deux livres *De insidentibus in fluido*, ni les Lemmes. On a joint à cette édition le Commentaire d'Eutocius, grec et latin.

En 1558, Fréd. Commandin publia à Venise, avec des Commentaires justement estimés, une excellente Traduction des livres suivans d'Archimède.

1°. *Circuli dimensio.*

2°. *De Lineis spiralibus.*

3°. *Quadratura Paraboles.*

4°. *De Conoïdibus et Sphæroïdibus.*

5°. *De numero Arenæ.*

En 1565, Fréd. Commandin publia à Boulogne les deux livres intitulés : *De iis quæ vehuntur in aquâ*, revus, corrigés, et accompagnés d'un excellent Commentaire.

En 1615 parut l'ouvrage de Revault intitulé : *Archimedis opera quæ extant novis demonstrationibus commentariisque illustrata.* Les définitions, les énoncés des propositions, l'Arénaire et les épitres, sont les seules choses d'Archimède que renferme cette édition : le reste est de Revault. Son ouvrage lui valut le surnom d'*Infelix Commentator.*

En 1657, Greaves et Foster publièrent une Traduction latine des Lemmes. Ils traduisirent ce livre d'après l'arabe.

En 1661, Borelli publia une traduction latine du même ouvrage, avec un Commentaire.

En 1675 parut l'Archimède abrégé de Barrow.

En 1681 parut l'Archimède de Fr. Maurolicus. Cet ouvrage n'est qu'une paraphrase d'Archimède, mais une paraphrase très-estimée. Cet ouvrage avoit paru en 1570. Mais toute l'édition périt par un naufrage, excepté un ou deux exemplaires.

En 1699, Wallis donna une Traduction latine de la Mesure du Cercle et de l'Arénaire.

Enfin, en 1792 parut à Oxfort l'Archimède grec et latin de Torelli. La version latine est littérale et élégante tout à-la-fois. Les variantes qui sont au bas des pages et à la fin du volume sont infiniment précieuses.

On desireroit que le format ne fût point un grand in-folio pour la commodité du lecteur. Les figures, très-bien gravées, sont dans le texte, mais elles ne sont point répétées lorsque l'on tourne le feuillet, ce qui en rend la lecture fatigante, et fait perdre le fil de la démonstration.

———————

Lorsque la Classe des Sciences physiques et mathématiques approuva ma Traduction de la Géométrie d'Euclide, plusieurs Membres témoignèrent leurs regrets de ce que je ne publiois point la Traduction complète de ses Œuvres; et lorsque cette même Classe approuva ma Traduction d'Archimède, elle m'invita à donner celle d'Apollonius. Le double vœu de la Classe sera rempli.

Aussitôt que mon Archimède aura paru, je m'occuperai de la publication d'une Traduction complète des Œuvres d'Euclide. Elle sera sous presse avant la fin de l'année. Cette Traduction renfermera deux volumes in-4°.; les figures seront dans le texte comme dans ma Traduction d'Archimède. Pendant qu'on imprimera Euclide, je m'occuperai de la Traduction d'Apollonius.

M. Thévenot, homme très-versé dans les langues anciennes, et très-bon Géomètre, qui s'est occupé par goût de l'Arithmétique transcendante, a bien voulu, à mon invitation, se charger de la Traduction de Diophante, qui sera accompagnée d'un Commentaire. De cette manière, le public jouira enfin des Traductions des quatre grands Géomètres de l'antiquité.

AVIS AU LECTEUR.

Les dénominations suivantes sont fréquemment employées par Archimède :

Soit la proportion géométrique $a : b :: c : d$, on aura :

Par permutation......... $a : c :: b : d.$

Par inversion............ $b : a :: d : c$, ou $d : c :: b : a.$

Par addition .... $a + b : b :: c + d : d.$

Par soustraction........ $a - b : b :: c - d : d.$

Par conversion.......... $a : a - b :: c : c - d.$

Soient les deux proportions géométriques :

$$a : b :: c : d.$$
$$b : f :: d : g.$$

On a par raison d'égalité :

$$a : f :: c : g.$$

Soient les deux proportions géométriques :

$$a : b :: c : d.$$
$$b : f :: g : c.$$

On aura par raison d'égalité dans la proportion troublée :

$$a : f :: g : d.$$

Soient les deux raisons géométriques inégales :

$$a : b > c : d, \text{ on a :}$$

Par permutation......... $a : c > b : d.$

Par inversion............ $b : a < c : d.$

Par addition .... $a + b : b > c + d : d.$

Par soustraction........ $a - b : b > c - d : d.$

Par conversion......... $a : a - b < c : c - d.$

Il en seroit de même si l'on avoit :

$$a : b < c : d.$$

Les lettres grecques ayant été employées dans les figures, je les place ici avec leurs noms et leurs valeurs, en faveur de ceux qui ne savent pas cette langue.

LETTRES GRECQUES.	LEURS NOMS.	LEURS VALEURS.
A α	alpha	A.
B ϐ	bèta	B.
Γ γ	gamma	G.
Δ δ	delta	D.
E ε	epsilon	E *bref*.
Z ζ	zèta	Z.
H η	êta	E *long*.
Θ θ	thêta	TH.
I ι	iôta	I.
K κ	cappa	K.
Λ λ	lambda	L.
M μ	mu	M.
N ν	nu	N.
Ξ ξ	xi	X.
O ο	omicron	O *bref*.
Π π	pi	P.
P ρ	rho	R.
Σ σ	sigma	S.
T τ	tau	T.
Υ υ	upsilon	U.
Φ φ	phi	PH.
X χ	chi	CH.
Ψ ψ	psi	PS.
Ω ω	oméga	O *long*.
ϛ	ΣT	ST.
ц	ΤI	UI.

RAPPORT

Fait à l'Institut national, Classe des Sciences physiques et mathématiques, par MM. Lagrange et Delambre, sur la traduction des Œuvres d'Archimède.

L<small>A</small> Classe, en approuvant la traduction d'Euclide, avoit invité l'Auteur (M. Peyrard) à terminer celle des Œuvres d'Archimède, qu'il avoit dès-lors entreprise. Ce travail est achevé. Nous l'avons comparé avec le texte original, et ce sont les résultats de cet examen que nous allons soumettre au jugement de la Classe.

Archimède a conservé la réputation de l'un des génies les plus étonnans, et de l'une des têtes les plus fortes qui se soit jamais appliquée aux Mathématiques. Aucun Géomètre ancien ne s'est fait connoître par des découvertes plus nombreuses et plus importantes ; mais , malgré tant de renommée, il compte aujourd'hui peu de lecteurs. La principale raison en est , sans doute , l'invention des nouveaux calculs.

Malgré l'avantage des nouvelles méthodes, malgré leur certitude qui n'est plus contestée par les admirateurs même les plus outrés des Anciens, il n'est pas de Géomètre qui ne doive être curieux de voir par quelle adresse et quelle profondeur de méditation, la Géométrie élémentaire a pu s'élever jusqu'à des vérités si difficiles ; comment, par exemple, Archimède a pu trouver et démontrer, de deux manières absolument indépendantes l'une de l'autre, la Quadrature de la Parabole ; comment il a su déterminer. le centre de gravité d'un secteur parabolique quelconque, et la position que doit prendre, en vertu de la gravité, un paraboloïde abandonné à lui-même dans un liquide spécifiquement plus pesant. Ses Traités des Spirales, des

f

Conoïdes et des Sphéroïdes, de la Sphère et du Cylindre, brillent
par-tout de ce même génie d'invention, qui crée des ressources proportionnées aux difficultés, et parvient ainsi à les surmonter heureusement. L'Arénaire même, quoiqu'il ait en apparence un but plus fri-
vole, n'est pas moins recommandable, soit par des expériences faites
avec autant d'adresse que de sagacité, pour mesurer le diamètre du
soleil, soit par des efforts très-ingénieux pour suppléer à l'imperfection de l'arithmétique des Grecs, qui n'avoient ni figures, ni noms
pour exprimer les nombres au-dessus de cent millions.

Le systême qu'il imagine pour écrire et dénommer un nombre quelconque, porte sur un principe bien peu différent de l'idée fondamentale qui fait le mérite et la simplicité de notre arithmétique arabe, ou
plutôt indienne.

On a même cru trouver dans ce systême la première idée des logarithmes ; mais il nous semble que c'est outrer les choses. On voit à
la vérité dans l'Arénaire deux progressions, l'une arithmétique et
l'autre géométrique, dont la première sert à trouver un terme quelconque de la seconde. Mais c'est une pure spéculation destinée à montrer comment on pourroit donner une extension indéfinie à l'arithmétique de ce temps, et jamais Archimède n'a songé à rendre son idée
utile dans les calculs ordinaires, à changer la multiplication en une
addition, et encore moins la division en une soustraction. On ne lui
voit réellement exécuter aucun calcul. Il se contente d'indiquer de
quel ordre doit être le produit de deux termes quelconques de sa progression géométrique, dont la raison est dix ; et pour plus de facilité
dans ses opérations, on lui voit constamment ajouter au résultat du
calcul, ce qui lui manque pour être un multiple d'une puissance par-
faite de dix. Mais en réduisant à sa juste valeur le mérite de son invention, il n'en est pas moins vrai qu'elle est extrêmement curieuse ;
et c'est à son Arénaire, ainsi qu'à sa Mesure du Cercle, et au soin
qu'a pris son Commentateur Eutocius de développer tous ses calculs,
que nous sommes redevables de tout ce que nous savons de plus pré-
cis sur l'arithmétique des Grecs ; et si vous y ajoutez le fragment

d'Apollonius, conservé par Pappus et publié par Wallis, et sur-tout les calculs astronomiques de Théon, daus son Commentaire sur l'Almageste de Ptolémée, vous aurez de quoi recomposer un Traité complet d'arithmétique grecque, en y comprenant la formation des puissances et l'extraction de la racine quarrée.

Voilà bien des motifs pour qu'au moins une fois en sa vie tout Géomètre se croie obligé de lire Archimède tout entier. Mais les bonnes éditions sont rares ou incomplètes : le texte grec y est singulièrement altéré, et les fautes d'impression ne sont pas rares, même dans la belle édition d'Oxford ; il est vrai qu'elles sont de nature à être facilement apperçues et corrigées. Le style des Traducteurs, Commendin et Torelli exceptés, est souvent barbare, et quelques-uns ont montré qu'ils entendoient médiocrement le grec et la géométrie.

Le style d'Archimède lui-même est beaucoup meilleur, il est plus doux, plus agréable que celui d'aucun Géomètre grec. L'harmonie naturelle des grands mots qu'il est forcé d'employer, distrait souvent le Lecteur de l'attention qu'il doit au fonds des idées. Malgré le dialecte dorique qui domine plus ou moins dans presque tous ses ouvrages, il est, grammaticalement parlant, toujours clair et facile à comprendre. Archimède suit assez généralement l'ordre naturel, et ne se permet d'inversions que celles qu'il n'a pu éviter, parce qu'elles sont dans le génie de sa langue ; mais ce génie n'est pas précisément celui qui convient aux mathématiques. La multitude d'articles dont cette langue est embarrassée, beaucoup plus que la nôtre, la place où se mettent ces articles qui s'entrelacent et se trouvent souvent assez loin des mots auxquels ils appartiennent, toute cette construction nuit essentiellement à la clarté, sur-tout dans les propositions longues et compliquées ; et le Traducteur français peut facilement obtenir à cet égard un avantage marqué sur son original.

On s'attendroit à retrouver chez les Géomètres anciens une foule de termes grecs dont nous faisons un usage continuel. Quoique le mot *parabole*, par exemple, soit bien grec, et qu'il se trouve même dans

le titre de l'un des Traités d'Archimède , on ne le rencontre pourtant
jamais dans le texte. Par-tout on y voit cette courbe désignée par les
mots de *section du cône rectangle*. L'ellipse y est nommée *section du
cône obliquangle*, et l'hyperbole *section du cône obtusangle*. Le paramètre , nommé ὀρθία par *Apollonius*, et *latus rectum* par les Modernes,
est désigné dans Archimède par l'expression longue et vague de *ligne
qui s'étend jusqu'à l'axe;* les mots d'*ordonnée* et d'*abscisse* sont suppléés
par de longues périphrases. Quoiqu'Archimède établisse en un endroit
la distinction entre l'axe et les diamètres de la parabole , cependant il
donne toujours à l'axe le nom de *diamètre*, et celui-ci est désigné par
les termes de *ligne parallèle au diamètre*. Enfin , croiroit-on que les
Grecs n'ont jamais eu de mot pour exprimer *le rayon d'un cercle*, et
qu'ils l'appeloient *ligne qui part du centre?* Toutes ces expressions , qui
reviennent à chaque instant, donnent à l'énoncé des propositions et à
tous les raisonnemens dont se compose la démonstration , une longueur très-incommode ; et je serois peu surpris que le Géomètre qui
entend le mieux le grec , préférât cependant la traduction pour suivre
facilement une démonstration pénible et obscure, telle qu'il s'en rencontre plus d'une dans Archimède. Chaque membre de phrase est clair
et très-intelligible à le considérer seul ; mais le tout est si long, qu'on a
souvent oublié le commencement, quand on arrive à l'endroit où le sens
est complet. Ces inconvéniens se retrouvent presque tous, avec beaucoup
d'autres, dans les traductions latines ; mais la majeure partie a disparu
tout naturellement dans la traduction de M. Peyrard, qui s'est permis
d'écrire , *rayon*, *tangente*, *parabole* et *paramètre*. Cependant il a conservé assez souvent *section du cône rectangle*, et peut-être a-t-il eu
tort (*). Il auroit pu s'autoriser de l'exemple d'Apollonius ; mais il a
voulu sans doute respecter son original, toutes les fois qu'il a cru le
pouvoir sans nuire à la clarté. Il a voulu tenir la promesse qu'il a faite ,
dans son *Prospectus*, de donner une traduction littérale ; et la sienne
nous a paru telle en effet.

(*) M. Delambre a raison ; j'ai remplacé cette expression par celle de
parabole.

Archimède étoit fort exact à démontrer toutes les propositions dont il faisoit usage, à moins qu'elles ne fussent déjà démontrées dans ses Traités antérieurs, ou dans ceux d'autres Auteurs alors fort répandus : mais une partie de ces ouvrages est perdue ; de là quelques lacunes que M. Peyrard a remplies dans ses notes. Quelquefois aussi il y démontre algébriquement des lemmes qui, traités à la manière des Anciens, sont trop obscurs et trop pénibles. Souvent il a puisé dans les Commentaires d'Eutocius ; et il auroit pu lui faire bien d'autres emprunts, s'il n'avoit craint de trop grossir le volume. Quelquefois aussi Eutocius, en suivant de trop près la marche d'Archimède, n'est guère moins obscur que lui ; et c'est ce qu'on remarque principalement à la proposition 9 du Livre 2 des Corps flottans. La démonstration d'Archimède a trois énormes colonnes *in-folio*, et n'est rien moins que lumineuse. Eutocius commence sa note en disant, que le théorême est fort peu clair, et il promet de l'expliquer de son mieux. Il y emploie quatre colonnes du même format et d'un caractère plus serré, sans réussir davantage ; au lieu que quatre lignes d'algèbre suffisent à M. Peyrard pour mettre la vérité du théorême dans le plus grand jour. Il est peu croyable qu'Archimède ait pu arriver par une voie si longue à la proposition qu'il vouloit établir ; et il est beaucoup plus probable qu'il en aura reconnu la vérité par quelqu'autre moyen, et que, bien sûr de cette vérité, il aura pris ce long détour pour la démontrer, en ne supposant que des propositions avouées et reçues des Géomètres de son temps.

Telle est l'idée que nous pouvons donner ici du travail de M. Peyrard : sa traduction est fidèle et complète ; et quand il n'auroit rien ajouté de lui-même, ce seroit déjà un service important rendu aux Géomètres. On prendra, dans la traduction française, une connoissance du génie et des méthodes d'Archimede, aussi juste et aussi exacte que si on le lisoit dans l'original. Le Traducteur a tenu toutes ses promesses, et rempli toutes les conditions qu'il s'étoit imposées dans son *Prospectus*. On doit donc des éloges à M. Peyrard, et desirer que le succès de cette nouvelle traduction lui inspire le courage d'entreprendre celle d'Apollonius, bien moins difficile, au reste, que l'ouvrage qu'il vient d'achever.

Cette autre entreprise seroit d'autant plus utile , que l'édition d'Oxford , la seule qui soit complète , est aujourd'hui d'un prix et d'une rareté qui la tiennent au-dessus des moyens d'un grand nombre de Géomètres.

Fait au Palais des Sciences et Arts , le 22 Septembre 1806.

Signés, LA GRANGE, DELAMBRE, *Rapporteurs.*

Classe approuve le Rapport, et en adopte les Conclusions.

Certifié conforme à l'original , à Paris , le 24 Septembre 1806,

Le Secrétaire perpétuel, Signé , DELAMBRE.

TABLE.

FIN DE LA TABLE.

OEUVRES
D'ARCHIMÈDE.

DE LA SPHÈRE ET DU CYLINDRE.

LIVRE PREMIER.

Aʀᴄʜɪᴍèᴅᴇ ᴀ Dᴏsɪᴛʜéᴇ, Sᴀʟᴜᴛ.

Jᴇ t'avois déjà envoyé, avec leurs démonstrations, les théorêmes que mes réflexions m'avoient fait découvrir ; le suivant étoit au nombre de ces théorêmes :

Tout segment compris entre une droite et la section du cône rectangle, est égal à quatre fois le tiers d'un triangle qui a la même base et la même hauteur que le segment.(α).

J'ai terminé aujourd'hui les démonstrations de plusieurs théorêmes qui se sont présentés ; et parmi ces théorêmes, on distingue ceux qui suivent.

La surface de la sphère est quadruple d'un de ses grands cercles.

La surface d'un segment sphérique est égale à un cercle ayant un rayon égal à la droite menée du sommet du segment à la circonférence du cercle qui est la base du segment.

Un cylindre qui a une base égale à un grand cercle de la sphère, et une hauteur égale au diamètre de cette même sphère, est égal à trois fois la moitié de la sphère.

La surface du cylindre est aussi égale à trois fois la moitié de la surface de la sphère.

Quoique ces propriétés existassent essentiellement dans les figures dont nous venons de parler, elles n'avoient point été remarquées par ceux qui ont cultivé la géométrie avant nous; cependant il sera facile de connoître la vérité de nos théorêmes, à ceux qui liront attentivement les démonstrations que nous en avons données (6). Il en a été de même de plusieurs choses qu'Eudoxe a considérées dans les solides, et qui ont été admises, comme les théorêmes suivans:

Une pyramide est le tiers d'un prisme qui a la même base et la même hauteur que la pyramide.

Un cône est le tiers d'un cylindre qui a la même base et la même hauteur que le cône.

Ces propriétés existoient essentiellement dans ces figures, et quoiqu'avant Eudoxe, il eût paru plusieurs géomètres qui n'étoient point à mépriser, cependant ces propriétés leur étoient inconnues, et ne furent découvertes par aucun d'eux.

Au reste, il sera permis, à ceux qui le pourront, d'examiner ce que je viens de dire. Il eût été à desirer que mes découvertes eussent été publiées du vivant de Conon; car je pense qu'il étoit très-capable d'en prendre connoissance et d'en porter un juste jugement. Quoi qu'il en soit, ayant pensé qu'il étoit bon de les faire connoître à ceux qui cultivent les mathématiques, je te les envoie appuyées de leurs démonstrations: les personnes versées dans cette science pourront les examiner à loisir. Porte-toi bien.

On expose d'abord les propositions qui sont nécessaires pour démontrer les théorêmes dont on vient de parler.

AXIOMES ET DÉFINITIONS.

1. Il peut y avoir dans un plan, certaines lignes courbes terminées qui soient toutes du même côté des droites qui joignent leurs extrémités, ou qui du moins n'aient aucune de leurs parties de l'autre côté de ces mêmes droites (α).

2. Une ligne concave du même côté est celle dans laquelle, ayant pris deux points quelconques, les droites qui joignent ces points tombent tout entières du même côté de la ligne concave, ou bien quelques-unes tombent du même côté de la ligne concave, et quelques autres sur cette ligne, tandis qu'aucune de ces droites ne tombe de différens côtés (β).

3. Il peut y avoir également des surfaces terminées qui, ayant leurs extrémités dans un plan sans être dans ce plan, sont toutes placées du même côté du plan dans lequel elles ont leurs extrémités, ou qui du moins n'ont aucune de leurs parties de l'autre côté de ce même plan.

4. Une surface concave du même côté est celle dans laquelle, ayant pris deux points quelconques, les droites qui joignent ces points tombent du même côté de la surface concave, ou bien quelques-unes de ces droites tombent du même côté de la surface concave, et quelques autres dans cette surface, tandis qu'aucune de ces droites ne tombe de différens côtés.

5. J'appelle secteur solide une figure terminée par la surface d'un cône qui coupe la sphère et qui a son sommet au centre, et par la surface de la sphère qui est comprise dans le cône.

6. J'appelle rhombe solide, une figure solide composée de

deux cônes qui ont la même base, et dont les sommets sont de différens côtés du plan dans lequel se trouve la base, de manière que les axes ne forment qu'une seule et même droite.

Je prends pour principes les propositions suivantes.

PRINCIPES.

1. La ligne droite est la plus courte de toutes celles qui ont les mêmes extrémités (α).

2. Deux lignes qui sont dans un plan et qui ont les mêmes extrémités sont inégales, lorsqu'elles sont l'une et l'autre concaves du même côté et que l'une est comprise toute entière par l'autre, et par la droite qui a les mêmes extrémités que cette autre, ou bien lorsque l'une n'est comprise qu'en partie et que le reste est commun, la ligne comprise est la plus courte (δ).

3. Pareillement lorsque des surfaces ont les mêmes limites dans un plan, la·surface plane est la plus petite.

4. Deux surfaces qui ont les mêmes limites dans un plan sont inégales, lorsqu'elles sont l'une et l'autre concaves du même côté, et que l'une est comprise toute entière par l'autre et par le plan qui a les mêmes limites que cette autre; ou bien lorsque l'une n'est comprise qu'en partie, et que le reste est commun; la surface comprise est la plus petite.

5. Etant données deux lignes inégales, ou deux surfaces inégales, ou bien deux solides inégaux, si l'excès de l'une de ces quantités sur l'autre est ajouté à lui-même un certain nombre de fois, cet excès ainsi ajouté à lui-même pourra surpasser l'une ou l'autre des quantités que l'on compare entre elles (γ).

Ces choses étant supposées, je procède ainsi qu'il suit.

PROPOSITION I.

Si un polygone est inscrit dans un cercle, il est évident que le contour du polygone inscrit est plus petit que la circonférence de ce cercle.

Car chaque côté du polygone est plus petit que l'arc de la circonférence qu'il soutend (*Princ. 1*).

PROPOSITION II.

Si un polygone est circonscrit à un cercle, le contour du polygone circonscrit est plus grand que la circonférence de ce cercle.

Qu'un polygone soit circonscrit à un cercle : je dis que le contour de ce polygone est plus grand que la circonférence de ce cercle.

Car la somme des droites BA, AΛ est plus grande que l'arc BΛ ; parce que ces droites comprennent un arc qui a les mêmes extrémités que ces droites (*Princ. 2*). Semblablement la somme des droites ΔΓ, ΓB est plus grande que l'arc ΔB, la somme des droites ΛK, KΘ plus grande que l'arc ΛΘ; la somme des droites ZH, HΘ plus grande que l'arc ZΘ, et enfin la somme des droites ΔE, EZ plus grande que l'arc ΔZ. Donc le contour entier du polygone est plus grand que la circonférence.

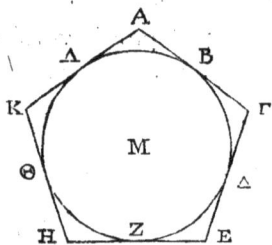

PROPOSITION III.

Deux quantités inégales étant données, il est possible de trouver deux droites inégales dont la raison de la plus grande à la plus petite soit moindre que la raison de la plus grande quantité à la plus petite.

Soient deux quantités inégales AB, Δ; que AB soit la plus grande: je dis qu'il est possible de trouver deux droites inégales qui remplissent les conditions de ce qui est proposé.

Que la droite BΓ soit égale à la droite Δ; et prenons une certaine droite ZH. Si la droite ΓA est ajoutée à elle-même un certain nombre de fois, cette droite ainsi ajoutée à elle-même surpassera la droite Δ (*Princ. 5*). Que cette droite soit ajoutée à elle-même, et que le multiple de cette droite soit égal à la droite AΘ; et enfin que la droite ZH soit autant de fois multiple de la droite HE, que la droite AΘ l'est de la droite AΓ. La droite ΘA sera à la droite AΓ comme ZH est à HE; et par inversion, la droite EH sera à la droite HZ comme AΓ est à AΘ. Mais la droite AΘ est plus grande que la droite Δ, c'est-à-dire que la droite ΓB; donc la raison de la droite ΓA à la droite AΘ est moindre que la raison de la droite ΓA à la droite ΓB (*α*). Donc, par addition, la raison de la droite EZ à la droite ZH est moindre que la raison de AB à BΓ. Mais la droite BΓ est égale à la droite Δ; donc la raison de EZ à ZH est moindre que la raison de AB à Δ. On a donc trouvé deux droites inégales qui remplissent les conditions de ce qui est proposé; c'est-à-dire, qu'on a trouvé deux droites inégales dont la raison de la plus grande à la plus petite est moindre que la raison de la plus grande quantité donnée à la plus petite.

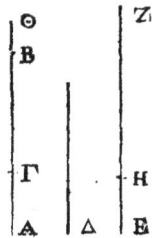

PROPOSITION IV.

Deux quantités inégales et un cercle étant donnés, il est possible d'inscrire un polygone dans ce cercle, et de lui en circonscrire un autre, de manière que la raison du côté du polygone circonscrit au côté du polygone inscrit soit moindre que la raison de la plus grande quantité à la plus petite.

Soient donnés les quantités A, B, et le cercle ΓΔEZ : je dis qu'il est possible de faire ce qui est proposé.

Cherchons deux droites Θ, KΛ, de manière que Θ étant la plus grande, la raison de la droite Θ à la droite KΛ soit moindre que la raison de la plus grande quantité donnée à la plus petite (3). Du point Λ et sur la droite KΛ, élevons la perpendiculaire ΛM; et du point K menons la droite KM égale à la droite Θ; ce qui peut se faire. Conduisons les deux diamètres ΓE, ΔZ perpendiculaires l'un sur l'autre. Si l'angle ΔHΓ est partagé en deux parties égales, sa moitié en deux parties égales, et ainsi de suite, il restera enfin un certain angle plus petit que le double de l'angle ΛKM. Qu'on ait cet angle et que cet angle soit NHΓ. Menons la corde NΓ. La droite NΓ sera le côté d'un polygone équilatère; car puisque l'angle NHΓ mesure l'angle droit ΔHΓ, et que l'arc NΓ mesure le quart de la circonférence, l'arc NΓ mesurera la circonférence entière. Il est donc évident que la droite ΓN est le côté d'un polygone équilatère. Partageons l'angle NHΓ en deux parties égales par la droite HΞ, que la droite OΞΠ touche le cercle au point Ξ; et

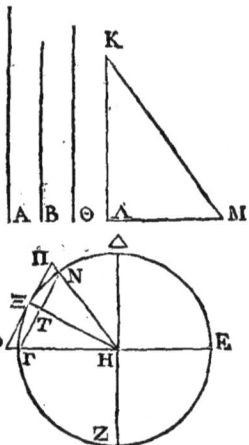

menons les droites нɴп, нгο, il est évident que la droite по
sera le côté d'un polygone circonscrit au cercle, équilatère ét semblable au polygone inscrit dont le côté est нг.
Puisque l'angle нɴг est moindre que le
double de l'angle ʌкм, et que l'angle нɴг
est double de l'angle тнг, l'angle тнг
sera plus petit que l'angle ʌкм. Mais les
angles placés aux points ʌ, т sont droits;
donc la raison de la droite мк à la droite
ʌк est plus grande que la raison de la droite
гн à la droite нт (α). Mais la droite гн est
égale à la droite нᴇ; donc la raison de нᴇ
à нт, c'est-à-dire la raison de по à нг est
moindre que la raison de мк à кʌ. Mais la
raison de км à кʌ est moindre que la
raison de ʌ à в, et la droite по est le côté du polygone circonscrit, tandis que la droite гɴ est le côté du polygone
inscrit : . . . . . . (6). Ce qu'il falloit trouver.

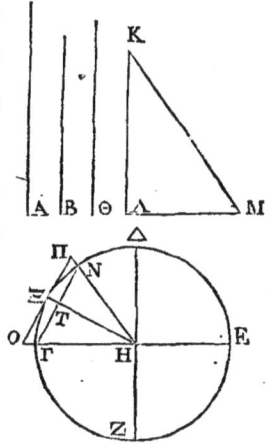

PROPOSITION V.

Deux quantités inégales et un secteur étant donnés, il est
possible de circonscrire un polygone à ce secteur, et de lui en
inscrire un autre, de manière que la raison du côté du polygone circonscrit au côté du polygone inscrit soit moindre que
la raison de la plus grande quantité à la plus petite.

Soient ᴇ, z deux quantités inégales; que la quantité ᴇ soit
la plus grande, que ʌвг soit un cercle quelconque ayant pour
centre le point ∆; au point ∆ construisons le secteur ʌ∆в. Il
faut circonscrire un polygone au secteur ʌв∆, et lui en inscrire
un autre, de manière que celui-ci ayant tous ses côtés,

excepté BΔ, ΔΛ, égaux entre eux, les conditions de ce qui est proposé soient remplies.

Cherchons deux droites inégales H, ΘK, de manière que H étant la plus grande, la raison de H à ΘK soit moindre que la raison de la plus grande quantité à la plus petite; ce qui peut se faire (3). Ayant mené du point K sur la droite ΘK la perpendiculaire KΛ, conduisons une droite ΘΛ égale à la droite H; ce qui peut se faire, puisque la droite H est plus grande que la droite ΘK. Si nous partageons l'angle ΛΘB en deux parties égales, sa moitié en deux parties égales, et ainsi de suite, il restera enfin un angle plus petit que le double de l'angle ΛΘK. Que l'angle restant soit ΛΔM; la droite ΛM sera le côté d'un polygone inscrit dans le secteur. Si l'angle ΛΔM est partagé en deux parties égales par la droite ΔN, et si par le point N on conduit la droite ΞNO tangente au secteur, cette droite sera le côté d'un polygone circonscrit au secteur et semblable au polygone inscrit; et par la même raison que dans la proposition précédente, la raison de ΞO à ΛM sera moindre que la raison de la quantité E à la quantité Z.

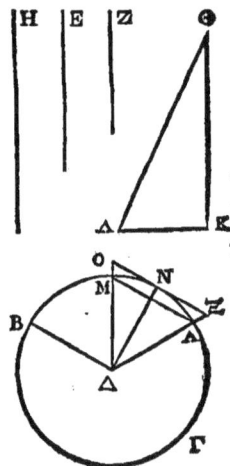

PROPOSITION VI.

Un cercle et deux quantités inégales étant donnés, circonscrire à ce cercle un polygone et lui en inscrire un autre, de manière que la raison du polygone circonscrit au polygone inscrit soit moindre que la raison de la plus grande quantité à la plus petite.

Soient le cercle A, et les deux quantités inégales E, Z; que la plus grande soit Ε. Il faut circonscrire un polygone à ce cercle, et lui en inscrire un autre, de manière que les conditions de ce qui est proposé soient remplies.

Je prends deux droites inégales Γ, Δ, de manière que Γ étant la plus grande, la raison de Γ à Δ soit moindre que la raison de Ε à Ζ (5). Prenons une droite Η moyenne proportionnelle entre Γ et Δ; la droite Γ sera plus grande que la droite Η. Circonscrivons un polygone au cercle Α, et inscrivons-lui un autre polygone, ainsi que nous l'avons enseigné (4), de manière que la raison du côté du polygone circonscrit au côté du polygone inscrit soit moindre que la raison de Γ à Η. Il est évident que la raison doublée du côté du polygone circonscrit au côté du polygone inscrit sera moindre que la raison doublée de Γ à Η. Mais la raison du polygone circonscrit au polygone inscrit est doublée de la raison du côté du premier au côté du second, à cause que ces polygones sont semblables; et la raison de la droite Γ à la droite Δ est doublée de la raison de Γ à Η; donc la raison du polygone circonscrit au polygone inscrit est moindre que la raison de Γ à Δ; donc la raison du polygone circonscrit au polygone inscrit est encore moindre que la raison de Ε à Ζ.

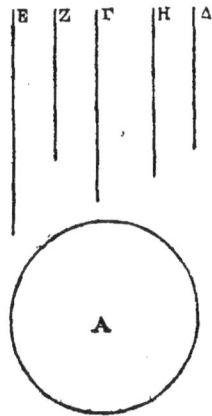

Nous démontrerons semblablement que deux quantités inégales et un secteur de cercle étant donnés, on peut circonscrire au secteur et lui inscrire un polygone, de manière que la raison du polygone circonscrit au polygone inscrit soit moindre que la raison de la plus grande quantité à la plus petite.

Si un cercle ou un secteur et une surface quelconque sont

donnés, il est évident que si l'on inscrit à ce cercle ou à ce secteur et ensuite aux segmens restans des polygones équilatères, il restera enfin des segmens de cercles ou de secteurs qui seront moindres que la surface donnée. Ces choses sont démontrées dans les Elémens (α).

PROPOSITION VII.

Il faut démontrer qu'étant donnés un cercle, ou un secteur et une surface, on peut circonscrire à ce cercle ou à ce secteur un polygone, de manière que la somme des segmens du polygone circonscrit soit moindre que la surface donnée. Il me sera permis de transporter au secteur ce que j'aurai dit du cercle.

Soient donnés le cercle A et une surface quelconque B : je dis qu'on peut circonscrire à ce cercle un polygone, de manière que la somme des segmens placés entre ce cercle et ce polygone soit moindre que la surface B.

Puisqu'on a deux quantités inégales, dont la plus grande est composée de la surface B et du cercle A, et dont la plus petite est ce même cercle, on pourra circonscrire au cercle A un polygone et lui en inscrire un autre, de manière que la raison du polygone circonscrit au polygone inscrit soit moindre que la raison de la plus grande des quantités dont nous venons de parler à la plus petite ; et le polygone circonscrit sera tel que la somme des segmens placés autour du cercle sera moindre que la surface donnée B.

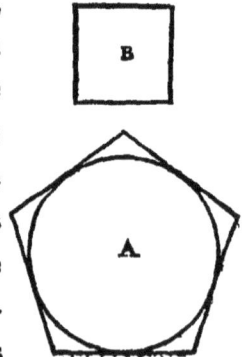

En effet, puisque la raison du polygone circonscrit au polygone inscrit est moindre que la raison de la somme de la surface B et du cercle A à ce même cercle, et que le cercle est

plus grand que le polygone inscrit, la raison du polygone circonscrit au cercle A sera encore moindre que la raison de la
somme de la surface B et du cercle A à ce même cercle. Donc,
par soustraction, la raison de la somme des segmens restans du
polygone circonscrit au cercle A est moindre
que la raison de la surface B au cercle A. Donc
la somme des segmens du polygone circonscrit est moindre que la surface B (*a*). Cela peut
se démontrer encore de la manière suivante.

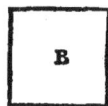

Puisque la raison du polygone circonscrit
au cercle A est moindre que la raison de la
somme de la surface B et du cercle A à ce
même cercle, il s'ensuit que le polygone circonscrit est moindre que la somme de la surface B et du cercle
A. Donc la somme des segmens placés autour du cercle est
moindre que la surface B. Nous ferons les mêmes raisonnemens par rapport au secteur.

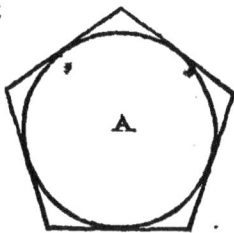

PROPOSITION VIII.

Si dans un cône droit on inscrit une pyramide ayant une
base équilatère, la surface de cette pyramide, la base exceptée,
est égale à un triangle ayant une base égale au contour de la
base de la pyramide, et une hauteur égale à la perpendiculaire menée du sommet sur un des côtés de la base.

Soit le cône droit dont la base est le cercle
ABΓ. Inscrivons-lui une pyramide ayant pour
base le triangle équilatéral ABΓ. Je dis que la
surface de cette pyramide, la base exceptée,
est égale au triangle dont nous avons parlé.

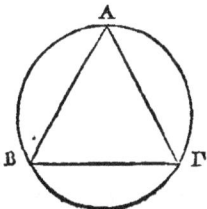

Car puisque le cône est droit, et que la base

de la pyramide est équilatère, les hauteurs des triangles qui comprennent la pyramide sont égales entre elles. Mais ces triangles ont pour base les droites AB, BΓ, ΓA, et pour hauteur la droite dont nous venons de parler ; donc la somme de ces triangles, c'est-à-dire la surface de la pyramide, le triangle ABΓ excepté, est égale à un triangle ayant pour base une droite égale à la somme des droites AB, BΓ, ΓA, et pour hauteur une droite égale à celle dont nous venons de parler.

AUTRE DÉMONSTRATION PLUS CLAIRE.

Soit le cône droit dont la base est le cercle ABΓ, et dont le sommet est le point Δ. Inscrivons dans ce cône une pyramide ayant pour base le triangle équilatéral ABΓ; et menons les droites ΔA, ΔΓ, ΔB.

Je dis que la somme des triangles AΔB, AΔΓ, BΔΓ est égale à un triangle dont la base est égale au contour du triangle ABΓ, et dont la perpendiculaire menée du sommet sur la base est égale à la perpendiculaire menée du point Δ sur la droite BΓ.

Menons les perpendiculaires ΔK, ΔΛ, ΔM; ces droites seront égales entre elles. Supposons un triangle EZH ayant une base égale au contour du triangle ABΓ, et une hauteur HΘ égale à la droite ΔΛ. Puisque la surface comprise sous les droites BΓ, ΔK est double du triangle ΔBΓ (α); que la surface comprise sous les droites AB, ΔΛ est double du triangle ABΔ, et que la surface comprise sous les droites AΓ, ΔM est

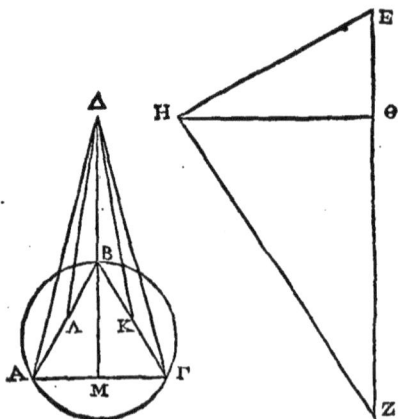

double du triangle AΔΓ, la surface comprise sous le contour
du triangle ABΓ, c'est-à-dire sous la droite EZ, et sous la droite
ΔΛ, c'est-à-dire sous la droite HΘ, est double de la somme
des triangles AΔB, BΔΓ, AΔΓ. Mais la surface comprise sous les
droites EZ, HΘ est double du triangle EZH; donc le triangle EZH
est égal de la somme des triangles AΔB, BΔΓ, AΔΓ.

PROPOSITION IX.

Si une pyramide est circonscrite à un cône droit, la surface de cette pyramide, la base exceptée, sera égale à un
triangle ayant une base égale au contour de la base de la pyramide et une hauteur égale au côté du cône.

Soit un cône ayant pour base le cercle ABΓ. Circonscrivons
à ce cône une pyramide, de ma-
nière que sa base, c'est-à-dire le
polygone ΔEZ soit circonscrit au
cercle ABΓ. Je dis que la surface
de la pyramide, la base exceptée, est égale au triangle dont
nous venons de parler.

En effet, puisque l'axe du cône
est perpendiculaire sur la base,
c'est-à-dire sur le cercle ABΓ, et
que les droites menées du centre
aux points de contact sont perpendiculaires sur les tagentes, les
droites menées du sommet du
cône aux points de contact, seront perpendiculaires sur les
droites ΔE, ZE, ZΔ. Donc les perpendiculaires HA, HB, HΓ, dont
nous venons de parler, sont égales entre elles; car ces perpen-

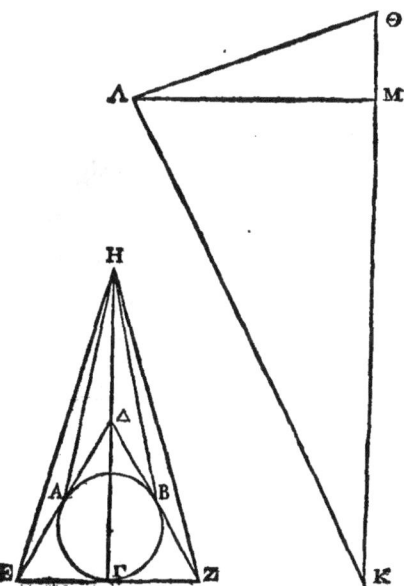

diculaires sont les côtés du cône. Supposons un triangle ΘΚΛ, ayant une base ΘΚ égale au contour du triangle ΔΕΖ, et une hauteur ΛΜ égale à ΗΑ. Puisque la surface comprise sous les droites ΔΕ, ΑΗ est double du triangle ΕΔΗ; que la surface comprise sous les droites ΔΖ, ΗΒ est double du triangle ΔΖΗ, et qu'enfin la surface comprise sous les droites ΕΖ, ΓΗ est double du triangle ΕΗΖ; la surface comprise sous les droites ΘΚ, ΛΗ, c'est-à-dire ΜΛ, est double de la somme des triangles ΕΔΗ, ΖΔΗ, ΕΗΖ. Mais la surface comprise sous ΘΚ, ΛΜ est double du triangle ΛΚΘ; donc la surface de la pyramide, la base exceptée, est égale à un triangle ayant une base égale au contour du triangle ΔΕΖ, et une hauteur égale au côté du cône.

PROPOSITION X.

Si l'on mène une corde dans le cercle qui est la base d'un cône droit, et si l'on joint, par des droites, les extrémités de cette corde et le sommet du cône, le triangle terminé par cette corde et les droites qui joignent les extrémités de cette corde et le sommet du cône, sera plus petit que la surface du cône comprise entre les droites qui joignent les extrémités de cette corde et le sommet du cône.

Que le cercle ΑΒΓ soit la base d'un cône droit, dont le point Δ est le sommet. Menons la corde ΑΓ, et joignons les points Α, Γ avec le point Δ par les droites ΑΔ, ΔΓ. Je dis que le triangle ΑΔΓ est plus petit que la surface du cône comprise entre les droites ΑΔ, ΔΓ.

Partageons l'arc ΑΒΓ en deux parties égales au point Β, et menons les droites ΑΒ, ΓΒ, ΔΒ. La somme des triangles ΑΒΔ, ΒΓΔ sera certai-

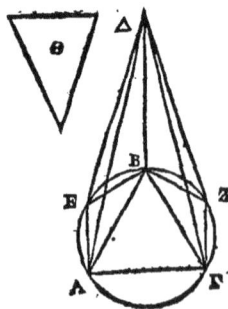

nement plus grande que le triangle AΔΓ. Que la surface Θ soit l'excès de la somme des deux premiers triangles sur le triangle AΔΓ. La surface Θ sera ou plus petite que la somme des segmens AB, BΓ, ou elle n'est pas plus petite. Supposons d'abord qu'elle ne soit pas plus petite. Puisque l'on a deux surfaces, dont l'une est celle du cône comprise entre AΔ, ΔB, avec le segment AEB, et dont l'autre est le triangle AΔB, et que ces deux surfaces ont pour limite le contour du triangle AΔB, la première qui comprend la seconde sera plus grande que la seconde qui est comprise par la première. (*Princ. 4.*) Donc la surface du cône comprise entre AΔ, ΔB, avec le segment AEB, est plus grande que le triangle ABΔ. Semblablement la surface du cône comprise entre BΔ, Δr, avec le segment ΓZB, est plus grande que le triangle BΔΓ. Donc la surface totale du cône comprise entre AΔ, ΔΓ, avec la surface Θ, est plus grande que la somme des triangles dont nous venons de parler. Mais la somme des triangles dont nous venons de parler, est égale au triangle AΔΓ réuni à la surface Θ; donc si l'on retranche la surface commune Θ, la surface restante du cône qui est comprise entre AΔ, Δr, sera plus grande que le triangle AΔΓ.

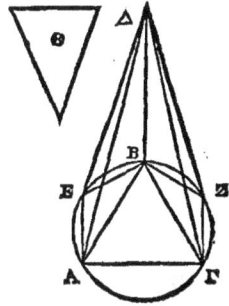

Que la surface Θ soit moindre que la somme des segmens AB, BΓ. Si l'on partage les arcs AB, BΓ en deux parties égales, et leurs moitiés en deux parties égales, et ainsi de suite, il restera enfin des segmens dont la somme sera moindre que la surface Θ. Que les segmens restans soient ceux qui sont appuyés sur les droites AE, EB, BZ, ZΓ; et menons les droites ΔE, ΔZ. Par la même raison, la surface du cône comprise entre AΔ, ΔE, avec le segment appuyé sur AE, sera plus grande que le triangle AΔE; et la surface comprise entre EΔ, ΔB, avec le segment appuyé sur EB, est aussi plus grande que le triangle EΔB. Donc la surface du cône comprise entre AΔ, ΔB, avec les segmens AE, EB, est plus grande que la somme des triangles AΔE, EBΔ; et puisque la somme des triangles AEΔ, ΔEB est plus grande que le triangle ABΔ, ce qui est démontré, la surface du cône comprise entre AΔ, ΔB, avec les segmens appuyés sur AE, EB sera encore plus grande que le triangle AΔB. Par la même raison, la surface comprise entre BΔ, ΔΓ, avec les segmens appuyés sur BZ, ZΓ, sera plus grande que le triangle BΔΓ. Donc la surface totale comprise entre AΔ, ΔΓ, avec les segmens dont nous venons de parler, est plus grande que la somme des triangles ABΔ, ΔBΓ. Mais la somme de ces triangles est égale au triangle AΔΓ réuni à la surface Θ, et les segmens dont nous venons de parler sont moindres que la surface Θ; donc la surface restante comprise entre AΔ, ΔΓ est plus grande que le triangle AΔΓ.

PROPOSITION XI.

Si l'on mène des tangentes au cercle qui est la base d'un cône droit; si ces tangentes sont dans le même plan que ce cercle et se rencontrent mutuellement; et si, des points de contact et du point où ces droites se rencontrent, on mène des droites au sommet du cône, la somme des triangles terminé par ces tangentes et par les droites qui joignent leurs extrémités et le sommet du cône, sera plus grande que la surface du cône comprise entre les droites qui joignent les points de contact et le sommet du cône.

Soit un cône ayant pour base le cercle ABΓ, et pour sommet le point E: menons les droites AΔ, ΔΓ, tangentes au cercle ABΓ; que ces tangentes soient dans le même plan que ce cercle, et du point E, qui est le sommet du cône, menons aux points A, Δ, Γ les droites EA, EΔ, EΓ. Je dis que la somme des triangles AΔE, ΔEΓ est plus grande que la surface du cône comprise entre les droites AE, ΓE et l'arc ABΓ.

Menons une droite HBZ tangente au cercle et parallèle à la droite AΓ. L'arc ABΓ sera certainement partagé en deux parties égales au point B. Des points H, Z menons au point E les droites HE, ZE. Puisque la somme des droites HΔ, ΔZ est plus grande que la droite HZ, si l'on ajoute de part ou d'autre les droites HA, ZΓ, la somme des droites AΔ, ΔΓ sera plus grande que la somme des droites AH, HZ, ZΓ. Mais les droites AE, EB, EΓ, qui sont les côtés d'un cône droit, sont égales entre elles et ces droites sont perpendiculaires sur les tangentes du cercle ABΓ, ainsi que cela est démontré dans un lemme; donc la somme des surfaces comprises sous ces perpendiculaires et sous les bases des triangles AEΔ, ΔEΓ, est plus grande que la somme des surfaces comprises sous ces mêmes perpendiculaires et sous les bases des triangles AHE, HEZ, ZEΓ; parce que la somme des bases AH, HZ, ZΓ est plus petite que la somme des bases ΓΔ, ΔA, tandis que les hauteurs sont égales, puisqu'il est évident que la droite menée du sommet du cône droit au point de contact de la base est perpendiculaire sur la tangente. Que la surface Θ soit l'excès de la somme des triangles AEΔ, ΔΓE sur la somme des triangles AEH, HEZ, ZEΓ. La surface Θ sera ou plus petite que la somme des segmens AHB, BZΓ placés autour de l'arc ABΓ, ou cette surface ne sera pas plus petite.

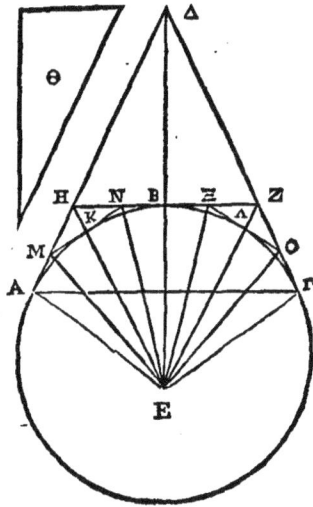

Supposons d'abord que la surface ☉ ne soit pas plus petite. Puisque l'on a deux surfaces composées, dont l'une est la surface de la pyramide, qui a pour base le trapèze ΗΑΓΖ et pour sommet le point ε, et dont l'autre est la surface du cône comprise entre ΑΕ, ΕΓ avec le segment ΑΒΓ, et que ces deux surfaces ont pour limite le contour du triangle ΑΕΓ; il est évident que la surface de la pyramide, le triangle ΑΕΓ excepté, est plus grande que la surface du cône comprise entre ΑΕ, ΕΓ, réunie au segment ΑΒΓ.(*Princ. 4*). Donc si l'on retranche le segment commun ΑΒΓ, la somme des triangles ΑΗΕ, ΗΕΖ, ΖΕΓ restans, avec la somme des segmens ΑΗΒ, ΒΖΓ placés autour du cercle, sera plus grande que la surface du cône comprise entre les droites ΑΕ, ΕΓ. Mais la surface ☉ n'est pas plus petite que la somme des segmens ΑΗΒ, ΒΖΓ placés autour du cercle; donc la somme des triangles ΑΗΕ, ΗΕΖ, ΖΕΓ, avec la surface ☉, est plus grande que la surface du cône comprise entre ΑΕ, ΕΓ. Mais la somme des triangles ΑΗΕ, ΗΕΖ, ΖΕΓ, avec la surface ☉, est égale à la somme des triangles ΑΕΔ, ΔΕΓ; donc la somme des triangles ΑΕΔ, ΔΕΓ est plus grande que la surface du cône dont nous venons de parler.

Supposons en second lieu que la surface ☉ soit plus petite que la somme des segmens placés autour du cercle. Si l'on circonscrit continuellement des polygones aux segmens, en partageant les arcs en deux parties égales, et en menant des tangentes, il restera enfin certains segmens dont la somme sera plus petite que la surface ☉. Que les segmens restans soient ΑΜΚ, ΚΝΒ, ΒΞΛ, ΛΟΓ, et que la somme de ces segmens soit plus petite que la surface ☉. Menons des droites au point ε. Il est encore évident que la somme des triangles ΑΗΕ, ΗΕΖ, ΖΕΓ sera plus grande que la somme des triangles ΑΕΜ, ΜΕΝ, ΝΕΞ, ΞΕΟ, ΟΕΓ; car la somme des bases des premiers triangles est plus grande que la somme des bases des seconds, et que les hauteurs sont égales de part et d'autre. Mais la surface de la pyramide qui a pour base le polygone AMNΞOΓ, et pour sommet le point E, le triangle AEΓ excepté, est plus grande que la surface du cône comprise entre AE, EΓ, réunie au segment ABΓ; donc si on retranche de part et d'autre le segment ABΓ, la somme des triangles restans AEM, MEN, NEΞ, ΞEO, OEΓ, avec les segmens restans AMK, KNB, BΞΛ, ΛOΓ, placés autour du cercle, sera plus grande que la surface du cône comprise entre AE, EΓ. Mais la surface Θ est plus grande que la somme des segmens restans dont nous venons de parler et qui sont placés autour du cercle : et l'on a démontré que la somme des triangles AEH, HEZ, ZEΓ est plus grande que la somme des triangles AEM, MEN, NEΞ, ΞEO, OEΓ; donc à plus forte raison la somme des triangles AEH, HEZ, ZEΓ avec la surface Θ, c'est-à-dire, la somme des triangles AΔE, ΔEΓ est plus grande que la surface du cône comprise entre AE, EΓ.

PROPOSITION XII.

La surface d'un cylindre droit, comprise entre deux droites placées dans sa surface, est plus grande que le parallélogramme terminé par ces deux droites et par celles qui joignent leurs extrémités.

Soit le cylindre droit dont une des bases est le cercle AB, et dont la base opposée est le cercle ΓΔ. Menons les droites AΓ, BΔ.

.Je dis que la surface du cylindre comprise entre les droites
ΑΓ, ΒΔ est plus grande que le parallélogramme ΑΓΔΒ.

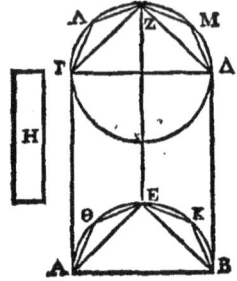

Partageons les arcs ΑΒ, ΓΔ en deux parties
égales aux points Ε, Ζ; et menons les droites
ΑΕ, ΕΒ, ΓΖ, ΖΔ. Puisque la somme des droites
ΑΕ, ΕΒ est plus grande que la droite ΑΒ, et
que les parallélogrammes construits sur ces
droites ont la même hauteur, la somme des
parallélogrammes dont les bases sont les droites
ΑΕ, ΕΒ sera plus grande que le parallélogramme
ΑΒΔΓ; car leur hauteur est la même que celle du cylindre.
Que l'excès de la somme des parallélogrammes dont les bases
sont ΑΕ, ΕΒ sur le parallélogramme ΑΒΔΓ soit la surface Η.
La surface Η sera ou plus petite que la somme des segmens
plans ΑΕ, ΕΒ, ΓΖ, ΖΔ, ou elle ne sera pas plus petite. Supposons
d'abord qu'elle ne soit pas plus petite. Puisque la surface du
cylindre qui est comprise entre les droites ΑΓ, ΒΔ, avec les segmens ΑΕΒ, ΓΖΔ, a pour limite le plan du parallélogramme
ΑΒΔΓ; que la surface qui est composée des parallélogrammes
dont les bases sont ΑΕ, ΕΒ et dont la hauteur est la même que
celle du cylindre, avec les triangles ΑΕΒ, ΓΖΔ, a aussi pour
limite le plan du parallélogramme ΑΒΔΓ; que l'une de ces surfaces comprend l'autre, et que ces deux surfaces sont concaves
du même côté, la surface cylindrique comprise entre les
droites ΑΓ, ΒΔ, avec les segmens plans ΑΕΒ, ΓΖΔ, sera plus
grande que la surface qui est composée non-seulement des
parallélogrammes dont les bases sont ΑΕ, ΕΒ, et dont la hauteur
est la même que celle du cylindre, mais encore des triangles
ΑΕΒ, ΓΖΔ. (*Princ.* 4.) Donc si l'on retranche les triangles ΑΕΒ,
ΓΖΔ, la surface cylindrique restante qui est comprise entre les
droites ΑΓ, ΒΔ, avec les segmens plans ΑΕ, ΕΒ, ΓΖ, ΖΔ, sera plus

grande que la surface composée des parallélogrammes dont les. bases sont les droites AE, EB, et dont la hauteur est la même que celle du cylindre. Mais la somme des pa- rallélogrammes dont les bases sont AE, EB, et dont la hauteur est la même que celle du cylindre, est égale au parallélogramme AΓΔB réuni à la surface H ; donc la surface cy- lindrique restante qui est comprise entre les droites AΓ, BΔ est plus grande que le paral- lélogramme AΓΔB.

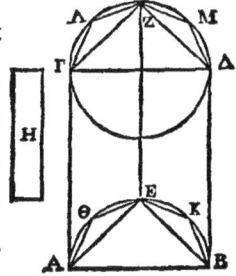

Supposons en second lieu que la surface H soit plus petite que la somme des segmens plans AE, EB, ΓZ, ZΔ. Si l'on partage en deux parties égales chacun des arcs AE, EB, ΓZ, ZΔ aux points Θ, K, Λ, M; si l'on mène les droites AΘ, ΘE, EK, KB, ΓΛ, ΛZ, ZM, MΔ; si l'on retranche les triangles AΘE, EKB, ΓΛZ, ZMΔ, dont la somme n'est pas plus petite que la moitié de la somme des segmens plans AE, EB, ΓZ, ZΔ, et si l'on continue de faire la même chose, il restera enfin certains segmens dont la somme sera moindre que la surface H. Que les segmens restans soient AΘ, ΘE, EK, KB, ΓΛ, ΛZ, ZM, MΔ. Nous démontrerons de la même manière que la somme des parallélogrammes dont les bases sont AΘ, ΘE, EK, KB, et dont la hauteur est la même que celle du cylindre, sera plus grande que la somme des paral- lélogrammes dont les bases sont les droites AE, EB, et dont la hauteur est la même que celle du cylindre. Mais la surface du cylindre comprise entre les droites AΓ, BΔ, avec les segmens plans AEB, ΓZΔ, et la surface qui est composée des parallélo- grammes dont les bases sont AΘ, ΘE, EK, KB, et dont la hauteur est la même que celle du cylindre, avec les figures rectilignes AΘEKB, ΓΛZMΔ, ont pour limite le plan du parallélogramme AΓΔB; donc si l'on retranche les figures rectilignes AΘEKB, ΓΛZMΔ, la surface cylindrique restante qui est comprise entre les droites AΓ, BΔ, avec les segmens plans AΘ, ΘE, EK, KB, ΓΛ, ΛZ, ZM, MΔ, sera plus grande que la surface composée des parallélogrammes dont les bases sont les droites AΘ, ΘE, EK, KB, et dont la hauteur est la même que celle du cylindre. Mais la somme des parallélogrammes dont les bases sont AΘ, ΘE, EK, KB, et dont la hauteur est la même que celle du cylindre, est plus grande que la somme des parallélogrammes dont les bases sont AE, EB et dont la hauteur est la même que celle du cylindre; donc la surface cylindrique comprise entre les droites AΓ, BΔ, avec les segmens plans AΘ, ΘE, EK, KB, ΓΛ, ΛZ, ZM, MΔ, est plus grande que la somme des parallélogrammes dont les bases sont les droites AE, EB, et dont la hauteur est la même que celle du cylindre. Mais la somme des parallélogrammes dont les bases sont les droites AE, EB, et dont la hauteur est la même que celle du cylindre, est égale au parallélogramme AΓΔB réuni à la surface H; donc la surface cylindrique comprise entre les droites AΓ, BΔ, avec les segmens plans AΘ, ΘE, EK, KB, ΓΛ, ΛZ, ZM, MΔ, est plus grande que le parallélogramme AΓΔB réuni à la surface H. Mais la somme des segmens AΘ, ΘE, EK, KB, ΓΛ, ΛZ, ZM, MΔ, est plus petite que la surface H; donc la surface cylindrique restante comprise entre les droites AΓ, BΔ est plus grande que le parallélogramme AΓΔB.

PROPOSITION XIII.

Si par les extrémités de deux droites qui sont dans la surface d'un cylindre droit quelconque, on mène des tangentes aux cercles qui sont les bases du cylindre, si ces droites sont dans le plan de ces cercles et si elles se rencontrent, la somme des parallélogrammes compris sous les tangentes et

sous les côtés du cylindre, sera plus grande que la surface cylindrique comprise entre les droites qui sont dans sa
surface.

Que le cercle ABΓ soit la base d'un cylindre droit quelconque, et que dans la surface de ce cylindre soient deux
droites ayant pour extrémités les points
A, Γ; par les points A, Γ menons au cercle
ABΓ des tangentes qui soient dans le même
plan que lui et qui se coupent mutuellement au point H. Imaginons que dans l'autre
base du cylindre, et par les extrémités des
droites qui sont dans sa surface on ait mené
des droites tangentes au cercle. Il faut démontrer que la somme
des parallélogrammes compris sous les tangentes et sous les
côtés du cylindre est plus grande que la surface du cylindre
construite sur l'arc ABΓ.

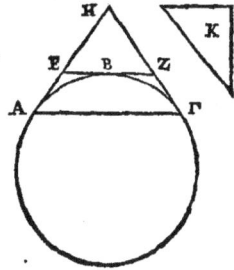

Menons au cercle ABΓ la tangente EZ; et des points E, Z
menons au plan de la base supérieure des droites parallèles
à l'axe du cylindre. La somme des parallélogrammes compris sous les droites AH, HΓ et sous les côtés du cylindre est
plus grande que la somme des parallélogrammes compris sous
les droites AE, EZ, ZΓ, et sous les côtés du cylindre. Car puisque
la somme des droites EH, HZ est plus grande que la droite EZ,
si on ajoute de part et d'autre les droites AE, ZΓ, la somme des
droites HA, HΓ sera plus grande que la somme des droites AE,
EZ, ZΓ. Que l'excès de la somme des parallélogrammes compris
sous les droites HA, HΓ, et sous les côtés du cylindre sur la somme
des parallélogrammes compris sous les droites AE, EZ, ZΓ et sous
les côtés du cylindre, soit la surface K. La moitié de la surface K
sera ou plus grande que la somme des figures comprises entre les
droites AE, EZ, ZΓ, et les arcs AB, BΓ; ou elle ne sera pas plus

grande. Supposons d'abord qu'elle soit plus grande. Puisque le
contour du parallélogramme construit sur la droite AΓ est la
limite de la surface qui est composée des parallélogrammes
construits sur les droites AE, EZ, ZΓ, du trapèze AEZΓ et de celui
qui lui est opposé dans l'autre base du cylindre, et que le
contour du parallélogramme construit sur AΓ est aussi la limite
de la surface qui est composée de la surface du cylindre construite
sur l'arc ABΓ, du segment ABΓ, et de celui qui lui est opposé, les
surfaces dont nous venons de parler ont la même limite dans un
même plan. Mais l'une et l'autre de ces surfaces sont concaves
du même côté, et l'une de ces surfaces est comprise par l'autre,
le reste étant commun ; donc la surface qui est comprise est la
plus petite. (*Princ. 4.*) Donc si on retranche les parties com-
munes, c'est-à-dire, le segment ABΓ et celui qui lui est opposé,
la surface du cylindre construite sur l'arc ABΓ sera plus petite
que la surface composée non-seulement des parallélogrammes
construits sur les droites AE, EZ, ZΓ, mais encore des segmens
AEB, BZΓ et de ceux qui leur sont opposés. Mais la surface
composée des parallélogrammes dont nous venons de parler,
avec les segmens dont nous venons aussi de parler, est plus
petite que la surface composée des parallélogrammes construits
sur les droites AH, HΓ ; car la somme des parallélogrammes construits sur les droites AE, EZ, ZΓ, avec la surface K, qui est plus
grande que la somme des segmens AEB, BZΓ, est égale à la somme
des parallélogrammes construits sur AH, HΓ ; donc la somme des
parallélogrammes compris sous la droite AH, ΓH et sous les côtés
du cylindre, est plus grande que la surface du cylindre construite
sur l'arc ABΓ.

Si la surface K n'étoit pas plus grande que la somme des segmens AEB, BZΓ, on meneroit des tangentes au cercle, de manière
que la somme des segmens restans placés autour du cercle fût

moindre que la moitié de la surface κ (7) ; et l'on démontreroit le reste comme on l'a fait plus haut.

Ces choses étant démontrées, les propositions suivantes découlent nécessairement de ce qui a été dit plus haut.

La surface d'une pyramide inscrite dans un cône droit, la base exceptée, est plus petite que la surface du cône.

Car chacun des triangles qui renferment la pyramide est moindre que la surface du cône comprise entre les côtés du triangle. Donc la surface totale de la pyramide, la base exceptée, est moindre que la surface du cône.

La surface de la pyramide circonscrite à un cône droit, la base exceptée, est plus grande que la surface du cône.

Si un prisme est inscrit dans un cylindre droit, la surface du prisme, qui est composée de parallélogrammes, est plus petite que la surface du cylindre, la base exceptée.

Car chaque parallélogramme du prisme est moindre que la surface du cylindre construite sur ce parallélogramme.

Si un prisme est circonscrit à un cylindre droit, la surface du prisme composée de parallélogrammes est plus grande que la surface du cylindre, la base exceptée.

PROPOSITION XIV.

La surface d'un cylindre droit quelconque, la base exceptée, est égale à un cercle dont le rayon est moyen proportionnel entre le côté du cylindre et le diamètre de sa base.

Que le cercle A soit la base d'un cylindre droit quelconque ; que la droite ΓΔ soit égale au diamètre du cercle A, et la droite ΕΖ égale au côté du cylindre ; que la droite H soit moyenne proportionnelle entre ΔΓ, ΕΖ ; et supposons un cercle B dont le

rayon soit égal à la droite H. Il faut démontrer que le cercle B
est égal à la surface du cylindre, la base exceptée.

Car si ce cercle n'est pas égal à la surface du cylindre, il est
plus grand ou plus petit. Supposons, si cela est possible, qu'il

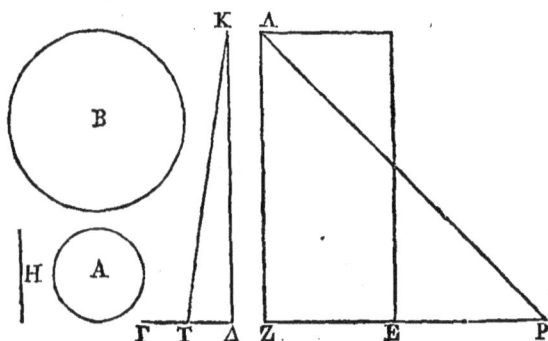

soit plus petit. Puisque l'on a deux quantités inégales, la surface du cylindre et le cercle B, on pourra inscrire dans le
cercle B un polygone équilatère et lui en circonscrire un autre,
de manière que la raison du polygone circonscrit au polygone
inscrit soit moindre que la raison de la surface du cylindre au
cercle B (6). Supposons que l'on ait circonscrit au cercle A un
polygone semblable à celui qui est circonscrit au cercle B; et
imaginons que le polygone circonscrit au cercle A soit la base
d'un prisme circonscrit à ce cylindre; que la droite KΔ soit
égale au contour du polygone circonscrit au cercle A; que
la droite ΛZ soit égale à cette même droite KΔ, et que la droite
ΓT soit la moitié de la droite ΓΔ. Le triangle KΔT sera égal au
polygone circonscrit au cercle A; parce que la base de ce
triangle est égale au contour de ce polygone, et que sa hauteur est égale au rayon du cercle A; et le parallélogramme ΕΛ
sera égal à la surface du prisme circonscrit au cylindre, parce
que ce parallélogramme est compris sous le côté du cylindre et
sous une droite égale au contour de la base du prisme. Faisons

la droite EP égale à la droite EZ. Le triangle ZPΛ séra égal au parallélogramme EΛ, et par conséquent à la surface du prisme. Mais les polygones circonscrits aux cercles A, B sont semblables; donc ces polygones sont entre eux comme les quarrés des

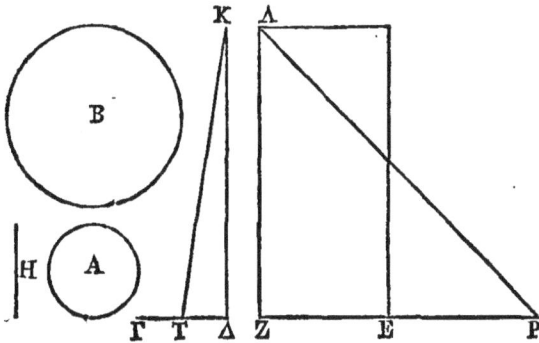

rayons des cercles A, B. Donc le triangle KTΔ est au polygone circonscrit au cercle B comme le quarré de TΔ est au quarré de H ; car les droites TΔ, H sont égales aux rayons des cercles A, B. Mais le quarré de TΔ est au quarré de H comme la droite TΔ est à la droite PZ; car la droite H est moyenne proportionnelle entre TΔ, PZ, attendu qu'elle est moyenne proportionnelle entre TΔ, EZ. Mais pourquoi la droite H est-elle moyenne proportionnelle entre TΔ, PZ (α)? Le voici : Puisque la droite ΔT est égale à la droite TΓ, et que la droite PE est aussi égale à la droite EZ, la droite ΓΔ est double de la droite TΔ, et la droite PZ double de PE. Donc la droite ΔΓ est à la droite ΔT comme la droite PZ est à la droite ZE. Donc la surface comprise sous les droites ΓΔ, EZ est égale à la surface comprise sous les droites TΔ, PZ. Mais le quarré construit sur la droite H est égal à la surface comprise sous ΓΔ, EZ; donc le quarré construit à la droite H est aussi égal à la surface comprise sous TΔ, PZ. Donc TΔ est à H comme H est à PZ. Donc le quarré construit sur la droite TΔ est au quarré construit sur la droite H comme la droite TΔ est à la droite PZ; car lorsque trois droites sont proportionnelles entre elles, la première est à la troisième comme la figure construite sur la première droite est à la figure semblable construite de la même manière sur la seconde. Mais le triangle κτΔ est au triangle ρΛz comme la droite τΔ est à la droite ρz, parce que les droites κΔ, Λz sont égales entre elles; donc le triangle κτΔ est au polygone circonscrit au cercle в comme le triangle κτΔ est au triangle ρzΛ. Donc le triangle zΛρ est égal au polygone circonscrit au cercle в. Donc la surface du prisme qui est circonscrit au cylindre est aussi égale au polygone qui est circonscrit au cercle в. Mais la raison du polygone qui est circonscrit au cercle в au polygone qui est inscrit dans ce même cercle, est moindre que la raison de la surface du cylindre Λ au cercle в; donc la raison de la surface du prisme qui est circonscrit à ce cylindre au polygone qui est inscrit dans le cercle в, est encore moindre que la raison de la surface du cylindre au cercle в, et par permutation......(6), ce qui est impossible; car la surface du prisme circonscrit au cylindre est plus grande que la surface du cylindre, ainsi que cela a été démontré (13); et le polygone inscrit dans le cercle в est moindre que le cercle в (1). Donc le cercle в n'est pas plus petit que la surface du cylindre.

Supposons en second lieu, si cela est possible, que le cercle в soit plus grand que la surface du cylindre. Imaginons qu'on ait inscrit dans le cercle в un polygone, et qu'on lui en ait circonscrit un autre, de manière que la raison du polygone circonscrit au polygone inscrit soit moindre que la raison du cercle в à la surface du cylindre (6). Inscrivons dans le cercle Λ un polygone semblable à celui qui est inscrit dans le cercle в; que le polygone inscrit dans le cercle Λ soit la base d'un prisme; que la droite κΔ soit égale au contour du polygone inscrit dans ce cercle, et que la droite zΛ soit égale à cette droite. Le triangle KTΔ sera plus grand que le polygone inscrit dans le cercle A; parce que ce triangle a une base égale au contour de ce polygone, et une hauteur plus grande que la perpendiculaire menée du centre sur un des côtés du polygone;

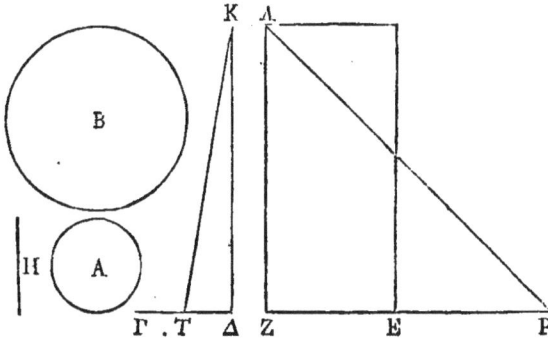

et le parallélogramme ΕΛ sera égal à la surface du prisme inscrit, qui est composée de parallélogrammes; parce que cette surface est comprise sous le côté du cylindre, et sous une droite égale au contour du polygone qui est la base du prisme; donc le triangle PΛZ est aussi égal à la surface de ce prisme. Mais les polygones inscrits dans les cercles A, B sont semblables; donc ces polygones sont entre eux comme les quarrés des rayons de ces cercles. Mais les triangles KTΔ, ZPΛ sont aussi entre eux comme les quarrés des rayons des cercles A, B (γ); donc le poly-gone inscrit, dans le cercle A est au polygone inscrit dans le cercle B comme le triangle KTΔ est au triangle ΛZP. Mais le polygone inscrit dans le cercle A est plus petit que le triangle KTΔ; donc le polygone inscrit dans le cercle B est plus petit que le triangle ZPΛ. Donc le polygone inscrit dans le cercle B est aussi plus petit que la surface du prisme inscrit dans le cylindre, ce qui est impossible; car la raison du polygone qui est circonscrit au cercle B au polygone qui lui est inscrit, est moindre que la raison du cercle B à la surface du cylindre; donc

par permutation......(d). Mais le polygone circonscrit au cercle
в est plus grand que ce même cercle в (2); donc le polygone inscrit dans le cercle в est plus grand que la surface du cylindre,
et par conséquent plus grand que la surface du prisme. Donc
le cercle в n'est pas plus grand que la surface du cylindre.
Mais on a démontré qu'il n'est pas plus petit; donc il lui est
égal.

PROPOSITION XV.

La surface d'un cône droit quelconque, la base exceptée,
est égale à un cercle dont le rayon est moyen proportionnel
entre le côté du cône et le rayon du cercle qui est la base
du cône.

Soit le cône droit dont le cercle A est la base; que la droite г
soit le rayon de la base; que la droite Δ soit égale au côté
du cône; que la droite ε soit moyenne proportionnelle entre
г, Δ, et enfin que le cercle в ait pour rayon une droite égale à
la droite ε. Je dis que le cercle в est égal à la surface du cône,
la base exceptée.

Car si le cercle в n'est pas égal à la surface du cône, la base
exceptée, il est ou plus grand ou plus petit.
Supposons d'abord qu'il soit plus petit. Puisqu'on a deux quantités inégales, la surface
du cône et le cercle в, et que la surface du
cône est la plus grande, on peut inscrire dans
le cercle в un polygone équilatère, et lui circonscrire un polygone semblable au premier,
de manière que la raison du polygone circonscrit au polygone inscrit soit moindre que
la raison de la surface du cône au cercle в (6). Imaginons que
l'on ait circonscrit au cercle A un polygone semblable au poly-

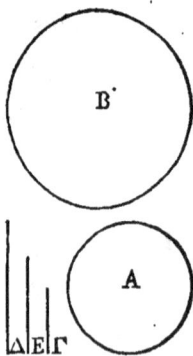

gone circonscrit au cercle b ; et supposons que le polygone circonscrit au cercle a soit la base d'une pyramide qui ait le
même sommet que le cône. Puisque les polygones circonscrits
aux cercles a, b sont semblables, ils sont entre eux comme
les quarrés des rayons de ces cercles; c'est-à-dire, comme les
quarrés des droites г, е, ou comme les droites г, Δ. Mais le
polygone circonscrit au cercle a est à la surface de la pyramide
circonscrite au cône, comme la droite г est à la droite Δ. En
effet, la droite г est égale à la perpendiculaire menée du centre
du cercle sur un des côtés du polygone; la droite Δ est égale au
côté du cône; et le contour du polygone est la hauteur commune de deux rectangles dont les moitiés sont le polygone
circonscrit au cercle a, et la surface de la pyramide circonscrite au cône. Donc le polygone circonscrit au cercle a est au
polygone circonscrit au cercle b, comme le polygone circonscrit
au cercle a est à la surface de la pyramide circonscrite au cône.
Donc la surface de la pyramide est égale au polygone circonscrit au
cercle b. Donc puisque la raison du polygone qui est circonscrit
au cercle b au polygone inscrit est moindre que la raison de la
surface du cône au cercle b, la raison de la surface de la pyramide
qui est circonscrite au cône au polygone inscrit
dans le cercle b, sera moindre que la raison de
la surface du cône au cercle b (α). Ce qui est
impossible; car la surface de la pyramide est
plus grande que la surface du cône, ainsi que
nous l'avons démontré (13); et le polygone
inscrit dans le cercle b est au contraire plus
petit que le cercle b. Donc le cercle b n'est
pas plus petit que la surface du cône.

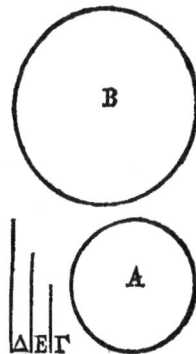

Je dis à présent que le cercle b n'est pas plus grand que la
surface du cône. Car supposons, si cela est possible, que ce

cercle soit plus grand. Supposons de nouveau qu'on ait inscrit dans le cercle B un polygone, et qu'on lui en ait circonscrit un autre; de manière que la raison du polygone circonscrit au polygone inscrit soit moindre que la raison du cercle B à la surface du cône (6). Inscrivons dans le cercle A un polygone semblable à celui qui est inscrit dans le cercle B; et concevons que ce polygone soit la base d'une pyramide, qui ait le même sommet que le cône. Puisque les polygones inscrits dans les cercles A, B sont semblables, ces polygones sont entre eux comme les quarrés des rayons de ces cercles. Donc la raison du polygone inscrit dans le cercle A au polygone inscrit dans le cercle B est égale à la raison de Γ à Δ. Mais la raison de Γ à Δ est plus grande que la raison du polygone inscrit dans le cercle A à la surface de la pyramide inscrite dans le cône; car la raison du rayon du cercle A au côté du cône est plus grande que la raison de la perpendiculaire menée du centre sur le côté du polygone à la perpendiculaire menée du sommet du cône sur le côté du même polygone (6). Donc la raison du polygone inscrit dans le cercle A au polygone inscrit dans le cercle B est plus grande que la raison du premier polygone à la surface de la pyramide. Donc la surface de la pyramide est plus grande que le polygone inscrit dans le cercle B. Mais la raison du polygone qui est circonscrit au cercle B au polygone qui lui est inscrit, est moindre que la raison du cercle B à la surface du cône; donc la raison du polygone qui est circonscrit au cercle B à la surface de la pyramide inscrite dans le cône, est encore moindre que la raison du cercle B à la surface du cône .... (γ). Ce qui est impossible; car le polygone circonscrit est plus grand que le cercle B (2), tandis que la surface de la pyramide inscrite dans le cône est plus petite que la surface du cône (13). Donc le cercle B n'est pas plus grand que la surface du cône. Mais on a démontré qu'il n'est pas plus petit : donc il lui est égal.

PROPOSITION XVI.

La surface d'un cône droit quelconque est à sa base comme le côté du cône est au rayon de sa base.

Soit un cône droit qui ait pour base le cercle A. Que la droite B soit égale au rayon du cercle A, et la droite г égale au côté de ce cône. Il faut démontrer que la surface du cône est au cercle A comme г est à B.

Prenons une droite E moyenne proportionnelle entre B, г ; et supposons un cercle Δ qui ait un rayon égal à la droite E. Le cercle Δ sera égal à la surface du cône, ainsi que cela a été démontré dans le théorème précédent. Mais on a démontré aussi que le cercle Δ est au cercle A comme la droite г est à la droite B ; car ces deux raisons sont égales chacune à la raison du quarré de la droite E au quarré de la droite B ; parce que les cercles sont entre eux comme les quarrés décrits sur leurs diamètres, et par conséquent comme les quarrés décrits sur leurs rayons, à cause que ce qui convient aux diamètres convient aussi à leurs moitiés ; or, les rayons des cercles A, Δ sont égaux aux droites B, E..........(α). Il est donc évident que la surface du cône est à la surface du cercle A comme la droite г est à la droite B.

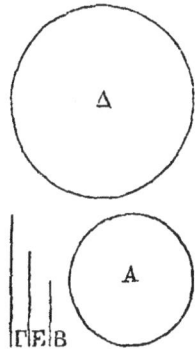

LEMME.

Soit le parallélogramme BAH et que BH soit sa diagonale. Que le côté BA soit coupé en deux parties d'une manière quelconque au point Δ. Par le point Δ menons la droite ΔΘ parallèle au côté AH, et par le point z la droite KΛ, parallèle au côté BA. Je dis que la surface comprise sous BA, AH est égale à la surface comprise sous BΔ, ΔZ, et à la surface comprise sous ΔA et sous une droite composée de ΔZ, AH (α).

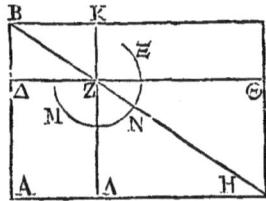

En effet, la surface comprise sous BA, AH est la surface totale BH. Mais la surface comprise sous les droites BΔ, ΔZ est la surface BZ; la surface comprise sous ΔA, et sous une droite composée de ΔZ, AH, est le gnomon MNΞ, parce que la surface comprise sous les droites ΔA, AH est égale à la surface KH, le complément KΘ étant égal au complément ΔΛ, et enfin la surface comprise sous ΔA, ΔZ est égale à la surface ΔΛ. Donc la surface totale BH, c'est-à-dire celle qui est comprise sous les droites BA, AH est égale à la surface comprise sous les droites BΔ, ΔZ, et au gnomon MNΞ, qui est égal à la surface comprise sous ΔA et sous une droite composée de AH, ΔZ.

PROPOSITION XVII.

Si un cône droit est coupé par un plan parallèle à la base, la surface comprise entre les plans parallèles est égale à un cercle dont le rayon est moyen proportionnel entre la partie du côté du cône comprise entre les plans parallèles et entre une droite égale à la somme des rayons des cercles qui sont dans les plans parallèles.

Soit un cône dont le triangle qui passe par l'axe soit égal au triangle ABΓ. Coupons ce cône par un plan parallèle à la base ; que ce plan produise la section ΔE, et que la droite BH soit l'axe de ce cône. Supposons un cercle dont le rayon soit moyen proportionnel entre la droite AΔ et entre la somme des droites ΔZ, HA ; et que ce cercle soit ⊙. Je dis que ce cercle est égal à la surface du cône comprise entre ΔE, AΓ.

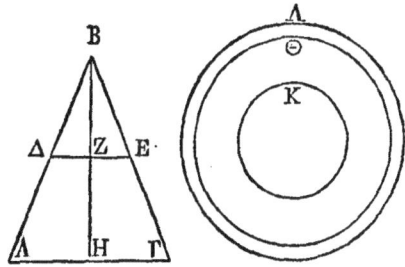

Supposons les deux cercles A, K ; que le quarré construit sur le rayon du cercle K soit égal à la surface comprise sous les droites BΔ, ΔZ, et que le quarré construit sur le rayon du cercle A, soit égal à la surface comprise sous les droites BA, AH. Le cercle A sera égal à la surface du cône ABΓ, et le cercle K égal à la surface du cône ΔEB (15).

En effet, la surface comprise sous BA, AH est égale à la surface comprise sous BΔ, ΔZ, et à la surface comprise sous AΔ et sous une droite composée ΔZ, AH, à cause que la droite ΔZ est parallèle à la droite AH (16, *lemme*). Mais la surface comprise sous AB, AH est égale au quarré construit sur le rayon du cercle A ; la surface comprise sous BΔ, ΔZ est égale au quarré construit sur le rayon du cercle K ; et la surface comprise sous ΔA et une droite composée de ΔZ, AH, est égale au quarré construit sur le rayon du cercle ⊙. Donc le quarré construit sur le rayon du cercle A est égal à la somme des quarrés construits sur les rayons des cercles K, ⊙. Donc le cercle A est égal aux cercles K, ⊙. Mais le cercle A est égal à la surface du cône BAΓ, et le cercle K égal à la surface du cône ΔBE ; donc la surface restante comprise entre les plans parallèles ΔE, AΓ est égale à la surface du cercle ⊙.

LEMMES.

1. Les cônes qui ont des hauteurs égales sont entre eux comme leurs bases, et ceux qui ont des bases égales sont entre eux comme leurs hauteurs.

2. Si un cylindre est coupé par un plan parallèle à sa base, les deux cylindres seront entre eux comme leurs axes.

3. Lorsque des cônes et des cylindres ont les mêmes bases, les cônes sont eux comme les cylindres (α).

4. Les bases des cônes égaux sont réciproquement proportionnelles aux hauteurs de ces cônes; et les cônes dont les bases sont réciproquement proportionnelles à leurs hauteurs sont égaux entre eux.

5. Les cônes dont les diamètres des bases et dont les hauteurs, c'est-à-dire les axes sont proportionnels, sont entre eux en raison triplée des diamètres de leurs bases.

Toutes ces choses ont été démontrées par ceux qui ont existé avant nous (6).

PROPOSITION XVIII.

Si l'on a deux cônes droits, si la surface de l'un est égale à la base de l'autre, et si la perpendiculaire menée du centre de la base du premier sur son côté, est égale à la hauteur du second, ces deux cônes sont égaux.

Soient les deux cônes droits ABΓ, ΔEZ ; que la base du cône ABΓ soit égale à la surface du cône ΔEZ ; que la hauteur AH soit égale à la perpendiculaire KΘ, menée du centre Θ sur un côté du cône, savoir sur ΔE. Je dis que ces deux cônes sont égaux.

Puisque la base du cône ABГ est égale à la surface du cône
ΔEZ, et que les choses qui sont égales entre elles, ont la même
raison avec une troisième, la base du cône BAГ est à la base
du cône ΔEZ comme la surface du cône ΔEZ est à la base du
cône ΔEZ. Mais la surface du cône ΔEZ est à sa base comme
ΔΘ est à ΘK; car on a démontré que la sur-
face d'un cône droit quelconque est à sa base
comme le côté du cône est au rayon de la
base, c'est-à-dire comme ΔE est à EΘ (16);
et la droite EΔ est à la droite EΘ comme la
droite ΔΘ est à la droite ΘK, parce que les
triangles ΔEΘ, ΔKΘ sont équiangles; et de plus
la droite ΘK est égale à la droite AH. Donc la base du cône
BAГ est à la base du cône ΔEZ comme la hauteur du cône ΔEZ
est à la hauteur du cône ABГ. Donc les bases des cônes ABГ,
ΔEZ sont réciproquement proportionnelles à leurs hauteurs.
Donc le cône BAГ est égal au cône ΔEZ (17, *lemm.* 4).

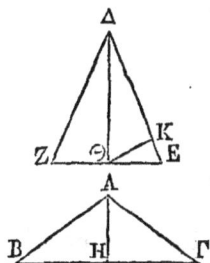

PROPOSITION XIX.

Un rhombe quelconque composé de deux cônes droits est
égal à un cône qui a une base égale à la surface de l'un des
cônes qui composent le rhombe, et une hauteur égale à la
perpendiculaire menée du sommet de l'autre cône sur le côté
du premier cône.

Soit un rhombe ABГΔ composé de deux cônes droits, dont la
base est le cercle décrit autour du diamètre BГ, et dont la hauteur est la droite AΔ. Supposons un autre cône HΘK, qui ait une
base égale à la surface du cône ABГ, et une hauteur égale à la
perpendiculaire menée du point Δ sur le côté AB ou sur ce
côté prolongé. Que cette perpendiculaire soit ΔZ, et que la hau-

teur du cône ΘHK soit la droite ΘΛ égale à la droite ΔZ. Je dis
que le rhombe ABΓΔ est égal au cône HΘK.

Supposons un autre cône MNΞ, dont la base soit égale à
celle du cône ABΓ et dont la hauteur soit égale à AΔ. Que la

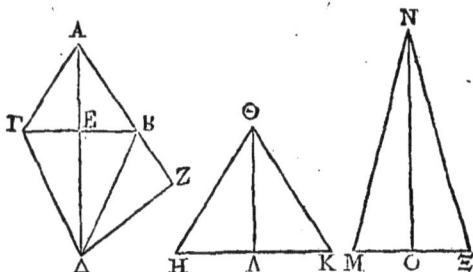

A. N.

Γ E B Θ

Z

Δ H Λ K M O Ξ

hauteur de ce cône soit NO. Puisque NO est égal à AΔ, la droite
NO est à la droite ΔE comme AΔ est à ΔE. Mais AΔ est à ΔE
comme le rhombe ABΓΔ est au cône BΓΔ (α); et NO est à ΔE
comme le cône MNΞ est au cône BΓΔ; parce que ces deux
cônes ont des bases égales. Donc le cône MNΞ est au cône BΓΔ
comme le rhombe ABΓΔ est au cône BΓΔ. Donc le cône MNΞ
est égal au rhombe ABΓΔ. Mais la surface du cône ABΓ est égale
à la base du cône HΘK; donc la surface du cône ABΓ est à sa
base comme la base du cône HΘK est à la base du cône MNΞ,
parce que la base du cône ABΓ est égale à la base du cône MNΞ.
Mais la surface du cône ABΓ est à sa base comme AB est à BE (16),
c'est-à-dire comme AΔ est à ΔZ; car les triangles ABE, AΔZ sont
semblables. Donc la base du cône HΘK est à la base du cône
MNΞ comme AΔ est à ΔZ. Mais la droite AΔ est égale à la droite
NO, par supposition, et la droite ΔZ est aussi égale à la droite
ΘΛ; donc la base du cône HΘK est à la base du cône MNΞ comme
la hauteur NO est à la hauteur ΘΛ. Donc les bases des cônes
HΘK, MNΞ sont réciproquement proportionnelles à leurs hauteurs. Donc ces cônes sont égaux (17, *lemm.* 4). Mais on a
démontré que le cône MNΞ est égal au rhombe ABΓΔ. Donc le
cône HΘK est aussi égal au rhombe ABΓΔ.

PROPOSITION XX.

Si un cône droit est coupé par un plan parallèle à la base,
et si sur le cercle qui est produit par cette section, on conçoit un cône ayant son sommet au centre de la base; si l'on
retranche du cône total le rhombe produit par cette construction, le reste sera égal à un cône ayant une base égale à la
surface du cône comprise entre les plans parallèles, et une
hauteur égale à la perpendiculaire menée du centre de la base
sur un côté du cône.

Soit le cône droit ABΓ; coupons ce cône par un plan parallèle à la base; que ce plan produise la section ΔE; que le centre
de la base soit le point z, et que le
cercle décrit autour du diamètre ΔE
soit la base d'un cône ayant son
sommet au point z. Le rhombe
BΔZE sera composé de deux cônes
droits. Supposons un cône KΘΛ dont
la base soit égale à la surface comprise entre les plans ΔE, AΓ, et dont
la hauteur soit égale à la perpendi-
culaire ZH menée du point z sur le côté AB. Je dis que si l'on
retranche le rhombe BΔZE du cône ABΓ, le reste sera égal au
cône ΘKΛ.

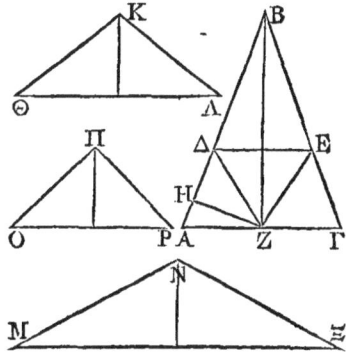

Soient les deux cônes MNΞ, OΠP; que la base du cône MNΞ
soit égale à la surface du cône ABΓ, et que sa hauteur soit égale
à la droite ZH. Le cône MNΞ sera égal au cône ABΓ; car lorsque
l'on a deux cônes droits, si la surface de l'un est égale à la base
de l'autre, et si la perpendiculaire menée du centre de la base
du premier sur son côté, est égale à la hauteur du second, ces

deux cônes sont égaux (18). Que la base du cône ΟΠΡ soit égale à la surface du cône ΔΒΕ, et sa hauteur égale à la droite ΖΗ ; le cône ΟΠΡ sera égal au rhombe ΒΔΖΕ, ainsi que cela a été démontré plus haut (19). Puisque la surface du cône ΑΒΓ est composée de la surface du cône ΒΔΕ, et de la surface comprise entre ΔΕ, ΑΓ ; que la surface du cône ΑΒΓ est égale à la base du cône ΜΝΞ ; que la surface du cône ΔΒΕ est égale à la base du cône ΟΠΡ, et qu'enfin la surface comprise entre ΔΕ, ΑΓ est égale à la base du cône ΘΚΛ, la base du cône ΜΝΞ sera égale aux bases des cônes ΘΚΛ, ΟΠΡ. Mais ces cônes ont la même hauteur ; donc le cône ΜΝΞ est égal aux cônes ΘΚΛ, ΟΠΡ. Mais le cône ΜΝΞ est égal au cône ΑΒΓ, et le cône ΠΟΡ est égal au rhombe ΒΔΕΖ ; donc ce qui reste du cône ΑΒΓ, après en avoir ôté le rhombe ΒΔΕΖ, est égal au cône ΘΚΛ.

PROPOSITION XXI.

Si un des cônes d'un rhombe composé de cônes droits est coupé par un plan parallèle à la base ; si le cercle produit par cette section est la base d'un cône qui a le même sommet que l'autre cône du rhombe ; et si du rhombe total, on retranche le rhombe produit par cette construction, ce qui restera du rhombe total sera égal à un cône qui aura une base égale à la surface comprise entre les plans parallèles, et une hauteur égale à la perpendiculaire menée du sommet du second cône sur le côté du premier.

Que ΑΒΓΔ soit un rhombe composé de deux cônes droits ; coupons un de ces cônes par un plan parallèle à la base, et que ce plan produise la section ΕΖ ; que le cercle produit par cette section soit la base d'un cône qui ait son sommet au point Δ, cette construction produira le rhombe ΕΒΖΔ. Retranchons ce

6

rhombe du rhombe total; et supposons un cône ΘΚΛ, qui ait une base égale à la surface comprise entre ΑΓ, ΕΖ, et une hauteur égale à la perpendiculaire menée du point Δ sur la droite ΒΑ, ou sur son prolongement. Je dis que le reste dont nous avons parlé est égal au cône ΘΚΛ.

Soient les deux cônes ΜΝΞ, ΟΠΡ. Que la base du cône ΜΝΞ soit égale à la surface du cône ΑΒΓ, et que sa hauteur soit égale à la droite ΔΗ : d'après ce que nous avons démontré (19), le cône ΜΝΞ est égal au rhombe ΑΒΓΔ. Que la base du cône ΟΠΡ soit égale à la surface du cône ΕΒΖ, et sa hauteur égale à la droite ΔΗ; le cône ΟΠΡ sera aussi égal au rhombe ΕΒΖΔ (19). Mais puisque la surface du cône ΑΒΓ est composée de la surface du cône ΕΒΖ, et de la surface com-

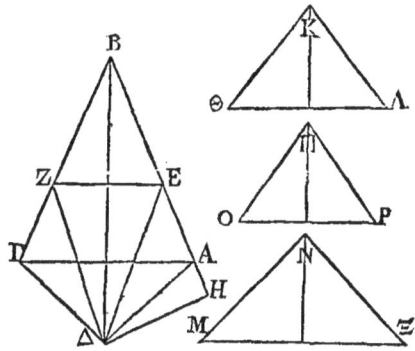

prise entre ΕΖ, ΑΓ; que la surface du cône ΑΒΓ est égale à la base du cône ΜΝΞ; que la surface du cône ΕΒΖ sera égale à la base du cône ΟΠΡ, et qu'enfin la surface comprise entre ΕΖ, ΑΓ est égale à la base du cône ΘΚΛ, la base du cône ΜΝΞ est égale à la somme des bases des cônes ΟΠΡ, ΘΚΛ. Mais ces cônes ont la même hauteur; donc le cône ΜΝΞ est égal à la somme des cônes ΘΚΛ, ΟΠΡ. Mais le cône ΜΝΞ est égal au rhombe ΑΒΓΔ, et le cône ΟΠΡ égal au rhombe ΕΒΖΑ; donc le cône restant ΘΚΛ est égal à ce qui reste du rhombe ΑΒΓΔ.

PROPOSITION XXII.

Si l'on inscrit dans un cercle un polygone équilatère et d'un nombre pair de côtés; et si l'on joint les côtés de ce polygone par

des droites parallèles à une des droites qui soutendent deux côtés
de ce même polygone, la somme des droites qui joignent les côtés
du polygone est au diamètre du cercle, comme la droite qui
soutend la moitié des côtés du polygone inscrit moins un est
à un côté de ce polygone.

Soit le cercle ABΓΔ ; inscrivons-lui le polygone AEZBHΘΓMNΔΛK
et menons les droites EK, ZΛ, BΔ, HN,
ΘM. Il est évident que ces droites seront
parallèles à une de celles qui soutendent deux côtés de ce polygone. Je dis
que la somme des droites dont nous
avons parlé est au diamètre du cercle
comme la droite ΓE est à la droite EA.

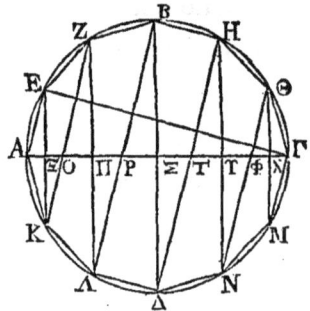

Menons les droites ZK , ΛB, HΔ, ΘN.
La droite ZK sera parallèle à la droite EA ; la droite BΛ parallèle
à la droite ZK ; la droite ΔH parallèle à la droite BΛ ; la droite ΘN
parallèle à ΔH ; et enfin la droite ΓM parallèle à ΘN. Puisque les
deux droites EA, KZ sont parallèles, et que l'on a mené les deux
droites EK, AO, la droite EΞ est à la droite ΞA comme la droite
KΞ est à la droite ΞΘ. Par la même raison, la droite KΞ est à la
droite ΞO comme la droite ZΠ est à la droite ΠO ; la droite ZΠ est
à la droite ΠO comme la droite ΛΠ est à la droite ΠP ; la droite ΛΠ
est à la droite ΠP comme la droite BΣ est à la droite ΣP ; la droite
BΣ est à la droite ΣP comme la droite ΔΣ est à la droite ΣT ; la droite
ΔΣ est à la droite ΣT comme la droite HΥ est à la droite ΥT ; la
droite HΥ est à la droite ΥT comme la droite NΥ est à la droite
ΥΦ ; la droite NΥ est à la droite ΥΦ comme la droite ΘX est à la
droite XΦ ; et enfin la droite ΘX est à la droite XΦ comme la
droite MX est à la droite XΓ. Donc la somme de toutes les droites
EΞ , ΞK, ZΠ, ΠΛ, BΣ, ΣΔ, HΥ, ΥN, ΘX, XM, est à la somme de
toutes les droites AΞ, ΞO, OΠ, ΠP, PΣ, ΣT, TΥ, ΥΦ, ΦX, XΓ,

comme une de ces premières droites est à une des secondes. Donc la somme des droites EK, ZΛ, BΔ, HN, ΘM est au diamètre AΓ comme la droite EΞ est à la droite ΞA. Mais la droite EΞ est à la droite ΞA comme la droite ΓE est à la droite EA; donc la somme des droites EK, ZΛ, BΔ, HN, ΘM est au diamètre AΓ comme la droite ΓE est à la droite EA.

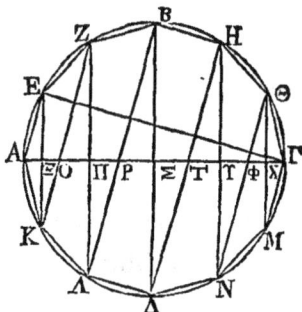

PROPOSITION XXIII.

Si l'on inscrit dans un segment de cercle un polygone d'un nombre pair de côtés, dont tous les côtés, excepté la base, soient égaux entre eux; si l'on joint les côtés du polygone par des parallèles à la base du segment, la somme de ces parallèles, avec la moitié de la base du segment, est à la hauteur du segment, comme la droite menée de l'extrémité du diamètre à l'ex trémité d'un des côtés du polygone est à un côté du polygone.

Conduisons dans le cercle ABΓ une droite quelconque AΓ. Dans le segment ABΓ, et au-dessus de AΓ, inscrivons un polygone d'un nombre pair de côtés, dont tous les côtés, excepté la base AΓ, soient égaux; et menons les droites ZH, EΘ parallèles à la base du segment. Je dis que la somme des droites ZH, EΘ, AΞ est à la droite BΞ comme la droite ΔZ est au côté ZB.

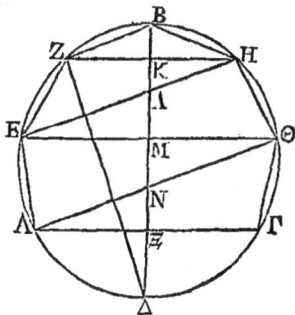

Menons les droites HE, AΘ; ces droites seront parallèles à la droite ZB. Par la même raison que dans le théorème précédent, la droite KZ est à la droite KB comme la droite HK est à la droite KΛ, comme EM est à MΛ, comme MΘ est à MN et comme ΞA est à ΞN. Donc la somme des droites ZK, KH, EM, MΘ, AΞ est à la somme des droites BK, KΛ, ΛM, MN, NΞ, comme une des premières droites est à une des secondes. Donc la somme des droites ZH, EΘ, AΞ est à la droite BΞ comme la droite ZK est à la droite KB. Mais la droite ZK est à la droite KB comme la droite ΔZ est à la droite ZB. Donc la somme des droites ZH, EΘ, AΞ est à la droite BΞ comme la droite ΔZ est à la droite ZB.

PROPOSITION XXIV.

Que ABΓΔ soit un grand cercle d'une sphère; inscrivons dans ce cercle un polygone équilatère dont le nombre des côtés soit divisible par quatre (α). Soient AΓ, BΔ deux diamètres (β). Si le diamètre AΓ restant immobile, le cercle dans lequel le polygone est inscrit fait une révolution, il est évident que sa circonférence se mouvra selon la surface de la sphère, et que les sommets des angles, excepté ceux qui sont placés aux points A, Γ, décriront dans la surface de la sphère des circonférences de cercles dont les plans seront perpendiculaires sur le cercle ABΓΔ. Les diamètres de ces cercles seront des droites qui étant parallèles à la droite BΔ, joignent les angles du polygone.

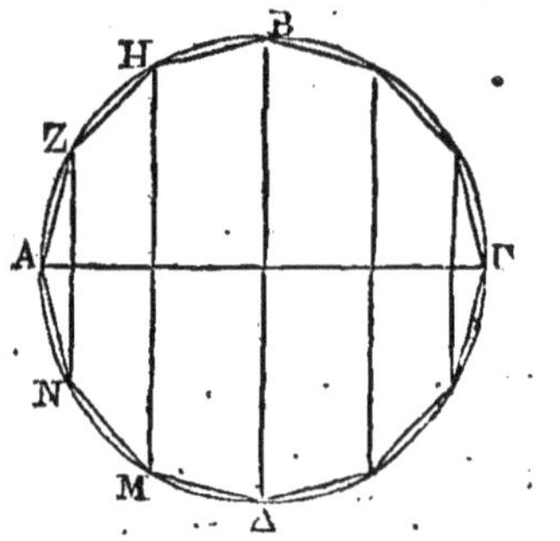

Les côtés du polygone décriront les surfaces de certains cônes, savoir : les côtés AZ, AN décriront la surface d'un cône dont la base est le cercle qui a pour diamètre la droite ZN et dont le sommet est le point A; les côtés ZH, MN décriront la surface d'un cône dont la base est le cercle qui a pour diamètre la droite MH,

et dont le sommet est le point où les droites zh, mn prolongées se rencontrent avec la droite aг; et enfin les côtés bh, mΔ
décriront la surface du cône dont la base est le cercle qui a
pour diamètre la droite bΔ, et dont le sommet est le point où
les droites bh, Δm prolongées se ren-
contrent avec la droite aг. Pareillement
dans l'autre demi-cercle, les côtés décriront aussi des surfaces de cônes semblables à celles dont nous venons de
parler. De cette manière il sera inscrit
dans la sphère une certaine figure qui
sera comprise par les surfaces dont nous
venons de parler, et dont la surface sera plus petite que la surface
de la sphère. En effet, la sphère étant partagée en deux parties
par un plan qui est mené par un droite bΔ, et perpendiculaire
sur le cercle abгΔ, la surface de l'un des hémisphères et la surface de la figure inscrite ont les mêmes limites dans un seul
plan, puisque ces deux surfaces ont pour limites la circonférence du cercle qui est décrite autour du diamètre bΔ, et qui
est pendiculaire sur le cercle abгΔ; ces deux surfaces sont concaves du même côté, et l'une de ces surfaces est comprise par
l'autre et par un plan qui a les mêmes limites que cette
autre (*princ.* 4). Pareillement la surface de la figure qui est
inscrite dans l'autre hémisphère, est aussi plus petite que la
surface de cet hémisphère. Donc la surface totale de la figure
inscrite dans la sphère est plus petite que la surface de la
sphère.

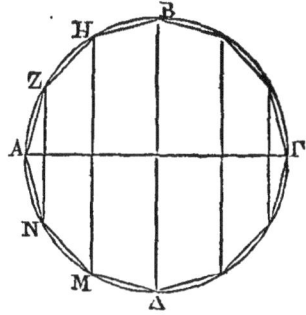

PROPOSITION XXV.

La surface de la figure inscrite dans une sphère est égale à un cercle dont le quarré du rayon est égal à la surface comprise sous un des côtés du polygone, et sous une droite égale à la somme des droites qui joignent les côtés du polygone, en formant des quadrilatères, et qui sont parallèles à une droite qui soutend deux côtés du polygone.

Que ΑΓΒΔ soit un grand cercle de la sphère. Inscrivons dans ce cercle un polygone équilatère dont le nombre des côtés soit divisible par quatre. Concevons qu'une figure ait été engendrée

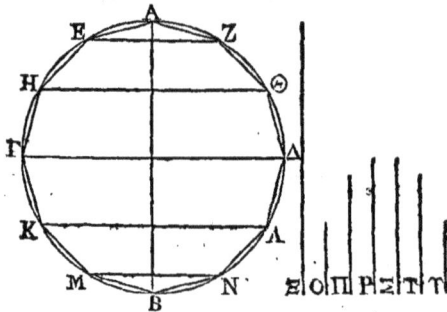

dans la sphère par le polygone inscrit. Menons les droites ΕΖ, ΗΘ, ΓΔ, ΚΛ, ΜΝ, et que ces droites soient parallèles à la droite qui soutend deux côtés du polygone. Supposons un cercle Ξ dont le quarré du rayon soit égal à la surface comprise sous la droite ΑΕ, et sous une droite égale à la somme des droites ΕΖ, ΗΘ, ΓΔ, ΚΛ, ΜΝ. Je dis que ce cercle est égal à la surface de la figure inscrite dans la sphère.

Supposons les cercles Ο, Π, Ρ, Σ, Τ, Υ. Que le quarré du rayon du cercle Ο soit égal à la surface comprise sous ΕΑ et sous la moitié de ΕΖ ; que le quarré du rayon du cercle Π soit égal à la surface comprise sous la droite ΕΑ, et sous la moitié de la somme des droites EZ, HΘ; que le quarré du rayon du cercle P soit égal à la surface comprise sous la droite EA, et sous la moitié de la somme des droites HΘ, ΓΔ; que le quarré du rayon du cercle Σ soit égal à la surface comprise sous la droite AE, et sous la moitié de la somme des droites ΓΔ, ΚΛ; que le quarré du rayon du cercle T soit égal à la surface comprise sous la droite AE, et sous la moitié de la somme des droites

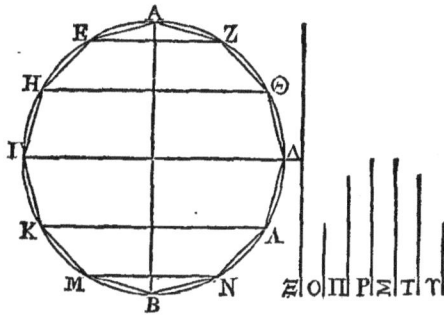

ΚΛ, MN, et qu'enfin le quarré du rayon du cercle Υ soit égal à la surface comprise sous la droite AE, et sous la moitié de la droite MN. Mais le cercle O est égal à la surface du cône AEZ (15); le cercle Π égal à la surface comprise entre EZ, HΘ (17); le cercle P égal à la surface comprise entre HΘ, ΓΔ; le cercle Σ égal à la surface comprise entre ΔΓ, ΚΛ; le cercle T égal à la surface comprise entre ΚΛ, MN, et enfin le cercle Υ égal à la surface du cône MBN. Donc la somme de ces cercles est égale à la surface inscrite dans la sphère. Mais il est évident que la somme des quarrés des rayons des cercles O, Π, P, Σ, T, Υ est égale à la surface comprise sous AE, et sous la somme des demi-droites EZ, HΘ, ΓΔ, ΚΛ, MN, prises deux fois, c'est-à-dire la somme des droites totales EZ, HΘ, ΓΔ, ΚΛ, MN. Donc la somme des quarrés des rayons des cercles O, Π, P, Σ, T, Υ est égale à la surface comprise sous AE, et sous la somme des droites EZ, HΘ, ΓΔ, ΚΛ, MN. Mais le quarré du

rayon du cercle ᴈ est égal à la surface comprise sous la droite
ᴀᴇ, et sous une droite composée de toutes les droites ᴇᴢ, ʜᴏ,
ᴦᴅ, ᴋᴧ, ᴍɴ. Donc le quarré du rayon du cercle ᴈ est égal à la
somme des quarrés des rayons de tous les cercles ᴏ, ᴨ, ᴩ, ᴤ, ᴦ,
ᴦ. Donc le cercle ᴤ est égal à la somme des cercles ᴏ, ᴨ, ᴩ, ᴤ,
ᴦ, ᴦ (ɑ). Mais l'on a démontré que la somme des cercles ᴏ, ᴨ,
ᴩ, ᴤ, ᴦ, ᴦ est égale à la surface de la figure dont nous avons
parlé. Donc le cercle ᴤ est aussi égal à la surface de cette
figure.

PROPOSITION XXVI.

La surface d'une figure inscrite dans une sphère et terminée
par des surfaces coniques, est plus petite que quatre grands
cercles de la sphère.

Soit ᴀʙᴦᴅ un grand cercle d'une sphère. Inscrivons dans
ce cercle un polygone équiangle et
équilatère, dont le nombre des côtés soit divisible par quatre. Concevons que sur ce polygone on ait construit une figure terminée par des
surfaces coniques. Je dis que la surface de la figure inscrite est plus petite que quatre grands cercles de cette
sphère.

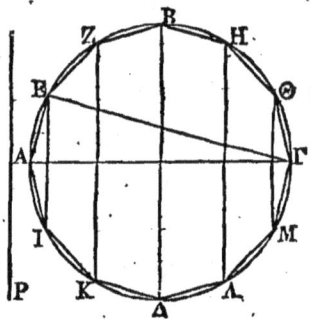

Menons les deux droites ᴇɪ, ᴏᴍ, soutendant chacune deux
côtés du polygone, et les droites ᴢᴋ, ᴅʙ, ʜᴧ parallèles aux droites
ᴇɪ, ᴏᴍ. Supposons un cercle ᴩ dont le quarré du rayon soit égal à
la surface comprise sous la droite ᴇᴀ, et sous une droite égale à la
somme des droites ᴇɪ, ᴢᴋ, ʙᴅ, ʜᴧ, ᴏᴍ. D'après ce qui a été démontré (25), ce cercle est égal à la surface de la figure dont nous

venons de parler. Mais l'on a démontré qu'une droite égale à la somme des droites EI, ZK, BΔ, HΛ, ΘM, est au diamètre AΓ du cercle ABΓΔ comme ΓE est à EA (22). Donc la surface comprise sous une droite égale à la somme des droites dont nous venons de parler, et sous la droite EA, c'est-à-dire le quarré du rayon du cercle P, est égal à la surface comprise sous les droites AΓ, ΓE. Mais la surface comprise sous AΓ, ΓE est plus petite que le quarré de AΓ; donc le quarré du rayon du cercle P est plus petit que le quarré de AΓ. Donc le rayon du cercle P est plus petit que AΓ. Donc le diamètre du cercle P est plus petit que le double du diamètre du cercle ABΓΔ. Donc deux diamètres du cercle ABΓΔ sont plus grands que le diamètre du cercle P. Donc le quadruple du quarré construit sur le diamètre du cercle ABΓΔ, c'est-à-dire sur AΓ, est plus grand que le quarré construit sur le rayon du cercle P. Mais le quadruple du quarré construit sur AΓ est au quarré construit sur le diamètre du cercle P, comme le quadruple du cercle ABΓΔ est au cercle P. Donc le quadruple du cercle ABΓΔ est plus grand que le cercle P. Donc le cercle P est plus petit que le quadruple d'un grand cercle. Mais on a démontré que le cercle P est égal à la surface de la figure dont nous venons de parler (25); donc la surface de la figure dont nous venons de parler est plus petite que le quadruple d'un grand cercle de la sphère.

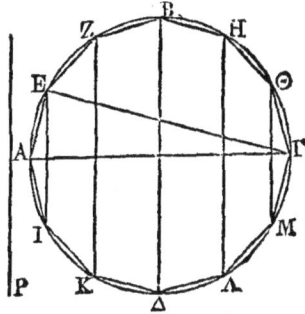

PROPOSITION XXVII.

Une figure inscrite dans la sphère et terminée par des surfaces coniques, est égale à un cône qui a une base égale à la
surface de la figure inscrite dans la sphère, et une hauteur
égale à la perpendiculaire menée du centre de la sphère sur
un côté du polygone.

Soit une sphère ; que ABΓΔ soit un grand cercle de cette sphère,
et que le reste soit comme dans le théorême précédent. Que P
soit un cône droit, qui ait une base égale à la surface de la
figure inscrite dans cette sphère, et une hauteur égale à la

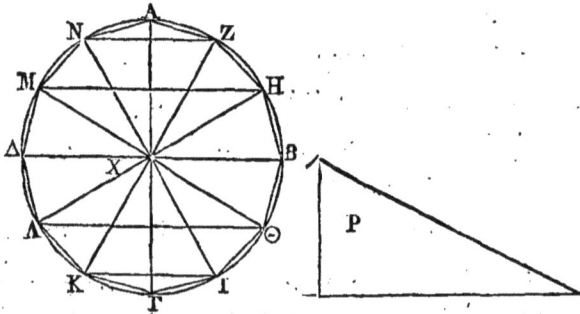

perpendiculaire menée du centre de cette sphère sur un côté du
polygone. Il faut démontrer que la figure inscrite dans cette
sphère est égale au cône P.

Sur les cercles décrits autour des diamètres ZN , HM , ΘΛ , IK ,
construisons des cônes qui aient leur sommet au centre de la
sphère. On aura un rhombe solide composé du cône dont la
base est le cercle décrit autour du diamètre ZN , et dont le sommet est le point A ; et du cône dont la base est le même cercle
et dont le sommet est le point X. Ce rhombe est égal à un
cône qui a une base égale à la surface du cône NAZ , et une
hauteur égale à la perpendiculaire menée du point X sur la

droite AZ (19). Le reste du rhombe terminé par la surface conique placée entre les plans parallèles conduits par les droites ZN, HM, et entre les surfaces des cônes ZNX, HMX, est égal à un cône qui a une base égale à la surface conique comprise entre

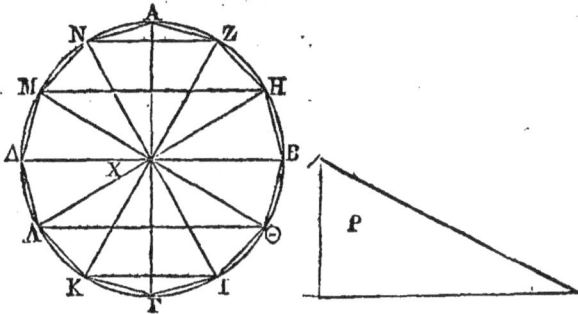

les plans parallèles conduits par les droites ZN, HM, et pour hauteur une droite égale à la perpendiculaire menée du point X sur la droite ZH, ainsi que cela a été démontré (21). De plus le reste de cône terminé par la surface conique comprise entre les plans parallèles menés par les droites HM, BΔ, entre la surface du cône HMX et entre le cercle décrit autour du diamètre BΔ, est égal à un cône qui a une base égale à la surface conique comprise entre les plans parallèles menés par les droites HM, BΔ, et une hauteur égale à la perpendiculaire menée du point X sur la droite BH (20). Dans l'autre hémisphère, on aura pareillement un rhombe XKΓI, et autant de restes de cônes que dans le premier hémisphère; et ce rhombe et ces restes de cônes seront égaux, chacun à chacun, aux cônes dont nous venons de parler. Il est donc évident que la figure totale inscrite dans la sphère est égale à la somme de tous les cônes dont nous venons de parler. Mais la somme de ces cônes est égale au cône P, parce que le cône P a une hauteur égale à la hauteur de chacun des cônes dont nous venons de parler; et une base égale à la somme de leurs bases. Il est donc évident que la figure inscrite dans la sphère est égale au cône P.

PROPOSITION XXVIII.

Une figure inscrite dans une sphère et terminée par des surfaces coniques, est plus petite que le quadruple d'un cône qui a une base égale à un grand cercle de cette sphère, et une hauteur égale à un rayon de cette même sphère.

En effet, que P soit un cône égal à la figure inscrite ; c'est-à-dire que ce cône ait une base égale à la surface de la figure inscrite et une hauteur égale à la droite menée du centre du cercle sur un des côtés du polygone inscrit. Soit aussi un cône Ξ, qui ait une base égale au cercle ABΓΔ et une hauteur égale au rayon du cercle ABΓΔ.

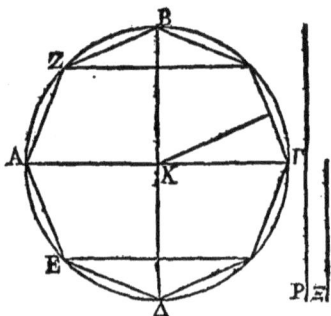

Puisque le cône P a une base égale à la surface de la figure inscrite dans la sphère et une hauteur égale à la perpendiculaire menée du point X sur le côté AZ, et puisqu'il a été démontré que la surface de la figure inscrite est plus petite que le quadruple d'un grand cercle d'une sphère (26), la base du cône P est plus petite que le quadruple de la base du cône Ξ. Mais la hauteur du cône P est plus petite que la hauteur du cône Ξ ; donc, puisque le cône P a une base plus petite que le quadruple de la base du cône Ξ, et une hauteur plus petite que celle du cône Ξ, il est évident que le cône P est plus petit que le quadruple du cône Ξ. Mais le cône P est égal à la figure inscrite (27) ; donc la figure inscrite est plus petite que le quadruple du cône Ξ.

PROPOSITION XXIX.

Que ABΓΔ soit un grand cercle d'une sphère. Circonscrivons à ce cercle un polygone équiangle et équilatère ; que le nombre des côtés de ce polygone soit divisible par quatre. Circonscrivons un cercle au polygone circonscrit. Le centre du cercle circonscrit sera le même que le centre du cercle ABΓΔ. Si le diamètre EH restant immobile, le plan du polygone EZHΘ et le cercle ABΓΔ font une révolution, il est évident que la circonférence du cercle ABΓΔ se mouvra selon la surface de la sphère, et que la circonférence du cercle EZHΘ décrira la surface d'une autre sphère qui aura le même centre que la plus petite. Les points de contact des côtés du polygone décriront dans la surface de la plus petite sphère des cercles perpendiculaires sur le cercle ABΓΔ ; les angles du polygone, excepté les angles placés aux points E, H, décriront des circonférences de cercle dans la surface de la plus grande sphère, dont les plans seront perpendiculaires sur le cercle EZHΘ ; et les côtés du polygone décriront des surfaces coniques comme dans le théorême précédent. Il est donc évident qu'une figure terminée par des surfaces coniques sera circonscrite à la petite sphère et inscrite dans la grande. Nous démontrerons de la manière suivante, que la surface de la figure circonscrite est plus grande que la surface de la sphère. Que KΔ soit le diamètre d'un des cercles de la petite sphère, et K, Δ les points où deux côtés du polygone circonscrit touchent le cercle ABΓΔ. La sphère étant partagée en deux parties par un plan conduit par la droite KΔ et perpendiculaire sur le

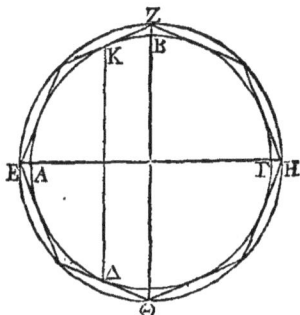

cercle ABΓΔ, la surface de la figure circonscrite à la sphère
sera aussi partagée en deux parties par le même plan. Or il
est évident que les surfaces obtenues de cette manière ont les
mêmes limites dans un même plan, car la limite de l'une
et de l'autre est la circonférence du cercle qui est décrit
autour du diamètre KΔ et qui est perpendiculaire sur le cercle
ABΓΔ; et de plus l'une et l'autre de ces surfaces sont concaves du
même côté, et l'une est comprise par l'autre et par un plan qui
a les mêmes limites que cette autre (*princ.* 4). Donc la surface du
segment sphérique qui est comprise est plus petite que la surface
de la figure circonscrite à ce même segment. Semblablement, la
surface de l'autre segment sphérique est aussi plus petite que la
surface de la figure circonscrite à ce même segment. Il est donc
évident que la surface totale d'une sphère est plus petite que
la surface de la figure circonscrite à cette sphère.

PROPOSITION XXX.

La surface d'une figure circonscrite à une sphère est égale à
un cercle dont le quarré du rayon est égal à la surface comprise sous un des côtés du polygone, et sous une droite égale
à la somme des droites qui joignent les angles du polygone
et qui sont parallèles à une de celles qui soutendent deux
côtés du polygone.

En effet, la figure circonscrite à la petite sphère est inscrite
dans la grande. Mais on a démontré que la surface de la figure
inscrite dans la sphère et terminée par des surfaces coniques
est égale à un cercle dont le quarré du rayon est égal à la surface comprise sous un des côtés du polygone et sous une
droite égale à la somme des droites qui joignent les angles du
polygone et qui sont parallèles à une des droites qui souten-

dent deux côtés du polygone (25). Donc ce qui a été proposé
plus haut est évident.

PROPOSITION XXXI.

La surface de la figure circonscrite à une sphère est plus
grande que le quadruple d'un grand cercle de cette sphère.

Soient une sphère et un grand cercle, et que le reste soit
comme dans les théorèmes précédens. Que le cercle A soit
égal à la surface de la figure proposée qui est circonscrite à la
petite sphère.

Puisqu'on a inscrit dans le cercle EZHΘ un polygone équilatère dont le nombre des angles est pair, la somme des
parallèles au diamètre ΘZ, qui joignent les angles du polygone
est à ΘZ comme KΘ est à KZ. Donc la surface comprise sous
un côté du polygone et sous une
droite égale à la somme des droites
qui joignent les angles du polygone,
est égale à la surface comprise sous
ZΘ, ΘK. Donc le quarré du rayon du
cercle A est égal à la surface comprise
sous ZΘ, ΘK (25). Donc le rayon du
cercle A est plus grand que ΘK. Mais
la droite ΘK est égale au diamètre du cercle ABΓΔ (α), puisque
ΘK est double de XΣ qui est le rayon du cercle ABΓΔ. Il est
donc évident que le cercle A, c'est-à-dire la surface de la
figure circonscrite à une sphère, est plus grand que le quadruple d'un grand cercle de cette sphère.

PROPOSITION XXXII.

La figure circonscrite à la petite sphère est égale à un cône qui a pour base un cercle égal à la surface de cette figure, et pour hauteur une droite égale au rayon de cette sphère.

En effet, la figure circonscrite à la petite sphère est inscrite dans la plus grande. Or on a démontré qu'une figure inscrite et terminée par des surfaces coniques est égale à un cône qui a pour base un cercle égal à la surface de cette figure, et pour hauteur une droite égale à la perpendiculaire menée du centre de la sphère sur le côté du polygone; et cette perpendiculaire est égale au rayon de la petite sphère (27). Donc ce qui a été posé plus haut est évident.

PROPOSITION XXXIII.

Il suit de-là que la figure circonscrite à la petite sphère est plus grande que le quadruple d'un cône qui a pour base un cercle égal à un grand cercle de cette sphère, et pour hauteur une droite égale au rayon de cette même sphère.

En effet, puisque cette figure est égale à un cône qui a une base égale à la surface de cette même figure, et une hauteur égale à la perpendiculaire menée du centre sur le côté du polygone, c'est-à-dire au rayon de la petite sphère (32), et que la surface de la figure circonscrite à une sphère est plus grande que quatre grands cercles (31), la figure circonscrite à la petite sphère est plus grande que le quadruple d'un cône qui a pour base un grand cercle de cette sphère, et pour hauteur un rayon de cette même sphère; car cette figure est égale

8

à un cône plus grand que le quadruple du cône dont nous venons de parler, puisque le premier a une base plus grande que le quadruple de la base du second et une hauteur égale.

PROPOSITION XXXIV.

Si l'on inscrit une figure dans une sphère, et si on lui en circonscrit une autre; et si l'on fait faire une révolution aux polygones semblables qui ont été construits plus haut, la raison de la surface de la figure circonscrite à la surface de la figure inscrite, sera doublée de la raison du côté du polygone qui est circonscrit à un grand cercle à un des côtés du polygone qui est inscrit dans ce même cercle; et la raison de la figure circonscrite à la figure inscrite sera triplée de la raison du côté du polygone circonscrit au côté du polygone inscrit.

Que ABΓΔ soit un grand cercle d'une sphère; inscrivons dans ce cercle un polygone équilatère dont le nombre des côtés soit divisible par quatre. Circonscrivons à ce même cercle un autre polygone semblable au premier;
que les côtés du polygone circonscrit soient tangents aux milieux des arcs soutendus par les côtés du polygone inscrit; que les droites EH, ΘZ soient deux diamètres du cercle qui comprend le polygone circonscrit; que ces

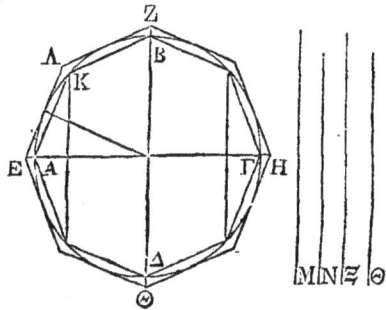

diamètres se coupent à angles droits et soient placés de la même manière que les diamètres AΓ, BΔ; et concevons qu'on ait joint les angles opposés du polygone par des droites; ces droites seront parallèles entre elles et aux droites BZ, ΘΔ.

Cela posé, le diamètre ЕН restant immobile, si l'on fait faire une révolution aux polygones, les côtés de ces polygones circonscriront une figure à la sphère et lui en inscriront une autre. Il faut démontrer que la raison de la surface de la figure circonscrite à la surface de la figure inscrite est doublée de la raison de ЕΛ à АК ; et que la raison de la figure circonscrite à la figure inscrite est triplée de la raison de ЕΛ à АК.

Que M soit un cercle égal à la surface de la figure circonscrite à la sphère, et N un cercle égal à la surface de la figure inscrite. Le quarré du rayon du cercle M est égal à la surface comprise sous la droite ЕΛ et sous une droite égale à la somme des droites qui joignent les angles du polygone circonscrit (30); et le quarré du rayon du cercle N est égal à la surface comprise sous la droite АК et sous une droite égale à la somme des droites qui joignent les angles du polygone inscrit (25). Mais les polygones circonscrits et inscrits sont semblables; il est donc évident que les surfaces comprises sous les droites dont nous venons de parler, c'est-à-dire les surfaces comprises sous les sommes des droites qui joignent les angles des polygones et sous les côtés de ces mêmes polygones, sont des figures semblables entre elles (*a*). Donc ces figures sont entre elles comme les quarrés des côtés des polygones. Mais les surfaces qui sont comprises sous les droites dont nous venons de parler, sont entre elles comme les quarrés des rayons des cercles M, N. Donc les diamètres des cercles M, N sont entre eux comme les côtés des polygones. Mais les cercles M, N sont entre eux en raison doublée de leurs diamètres; et ces cercles sont égaux aux surfaces des figures circonscrites et inscrites. Il est donc évident que la raison de la surface de la figure qui est circonscrite à la sphère à la surface de la figure inscrite est doublée de la raison du côté EΛ au côté AK.

Soient maintenant deux cônes o, Ξ. Que le cône Ξ ait une base égale au cercle M, et le cône o une base égale au cercle N; que le cône Ξ ait une hauteur égale au rayon de la sphère, et que le cône o ait une hauteur égale à la perpendiculaire menée du centre de la sphère sur le côté AK. D'après ce qui a été démontré, le cône Ξ est égal à la figure circonscrite (32), et le cône o égal à la figure inscrite (27). Mais les polygones sont semblables; donc le côté EΛ est au côté AK comme le rayon de la sphère est à la perpendiculaire menée du centre de la sphère sur le côté AK. Donc la hauteur du cône Ξ est à la hauteur du cône o comme EΛ est à AK. Mais le diamètre du cercle M est au diamètre du cercle N comme EΛ est à AK; donc les diamètres des bases des cônes Ξ, o sont proportionnels à leurs hauteurs; donc ces cônes sont semblables. Donc les cônes Ξ, o sont entre eux en raison triplée des diamètres des cercles M, N. Il est donc évident que la raison de la figure circonscrite à la figure inscrite est triplée de la raison du côté EΛ au côté AK.

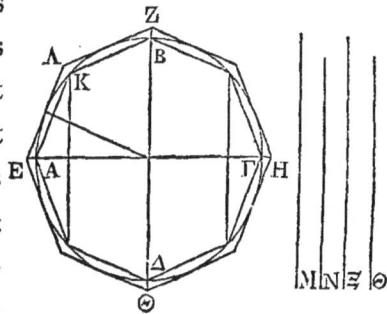

PROPOSITION XXXV.

La surface d'une sphère quelconque est quadruple d'un de ses grands cercles.

Soit une sphère quelconque; que A soit un cercle quadruple d'un des grands cercles de cette sphère. Je dis que le cercle A est égal à la surface de cette sphère.

Car, si le cercle A n'est pas égal à la surface de la sphère, il est ou plus grand ou plus petit. Supposons d'abord que la surface de la sphère soit plus grande que le cercle A. Puisqu'on a deux quantités inégales, la surface de la sphère et le cercle A, on peut prendre deux droites inégales de manière que la raison de la plus grande à la plus petite soit moindre que la raison de la surface de la sphère au cercle A (3). Prenons les droites B, Γ, et que la droite Δ soit moyenne proportionnelle entre les droites B, Γ. Concevons que la sphère soit coupée par un plan conduit par son centre, selon le cercle EZHΘ. Inscrivons un polygone dans ce cercle, et circonscrivons-lui en un autre de manière que le polygone circonscrit soit semblable au polygone inscrit; et que la raison du côté du polygone circonscrit au côté du polygone inscrit soit moindre que la raison de la droite B à la droite Δ (4). Il est évident que la raison doublée du côté du premier polygone au côté du second polygone sera encore moindre que la raison doublée de la droite B à la droite Δ. Mais la raison de B à Γ est doublée de la raison de B à Δ, et la raison de la surface du solide circonscrit à la sphère à la surface du solide inscrit est doublée de la raison du côté du polygone circonscrit au côté du polygone inscrit (34). Donc la raison de la surface de la figure qui est circonscrite à la sphère à la surface de la figure inscrite est moindre que la raison de la surface de la sphère au cercle A (α), ce qui est absurde. En effet, la surface de la figure circonscrite est plus grande que la surface de la sphère, et la surface de la figure inscrite est au contraire plus petite que celle du cercle A; car on a démontré que la surface de la

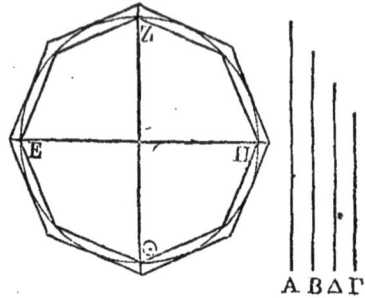

figure inscrite est plus petite que quatre grands cercles d'une sphère (26), et par conséquent plus petite que le cercle A qui est égal à quatre grands cercles. Donc la surface d'une sphère n'est pas plus grande que le cercle A.

Je dis maintenant que la surface de la sphère n'est pas plus plus petite que le cercle A. Supposons, si cela est possible, qu'elle soit plus petite. Cherchons pareillement deux droites B, Γ, de manière que la raison de B à Γ soit moindre que la raison du cercle A à la surface de la sphère (3), et que la droite Δ soit moyenne proportionnelle entre B, Γ. Inscrivons dans le cercle EΘHZ un polygone et circonscrivons-lui un autre polygone, de manière que la raison du côté du polygone circonscrit au côté du polygone inscrit soit moindre que la raison de B à Δ (4). La raison doublée du côté du polygone circonscrit à un côté du polygone inscrit sera encore moindre que la raison doublée de B à Δ. Donc la raison de la surface de la figure circonscrite à la surface de la figure inscrite est moindre que la raison du cercle A à la surface de la sphère, ce qui est absurde. En effet, la surface de la figure circonscrite est plus grande que le cercle A (31), tandis que la surface de la figure inscrite est plus petite que la surface de la sphère. Donc la surface d'une sphère n'est pas plus petite que le cercle A. Mais nous avons démontré qu'elle n'est pas plus grande. Donc la surface d'une sphère est égale au cercle A, c'est-à-dire à quatre grands cercles.

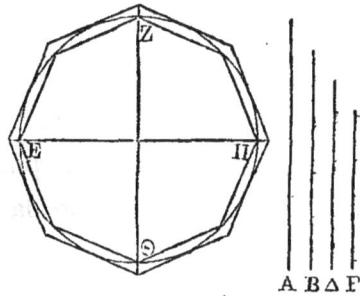

PROPOSITION XXXVI.

Une sphère quelconque est quadruple d'un cône qui a une base égale à un grand cercle de cette sphère et une hauteur égale au rayon de cette même sphère.

Soit une sphère quelconque; et que ABΓΔ soit un de ses grands

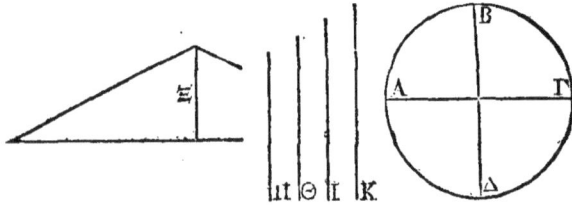

cercles. Que cette sphère ne soit pas le quadruple du cône dont nous venons de parler; et supposons, si cela est possible, qu'elle soit plus grande que le quadruple de ce cône. Soit Ξ un cône qui ait une base quadruple du cercle ABΓΔ, et une hauteur égale au rayon de la sphère; la sphère sera plus grande que le cône Ξ. Nous aurons donc deux quantités inégales, la sphère et ce cône. Nous pourrons donc prendre deux droites telles que la raison de la plus grande à la plus petite soit moindre que la raison de la sphère au cône Ξ (3). Que ces droites soient K, H. Prenons deux autres droites, de manière que K surpasse I de la même quantité que I surpasse Θ, et que Θ surpasse H. Concevons que l'on ait inscrit dans le cercle ABΓΔ un polygone dont le nombre des côtés soit divisible par quatre, et qu'on ait circonscrit à ce même cercle un polygone semblable au polygone inscrit, comme dans les théorèmes précédens. Que la raison du côté du polygone circonscrit au côté du polygone inscrit soit moindre que la raison de K à I (4); et que les diamètres AΓ, BΔ se coupent entre eux à angles

droits. Si le diamètre ΑΓ restant immobile, on fait faire une
révolution au plan des polygones, on inscrira une figure dans
la sphère et on lui en circonscrira une autre; et la raison de la
figure circonscrite à la figure inscrite sera triplée de la raison

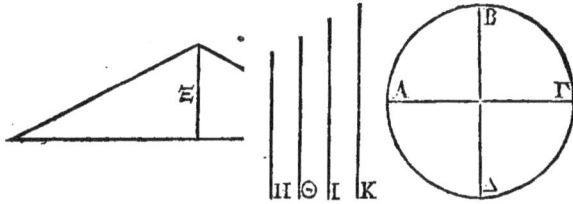

du côté du polygone qui est circonscrit au cercle ΑΒΓΔ au
côté du polygone qui lui est inscrit. Mais la raison du côté
du polygone circonscrit au côté du polygone inscrit est moindre
que la raison de κ à ι; donc la raison de la figure circonscrite
à la figure inscrite est moindre que la raison triplée de κ à ι.
Mais la raison de κ à H est plus grande que la raison triplée de
κ à ι; car cela suit évidemment des lemmes (α). Donc la raison
de la figure circonscrite à la figure inscrite est encore moindre que la raison de κ à H. Mais la raison de κ à H est moindre
que la raison de la sphère au cône Ξ et par permutation.......(ϵ) ce qui ne peut être. En effet, la figure circonscrite est plus grande que la sphère, et la figure inscrite
est plus petite que le cône Ξ, à cause que le cône Ξ est quadruple d'un cône qui a une base égale au cercle ΑΒΓΔ, et une
hauteur égale au rayon de la sphère. Mais la figure inscrite est
moindre que le quadruple du cône dont nous venons de
parler (28). Donc la sphère n'est pas plus grande que le
quadruple du cône dont nous venons de parler.

Supposons, si cela est possible, que la sphère soit plus petite
que le quadruple du cône dont nous avons parlé. Prenons les
droites κ, H, de manière que la droite κ étant plus grande que

la droite н, la raison de к à н soit moindre que la raison du
cône ᴤ à la sphère. Soient encore les deux droites ᴏ, ɪ, comme
dans la première partie du théorême. Concevons que l'on ait
inscrit un polygone dans le cercle ᴀʙᴦᴅ et qu'on lui en ait circonscrit un autre, de manière que la raison du côté du polygone
circonscrit au côté du polygone inscrit soit moindre que la
raison de к à ɪ (4). Que le reste soit construit de la même manière qu'on l'a fait plus haut. La raison de la figure solide
circonscrite à la figure inscrite sera triplée de la raison du
côté du polygone circonscrit au cercle ᴀʙᴦᴅ au côté du polygone inscrit dans ce même cercle. Mais la raison du côté du
premier polygone au côté du second polygone est moindre
que la raison de к à ɪ ; donc la raison de la figure circonscrite
à la figure inscrite est moindre que la raison triplée de к à ɪ.
Mais la raison de к à н est plus grande que la raison triplée de
к à ɪ ; donc la raison de la figure circonscrite à la figure
inscrite est moindre que la raison de к à н. Mais la raison
de к à н est moindre que la raison du cône ᴤ à la sphère (α),
ce qui est impossible. Car la figure inscrite est plus petite que
la sphère, tandis que la figure circonscrite est plus grande
que le cône ᴤ (33). Donc la sphère n'est pas plus petite que
le quadruple du cône qui a une base égale au cercle ᴀʙᴦᴅ, et
une hauteur égale au rayon de la sphère. Mais on a démontré
que la sphère n'est pas plus grande; donc la sphère est quadruple de ce cône.

PROPOSITION XXXVII.

Ces choses étant démontrées, il est évident que tout cylindre
qui a une base égale à un grand cercle d'une sphère et une
hauteur égale au diamètre de cette sphère, est égal à trois fois

la moitié de cette sphère, et que la surface de ce cylindre, les bases étant comprises, est aussi égale à trois fois la moitié de la surface de cette même sphère.

Car le cylindre dont nous venons de parler est le sextuple d'un cône qui a la même base que ce cylindre et une hauteur égale au rayon de la sphère. Mais la sphère est le quadruple de ce cône; il est donc évident que le cylindre est égal à trois fois la moitié de la sphère.

De plus, puisque l'on a démontré que la surface d'un cylindre, les bases exceptées, est égale à un cercle dont le rayon est moyen proportionnel entre le côté du cylindre et le diamètre de sa base (14), et que le côté du cylindre dont nous venons de parler est égal au diamètre de sa base, à cause que ce cylindre est circonscrit à une sphère; il est évident que cette moyenne proportionnelle est égale au diamètre de la base. Mais le cercle qui a un rayon égal au diamètre de la base du cylindre est le quadruple de la base du cylindre, c'est-à-dire le quadruple d'un grand cercle de la sphère; donc la surface du cylindre, ses bases exceptées, est le quadruple d'un grand cercle de la sphère. Donc la surface totale du cylindre, avec les bases, est le sextuple d'un grand cercle. Mais la surface de la sphère est le quadruple d'un grand cercle; donc la surface totale du cylindre est égale à trois fois la moitié de la surface de la sphère.

PROPOSITION XXXVIII.

La surface d'une figure inscrite dans un segment sphérique est égale à un cercle dont le quarré du rayon est égal à la surface comprise sous le côté du polygone inscrit dans le segment d'un grand cercle, et sous la somme des droites parallèles à la base du segment, réunie avec la moitié de la base du segment.

Soit une sphère, et dans cette sphère un segment qui ait pour base le cercle décrit autour du diamètre AH. Inscrivons dans ce segment une figure terminée par des surfaces coniques ainsi que nous l'avons dit. Que AHΘ soit un grand cercle, et ΑΓΕΘΖΔΗ un polygone dont les côtés, excepté le côté AH, soient pairs en nombre. Prenons un cercle ʌ dont le quarré du rayon soit égal à la surface comprise sous le côté ΑΓ et sous la somme des droites ΕΖ, ΓΔ, réunie avec la moitié de la base, c'est-à-dire AK. Il faut démontrer que le cercle ʌ est égal à la surface de la figure inscrite.

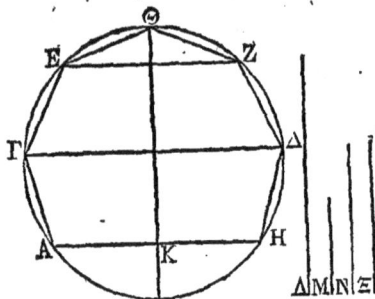

Prenons un cercle M dont le quarré du rayon soit égal à la surface comprise sous le côté ΕΘ et sous la moitié de ΕΖ; ce cercle sera égal à la surface du cône, dont la base est le cercle décrit autour du diamètre ΕΖ, et dont le sommet est le point Θ (15). Prenons un autre cercle N dont le quarré du rayon soit égal à la surface comprise sous ΕΓ, et sous la moitié de la somme des droites ΕΖ, ΓΔ (17); ce cercle sera égal à la surface du cône comprise entre les plans parallèles conduits par les droites ΕΖ, ΓΔ. Prenons semblablement un autre cercle Ξ dont le quarré du rayon soit égal à la surface comprise sous ΑΓ et sous la moitié de la somme des droites ΓΔ, AH. Ce cercle sera aussi égal à la surface du cône comprise entre les plans parallèles conduits par les droites AH, ΓΔ. La somme de ces cercles sera donc égale à la surface totale de la figure inscrite dans le segment; et la somme des quarrés de leurs rayons sera égale à la

surface comprise sous un côté AΓ
et sous la somme des droites EZ,
ΓΔ, réunie avec la moitié de la
base AK. Mais le quarré du rayon
Λ étoit aussi égal à cette surface;
donc le cercle Λ est égal à la
somme des cercles M, N, Ξ.
Donc le cercle Λ est égal à la
surface de la figure inscrite dans le segment.

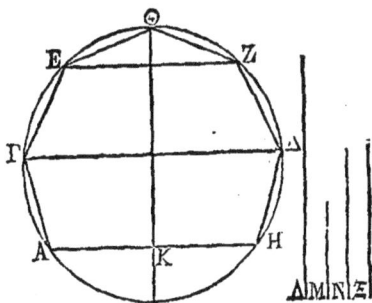

PROPOSITION XXXIX.

Qu'une sphère soit coupée par un plan qui ne passe pas par
son centre; et que AEZ soit un grand cercle de cette sphère,
perpendiculaire sur le plan qui le coupe. Inscrivons dans le
segment ABΓ un polygone dont les côtés, excepté la base AB,
soient égaux et pairs en nombre. Si,
comme dans les théorêmes précédens,
le diamètre ΓZ restant immobile, on
fait faire une révolution au polygone,
les angles Δ, E, A, B décriront les circonférences des cercles, dont les diamètres sont ΔE, AB; et les côtés du polygone décriront des surfaces coniques.
De cette manière il sera produit une figure solide terminée
par des surfaces coniques, ayant pour base le cercle décrit
autour du diamètre AB et pour sommet le point Γ. Cette
figure, ainsi que dans les théorêmes précédens, aura une surface
plus petite que la surface du segment dans lequel cette figure
est comprise, parce que la circonférence du cercle décrit
autour du diamètre AB est la limite du segment et de la figure

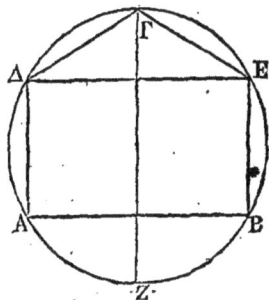

inscrite; que chacune de ces deux surfaces est concave du même côté, et que l'une est comprise par l'autre (*princ.* 4).

PROPOSITION XL.

La surface de la figure inscrite dans un segment de sphère est plus petite qu'un cercle dont le rayon est égal à la droite menée du sommet du segment à la circonférence du cercle qui est la base du segment.

Soit une sphère; et que ABZE soit un de ses grands cercles. Soit dans cette sphère un segment qui ait pour base le cercle décrit autour du diamètre AB. Inscrivons dans ce segment la figure dont nous venons de parler. Dans le segment du cercle décrivons un polygone, et faisons le reste comme nous l'avons fait plus haut. Menons le diamètre de la sphère AΘ, et les droites AE, ΘΑ. Soit M un cercle qui ait un rayon égal à la droite AΘ. Il faut démontrer que le cercle M est plus grand que la surface de la figure inscrite.

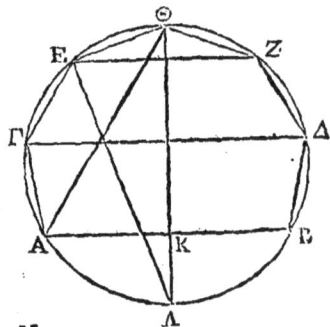

En effet, nous avons démontré que la surface de la figure inscrite est égale à un cercle dont le quarré du rayon est égal à la surface comprise sous EΘ, et sous la somme des droites EZ, ΓΔ, ΚΑ (38). Nous avons encore démontré que la surface comprise sous EΘ et sous la somme des droites EZ, ΓΔ, ΚΑ est égale à la surface comprise sous les droites EΑ, ΚΘ (23). Mais la surface comprise sous EΑ, ΚΘ, est plus petite que le quarré construit sur AΘ, parce que la surface comprise sous AΘ, ΘΚ est égale au quarré construit sur AΘ. Il est donc évident que le rayon du cercle qui est égal à la surface de la figure inscrite est plus petit que le rayon du cercle M; d'où il suit que le cercle M est plus grand que la surface de la figure inscrite.

PROPOSITION XLI.

La figure inscrite dans un segment et terminée par des surfaces coniques, avec le cône qui a la même base que la figure inscrite, et qui a son sommet au centre de la sphère, est égale à un cône qui a une base égale à la surface de la figure inscrite, et une hauteur égale à la perpendiculaire menée du centre de la sphère sur le côté du polygone.

Soient une sphère et un grand cercle de cette sphère. Que ABΓ soit un segment plus petit que le demi-cercle. Que le point E

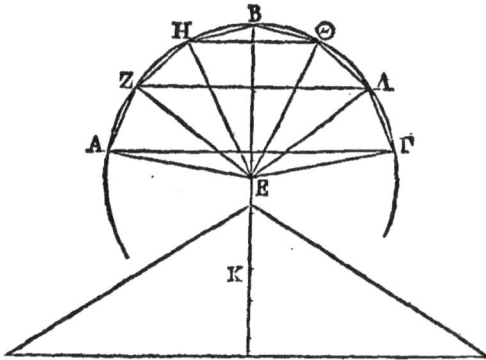

soit le centre. Dans le segment ABΓ inscrivons, comme dans les théorêmes précédens, un polygone dont les côtés, excepté le côté AΓ, soient égaux entre eux. Si BE restant immobile, on fait faire une révolution à la sphère, elle engendrera une figure terminée par des surfaces coniques. Que le cercle décrit autour des diamètres AΓ soit la base d'un cône qui ait son sommet au centre de la sphère. Prenons un cône K, qui ait une base égale à la surface de la figure inscrite et une hauteur égale

à la perpendiculaire menée du centre E sur un des côtés du
polygone. Il faut démontrer que le cône K est égal à la figure
dont nous venons de parler, réunie au cône AEΓ.

Sur les cercles qui ont pour diamètres les droites HΘ, ZΛ,
construisons deux cônes qui aient leurs sommets au point E.
Le rhombe solide HBΘE est égal à un cône qui a une base
égale à la surface du cône HBΘ, et une hauteur égale à la perpendiculaire menée du point E sur HB (19). Le reste qui est terminé par la surface comprise entre les plans parallèles conduits
par les droites HΘ, ZΛ, et par les surfaces coniques ZEΛ, HEΘ,
est égal à un cône qui a une base égale à la surface comprise
entre les plans parallèles conduits par les droites HΘ, ZΛ, et une
hauteur égale à la perpendiculaire menée du point E sur
ZH (20); et enfin le reste qui est terminé par la surface comprise entre les plans parallèles conduits par les droites ZΛ, AΓ,
et par les surfaces coniques AEΓ, ZEΛ est égal à un cône qui a
une base égale à la surface comprise entre les plans parallèles
conduits par les droites ZΛ, AΓ; et une hauteur égale à la perpendiculaire menée du point E sur ZΛ. Donc la somme des cônes
dont nous venons de parler est égale à la figure inscrite, réunie
au cône AEΓ. Mais tous ces cônes ont une hauteur égale à la perpendiculaire menée du point E sur un des côtés du polygone, et
la somme de leurs bases est égale à la surface de la figure AZHBΘΛΓ;
et de plus le cône K a la même hauteur, et sa base est égale
à la surface de la figure inscrite. Donc le cône K est égal à la
somme des cônes dont nous venons de parler. Mais nous avons
démontré que la somme des cônes dont nous venons de parler
est égale à la figure inscrite, réunie au cône AEΓ. Donc le cône K
est égal à la figure inscrite, réunie au cône EAΓ.

Il suit manifestement de là que le cône qui a pour base un
cercle dont le rayon est égal à la droite menée du sommet

du segment à la circonférence du cercle qui est la base du
segment, et une hauteur égale au rayon de la sphère, est plus
grand que la figure inscrite, réunie au cône AEΓ. En effet, le
cône dont nous venons de parler est plus grand qu'un cône
égal à la figure inscrite, réunie au cône qui a la même base

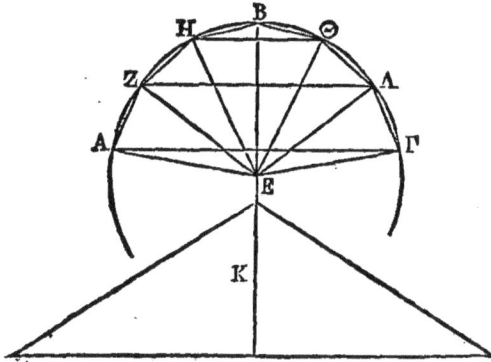

que le segment et dont le sommet est le centre de la sphère,
c'est-à-dire plus grand qu'un cône qui a une base égale à la
surface de la figure inscrite et une hauteur égale à la perpendiculaire menée du centre sur le côté du polygone; car
nous avons démontré que la base du premier est plus grande
que la base du second (50); et la hauteur du premier est plus
grande que la hauteur du second.

PROPOSITION XLII.

Soit une sphère; que ABΓ soit un de ses grands cercles; que
la droite AB coupe un segment plus petit que la moitié de ce
cercle; que le point Δ soit le centre du cercle ABΓ; et du centre Δ
aux points A, B menons les droites AΔ, ΔB. Circonscrivons un
polygone au secteur produit par cette construction, et circonscrivons aussi un cercle à ce polygone. Ce cercle aura

certainement le même centre que le cercle ABΓ. Si le diamètre
EK restant immobile, nous faisons faire une révolution au
polygone, le cercle circonscrit décrira la surface d'une sphère ;
les angles du polygone décriront des cercles dont les diamètres
sont des droites qui étant parallèles à AB, joignent les angles
du polygone; les points où les côtés
du polygone touchent le plus petit
cercle, décriront dans la petite sphère
des cercles dont les diamètres sont
des droites qui étant parallèles à AB,
joignent les points de contact ; et les
côtés du polygone décriront des surfaces coniques. De cette manière on
circonscrira une figure terminée par des surfaces coniques
dont la base sera le cercle décrit autour du diamètre ZH. La
surface de la figure dont nous venons de parler est plus grande
que la surface du petit segment sphérique dont la base est le
cercle décrit autour du diamètre AB.

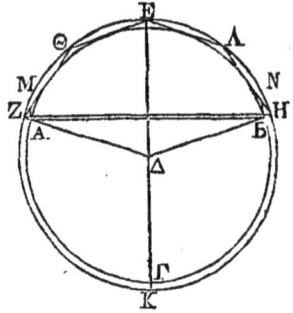

En effet, menons les tangentes AM, BN; ces tangentes décriront une surface conique, et la figure produite par la révolution du polygone AMΘEΛNB aura une surface plus grande
que la surface du segment sphérique dont la base est le cercle
décrit autour du diamètre AB, parce que ces deux surfaces
ont pour limite, dans un seul et même plan, le cercle décrit
autour du diamètre AB, et que le segment est compris par la
figure. Or la surface conique engendrée par les droites ZM,
HN est plus grande que la surface conique engendrée par MA,
NB; parce que la droite ZM est plus grande que la droite
MA, comme étant opposée à un angle droit, et que la droite
NH est aussi plus grande que la droite NB : mais lorsque cela
arrive, une des surfaces engendrées est plus grande que

l'autre (α), ainsi que cela a été démontré dans les lemmes. Il est donc évident que la surface circonscrite est plus grande que la surface du segment de la petite sphère.

PROPOSITION XLIII.

Il suit manifestement du théorême qui précède, que la surface de la figure circonscrite à un secteur sphérique est égale à un cercle dont le quarré du rayon est égal à la surface comprise sous un côté du polygone et sous la somme des droites qui joignent les angles du polygone, réunie avec la moitié de la base du polygone dont nous venons de parler.

Car la figure qui est circonscrite au secteur est inscrite dans le segment de la plus grande sphère. Cela est évident d'après ce que nous avons dit plus haut (38).

PROPOSITION XLIV.

La surface d'une figure circonscrite à un segment sphérique est plus grande que le cercle dont le rayon est égal à la droite menée du sommet du segment à la circonférence du cercle qui est la base du segment.

Soit une sphère; que AΔBΓ soit un de ses grands cercles, et le point E son centre. Circonscrivons au secteur AΔB un polygone ΛZK, et à ce polygone un cercle. Que cette construction engendre une figure, comme plus haut. Soit aussi un cercle N dont le quarré du rayon soit égal à la surface comprise sous un des côtés du polygone, et sous la somme des droites qui

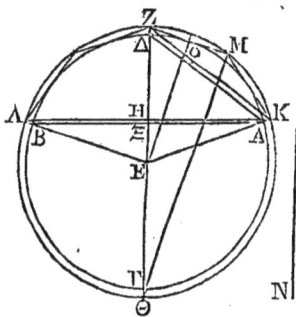

joignent les angles, réunie à la moitié de la droite ΚΛ. Or, la surface dont nous venons de parler est égale à la surface comprise sous la droite ΜΘ, et sous la droite ΖΗ, qui est la hauteur du segment de la plus grande sphère, ainsi que cela a été démontré plus haut (23). Donc le quarré du rayon du cercle Ν est égal à la surface comprise sous ΜΘ, ΗΖ. Mais la droite ΗΖ est plus grande que la droite ΔΞ, qui est la hauteur du petit segment ; car si l'on mène la droite ΚΖ, cette droite sera parallèle à la droite ΔΛ. Mais la droite ΑΒ est aussi parallèle à la droite ΚΛ, et la droite ΖΕ est commune ; donc le triangle ΖΚΗ est semblable au triangle ΔΑΞ. Mais la droite ΖΚ est plus grande que la droite ΑΔ ; donc la droite ΖΗ est plus grande que la droite ΔΞ. De plus, la droite ΜΘ est égale au diamètre ΓΔ. En effet, joignons les points Ε, Ο ; puisque la droite ΜΟ est égale à la droite ΟΖ, et la droite ΘΕ égale à la droite ΕΖ, la droite ΕΟ est certainement parallèle à la droite ΜΘ. Donc la droite ΜΘ est double de la droite ΕΟ. Mais la droite ΓΔ est aussi double de la droite ΕΘ ; donc la droite ΜΘ est égale à la droite ΓΔ. Mais la surface comprise sous les droites ΓΔ, ΔΞ est égale au quarré construit sur la droite ΑΔ. Donc la surface de la figure ΚΖΛ est plus grande que le cercle dont le rayon est égal à la droite menée du sommet du segment à la circonférence du cercle qui est la base du segment, c'est-à-dire à la circonférence du cercle décrit autour du diamètre ΑΒ ; car le cercle Ν est égal à la surface de la figure circonscrite au secteur (α).

PROPOSITION XLV.

La figure circonscrite à un secteur, avec le cône qui a pour base le cercle décrit autour du diamètre ΚΛ, et pour sommet le centre de la sphère, est égale à un cône qui a une base égale à la surface de la figure circonscrite, et une hauteur égale à la perpendiculaire menée du centre sur un des côtés du polygone. Il est évident que cette perpendiculaire est égale au rayon de la sphère.

Car la figure circonscrite au secteur est en même temps inscrite dans le segment de la grande sphère, qui a le même centre que la petite. Donc cela est évident d'après ce qui a été dit plus haut (41).

PROPOSITION XLVI.

Il suit du théorême précédent, que la figure circonscrite, avec le cône, est plus grande qu'un cône qui a une base égale à un cercle ayant un rayon égal à la droite menée du sommet du segment de la petite sphère à la circonférence du cercle qui est la base de ce segment, et une hauteur égale au rayon de la sphère.

Car le cône qui sera égal à la figure circonscrite ; réunie au cône, aura certainement une base plus grande que le cercle dont nous venons de parler, tandis qu'il aura une hauteur égale au rayon de la petite sphère.

PROPOSITION XLVII.

Soient une sphère et un grand cercle de cette sphère; que le segment ABΓ soit plus petit que la moitié de ce grand cercle, et que le point Δ soit le centre de ce cercle. Inscrivons dans le secteur ABΓ un polygone équiangle; circonscrivons à ce même secteur un polygone semblable au premier, et que les côtés de ces deux polygones soient parallèles. Circonscrivons un cercle au polygone circonscrit. Si, comme dans les théorêmes précédens, la droite ΔB restant immobile, nous faisons faire une révolution à ces cercles, les côtés des polygones engendreront deux figures terminées par des surfaces coniques. Il faut démontrer que la raison de la surface de la figure circonscrite à la surface de la figure inscrite est doublée de la raison du côté du polygone circonscrit au côté du polygone inscrit; et que la raison de ces figures réunies au cône est triplée de la raison de ces mêmes côtés.

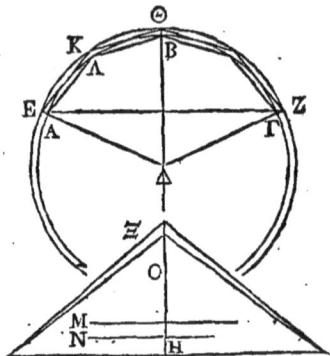

Soit M un cercle dont le quarré du rayon soit égal à la surface comprise sous le côté du polygone circonscrit, et sous la somme des droites qui joignent les angles, avec la moitié de la droite EZ. Le cercle M sera égal à la surface de la figure circonscrite. Soit N un autre cercle dont le quarré du rayon soit égal à la surface comprise sous le côté du polygone inscrit, et sous la somme des droites qui joignent les angles, avec la moitié de la droite AΓ. Ce cercle sera égal à la surface de la figure inscrite. Mais les surfaces dont nous venons de parler sont entre elles comme le quarré décrit sur EK et le quarré décrit sur AΛ (α). Donc le polygone circonscrit est au polygone inscrit comme le cercle M est au cercle N. Il est donc évident que la raison de la surface de la figure circonscrite à la surface de la figure inscrite est doublée de la raison de EK à AΛ, c'est-à-dire qu'elle est égale à la raison du polygone circonscrit au polygone inscrit.

A présent, soit Ξ un cône qui ait une base égale au cercle M, et une hauteur égale au rayon de la petite sphère; ce cône sera égal à la figure circonscrite, réunie au cône qui a pour base le

cerclé décrit autour du diamètre EZ et pour sommet le point
Δ (45). Soit o un autre cône qui ait une base égale au cercle N
et une hauteur égale à la perpendiculaire menée du point Δ

sur AΛ. Ce cône sera égal à la figure inscrite, réunie au cône qui a pour base
le cercle décrit autour du diamètre
AΓ, et pour sommet le point Δ,
ainsi que cela a été démontré (41).
Mais la droite EK est au rayon de la
petite sphère comme la droite AΛ
est à la perpendiculaire menée du
centre Δ sur AΛ; et il est démon-
tré que EK est à AΛ comme le rayon du cercle M est au rayon
du cercle N (6), et comme le diamètre du premier cercle est
au diamètre du second. Donc le diamètre du cercle qui est
la base du cône Ξ est au diamètre du cercle qui est la base
du cône o, comme la hauteur du cône Ξ est à la hauteur du
cône o. Donc ces cônes sont semblables; donc la raison du cône Ξ
au cône o est triplée de la raison du diamètre de la base du
premier au diamètre de la base du second. Il est donc évident
que la raison de la figure circonscrite, réunie au cône, à la figure
inscrite, réunie au cône, est triplée de la raison EK à AΛ.

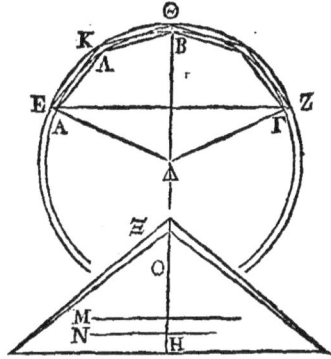

PROPOSITION XLVIII.

La surface d'un segment sphérique quelconque plus petit
que la moitié de la sphère, est égale à un cercle qui a pour
rayon une droite menée du sommet du segment à la circonférence du cercle qui est la base du segment.

Soit une sphère; que ABΓ soit un de ses grands cercles. Soit un
segment plus petit que la moitié de cette sphère, qui ait pour

base le cercle décrit autour du diamètre Aг, et perpendiculaire sur le cercle ABг. Prenons un cercle z dont le rayon soit égal à la droite AB. Il faut démontrer que la surface du segment ABг est égale à la surface du cercle z.

Que la surface de ce segment ne soit point égale au cercle z; et supposons d'abord qu'elle soit plus grande. Prenons le centre Δ; du centre Δ menons des droites aux points A , г, et prolongeons ces droites. Puisque l'on a deux quantités inégales, savoir la surface du segment et le cercle z, inscrivons dans le secteur ABг un polygone équilatère et équiangle; et circonscrivons-lui un polygone semblable, de manière que la raison du polygone circonscrit au polygone inscrit soit moindre que la raison de la surface du segment au cercle z (6). Ayant fait faire , comme auparavant, une révolution au cercle ABг, on aura deux figures terminées par des surfaces coniques, l'une circonscrite et l'autre inscrite; et la surface de la figure circonscrite sera à la surface de la figure inscrite comme le polygone circonscrit est au polygone inscrit; car chacune de ces raisons est doublée de la raison du côté du polygone circonscrit au polygone inscrit (47). Mais la raison du polygone circonscrit au polygone inscrit est moindre que la raison de la surface du segment dont nous venons de parler au cercle z (α); et la surface de la figure circonscrite est plus grande que la surface du segment; donc la surface de la figure inscrite est plus grande que le cercle z. Ce qui ne peut être; car on a démontré que la surface de la figure dont nous venons de parler est moindre que le cercle z (40).

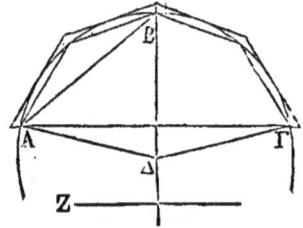

Supposons à présent que le cercle z soit plus grand que la

surface du segment. Circonscrivons et inscrivons des polygones semblables, de manière que la raison du polygone circonscrit au po-
lygone inscrit soit moindre que la
raison du cercle z à la surface du
segment........ (6). Donc la surface du
segment n'est pas plus petite que le
cercle z. Mais on a démontré qu'elle n'est pas plus grande ;
donc elle lui est égale.

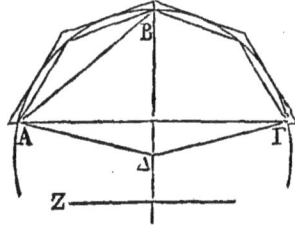

PROPOSITION XLIX.

Si le segment est plus grand que la moitié de la sphère, sa
surface sera encore égale à un cercle dont le rayon est égal à
la droite menée du sommet du segment à la circonférence du
cercle qui est la base du segment.

Soient une sphère et un de ses grands cercles ; supposons que
le cercle ait été coupé par un
plan perpendiculaire conduit par
la droite AΔ. Que le segment BΔ
soit plus petit que la moitié de la
sphère ; que le diamètre BГ soit perpendiculaire sur AΔ ; et des points
B, Г menons au point A les droites
BA, AГ. Soit un cercle E qui ait un
rayon égal à AB ; soit aussi un cercle z qui ait un rayon égal à AГ ;
et soit enfin un cercle H qui ait un rayon égal à ГB. Le cercle H
est égal à la somme des deux cercles E, z. Mais le cercle H est égal
à la surface totale de la sphère, parce que chacune de ces surfaces est quadruple du cercle décrit autour du diamètre BГ ;
et le cercle E est égal à la surface du segment ABΔ, ainsi que

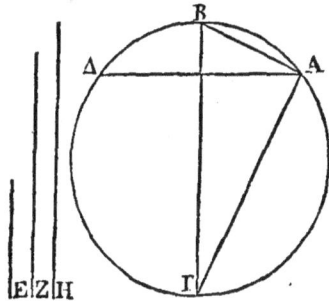

cela a été démontré pour un segment moindre que la moitié de la sphère (48); donc le cercle restant z est égal à la surface du segment AΓΔ; et ce segment est plus grand que la moitié de la sphère.

PROPOSITION L.

Un secteur quelconque d'une sphère est égal à un cône qui a une base égale à la surface du segment sphérique qui est dans le secteur, et une hauteur égale au rayon de cette sphère.

Soit une sphère; que ABΔ soit un de ses grands cercles. Que le point Γ soit le centre de ce cercle.
Soit un cône qui ait pour base un cercle égal à la surface décrite par l'arc ABΔ et pour hauteur une droite égale à BΓ. Il faut démontrer que le secteur ABΓΔ est égal au cône dont nous venons de parler.

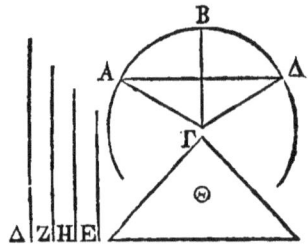

Car si ce secteur n'est pas égal à ce cône, supposons que ce secteur soit plus grand. Que le cône dont nous venons de parler soit Θ. Puisque nous avons deux quantités inégales, le secteur et le cône Θ, cherchons deux droites Δ, E, dont la plus grande soit Δ; que la raison de Δ à E soit moindre que la raison du secteur à ce cône (3). Prenons ensuite deux droites z, H, de manière que l'excès de Δ sur z soit égal à l'excès de z sur H, et à l'excès de H sur E. Dans le plan du cercle, circonscrivons au secteur un polygone équilatère dont le nombre des angles soit pair, et inscrivons dans ce même secteur un polygone semblable au premier, de manière que la raison du côté du polygone circonscrit au côté du polygone inscrit soit moindre que la raison de Δ à z (6). Ayant fait faire une révolution au cercle ABΔ, comme dans les théorèmes précédens, on aura deux figures terminées par des surfaces coniques. La raison de la figure circonscrite, avec le cône qui a son sommet au point Γ, à la figure inscrite, avec ce même cône, sera triplée de la raison du côté du polygone circonscrit au côté du polygone inscrit (47). Mais la raison du côté du polygone circonscrit au côté du polygone inscrit est moindre que la raison de Δ à z; donc la raison de la figure solide circonscrite dont nous venons de parler à la figure inscrite est moindre que la raison triplée de Δ à z. Mais la raison de Δ à E est plus grande que la raison triplée de Δ à z (α); donc la raison de la figure solide circonscrite au secteur à la figure inscrite est moindre que la raison de Δ à E. Mais la raison de Δ à E est moindre que la raison du secteur solide au cône Θ; donc la raison de la figure solide qui est circonscrite au secteur à la figure inscrite est moindre que la raison du secteur solide au cône Θ, et par permutation........ (6). Mais la figure solide circonscrite est plus grande que le secteur; donc la figure inscrite au secteur est plus grande que le cône Θ. Ce qui ne peut être; car on a démontré, dans les théorèmes précédens, que cette figure est plus grande que ce cône, c'est-à-dire qu'un cône qui a pour base un cercle dont le rayon est égal à la droite menée du sommet du segment à la circonférence du cercle qui est la base du segment, et pour hauteur une droite égale au rayon de la sphère (41). Mais le cône dont nous venons de parler est le même que le cône Θ, puisque ce cône a une base égale à la surface du segment, c'est-à-dire au cercle dont nous avons parlé, et pour hauteur une droite égale au rayon

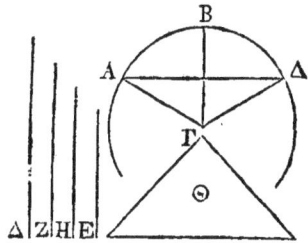

de la sphère. Donc le secteur solide n'est pas plus grand que le cône ☉.

Supposons à présent que le cône ☉ soit plus grand que le secteur solide. Que la raison de la droite Δ à la droite ε, dont la droite Δ est plus grande, soit moindre que la raison du cône au secteur. Prenons également deux droites z, н, de manière que la raison du côté du polygone qui est circonscrit dans le secteur plan et dont le nombre des angles est pair, au côté du polygone inscrit soit moindre que la raison de Δ à z; et circonscrivons au secteur solide une figure solide, et inscrivons-lui une autre figure solide. Nous démontrerons de la même manière que la raison de la figure qui est circonscrite au secteur solide à la figure inscrite est moindre que la raison de Δ à ε, et que la raison du cône ☉ au secteur. Donc la raison du secteur au cône ☉ est moindre que la raison de la figure solide inscrite dans le segment à la figure circonscrite. Mais le secteur est plus grand que la figure qui lui est inscrite; donc le cône ☉ est plus grand que la figure circonscrite, ce qui ne peut être. Car on a démontré qu'un tel cône est plus petit que la figure circonscrite au secteur (44). Donc le secteur est égal au cône ☉.

DE LA SPHÈRE ET DU CYLINDRE.

LIVRE SECOND.

Archimède a Dosithée, Salut.

Tu m'avois engagé à écrire les démonstrations des problêmes que j'avois envoyés à Conon; mais il est arrivé que la plupart de ces problêmes découlent des théorêmes dont je t'ai déjà envoyé les démonstrations; tels sont, par exemple, les théorêmes suivans :

La surface d'une sphère quelconque est quadruple d'un de ses grands cercles.

La surface d'un segment sphérique quelconque est égale à un cercle qui a un rayon égal à la droite menée du sommet du segment à la circonférence de sa base.

Un cylindre qui a une base égale à un grand cercle d'une sphère, et une hauteur égale au diamètre de cette sphère, est égal à trois fois la moitié de cette sphère, et la surface de ce cylindre est aussi égale à trois fois la moitié de la surface de cette même sphère.

Et enfin, tout secteur solide est égal à un cône qui a une base égale à la partie de la surface de la sphère comprise dans le secteur, et une hauteur égale au rayon de la sphère.

Tu trouveras dans le livre que je t'envoie tous les théorêmes et tous les problêmes qui découlent des théorêmes dont je viens

de parler. Quant aux choses que l'on trouve par d'autres considérations et qui regardent les élices et les canoïdes, je ferai
en sorte de te les envoyer le plutôt possible.

Voici quel étoit le premier problême.

PROPOSITION I.

Une sphère étant donnée, trouver une surface plane égale à
la surface de cette sphère.

Cela est évident; car la démonstration de ce problême est
une suite du théorême dont nous venons de parler; attendu que
le quadruple d'un grand cercle, qui est une surface plane, est
égal à la surface de la sphère.

PROPOSITION II.

Le problême suivant étoit le second.

Un cône ou un cylindre étant donné, trouver une sphère
égale à ce cône ou à ce cylindre.

Soit A le cône ou le cylindre donné. Que la sphère B soit égale
à A. Supposons que le cylindre ΓZΔ soit égal à trois fois la moitié
du cône ou du cylindre A. Que le cy-
lindre qui a pour base le cercle décrit
autour du diamètre HΘ, et pour axe
la droite KΛ égale au diamètre de la
sphère B, soit égal à trois fois la moitié de la sphère B : le cylindre E sera
égal au cylindre K. Mais les bases
des cylindres égaux sont récipro-
quement proportionnelles à leurs hauteurs; donc le cercle E
est au cercle K, c'est-à-dire le quarré construit sur ΓΔ est au

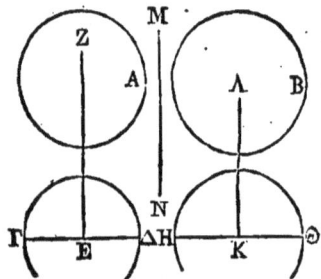

quarré construit sur ΗΘ comme ΚΛ est à ΕΖ. Mais ΚΛ est égal
à ΗΘ ; car un cylindre qui est égal à trois fois la moitié de la
sphère , et dont l'axe est égal au diamètre de cette même
sphère , a une base κ égale à un grand cercle de cette même
sphère (1, 37). Donc le quarré construit sur ΓΔ est au quarré construit sur ΗΘ comme ΗΘ est à ΕΖ. Que la surface comprise sous
ΓΔ, ΜΝ soit égale au quarré con-
struit sur ΗΘ. La droite ΓΔ sera à
la droite ΜΝ comme le quarré construit sur ΓΔ est au quarré construit
sur ΗΘ, c'est-à-dire comme ΗΘ est à
ΕΖ ; et par permutation (α), la droite
ΓΔ est à la droite ΗΘ comme ΗΘ est
à ΜΝ, et comme ΜΝ est à ΕΖ. Mais les
deux droites ΓΔ, ΕΖ sont données (ϐ); donc les deux moyennes
proportionnelles ΗΘ, ΜΝ entre les deux droites ΓΔ, ΕΖ sont
aussi données. Donc chacune des deux droites ΗΘ, ΜΝ est
donnée.

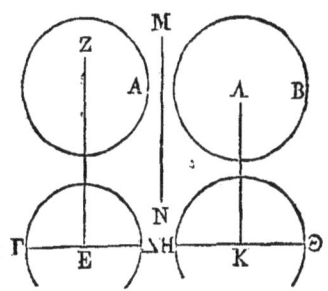

On construira le problême de la manière suivante. Soit Α
le cône ou le cylindre donné. Il faut trouver une sphère égale
au cône ou au cylindre Α.

Que le cylindre dont la base est le cercle décrit autour du
diamètre ΓΔ, et dont l'axe est la droite ΕΖ, soit égal à trois fois la
moitié du cône ou du cylindre Α. Prenons deux moyennes proportionnelles ΗΘ, ΜΝ entre ΓΔ, ΕΖ, de manière que ΓΔ soit à
ΗΘ comme ΗΘ est à ΜΝ, et comme ΜΝ est à ΕΖ (γ) ; et concevons
un cylindre qui ait pour base le cercle décrit autour du diamètre ΗΘ, et pour axe la droite ΚΛ égale au diamètre ΗΘ. Je
dis que le cylindre ε est égal au cylindre κ.

Puisque ΓΔ est à ΗΘ comme ΜΝ est à ΕΖ; par permutation,
et à cause que ΗΘ est égal à ΚΛ (δ), la droite ΓΔ sera à la droite

MN, c'est-à-dire, le quarré construit sur ΓΔ sera au quarré construit sur HΘ comme le cercle E est au cercle K. Mais le cercle E est au cercle K comme KΛ est à EZ ; donc les bases E, K des cylindres sont réciproquement proportionnelles à leurs hauteurs ; donc le cylindre E est égal au cylindre K. Mais le cylindre K est égal à trois fois la moitié de la sphère qui a pour diamètre la droite HΘ ; donc la sphère qui a un diamètre égal à la droite HΘ, c'est-à-dire, la sphère B est égale au cône ou au cylindre A.

PROPOSITION III.

Un segment quelconque d'une sphère est égal à un cône qui a la même base que ce segment, et pour hauteur une droite qui est à la hauteur du segment comme une droite composée du rayon de la sphère et de la hauteur de l'autre segment est à la hauteur de cet autre segment.

Soient une sphère et un de ses grands cercles qui ait pour diamètre la droite AΓ. Coupons cette sphère par un plan mené par la droite BZ, et perpendiculaire sur la droite AΓ. Que le

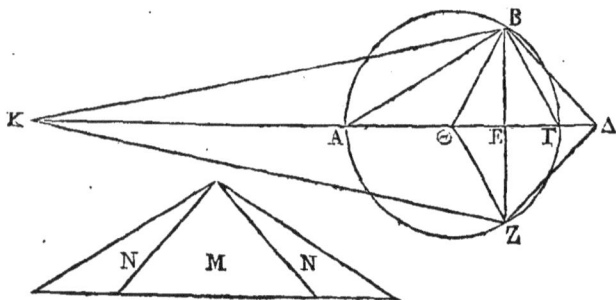

point Θ soit le centre. Que la somme des deux droites ΘA, AE soit à la droite AE comme ΔE est à ΓE ; et de plus, que la somme des deux droites ΘΓ, ΓE soit à la droite ΓE comme KE est à EA.

Sur le cercle dont BZ est le diamètre, construisons deux cônes qui aient pour sommets les points K, Δ. Je dis que le cône BΔZ est égal au segment de la sphère qui est du côté Γ, et que le cône BKZ est égal au segment de la sphère qui est du côté A.

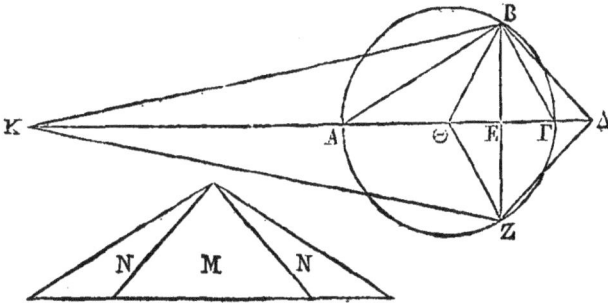

Menons les rayons BΘ, ΘZ : concevons un cône qui ait pour base le cercle décrit autour du diamètre BZ, et pour sommet le point Θ. Soit aussi un cône M qui ait une base égale à la surface du segment sphérique BΓZ, c'est-à-dire à un cercle dont le rayon soit égal à la droite BΓ; et que la hauteur de ce cône soit égale au rayon de la sphère. Le cône M sera égal au secteur solide BΓΘZ, ainsi que cela a été démontré dans le premier livre (1, 50). Puisque ΔE est à EΓ comme la somme des droites ΘA, AE est à la droite AE; par soustraction, la droite ΓΔ sera à la droite ΓE comme ΘA est à AE, c'est-à-dire comme ΓΘ est à AE; par permutation, la droite ΔΓ sera à la droite ΓΘ comme ΓE est à EA; et enfin par addition, la droite ΘΔ sera à la droite ΘΓ comme ΓA est à AE, c'est-à-dire comme le quarré construit sur ΓB est au quarré construit sur BE. Donc la droite ΘΔ est à la droite ΓΘ comme le quarré construit sur ΓB est au quarré construit sur BE. Mais la droite ΓB est égale au rayon du cercle M, et la droite BE est égale au rayon du cercle décrit autour du diamètre BZ; donc ΔΘ est à ΘΓ comme le cercle M est au cercle décrit autour du diamètre ʙᴢ. Mais la droite ᴏʀ est égale à l'axe du cône ᴍ ; donc la droite ᴅᴏ est à l'axe du cône ᴍ comme le cercle ᴍ est au cercle décrit autour du diamètre ʙᴢ ; donc le cône qui a pour base le cercle ᴍ, et pour hauteur le rayon de la sphère est égal au rhombe solide ʙᴅᴢᴏ, ainsi que cela a été démontré dans le quatrième lemme du premier livre (1 , 17).

Ou bien de la manière suivante, puisque la droite ᴅᴏ est à la hauteur du cône ᴍ comme le cercle ᴍ est au cercle décrit autour du diamètre ʙᴢ, le cône ᴍ sera égal au cône qui a pour base le cercle décrit autour du diamètre ʙᴢ et pour hauteur la droite ᴅᴏ ; car les bases de ces cônes sont réciproquement proportionnelles à leurs hauteurs. Mais le cône qui a pour base le cercle décrit autour du diamètre ʙᴢ, et pour hauteur la droite ᴅᴏ, est égal au rhombe solide ʙᴅᴢᴏ ; donc le cône ᴍ est aussi égal au rhombe solide ʙᴅᴢᴏ. Mais le cône ᴍ est égal au secteur solide ʙʀᴢᴏ ; donc le secteur solide ʙʀᴢᴏ est égal au rhombe solide ʙᴅᴢᴏ. Donc si l'on retranche le cône commun qui a pour base le cercle décrit autour du diamètre ʙᴢ et pour hauteur la droite ᴇᴏ, le cône restant ʙᴅᴢ sera égal au segment sphérique ʙᴢʀ.

On démontrera semblablement que le cône ʙᴋᴢ est égal au segment sphérique ʙᴀᴢ. En effet, puisque la droite ᴋᴇ est à la droite ᴇᴀ comme la somme des droites ᴏʀ, ʀᴇ est à la droite ʀᴇ ; par soustraction, la droite ᴋᴀ est à la droite ᴀᴇ comme ᴏʀ est à ʀᴇ. Mais ᴏʀ est égal à ᴏᴀ ; donc, par permutation, la droite ᴋᴀ est à la droite ᴀᴏ comme ᴀᴇ est à ᴇʀ. Donc, par addition, la droite ᴋᴏ est à la droite ᴏᴀ comme ᴀʀ est à ʀᴇ ; c'est-à-dire comme le quarré construit sur ʙᴀ est au quarré construit sur ʙᴇ. Supposons de nouveau un cercle ɴ, qui ait un rayon égal à la droite ᴀʙ. Le cercle ɴ sera égal à la surface du segment sphérique ʙᴀᴢ. Concevons un cône ɴ qui ait une hauteur égale au rayon de la sphère; ce cône sera égal au secteur solide вɵzа , ainsi que cela a été démontré dans le livre premier (1 , 50) (α). Mais nous avons démontré que la droite кɵ est à la droite ɵа comme le quarré construit sur ab est au

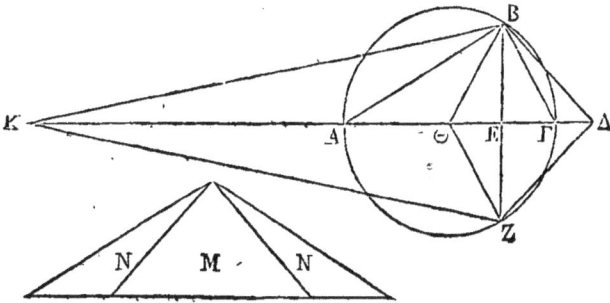

quarré construit sur be , c'est-à-dire comme le quarré construit sur le rayon du cercle n est au quarré du rayon du cercle décrit autour du diamètre bz , c'est-à-dire comme le cercle n est au cercle décrit autour du diamètre bz ; et la droite аɵ est égale à la hauteur du cône n ; donc la droite кɵ est à la hauteur du cône n comme le cercle n est au cercle décrit autour du diamètre bz. Donc le cône n , c'est-à-dire le secteur вɵzа est égal à la figure вɵzк. Donc si nous ajoutons à chacun de ces deux solides le cône dont la base est le cercle décrit autour de bz , et dont la hauteur est la droite eɵ , le segment sphérique total abz sera égal au cône bzк (ϐ). Ce qu'il falloit démontrer.

Il est encore évident qu'en général un segment sphérique est à un cône qui a la même base et la même hauteur que ce segment , comme la somme du rayon de la sphère et de la hauteur de l'autre segment est à la hauteur de cet autre segment; car la droite Δе est à la droite ег comme le cône Δzв, c'est-à-dire le segment вгz est au cône вгz.

Les mêmes choses étant supposées, nous démontrerons autrement que le cône ΚΒΖ est égal au segment sphérique ΑΖΒ. Soit un cône Ν qui ait une base égale à la surface de la sphère et une hauteur égale au rayon. Ce cône sera égal à la sphère. En effet, nous avons démontré que la sphère est quadruple du

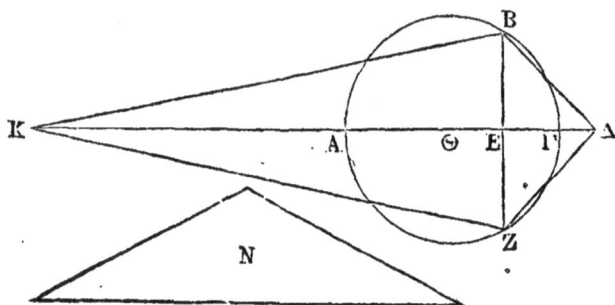

cône qui a pour base un grand cercle de cette sphère et pour hauteur un rayon de cette même sphère (1, 36); or le cône Ν est aussi quadruple du cône dont nous venons de parler, parce que la base du premier cône est quadruple de la base du second, et que la surface de la sphère est quadruple d'un de ses grands cercles. Puisque la somme des droites ΘΑ, ΑΕ est à la droite ΑΕ comme ΔΕ est à ΕΓ; par soustraction et par permutation, la droite ΘΓ sera à la droite ΓΔ comme ΑΕ est à ΕΓ. De plus, puisque la droite ΚΕ est à la droite ΕΑ comme la somme des droites ΘΓ, ΓΕ sera à la droite ΓΕ; par soustraction et par permutation, la droite ΚΑ sera à la droite ΓΘ ou à la droite ΘΑ comme ΑΕ est à ΕΓ, c'est-à-dire comme ΘΓ est à ΓΔ. Donc, par addition, et à cause que la droite ΑΘ est égale à la droite ΘΓ, la droite ΚΘ sera à la droite ΘΓ comme ΘΔ est à ΔΓ; et (γ) la droite totale ΚΔ est à la droite ΔΘ comme ΔΘ est à ΔΓ, c'est-à-dire comme ΚΘ est à ΘΑ. Donc la surface comprise sous ΔΘ, ΘΚ est égale à la surface comprise sous ΔΚ, ΘΑ. De plus, puisque ΚΘ est à ΘΓ comme ΘΔ est à ΓΔ; par permutation, la droite ΚΘ sera à la droite ΘΔ comme ΘΓ est à ΓΔ. Mais nous avons démontré. que ΘΓ est à ΓΔ comme AE est à EΓ; donc KΘ est à ΘΔ comme AE est à EΓ. Donc le quarré construit sur KΔ est à la surface comprise sous KΘ, ΘΔ comme le quarré construit sur AΓ est à la surface

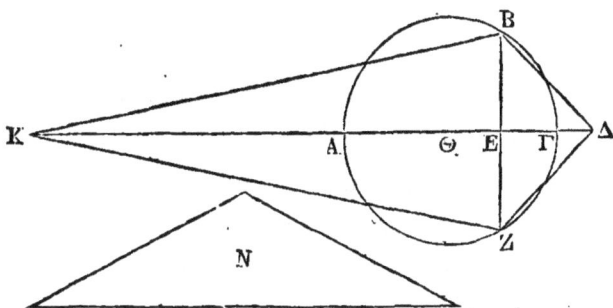

comprise sous AE, EΓ (*d*). Mais on a démontré que la surface comprise sous KΘ, ΘΔ est égale à la surface comprise sous KΔ, AΘ; donc le quarré construit sur KΔ est à la surface comprise sous KΔ, AΘ, c'est-à-dire que KΔ est à AΘ comme le quarré construit sur AΓ est à la surface comprise sous AE, EΓ, c'est-à-dire au quarré construit sur EB. Mais AΓ est égal au rayon du cercle N; donc le quarré construit sur le rayon du cercle N est au quarré construit sur la droite BE, c'est-à-dire que le cercle N est au cercle décrit autour du diamètre BZ comme KΔ est à AΘ, c'est-à-dire comme la droite KΔ est à la hauteur du cône N. Donc le cône N, c'est-à-dire la sphère, est égal au rhombe solide BΔZK (1, 17, *lemm.* 4). Ou bien de cette manière, donc le cercle N est au cercle décrit autour du diamètre BZ comme la droite KΔ est à la hauteur du cône N. Donc le cône N est égal au cône dont la base est le cercle décrit autour du diamètre BZ et dont la hauteur est ΔK; car les bases de ces cônes sont réciproquement proportionnelles à leurs hauteurs (1, 17, *lemm.* 4). Mais le cône N est égal au rhombe solide BKZΔ; donc le cône N, c'est-à-dire la sphère, est aussi égal au rhombe solide BKZΔ, qui est composé des cônes ʙᴀᴢ, ʙᴋᴢ. Mais nous avons démontré que le cône ʙᴀᴢ est égal au segment sphérique ʙᴛᴢ; donc le cône restant ʙᴋᴢ est égal au segment sphérique ʙᴀᴢ (ᴇ).

PROPOSITION IV.

Le troisième problême étoit celui-ci : couper une sphère donnée par un plan, de manière que les surfaces des segmens aient entre elles une raison égale à une raison donnée.

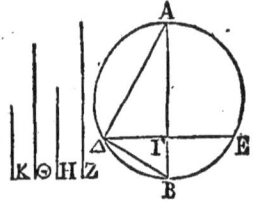

Supposons que cela soit fait. Que ᴀᴅʙᴇ soit un grand cercle de la sphère, et que ᴀʙ soit son diamè-tre ; que la section du cercle ᴀᴅʙᴇ par ce plan soit la droite ᴅᴇ, et menons les droites ᴀᴅ, ʙᴅ. Puisque la raison de la surface du segment ᴅᴀᴇ à la surface du seg-ment ᴅʙᴇ est donnée; que la surface du segment ᴅᴀᴇ est égale à un cercle qui a un rayon égal à la droite ᴀᴅ (1 , 49); et que la surface du segment ᴅʙᴇ est égale à un cercle qui a un rayon égal à la droite ᴅʙ (1 , 48); et à cause que les cercles dont nous venons de parler sont entre eux comme les quarrés construits sur les droites ᴀᴅ, ᴀʙ, c'est-à-dire comme les droites ᴀᴛ, ᴛʙ; il est évident que la raison de ᴀᴛ à ᴛʙ est donnée, et par conséquent le point ᴛ. Mais la droite ᴅᴇ est perpendiculaire sur ᴀʙ; donc le plan qui passe par ᴅᴇ est donné de position.

On construira ce problême de la manière suivante : soit la sphère dont ᴀᴅʙᴇ est un grand cercle et dont ᴀʙ est le dia-mètre. Que la raison donnée soit la même que celle de la droite ᴢ à la droite ʜ. Coupons la droite ᴀʙ au point ᴛ, de manière que ᴀᴛ soit à ᴛʙ comme ᴢ est à ʜ; par le point ᴛ coupons la sphère par un plan perpendiculaire sur ᴀʙ; et que la commune section soit ΔE. Menons les droites AΔ, ΔB. Supposons enfin deux cercles $\ominus$, K dont l'un ait un rayon égal à la droite AΔ et l'autre un rayon égal à la droite ΔB. Le cercle $\ominus$ sera égal à la surface du segment ΔAE, et le cercle K égal à la surface du segment ΔBE, ainsi que cela a été démontré dans le premier livre (1, 48 et 49). Puisque l'angle AΔB est donné et que la droite $\Gamma\Delta$ est perpendiculaire, la droite AΓ est à la droite ΓB, c'est-à-dire que z est à H comme le quarré construit sur AΔ est au quarré construit sur ΔB, c'est-à-dire comme le quarré construit sur le rayon du cercle $\ominus$ est au quarré construit sur le rayon du cercle K, c'est-à-dire comme la surface du segment sphérique ΔAE est à la surface du segment sphérique ABΓ.

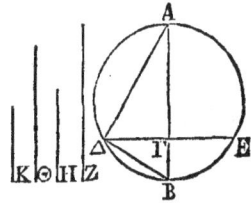

PROPOSITION V.

Couper une sphère donnée de manière que les segmens aient entre eux une raison égale à une raison donnée.

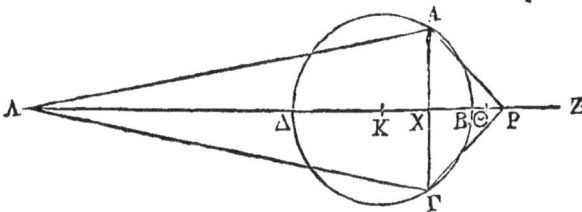

Soit ABΓΔ la sphère donnée. Il faut la couper par un plan de manière que les segmens aient entre eux une raison égale à une raison donnée.

Coupons cette sphère par un plan conduit par AΓ. La raison du segment sphérique A$\Delta\Gamma$ au segment sphérique ABΓ sera donnée. Coupons cette sphère par un plan qui passe par son centre ; que cette section soit le grand cercle ABΓΔ; que le point K soit son centre, et ΔB son diamètre. Que la somme des droites KΔ, ΔX soit à la droite ΔX comme PX est à XB; et que la somme des droites KB, BX soit à la droite BX comme ΛX est à XΔ. Menons les droites ΛΔ, ΛΓ, ΛP, PΓ. Le cône ΛΛΓ sera égal au segment sphérique ΛΔΓ; et le cône ΛPΓ égal au segment ABΓ (2, 3). Donc la raison du cône ΛΛΓ au cône ΛPΓ sera donnée. Mais le premier cône est au second comme ΛX est à XP, puisque ces deux cônes ont pour base le cercle décrit autour de la droite ΛΓ; donc la raison de ΛX à XP est aussi donnée. Par la même raison qu'auparavant, et par construction (2, 3), la droite ΛΔ est à la droite KΔ comme KB est à BP, et comme ΔX est à XB. Mais la droite PB est à la droite BK comme KΔ est à ΛΔ; donc par addition la droite PK est à KB, c'est-à-dire à KΔ comme KΛ est à ΛΔ. Donc (α), la droite totale PΛ est à la droite totale KΛ comme KΛ est à ΛΔ. Donc la surface comprise sous PΛ, ΛΔ est égale au quarré construit KΛ. Donc PΛ est à ΛΔ comme le quarré construit sur KΛ est au quarré construit sur ΛΔ (6). Mais ΛΔ est à ΔK comme ΔX est à XB; donc par inversion et par addition, la droite KΛ est à la droite ΛΔ comme BΔ est à ΔX. Donc le quarré construit sur KΛ est au quarré construit sur ΛΔ comme le quarré construit sur BΔ est au quarré construit sur ΔX. De plus, puisque ΛX est à ΔX comme la somme des droites KB, BX est à BX; par soustraction, la droite ΛΔ sera à la droite ΔX comme KB est à BX. Faisons BZ égal à KB. Il est évident que cette droite tombera au-delà du point P (γ). Mais la droite ΛΔ est à la droite ΔX comme ZB est à BX; donc ΔΛ sera à ΛX comme BZ est à ZX (δ). Puisque non-seulement la raison de ΔΛ à ΛX est donnée, mais encore celle de PΛ à ΛX, ainsi que celle de PΛ à ΛΔ; et puisque la raison de PΛ à ΛX est composée de la raison

PA à AΔ, et de la raison de ΔA à AX (ε); que PA est à AΔ comme le quarré construit sur ΔB est au quarré construit sur ΔX, et que ΔA est à AX comme BZ est à ZX, la raison de PA à AX est composée de la raison du quarré construit sur BΔ au

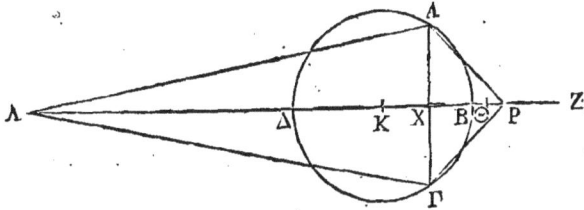

quarré construit sur ΔX, et de la raison de BZ à ZX (ζ). Faisons en sorte que PA soit à AX comme BZ est à ZΘ. Or la raison de PA à AX est donnée; donc la raison de ZB à ZΘ est aussi donnée. Mais la droite BZ est donnée, puisqu'elle est égale au rayon; donc la droite ZΘ est aussi donnée. Donc la raison de BZ à ZΘ est composée de la raison du quarré construit sur BΔ au quarré construit sur ΔX, et de la raison de BZ à ZX. Mais la raison de BZ à ZΘ est composée de la raison de BZ à ZX, et de la raison de ZX à ZΘ; donc si nous retranchons la raison commune de BZ à ZX, la raison restante, c'est-à-dire la raison du quarré construit sur la droite BΔ qui est donné, au quarré construit sur la droite ΔX, sera égale à la raison de XZ à la droite ZΘ, qui est donnée; mais la droite ZΔ est donnée. Il faut donc couper la droite donnée ΔZ en un point X, de manière que la droite XZ soit à la droite donnée ZΘ comme le quarré construit sur BΔ est au quarré construit sur ΔX; et si cela est énoncé d'une manière générale, il y aura une solution; si, au contraire, on ajoute les choses trouvées, c'est-à-dire que ΔB est double de BZ et que BZ est plus grand que ZΘ, il n'y aura aucune solution. Le problème doit donc être posé ainsi : étant données deux droites ΔB, BZ dont ΔB soit double de BZ; étant donné aussi le point ⊙ dans la droite bz, couper la droite ΔB en un point x, de manière que le quarré construit sur BΔ soit un quarré construit sur Δx comme xz est à z⊙. Chacune de ces choses aura à la fin sa solution et sa construction (η).

On construira le problême de cette manière : Que la raison donnée soit la même que celle de la droite Π à la droite Σ, la droite Π étant plus grande que la droite Σ. Soit donnée aussi une sphère quelconque ; que cette sphère soit coupée

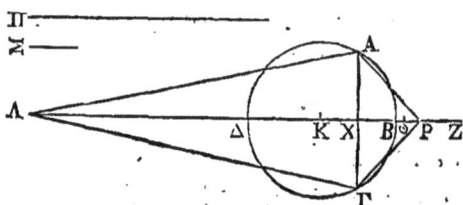

par un plan conduit par le centre. Que la section soit le cercle ABΓΔ ; que BΔ soit le diamètre de ce cercle et le point κ son centre. Faisons bz égal à κB ; et coupons bz en un point ⊙., de manière que ⊙z soit à ⊙B comme Π est à Σ. Coupons aussi BΔ en un point x, de manière que xz soit à ⊙z comme le quarré construit sur BΔ est au quarré construit sur Δx ; et faisons passer par le point x un plan perpendiculaire sur BΔ. Je dis que ce plan coupera la sphère de manière que le plus grand segment sera au plus petit comme Π est à Σ.

Faisons en sorte que la somme des droites κB, Bx soit à la droite Bx comme Λx est à Δx ; et que la somme des droites κΔ, Δx soit à la droite Δx comme Px est à xB. Menons les droites ΛΔ, ΛΓ, ΛP, Pr. La surface comprise sous PΛ, ΛΔ, sera par construction, ainsi que nous l'avons démontré plus haut, égale au quarré construit sur ΛΚ ; et la droite κΛ sera à la droite ΛΔ comme BΔ est à Δx. Donc le quarré construit sur KΛ est au quarré construit sur ΛΔ comme le quarré construit sur BΔ est au quarré construit sur Δx. Mais la surface comprise sous PΛ, ΛΔ est égale au quarré construit sur ΛK; donc la droite PΛ est à la droite ΛΔ comme le

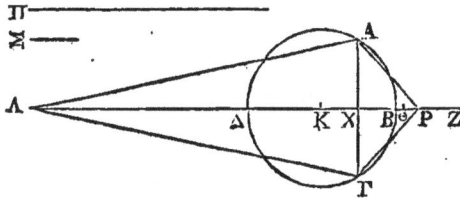

quarré construit sur ΛK est au quarré construit sur ΛΔ. Donc aussi la droite PΛ est à la droite ΛΔ comme le quarré construit sur BΔ est au quarré construit sur Δx, c'est-à-dire, comme xz est à zΘ. Mais la somme des droites KB, BX est à la droite BX comme ΛX est à Δx, et la droite KB est égale à la droite BZ; donc la droite zx sera à la droite xB comme ΛX est à xΔ; et par conversion, la droite xz sera à zB comme xΛ est à ΛΔ. Donc aussi la droite ΛΔ sera à la droite ΛX comme BZ est à zx. Mais PΛ est à ΛΔ comme xz est à zΘ; et ΔΛ est à ΛX comme BZ est à zx; donc, par raison d'égalité dans la proportion troublée, la droite PΛ sera à la droite ΛX comme BZ est à zΘ. Donc aussi ΛX est à XP comme zΘ est à ΘB. Mais zΘ est à ΘB comme π est à Σ; donc aussi ΛX est à XP, c'est-à-dire que le cône AΓΛ est au cône APΓ, c'est-à-dire que le segment sphérique AΔΓ est au segment ABΓ comme π est à Σ (θ).

PROPOSITION VI.

Construire un segment sphérique semblable à un segment sphérique donné, et égal à un autre segment sphérique aussi donné.

Soient ABΓ, EZH, les deux segmens sphériques donnés. Que

la base du segment ABΓ soit le cercle décrit autour du diamètre AB , et que son sommet soit le point Γ; que la base du segment EZH soit le cercle décrit autour du diamètre EZ , et que son sommet soit le point H. Il faut construire un segment qui soit égal au segment ABΓ et semblable au segment EZH.

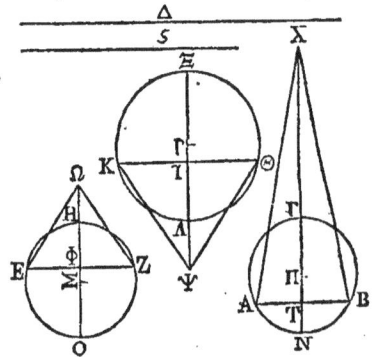

Supposons que ce segment soit trouvé , et que ce soit le segment ΘKΛ qui a pour base le cercle décrit autour du diamètre ΘK, et pour sommet le point Λ. Soient aussi dans ces sphères les cercles ANBΓ , ΘΞKΛ , EOZH , dont les diamètres ΓN , ΛΞ , HΘ soient perpendiculaires sur la base du segment, et dont les centres soient les points Π, P, Σ. Faisons en sorte que la somme des droites ΠN , NΓ soit à la droite NΓ comme XΓ est à ΓΓ; que la somme des droites PΞ , ΞΓ soit à la droite ΞΓ comme ΨΓ est à ΓΛ , et qu'enfin la somme des droites ΣO , OΦ soit à OΦ comme ΩΦ est à ΦH. Concevons des cônes qui aient pour bases les cercles décrits autour des diamètres AB, ΘK, EZ , et pour sommets les points X, Ψ, Ω. Le cône ABX sera égal au segment sphérique ABΓ , le cône ΨΘK égal au segment sphérique AKΛ , et enfin le cône EΩZ égal au segment sphérique EHZ , ce qui a été démontré (2, 3). Puisque le segment sphérique ABΓ est égal au segment ΘKΛ , le cône AXB sera aussi égal au cône ΨΘK. Mais les bases des cônes égaux sont réciproquement proportionnelles à leurs hauteurs ; donc le cercle décrit autour du diamètre AB est au cercle décrit autour du diamètre ΘK comme ΨΓ est à XΓ. Mais le premier cercle est au second comme le quarré construit sur AB est au quarré construit sur ΘK; donc le quarré construit sur AB est au quarré construit

sur ⊙ʙ comme Ψʏ est à xᴛ. Mais le segment ᴇᴢʜ est semblable
au segment ⊙ᴋʌ; donc le cône ᴇᴢΩ est aussi semblable au cône
Ψ⊙ᴋ, ce qui sera démontré (α); donc ΩΦ est à ᴇᴢ comme Ψʏ
est à ⊙ᴋ. Mais la raison de ΩΦ à
ᴇᴢ est donnée; donc la raison de
Ψʏ à ⊙ᴋ est aussi donnée. Que
cette dernière raison soit la même
que celle de xᴛ à ʌ. Puisque la
droite xᴛ est donnée, la droite ʌ
est aussi donnée. Mais Ψʏ est à
xᴛ, c'est-à-dire, le quarré construit sur ᴀʙ est au quarré con-
struit sur ⊙ᴋ comme ⊙ᴋ est à ʌ; donc si nous supposons que
la surface comprise sous ᴀʙ, ᴦ soit égale au quarré construit
sur ⊙ᴋ, le quarré construit sur ᴀʙ sera au quarré construit sur
⊙ᴋ comme ᴀʙ est à ᴦ. Mais on a démontré que le quarré construit sur ᴀʙ est au quarré construit sur ⊙ᴋ comme ⊙ᴋ est
à ʌ; donc, par permutation, la droite ᴀʙ est à la droite ⊙ᴋ
comme ᴦ est à ʌ. Mais ᴀʙ est à ⊙ᴋ comme ⊙ᴋ est à ᴦ; parce que
la surface comprise sous ᴀʙ, ᴦ est égale au quarré construit
sur ⊙ᴋ; donc ᴀʙ est à ⊙ᴋ comme ⊙ᴋ est ᴦ, et comme ᴦ est
à ʌ. Donc les droites ⊙ᴋ, ᴦ sont deux moyennes proportionnelles entre ᴀʙ, ʌ.

On construira ce problême de cette manière. Soient deux
segmens sphériques ᴀʙᴦ, ᴇᴢʜ; que ᴀʙᴦ soit celui auquel il faut
construire un segment égal, et ᴇᴢʜ celui auquel il faut construire un segment semblable. Soient les grands cercles ᴀᴦʙɴ,
ʜᴇᴏΣ; que ᴦɴ, ʜᴏ soient leurs diamètres, et ᴨ, Σ leurs centres.
Faisons en sorte que la somme des droites ᴨɴ, ɴᴛ soit à la
droite ɴᴛ comme xᴛ est à ᴛᴛ; et que la somme des droites Σᴏ,
ᴏΦ soit à ᴏΦ comme ΩΦ est à Φʜ. Le cône xᴀʙ sera égal au seg-

ment sphérique ABΓ, et le cône ZΩE sera égal au segment sphérique EHZ. Faisons en sorte que ΩΦ soit à EZ comme XT est à Δ ;
entre les deux droites AB, Δ, prenons deux moyennes proportionnelles ΘK, ϛ, de manière que AB soit à ΘK comme ΘK est
à ϛ, et comme ϛ est à Δ. Sur ΘK construisons un segment
circulaire ΘKΔ semblable au segment circulaire EZH ; achevons
le cercle, et que son diamètre soit ΛΞ. Concevons enfin une
sphère dont ΛΘΞK soit un grand cercle, et dont le centre soit
le point P ; et par la droite ΘK, faisons passer un plan perpendiculaire sur ΛΞ. Le segment sphérique construit du côté où est
la lettre Λ sera semblable au segment sphérique EZH, puisque
les segmens circulaires sont semblables. Je dis aussi que ce segment sphérique sera égal au segment ABΓ. Faisons en sorte que
la somme des droites PΞ, ΞY soit à la droite ΞY comme ΨY est
à YΛ. Le cône ΨΘK sera égal au segment sphérique ΘKΛ (2, 3).
Mais le cône ΨΘK est semblable au cône ZΩE ; donc la droite
ΩΦ est à la droite EZ, c'est-à-dire, la droite XT est à Δ comme
ΨY est à ΘK. Donc, par permutation, et par inversion, la droite
ΨY est à XT comme ΘK est à Δ. Mais les droites AB, KΘ, ϛ, Δ
sont tour à tour proportionnelles (6); donc le quarré construit
sur AB est au quarré construit sur ΘK comme ΘK est à Δ. Mais la
droite ΘK est à la droite Δ comme ΨY est à XT ; donc le quarré
construit sur AB est au quarré construit sur KΘ, c'est-à-dire,
le cercle décrit autour du diamètre AB est au cercle décrit autour
du diamètre ΘK comme ΨY est à XT ; donc le cône XAB est égal
au cône ΨΘK. Donc le segment sphérique ABΓ est aussi égal au
segment sphérique ΘKΛ. Donc on a construit un segment sphérique ΘKΛ égal au segment donné ABΓ, et semblable à l'autre
segment sphérique donné EZH (γ).

PROPOSITION VII.

Étant donnés deux segmens de la même sphère, ou de différentes sphères, trouver un segment sphérique qui soit semblable à l'un des deux et qui ait une surface égale à celle de l'autre.

Soient deux segmens sphériques construits dans les portions de circonférence ABΓ, ΔEZ ; que le segment construit dans la portion de circonférence ABΓ soit celui auquel le segment qu'il faut trouver doit être semblable ; et que le segment construit dans

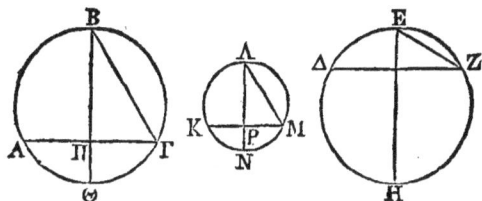

la portion de circonférence ΔEZ soit celui à la surface duquel la surface du segment qu'il faut trouver doit être égale. Supposons que cela soit fait. Que le segment sphérique KΛM soit semblable au segment ABΓ et que la surface de ce segment soit égale à la surface du segment ΔEZ. Concevons les centres de ces sphères ; par leurs centres conduisons des plans perpendiculaires sur les bases de ces segmens ; que les sections des sphères soient les grands cercles KΛMN, BAΘΓ, EZHΔ ; que KM, AΓ, ΔZ, soient dans les bases des segmens, et enfin que dans ces sphères les diamètres perpendiculaires sur KM, AΓ, ΔZ soient les droites ΛN, BΘ, EH. Menons les droites ΛM, BΓ, EZ. Puisque la surface du segment sphérique KΛM est égale à la surface du segment ΔEZ, le cercle qui a un rayon égal à la droite MΛ sera égal au cercle qui a un rayon égal à la droite EZ, parce que nous avons démontré que les

surfaces des segmens dont nous venons de parler sont égales
à des cercles qui ont des rayons égaux aux droites menées des
sommets des segmens aux circonférences de leurs bases (1, 48).
Donc la droite MΛ est aussi égale à la droite EZ. Mais puisque
le segment KΛM est semblable au segment ABΓ, la droite PΛ est à
la droite PN comme BΠ est à ΠΘ ; et par inversion et par addition,
la droite NΛ est à la droite ΛP comme ΘB est à BΠ. Mais PΛ est
à ΛM comme BΠ est à ΓB, à cause des triangles semblables ΛMP,
BΓΠ ; donc NΛ est à ΛM, c'est-à-dire, à EZ comme ΘB est à BΓ
et par permutation......... Mais la raison de la droite EZ à
la droite BΓ est donnée, puisque ces deux droites sont données ;
donc la raison de ΛN à BΘ est aussi donnée. Mais la droite BΘ
est donnée ; donc la droite ΛN est aussi donnée. Donc la sphère
est donnée.

On construira le problême de cette manière. Soient ABΓ, ΔEZ
les deux segmens donnés ; que ABΓ soit le segment auquel celui
qu'il faut trouver doit être semblable, et que ΔEZ soit le segment à la surface duquel la surface de celui qu'il faut trouver doit être égale. Que la construction soit la même que
dans la première partie ; et faisons en sorte que BΓ soit à EZ
comme BΘ est à NΛ ; décrivons un cercle autour du diamètre
ΛN ; et enfin concevons une sphère dont ΛKNM soit un grand
cercle. Coupons la droite NΛ au point P, de manière que ΘΠ
soit à ΠB comme NP est à PΛ ; coupons le cercle ΛKNM au point
P par un plan perpendiculaire sur la droite ΛN ; et menons la
droite ΛM. Les segmens circulaires appuyés sur les droites KM,
ΛΓ sont semblables. Donc les segmens sphériques sont aussi
semblables. Mais ΘB est à BΠ comme NΛ est à ΛP, car cela
s'ensuit de la construction, et ΠB est à BΓ comme PΛ est à ΛM ;
donc la droite ΘB est à NΛ comme BΓ est à ΛM Mais ΘB est à NΛ
comme BΓ est à EZ ; donc EZ est égal à ΛM. Donc le cercle qui a

pour rayon la droite EZ est égal au cercle qui a un rayon égal à
la droite AM. Mais le cercle qui a pour rayon la droite EZ est égal
à la surface du segment ΔEZ ; et le cercle qui a un rayon égal à
la droite AM est égal à la surface du segment KAM , ainsi que
cela a été démontré dans le premier livre (1, 48). Donc la surface du segment sphérique KAM est égale à la surface du segment ΔEZ ; et ce même segment KAM est semblable au segment
ABΓ.

PROPOSITION VIII.

Couper un segment d'une sphère par un plan de manière que
la raison de ce segment au cône qui a la même base et la même
hauteur que ce segment, soit égale à une raison donnée.

Que la sphère donnée soit celle dont ABΓΔ est un grand
cercle , et BΔ le diamètre. Il faut couper la sphère par un plan
conduit par AΓ de manière que la raison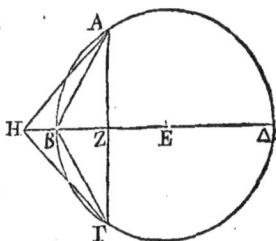
du segment ABΓ au cône ABΓ soit égale à
une raison donnée.

Supposons que cela soit fait. Que le
point E soit le centre de la sphère. Que
la somme des droites EΔ, ΔZ soit à ΔZ
comme HZ est à ZB ; le cône AΓH sera égal au segment ABΓ (2, 3).
Donc la raison du cône AHΓ au cône ABΓ est donnée. Donc la
raison de HZ à ZB est aussi donnée. Mais HZ est à ZB comme
la somme des droites EΔ, ΔZ est à la droite ΔZ ; donc la raison
de la somme des droites EΔ, ΔZ à la droite ΔZ est donnée ,
et par conséquent la raison de EΔ à ΔZ. Donc la droite ΔZ est
donnée, et par conséquent la droite AΓ. Mais la raison de
la somme des droites EΔ, ΔZ à la droite ΔZ est plus grande
que la raison de la somme des droites EΔ, ΔB à la droite
ΔB; et la somme des droites EΔ, ΔB est égale à la droite EΔ

prise trois fois, et enfin la droite ΔB est égale à la droite EΔ prise deux fois. Donc la raison de la somme des droites EΔ, ΔZ à ΔZ est plus grande que la raison de trois à deux. Mais la raison de la somme des droites EΔ, ΔZ à la droite ΔZ est la même que la raison donnée. Il faut donc, pour que la construction soit possible, que la raison donnée soit plus grande que la raison de trois à deux.

On construira le problême de cette manière. Que la sphère donnée soit celle dont ABΓΔ est un grand cercle, la droite BΔ le diamètre, et le point E le centre; que la raison donnée soit la même que celle de KΘ à KΛ, et que cette raison soit plus grande que celle de trois à deux. Mais trois sont à deux comme la somme des droites EΔ, ΔB est à la droite ΔB; donc la raison de ΘK à KΛ est plus grande que la rai-

son de la somme des droites EΔ, ΔB à la droite ΔB. Donc, par soustraction, la raison de ΘΛ à ΛK est plus grande que la raison de EΔ à ΔB. Faisons en sorte que ΘΛ soit à ΛK comme EΔ est à ΔZ; par le point Z, menons la droite AZΓ perpendiculaire sur BΔ, et par la droite AΓ, conduisons un plan perpendiculaire sur BΔ. Je dis que la raison du segment sphérique ABΓ au cône ABΓ est la même que la raison de ΘK à KΛ. Car faisons en sorte que la somme des droites EΔ, ΔZ soit à la droite ΔZ comme HZ est à ZB; le cône ΓAH sera égal au segment sphérique ABΓ (2, 3). Mais ΘK est à KΛ comme la somme des droites EΔ, ΔZ est à la droite ΔZ, c'est-à-dire comme HZ est à ZB, c'est-à-dire comme le cône AHΓ est au cône ABΓ (2, 3); et le cône AHΓ est égal au segment sphérique ABΓ. Donc le segment ABΓ est au cône ABΓ comme ΘK est à KΛ.

14

PROPOSITION IX.

Si une sphère est coupée par un plan qui ne passe pas par le centre; la raison du grand segment au petit sera moindre que la raison doublée de la surface du grand segment à la surface du petit segment, et plus grande que la raison sesquialtère (α).

Soit une sphère; que ABΓΔ soit un de ses grands cercles, et BΔ le diamètre de ce cercle; par la droite AΓ, conduisons un plan perpendiculaire sur le cercle ABΓΔ, et que ABΓ soit le plus

grand segment. Je dis que la raison du segment ABΓ au segment AΔΓ est moindre que la raison doublée de la surface du grand segment à la surface du petit, et plus grande que la raison sesquialtère.

Menons les droites BA, AΔ; que le centre soit le point E; et faisons en sorte que la somme des droites EΔ, ΔZ soit à la droite ΔZ comme ΘZ est à ZB; et que la somme des droites EB, BZ soit à la droite BZ comme HZ est à ZΔ. Concevons deux cônes qui aient pour base le cercle décrit autour du diamètre AΓ, et leurs sommets aux points Θ, H. Le cône AΘΓ sera égal au segment ABΓ, et le cône AΓH égal au segment AΔΓ (2,3). Mais le quarré construit sur BA sera au quarré construit sur AΔ comme la surface du segment ABΓ est à la surface du segment

AΔΓ; ainsi que cela a été démontré plus haut (1, 48); il faut donc
démontrer que la raison du grand segment au petit segment
est moindre que la raison doublée de la surface du grand segment à la surface du petit segment : ou ce qui est la même
chose, il faut démontrer que la raison du cône AΘΓ au cône
AHΓ, c'est-à-dire que la raison de ZΘ à ZH est moindre que la
raison doublée du quarré construit sur EA au quarré construit
sur AΔ, c'est-à-dire que la raison doublée de BZ à ZΔ.

Puisque la somme des droites EΔ, ΔZ est à la droite ΔZ
comme ΘZ est à ZB, et que la somme des droites EB, BZ est
à la droite BZ comme ZH est à ZΔ, la droite BZ sera à la
droite ZΔ comme ΘB est à BE (ϛ), la droite BE étant égale à
la droite EΔ; cela a été démontré dans les théorêmes précédens. De plus, puisque la somme des droites EB, BZ est
à la droite BZ comme HZ est à ZΔ, si nous faisons BK égal à
BE, il est évident que ΘB sera plus grand que BE, à cause que
BZ est plus grand que ZΔ (γ); et la droite KZ sera à la droite ZB
comme HZ est à ZΔ (δ). Mais nous avons démontré que ZB est à
ZΔ comme ΘB est à BE, et la droite BE est égale à la droite KB;
donc ΘB est à BK comme KZ est à ZH. Mais la raison de ΘZ à ZK
est moindre que la raison de ΘB à BK (ε), et nous avons
démontré que ΘB est à BK comme KZ est à ZH; donc la raison
de ΘZ à ZK est moindre que la raison de KZ à ZH. Donc la surface comprise sous ΘZ, ZH est plus petite que le quarré construit
sur ZK. Donc la raison de la surface comprise sous ΘZ, ZH au
quarré construit sur ZH, c'est-à-dire la raison de ZΘ à ZH est
moindre que la raison du quarré construit sur KZ au quarré
construit sur ZH. Mais la raison du quarré construit sur KZ
au quarré construit sur ZH est doublée de la raison de KZ à ZH;
donc la raison de ΘZ à ZH est moindre que la raison doublée
de KZ à ZH. Mais KZ est à ZH comme BZ est à ZΔ; donc la rai-

son de ΘZ à ZH est moindre que la raison doublée de BZ à ZΔ, et c'est là ce que nous cherchions.

Puisque BE est égal à EΔ, la surface comprise sous BZ, ZΔ sera plus petite que la surface comprise sous BE, EΔ (ζ). Donc la raison

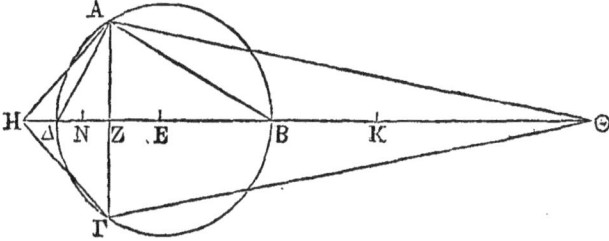

de BZ à BE est moindre que la raison de EΔ à ΔZ, c'est-à-dire que la raison de ΘB à BZ. Donc le quarré construit sur ZB est moindre que la surface comprise sous ΘB, BE, c'est-à-dire que la surface comprise sous ΘB, BK. Que le quarré construit sur BN soit égal à la surface comprise sous ΘB, BK; la droite ΘB sera à la droite BK comme le quarré construit sur ΘN est au quarré construit sur NK (θ). Mais la raison du quarré construit sur ΘZ au quarré construit sur ZK est plus grande que la raison du quarré construit sur ΘN au quarré construit sur NK ; donc aussi la raison du quarré construit sur ΘZ au quarré construit sur ZK est plus grande que la raison de ΘB à BK, c'est-à-dire que la raison de ΘB à BE, c'est-à-dire que la raison de KZ à ZH. Donc la raison de ΘZ à ZH est plus grande que la raison sesquialtère de KZ à ZH, ce que nous démontrerons à la fin (ι). Mais ΘZ est à ZH comme le cône AΘΓ est au cône AHΓ, c'est-à-dire comme le segment ABΓ est au segment AΔΓ. Mais KZ est à ZH comme BZ est à ZΔ; c'est-à-dire comme le quarré construit sur BΔ est au quarré construit sur AΔ ; c'est-à-dire comme la surface du segment ABΓ est à la surface du segment AΔΓ ; donc la raison du grand segment au petit segment est moindre que la raison doublée de la surface du grand segment à la surface du petit segment, et plus grande que la raison sesquialtère.

Soit la sphère dont ABΓΔ est un grand cercle, la droite AΓ le diamètre, et le point E le centre; et que cette sphère soit coupée par un plan conduit par BΔ et perpendiculaire sur AΓ. Je dis que

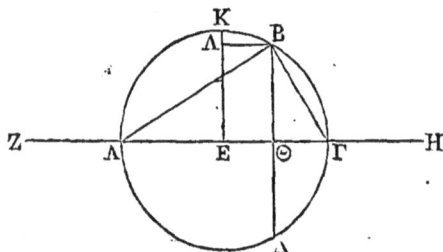

la raison du grand segment ΔAB au petit BΓΔ est moindre que la raison doublée de la surface du segment ABΔ à la surface du segment BΓΔ, et plus grande que la raison sesquialtère.

Menons les droites AB, BΓ. La raison de la surface du segment ABΔ à la surface du segment BΓΔ est égale à la raison du cercle qui a pour rayon la droite AB au cercle qui a pour rayon la droite BΓ, c'est-à-dire à la raison de AΘ à ΘΓ. Supposons que chacune des droites AZ, ΓH soit égale au rayon du cercle. La raison du segment BAΔ au segment BΓΔ est composée de la raison du segment BAΔ au cône qui a pour base le cercle décrit autour du diamètre BΔ et pour sommet le point A, de la raison du même cône au cône qui a la même base et qui a pour sommet le point Γ, et enfin de la raison du cône dont nous venons de parler au segment BΓΔ (λ). Mais la raison du segment BAΔ au cône BAΔ est la même que celle de HΘ à ΘΓ, la raison du cône BAΔ au cône BΓΔ est la même que celle de AΘ à ΘΓ, et enfin la raison du cône BΓΔ au segment BΓΔ est la même que la raison de AΘ à ΘZ : et de plus la raison

qui est composée de la raison de ΗΘ à ΘΓ et de la raison de ΑΘ
à ΘΓ est la même que celle de la surface comprise sous ΑΘ, ΘΗ
au quarré construit sur ΘΓ; et la raison qui est composée de
la raison de la surface comprise sous ΗΘ, ΘΑ au quarré construit sur ΓΘ, et de la raison de ΑΘ à ΘΖ est la même que la

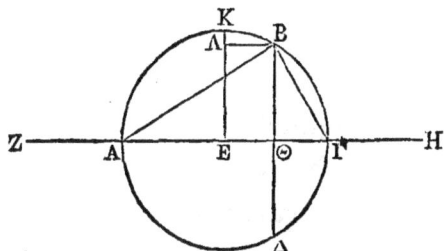

raison de la surface comprise sous ΗΘ, ΘΑ et multipliée par ΘΑ
au quarré construit sur ΘΓ et multiplié par ΘΖ (μ); et la raison de la surface comprise sous ΗΘ, ΘΑ et multipliée par ΘΑ
au quarré construit sur ΘΓ et multiplié par ΘΖ est la même que
la raison du quarré construit sur ΑΘ et multipliée par ΘΗ au
quarré construit sur ΘΓ et multiplié par ΘΖ; et enfin la raison
de la surface comprise sous ΗΘ, ΘΑ et multipliée par ΘΑ au
quarré construit sur ΘΓ et multiplié par ΘΗ est la même que
celle du quarré construit sur ΘΑ au quarré construit sur ΘΓ.
Donc, puisque la raison du quarré construit sur ΘΑ et multiplié
par ΘΗ au quarré construit sur ΓΘ et multiplié par ΖΘ est moindre
que la raison doublée de ΑΘ à ΘΓ; et que la raison du quarré
construit sur ΑΘ au quarré construit par ΘΓ est doublée de la
raison de ΑΘ à ΘΓ; la raison du quarré construit sur ΑΘ et multiplié par ΗΘ au quarré construit sur ΘΓ et multiplié par ΘΖ
sera moindre que la raison du quarré construit sur ΑΘ et multiplié par ΗΘ au quarré construit sur ΓΘ et multiplié par ΘΗ. Il
faut donc démontrer que le quarré construit par ΓΘ et multiplié
par ΖΘ est plus grand que le quarré construit sur ΓΘ et multi-

plié par ΘH ; c'est pourquoi il faut démontrer que ΘZ est plus grand que ΘH.

Je dis maintenant que la raison du grand segment au plus petit est plus grande que la raison sesquialtère de la surface du grand segment à la surface du petit segment. Mais on a démontré que la raison des segmens est la même que celle du quarré construit sur AΘ et multiplié par ΘH au quarré construit sur ΓΘ et multiplié par ΘZ , et la raison du cube construit sur AB au cube construit sur BΓ est sesquialtère de la raison de la surface du grand segment à la surface du petit segment. Je dis donc que la raison du quarré construit sur AΘ et multiplié par ΘH au quarré construit sur ΓΘ et multiplié par ΘZ est plus grande que la raison du cube construit sur AB au cube construit sur BΓ, c'est-à-dire que la raison du cube construit sur AΘ au cube construit sur ΘB ; c'est-à-dire que la raison du quarré construit sur AΘ au quarré construit sur BΘ, et que la raison de AΘ à ΘB. Mais la raison du quarré construit sur AΘ au quarré construit sur ΘB , avec la raison de AΘ à ΘB est la même que celle du quarré construit sur AΘ à la surface comprise sous ΓΘ, ΘB ; et la raison du quarré construit sur AΘ à la surface comprise sous ΓΘ, ΘB est la même que celle du quarré construit sur AΘ et multiplié par ΘH à la surface comprise sous ΓΘ , ΘB et multipliée par ΘH. Je dis donc que la raison du quarré construit sur BΘ et multiplié par ΘH au quarré construit sur ΓΘ et multiplié par ΘZ est plus grande que celle du quarré construit sur AΘ à la surface comprise sous BΘ , ΘΓ ; c'est-à-dire que celle du quarré construit sur AΘ et multiplié par ΘH à la surface comprise sous BΘ, ΘΓ et multipliée par ΘH. Il faut donc démontrer que le quarré construit sur ΓΘ et multiplié par ΘZ est plus petit que la surface comprise sous BΘ , ΘΓ et multipliée par ΘH ; ce qui est la même chose que de démontrer que la raison du quarré construit sur ΓΘ à la surface comprise sous ΒΘ, ΘΓ est moindre que celle de ΗΘ à ΘΖ. Il faut donc démontrer que la raison de ΗΘ à ΘΖ est plus grande que celle de ΓΘ à ΘΒ. Du point Ε menons la droite ΕΚ perpendiculaire sur ΕΓ, et du point Β la droite ΒΛ perpendiculaire sur la droite ΕΚ. Il reste à démontrer que la raison de ΗΘ à ΘΖ est plus grande que la raison de ΓΘ à ΘΒ. Mais la droite ΘΖ est égale à la somme des droites ΛΘ, ΚΕ; il faut donc démontrer que la raison de ΗΘ à la somme des droites ΘΛ, ΚΕ, est plus grande que la raison de ΓΘ à ΘΒ. C'est pourquoi ayant retranché ΓΘ de ΘΗ et ΕΛ qui est égale à ΒΘ de ΚΕ, il faudra démontrer que la raison de la droite restante ΓΗ à la somme des droites restantes ΛΘ, ΚΛ est plus grande que celle de ΓΘ à ΘΒ, c'est-à-dire que celle de ΘΒ à ΘΛ; c'est-à-dire que celle de ΛΕ à ΘΛ; et que, par permutation, la raison de ΚΕ à ΕΛ sera plus grande que la raison de la somme des droites ΚΛ, ΘΛ à la droite ΘΛ, et qu'enfin, par soustraction, la raison de ΚΛ à ΛΕ sera plus grande que celle de ΚΛ à ΘΛ et que par conséquent la droite ΛΕ sera plus petite que ΘΛ (*v*).

PROPOSITION X.

Parmi les segmens sphériques qui ont des surfaces égales, celui qui comprend la moitié de la sphère est le plus grand.

Soit une sphère dont ΛΒΓΔ soit un de ses grands cercles, et ΛΓ son diamètre; soit aussi une autre sphère dont ΕΖΗΘ soit un de ses grands cercles, et ΕΗ son diamètre. Que l'une soit coupée par un plan qui passe par son centre, et que l'autre soit coupée par un plan qui ne passe pas par son centre. Que les plans coupans soient perpendiculaires sur les diamètres ΛΓ, ΕΗ et que ces plans soient conduits par les lignes ΔΒ, ΖΘ. Le segment sphérique construit dans l'arc ΖΕΘ est la moitié de la sphère; et parmi les segmens construits dans la circonférence BAΔ, un des segmens de la figure où se trouve la lettre Σ est plus grand que la moitié de la sphère, tandis que l'autre est plus petit que la moitié de cette même sphère. Que les sur-faces des segmens dont nous venons de parler soient égales. Je

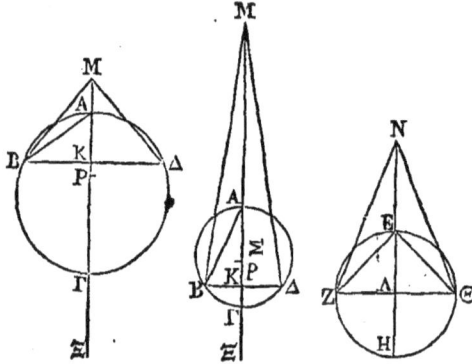

dis que la demi-sphère qui est construite dans l'arc ZEΘ est plus grande que le segment construit dans l'arc BAΔ.

Car puisque les surfaces des segmens dont nous venons de parler sont égales, il est évident que la droite BA est égale à la droite EZ. Car on a démontré que la surface d'un segment quel-conque est égale à un cercle qui a un rayon égal à la droite menée du sommet du segment à la circonférence de sa base (1, 48). Mais dans la figure où se trouve la lettre Σ, l'arc BAΔ est plus grand que la moitié de la circonférence; il est donc évident que le quarré construit sur AB est moindre que le double du quarré construit sur AK, et plus grand que le double du quarré con-struit sur le rayon. Que la droite ΓΞ soit égale au rayon du cercle ABΔ, et faisons en sorte que ΓΞ soit à ΓK comme MA est à AK. Sur le cercle décrit autour du diamètre BΔ, construisons un cône qui ait son sommet au point M; ce cône sera égal au segment sphérique qui est construit dans l'arc BAΔ (2, 3). Faisons EN égal à EΛ, et sur le cercle décrit autour du diamètre ΘZ construisons un cône qui ait son sommet au point N ; ce cône sera égal à la demi-sphère construite dans l'arc ΘΕΖ. Mais la surface comprise sous AP , PΓ est plus grande que la surface comprise sous AK , KΓ, parce que le plus petit côté de l'une de ces surfaces est plus grand que le plus petit

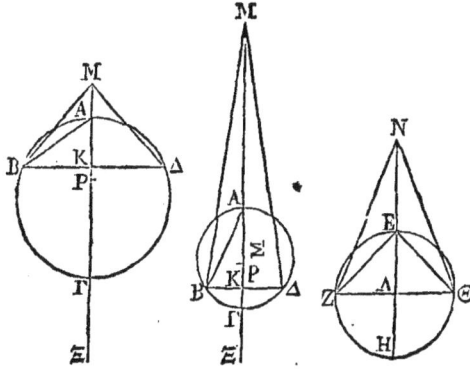

côté de l'autre (α); et le quarré construit sur AP est égal à la surface comprise sous AK , ΓΞ , à cause que ce quarré est égal à la moitié du quarré construit sur AB (6). Donc la somme de la surface comprise sous AP , PΓ et du quarré construit sur AP est plus grande que la somme de la surface comprise sous AK , KΓ et de la surface comprise sous AK , ΓΞ. Donc la surface comprise sous ΓA , AP est plus grande que la surface comprise sous ΞK , KA (γ). Mais la surface comprise sous MK , KΓ est égale à la surface comprise sous ΞK , KA. Donc la surface comprise sous ΓA , AP est plus grande que la surface comprise sous MK , KΓ. Donc la raison de ΓA à ΓK est plus grande que la raison de MK , à AP. Mais la droite AΓ est à la droite ΓK comme le quarré construit sur AB est au quarré construit sur BK ; il est donc évident que la raison de la moitié du quarré construit sur AB , qui est égal au quarré construit sur AP , au quarré construit sur BK est plus grande que la raison de la droite MK au double de AP , laquelle est égale à AN. Donc la raison du cercle décrit autour du diamètre ΘZ au cercle décrit autour du diamètre BΔ est plus grande que la raison MK à NA. Donc le cône qui a pour base le cercle décrit autour du diamètre ZΘ et pour sommet le point N est plus grand que le cône qui a pour base le cercle décrit autour du diamètre BΔ et pour sommet le point M. Il est donc encore évident que la demi-sphère construite dans l'arc EZΘ est plus grande que le segment construit dans l'arc BAΔ.

FIN DE LA SPHÈRE ET DU CYLINDRE.

DE LA MESURE DU CERCLE.

PROPOSITION PREMIÈRE.

Uɴ cercle quelconque est égal à un triangle rectangle dont un des côtés de l'angle droit est égal au rayon de ce cercle , et dont l'autre côté de l'angle droit est égal à la circonférence de ce même cercle.

Que ABΓΔ soit le cercle proposé. Je dis que ce cercle est égal au triangle ᴇ.

Que le cercle soit plus grand , si cela est possible. Inscrivons dans ce cercle le quarré AΓ , et partageons les arcs en deux

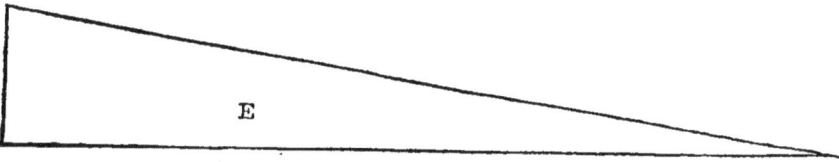

parties égales jusqu'à ce que la somme des segmens restans soit plus petite que l'excès du cercle sur le triangle (1, 6); on aura une figure rectiligne qui sera encore plus grande que le triangle (α). Prenons le centre ɴ , et menons la perpendiculaire ɴᴣ ; la perpendiculaire ɴᴣ sera plus petite qu'un des côtés de l'angle droit du triangle ᴇ. Mais le contour de la figure rectiligne est encore plus petit que l'autre côté de l'angle droit de ce même triangle , puisque

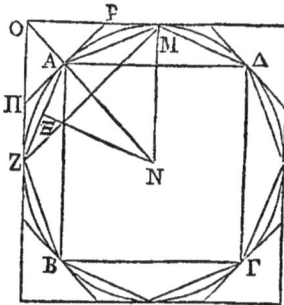

le contour de cette figure est plus petit que la circonférence du cercle (1, 1). Donc la figure rectiligne est plus petite que le triangle , ce qui est absurde (6).

Que le cercle soit plus petit que le triangle E , si cela est possible. Circonscrivons un quarré à ce cercle, et partageons les arcs en deux parties égales, et par les points de division , menons des tangentes. Puisque l'angle OAP est droit, la droite OP est plus grande que la droite MP , à cause que MP est égal à PA. Donc le triangle POΠ est plus grand que la moitié de la figure OZAM (γ). Que les segmens restans soient tels que ΠZA ; et que la somme de ces segmens soit moindre que l'excès du triangle E sur le cercle ABΓΔ. La figure rectiligne sera encore plus petite que le triangle E. Ce qui est absurde, puisque cette figure est plus grande, à cause que NA est égale à la hauteur du triangle, et que le contour de cette figure est plus grande que la base de ce même triangle.

Donc le cercle est égal au triangle E.

PROPOSITION II.

Un cercle est au quarré construit sur son diamètre , à très-peu de chose près, comme 11 est à 14.

Soit le cercle dont le diamètre est à AB. Circonscrivons à ce

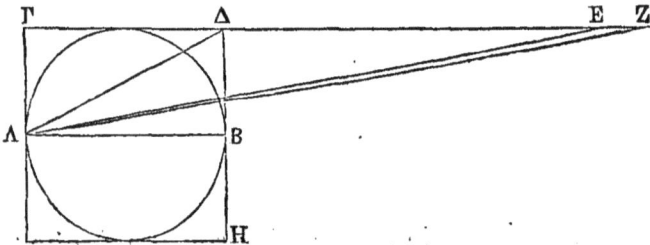

cercle le quarré ΓHΔ ; que la droite ΔE soit double du côté ΓΔ, et que EZ en soit la septième partie. Puisque le triangle AΓE est au triangle AΓΔ comme 21 est à 7, et que le triangle AΓΔ est au triangle AEZ comme 7 est à 1, le triangle AΓZ sera au triangle AΓΔ comme 22 est à 7. Mais le quarré ΓH est quadruple du triangle AΓΔ; donc le triangle AΓZ est au quarré de ΓH comme 22 est à 28; ou comme 11 est à 14. Mais le triangle AΓZ est égal au cercle AB, puisque la hauteur AΓ est égale au rayon du cercle, et que sa base est égale à la circonférence du même cercle, cette circonférence étant, à peu de chose près, égale au triple du diamètre réuni au septième de ce diamètre, ainsi que cela sera démontré; donc le cercle est au quarré ΓH, à très-peu de chose près, comme 11 est à 14.

PROPOSITION III.

La circonférence d'un cercle quelconque est égale au triple du diamètre réuni à une certaine portion du diamètre, qui est plus petite que le septième de ce diamètre, et plus grande que les $\frac{10}{71}$ de ce même diamètre.

Soit le cercle dont AΓ est le diamètre et dont le point E est le centre; que la droite ΓΛZ soit une tangente, et que l'angle

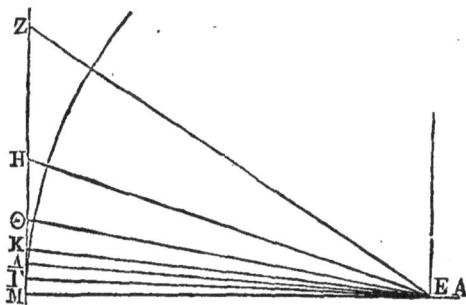

ZEΓ soit la troisième partie d'un angle droit. La droite EZ sera à la droite ZΓ comme 306 est à 153; et la raison de EΓ à ΓZ sera plus grande que la raison de 265 à 153 (α).

Partageons l'angle ZEΓ en deux parties égales par la droite EH; la droite ZE sera à la droite EΓ comme ZH est à HΓ. Donc, par permutation et par addition, la somme des droites ZE, EΓ est à la droite ZΓ comme EΓ est à ΓH. Donc la raison de la droite ΓE à la droite ΓH est plus grande que la raison de 571 à 153. Donc la raison du quarré de EH au quarré de HΓ est plus grande que la raison de 349450 à 23409, et la raison de EH à HΓ plus grande que la raison de 591 $\frac{1}{8}$ à 153 (6).

Partageons l'angle HEΓ en deux parties égales par la droite EΘ; la raison de EΓ à ΓΘ sera plus grande que la raison de 1162 $\frac{1}{8}$ à 153. Donc la raison de ΘE à ΘΓ est plus grande que la raison de 1172 $\frac{1}{8}$ à 153.

Partageons encore l'angle ΘEΓ en deux parties égales par la droite EK; la raison de EΓ à ΓK sera plus grande que la raison de 2334 $\frac{1}{4}$ à 153. Donc la raison de EK à ΓK est plus grande que la raison de 2339 $\frac{1}{4}$ à 153.

Partageons enfin l'angle KEΓ en deux parties égales par la droite ΛE; la raison de EΓ à ΛΓ sera plus grande que la raison de 4673 $\frac{1}{2}$ à 153.

Donc, puisque l'angle ZEΓ qui est la troisième partie d'un angle droit, a été partagé quatre fois en deux parties égales, l'angle ΛEΓ sera la quarante-huitième partie d'un angle droit. Construisons au point E un angle ΓEM égal à l'angle ΛEΓ et prolongeons ZΓ vers le point M; l'angle ΛEM sera la vingt-quatrième partie d'un angle droit. Donc la droite ΛM est le côté d'un polygone de 96 côtés, circonscrit au cercle.

Donc, puisque nous avons démontré que la raison de EΓ à ΓΛ est plus grande que la raison de 4673 $\frac{1}{2}$ à 153, et à cause que ΛΓ est double de EΓ, et ΛM double de ΓΛ, la raison de ΛΓ à ΛM sera encore plus grande que la raison de 4673 $\frac{1}{2}$ à 153. Donc la raison de la droite AΓ au contour d'un polygone de 96 côtés est plus grande que la raison de 4673 $\frac{1}{2}$ à 14688.

Donc la raison du contour de ce polygone à son diamètre est moindre que la raison de 14688 à 4673 $\frac{1}{2}$. Mais parmi ces deux nombres, le premier contient trois fois le second avec un reste qui est de 667 $\frac{1}{2}$, et ce reste est plus petit que la $\frac{1}{7}$ partie du nombre 4673 $\frac{1}{2}$; donc le contour du polygone circonscrit contient le diamètre trois fois, plus une partie de ce diamètre qui est moindre que sa septième partie et demie. Donc, à plus forte raison, la circonférence du cercle est moindre que le triple du diamètre augmenté d'un septième et demi de ce même diamètre.

Soit le cercle dont AΓ est le diamètre. Que l'angle BAΓ soit la troisième partie d'un angle droit; la raison de AB à BΓ sera moindre que la raison de 1351 à 780 ; et la raison de AΓ à ΓB sera la même que celle de 1560 à 780.

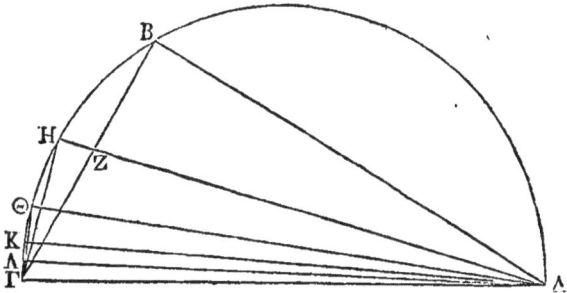

Partageons l'angle BAΓ en deux parties égales par la droite AH. Puisque l'angle BAH est non-seulement égal à l'angle HΓB, mais encore à l'angle HAΓ, l'angle HΓB sera égal à l'angle HAΓ. Mais l'angle droit AHΓ est commun; donc le troisième angle HZΓ sera égal au troisième angle AΓH. Donc les triangles AHΓ, ΓHZ sont équiangles; donc AH est à HΓ comme ΓH à HZ, et comme

ΑΓ est à ΓΖ. Mais ΑΓ est à ΓΖ comme la somme des droites ΓΑ, ΑΒ est à la droite ΒΓ; donc la somme des droites ΒΑ, ΑΓ est à la droite ΒΓ comme ΑΗ est à ΗΓ. Donc la raison de ΑΗ à ΗΓ est moindre que la raison de 2911 à 780, et la raison de ΑΓ à ΓΗ moindre que la raison de 3013 $\frac{3}{4}$ à 780.

Partageons l'angle ΓΑΗ en deux parties égales par la droite ΑΘ; la raison de ΑΘ à ΘΓ sera pareillement moindre que la raison de 5924 $\frac{3}{4}$ à 780, ou bien que la raison de 1823 à 240; car ces deux derniers nombres sont chacun les $\frac{4}{13}$ des deux premiers. Donc la raison de ΑΓ à ΓΘ est moindre que la raison de 1838 $\frac{9}{11}$ à 240.

Partageons encore l'angle ΘΑΓ en deux parties égales par la droite ΚΑ; la raison de ΚΑ à ΚΓ sera moindre que la raison de 3661 $\frac{9}{11}$ à 240, ou bien que la raison de 1007 à 66; car ces deux derniers nombres sont chacun les $\frac{11}{40}$ des deux premiers. Donc la raison de ΑΓ à ΓΚ est moindre que la raison de 1009 $\frac{1}{6}$ à 66.

Partageons enfin l'angle ΚΑΓ en deux parties égales par la droite ΛΑ; la raison de ΑΛ à ΛΓ sera moindre que la raison de 2016 $\frac{1}{6}$ à 66, et la raison de ΑΓ à ΓΛ moindre que la raison de 2017 $\frac{1}{4}$ à 66.

Donc la raison de ΑΓ à ΓΛ est plus grande que la raison de 66 à 2017 $\frac{1}{4}$. Donc, la raison du contour du polygone au diamètre est plus grande que la raison de 6336 à 2017 $\frac{1}{4}$. Mais parmi ces nombres, le premier contient le second trois fois avec un reste qui est plus grand que les $\frac{10}{71}$ du second. Donc le contour d'un polygone de 96 côtés inscrit dans un cercle est plus grand que le triple de son diamètre augmenté des $\frac{10}{71}$ de ce diamètre. Donc, à plus forte raison, la circonférence du cercle est plus grande que le triple du diamètre augmenté des $\frac{10}{71}$ de ce diamètre.

16

Donc , la circonférence d'un cercle est égale au triple de son diamètre augmenté d'une portion de son diamètre qui est plus petite que le septième de ce diamètre et plus grande que les $\frac{10}{71}$ de ce même diamètre.

FIN DE LA MESURE DU CERCLE.

DES CONOÏDES

ET DES SPHÉROÏDES.

Archimède a Dosithée, Salut.

Je t'envoie dans ce livre, non-seulement les démonstrations du reste des théorêmes qui ne se trouvoient pas parmi celles qui t'ont déjà été adressées, mais encore les démonstrations d'autres théorêmes que j'ai découverts dans la suite et qui ont tenu long-temps mon esprit incertain, parce que après les avoir examinés à plusieurs reprises, ils me paroissoient présenter beaucoup de difficultés. Voilà pourquoi ces théorêmes n'avoient pas été donnés avec les autres. Mais les ayant de nouveau considérés avec plus de soin, j'ai trouvé les solutions qui m'avoient échappé.

Ce qui restoit des premiers théorêmes regardoit le conoïde parabolique. Quant à ceux qui ont été découverts en dernier lieu, ils regardent le conoïde hyperbolique et les sphéroïdes.

Parmi les sphéroïdes, j'appelle les uns alongés et les autres aplatis.

Relativement au conoïde parabolique, on posoit ce qui suit:

Si une parabole tourne autour de son diamètre immobile

jusqu'à ce qu'elle soit revenue au même endroit d'où elle avoit commencé à se mouvoir, la figure comprise par la parabole s'appelle conoïde parabolique ; le diamètre immobile s'appelle l'axe du conoïde; et le point où l'axe rencontre la surface du conoïde s'appelle le sommet du conoïde.

Si un plan touche un conoïde parabolique, et si l'on conduit un autre plan qui soit parallèle au plan tangent et qui retranche un certain segment du conoïde, la partie du plan coupant comprise par la section du conoïde, s'appelle la base du segment qui est coupé ; le point où l'autre plan touche le conoïde s'appelle le sommet, et la partie de la droite qui est menée du sommet du segment parallèlement à l'axe du conoïde et qui est comprise dans le conoïde, s'appelle l'axe du segment.

On proposoit d'examiner ce qui suit :

Pourquoi lorsque des segmens d'un conoïde parabolique sont coupés par un plan perpendiculaire sur l'axe, le segment retranché est-il égal à trois fois la moitié d'un cône qui a la même base et le même axe que ce segment?

Pourquoi lorsqu'un conoïde parabolique est coupé par deux plans conduits d'une manière quelconque, les segmens retranchés sont-ils entre eux en raison doublée de leurs axes?

Relativement au conoïde hyperbolique, on posoit ce qui suit :

Une hyperbole, son diamètre et ses asymptotes étant placés dans un même plan, si le plan dans lequel sont placées les lignes dont nous venons de parler tourne autour du diamètre immobile, jusqu'à ce qu'il soit revenu au même endroit d'où il avoit commencé à se mouvoir, il est évident que les asymptotes comprendront un cône droit dont le sommet sera le point où les asymptotes se rencontrent, et dont l'axe sera le diamètre immobile. La figure comprise par l'hyperbole s'appelle conoïde hyperbolique; le diamètre immobile s'appelle l'axe du conoïde; et le point de la surface du conoïde rencontré par l'axe s'appelle le sommet; le cône compris par les asymptotes s'appelle le cône contenant le conoïde; la droite comprise entre le sommet du conoïde et le sommet du cône s'appelle l'ajoutée à l'axe (α).

Si un plan touche un conoïde hyperbolique, et si l'on conduit un autre plan qui soit parallèle au premier et qui retranche un certain segment du conoïde, la partie du plan coupant comprise par la section du conoïde s'appelle la base du segment; le point où un des plans touche le conoïde s'appelle le sommet du segment; et la droite qui est comprise dans le segment et qui fait partie de celle qui est menée par le sommet du conoïde et par le sommet du cône qui contient le conoïde s'appelle l'axe du segment; et la droite qui est comprise entre les sommets dont nous venons de parler s'appelle l'ajoutée à l'axe.

Tous les conoïdes paraboliques sont semblables; et parmi les conoïdes hyperboliques, ceux dont les cônes contenans sont semblables s'appellent semblables (ϵ).

On propose d'examiner ce qui suit :

Pourquoi lorsqu'un conoïde hyperbolique est coupé par un plan perpendiculaire sur l'axe, le segment retranché est-il au cône qui a la même base et le même axe que le segment comme une droite composée de l'axe du segment et du triple de la droite ajoutée à l'axe est à une droite composée de l'axe du segment et du double de la droite ajoutée à l'axe ?

Pourquoi lorsqu'un conoïde hyperbolique est coupé par un plan non perpendiculaire sur l'axe , le segment retranché est-il à la figure qui a la même base et le même axe que le segment, et qui est un segment de cône comme une droite com-

posée de l'axe du segment et du triple de la droite ajoutée à
l'axe est à une droite composée de l'axe du segment et du
double de la droite ajoutée à l'axe?

Relativement aux sphéroïdes, nous posons ce qui suit:

Si une ellipse tourne autour de son grand diamètre immobile
jusqu'à ce qu'elle soit revenue dans le même endroit d'où elle
avoit commencé à se mouvoir, la figure produite par l'ellipse
s'appelle sphéroïde alongé. Si l'ellipse tourne autour du petit
diamètre immobile jusqu'à ce qu'elle soit revenue au même
endroit d'où elle avoit commencé à se mouvoir, la figure qui
est décrite par l'ellipse s'appelle sphéroïde aplati; et le diamètre
immobile s'appelle l'axe de ces deux sphéroïdes; le point de
la surface du sphéroïde rencontré par l'axe s'appelle le sommet; le milieu de l'axe s'appelle le centre; et la droite perpendiculaire sur le milieu de l'axe s'appelle le diamètre.

Si des plans parallèles touchent un de ces sphéroïdes sans
le couper, et si un autre plan parallèle aux plans tangens
coupe le sphéroïde, la partie du plan coupant comprise dans
les sphéroïdes s'appelle la base des segmens; les points où les
plans parallèles touchent le sphéroïde s'appellent les sommets;
et enfin les droites qui sont comprises dans les segmens et qui
font partie de la droite qui joint leurs sommets s'appellent les
axes des segmens.

On démontrera que les plans qui touchent un sphéroïde
ne touchent sa surface qu'en un seul point, et que la droite
qui joint les points de contacts passe par le centre du sphéroïde.

On appelle sphéroïdes semblables ceux dont les axes sont
proportionnels aux diamètres.

Parmi les segmens de sphéroïdes et de conoïdes, on appelle
semblables ceux qui, étant retranchés de figures semblables,

ont des bases semblables, et dont les axes soit qu'ils soient perpendiculaires sur les plans des bases, soit qu'ils fassent des
angles égaux avec les diamètres homologues des bases ont
entre eux la même raison que les diamètres homologues de
leurs bases.

On propose d'examiner ce qui suit, relativement aux
sphéroïdes :

Pourquoi lorsqu'un de ces sphéroïdes est coupé par un
plan conduit par son centre et perpendiculaire sur l'axe, chacun
des segmens produits par cette section est-il double du cône
qui a la même base et le même axe que le segment ?

Pourquoi lorsqu'un de ces sphéroïdes est coupé par un plan
perpendiculaire sur l'axe, mais non mené par le centre, le
plus grand des segmens produits par cette section est-il au cône
qui a la même base et le même axe que ce segment comme
une droite composée de la moitié de l'axe du sphéroïde et
de l'axe du petit segment est à l'axe du petit segment ?

Pourquoi le petit segment est-il au cône qui a la même
base et le même axe que ce segment comme une droite composée du demi-axe du sphéroïde et de l'axe du grand segment
est à l'axe du grand segment ?

Pourquoi lorsqu'un de ces sphéroïdes est coupé par un plan
mené par son centre et non perpendiculaire sur l'axe, chacun
des segmens produits par cette section est-il double de la figure
qui a la même base et le même axe que le segment ? Cette
figure est un segment de cône.

Pourquoi lorsqu'un de ces sphéroïdes est coupé par un
plan qui n'est point mené par le centre, ni perpendiculaire
sur l'axe, le plus grand des segmens produits par cette section
est-il à la figure qui a la même base et le même axe que le
segment comme une droite composée de la moitié de celle qui

joint les sommets des segmens et de l'axe du petit segment est à l'axe du petit segment ?

Pourquoi enfin le petit segment est-il à la figure qui a la même base et le même axe que le segment comme une droite composée de la moitié de celle qui joint les sommets des segmens et de la moitié de l'axe du grand segment est à l'axe du grand segment ? Cette figure est aussi un segment de cône.

Les théorêmes dont nous venons de parler étant démontrés, à l'aide de ces théorêmes on trouve non-seulement plusieurs théorêmes, mais plusieurs problêmes. Tels sont, par exemple, les théorêmes suivans :

Les sphéroïdes semblables, et les segmens semblables des sphéroïdes et des conoïdes sont entre eux en raison triplée de leurs axes.

Les quarrés construits sur les diamètres des sphéroïdes égaux sont réciproquement proportionnels à leurs axes, et les sphéroïdes sont égaux entre eux lorsque les quarrés construits sur leurs diamètres sont réciproquement proportionnels aux axes.

Tel est aussi le problême suivant :

Un segment de sphéroïde ou de conoïde étant donné, en retrancher un segment par un plan parallèle à un autre plan donné de manière que le segment produit par cette section soit égal à un cône, ou à un cylindre, ou à une sphère donnée.

Je vais d'abord exposer les théorêmes et tout ce qui est nécessaire pour démontrer les propositions dont je viens de parler, et j'écrirai ensuite les démonstrations de ces propositions. Sois heureux.

Si un cône est coupé par un plan qui rencontre tous ses côtés, la section sera ou un cercle ou une ellipse. Si la section est un cercle , il est évident que le segment retranché du côté du sommet sera un cône. Si la section est une ellipse , la figure retranchée du côté du sommet sera appelée un segment de cône. La base du segment sera le plan compris par l'ellipse. Son sommet sera le point qui est le sommet du cône , et son axe sera la ligne droite menée du sommet du cône au centre de l'ellipse.

Si un cylindre est coupé par deux plans parallèles qui rencontrent tous les côtés du cylindre , les sections seront ou des cercles ou des ellipses égales et semblables entre elles. Si les sections sont des cercles , il est évident que la figure comprise entre les plans parallèles est un cylindre. Si les sections sont des ellipses , la figure comprise entre les plans parallèles sera appelée un segment de cylindre. La base du segment sera l'un ou l'autre des plans compris dans les ellipses , son axe sera la droite qui joint les centres des ellipses , et qui fait partie de l'axe du cône.

PROPOSITION I.

Si l'on a un certain nombre de quantités inégales qui se surpassent également et dont l'excès soit égal à la plus petite, et si l'on a d'autres quantités en nombre égal dont chacune soit égale à la plus grande des premières , la somme des quantités égales sera plus petite que le double de la somme des quantités qui se surpassent également ; et si l'on retranche la plus grande des quantités inégales , la somme des quantités égales sera plus grande que le double de la somme des quantités inégales restantes.

Cela est évident (α).

PROPOSITION II.

Si un certain nombre de quantités sont proportionnelles deux à deux à d'autres quantités semblablement arrangées et en nombre égal; si les premières, ou seulement quelques-unes d'entre elles sont comparées avec certaines autres quantités sous des raisons quelconques; et si les secondes quantités sont aussi comparées avec certaines autres quantités correspondantes sous les mêmes raisons, la somme des premières quantités sera à la somme des quantités avec lesquelles elles sont comparées comme la somme des dernières est à la somme des quantités avec lesquelles elles sont aussi comparées (α).

Soient certaines quantités A, B, Γ, Δ, E, Z. Que ces quantités soient proportionnelles deux à deux à d'autres quantités H, Θ, I, K, Λ, M, en nombre égal; de manière que A soit à B comme H est à Θ, que B soit à Γ comme Θ est à I, et ainsi de suite. Que les quantités A, B, Γ, Δ, E, Z soient comparées avec certaines autres quantités N, Ξ, O, Π, P, Σ correspondantes sous certaines raisons; et que les quantités H, Θ, I, K, Λ, M soient comparées avec certaines autres quantités correspondantes T, Υ, Φ, X, Ψ, Ω sous les mêmes raisons, de manière que A soit à N comme H est à T, et que B soit à Ξ comme Θ est à Υ, et ainsi de suite. Il faut démontrer que la somme des quantités A, B, Γ, Δ, E, Z est à la somme des quantités N, Ξ, O, Π, P, Σ comme la somme des quantités H, Θ, I, K, Λ, M est à la somme des quantités T, Υ, Φ, X, Ψ, Ω.

Car puisque N est à A comme T est à H; que A est à B comme H est à Θ; et qu'enfin B est à Ξ comme Θ est à Υ, il s'ensuit que N est à Ξ comme T est à Υ. Pareillement Ξ sera à O comme Υ est à Φ, et ainsi de suite. Puisque la somme des quantités A, B, Γ, Δ, E, Z est à A comme la somme des quantités H, Θ,

I, K, Λ, M est à H ; que A est à N comme H est à T, et qu'enfin la quantité N est à la somme des quantités N , Ξ, O , Π , P , Σ comme la quantité T à la somme des quantités T, Υ , Φ , X , Ψ , Ω ; il est évident que la somme des quantités A, B, Γ, Δ, E, Z est à la somme des quantités N, Ξ, O, Π, P, Σ comme la somme des quantités H, Θ, I, K, Λ, M est à la somme des quantités T, Υ, Φ, X, Ψ, Ω.

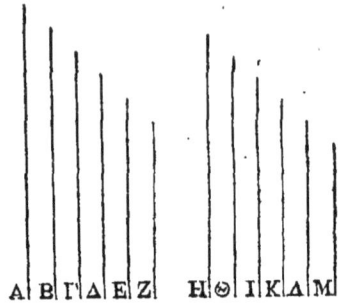

Si parmi les quantités A, B, Γ, Δ, E, Z, les quantités A, B, Γ, Δ, E seulement sont comparées avec les quantités N, O, Π, P, la quantité Z n'étant point comparée avec une autre quantité, et si parmi les quantités H, Θ, I, K, Λ, M les quantités H, Θ, I, K, Λ sont comparées avec les quantités correspondantes T, Υ, Φ, X, Ψ, la quantité M n'étant point comparée avec une autre quantité, il est encore évident que la somme des quantités A, B, Γ, Δ, E, Z est à la somme des quantités N, Ξ, O, Π, P comme la somme des quantités H, Θ, I, K, Λ, M est à la somme des quantités T, Υ, Φ, X, Ψ (6).

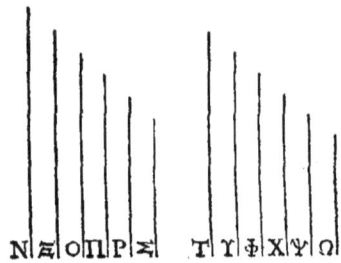

PROPOSITION III.

Si l'on a un certain nombre de lignes égales entre elles ; si l'on applique à chacune d'elles une surface dont la partie excédente soit un quarré. Si les côtés des quarrés se surpassent également et si leur excès est égal au côté du plus petit côté quarré ; si de plus, on a d'autres surfaces en même nombre que les premières et égales chacune à la plus grande de celles-ci, la raison de la somme des surfaces égales à la somme des surfaces inégales sera moindre que la raison d'une droite composée du côté du plus grand quarré et d'une des lignes égales à une droite composée du tiers du côté du plus grand quarré et de la moitié d'une des lignes égales : et la raison de la somme des surfaces égales à la somme des surfaces inégales, la plus grande exceptée, sera plus grande que cette même raison (α).

Soit un certain nombre de lignes égales désignées par A ; qu'à chacune d'elles soit appliquée une surface dont la partie excédente soit un quarré. Que les côtés B , Γ , Δ , E , Z , H

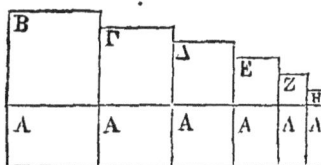

de ces quarrés se surpassent également entre eux ; que leur excès soit égal au côté du plus petit quarré ; que B soit le plus grand côté et H le plus petit. Soient de plus d'autres surfaces dans chacune desquelles se trouvent les lettres ΘΙΚΛ ; que ces surfaces soient en même nombre que les premières, que chacune d'elles soit égale à la plus grande, c'est-à-dire à celle qui est appliquée sur AB. Que la ligne ΘΙ soit égale à A et la ligne ΚΛ égale à B ; que chacune des lignes ΘΙ soit double de I et que chacune des lignes ΚΛ soit triple de K. Il faut démontrer que la raison de la somme des surfaces dans lesquelles se trouvent les lettres ΘΙΚΛ à la somme des surfaces AB, AΓ, AΔ, AE, AZ, AH est moindre que la raison de la ligne ΘΙΚΛ à la ligne ΙΚ; et que la raison de la somme des surfaces égales à la somme des surfaces inégales, la plus grande exceptée, est plus grande que cette même raison.

En effet, les surfaces où se trouve la lettre A se surpassent également entre elles, et leur excès est égal à la plus petite; car les surfaces appliquées sur les droites A et les largeurs de ces surfaces se surpassent également; de plus les surfaces où se trouvent les lettres ΘΙ sont en même nombre que ces surfaces inégales, et chacune d'elles est égale à la plus grande de celles-ci. Donc la somme des surfaces où se trouvent les lettres ΘΙ sera plus petite que le double de la somme des surfaces où se trouve la lettre A; et si l'on retranche la plus grande des surfaces où se trouve la lettre A, la somme des surfaces où se trouvent les lettres ΘΙ sera plus grande que la somme des surfaces restantes où se trouve la lettre A (1). Donc la somme des surfaces où se trouve la lettre I est plus petite que la somme des surfaces où se trouve la lettre A, et plus grande que la somme de ces surfaces, si l'on en retranche la plus grande. On a de plus certaines lignes B, Γ, Δ, E, Z, H qui se surpassent également et dont l'excès est égal à la plus petite, et l'on a aussi d'autres lignes où se trouvent les lettres ΚΛ qui sont en même nombre que les premières, et dont chacune est égale à la plus grande de celles-ci. Donc la somme des quarrés décrits sur les droites qui sont chacune égales à la plus grande, est plus petite que le triple de la somme des quarrés décrits sur les droites qui se surpassent également, et si l'on retranche le quarré décrit sur la plus grande ligne des droites inégales, la somme des quarrés décrits sur les droites qui sont égales chacune à la plus grande des droites inégales, sera plus grande que le

triple des quarrés restans, ainsi que cela est démontré dans le
livre des Hélices (*prop.* 10, *cor.*) (6). Donc la somme des surfaces
où se trouve la lettre κ est plus petite que la somme des sur-

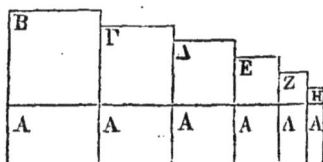

faces où se trouvent les lettres B, Γ, Δ, E, Z, H et plus grande
que la somme des surfaces où se trouvent les lettres Γ, Δ, E,
Z, H. Donc la somme des surfaces où se trouvent les lettres ΙK est
plus petite que la somme des surfaces où se trouvent les lettres
AB, AΓ, AΔ, AE, AZ, AH et plus grande que la somme des surfaces où se trouvent les lettres AΓ, AΔ, AE, AZ, AH. Il est donc
évident que la raison de la somme des surfaces dans lesquelles
sont les lettres ΘΙ, KΛ à la somme des surfaces dans lesquelles
sont les lettres AB, AΓ, AΔ, AE, AZ, AH est moindre que la raison
de la ligne ΘΛ à la ligne ΙK; et que si l'on retranche la surface
où se trouvent les lettres AB, la première raison sera plus grande
que la seconde (γ).

Si des droites menées du même point sont tangentes à une
section quelconque d'un cône, et si d'autres droites parallèles
à ces tangentes se coupent mutuellement dans la section du
cône, les surfaces comprises sous les segmens de ces droites
seront entre elles comme les quarrés des tangentes. La surface

comprise sous les segmens de l'une des droites correspond au quarré de la tangente parallèle à cette droite. Cela est démontré dans les Élémens (♂).

PROPOSITION IV.

Si d'une même parabole, on retranche deux segmens quelconques qui aient des diamètres égaux, ces segmens seront égaux entre eux, ainsi que les triangles qui leur sont inscrits et qui ont la même base et la même hauteur que les segmens. J'appelle diamètre d'un segment quelconque une droite qui coupe en deux parties égales toutes les parallèles à la base.

Que ABΓ soit une parabole; qu'on retranche de cette parabole les deux segmens AΔE, ΘBΓ. Que ΔZ soit le diamètre du segment AΔE et BH celui du segment ΘBΓ; que les diamètres ΔZ, BH soient égaux entre eux. Il faut démontrer que les

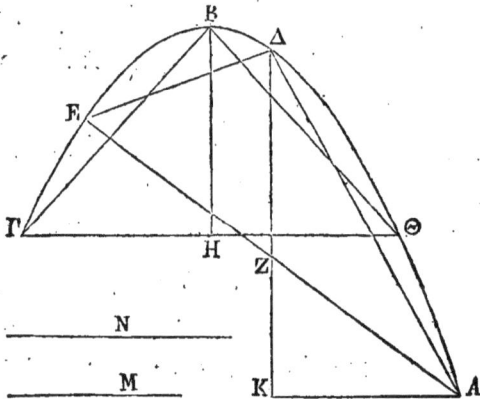

segmens AΔE, ΘBΓ sont égaux entre eux, ainsi que les triangles qui leur sont inscrits de la manière que nous l'avons dit.

D'abord, que la droite ΘΓ qui retranche un des segmens soit perpendiculaire sur le diamètre de la parabole. Que la droite M soit le paramètre (α), et du point A conduisons la droite AK perpendiculaire sur ΔZ. Puisque la droite ΔZ est le diamètre du segment, la droite AE est coupée en deux parties égales au point z, et cette même droite Δz est parallèle au diamètre de la parabole. La droite Δz coupe donc en deux parties égales toutes les parallèles à la droite AE (ϛ). Que le quarré de AZ soit

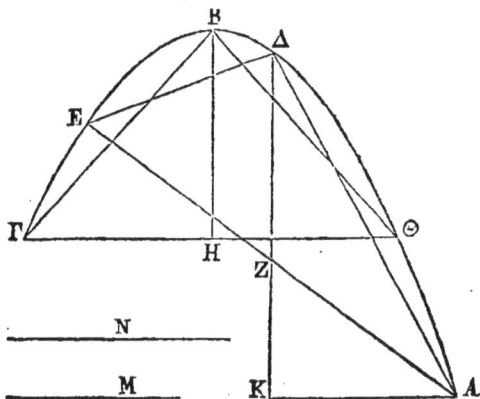

au quarré de AK comme N est à M. Les quarrés des ordonnées parallèles à AE seront égaux aux surfaces comprises sous la droite N et sous les abscisses ; ce qui est démontré dans les élémens des sections coniques (γ). Le quarré de AZ est donc égal à la surface comprise sous N et Δz. Mais le quarré de ΘH est égal à la surface comprise sous la droite M et sous la droite BH, parce que ΘH est perpendiculaire sur l'axe (δ); donc le quarré de AZ est au quarré de ΘH comme N est à M ; parce que les droites Δz, BH sont supposées égales. Mais le quarré de AZ est au quarré de AK comme N est à M ; donc les droites ΘH, AK sont égales. Mais les droites BH, Δz sont aussi égales entre elles ; donc la surface comprise sous ΘH, BH est égale à la surface comprise sous AK, Δz ; donc le triangle ΘHB est égal au triangle ΔAZ ; donc leurs doubles sont aussi égaux. Mais le segment AΔE est égal à quatre fois le tiers du triangle AΔE et le segment ΘBГ égal à quatre fois le tiers du triangle ΘBГ (*quadr. de la Parabole, prop.* 24); il est donc évident que non-seulement les segmens, mais encore les triangles inscrits dans les segmens sont égaux entre eux.

Si aucune des droites qui retranchent les segmens n'est perpendiculaire sur le diamètre, on prendra sur le diamètre de la parabole une droite égale au diamètre d'un des segmens, et l'on menera par l'extrémité de cette droite une perpendiculaire sur le diamètre de la parabole. Ce nouveau segment sera égal à chacun des deux autres segmens. Donc ce qui avoit été proposé est évident.

PROPOSITION V.

La surface comprise dans l'ellipse est au cercle décrit autour du grand diamètre de l'ellipse comme le petit diamètre est au grand, c'est-à-dire, au diamètre du cercle.

Soit l'ellipse ABΓΔ dont le grand diamètre est la droite AΓ et le petit la droite BΔ. Décrivons un cercle autour de AΓ comme diamètre. Il faut démontrer que la surface comprise dans l'ellipse est à ce cercle comme BΔ est à ΓA, c'est-à-dire à EZ.

Que le cercle Ψ soit au cercle AEΓZ comme BΔ est à EZ. Je dis que le cercle Ψ est égal à la surface comprise dans l'ellipse. Car si le cercle Ψ n'est pas égal à la surface comprise dans l'ellipse, supposons d'abord qu'il soit plus grand, si cela est possible. On peut inscrire dans le cercle Ψ un polygone dont le nombre des angles soit pair et qui soit plus grand que la surface comprise dans l'ellipse ABΓΔ. Supposons qu'il soit inscrit. Inscrivons dans le cercle AEΓZ un polygone semblable à celui qui est inscrit dans le cercle Ψ. Menons des angles de ce polygone des perpendicu-

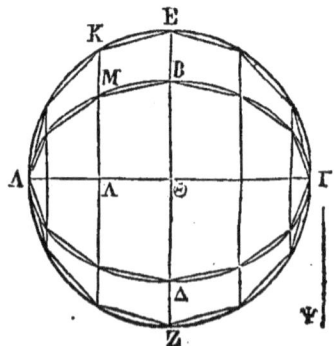

18

laires sur le diamètre AΓ, et joignons par des droites les points
où ces perpendiculaires rencontrent l'ellipse; nous aurons un
certain polygone inscrit dans l'ellipse qui sera au polygone
inscrit dans le cercle AEΓZ comme BΔ est à EZ. Car les perpendiculaires EΘ, KΛ étant coupées proportionnellement aux
points M, B, il est évident que le trapèze ΛE sera au trapèze
ΘM comme ΘE est à BΘ (α). Par la même raison, les autres trapèzes placés dans le cercle sont aux autres trapèzes placés
dans l'ellipse chacun à chacun comme EΘ est à BΘ. Mais les
triangles placés dans le cercle vers les points A, Γ sont aussi
aux triangles placés dans l'ellipse vers ces mêmes points chacun à chacun comme EΘ sera à BΘ. Donc le polygone entier
inscrit dans le cercle sera au polygone entier inscrit dans l'ellipse comme EZ est à BΔ. Mais le po-
lygone inscrit dans le cercle AEΓZ est
au polygone inscrit dans le cercle Ψ
comme EZ est à BΔ, parce que ces cercles sont entre eux comme ces polygones. Donc le polygone inscrit dans le
cercle Ψ est égal au polygone inscrit
dans l'ellipse: ce qui ne peut être, car
on avoit supposé le polygone inscrit

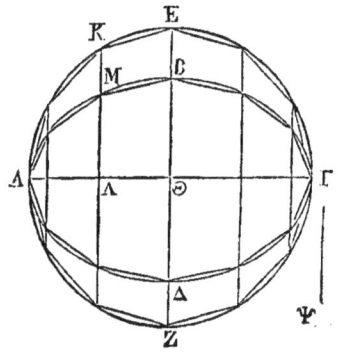

dans le cercle Ψ plus grand que la surface comprise dans l'ellipse.

Supposons enfin que le cercle Ψ soit plus petit. On peut inscrire dans l'ellipse un polygone dont le nombre des côtés soit
pair et qui soit plus grand que le cercle Ψ (6). Que ce polygone
soit inscrit. Prolongeons jusqu'à la circonférence du cercle les
perpendiculaires menées des angles du polygone sur le diamètre
AΓ. On aura encore un certain polygone inscrit dans le cercle
AEΓZ qui sera au polygone inscrit dans l'ellipse comme EZ est à
BΔ. Inscrivons dans le cercle Ψ un polygone semblable à celui

qui est inscrit dans le cercle AEΓZ. Nous démontrerons que le polygone inscrit dans le cerle Ψ est égal au polygone inscrit dans l'ellipse. Ce qui est impossible. Donc le cercle Ψ n'est pas plus petit que l'ellipse. Il est donc évident que la surface comprise dans l'ellipse est au cercle AEΓZ comme BΔ est à EZ.

PROPOSITION VI.

La surface comprise dans l'ellipse est à un cercle quelconque comme la surface comprise sous les deux diamètres de l'ellipse est au quarré du diamètre du cercle.

Que la surface comprise dans l'ellipse soit celle où se trouve la lettre x. Que les diamètres de l'ellipse soient les droites AΓ, BΔ et que AΓ soit le plus grand. Que le cercle soit celui où se

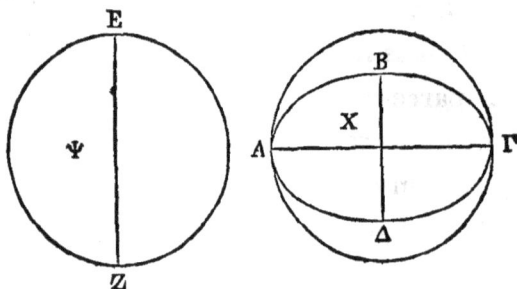

trouve la lettre Ψ, et que son diamètre soit la droite EZ. Il faut démontrer que la surface x est au cercle Ψ comme la surface comprise sous AΓ, BΔ est au quarré de EZ.

Décrivons un cercle autour de AΓ comme diamètre. La surface x sera au cercle dont le diamètre est la droite AΓ comme la surface comprise sous AΓ, BΔ est au quarré de AΓ; car on a démontré que l'ellipse est au cercle comme BΔ est à AΓ (5). Mais le cercle qui a pour diamètre AΓ est au cercle qui a pour diamètre EZ comme le quarré de AΓ est au quarré de EZ (α); il est

ρ

donc évident que la surface x est au cercle Ψ comme la surface comprise sous AΓ, BΔ est au quarré de EZ.

PROPOSITION VII.

Les surfaces comprises dans les ellipses sont entre elles comme
les surfaces comprises sous leurs diamètres.

Que les surfaces comprises dans les ellipses soient celles où se
trouvent les lettres A , B. Que la surface ΓΔ soit celle qui est comprise sous les diamètres de l'ellipse qui comprend la surface A
et que la surface EZ soit celle qui est comprise sous les diamètres de l'autre ellipse. Il faut démontrer que la surface A
est à la surface B comme ΓΔ est à EZ.

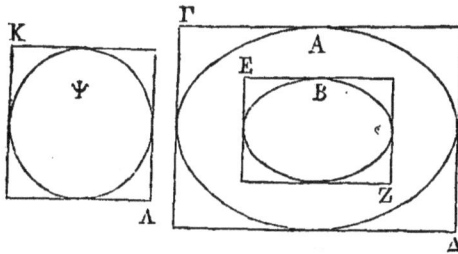

Prenons le cercle où se trouve la lettre Ψ. Que le quarré
construit sur son diamètre soit KΛ. La surface A sera au cercle Ψ
comme ΓΔ est à KΛ, et le cercle Ψ sera à la surface B comme KΛ
est à EZ (α). Il est donc évident que la surface A est à la surface B comme ΓΔ est à EZ.

Il suit évidemment de-là que les surfaces contenues dans
des ellipses semblables sont entre elles comme les quarrés des
diamètres homologues.

PROPOSITION VIII.

Etant données une ellipse et une ligne élevée du centre de cette ellipse perpendiculairement sur son plan , il est possible de trouver un cône qui ait pour sommet l'extrémité de cette perpendiculaire et dans la surface duquel se trouve l'ellipse donnée.

Soient données une ellipse et une ligne élevée du centre de l'ellipse perpendiculairement sur son plan. Faisons passer un plan par cette perpendiculaire et par le petit diamètre. Que le petit diamètre soit la droite AB. Que le centre de l'ellipse soit le point Δ; que la perpendiculaire élevée du centre de l'ellipse soit la droite ΓΔ et que son extrémité soit le point Γ. Supposons que l'ellipse donnée ait été décrite autour de AB comme diamètre dans un plan perpendiculaire sur ΓΔ. Il faut trouver un cône qui ait pour sommet le point Γ et dans la surface duquel se trouve l'ellipse donnée.

Du point Γ aux points A, B conduisons deux droites et que ces droites soient prolongées. Du point A, conduisons la droite AZ, de manière que la surface comprise sous AE, EZ soit au quarré de ΕΓ comme le quarré de la moitié du grand diamètre est au quarré de ΔΓ ; ce qui peut se faire, parce que la raison de la surface comprise sous AE, EZ au quarré de ΕΓ est plus grande que la raison de la surface comprise sous AΔ, ΔB au quarré de ΔΓ (α). Par la droite AZ faisons passer un plan perpendiculaire sur le plan dans lequel se trouvent les droites ΓA, AZ. Décrivons dans ce plan un cercle autour de AZ comme diamètre ; et que ce cercle soit la base d'un cône qui ait pour sommet le point г. On démontrera que l'ellipse donnée se trouve dans la surface de ce cône.

Car si l'ellipse ne se trouve pas dans la surface de ce cône, il faut qu'il y ait quelque point dans l'ellipse qui ne soit pas dans la surface de ce cône. Supposons qu'on ait pris dans l'ellipse un point quelconque Θ qui ne soit pas dans la surface du cône; et du point Θ, conduisons ΘK perpendiculaire sur AB. Cette droite sera perpendiculaire sur le plan ГAZ. Du point г au point K conduisons une droite et prolongeons-la jusqu'à ce qu'elle rencontre AZ en un point Λ, et ensuite du point Λ et dans le cercle décrit autour de AZ élevons sur AZ la perpendiculaire ΛM. Supposons que le point M soit dans la circonférence de ce même cercle; et par le point Λ et le point E, conduisons les droites ΞO, ΠP parallèles à AB. Puisque la surface comprise sous AE, EZ est au quarré de EГ comme le quarré de la moitié du grand diamètre est au quarré de ΔГ, et que le quarré de EГ est à la surface comprise sous EΠ, EP comme le quarré de ΔГ est à la surface comprise sous AΔ, ΔB, la surface comprise sous AE, EZ sera à la surface comprise sous ΠE, EP comme le quarré de la moitié du grand diamètre est à la surface comprise sous AΔ, BΔ (6). Mais la surface comprise sous AE, EZ est à la surface comprise sous EΠ, EP comme

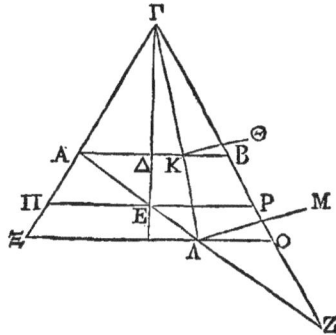

la surface comprise sous AΛ, ΛZ est à la surface comprise sous ΞΛ, ΛO (γ); et le quarré de la moitié du grand diamètre est à la surface comprise sous AΔ, ΔB comme le quarré de ΘK est à la surface comprise sous AK, KB (δ). Donc la surface comprise sous AΛ, ΛZ est à la surface comprise sous ΞΛ, ΛO comme le quarré de ΘK est à la surface comprise sous AK, KB,

Mais la surface comprise sous ΞΛ, ΛΟ est au quarré de ΓΛ comme la surface comprise sous ΑΚ, ΚΒ est au quarré de ΓΚ (ε). Donc la surface comprise sous ΑΛ, ΛΖ est au quarré de ΓΛ comme le quarré de ΘΚ est au quarré de ΚΓ. Mais le quarré de ΛΜ est égal à la surface comprise sous ΑΛ, ΛΖ, car on a mené la droite ΛΜ perpendiculaire dans le demi-cercle décrit autour de ΑΖ. Donc le quarré de ΛΜ est au quarré de ΛΓ comme le quarré de ΘΚ est au quarré de ΚΓ. Donc les points Γ, Θ, Μ sont dans une même droite. Mais la droite ΓΜ est dans la surface du cône; il est donc évident que le point Θ est dans la surface du cône. Mais on avoit supposé qu'il n'y étoit pas. Il n'est donc aucun point de l'ellipse qui ne soit dans la surface du cône dont nous avons parlé. Donc l'ellipse est toute entière dans la surface de ce cône.

PROPOSITION IX.

Étant-données une ellipse et une oblique élevée de son centre dans le plan qui passe par un de ses diamètres et qui est perpendiculaire sur le plan de l'ellipse, il est possible de trouver un cône qui ait pour sommet l'extrémité de cette oblique et dans la surface duquel se trouve l'ellipse donnée.

Que la droite ΒΑ soit un des diamètres de l'ellipse; que le centre soit le point Δ, et que l'oblique élevée du centre, ainsi qu'il a été dit, soit ΔΓ. Supposons que l'on ait décrit l'ellipse donnée autour de ΑΒ comme centre, dans un plan perpendiculaire sur celui où se trouvent les droites ΑΒ, ΓΔ. Il faut trouver un cône qui ait son sommet au point Γ, et dans la surface duquel se trouve l'ellipse donnée.

Les droites ΑΓ, ΓΒ ne sont pas égales, car la droite ΓΔ n'est pas perpendiculaire sur le plan dans lequel se trouve l'ellipse. Que la droite ΕΓ soit égale à la droite ΓΒ, et que la droite Ν soit

égale à la moitié de l'autre diamètre qui est le diamètre conjugué de AB et par le point Δ menons la droite ZH parallèle à EB.
Par la droite EB faisons passer un plan perpendiculaire sur celui où
se trouvent les droites AΓ, ΓB ; et autour de EB comme diamètre
décrivons un cercle ou une ellipse (α). Décrivons un cercle, si
le quarré de N est égal à la surface comprise sous ZΔ, ΔH (β).

Si le contraire arrive, décrivons
une ellipse de manière que le
quarré de son autre diamètre soit
au quarré de EB comme le quarré
de N est à la surface comprise sous
ZΔ, ΔH (γ). Prenons ensuite un
cône dont le sommet soit le point
Γ et dans la surface duquel se trouvent le cercle ou l'ellipse décrits
autour de EB comme diamètre ; ce
qui est possible, parce que la droite

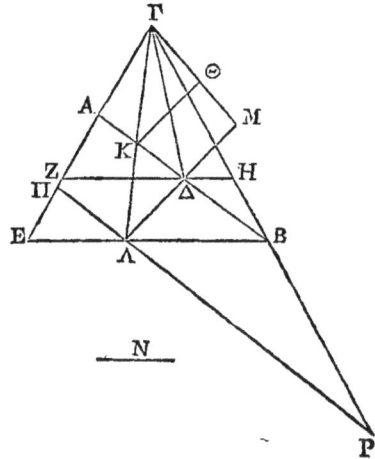

menée du point Γ sur le milieu de EB est perpendiculaire sur
le plan conduit par la droite EB. L'ellipse décrite autour du
diamètre AB se trouvera aussi dans la surface de ce cône ; car si cela
n'est point, il y aura quelque point dans l'ellipse qui ne sera
pas dans la surface du cône. Supposons donc qu'on ait pris un
point quelconque Θ dans l'ellipse qui ne soit pas dans la surface du cône ; et par ce point Θ conduisons la droite KΘ perpendiculaire sur AB ; menons la droite ΓK, et prolongeons-la de manière qu'elle rencontre EB au point Λ. Par le point Λ et dans le
plan perpendiculaire qui passe par EB, menons une droite ΛM
perpendiculaire sur EB ; supposons que le point M soit dans la
surface du cône et par le point Λ menons ΠΡ parallèle à AB. Le
quarré de N sera à la surface comprise sous ZΔ, ΔH comme le
quarré de ΛM est à la surface comprise sous EΛ, ΛB (δ). Mais

la surface comprise sous ZΔ, ΔH est à la surface comprise sous AΔ, ΔB comme la surface comprise sous EΛ, ΛB est à la surface comprise sous ΠΛ, ΛP (ε). Donc le quarré de N est à la surface comprise sous AΔ, ΔB comme le quarré de ΛM est à la surface comprise sous ΠΛ, ΛP. Mais le quarré de N est à la surface comprise sous AΔ, ΔB comme le quarré de ΘK est à la surface comprise sous AK, KB ; parce que dans une même ellipse on a mené des perpendiculaires sur le diamètre AB. Donc la raison du quarré ΛM à la surface comprise sous ΠΛ, ΛP est la même que la raison du quarré de ΘK à la surface comprise sous AK, KB. Mais la raison de la surface comprise sous ΠΛ, ΛP au quarré de ΛΓ est la même que la raison de la surface comprise sous AK, KB au quarré de KΓ ; donc la raison du quarré de ΛM au quarré de ΛΓ est la même que la raison du quarré de ΘK au quarré de KΓ. Donc les points Γ, Θ, M sont en ligne droite. Mais la droite ΓM est dans la surface du cône ; donc le point Θ est aussi dans la surface du cône. Mais on avoit supposé qu'il n'y étoit pas ; donc ce qu'il falloit démontrer est évident.

PROPOSITION X.

Étant données une ellipse et une oblique élevées de son centre dans un plan qui passe par un de ses diamètres et qui est perpendiculaire sur le plan de l'ellipse, on peut trouver un cylindre dont l'axe soit sur cette oblique et dans la surface duquel se trouve l'ellipse donnée.

Que BA soit le diamètre conjugué de l'ellipse ; que le point Δ en soit le centre et que ΓΔ soit la droite élevée du centre ainsi qu'il a été dit. Supposons qu'on ait décrit l'ellipse donnée autour de AB comme diamètre, dans un plan perpendiculaire sur le plan dans lequel sont les droites AB, ΓΔ. Il faut trouver un cylindre dont l'axe soit sur la droite ΓΔ et dans la surface duquel se trouve l'ellipse donnée.

Des points A, B menons les droites AZ, BH parallèles à ΓΔ. L'autre diamètre de l'ellipse sera ou égal à l'intervalle des droites AZ, BH, ou plus grand, ou plus petit. Qu'il soit d'abord égal à la droite ZH menée perpendiculairement sur ΓΔ. Par la droite ZH, conduisons un plan perpendiculaire sur ΓΔ, et dans ce plan décrivons un cercle autour de ZH comme diamètre, et que ce cercle soit la base d'un cylindre qui ait pour axe la droite ΓΔ. L'ellipse donnée sera dans la surface de ce cylindre. Car si elle n'y est pas, il y aura quelque point dans cette ellipse qui ne sera point dans la surface du cylindre. Supposons qu'on ait pris un point quelconque Θ dans l'ellipse qui ne soit pas dans la surface du cylindre. Du point Θ, menons la droite ΘK perpendiculaire sur AB. Cette droite sera perpendiculaire sur le plan dans lequel se trouvent les droites AB, ΓΔ. Du point K menons la droite KΛ parallèle à ΓΔ, et du point Λ et dans le plan du cercle décrit autour de ZH comme diamètre, élevons la droite ΛM perpendiculaire sur ZH. Supposons que le point M est dans la demi-circonférence décrite autour de ZH comme diamètre. La raison du quarré de la perpendiculaire ΘK à la surface comprise sous AK, KB sera la même que la raison du quarré de ZΓ à la surface comprise sous AΔ, ΔB; parce que ZH est égal à l'autre diamètre de l'ellipse (α). Mais la raison de la surface comprise sous ZΛ, ΛH à la surface comprise sous AK, KB est aussi la même que la raison du quarré de ZΓ au quarré du demi-diamètre AΔ de l'ellipse (ϐ). Donc la surface comprise sous ZΛ, ΛH est égale au quarré de ΘK. Mais le quarré de ΛM est aussi égal à cette surface; donc les perpendi-

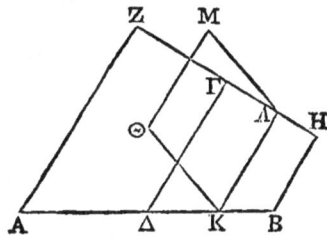

culaires ΘΚ, ΜΛ sont égales. Donc les droites ΛΚ, ΜΘ sont parallèles. Donc les·droites ΔΓ, ΜΘ sont aussi parallèles. Donc ΘΜ est dans la surface du cylindre; parce que cette droite est menée parallèlement à l'axe du point Μ qui est dans la surface du cylindre. Il est donc évident que le point Θ est aussi dans la surface du cylindre. Mais on avoit supposé qu'il n'y étoit pas. Donc ce qu'il falloit démontrer est évident.

Il est encore évident que le cylindre qui comprend l'ellipse sera droit, si l'autre diamètre est égal à la distance des droites qui sont menées des extrémités du diamètre ΑΒ parallèlement à l'oblique élevée menée du centre.

Que l'autre diamètre soit plus grand que ΖΗ; et supposons qu'il soit égal à ΠΖ. Par la droite ΠΖ, conduisons un plan perpendiculaire sur celui où se trouvent les droites ΑΒ, ΓΔ; et dans ce plan et autour de ΠΖ comme diamètre décrivons un cercle et que ce cercle soit la base d'un cylindre qui ait pour axe la droite ΔΡ.

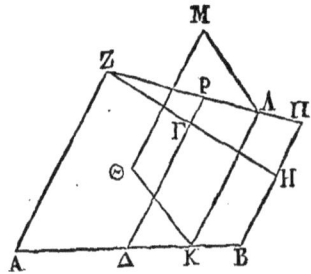

On démontrera de la même manière que l'ellipse est dans la surface de ce cylindre.

Que l'autre diamètre soit plus petit que ΖΗ et que l'excès du quarré de ΖΓ sur le quarré de la moitié de l'autre diamètre soit le quarré de ΓΞ. Du point Ξ menons la droite ΞΝ égale à la moitié de l'autre diamètre, et que cette droite soit perpendiculaire sur le plan où se trouvent les droites ΑΒ, ΓΔ, et supposons que le point Ν soit au-dessus de ce

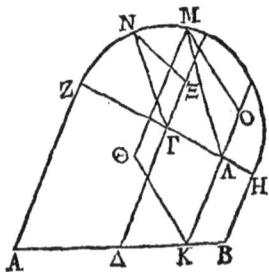

plan. La droite гN sera égale à гz (*δ*). Décrivons ensuite un cercle dans le plan où se trouvent les droites zн, гN, autour de zн comme diamètre; ce cercle passera par le point N. Que ce cercle soit la base d'un cylindre qui ait pour axe la droite гΔ. Je dis que l'ellipse sera dans la surface de ce cylindre.

Car si l'ellipse n'est pas dans la surface de ce cylindre, il y aura quelque point dans l'ellipse qui ne sera pas dans cette surface. Prenons un point quelconque ⊙ dans cette ellipse; de ce point menons la droite ⊙κ perpendiculaire sur AB; du point κ menons la droite κΛ parallèle à гΔ, et du point Λ et dans le demi-cercle décrit autour de zн comme diamètre, menons la droite ΛM perpendiculaire sur zн. Supposons que le point M soit dans la demi-circonférence décrite autour de zн; et de ce point conduisons la perpendiculaire MO sur la droite κΛ prolongée. Cette droite sera perpendiculaire sur le plan où se trouvent les droites AB, гΔ; parce que κΛ est perpendiculaire sur zн. Donc le quarré de MO est au quarré de MΛ comme le quarré de ΞN est au quarré de Nг (*ε*). Mais le quarré de MΛ est à la surface comprise sous AK, κB comme le quarré de гN est au quarré de ΛΔ; car le quarré de MΛ est égal à la surface comprise sous Λz, ΛH; et le quarré de гN est égal au quarré de гz. Donc le quarré de MO est à la surface comprise sous AK, κB comme le quarré de NΞ est au quarré de ΛΔ. Mais le quarré de κ⊙ est à la surface comprise sous AK, κB comme le quarré de ΞN est au quarré de ΛΔ, parce que ΞN est égal à la moitié de l'autre diamètre (*γ*). Il est donc évident que les perpendiculaires MO, OK sont égales et par conséquent les droites κO, ⊙M (*ζ*). Mais la droite M⊙ est parallèle à l'axe du cylindre, et le point M est dans la surface de ce même cylindre; donc le point ☉ est aussi dans cette surface, mais on avoit supposé qu'il n'y étoit pas ; il est donc évident que l'ellipse est nécessairement dans la surface du cylindre.

PROPOSITION XI.

Il a été démontré par ceux qui ont vécu avant nous que deux cônes sont entre eux en raison composée des bases et des hauteurs On démontrera de la même manière que deux segmens quelconques de cône sont entre eux en raison composée des bases et des hauteurs. On démontrera aussi qu'un segment quelconque de cylindre est triple du segment de cône qui a la même base et la même hauteur que le premier segment, de la même manière que l'on démontre qu'un cylindre est le triple d'un cône qui a la même base et la même hauteur (α).

PROPOSITION XII.

Si un conoïde parabolique est coupé par un plan conduit par l'axe ou parallèlement à l'axe, la section sera une parabole, et cette parabole sera la même que celle qui comprend le conoïde. Son diamètre sera la commune section du plan coupant et de celui qui lui étant perpendiculaire passe par l'axe. Si ce conoïde est coupé par un plan perpendiculaire sur l'axe, la section sera un cercle ayant son centre dans l'axe.

Si un conoïde hyperbolique est coupé par un plan conduit par l'axe ou parallèlement à l'axe ou enfin par le sommet du cône qui comprend le conoïde, la section sera une hyperbole. Si le plan coupant passe par l'axe, l'hyperbole sera la même que celle qui comprend le conoïde, et si le plan coupant est parallèle à l'axe, l'hyperbole sera semblable à celle qui comprend le conoïde; et enfin si le plan coupant passe par le sommet du cône qui comprend le conoïde, l'hyperbole ne sera pas semblable à l'hyperbole qui comprend le conoïde. Le diamètre de l'hyperbole sera la commune section du plan coupant et de celui qui lui étant perpendiculaire passe par l'axe. Si le plan coupant est perpendiculaire sur l'axe, la section sera un cercle ayant son centre dans l'axe du conoïde.

Si un sphéroïde alongé ou aplati est coupé par un plan conduit par l'axe ou parallèlement à l'axe la section sera une ellipse. Si le plan coupant passe par l'axe, l'ellipse sera la même que celle qui comprend le sphéroïde; et si le plan coupant est parallèle à l'axe, elle sera semblable à celle qui comprend le sphéroïde. Le diamètre sera la commune section du plan coupant et de celui qui lui étant perpendiculaire passe par l'axe. Si le plan coupant est perpendiculaire sur l'axe, la section sera un cercle ayant son centre dans l'axe.

Si chacune des figures dont nous venons de parler est coupée par un plan mené par l'axe, les perpendiculaires menées sur le plan coupant des points qui sont dans la surface de ces figures et non dans la section tombent en dedans de la section de la figure.

Les démonstrations de toutes ces propositions sont connues (α).

PROPOSITION XIII.

Si un conoïde parabolique est coupé par un plan qui ne soit pas conduit par l'axe, ni parallèle à l'axe, ni perpendiculaire sur l'axe, la section sera une ellipse dont le grand diamètre sera la section du plan coupant par celui qui lui étant perpendiculaire passe par l'axe du conoïde; et le petit diamètre sera égal à l'intervalle des droites menées parallèlement à l'axe par les extrémités du grand diamètre.

Coupons un conoïde parabolique par un plan, comme nous l'avons dit; coupons ensuite le conoïde par l'axe par un autre

plan perpendiculaire sur le plan coupant; que la section du conoïde soit la ligne ABΓ; que la section du plan coupant par le
second plan soit la droite AΓ; et que BΔ soit l'axe du conoïde et
le diamètre de la section par l'axe. Il faut démontrer que la
section du conoïde par un plan conduit par la droite AΓ est
une ellipse; que son grand diamètre est la droite AΓ, et que
son petit diamètre est égal à la droite AΛ : la droite ΓΛ étant
parallèle à BΔ et la droite AΛ perpendiculaire sur ΓΛ.

Supposons qu'on ait pris dans la section un point quelconque
K. Du point K conduisons la
droite KΘ perpendiculaire sur
ΓΛ. La droite KΘ sera perpendiculaire sur le plan dans lequel se trouve la parabole
AΓB; parce que le plan coupant
est aussi perpendiculaire sur
ce même plan. Par le point Θ
menons la droite EZ faisant
des angles droits avec BΔ, et
conduisons un plan par les
droites EZ, KΘ. Ce plan sera perpendiculaire sur BΔ; et le conoïde
sera coupé par un plan perpendiculaire sur l'axe. La section
sera donc un cercle ayant pour centre le point Δ. Donc le
quarré de KΘ sera égal à la surface comprise sous ZΘ, ΘE; car un
demi-cercle ayant été construit sur EZ et la droite KΘ étant perpendiculaire, la droite KΘ sera une moyenne proportionnelle (α),
et son quarré sera par conséquent égal à la surface comprise sous
EΘ, ΘZ. Menons la droite MN tangente à la parabole et parallèle
à AΓ; et que cette droite soit tangente au point N. Conduisons aussi
la droite BT tangente à la parabole et parallèle à EZ. La surface comprise sous AΘ, ΘΓ sera à la surface comprise sous EΘ,

ΘZ comme le quarré de NT est au quarré de BT ; ce qui est
démontré (ζ). Mais TM est égal à NT ; parce que BP est égal à
BM ; donc la surface comprise sous AΘ, Θr est au quarré de KΘ
comme le quarré de TM est au quarré de TB. Donc, par conversion, le quarré de la perpendiculaire ΘK est à la surface
comprise sous AΘ, Θr comme le quarré de BΓ est au quarré de
TM. Mais les triangles ΓAΛ, TMB sont semblables (γ); donc le
quarré de la perpendiculaire ΘK est au rectangle compris sous
AΘ, Θr comme le quarré de AΛ est au quarré de AΓ. Nous
démontrerons semblablement que les quarrés des autres perpendiculaires menées de la section sur AΓ sont entre eux comme
le quarré de AΛ au quarré de AΓ. Il est donc évident que la
section AΓ est une ellipse (ε) ; que le grand diamètre est la droite
AΓ et que le petit diamètre est égal à AΛ.

PROPOSITION XIV.

Si un conoïde hyperbolique est coupé par un plan qui rencontre tous les côtés du cône comprenant le conoïde, et qui ne
soit pas perpendiculaire sur l'axe, la section sera une ellipse ;
son grand diamètre sera la section du plan coupant par celui
qui lui étant perpendiculaire passe par l'axe.

Coupons un conoïde parabolique par un plan, ainsi qu'il a été
dit; que ce même conoïde soit coupé par l'axe par un plan perpendiculaire sur le plan coupant; que la section du conoïde soit l'hyperbole ABΓ ; que AΓ soit la section du plan qui coupe le conoïde;
que BΔ soit l'axe du conoïde, et le diamètre de la section.
Supposons que dans la section l'on ait pris un point quelconque K. Du point K conduisons la droite KΘ perpendiculaire
sur AΓ. Cette droite sera perpendiculaire sur le plan de l'hyperbole ABΓ. Du point Θ menons la droite EZ perpendiculaire sur

BΔ, et par les droites EZ, KΘ conduisons un plan qui coupe le conoïde; le conoïde sera coupé par un plan perpendiculaire sur l'axe. La section sera donc un cercle qui aura pour centre le point Δ. Le quarré de la perpendiculaire KΘ sera donc égal à la surface comprise sous EΘ, ΘZ. Menons une droite MN qui

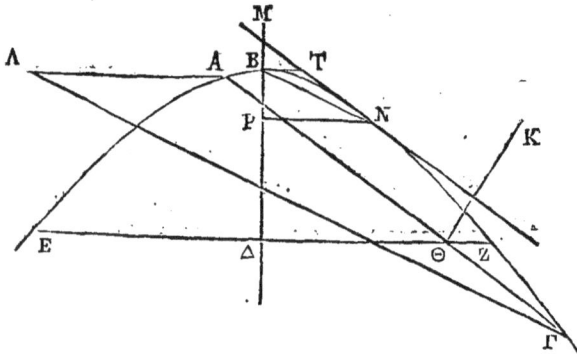

étant parallèle à AΓ touche l'hyperbole au point N, et menons aussi la droite BT tangente à l'hyperbole et parallèle à EZ. La surface comprise sous EΘ, HZ sera à la surface comprise sous AΘ, ΘΓ comme le quarré de BT est au quarré de TN (α). Donc le quarré de ΘK est à la surface comprise sous AΘ; ΘΓ comme le quarré de BT est au quarré de TN. On démontrera semblablement que les autres quarrés des perpendiculaires menées de la section sur AΓ sont aux surfaces comprises sous les ségmens de AΓ formés par ces perpendiculaires comme le quarré de BT est au quarré de TN. Mais la droite BT est plus petite que la droite TN, à cause que la droite MT est plus petite que la droite TN, la droite MB étant plus petite que la droite BP; ce qui est une propriété de l'hyperbole (δ). Il est donc évident que cette section est une ellipse. Semblablement si la droite ΓΛ est parallèle à BN, et la droite AΛ perpendiculaire sur BΔ, le grand diamètre sera la droite AΓ, et le petit diamètre la droite AΛ (γ).

PROPOSITION XV.

Si un sphéroïde alongé est coupé par un plan qui ne soit pas perpendiculaire sur l'axe, la section sera une ellipse. Le grand diamètre sera la section du plan coupant par un plan qui lui étant perpendiculaire passe par l'axe.

Si le plan coupant passe par l'axe, ou s'il est parallèle à l'axe, la chose est évidente. Que le conoïde soit coupé différemment. Coupons le même conoïde par un autre plan conduit par l'axe et perpendiculaire sur le plan coupant; que cette section soit l'ellipse ABГΔ; que ГΛ soit la section du plan coupant;

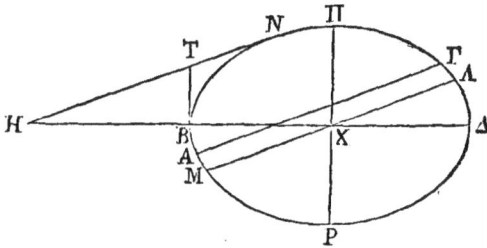

que BΔ soit l'axe du sphéroïde et le diamètre de l'ellipse ; que le point x soit le centre, et que ПP soit le petit diamètre. Menons la droite BT perpendiculaire sur BΔ, et la droite HN parallèle à ΛГ et tangente à l'ellipse au point N; et par le point x menons la droite MΛ parallèle à ΛГ. Nous démontrerons, comme nous l'avons fait plus haut, que les quarrés des perpendiculaires menées de la section sur ΛГ sont aux surfaces comprises sous les segmens de ΛГ comme le quarré de BT est au quarré de TN. Il est donc évident que la section est une ellipse et que ΛГ est un diamètre. Mais il faut démontrer que ΛГ est son grand diamètre. En effet, la surface comprise sous ПX, XP est à la surface comprise sous MX, XΛ comme le quarré de BT est au quarré de NT, parce que les droites ПP, MN sont parallèles aux quarré de NT , parce que les droites ΠP , MN sont parallèles aux tangentes (α). Mais la surface comprise sous ΠX, XP est plus petite que la surface comprise sous MX , XΛ , parce que XΠ est plus petit que XΛ. Donc le quarré de BT est plus petit que le quarré de TN (ϐ). Donc les quarrés des perpendiculaires menées de la section sur AΓ sont moindres que les surfaces comprises sous les segmens de AΓ. Il est donc évident que ΓA est le plus grand diamètre.

Si un sphéroïde aplati est coupé par un plan , la démonstration sera la même; et le petit diamètre sera celui qui lui est compris dans le sphéroïde (γ).

Il suit de ce que nous venons de dire , que si toutes ces figures sont coupées par des plans parallèles , leurs sections seront semblables; car la raison des quarrés des perpendiculaires aux surfaces comprises sous les segmens est toujours la même (δ).

PROPOSITION XVI.

Dans un conoïde parabolique, parmi les droites qui sont menées par un point quelconque de sa surface parallèlement à l'axe, celles qui son menées vers le côté où le conoïde est convexe tombent hors du conoïde , et celles qui sont menées vers le côté opposé tombent en dedans.

Car ayant conduit un plan par l'axe et par le point par lequel l'on a mené une parallèle à l'axe , la section sera une parabole dont le diamètre sera l'axe du conoïde. Mais dans la parabole, parmi les droites qui sont conduites parallèlement au diamètre, celles qui sont menées vers le côté où la parabole est convexe sont hors de la parabole , et celles qui sont menées vers le côté opposé sont dans la parabole. Donc la proposition est évidente.

Dans un conoïde hyperbolique, parmi les droites qui sont menées par un point quelconque de sa surface parallèlement à une droite menée du sommet du cône qui comprend le conoïde dans le conoïde même, celles qui sont menées vers le côté où le conoïde est convexe tombent hors du conoïde, et celles qui sont menées vers le côté opposé tombent en dedans.

Car ayant conduit un plan par la droite qui est menée dans le conoïde par le sommet du cône qui comprend le conoïde, et par le point par lequel on a mené une parallèle à cette droite, la section sera une hyperbole, et son diamètre sera la droite menée du sommet du cône dans le conoïde (1 2). Mais dans une hyperbole, parmi les droites qui sont menées par un de ses points parallèlement à une droite, comme nous l'avons dit, celles qui sont menées vers le côté où l'hyperbole est convexe, tombent hors de l'hyperbole, et celles qui sont menées vers le côté opposé tombent en dedans.

Si un plan touche des conoïdes sans les couper, il ne les touchera qu'en un seul point; et le plan conduit par le point de contact et par l'axe sera perpendiculaire sur le plan tangent.

Car qu'un plan touche un conoïde en plusieurs points, si cela est possible. Prenons deux points où ce plan touche le conoïde. Menons par ces points des parallèles à l'axe. Si par ces droites on fait passer un plan, ce plan passera par l'axe ou sera parallèle à l'axe. La section du conoïde sera donc une section conique (1 2), et ces deux points seront dans cette section. Donc, puisque ces points sont dans une surface, ils sont aussi dans un plan. Donc la droite qui joint ces points sera en dedans de la section conique, et par conséquent en dedans de la surface du conoïde. Mais cette même droite est dans le plan tangent, puisque ces points sont dans ce plan; donc une certaine partie du plan tangent est en dedans du conoïde. Ce qui est

impossible ; car on avoit supposé qu'il ne le coupoit point.
Donc ce plan ne touchera le conoïde qu'en un seul point.

Il est évident que le plan conduit par le point de contact et
par l'axe est perpendiculaire sur le plan tangent, si ce plan est
tangent au sommet du conoïde ; car ayant conduit par l'axe
deux plans, les sections du conoïde seront des sections coniques ayant pour diamètre l'axe même. Mais les droites qui sont
les sections du plan tangent et qui sont tangentes à l'extrémité
du diamètre forment des angles droits avec le même diamètre.
Il y aura donc deux droites dans le plan tangent qui seront
perpendiculaires sur l'axe. Donc le plan tangent sera perpendiculaire sur l'axe et par conséquent sur le plan conduit par
l'axe.

Que le plan ne soit pas tangent au sommet du conoïde. Conduisons un plan par le point de
contact et par l'axe ; que la
section du conoïde soit la section
conique ABΓ ; que BΔ soit l'axe
du conoïde et le diamètre de cette
section, et que la section du plan
tangent soit la droite EΘZ qui touche la section conique au point Θ.

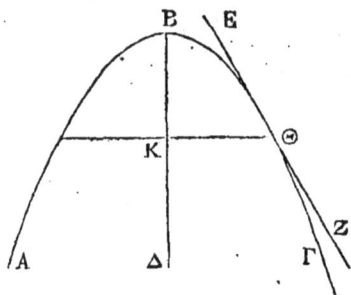

Par le point Θ conduisons la droite ΘK perpendiculaire sur
le diamètre BΔ, et par cette droite menons un plan perpendiculaire sur l'axe. Ce plan engendrera un cercle dont le centre
sera le point K. La section de ce plan par le premier sera une
droite tangente au cercle et faisant des angles droits avec la
droite ΘK. Cette droite sera donc perpendiculaire sur le plan où
se trouvent les droites KΘ, BΔ. Il est donc évident que le plan
tangent est perpendiculaire sur ce plan, puisque les droites qui
sont dans ce plan lui sont perpendiculaires.

PROPOSITION XVII.

Si un plan touche un sphéroïde alongé ou aplati sans le couper, il ne le touchera qu'en un seul point, et le plan qui passe par le point de contact et par l'axe sera perpendiculaire sur le plan tangent.

Que ce plan touche un sphéroïde en plusieurs points. Prenons deux points où ce plan touche le sphéroïde ; par chacun de ces points, menons des droites parallèles à l'axe ; si par ces droites nous menons un plan, la section du sphéroïde sera une ellipse et ces points seront dans cette section. Donc la droite placée entre ces deux points sera en dedans de la section conique, et par conséquent en dedans de la surface du sphéroïde. Mais cette même droite est aussi dans le plan tangent, parce que les deux points s'y trouvent placés. Donc une certaine partie du plan tangent sera en dedans du sphéroïde. Mais cela n'est point, car on avoit supposé qu'il ne le coupoit point. Il est donc évident que ce plan ne touche le sphéroïde qu'en un seul point.

Nous démontrerons de la même manière que nous l'avons fait dans les conoïdes, que le plan conduit par le point de contact et par l'axe sera perpendiculaire sur le plan tangent.

Si un conoïde ou un sphéroïde alongé ou aplati est coupé par un plan conduit par l'axe ; si l'on mène une droite tangente à la section qui est engendrée, et si par la tangente on conduit un plan perpendiculaire sur le plan coupant, ce plan touchera la figure au même point où cette droite touche la section conique.

Car ce plan ne touchera pas en un autre point la surface de cette figure ; s'il en étoit autrement, la perpendiculaire menée de ce point sur le plan coupant tomberoit hors de la section conique, puisqu'elle tomberoit sur la tangente, à cause que ces plans sont perpendiculaires entre eux ; ce qui ne peut être, car il est démontré qu'elle tombe en dedans (12).

PROPOSITION XVIII.

Si deux plans parallèles touchent un sphéroïde alongé ou aplati, la droite qui joindra les points de contact passera par le centre du sphéroïde.

Si les plans font des angles droits avec l'axe, la chose est évidente. Supposons que les angles ne soient pas droits. Le plan conduit par l'axe et par un des points de contact sera perpendiculaire sur le plan qu'il coupe et par conséquent sur le plan parallèle à celui-ci. Il faut donc qu'un même plan passe par l'axe et par les deux points de contact, sans quoi il y auroit deux plans perpendiculaires sur un même plan qui seroient conduits par une même droite non perpendiculaire sur ce plan ; car on a supposé que l'axe n'étoit pas perpendiculaire sur les plans parallèles. Donc les points de contact et l'axe seront dans le même plan ; et le sphéroïde sera coupé par un plan conduit par l'axe. Donc la section sera une ellipse et les sections des plans tangens qui touchent l'ellipse aux points de contact des plans seront parallèles. Or si des droites parallèles sont tangentes à une ellipse, le centre de l'ellipse et les points de contact sont dans une même droite.

PROPOSITION XIX.

Si deux plans parallèles touchent un sphéroïde alongé ou aplati, et si par le centre du sphéroïde on conduit un plan parallèle aux plans tangens, les droites menées de la section qui est engendrée parallèlement à la droite qui joint les points de contact tombent hors du sphéroïde.

Que ce que nous avons dit soit fait; prenons un point quelconque dans la section qui est engendrée, et par ce point·et par la droite qui joint les points de contact conduisons un plan, ce plan coupera le sphéroïde et les plans parallèles. Que la section du sphéroïde soit l'ellipse ABΓΔ; que les sections des plans tangens soient les droites EZ, HΘ; que le point pris à volonté soit A, et que la droite qui joint les points de contact soit BΔ. Cette droite passera par le centre (18). Que la section du plan parallèle aux plans tangens soit ΓΔ. Cette droite passera aussi par le centre, parce que le plan où elle est passe par le centre. Donc, puisque la section ABΓΔ est ou un cercle ou une ellipse; que les deux droites EZ, HΘ sont tangentes à cette section et que par le centre on leur a conduit une parallèle AΓ, il est évident que les droites menées des points A, Γ parallèlement à BΔ sont tangentes à la section et tombent en dehors du sphéroïde (α).

Si le plan parallèle aux tangentes n'est pas conduit par le centre, comme KΛ, il est évident que parmi les droites menées de la section, celles qui sont menées vers le côté où est le petit segment tombent hors du sphéroïde, et que celles qui sont menées vers le côté opposé tombent en dedans (6).

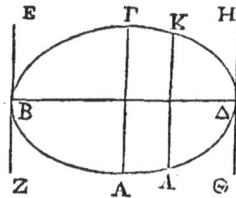

PROPOSITION XX.

Si un sphéroïde quelconque est coupé par un plan conduit par le centre, ce sphéroïde ainsi que sa surface, est coupé en deux parties égales par ce plan.

Coupons un sphéroïde par un plan conduit par son centre; ou ce plan coupera le sphéroïde par l'axe, ou bien il le coupera à angles droits ou obliques. Si ce plan coupe le sphéroïde par l'axe ou s'il est perpendiculaire sur l'axe, non-seulement le sphéroïde, mais encore sa surface sera coupée en deux parties égales; car il est évident qu'une partie du sphéroïde convient avec l'autre partie, et qu'une partie de sa surface convient aussi avec l'autre partie.

Mais supposons que le plan coupant ne passe pas par l'axe, et qu'il ne soit pas perpendiculaire sur l'axe. Coupons le sphéroïde par un plan qui passe par l'axe et qui soit perpendiculaire sur le plan coupant; que la section du sphéroïde soit l'ellipse ABΓΔ; que la droite BΔ soit le diamètre de l'ellipse et l'axe du sphéroïde; que le point Θ soit le centre, et que la section du plan que coupe le sphéroïde par le centre soit la droite AΓ. Prenons un autre sphéroïde égal et semblable au pre-mier; coupons-le par un plan con-duit par l'axe; que sa section soit l'ellipse EZHN; que EH soit le diamè-tre de l'ellipse et l'axe du sphé-roïde, et le point K le centre. Par le centre K, menons la droite ZN, faisant l'angle K égal à l'angle Θ; et par la droite ZN conduisons un plan perpendiculaire sur le plan où se trouve la section EZHN. On aura deux ellipses

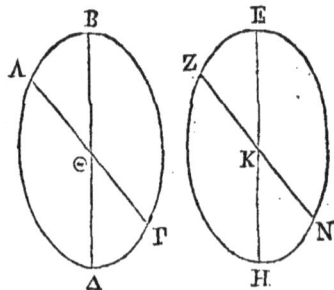

ABΓΔ, EZHN égales et semblables. C'est pourquoi ayant posé EH sur BΔ et ZN sur AΓ, ces deux ellipses conviendront parfaitement. Mais le plan conduit par NZ et le plan conduit par AΓ conviennent encore parfaitement, puisqu'ils sont conduits l'un et l'autre par une même droite dans un même plan ; donc le segment qui est retranché du sphéroïde, du côté où se trouve le point E, par le plan conduit par NZ, et l'autre segment qui est retranché de l'autre sphéroïde, du côté où se trouve le point B, par le plan conduit par la droite AΓ, conviennent parfaitement. Donc les segmens restans, et les surfaces de ces segmens conviennent encore parfaitement.

Si l'on pose la droite EH sur BΔ, de manière que le point E soit posé sur le point Δ, le point H sur le point B, et enfin si l'on pose la droite qui est entre les points N, Z sur la droite qui est entre les points A, Γ, il est évident que les ellipses conviendront parfaitement, que le point Z tombera sur le point Γ et le point N sur le point A. Semblablement, le plan conduit par NZ, et le plan conduit par AΓ con-

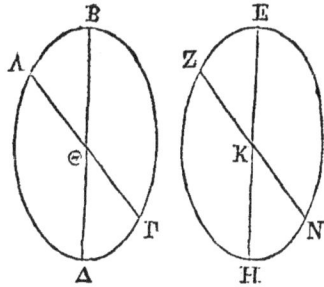

viennent parfaitement, et le segment qui est retranché, du côté où se trouve le point H, par le plan conduit par NZ, et le segment qui est retranché, du côté où se trouve le point B, par le plan conduit par AΓ, conviennent encore parfaitement.

Mais celui qui est du côté où se trouve le point E, et celui qui est du côté où se trouve le point A conviennent encore parfaitement ; donc, puisque le même segment convient parfaitement avec l'un et avec l'autre segment, il est évident que ces segmens sont égaux, et que leurs surfaces sont aussi égales.

PROPOSITION XXI.

Etant donné un segment d'un conoïde parabolique ou hyperbolique retranché par un plan perpendiculaire sur l'axe, ou bien un segment d'un sphéroïde alongé ou aplati retranché semblablement, de manière cependant que celui-ci ne soit pas plus grand que la moitié du sphéroïde, on peut inscrire dans chaque segment une figure solide composée de cylindres ayant tous la même hauteur, et lui en inscrire une autre de manière que l'excès de la figure circonscrite sur la figure inscrite soit moindre que toute quantité solide proposée.

Soit donné un segment tel que ABΓ. Coupons ce segment par un plan conduit par l'axe; que la section de ce segment soit la section conique ABΓ, et que celle du plan qui coupe le segment soit la droite AΓ. Que la droite BΔ soit l'axe du segment, et le diamètre de la section conique. Puisque l'on a supposé que le plan coupant est perpendiculaire sur l'axe, la section sera un cercle ayant pour diamètre la droite ΓA. Que ce cercle soit la base d'un cylindre qui ait pour axe la droite BΔ. La surface de ce cylindre tombera hors du segment, parce que c'est un segment de conoïde, ou bien un segment de sphéroïde qui n'est pas plus grand que la moitié du sphéroïde (16 et 19). C'est pourquoi, si le cylindre est coupé continuellement en deux parties par un plan perpendiculaire sur l'axe, ce qui restera sera à la fin moindre que la quantité solide proposée. Que le reste qui est moindre que la quantité solide proposée soit le cylindre

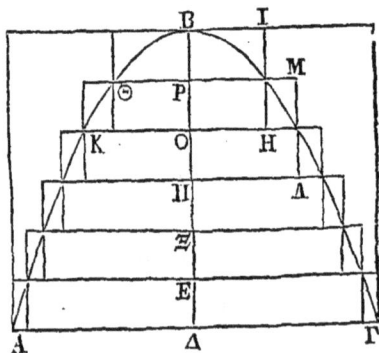

qui a pour base le cercle décrit autour de AΓ comme diamètre, et pour axe la droite EΔ. Partageons, aux points P, O, Π, Ξ, la droite BΔ en parties égales chacune à EΔ; par les points de division conduisons à AΓ des parallèles terminées à la section conique, et par ces parallèles faisons passer des plans perpendiculaires sur BΔ. Les sections seront des cercles qui auront leurs centres dans BΔ. Sur chacun de ces cercles construisons deux cylindres dont chacun ait un axe égal à EΔ; que l'un d'eux soit du côté du cylindre où est le point Δ, et l'autre du côté du cylindre où est le point B. Il est évident que l'on aura inscrit dans le segment une certaine figure solide composée des cylindres qui sont construits du côté où est le point Δ, et qu'on lui en aura aussi circonscrit une autre composée des cylindres qui sont construits du côté où est le point B. Il reste à démontrer que l'excès de la figure circonscrite sur la figure inscrite est moindre que la quantité solide proposée. Or, chacun des cylindres qui sont dans la figure inscrite est égal au cylindre qui est construit sur le même cercle du côté où est le point B; c'est-à-dire que le cylindre ΘH sera égal au cylindre ΘI; le cylindre KΛ au cylindre KM, et ainsi de suite. Donc la somme des uns de ces cylindres est égale à celle des autres. Il est donc évident que l'excès de la figure circonscrite sur la figure inscrite est le cylindre qui a pour base le cercle décrit autour de AΓ comme diamètre et pour axe la droite EΔ. Or, ce cylindre est moindre que la quantité solide proposée.

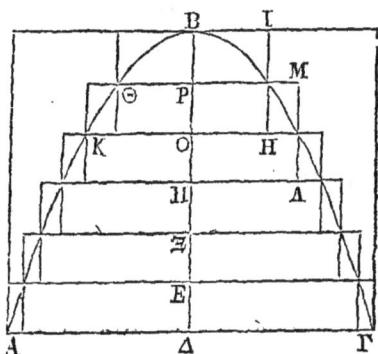

PROPOSITION XXII.

Etant donné un segment d'un conoïde parabolique ou hyperbolique retranché par un plan non perpendiculaire sur l'axe, ou un segment de sphéroïde alongé ou aplati retranché semblablement de manière cependant que celui-ci ne soit pas plus grand que la moitié du sphéroïde, on peut inscrire dans chaque segment une figure solide composée de segmens de cylindre ayant tous une hauteur égale, et lui en circonscrire une autre de manière que l'excès de la figure circonscrite sur la figure inscrite soit moindre qu'une quantité solide donnée.

Soit donné un segment tel que nous l'avons dit. Coupons ce segment par un autre plan conduit par l'axe et perpendiculaire sur le plan qui retranche le segment donné. Que la section du segment soit la section conique ΑΒΓΗ, et la section du plan qui retranche le segment, la droite ΓΑ. Puisqu'on suppose que le plan qui retranche le segment n'est point perpendiculaire sur l'axe, la section sera une ellipse, ayant pour diamètre la droite ΑΓ (15). Que la droite ΦΥ parallèle à ΓΑ soit tangente à la section conique au point B; et par la droite ΦΥ faisons passer un plan parallèle au plan conduit par ΑΓ. Ce plan touchera le conoïde au point B (17). Si le segment appartient à un conoïde parabolique, du point B menons la droite ΒΔ paral-

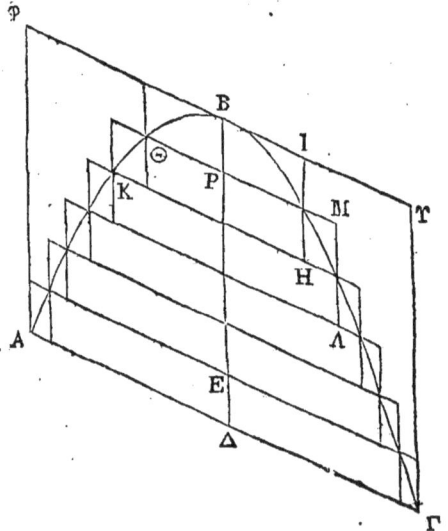

lèle à l'axe ; si le segment appartient à un conoïde hyperbolique , du sommet du cône contenant le conoïde conduisons
une droite au point B ; prolongeons cette droite, et que son prolongement soit BΔ ; si enfin le segment appartient à un sphéroïde , de son centre conduisons une droite au point B , et que
la partie de cette droite comprise dans le segment soit BΔ. Il est
d'abord évident que la droite BΔ partagera en deux parties
égales la droite AΓ. Donc le point B sera le sommet du segment,

et la droite BΔ son axe. On a
donc une ellipse décrite autour de AΓ comme diamètre ,
et une oblique BΔ menée de
son centre dans un plan qui
passe par un de ses diamètres
et qui est perpendiculaire sur
le plan de l'ellipse. On peut
donc trouver un cylindre qui
ait son axe sur la droite BΔ , et
dans la surface duquel se trouve l'ellipse qui est décrite autour de AΓ comme diamè-

tre (10). La surface de ce cylindre tombera hors du segment ;
car c'est un segment de conoïde , ou bien un segment de sphéroïde qui n'est pas plus grand que la moitié du sphéroïde (16 et
19). L'on aura donc un certain segment de cylindre ayant pour
base une ellipse décrite autour de AΓ comme diamètre , et pour
axe la droite BΔ. C'est pourquoi si l'on coupe continuellement
ce segment en deux parties égales par des plans parallèles au
plan conduit par AΓ, ce qui restera sera moindre que la quantité
solide proposée. Que le segment qui a pour base l'ellipse décrite
autour de AΓ comme diamètre, et pour axe la droite EΔ soit

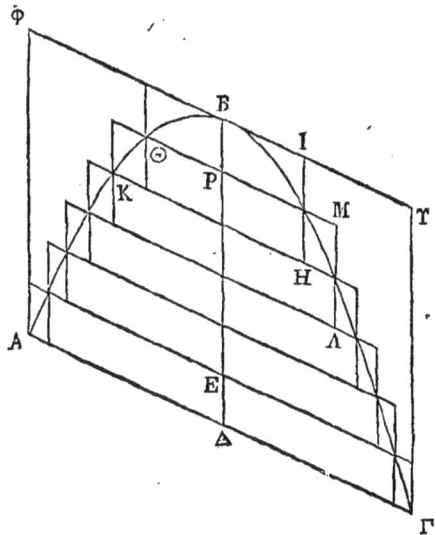

moindre que la quantité solide proposée. Partageons ΔB en
parties égales chacune à ΔE ; par les points de division menons
à AΓ des droites parallèles et terminées à l'ellipse ; et par ces
droites faisons passer des plans parallèles au plan conduit par
AΓ. Ces plans couperont la surface du segment, et les sections
seront des ellipses semblables à celle qui est décrite autour de
AΓ comme diamètre, parce que ces plans sont parallèles entre
eux (15. *Cor.*) Construisons sur chaque ellipse deux segmens
de cylindre ; que l'un soit du côté de l'ellipse où est le point Δ
et l'autre du côté où est le point B. Que ces segmens de cylindres aient pour axe une droite égale à ΔE. On aura donc certaines figures solides composées de segmens de cylindre ayant
la même hauteur, dont l'une sera inscrite et l'autre circonscrite.
Il reste à démontrer que l'excès de la figure circonscrite sur la
figure inscrite est moindre que la quantité solide proposée. On
démontrera comme dans la proposition précédente que l'excès
de la figure circonscrite sur la figure inscrite est un segment
qui a pour base l'ellipse décrite autour de AΓ comme diamétre
et pour axe la droite EΔ. Or, ce segment est moindre que la
grandeur solide proposée.

Ces choses étant établies, nous allons démontrer celles qui
ont été proposées relativement à ces figures.

PROPOSITION XXIII.

Un segment quelconque d'un conoïde parabolique retranché
par un plan perpendiculaire sur l'axe est égal à trois fois
la moitié du cône qui a la même base et le même axe que
ce segment.

Soit un segment d'un conoïde parabolique retranché par un
plan perpendiculaire sur l'axe. Coupons ce segment par un autre
plan conduit par l'axe ; que la section de sa surface soit la parabole

ABΓ ; que la section du plan qui retranche le segment soit la droite ΓA , et que l'axe du segment soit la droite BΔ. Soit aussi un cône qui ait la même base et le même axe que le segment, ayant pour sommet le point B. Il faut démontrer que le segment du conoïde est égal à trois fois la moitié de ce cône.

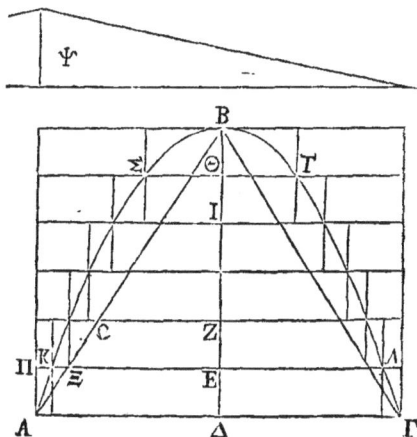

Supposons que le cône Ψ soit égal à trois fois la moitié du cône dont la base est le cercle décrit autour de AΓ comme diamètre et dont l'axe est BΔ. Soit aussi un cylindre qui ait pour base le cercle décrit autour de AΓ comme diamètre, et pour axe la droite BΔ. Le cône Ψ sera égal à la moitié du cylindre total; parce que le cône Ψ est égal à trois fois la moitié de l'autre cône. Je dis que le segment du conoïde est égal au cône Ψ.

Car si le segment du conoïde n'est pas égal au cône Ψ , il est plus grand ou plus petit. Qu'il soit d'abord plus grand, si cela est possible. Inscrivons dans le segment une figure solide composée de cylindres qui aient la même hauteur; circonscrivons-lui en un autre de manière que l'excès de la figure circonscrite sur la figure inscrite soit moindre que l'excès du segment sur le cône Ψ. Que parmi les cylindres dont la figure circonscrite est composée, le plus grand soit celui qui a pour base le cercle décrit autour de ᴀᴦ comme diamètre, et pour axe la droite ᴇᴅ ; et que le plus petit soit celui qui a pour base le cercle décrit autour de ᴤᴦ comme diamètre et pour axe la droite ʙꙮ. Que parmi les cylindres dont la figure inscrite est composée, le plus grand soit celui qui a pour base le cercle décrit autour de ᴋᴧ comme diamètre et pour axe la droite ᴅᴇ ; et que le plus petit soit celui qui a pour base le cercle décrit autour de ᴤᴦ comme diamètre et pour axe la droite ꙮɪ. Que les plans de tous ces cylindres soient prolongés jusqu'à la surface du cylindre qui a pour base le cercle décrit autour de ᴀᴦ comme diamètre et pour axe la droite ʙᴅ. Le cylindre total sera partagé en autant de cylindres qu'il y en a dans la figure circonscrite, et chacun de ces cylindres sera égal au plus grand des cylindres circonscrits. Mais l'excès de la figure circonscrite au segment sur la figure inscrite est moindre que l'excès du segment sur le cône ᴪ ; il est donc évident que la figure inscrite dans le segment est plus grande que le cône ᴪ (α).

Le premier des cylindres placés dans le cylindre total, qui a pour axe la droite ᴅᴇ est au premier des cylindres placés dans la figure inscrite, qui a pour axe la droite ᴅᴇ comme le quarré de la droite ᴅᴀ est au quarré de la droite ᴋᴇ ; et le quarré de la droite ᴅᴀ est au quarré de la droite ᴋᴇ comme ʙᴅ est à ʙᴇ, et comme ᴅᴀ est à ᴇᴤ (Ϭ). On démontrera semblablement que le second des cylindres placés dans le cylindre total, qui a pour axe la droite ᴇᴣ est au second des cylindres placés dans la figure inscrite comme ᴨᴇ, c'est-à-dire ᴅᴀ, est à ᴢꙮ. De plus, chacun des autres cylindres placés dans le cylindre total sera à chacun des cylindres qui sont placés dans la figure inscrite, et qui ont le même axe comme le rayon de la base est à la partie de ce rayon placée entre les droites ᴀʙ , ʙᴅ. Donc la somme de tous les cylindres placés dans le cylindre qui a pour base le cercle décrit

autour de AΓ comme diamètre et pour axe la droite BΔ, est à
la somme de tous les cylindres placés dans la figure inscrite
comme la somme des rayons des cercles qui sont dans les bases
des cylindres dont nous venons de parler est à la somme des

droites qui sont placées entre les droites AB, BΔ (2) (γ). Mais
si des secondes droites dont nous venons de parler, on retranche les droites AΔ, la somme des premières droites dont nous
venons de parler est plus grande que le double de la somme des
secondes droites restantes (1) (δ). Donc la somme des cylindres
placés dans le cylindre total qui a pour axe la droite ΔB est
plus grande que le double de la figure inscrite. Donc le cylindre
total qui a pour axe BΔ est plus grand que le double de la figure
inscrite. Mais ce cylindre est double du cône Ψ; donc la figure
inscrite est plus petite que le cône Ψ. Ce qui ne peut être; car
on a démontré qu'elle est plus grande. Donc le segment du
conoïde n'est pas plus grand que le cône Ψ.

Je dis à présent que ce segment n'est pas plus petit. Inscrivons
dans le segment une figure, et circonscrivons-lui en une autre,
de manière que l'excès de l'une sur l'autre soit moindre
que l'excès du cône Ψ sur le segment. Faisons le reste

comme auparavant. Puisque la figure inscrite est plus petite que le segment, et que la figure inscrite diffère moins
de la figure circonscrite que le segment ne diffère du cône, il
est évident que la figure circonscrite est plus petite que le
cône Ψ.

Le premier des cylindres placés dans le cylindre total, qui
a pour axe la droite ΔE est au premier des cylindres placés dans
la figure circonscrite, qui a pour axe la même droite EΔ
comme le quarré de AΔ est à ce même quarré (ε); le second des
cylindres placés dans le cylindre total, qui a pour axe la droite
EZ est au second des cylindres placés dans la figure circonscrite,
qui a pour axe la droite EZ comme le quarré de AΔ au quarré
de KE; et le quarré de AΔ est au quarré de KE comme BΔ est
à BE et comme AΔ est à EΞ. De plus, chacun des autres cylindres
placés dans le cylindre total, qui a pour axe une droite égale
à ΔE est à chacun des cylindres qui sont placés dans la figure circonscrite, et qui ont le même axe comme le rayon de la base est
à la partie de ce rayon placée entre les droites AB, BΔ. Donc la
somme des cylindres placés dans le cylindre total qui a pour axe
la droite BΔ est à la somme des cylindres placés dans la figure
circonscrite comme la somme des premières droites est à la
somme des secondes (2). Mais la somme des premières droites,
c'est-à-dire la somme des rayons des cercles qui sont les bases
des cylindres est moindre que le double de la somme des droites
qui sont retranchées de ces rayons, réunie à la droite AΔ (1);
il est donc évident que la somme des cylindres placés dans le
cylindre total est moindre que le double de la somme des cylindres placés dans la figure circonscrite. Donc le cylindre qui a
pour base le cercle décrit autour de AΓ comme diamètre et pour
axe la droite BΔ est plus petit que le double de la figure circonscrite. Mais ce cylindre n'est pas plus petit que le double de

la figure circonscrite, puisqu'il est au contraire plus grand que le double de cette figure ; car ce cylindre est double du cône Ψ, et l'on a démontré que la figure circonscrite est plus petite que le cône Ψ. Donc le segment du conoïde n'est pas plus petit que le cône Ψ. Mais on a démontré qu'il n'est pas plus grand ; donc le segment du conoïde est égal à trois fois la moitié du cône qui a la même base et le même axe que ce segment.

PROPOSITION XXIV.

Si un segment d'un conoïde parabolique est retranché par un plan non perpendiculaire sur l'axe, ce segment sera parallèlement égal à trois fois la moitié du segment de cône qui a la même base et le même axe que ce segment.

Qu'un segment d'un conoïde parabolique soit retranché comme nous l'avons dit. Coupons ce même segment par un autre plan conduit par l'axe et perpendiculaire sur celui qui coupe la figure ; que la section de la figure soit la parabole ABΓ, et que la section du plan coupant soit la droite AΓ. Menons à la droite AΓ une parallèle ΦΥ qui soit tangente à la parabole au point B ; et menons la droite BΔ parallèle à l'axe. Cette droite coupera en deux parties égales la droite AΓ (α).

Faisons passer par la droite ΦΥ un plan parallèle à celui qui est conduit par AΔ. Ce plan sera tangent au conoïde au point B ;

le point в sera le sommet du segment et la droite в△ son axe. Puisque le plan conduit par Aг n'est point perpendiculaire sur l'axe et que ce plan coupe le conoïde, la section sera une ellipse ayant pour grand diamètre la droite Aг (13). Puisque l'on a une ellipse décrite autour de Aг comme diamètre et une oblique menée de son centre dans un plan qui est conduit par le diamètre de l'ellipse et qui est perpendiculaire sur son plan, on peut trouver un cylindre qui ait son axe sur la droite в△ et dans la surface duquel se trouve l'ellipse (10). On peut de même trouver un cône qui ait pour sommet le point в et dans la surface duquel se trouve l'ellipse (9). On aura donc un certain segment de cylindre ayant pour base l'ellipse décrite autour de Aг comme diamètre et pour axe la droite в△; on aura de plus un segment de cône ayant la même base et le même axe que le segment de cylindre et le segment du conoïde. Il faut démontrer que le segment du conoïde est égal à trois fois la moitié du segment de cône.

Que le cône ⋎ soit égal à trois fois la moitié du segment de cône. Le segment de cylindre qui a la même base et le même axe que le segment du conoïde sera double du cône ⋎; parce que ce cône est égal à trois fois la moitié du segment de cône qui a la même base et le même axe que le segment du conoïde; et que le segment de cône dont nous venons de parler est le tiers du segment de cylindre qui a la même base et le même axe que le segment du conoïde (11). Il est donc nécessaire que le segment du conoïde soit égal au cône ⋎.

Car si ce segment ne lui est pas égal, il sera plus grand ou plus petit. Supposons d'abord qu'il soit plus grand, si cela est possible. Inscrivons dans le segment une figure solide composée de segmens de cylindre qui aient la même hauteur, et circonscrivons-lui ensuite une autre figure solide, de manière que l'excès de la figure circonscrite sur la figure inscrite soit plus petit que l'excès du segment du conoïde sur le cône Ψ. Prolongeons les plans des segmens de cylindre jusqu'à la surface du segment de cylindre qui a la même base et le même axe que le segment du conoïde. Le premier des segmens placés dans le segment de c y lindre total, qui a pour axe la droite ΔE, est au premier des segmens placés dans la figure inscrite, qui a pour axe la droite ΔE comme le quarré de AΔ est au quarré de KE; car ces segmens qui ont une hauteur égale sont entre eux comme leurs bases. Mais les bases de ces segmens qui sont des ellipses semblables, sont entre elles comme les quarrés de leurs diamètres correspondans (6) ; et les moitiés de ces diamètres sont les droites AΔ, KE; et de plus, le quarré de AΔ est au quarré de KE comme BΔ est à BE ; parce que la droite BΔ est parallèle au diamètre, que les droites AΔ, KE sont parallèles à la droite qui touche la parabole au point B, et que BΔ est à B E comme AΔ est à EΞ (γ). Donc, le premier des segmens placés dans le segment de cylindre total est au premier des segmens placés dans la figure inscrite comme AΔ est à EΞ. De même, chacun des autres segmens placés dans le segment de cylindre total, qui a pour axe une droite égale à EΔ, est à chacun des segmens correspondans qui sont placés dans la figure inscrite, et qui ont le même axe comme le demi-diamètre des bases est à la partie de ce demi-diamètre placée entre les droites

AB, BΔ. Nous démontrerons, comme nous l'avons fait plus haut, que la figure inscrite est plus grande que le cône ᴪ, et que le segment de cylindre qui a la même base et le même axe que le segment du conoïde, est plus grand que le double de la figure inscrite. Donc, le segment de cylindre sera aussi plus grand que le double du cône ᴪ. Mais il n'est pas plus grand que le double de ce cône, puisqu'il est seulement le double de ce cône. Donc le segment du conoïde n'est pas plus grand que le cône ᴪ. On démontrera de la même manière qu'il n'est pas plus petit. Il est donc évident qu'il lui est égal. Donc, le segment du conoïde est égal à trois fois la moitié du segment de cône qui a la même base et le même axe que ce segment.

PROPOSITION XXV.

Si deux segmens d'un conoïde parabolique sont retranchés par deux plans dont l'un soit perpendiculaire sur l'axe et dont l'autre ne lui soit pas perpendiculaire ; et si les axes des segmens sont égaux, ces segmens seront égaux entre eux.

Retranchons deux segmens d'un conoïde parabolique, ainsi que

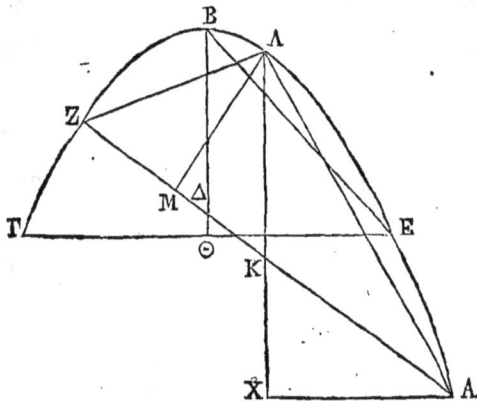

nous l'avons dit. Coupons ensuite le conoïde par un plan conduit par l'axe et par un plan perpendiculaire sur l'axe. Que la section du conoïde soit la parabole ABΓ, ayant pour diamètre la droite BΔ. Que les sections des plans soient les droites AZ, EΓ, dont l'une EΓ est perpendiculaire sur l'axe, et dont l'autre ZA ne lui est pas perpendiculaire. Que les droites BΘ, KΛ qui sont les axes des segmens soient égales entre elles et que les sommets des segmens soient les points B, Λ. Il faut démontrer que le segment

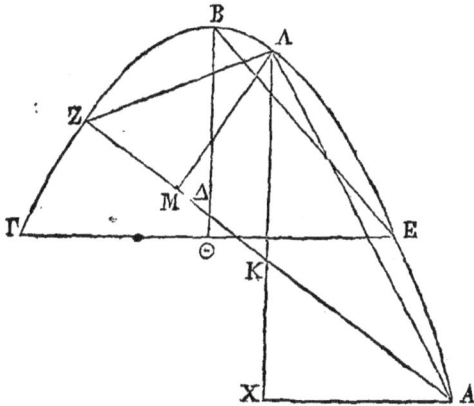

du conoïde dont le sommet est le point B, est égal au segment du conoïde dont le sommet est le point Λ.

Puisque d'une même parabole, on a retranché deux segmens, dont l'un est ΛΛZ et l'autre EBΓ, et que leurs diamètres KΛ, ΘB sont égaux entre eux, le triangle ΛΛK sera égal au triangle EΘB; car on a démontré que le triangle ΛΛZ est égal au triangle EBΓ (4). Menons la droite AX perpendiculaire sur la droite KΛ prolongée. Puisque les droites BΘ, KΛ sont égales entre elles, les droites EΘ, AX seront aussi égales entre elles (4). Dans le segment dont le sommet est le point B, inscrivons un cône qui ait la même base et le même axe que ce segment; et dans le segment dont le sommet est le point Λ, inscrivons un segment de cône qui ait la même base et le même axe que ce segment. Du point Λ, conduisons sur ΔZ la perpendiculaire ΛM. Cette perpendiculaire sera la hauteur du segment de cône dont le sommet est le point ʌ. Mais le segment de cône dont le sommet est le point ʌ et le cône dont le sommet est le point в sont entre eux en raison composée des bases et des hauteurs (11). Donc, ce segment de cône et ce cône sont entre eux en raison composée de la raison de la surface comprise dans l'ellipse décrite autour de ʌz comme diamètre au cercle décrit autour de ᴇг comme diamètre, et de la raison de ʌм à вᴏ. Mais la raison de la surface comprise dans l'ellipse à ce même cercle est la même que la raison de la surface comprise sous les diamètres de l'ellipse au quarré du diamètre ᴇг (6); donc le segment de cône dont le sommet est le point ʌ, et le cône dont le sommet est le point в sont entre eux en raison composée de la raison de кʌ à ᴇᴏ, et de la raison de ʌм à вᴏ ; car la droite кʌ est la moitié du diamètre de la base du segment de cône qui a pour sommet le point ʌ ; la droite ᴇᴏ est la moitié du diamètre de la base du cône, et les droites ʌм, вᴏ sont les hauteurs du segment de cône et du cône (γ). Mais ʌм est à вᴏ comme ʌм est à кʌ, parce que вᴏ est égal à кʌ; et ʌм est à кʌ comme xʌ est à ʌк (δ); de plus la raison du segment de cône au cône est composée de la raison de кʌ à ʌx, car ʌx est égal à ᴇᴏ, et de la raison de ʌм à вᴏ; et parmi les raisons dont nous venons de parler, la raison de ʌк à ʌx est la même que la raison de ʌк à ʌм. Donc le segment de cône est au cône comme ʌк est à ʌм et comme ʌм est à вᴏ. Mais вᴏ est égal à кʌ (ε); il est donc évident que le segment de cône qui a pour sommet le point ʌ est égal au cône qui a pour sommet le point в. Il suit évidemment de-là que les segmens du conoïde sont égaux, puisque l'un d'eux est égal à trois fois la moitié d'un cône (23), et que l'autre est égal à trois fois la moitié d'un segment de cône qui est égal à ce même cône (24).

PROPOSITION XXVI.

Si deux segmens d'un conoïde parabolique sont retranchés par un plan conduit d'une manière quelconque, ces segmens sont entre eux comme les quarrés de leurs axes.

. Que deux segmens d'un conoïde parabolique soient retranchés comme on voudra; que K soit égal à l'axe de l'un et Λ égal à l'axe de l'autre. Il faut démontrer que ces segmens sont entre eux comme les quarrés des droites K, Λ.

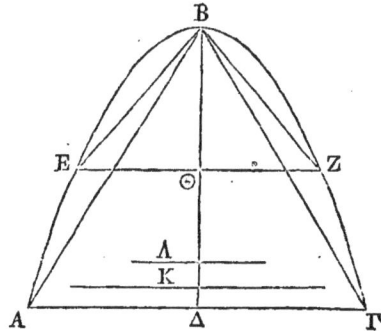

Coupons le conoïde par un plan conduit par l'axe du segment, et que sa section soit la parabole ABΓ, ayant pour axe la droite BΔ Prenons BΔ égal à K; et par le point Δ conduisons un plan perpendiculaire sur l'axe. Le segment du conoïde qui a pour base le cercle décrit autour de AΓ comme diamètre, et pour axe la droite BΔ, est égal à un segment qui a un axe égal à K. Si K est aussi égal à Λ, il est évident que les segmens seront égaux entre eux ; car ils seront égaux chacun à une même quantité solide; mais les quarrés des droites K, Λ seront égaux entre eux; donc les segmens seront entre eux comme les quarrés de leurs axes.

Si Λ n'est pas égal à K, que Λ soit égal à BΘ. Par le point Θ conduisons un plan perpendiculaire sur l'axe. Le segment qui a pour base le cercle décrit autour de EZ comme diamètre, et pour axe la droite BΘ est égal à un segment qui a un axe égal à Λ. Construisons deux cônes qui aient pour base les cercles décrits autour de AΓ, EZ comme diamètres, et pour sommet le point B. Le cône qui a pour axe la droite BΔ, et le cône qui a pour axe la droite BΘ sont entre eux en raison composée de la raison du quarré de AΔ au quarré de ΘE, et de la raison de BΔ à BΘ (α). Mais le quarré de AΔ est au quarré de ΘE comme BΔ est à BΘ (6); donc, le cône qui a pour axe BΔ, et le cône qui a pour axe BΘ sont entre eux en raison composée de la raison de BΔ à ΘB et de la raison de BΔ à BΘ. Mais cette raison est la même que celle du quarré de ΔB au quarré de ΘB; et le cône qui a pour axe la droite BΔ est au cône qui a pour axe la droite ΘB comme le segment du conoïde qui a pour axe la droite ΔB au segment qui a pour axe la droite ΘB; car chacun de ces segmens est égal à trois fois la moitié de chacun de ces cônes (23); de plus, le segment du conoïde qui a un axe égal à K est égal au segment qui a pour axe la droite BΔ; le segment du conoïde qui a pour axe une droite égale à Λ est égal au segment qui a pour axe la droite ΘB (25), et la droite K est égale à la droite BΔ, et la droite Λ est égale à la droite ΘB. Il est donc évident que le segment du conoïde qui a un axe égal à K est au segment du conoïde qui a un axe égal à Λ comme le quarré de K est au quarré de Λ.

PROPOSITION XXVII.

Un segment d'un conoïde hyperbolique retranché par un plan perpendiculaire sur l'axe est à un cône qui a la même base et le même axe que ce segment comme une droite composée de l'axe du segment et du triple de la droite ajoutée à l'axe est à une droite composée de l'axe du segment et du double de la droite ajoutée à l'axe.

Retranchons un segment d'un conoïde hyperbolique par un plan perpendiculaire sur l'axe. Coupons ce même segment par un autre plan conduit par l'axe. Que la section du conoïde soit l'hyperbole ABΓ; et que la section du plan qui retranche le segment soit la droite AΓ; que l'axe du segment soit BΔ, et que la droite ajoutée à l'axe soit la droite BΘ, et que les droites ZΘ, ZH soient égales chacune à BΘ. Il faut démontrer

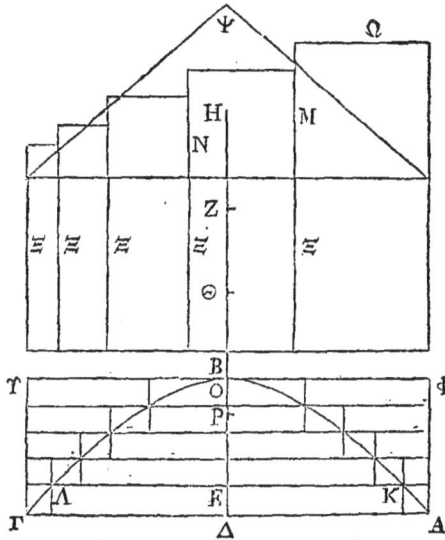

que le segment est au cône qui a la même base et le même axe que le segment comme HΔ est à ZΔ.

Soit un cylindre qui ait la même base et le même axe que le segment, et dont les côtés soient ΦA, ΓΥ. Soit de plus un cône Ψ; et que ce cône soit à celui qui a la même base et le même axe BΔ que le segment comme HΔ est à ΔZ. Je dis que le segment du conoïde est égal au cône Ψ.

Car si le segment du conoïde n'est pas égal au cône Ψ, il est plus grand ou plus petit. Qu'il soit d'abord plus grand, si cela est possible. Inscrivons dans le segment une figure solide composée de cylindre ayant une hauteur égale, et circonscrivons-lui en une autre, de manière que l'excès de la figure circonscrite sur la figure inscrite soit moindre que l'excès du segment du conoïde sur le cône ⋎. Prolongeons les plans de tous ces cylin-. dres jusqu'à la surface du cylindre qui a pour base le cercle décrit autour de AΓ comme diamètre et pour axe la droite BΔ. Le cylindre total sera partagé en autant de cylindres qu'il y en a dans la figure circonscrite, et chacun de ces cylindres sera égal au plus grand de ceux-ci. Puisque l'excès de la figure circonscrite sur la figure inscrite est moindre que l'excès du segment sur le cône ⋎, et que la figure circonscrite est plus grande que le segment, il est évident que la figure inscrite est plus grande que le cône ⋎.

Que BP soit le tiers de BΔ; la droite HΔ sera triple de ΘP. Puisque le cylindre qui a pour base le cercle décrit autour de AΓ comme diamètre, et pour axe la droite BΔ est au cône qui a la même base et le même axe comme HΔ est à ΘP, et que le cône dont nous venons de parler est au cône ⋎ comme ZΔ est à HΔ; par raison d'égalité dans la proportion troublée, le cylindre dont nous venons de parler sera au cône ⋎ comme ZΔ est à ΘP. Soient les droites où se trouve la lettre Ξ; que leur nombre soit le même que celui des segmens de la droite BΔ, que chacune d'elles soit égale à la droite ZB, et qu'à chacune d'elles on applique une surface dont la partie excédante soit un quarré; que la plus grande de ces surfaces soit égale à la surface comprise sous ZΔ, ΔB, et que la plus petite soit égale à la surface comprise sous ZO, OB (a). Les côtés des quarrés se surpasseront également, parce que les segmens de BΔ qui leur sont égaux se surpassent également. Que le côté du plus grand quarré où se trouve la lettre M soit égal à BΔ, et le côté du plus petit quarré égal à BO. Soient ensuite d'autres surfaces dans lesquelles se trouve la lettre Ω; qu'elles soient en même nombre que les premières, et que chacune de ces surfaces soit égale à la plus grande des premières qui est comprise sous ZΔ, ΔB (b).

Le cylindre qui a pour base le cercle décrit autour de ΑΓ comme diamètre, et pour axe la droite ΔE est au cylindre qui a pour base le cercle décrit autour de ΚΛ comme diamètre, et pour axe la droite ΔE comme le quarré de ΔΑ est au quarré de ΚE. Mais

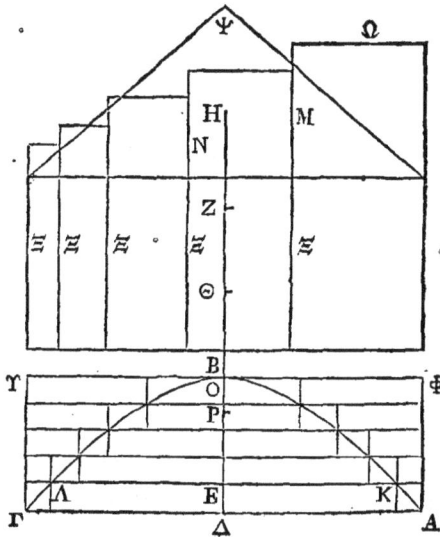

cette dernière raison est la même que la raison de la surface comprise sous ΖΔ, ΔB à la surface comprise sous ΖE, BE. Ce qui est une propriété de l'hyperbole; car la droite qui est double de l'ajoutée à l'axe, c'est-à-dire de celle qui est menée du centre est le côté transverse de l'hyperbole (γ). Mais la surface ΞΜ est égale à la surface comprise sous ΖΔ, BΔ, et la surface ΞΝ est égale à la surface comprise sous ΖE, BE; car la droite Ξ est égale à ΖB, la droite Ν à BE, et la droite Μ à BΔ. Donc, le cylindre qui a pour base le cercle décrit autour de ΑΓ comme diamètre, et pour axe la droite ΔE est au cylindre qui a pour base le cercle décrit autour de ΚΛ comme diamètre, et pour axe la droite ΔE comme la surface Ω est à la surface ΞΝ. Nous démontrerons semblablement que chacun des autres cylindres qui sont placés dans le cylindre total, et qui ont pour axe une droite égale à ΔE est au cylindre qui est dans la figure inscrite et qui a le même axe comme la surface Ω est à la surface qui lui est correspondante parmi celles qui sont appliquées à la ligne Ξ, et dont les parties excédantes sont des quarrés (δ). On a donc certaines quantités, savoir les cylindres qui sont placés dans le cylindre total, et dont chacun a un axe égal à la droite ΔE, et certaines autres quantités, savoir les surfaces où se trouve la lettre Ω, qui sont en même nombre que les premières; et ces quantités sont proportionnelles deux à deux, parce que ces cylindres sont égaux entre eux ainsi que les surfaces Ω. Or, quelques-uns de ces cylindres sont comparés avec d'autres cylindres qui sont dans la figure inscrite, le dernier n'étant point comparé avec un autre; et de plus, parmi les surfaces dans lesquelles se trouve la lettre Ω, quelques-unes sont comparées avec d'autres surfaces correspondantes qui sont appliquées à la ligne Ξ, et dont les parties excédantes sont des quarrés, sous les mêmes raisons, la dernière n'étant point comparée avec une autre. Il est donc évident que la somme des cylindres qui sont placés dans le cylindre total est à la somme des cylindres qui sont placés dans la figure inscrite comme la somme des surfaces Ω est à la somme de toutes celles qui sont appliquées, la plus grande étant exceptée (2). Mais on a démontré que la raison de la somme de toutes les surfaces Ω à la somme de toutes les surfaces qui sont appliquées, la plus grande étant exceptée, est plus grande que la raison de la droite ΜΞ à une droite composée de la moitié de Ξ et de la troisième partie de Μ (3). Donc la raison du cylindre total à la figure inscrite est plus grande que la raison de ΖΔ à ΘΡ, et cette dernière raison est la même que celle du cylindre total au cône Ψ, ainsi que cela a été démontré. Donc la raison du cylindre total à la

figure inscrite est plus grande que la raison du cylindre au
cône Ψ. Donc le cône Ψ est plus grand que la figure inscrite.
Ce qui ne peut être; car on a démontré que la figure inscrite
est plus grande que le cône Ψ. Donc le segment du conoïde
n'est pas plus grand que le cône Ψ.

Mais il n'est pas plus petit. Car qu'il soit plus petit, si cela
est possible. Inscrivons dans le segment une figure solide composée de cylindres ayant une hauteur égale et circonscrivons-
lui en une autre, de manière que l'excès de la figure circonscrite sur la figure inscrite soit moindre que l'excès du
cône sur le segment; et faisons le reste comme auparavant.
Puisque la figure inscrite est plus petite que le segment, et que
l'excès de la figure circonscrite sur la figure inscrite est plus
petit que l'excès du cône sur le segment, il est évident que la
figure circonscrite sera plus petite que le cône Ψ.

Le premier des cylindres placés dans le cylindre total,
qui a pour axe la droite ΔE est au premier des cylindres
placés dans la figure circonscrite, qui a pour axe la droite
ΔE comme la surface Ω est à la surface ΞM; car ces cylindres
sont égaux entre eux, ainsi que ces surfaces. De plus, chacun
des autres cylindres qui sont placés dans le cylindre total, et
qui ont pour axe une droite égale à ΔE est au cylindre qui
lui est correspondant dans la figure inscrite, et qui a le
même axe, comme la surface Ω est à la surface correspondante
parmi celles qui sont appliquées à la droite Ξ, et dont les parties
excédantes sont des quarrés; parce que chacun des cylindres
circonscrits, le plus grand étant excepté, est égal à chacun des
cylindres inscrits, le plus grand n'étant pas excepté. Donc le
cylindre total est à la figure inscrite comme la somme des surfaces Ω est à la somme des surfaces qui sont appliquées, et dont
les parties excédantes sont des quarrés. Mais on a démontré

que la raison de la somme des surfaces Ω à la somme de toutes les autres surfaces est moindre que la raison de la droite ΞM à une droite composée de la moitié de Ξ et du tiers de M. Donc la raison du cylindre total à la figure circonscrite sera moindre que la raison de ZΔ à ΘP. Mais ZΔ est à ΘP comme le cylindre total est

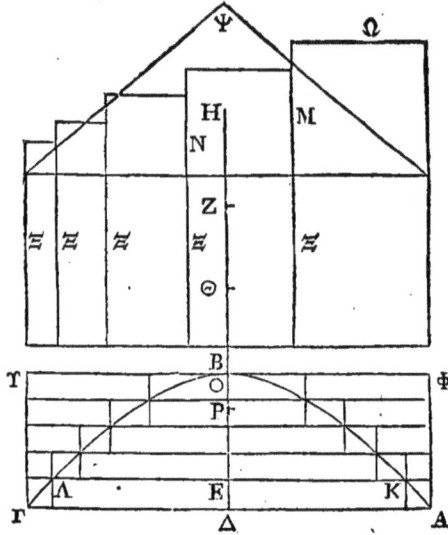

au cône Ψ. Donc la raison de ce même cylindre à la figure circonscrite est moindre que la raison de ce cylindre au cône Ψ. Donc la figure circonscrite est plus grande que le cône Ψ. Ce qui est impossible; car on a démontré que la figure circonscrite est plus petite que le cône Ψ. Donc le segment du conoïde n'est pas plus petit que le cône Ψ. Donc, puisqu'il n'est ni plus grand ni plus petit, la proposition est démontrée.

PROPOSITION XXVIII.

Si un segment d'un conoïde hyperbolique est retranché par un plan non perpendiculaire sur l'axe, le segment du conoïde sera au segment de cône qui a la même base et le même axe que le segment, comme une droite composée de l'axe du segment,

24

et du triple de la droite ajoutée à l'axe est à une droite composée de l'axe du segment, et du double de la droite ajoutée à l'axe.

Qu'un segment d'un conoïde hyperbolique soit retranché par un plan, comme nous l'avons dit. Coupons le segment par un autre plan conduit par l'axe, et perpendiculaire sur le premier. Que cette section soit l'hyperbole ABΓ; que la

section du plan qui retranche le segment soit la droite ΓA; et enfin que le sommet du cône qui contient le conoïde soit le point Θ. Par le point B, conduisons la droite ΦΨ parallèle à AΓ; cette droite sera tangente à l'hyperbole au point B. Prolongeons la droite qui joint le point Θ et le point B; cette droite partagera AΓ en deux parties égales (α); le point B sera le sommet du segment; la droite BΔ, son axe, et enfin la droite BΘ, l'ajoutée à l'axe. Que les droites ΘZ et ZH soient égales chacune à BΘ, et par la droite ΦΨ, faisons passer un plan parallèle au plan conduit par AΓ; ce plan touchera le conoïde au point B. Puisque le plan conduit par AΓ coupe le conoïde sans être perpendiculaire sur l'axe, la section sera une ellipse qui aura pour grand diamètre la droite ꞇA (14). Puisque l'on a une ellipse décrite autour de Aꞇ comme diamètre, et que la droite BΔ est menée de son centre dans le plan qui passe par le diamètre, et qui est perpendiculaire sur le plan de l'ellipse, on peut trouver un cylindre qui ait son axe sur la droite BΔ, et dans la surface duquel se trouve l'ellipse décrite autour de Aꞇ comme diamètre (10). Ce cylindre étant trouvé, on aura un certain segment de cylindre ayant la même base et le même axe que le segment du conoïde et dont l'autre base sera le plan conduit par ΦꞘ. De plus, on pourra trouver un cône qui ait pour sommet le point B, et dans la surface duquel se trouve l'ellipse décrite autour de Aꞇ comme diamètre (9). Ce cône étant trouvé, on aura un segment de cône ayant la même base et le même axe que le segment du cylindre et le segment du conoïde. Il faut démontrer que le segment du conoïde est au segment de cône dont nous venons de parler comme HΔ est à Δz.

Que HΔ soit à Δz comme le cône Ꞙ est au segment de cône. Je dis que le segment du conoïde sera égal au cône Ꞙ; car si le segment du conoïde n'est pas égal au cône Ꞙ, qu'il soit plus grand, si cela est possible. Inscrivons dans le segment du conoïde une figure solide composée de segmens de cylindre qui aient une hauteur égale, et circonscrivons-lui en une autre, de manière que l'excès de la figure circonscrite sur la figure inscrite soit moindre que l'excès du segment du conoïde sur le cône Ꞙ. Puisque l'excès de la figure circonscrite qui est plus grande que le segment sur la figure inscrite est plus petit que l'excès du segment sur le cône Ꞙ, il est évident que la figure inscrite sera plus grande que le cône Ꞙ.

Prolongeons les plans de tous les segmens qui sont dans la figure inscrite jusqu'à la surface du segment de cylindre qui a

la même base et le même axe que le segment du conoïde. Que
ʙᴘ soit la troisième partie de ʙᴅ; et faisons le reste comme auparavant. Le·premier des segmens placés dans le segment total de
cylindre, qui a pour axe la droite ᴅᴇ est au premier des segmens
placés dans la figure inscrite, qui a pour axe ᴅᴇ comme le quarré

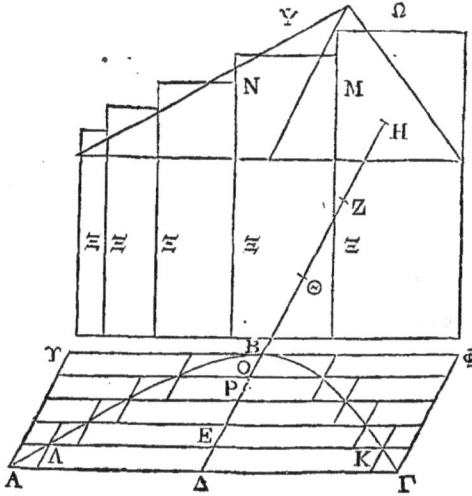

de ᴀᴅ est au quarré de ᴋᴇ; car les segmens qui ont la même
hauteur sont entre eux comme leurs bases. Mais les bases sont
des ellipses semblables; donc ces bases sont entre elles comme les
quarrés des diamètres correspondans (7). Mais le quarré de ᴀᴅ
est au quarré de ᴋᴇ comme la surface comprise sous ᴢᴅ, ᴅʙ est
à la surface comprise sous ᴢᴇ, ᴇʙ; parce que l'on a mené la
droite ᴢᴅ du point ᴏ où les asymptotes se rencontrent, et que
les droites ᴀᴅ, ᴋᴇ sont parallèles à la tangente menée par le
point ʙ (6): de plus, la surface comprise sous ᴢᴅ, ᴅʙ·est égale
à la surface Ω, et la surface comprise sous ᴢᴇ, ᴇʙ est égale à la
surface ᴣɴ. Donc le premier des segmens placés dans le segment
total, qui a pour axe la droite ᴅᴇ est au premier segment qui est
placé dans la figure inscrite, et qui a pour axe la droite ᴅᴇ

comme la surface Ω est à la surface ΞN. De même chacun des autres segmens qui sont placés dans le segment total, et qui ont pour axe une droite égale à ΔE est au segment correspondant qui est placé dans la figure inscrite, et qui a pour axe une droite égale à ΔE, comme la surface Ω est à la surface correspondante parmi les surfaces qui sont appliquées à la droite ΞX, et dont les parties excédantes sont des quarrés. On a donc certaines quantités, savoir les segmens qui sont placés dans le cylindre total, et certaines autres quantités, savoir les surfaces où se trouve la lettre Ω, qui sont en même nombre que les segmens, et qui sont proportionnelles deux à deux. Mais ces segmens sont comparés avec d'autres segmens qui sont dans la figure inscrite; et le dernier n'est point comparé avec un autre; et de plus, les surfaces Ω sont comparées, sous les mêmes raisons, avec d'autres surfaces correspondantes qui sont appliquées à la ligne Ξ, et dont les parties excédantes sont des quarrés; et la dernière n'est point comparée avec une autre. Il est donc évident que la somme des premiers segmens est à la somme des seconds comme la somme de toutes les surfaces Ω est à la somme de toutes celles qui sont appliquées, la plus grande étant exceptée (2). Mais la raison de la somme des surfaces Ω à la somme de toutes surfaces appliquées, la plus grande étant exceptée, est plus grande que la raison de la droite MΞ à une droite composée de la moitié de Ξ et du tiers de M (2). Donc, la raison du segment total à la figure inscrite est plus grande que la raison de la droite ΞM à une droite composée de la moitié de Ξ et du tiers de M; et par conséquent plus grande que la raison de ZΔ à ΘP. Donc, la raison du segment total à la figure inscrite est plus grande que la raison du segment total au cône Ψ. Ce qui est impossible; car on a démontré que la figure inscrite est plus grande que le cône Ψ. Donc le segment du conoïde n'est pas plus grand que le cône Ψ.

Si l'on suppose que le segment du conoïde est plus petit que le cône Ψ, nous inscrirons dans ce segment une figure solide composée de segmens de cylindre qui aient la même hauteur, et nous lui en circonscrirons une autre, de manière que l'excès de la figure circonscrite sur la figure inscrite soit moindre que l'excès du cône Ψ sur le segment. Nous démontrerons de la même manière que la figure circonscrite est plus petite que le cône Ψ; et que la raison du segment de cylindre qui a la même base et le même axe que le segment du conoïde à la figure circonscrite est moindre que la raison de ce segment de cylindre au cône Ψ. Ce qui ne peut être. Donc le segment du conoïde n'est pas plus petit que le cône Ψ; donc la proposition est évidente.

PROPOSITION XXIX.

La moitié d'un sphéroïde quelconque coupé par un plan conduit par le centre, et perpendiculaire sur l'axe est double du cône qui a la même base et le même axe que le segment.

Qu'un sphéroïde soit coupé par un plan conduit par le centre et perpendiculaire sur l'axe; qu'il soit encore coupé par un autre plan conduit par l'axe; que la section du sphéroïde soit l'ellipse ABΓΔ, ayant pour diamètre l'axe du sphéroïde BΔ, et pour centre le point Θ: il est indifférent que BΔ soit le grand ou le petit diamètre de l'ellipse. Que la section du plan qui coupe le segment soit la droite ΓA. Cette droite passera par le centre, et fera des angles droits avec BΔ; parce que l'on suppose que ce plan passe par le centre, et qu'il est perpendiculaire sur l'axe. Il faut démontrer que le segment qui est la moitié du sphéroïde, et qui a pour base le cercle décrit autour de AΓ comme diamètre, et pour sommet le point B, est double du cône qui a la même base et le même axe que ce segment.

Que le cône Ψ soit double de celui qui a la même base et le même axe ΘB que le segment. Je dis que la moitié du sphéroïde est égale au cône Ψ. Car si la moitié du sphéroïde n'est pas égale au cône Ψ, supposons d'abord qu'elle soit plus

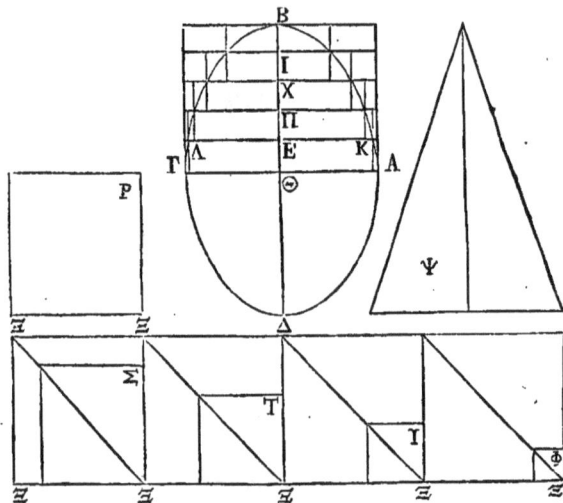

grande, si cela est possible. Dans le segment qui est la moitié du sphéroïde, inscrivons une figure solide composée de cylindres, ayant une hauteur égale, et circonscrivons-lui en une autre, de manière que l'excès de la figure circonscrite sur la figure inscrite soit moindre que l'excès du demi-sphéroïde sur le cône Ψ. Puisque la figure circonscrite est plus grande que le demi-sphéroïde, l'excès du demi-sphéroïde sur la figure inscrite sera plus petit que l'excès du demi-sphéroïde sur le cône Ψ, il est évident que la figure inscrite dans le demi-segment sera plus grande que le cône Ψ.

Soit un cylindre qui ait pour base le cercle décrit autour de ΑΓ comme diamètre, et pour axe la droite ΒΘ. Puisque ce cylindre est triple du cône qui a la même base et le même axe que le segment, et que le cône Ψ est double de ce cône, il est évident que ce cylindre sera égal à trois fois la moitié du cône Ψ. Prolongeons les plans de tous les cylindres dont la figure inscrite est composée jusqu'à la surface du cylindre qui a la même base et le même axe que le segment. Le cylindre total sera partagé en autant de cylindres qu'il y en a dans la figure circonscrite, et chacun de ces cylindres sera égal

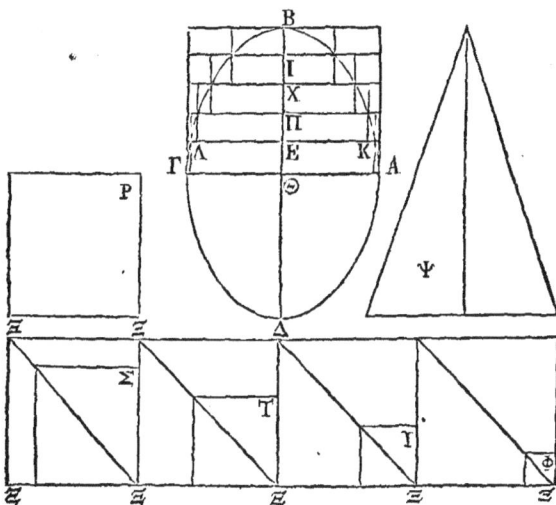

au plus grand de ceux-ci. Prenons des droites où se trouve la lettre Ξ; que ces droites soient en même nombre que les segmens de la droite BΘ, et que chacune d'elles soit égale à la droite BΘ : sur chacune d'elles décrivons un quarré. Du dernier de ces quarrés retranchons un gnomon qui ait pour largeur la droite BI; ce gnomon sera égal à la surface comprise sous BI, IΔ (6). Du quarré suivant retranchons un gnomon qui ait une largeur double de BI; ce gnomon sera égal à la surface comprise sous BX, XΔ. Continuons de retrancher de chaque quarré qui·suit un gnomon qui ait une largeur plus grande d'un *segment* que la largeur du gnomon qui précède; chacun de ces gnomons sera égal à une surface comprise sous deux segmens de BΔ, un de ces segmens étant égal à la largeur du gnomon. Mais le quarré qui reste du second quarré a un côté égal à la droite ΘE (γ); donc le premier des cylindres placés dans le cylindre total, qui a pour axe la droite ΘE est au premier des cylindres placés dans la figure inscrite, qui a pour axe la même droite ΘE comme le quarré de AΘ est au quarré de KE, et par conséquent comme la surface comprise sous BΘ, ΘΔ est à la surface comprise sous BE, EΔ (*d*). Donc le premier cylindre est au second cylindre comme le premier quarré est au gnomon qui a été retranché du second quarré. Semblablement, chacun des autres cylindres qui ont pour axe une droite égale à ΘE sera au cylindre qui est dans la figure inscrite, et qui a le même axe comme le quarré qui lui correspond est au gnomon qui a été retranché du quarré suivant. On a donc certaines quantités, savoir les cylindres qui sont placés dans le cylindre total, et certaines autres quantités, savoir les quarrés des droites Ξ, Ξ qui sont en même nombre que les cylindres; et ces quantités sont proportionnelles deux à deux. Mais ces cylindres sont comparés à d'autres quantités, savoir aux cylindres placés dans la figure inscrite, et le dernier n'est point comparé à un autre; et les quarrés sont comparés à d'autres quantités dans les mêmes raisons, savoir aux gnomons correspondans qui sont retranchés des quarrés, et le dernier quarré n'est point comparé à un autre. Donc la somme de tous les cylindres placés dans le cylindre total est à la somme de tous les autres cylindres comme la somme de tous les quarrés est à la somme de tous les gnomons qui en sont retranchés (3). Donc le cylindre qui a la même base et le même axe que le segment est à la figure inscrite comme la somme de tous les quarrés est à la somme de tous les gnomons qui en sont retranchés. Mais la somme de ces quarrés est plus grande que trois fois la moitié de la somme des gnomons qui en sont retranchés. En effet, on a pris certaines lignes ΞP, ΞΣ, ΞT, ΞY, ΞΦ qui se surpassent également, et dont la plus petite est égale

25

à leur excès; l'on a pris de plus d'autres lignes désignées par les lettres ⌶ ⌶ qui sont en même nombre que les premières, et dont chacune est égale à la plus grande des dernières. Donc la somme des quarrés construits sur les lignes dont chacune est égale à la plus grande est plus petite que le triple de la somme

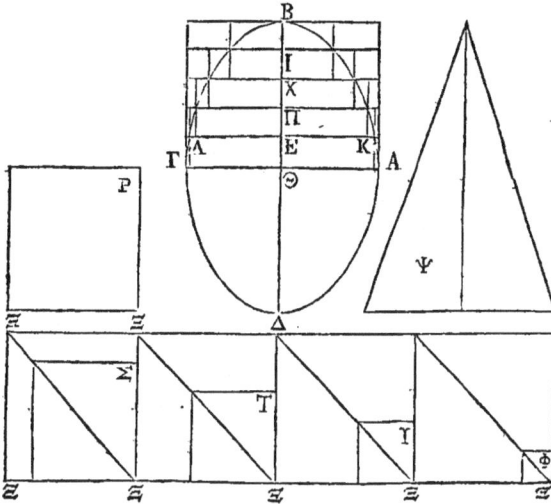

des quarrés construits sur les droites qui se surpassent également; et si l'on retranche le quarré construit sur la plus grande droite, cette somme sera plus grande que le triple de la somme des quarrés restans; ce qui a été démontré dans les choses que nous avons publiées sur les hélices (10, cor.). Mais puisque la somme de tous ces quarrés est plus petite que le triple de la somme des autres quarrés qui ont été retranchés de ceux-ci; il est évident que cette somme est plus grande que trois fois la moitié de la somme des surfaces restantes (α). Donc cette somme est plus grande que trois fois la moitié de la somme des gnomons. Donc aussi le cylindre qui a la même base et le même axe que le segment est plus grand que trois fois la moitié de la figure inscrite (ɛ). Ce qui est impossible; car ce cylindre est égal à trois fois la moitié du cône ⵜ, et l'on a démontré que la figure inscrite est plus grande que le cône Ψ. Donc la moitié du sphéroïde n'est pas plus grande que le cône Ψ.

La moitié du sphéroïde n'est pas plus petite que le cône Ψ. Qu'elle soit plus petite, si cela est possible. Inscrivons de nouveau dans la moitié du sphéroïde une figure solide composée de cylindres qui aient la même hauteur ; et circonscrivons-lui en une autre, de manière que l'excès de la figure circonscrite sur la figure inscrite soit plus petit que l'excès du cône Ψ sur la moitié du sphéroïde ; et faisons le reste comme auparavant. Puisque la figure inscrite est plus petite que le segment, il est évident que la figure circonscrite sera plus petite que le cône Ψ.

Le premier des cylindres placés dans le cylindre total, qui a pour axe la droite ΘE est au premier des cylindres placés dans la figure circonscrite, qui a pour axe la droite ΘE, comme le premier quarré est à ce même quarré. Le second des cylindres placés dans le cylindre total, qui a pour axe la droite EΠ est au second des cylindres placés dans la figure circonscrite, qui a pour axe la droite EΠ, comme le second quarré est au gnomon qui en est retranché. De même, chacun des autres cylindres qui sont placés dans le cylindre total, et qui ont pour axe une droite égale à ΘE est au cylindre correspondant qui est placé dans la figure circonscrite, et qui a le même axe, comme le quarré correspondant est au gnomon qui en est retranché. Donc la somme de tous les cylindres qui sont placés dans le cylindre total est à la somme de tous les cylindres qui sont placés dans la figure circonscrite comme la somme de tous les quarrés est à une surface égale à la somme du premier quarré, et des gnomons qui sont retranchés des autres quarrés (2). Mais la somme de tous les quarrés est plus petite trois fois la moitié d'une surface égale à la somme du premier quarré, et des gno-

mons qui sont retranchés des autres quarrés; parce que cette
somme est plus grande que le triple de la somme des quarrés
construits sur les droites inégales, le quarré construit sur la
plus grande droite étant excepté (*Hélices, pro.* 10. *cor.*). Donc,
le cylindre qui a la même base et le même axe que le segment
est plus petit que trois fois la moitié de la figure circonscrite. Ce
qui ne peut être; car ce cylindre est égal à trois fois la moitié
du cône Ψ; et l'on a démontré que la figure circonscrite est
plus petite que le cône Ψ. Donc la moitié du sphéroïde n'est pas
plus petite que le cône Ψ. Donc elle lui est égale, puisqu'elle
n'est ni plus grande ni plus petite.

PROPOSITION XXX.

Si un sphéroïde quelconque est coupé par un plan conduit
par le centre et non perpendiculaire sur l'axe, la moitié du
sphéroïde sera encore double d'un segment de cône qui aura la
même base et le même axe que le segment.

Coupons le sphéroïde. Coupons-le ensuite par un autre plan

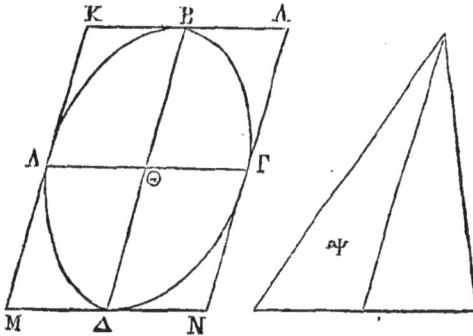

conduit par l'axe et perpendiculaire sur le plan coupant; que
la section du sphéroïde soit l'ellipse ABΓΔ, dont le centre est
le point Θ; et que la section du plan coupant soit la droite
ΑΓ. Cette droite passera par le point Θ; parce qu'on a supposé

que le plan étoit conduit par le centre. On aura donc une certaine ellipse décrite autour de ΑΓ comme diamètre ΑΓ, parce
qu'on a supposé que le plan coupant n'étoit pas perpendiculaire
sur l'axe. Menons les droites ΚΛ, ΜΝ parallèles à ΑΓ; et que ces
droites soient tangentes à l'ellipse aux points Β, Δ; et par ces
droites faisons passer des plans parallèles à celui qui a été conduit par la droite ΑΓ. Ces plans toucheront le sphéroïde aux
points Β, Δ, la droite qui joint les points Β, Δ passera par le
point Θ (18); les sommets des segmens seront les points Β, Δ, et
les axes les droites ΒΘ, ΘΔ. On peut donc trouver un cylindre
dont l'axe soit la droite ΒΘ, dans la surface duquel se trouve l'ellipse décrite autour de ΑΓ comme diamètre (10). Ce cylindre étant
trouvé, on aura un segment de cylindre qui aura la même base et
le même axe que la moitié du sphéroïde. On peut de plus trouver
un cône qui ait son sommet au point Β, et dans la surface duquel
se trouve l'ellipse décrite autour de ΑΓ comme diamètre (9).
Ce cône étant trouvé, on aura un certain segment de cône qui
aura la même base et le même axe que le segment du sphéroïde.
Je dis que la moitié du sphéroïde est double de ce cône.

Que le cône Ψ soit double de ce segment de cône. Si la moitié
du sphéroïde n'est pas égale au cône Ψ, qu'il soit plus grand, si
cela est possible. Inscrivons dans la moitié du sphéroïde une figure
composée de segmens de cylindre qui aient une hauteur égale,
et circonscrivons-lui en une autre, de manière que l'excès de la
figure circonscrite sur la figure inscrite soit plus petit que
l'excès de la moitié du sphéroïde sur le cône Ψ. Nous démontrerons de la même manière que nous l'avons fait plus haut,
que la figure inscrite est plus grande que le cône Ψ; que le segment
de cylindre qui a la même base et le même axe que ce segment
est égal à trois fois la moitié du cône Ψ; et que ce segment est
plus grand que trois fois la moitié de la *figure inscrite* dans

la moitié du sphéroïde. Ce qui ne peut être. Donc la moitié du sphéroïde n'est pas plus grande que le cône Ψ.

Que la moitié du sphéroïde soit plus petite que le cône Ψ.

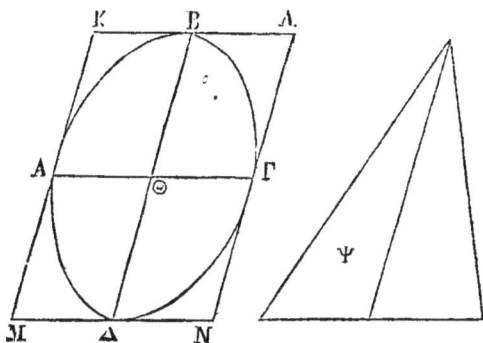

Inscrivons dans la moitié du sphéroïde une figure solide composée de segmens de cylindres qui aient une hauteur égale, et circonscrivons-lui en une autre, de manière que l'excès de la figure circonscrite sur la figure inscrite soit plus petit que l'excès du cône Ψ sur la moitié du sphéroïde. Nous démontrerons encore, comme nous l'avons fait plus haut, que la figure circonscrite est plus petite que le cône Ψ; que le segment de cylindre qui a la même base et le même axe que le segment du sphéroïde est égal à trois fois la moitié du cône Ψ ; et que ce segment est plus petit que trois fois la moitié de la figure circonscrite. Ce qui ne peut être. Donc la moitié du sphéroïde n'est pas plus petite que le cône Ψ. Mais si la moitié du sphéroïde n'est ni plus grande ni plus petite que ce cône, elle lui est égale. Donc la proposition est évidente.

PROPOSITION XXXI.

Le segment d'un sphéroïde quelconque coupé par un plan perpendiculaire sur l'axe qui ne passe pas par le centre est au cône qui a la même base et le même axe que ce segment, comme une droite composée de la moitié de l'axe du sphéroïde, et de l'axe du plus grand segment est à l'axe du plus grand segment.

Qu'un segment quelconque d'un sphéroïde soit retranché par un plan perpendiculaire sur l'axe, sans passer par le centre; que ce même segment soit coupé par un autre plan conduit par l'axe; que la section du sphéroïde soit l'ellipse ABΓ, dont le dia-

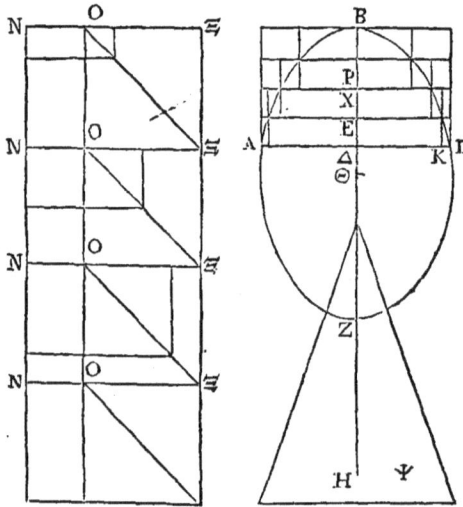

mètre BZ est l'axe du sphéroïde, et dont le centre est le point ☉; et que la section du plan qui retranche le segment soit la droite AΓ. Cette droite sera perpendiculaire sur BZ; parce que l'on a supposé que le plan coupant étoit perpendiculaire sur l'axe. Que le segment qui est produit par cette section, et qui a son sommet au point B soit plus petit que la moitié du sphéroïde; et que ZH soit égal à BΘ. Il faut démontrer que le segment qui a pour sommet le point B est au cône qui a la même base et le même axe que ce segment comme ΔH est à ΔZ.

Soit un cylindre qui ait la même base et le même axe que le plus petit segment. Prenons de plus un cône Ψ qui soit au cône qui a la même base et le même axe comme ΔH est à Δz. Je dis que le cône ᴪ est égal au segment qui a son sommet au point B.

Car si ce cône ne lui est pas égal, qu'il soit d'abord plus petit, si cela est possible. Inscrivons dans le segment une figure solide composée de cylindres qui aient une hauteur égale, et circonscrivons-lui en une autre, de manière que l'excès de la

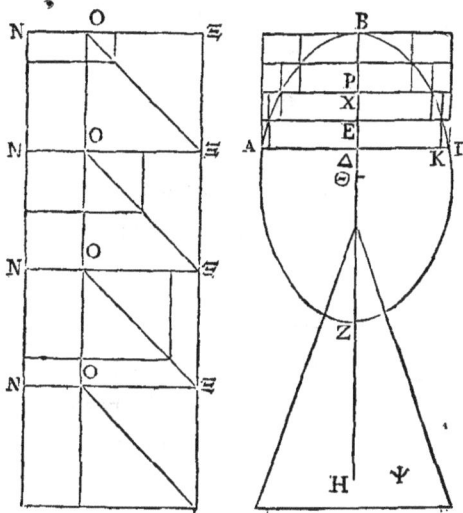

figure circonscrite sur la figure inscrite soit moindre que l'excès du segment du sphéroïde sur le cône ᴪ (21). Puisque l'excès de la figure circonscrite sur la figure inscrite est plus petit que l'excès du segment sur ce cône, il est évident que la figure inscrite est plus grande que le cône ᴪ.

Que BP soit la troisième partie de BΔ. Puisque BH est triple de BΘ, et BΔ triple de BP, la droite ΔH sera triple de ΘP. Donc le cylindre qui a la même base que le segment, et pour axe la droite BΔ est au cône qui a la même base et le même axe comme ΔH est à ΘP. Mais le cône dont nous venons de parler est au cône ᴪ comme Δz est à ΔH. Donc, par raison d'égalité dans la proportion troublée, le cylindre qui a la même base et le même axe que le segment est au cône Ψ comme ΔZ est à ΘP. Prenons à présent les lignes dans lesquelles sont les lettres Ξ N; supposons que ces droites soient en même nombre que les segmens qui sont dans la droite BΔ, et qu'elles soient égales chacune à la droite ZΔ. Que chacune des droites ΞO soit égale à la droite BΔ. Chacune des droites restantes NO sera double de la droite ΘΔ (6). Appliquons à chacune des droites NΞ une surface qui ait une largeur égale à BΔ; dans chacune de ces surfaces construisons un quarré, et menons sa diagonale. Retranchons de la première de ces surfaces un gnomon qui ait une largeur égale à BE; retranchons de la seconde un gnomon qui ait une largeur égale à BX; retranchons de la même manière de chaque surface qui suit immédiatement un gnomon qui ait une largeur plus petite d'un segment de BΔ que le gnomon précédent. Il est évident que le gnomon qui a été retranché de la première surface sera égal à la surface comprise sous BE, EZ, et le reste sera une surface appliquée sur NO, dont la partie excédante sera un quarré qui a pour côté une droite égale à ΔE (γ). Le gnomon qui est retranché de la seconde surface sera égal à la surface comprise sous ZX, XB, et le reste sera une surface appliquée sur NO dont la partie excédante sera un quarré; et ainsi de suite. Cela étant ainsi, prolongeons les plans de tous les cylindres dont la figure inscrite dans le segment est composée jusqu'à la surface du cylindre qui a la même base et le même axe que le segment. Le cylindre total sera partagé en autant de cylindres qu'il y en a dans la figure circonscrite, et chacun de ces cylindres sera égal au plus grand de ces derniers. Le premier des cylindres placés dans le cylindre total, qui a pour axe la droite ΔE, est au premier des cylindres placés dans la figure inscrite, qui a pour axe la droite ΔE comme le quarré de ΔΓ est au quarré de KE. Mais cette dernière raison est la même que celle de la surface comprise sous BΔ, ΔZ à la surface comprise sous BE, EZ. Donc le premier des cylindres placés dans le cylindre total est au premier des cylindres placés dans la figure inscrite comme la première surface est au gnomon qui en a été retranché. Semblablement, chacun des autres cylindres qui sont placés dans le cylindre total, et

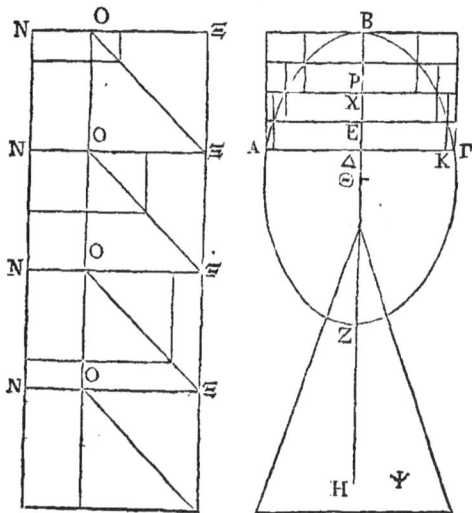

qui ont pour axe une droite égale à ΔE sera au cylindre correspondant qui est placé dans la figure inscrite et qui a le même axe, comme la surface qui lui correspond est au gnomon qui en a été retranché. On a donc certaines quantités, savoir les cylindres qui sont placés dans le cylindre total; on a de plus certaines autres quantités, savoir les surfaces qui sont appliquées sur ΞN, et qui ont pour largeur une droite égale à BΔ; et ces dernières quantités sont en même nombre que les cylindres, et leur sont proportionnels deux à deux. Mais ces cylindres sont comparés à d'autres cylindres qui sont dans la figure inscrite, le dernier n'étant point comparé à un autre; et ces surfaces sont comparées à d'autres semblablement placées, dans des raisons égales, c'est-à-dire

aux gnomons qui sont retranchés de ces premières surfaces, et
la dernière surface n'est point comparée avec une autre. Il
est donc évident que la somme de tous les premiers cylindres
est à la somme de tous les autres cylindres comme la somme de
toutes ces surfaces est à la surface de tous les gnomons (2). Donc
le cylindre qui a la même base et le même axe que le segment
est à la figure inscrite comme la somme de toutes ces surfaces est à la somme de tous les gnomons. Mais l'on a certaines lignes égales dans lesquelles sont les lettres N O, et à chacune
desquelles on a appliqué une surface dont la partie excédante est
un quarré; les côtés des quarrés se surpassent également, et cet
excès est égal au côté du plus petit quarré : on a de plus d'autres
surfaces appliquées à NΞ, qui ont pour largeur une droite égale
à BΔ, qui sont en même nombre que les premières, et dont chacune est égale à la plus grande de celles-ci. Il est donc évident
que la raison de la somme de toutes les surfaces dont chacune
est égale à la plus grande, à la somme de toutes les autres est
moindre que la raison de ΞN à une droite composée de la moitié
de NO et du tiers de ΞO (3). Il est donc évident que la raison
de la somme de ces surfaces à la somme des gnomons est plus
grande que la raison de la droite ΞN à une droite composée de
la moitié de NO et des deux tiers de ΞO (α). Donc la raison du
cylindre qui a la même base et le même axe que le segment à
la figure inscrite dans le segment est plus grande que la raison
de ΞN à une droite composée de la moitié de NO et des deux
tiers de OΞ. Mais la droite ΔZ est égale à ΞN; la droite ΔΘ est
égale à la moitié de NO, et la droite ΔP égale aux deux tiers de
ΞO; donc la raison du cylindre total à la figure inscrite dans le
segment est plus grande que la raison de ΔZ à ΘP. Mais l'on a
démontré que le cylindre est au cône Ψ comme ΔZ est à ΘP;
donc la raison du cylindre à la figure inscrite est plus grande

que la raison de ce même cylindre au cône Ψ. Ce qui ne peut être ; car on a démontré que la figure inscrite est plus grande que le cône Ψ. Donc le segment du sphéroïde n'est pas plus grand que le cône Ψ.

Que ce segment soit plus petit que le cône Ψ, si cela est possible. Inscrivons de nouveau dans le segment une figure solide composée de cylindres qui aient une hauteur égale, et circonscrivons-lui en une autre, de manière que l'excès de la figure circonscrite sur la figure inscrite soit plus petit que l'excès du cône Ψ sur le segment, et faisons le reste comme aupara-

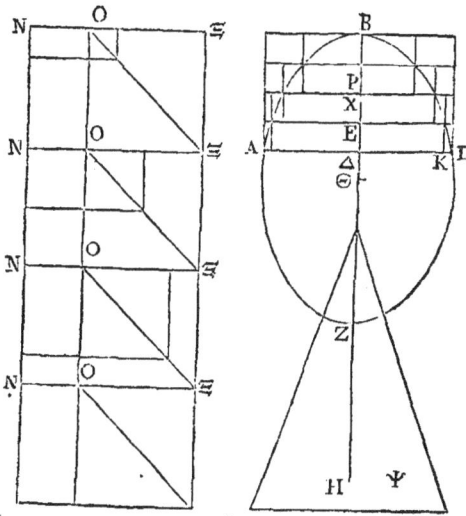

vant. Puisque la figure inscrite est plus petite que le segment, et que l'excès de la figure circonscrite sur la figure inscrite est plus petit que l'excès du cône Ψ sur le segment, il est évident que la figure circonscrite est plus petite que le cône Ψ.

Le premier des cylindres placés dans le cylindre total, qui a pour axe la droite ΔE est au premier des cylindres placés dans la figure circonscrite, qui a le même axe, comme la dernière des surfaces qui sont appliquées à ΞN, et qui ont une largeur

égale à la droite BΔ est à cette même surface; car cés cylindres
sont égaux, ainsi que ces surfaces; le second des cylindres
placés dans le cylindre total, qui a pour axe une droite égale
à ΔE est au cylindre correspondant dans la figure circonscrite
comme la première des surfaces qui sont appliquées à ΞΛ,
et qui ont une largeur égale à BΔ est au gnomon qui en est
retranché ; et chacun des autres cylindres qui sont placés dans
le cylindre total et qui ont un axe égal à la droite ΔE est
au cylindre qui lui est correspondant dans la figure circonscrite
comme la surface qui lui est correspondante parmi celles qui
sont appliquées à ΞN est au gnomon qui en a été retranché
avant celui qu'on nomme le dernier. Donc, par la même
raison qu'auparavant, la somme de tous les cylindres placés
dans le cylindre total est à la somme de tous les cylindres placés
dans la figure circonscrite comme la somme de toutes les surfaces
qui sont appliquées à ΞN est à une surface composée de la dernière surface et de tous les gnomons qui sont retranchés des
autres surfaces. Puisque l'on a démontré que la raison de la
somme de toutes les surfaces appliquées à ΞN à la somme de
toutes les surfaces qui sont appliquées à NO, et dont les parties
excédantes sont des quarrés, la plus grande étant exceptée, est
plus grande que la raison de ΞN à une droite égale composée
de la moitié de NO et du tiers de ΞO, il est évident que la
raison de la somme de ces mêmes surfaces à la somme
des surfaces restantes, savoir la dernière surface et les gnomons qui sont retranchés des surfaces restantes est moindre
que la raison de la droite de ΞN à une droite composée de
la moitié de ΞO et des deux tiers de ΞO. Il est donc évident que la raison du cylindre qui a la même base et le
même axe que le segment à la figure circonscrite est moindre
que la raison de ZΔ à ΘP. Mais la raison du cylindre dont nous

venons de parler au cône ᴪ est la même que celle de ᴀᴢ à ᴏᴘ;
donc la raison du cylindre à la figure circonscrite est moindre
que la raison de ce même cylindre au cône ᴪ. Ce qui ne peut
être; car on a démontré que la figure circonscrite est plus
petite que le cône ᴪ. Donc le segment du sphéroïde n'est pas plus
petit que le cône ᴪ. Donc il lui est égal, puisqu'il n'est ni
plus grand ni plus petit.

PROPOSITION XXXII.

Si un sphéroïde est coupé par un plan qui ne passe pas par le
centre, et qui ne soit pas perpendiculaire sur l'axe, le plus
petit segment sera au segment de cône qui a la même base et
le même axe que le segment comme une droite composée de
la moitié de la droite qui joint les sommets des segmens qui sont
produits par le plan coupant et de l'axe du petit segment est à
l'axe du grand segment.

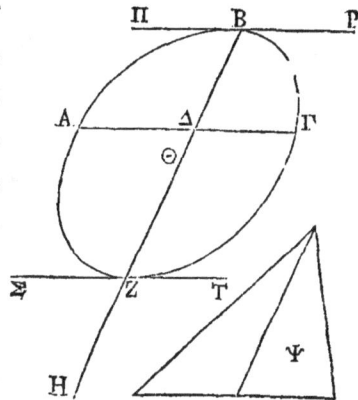

Coupons un sphéroïde quelconque, comme nous venons de le dire.
Coupons ensuite le sphéroïde par un
plan conduit par l'axe et perpendiculaire sur le premier ; que cette
section du sphéroïde soit l'ellipse
ᴀʙᴦᴅ, et que la section du plan qui
retranche le segment soit la droite
ᴦᴀ. Menons à la droite ᴀᴦ les parallèles ᴨᴘ, ᴤᴛ qui touchent l'ellipse aux
points ʙ, ᴢ ; et par ces parallèles faisons passer des plans parallèles au plan conduit par ᴀᴦ. Ces plans toucheront le sphéroïde
aux points ʙ, ᴢ, et la droite ʙᴢ qui joindra les sommets des
segmens passera par le centre (18). Que le point ᴏ soit le centre
du sphéroïde et de l'ellipse. Puisque le sphéroïde est coupé par

un plan non perpendiculaire sur l'axe, la section est une
ellipse qui a pour diamètre la droite ΑΓ (15). Prenons un
cylindre dont l'axe soit la droite ΒΔ, et dans la surface duquel
se trouve l'ellipse décrite autour de ΑΓ comme diamètre (10).
Prenons aussi un cône qui ait son sommet au point Β, et dans la
surface duquel se trouve l'ellipse décrite autour de ΑΓ comme
diamètre (9). On aura un certain segment de cylindre ayant la
même base et le même axe que le segment du sphéroïde ; on
aura aussi un certain segment dé cône ayant la même base et
le même axe que le segment du sphéroïde. Il faut démontrer
que le segment du sphéroïde dont le sommet est le point Β est au
segment de cône qui a la même base et le même axe que ce
segment, comme ΔΗ est à ΔΖ.

Que la droite ΖΗ soit égale à la droite ΘΖ. Prenons un cône
Ψ qui soit au segment de cône qui a la même base et le même
axe que le segment du sphéroïde, comme ΔΗ est à ΔΖ. Si le
segment du sphéroïde n'est pas égal au cône Ψ, qu'il soit
d'abord plus grand, si cela est possible. Inscrivons dans le
segment du sphéroïde une figure solide composée de segmens
de cylindre qui aient une hauteur égale, et circonscrivons-lui en une autre, de manière que l'excès de la figure
circonscrite sur la figure inscrite soit plus petit que l'excès du
segment du sphéroïde sur le cône Ψ. On démontrera, comme
nous l'avons fait plus haut, que la figure inscrite est plus
grande que le cône Ψ, et que la raison du segment de cylindre
qui a la même base et le même axe que le segment à la figure
inscrite est plus grande que la raison de ce segment de cylindre
au cône Ψ. Ce qui ne peut être. Donc le segment du sphéroïde
n'est pas plus grand que le cône Ψ.

Qu'il soit plus petit, si cela est possible. Inscrivons de
nouveau dans le segment du sphéroïde une figure solide

composée de segmens de cylindre qui aient une hauteur
égale, et circonscrivons-lui en une autre, de manière que
l'excès de la figure circonscrite sur la figure inscrite soit moindre
que l'excès du cône Ψ sur le segment du sphéroïde. On démontrera de la même manière que nous l'avons fait plus haut,
que la figure circonscrite est plus petite que le cône Ψ, et que la
raison du segment de cylindre qui a la même base et le même
axe que le segment du sphéroïde à la figure circonscrite est
moindre que la raison du segment de cylindre au cône Ψ. Ce
qui ne peut être. Donc le segment du sphéroïde n'est pas plus
petit que le cône Ψ. Donc ce qu'il falloit démontrer est évident.

PROPOSITION XXXIII.

Le grand segment d'un sphéroïde quelconque coupé non par
son centre par un plan perpendiculaire sur l'axe est au cône
qui a la même base et le même axe que ce segment, comme
une droite composée de la moitié de l'axe du sphéroïde et de
l'axe du petit segment est à l'axe du petit segment.

Coupons un sphéroïde quelconque comme on vient de le
dire; que ce même sphéroïde
soit coupé par un autre plan
conduit par l'axe et perpendiculaire sur le premier; que
cette section soit l'ellipse ABΓ
ayant pour diamètre la droite
BΔ qui est l'axe du sphéroïde,
et que la section du plan qui
retranche le segment soit la

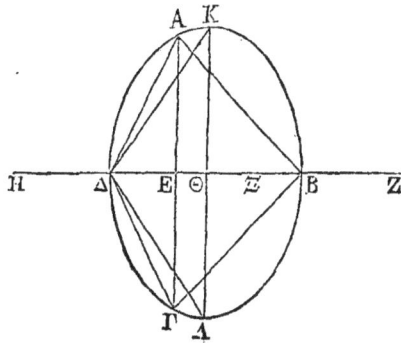

droite ΓΑ. Cette droite sera perpendiculaire sur BΔ. Que le
grand segment soit celui qui a son sommet au point B, et que le
centre du sphéroïde soit le point Θ. Faisons les droites ΔH, BZ

chacune égale à ΔΘ. Il faut démontrer que le segment du sphéroïde dont le sommet est le point B est au cône qui a la même
base et le même axe que ce segment comme EH est à EΔ.

Coupons le sphéroïde par un plan conduit par le centre et
perpendiculaire sur l'axe, et que le cercle qui est produit par
cette section soit la base d'un cône qui ait son sommet sur Δ. Le
sphéroïde total sera double du segment qui a pour base le cercle
décrit sur KΛ comme diamètre et qui a pour sommet le point Δ.
Mais le segment dont nous venons de parler est double du cône
qui a la même base et le même axe que le segment. Ce qui a été
démontré (29). Donc le sphéroïde total est quadruple du cône
dont nous venons de parler. Mais ce cône et celui qui a pour
base le cercle décrit autour de AΓ comme diamètre et pour sommet le point Δ sont en raison composée de la raison de ΘΔ à EΔ,
et de la raison du quarré de KΘ au quarré de EA; et la raison
du quarré de KΘ au quarré de EA est la même que celle de la
surface comprise sous BΘ, ΘΔ à la surface comprise sous BE, EΔ;
et de plus, la raison de ΘΔ à EΔ est la même que la raison de
ΞΔ à ΘΔ. Donc la surface comprise sous ΞΔ, BΘ est à la surface
comprise sous BΘ, ΘΔ comme ΔΘ est à ΔE. Mais la raison composée de la raison de la surface comprise sous ΞΔ, ΘB à la surface comprise sous BΘ, ΘΔ, et la raison de la surface comprise
sous BΘ, ΘΔ à la surface comprise sous BE, EΔ sont les mêmes que
la raison de la surface comprise sous ΞΔ, BΘ à la surface comprise sous BE, EΔ. Donc le cône qui a pour base le cercle décrit
autour de KΛ comme diamètre, et qui a pour sommet le point
Δ est au cône qui a pour base le cercle décrit autour de AΓ
comme diamètre et pour sommet le point Δ, comme la surface
comprise sous ΞΔ, BΘ est à la surface comprise sous BE, EΔ. Mais
le cône qui a pour base le cercle décrit autour de AΓ comme
diamètre et pour sommet le point Δ est au segment du sphé-

27

roïde qui a la même base et le même axe, comme la surface comprise sous BE, EΔ est à la surface comprise sous ZE, EΔ, c'est-à-dire comme BE est à EZ; car on a démontré qu'un segment plus petit que la moitié du sphéroïde est au cône qui a la même base et le même axe que ce segment, comme une droite composée de la moitié de l'axe du sphéroïde et de l'axe du grand segment est à l'axe du grand segment, c'est-à-dire comme ZE est à BE (32). Donc le cône qui est dans la moitié du sphéroïde est au segment qui est plus petit que la moitié du sphéroïde comme la surface comprise sous ΞΔ, BΘ est à la surface comprise sous ZE, ΔE. Mais le sphéroïde total est au cône qui est dans la moitié du sphéroïde comme la surface comprise sous ZH, ΞΔ est à la surface comprise sous BΘ, ΞΔ; car le sphéroïde total et la première surface sont quadruples du cône et de la seconde surface; et le cône qui est dans la moitié du sphéroïde est au segment qui est plus petit que la moitié du sphéroïde comme la surface comprise sous ΞΔ, BΘ est à la surface comprise sous ZE, EΔ; et de plus, le sphéroïde total

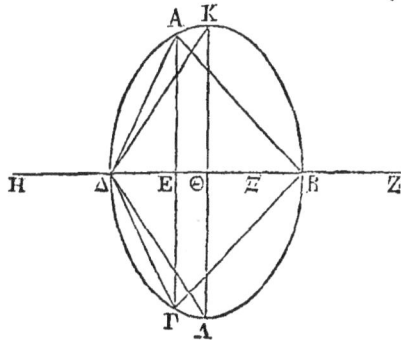

est au plus petit segment comme la surface comprise sous ZH, ΞΔ est à la surface comprise sous ZE, EΔ; donc le plus grand segment du sphéroïde est au plus petit comme l'excès de la surface comprise sous ZH, ΞΔ sur la surface comprise sous ZE, ΔE est à la surface comprise sous ZE, EΔ. Mais l'excès de la surface comprise sous ZH, ΞΔ sur la surface comprise sous ZE, EΔ est égal à la surface comprise sous ΞΔ, EH, conjointement avec la surface comprise sous ZE, ΞE; donc le plus grand segment du sphéroïde est au plus petit comme la surface comprise sous ΞΔ,

EH, conjointement avec la surface comprise sous ZE, ΞE est à la surface comprise sous ZE, EΔ. Mais le plus petit segment du sphéroïde est au cône qui a la même base et le même axe que lui, comme la surface comprise sous ZE, EΔ est à la surface comprise sous BE, EΔ; car la première raison est la même que celle de ZE à BE; et le cône qui est dans le plus petit segment est au cône qui est dans le plus grand segment comme la surface comprise sous BE, EΔ est au quarré de BE; car ces cônes qui ont la même base sont entre eux comme leurs hauteurs. Donc le plus grand segment du sphéroïde est au cône qui est dans ce segment comme la surface comprise sous ΞΔ, EH, conjointement avec la surface comprise sous ZE, ΞE est au quarré de BE. Mais cette raison est la même que celle de EH à EΔ; parce que la surface comprise sous ΞΔ, EH est à la surface comprise sous ΞΔ, EΔ comme EH est à EΔ; et que la surface comprise sous ZE, ΞE est à la surface comprise sous ZE, ΘE comme la surface EH est à EΔ; car ΞE est à ΘE comme EH est à EΔ, les droites ΞΔ, ΘΔ, ΔE étant successivement proportionnelles, et ΘΔ étant égal à HΔ. Donc la surface comprise sous ΞΔ, EH, conjointement avec la surface comprise sous ZE, ΞE, est à la surface comprise sous ΞΔ, EΔ, conjointement avec la surface comprise sous ZE, ΘE comme EH est à EΔ. Mais le quarré de BE est égal à la surface comprise sous ΞΔ, EΔ, conjointement avec la surface comprise sous ZE, ΘE; parce que le quarré de BΘ est égal à la surface comprise sous ΞΔ, EΔ, et que l'excès du quarré de BE sur le quarré de BΘ est égal à la surface comprise sous ZE, ΘE, les droites BΘ, BZ étant égales entre elles. Il est donc évident que le grand segment du sphéroïde est au cône qui a la même base et le même axe que ce segment, comme EH est à EΔ.

PROPOSITION XXXIV.

Si un sphéroïde est coupé par un plan qui ne passe pas par le centre, et qui ne soit pas perpendiculaire sur l'axe, le plus grand segment du sphéroïde sera au segment de cône qui a la même base et le même axe que lui, comme une droite composée de la moitié de la droite qui joint les sommets des segmens qui ont été produits par cette section, et de l'axe du petit segment est à l'axe du petit segment.

Coupons un sphéroïde par un plan, comme nous venons de le dire. Coupons ensuite le sphéroïde par un autre plan qui passe par l'axe et qui soit perpendiculaire sur le plan coupant.

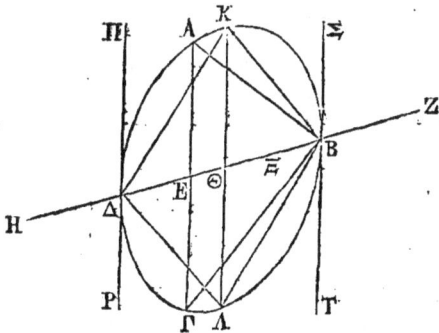

Que la section du sphéroïde soit l'ellipse ABΓΔ, et la section du plan coupant, la droite FA. Menons à la droite AΓ les parallèles ΠP, ΣT qui touchent l'ellipse aux points Δ, B ; et par ces parallèles conduisons des plans parallèles au plan conduit par AΓ. Ces plans toucheront le sphéroïde aux points B, Δ, et les points B, Δ seront les sommets des segmens. Menons la droite BΔ qui joigne les sommets des segmens qui ont été engendrés ; cette droite passera par le centre (18). Que le centre soit le point Θ. Que le plus grand segment du sphéroïde soit celui dont le sommet est le

point в. Faisons la droite ΔH égale à ΔΘ, et la droite BZ égale
aussi à ΔΘ. Il faut démontrer que le plus grand segment est à un
segment de cône qui a la même base et le même axe que ce
segment, comme EH est à EΔ.

Coupons le sphéroïde par un plan conduit par le centre et
parallèle au plan conduit par AΓ ; et inscrivons dans la moitié
du sphéroïde un segment de cône qui ait son sommet au point
Δ. Que la droite ΞΔ soit à la droite ΘΔ, comme ΔΘ est à EΔ.
On démontrera de la même manière que nous l'avons fait plus
haut, que le segment de cône inscrit dans la moitié du sphéroïde est au segment de cône inscrit dans le plus petit segment,
comme la surface comprise sous ΞΔ, BΘ est à la surface
comprise sous BE, EΔ ; et que le segment de cône inscrit
dans le plus petit segment est au segment dans lequel il est
inscrit, comme la surface comprise sous BE, EΔ est à la surface comprise sous ZE, EΔ. Donc le segment de cône inscrit
dans la moitié du sphéroïde est au plus petit segment de ce
sphéroïde, comme la surface comprise sous ΞΔ, BΘ est à
la surface comprise sous ZE, EΔ. Donc le sphéroïde total sera
au segment de cône inscrit dans la moitié du sphéroïde, comme
la surface comprise sous ZH, ΞΔ est à la surface comprise sous
BΘ, ΞΔ ; car le sphéroïde total et la première surface sont quadruples du cône et de la surface comprise sous BΘ, ΞΔ. Mais
le segment de cône dont nous venons de parler est au plus petit
segment du sphéroïde, comme la surface comprise sous ΞΔ, BΘ
est à la surface comprise sous ZE, EΔ ; donc le sphéroïde total
est au plus petit segment du sphéroïde comme la surface comprise sous ZH, ΞΔ est à la surface comprise sous EZ, EΔ. Mais le
plus grand segment du sphéroïde est au plus petit comme l'excès de la surface comprise sous ZH, ΞΔ sur la surface comprise
sous ZE, EΔ est à la surface comprise sous ZE, EΔ ; et le plus

petit segment du sphéroïde est au segment de cône qui lui
est inscrit comme la surface comprise sous ZE, EΔ est à la
surface comprise sous BE, EΔ ; car on a démontré que cette
raison est la même que celle de ZE à BE ; et enfin le segment
de cône inscrit dans le plus petit segment est au segment de
cône inscrit dans le plus grand segment comme la surface comprise sous BE, EΔ est au quarré de BE ; car les segmens de cône
dont nous venons de parler ayant la même base, sont entre
eux comme leurs hauteurs, et ces hauteurs sont entre elles
comme les droites ΔE, EB. Donc le plus grand segment du sphéroïde est au segment de cône qui lui est inscrit comme l'excès
de la surface comprise sous HZ, ΞΔ sur la surface comprise sous
ZE, EΔ est au quarré de BE. On démontrera de la même manière
que nous l'avons fait plus haut, que cette raison est la même
que celle de EH à EΔ.

FIN DES CONOÏDES ET DES SPHÉROÏDES.

DES HÉLICES.

ARCHIMÈDE A DOSITHÉE, SALUT.

TU me pries sans cesse d'écrire les démonstrations des
théorêmes que j'avois envoyés à Conon. Tu as déjà plusieurs
de ces démonstrations dans les livres qu'Héraclides t'a portés;
et je t'en envoie quelques autres qui se trouvent dans celui-ci.
Ne sois pas étonné si j'ai différé si long-temps de mettre au
jour les démonstrations de ces théorêmes. La cause en a été
que j'ai voulu laisser le temps de les trouver aux personnes
versées dans les mathématiques, qui auroient desiré s'occuper de
cette recherche. Car combien y a-t-il de théorêmes en géométrie qui paroissent d'abord ne présenter aucun moyen d'être
connus et qui dans la suite deviennent évidens? Conon mourut sans avoir eu le temps de trouver ces démonstrations, et
a laissé à ces théorêmes leur obscurité; s'il eût vécu, il les eût
trouvées sans doute; et par ces découvertes et par plusieurs
autres, il eût reculé les bornes de la géométrie. Car nous n'igno-
rons pas que cet homme avoit une capacité et une industrie
admirables dans cette science. Plusieurs années se sont écou-
lées depuis sa mort, et je ne sache pas cependant qu'il se soit
trouvé personne qui ait résolu quelqu'un de ces problêmes. Je
vais les exposer tous les uns après les autres. Il est arrivé
que deux problêmes qui ont été mis séparément dans ce livre
sont tout-à-fait défectueux. De sorte que ceux qui se vantent

de les avoir tous découverts sans en apporter aucune démon-stration sont refutés par cela seul, qu'ils confessent avoir trouvé des choses qui ne peuvent l'être d'aucune manière (α).

Je vais te faire connoître quels sont ces problêmes ; de quels problêmes sont les démonstrations que je t'ai envoyées, et de quels problêmes sont celles qui se trouvent dans ce livre.

1. Une sphère étant donnée, trouver une surface plane égale à la surface de cette sphère.

Ce problême est résolu dans le livre que j'ai publié sur la sphère ; car puisqu'on a démontré que la surface d'une sphère est quadruple d'un des grands cercles de cette sphère, il est facile de voir comment il est possible de trouver une surface plane égale à la surface d'une sphère.

2. Un cône ou un cylindre étant donné, trouver une sphère égale à ce cône ou à ce cylindre.

3. Couper une sphère par un plan, de manière que ses segmens aient entre eux une raison donnée.

4. Couper une sphère donnée par un plan, de manière que les surfaces des segmens aient entre elles une raison donnée.

5. Un segment sphérique étant donné, le rendre semblable à un segment sphérique donné (б).

6. Étant donnés deux segmens sphériques de la même sphère ou de différentes sphères, trouver un segment sphérique qui soit semblable à l'un d'eux et qui ait une surface égale à celle de l'autre.

7. Retrancher un segment d'une sphère donnée, de manière que le segment et le cône qui a la même base et la même hau-teur que ce segment aient entre eux une raison donnée : cette raison ne peut pas être plus grande que celle de trois à deux.

Héraclides t'a porté les démonstrations de tous les problêmes dont nous venons de parler. Ce qui avoit été mis séparément après ces problêmes est faux. Voici ce qui venoit ensuite :

1. Si une sphère est coupée par un plan en deux parties iné-gales, la raison du plus grand segment au plus petit est doublée de celle de la plus grande surface à la plus petite.

Ce qui est évidemment faux d'après ce qui t'a déjà été envoyé (*de la Sph. et du Cyl.* 2. 9.).

2. Ceci étoit encore ajouté aux problêmes dont nous avons parlé. Si une sphère est coupée en deux parties inégales par un plan perpendiculaire sur un de ses diamètres, la raison du plus grand segment au plus petit est là même que celle du plus grand segment du diamètre au plus petit.

Car la raison du plus grand segment de la sphère au plus petit est moindre que la raison doublée de la plus grande sur-face à la plus petite ; et plus grande que la raison sesquialtère (*de la Sph. et du Cyl.* 2. 9.).

3. On avoit enfin ajouté le problême suivant qui est encore faux : Si un diamètre d'une sphère quelconque est coupé de manière que le quarré construit sur le plus grand segment soit triple de celui qui est construit sur le plus petit ; et si le plan qui est conduit par ce point perpendiculairement sur le dia-mètre, coupe la sphère, le plus grand segment sera le plus grand de tous les segmens sphériques qui ont une surface égale.

Cela est évidemment faux d'après les théorêmes que je t'ai déjà envoyés ; car il est démontré que la demi-sphère est le plus grand de tous les segmens qui ont une surface égale (*de la Sph. et du Cyl.* 2. 10.).

On proposoit ensuite ce qui suit relativement au cône :

1. Si une parabole, le diamètre restant immobile, fait une révolution de manière que le diamètre soit l'axe, la figure décrite par la parabole s'appellera conoïde.

2. Si un plan touche un conoïde, et si un autre plan parallèle au plan tangent retranche un segment du conoïde, le plan coupant s'appellera la base du segment qui est produit, et le point où le premier plan touche le conoïde, s'appellera son sommet.

3. Si la figure dont nous venons de parler est coupée par un plan perpendiculaire sur l'axe, il est évident que la section sera un cercle: mais il faut démontrer que le segment produit par cette section est égal aux trois moitiés du cône qui a la même base et la même hauteur que ce segment.

4. Si deux segmens d'un conoïde sont retranchés par des plans conduits d'une manière quelconque, il est évident que les sections seront des ellipses, pourvu que les plans coupans ne soient pas perpendiculaires sur l'axe: mais il faut démontrer que ces segmens sont entre eux comme les quarrés des droites menées de leurs sommets au plan coupant parallèlement à l'axe.

Je ne t'envoie pas encore ces démonstrations.

On proposoit enfin ce qui suit, relativement aux hélices. Ce sont des problêmes qui n'ont rien de commun avec ceux dont nous venons de parler. J'en ai écrit pour toi les démonstrations dans ce livre. Voici ce que l'on proposoit:

1. Si une ligne droite, une de ses extrémités restant immobile, tourne dans un plan avec une vîtesse uniforme jusqu'à ce qu'elle soit revenue au même endroit d'où elle avoit commencé à se mouvoir, et si un point se meut avec une vîtesse uniforme dans la ligne qui tourne, en partant de l'extrémité immobile, ce point décrira une hélice dans un plan. Je dis que la surface qui est comprise par l'hélice, et par la ligne droite revenue au même endroit d'où elle avoit commencé à se mouvoir est la troisième partie d'un cercle qui a pour centre le point immobile, et pour rayon la partie de la ligne droite qui a été parcourue par le point dans une seule révolution de la droite.

2. Si une droite touche l'hélice à son extrémité dernière engendrée, et si de l'extrémité immobile de la ligne droite qui a tourné et qui est revenue au même endroit d'où elle étoit partie, on mène sur cette ligne une perpendiculaire qui coupe la tangente ; je dis que cette perpendiculaire est égale à la circonférence du cercle.

3. Si la ligne droite qui a tourné et le point qui s'est mu dans cette ligne continuent de se mouvoir en réitérant leurs révolutions, et en revenant au même endroit d'où ils avoient commencé à se mouvoir, je dis que la surface comprise par l'hélice de la troisième révolution est double de la surface comprise par l'hélice de la seconde ; que la surface comprise par l'hélice de la quatrième est triple ; que la surface comprise par l'hélice de la cinquième est quadruple ; et qu'enfin les surfaces comprises par les hélices des révolutions suivantes sont égales à la surface comprise par l'hélice de la seconde révolution multipliée par les nombres qui suivent ceux dont nous venons de parler. Je dis aussi que la surface comprise par l'hélice de la première révolution est la sixième partie de la surface comprise par l'hélice de la seconde.

4. Si l'on prend deux points dans une hélice décrite dans une seule révolution, si de ces points on mène des droites à l'extrémité immobile de la ligne qui a tourné, si l'on décrit deux cercles qui aient pour centre le point immobile et pour rayons les droites menées à l'extrémité immobile de la ligne qui a tourné, et si l'on prolonge la plus petite de ces droites ; je dis que la surface comprise tant par la portion de la circonférence du plus grand cercle, qui est sur la même hélice entre ces deux droites, que par l'hélice et par le prolongement de la plus petite droite est à la surface comprise tant par la portion de la circonférence du plus petit cercle, que par la même hélice

et par la droite qui joint leurs extrémités, comme le rayon du petit cercle, conjointement avec les deux tiers de l'excès du rayon du plus grand cercle sur le rayon du plus petit est au rayon du plus petit cercle, conjointement avec le tiers de l'excès dont nous venons de parler.

J'ai écrit dans ce livre les démonstrations des choses dont je viens de parler, et les démonstrations d'autres choses qui regardent l'hélice. Je fais précéder, comme les autres géomètres, ce qui est nécessaire pour démontrer ces propositions ; et parmi les principes dont je me suis servi dans les livres que j'ai publiés, je fais usage de celui-ci :

Des lignes et des surfaces étant inégales, si l'excès de la plus grande sur la plus petite est ajouté un certain nombre de fois à lui-même, il peut arriver que cet excès, ainsi ajouté à lui-même, surpasse une certaine quantité proposée parmi celles qui sont comparées entre elles.

PROPOSITION I.

Si un point se meut dans une ligne avec une vîtesse uniforme, et si dans cette ligne on en prend deux autres, ces deux dernières seront entre elles comme les temps que ce point a employés à les parcourir.

Qu'un point soit mu avec une vîtesse égale dans la ligne AB. Prenons les deux lignes ΓΔ, ΔE. Que le temps employé par ce

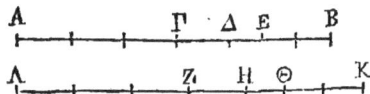

point à parcourir la ligne ΓΔ soit ZH, et le temps employé par ce même point à parcourir la ligne ΔE soit HΘ. Il faut démontrer que la ligne ΓΔ est à la ligne ΔE comme le temps ZH est au temps HΘ.

Que les lignes ΑΔ , ΔΒ soient composées des lignes ΓΔ, ΔΒ , comme on voudra, de manière que ΑΔ surpasse ΔΒ. Que le temps ΖΗ soit contenu dans le temps ΛΗ autant de fois que la ligne ΓΔ l'est dans la ligne ΔΒ ; et que le temps ΘΗ soit contenu dans le temps ΚΗ autant de fois que la ligne ΔΕ l'est dans ΔΒ. Puisque l'on suppose qu'un point se meut avec une vîtesse égale dans la ligne ΑΒ , il est évident que le temps employé par ce point à parcourir la ligne ΓΔ sera égal au temps employé par ce même point à parcourir chacune des lignes qui sont égales à ΓΔ. Donc ce point a parcouru la ligne composée ΑΔ dans un temps égal au temps ΛΗ ; parce que la ligne ΓΔ est supposée contenue dans la ligne ΑΔ autant de fois que le temps ΖΗ l'est dans le temps ΛΗ. Par la même raison, le point a parcouru la droite ΒΔ dans un temps égal au temps ΚΗ. Donc, puisque la ligne ΑΔ est plus grande que ΒΔ, il est évident que le temps employé par le point à parcourir la ligne ΑΔ sera plus grand que le temps employé par ce même point à parcourir ΒΔ. Donc le temps ΛΗ est plus grand que le temps ΚΗ.

Si des temps sont composés des temps ΖΗ, ΗΘ , comme on voudra, de manière que l'un surpasse l'autre , on démontrera pareillement que parmi les lignes qui sont composées de la même manière des lignes ΓΔ , ΔΕ , l'une surpassera l'autre, et ce sera celle qui est homologue au temps le plus grand. Il est donc évident que la droite ΓΔ est à la droite ΔΕ comme le temps ΖΗ est au temps ΗΘ (α).

PROPOSITION II.

Si deux points se meuvent dans deux lignes, chacun avec une vîtesse uniforme , et si l'on prend dans chaque ligne deux lignes dont les premières ainsi que les secondes soient parcou-

rùes par ces points dans des temps égaux, les lignes qui auront
été prises seront proportionnelles entre elles.

Qu'un point se meuve avec une vîtesse uniforme dans une ligne
AB et un autre point dans une autre ligne KΛ. Prenons dans la
ligne AB les deux lignes ΓΔ, ΔE, et dans la ligne KΛ les deux lignes
ZH, HΘ; que le point qui se meut dans la ligne AB parcoure la
ligne ΓΔ dans un temps égal à celui pendant lequel l'autre point
qui se meut dans la ligne KΛ parcourt la ligne ZH. Pareillement,
que le premier point parcoure la ligne ΔE dans un temps égal à
celui pendant lequel l'autre point parcourt la ligne HΘ. Il faut
démontrer que ΓΔ est à ΔE comme ZH est à HΘ.

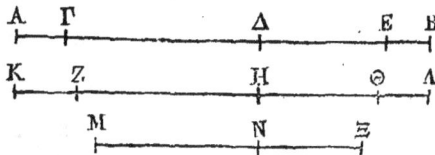

Que le temps pendant lequel le premier point parcourt la
ligne ΓΔ soit MN. Pendant ce temps, l'autre point parcourra
la ligne ZH. De plus, que le temps pendant lequel le premier
point parcourt la ligne ΔE soit NΞ; pendant ce temps l'autre
point parcourra aussi la ligne HΘ. Donc la ligne ΓΔ sera à la
ligne ΔE comme le temps MN est au temps NΞ, et la ligne ZH
sera à la ligne HΘ comme le temps MN est au temps NΞ. Il est
donc évident que ΓΔ est à ΔE comme ZH est à HΘ.

PROPOSITION III.

Des cercles quelconques étant donnés, on peut trouver une
droite plus grande que la somme des circonférences de ces cercles.

Car ayant circonscrit un polygone à chaque cercle, il est
évident que la droite composée de tous les contours est plus
grande que la somme des circonférences de ces cercles.

PROPOSITION IV.

Deux lignes inégales étant données, savoir une droite et une circonférence de cercle, on peut prendre une droite qui soit plus petite que la plus grande des lignes données et plus grande que la plus petite.

Car si la droite est divisée en autant de parties égales que l'excès de la plus grande ligne sur la plus petite doit être ajouté à lui-même pour surpasser cette droite, une partie de cette droite sera plus petite que cet excès. Si la circonférence est plus grande que la droite, et si l'on ajoute à la droite une de ses parties, il est évident que cette seconde droite sera encore plus grande que la plus petite des lignes données et plus petite que la plus grande. Car la partie ajoutée est plus petite que l'excès.

PROPOSITION V.

Un cercle et une tangente à ce cercle étant donnés, on peut mener du centre à la tangente une droite, de manière que la raison de la droite placée entre la tangente et la circonférence du cercle au rayon soit moindre que la raison de l'arc placé entre le point de contact et la droite menée du centre à la tangente à un arc quelconque donné.

Que ABΓ soit le cercle donné; que son centre soit le point K; que la droite ΔZ touche le cercle au point B. Soit donné aussi un arc quelconque. On peut prendre une droite plus grande que l'arc donné; que cette droite soit E. Par le centre conduisons la droite AH parallèle

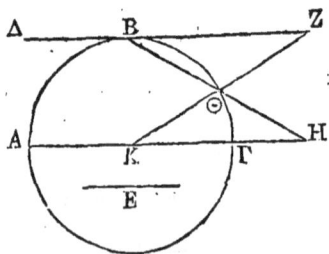

à ΔZ ; supposons que la droite HΘ dirigée vers le point B soit égale à la droite E, et prolongeons la droite menée du centre K au point Θ. La raison de ΘZ à ΘK sera la même que la raison de BΘ à ΘH. Donc la raison de ZΘ à ΘK sera moindre que la raison de l'arc BΘ à l'arc donné ; parce que la droite BΘ est plus petite que l'arc BΘ, tandis que la droite ΘH est plus grande que l'arc donné. Donc aussi la raison de la droite ZΘ au rayon est moindre que l'arc BΘ à l'arc donné.

PROPOSITION VI.

Etant donnés un cercle, et dans un cercle une ligne plus pétite que le diamètre, il est possible de mener du centre à la circonférence une droite qui coupe la ligne donnée dans le cercle, de manière que la raison de la droite placée entre la circonférence et la ligne donnée dans le cercle à la droite menée de l'extrémité du rayon qui est dans la circonférence à une des extrémités de la ligne donnée dans le cercle soit la même qu'une raison proposée ; pourvu que cette raison soit moindre que celle de la moitié de la ligne donnée dans le cercle à la perpendiculaire menée du centre sur cette ligne.

Que ABΓ soit le cercle donné, et que son centre soit le point K. Soit donnée dans ce cercle la ligne ΓA plus petite que le diamètre; et que la raison de Z à H soit moindre que la raison de ΓΘ à KΘ, la droite KΘ étant perpendiculaire sur ΓA. Du centre menons KN parallèle à AΓ et ΓΛ perpendiculaire sur KΓ. Les trian-

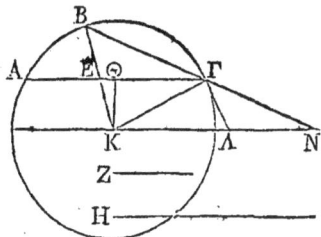

gles ΓΘK, ΓKΛ sont semblables. Donc ΓΘ est à ΘK comme KΓ est à ΓΛ. Donc la raison de Z à H est moindre que la raison de KΓ à

ΓΛ. Que la raison de la droite κΓ à une droite ΒΝ plus grande que ΓΛ soit la même que la raison de z à н; et plaçons la droite ΒΝ entre la circonférence et la ligne κΝ , de manière qu'elle passe par le point г. Cette droite qui peut être coupée ainsi, tombera au-delà de ΓΛ , puisqu'elle est plus grande que ΓΛ (*a*). Donc, puisque ΒΚ est à ΒΝ comme z est à н, la droite ΕΒ sera aussi à ΒΓ comme z est à н.

PROPOSITION VII.

Les mêmes choses étant données, et la ligne donnée dans le cercle étant prolongée, on pourra mener du centre sur le prolongement de cette ligne une droite, de manière que la droite placée entre la circonférence et le prolongement de là ligne, et la droite menée de l'extrémité du rayon prolongé à l'extrémité de la ligne prolongée aient entre elles une raison proposée ; pourvu que cette raison soit plus grande que la raison de la demi-ligne donnée dans le cercle à la perpendi-culaire menée du centre sur cette ligne.

Soient données les mêmes choses qu'auparavant. Prolongeons la ligne qui est donnée dans le cercle. Que la raison donnée soit celle de z à н , et que cette raison soit plus grande que celle de гⱺ à ⱺκ. Cette raison sera encore plus grande que la raison de κΓ à ΓΛ. Que la raison de la droite κΓ à une droite ιΝ , plus petite que ΓΛ, soit la même que la raison de z à н, et que la droite ιΝ soit dirigée vers le point г. Cette droite qui peut être coupée ainsi tombera en deçà de ΓΛ , parce qu'elle est plus petite que ΓΛ. Donc, puisque κΓ est à

IN comme z est à H, la droite EI sera à la droite IΓ comme z est à H.

PROPOSITION VIII.

Etant donné un cercle, et dans ce cercle une ligne plus petite que le diamètre ; étant donnée de plus une ligne qui touche le cercle à une des extrémités de la ligne donnée dans ce cercle , on peut mener du centre une droite , de manière que la partie de cette droite placée entre la circonférence du cercle et la ligne donnée dans le cercle, et la partie de la tangente placée entre la droite menée du centre et le point de contact, aient entre elles une raison proposée ; pourvu que cette raison soit moindre que celle de la demi-ligne donnée dans le cercle à la perpendiculaire même du centre sur cette ligne.

Que ABΓΔ soit le cercle donné ; que ΓA soit la ligne qui est donnée dans le cercle, et qui est plus petite que le diamètre. Que ΞA touche le cercle au point Γ, et que la raison de z à H soit moindre que celle de ΓΘ à ΘK. Si l'on mène KΛ parallèle à ΘΓ, la raison de z à H sera encore moindre que celle de ΓK à ΓΛ. Que KΓ soit à ΓΞ comme z est à H. La droite ΞΓ sera plus grande que ΓΛ. Faisons passer une circonférence par les points K, Λ, Ξ. Puisque la droite ΞΓ est plus grande que la droite ΓΛ, et que les droites KΓ, ΞΛ se coupent à angles droits, on peut prendre une droite IN qui se dirigeant vers le point K soit égale à MΓ. Donc, la surface comprise sous ΞI, IΛ est à la surface comprise sous KE, IΛ comme ΞI est à KE ; et la surface comprise sous KI, IN est à la surface comprise

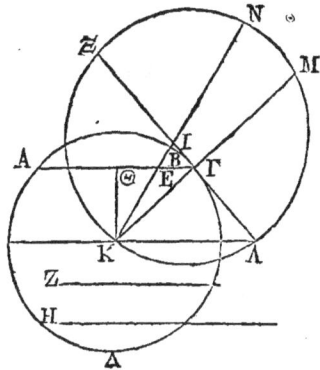

sous ᴋɪ, ᴦᴀ comme ɪɴ est à ᴦᴀ. Donc ɪɴ est à ᴦᴀ comme ᴈɪ est à ᴋᴇ (α). Donc ᴦᴍ est à ᴦᴀ, et ᴦᴈ à ᴋᴦ, et ᴦᴈ à ᴋʙ comme ᴈɪ est à ᴋᴇ. Donc la droite restante ɪᴦ est à la droite restante ʙᴇ comme ᴈᴦ est à ᴦᴋ, et comme ʜ est à ᴢ (б). Donc ᴋɴ tombe sur la tangente, et sa partie ʙᴇ placée entre la circonférence et la ligne donnée dans le cercle est à la partie de la tangente placée entre ᴋɴ et le point de contact comme ᴢ est à ʜ.

PROPOSITION IX.

Les mêmes choses étant données, et la ligne qui est donnée dans le cercle étant prolongée, on peut mener du centre du cercle une droite à la ligne prolongée, de manière que la partie de cette droite placée entre la circonférence et la ligne prolongée, et la partie de la tangente placée entre la droite menée du centre et le point de contact aient entre elles une raison proposée; pourvu que cette raison soit plus grande que celle de la moitié de la ligne donnée dans le cercle à la perpendiculaire menée du centre du cercle sur cette même ligne.

Que ᴀʙᴦᴅ soit le cercle donné; et que ᴦᴀ soit la ligne qui est donnée dans le cercle, et qui est plus petite que le diamètre. Prolongeons cette ligne; que la droite ᴈᴦ touche le cercle au point ᴦ, et que la raison de ᴢ à ʜ soit plus grande que celle de ᴦᴏ à ᴏᴋ. La raison de ᴢ à ʜ sera encore plus grande que la raison de ᴋᴦ à ᴦᴀ. Que ᴋᴦ soit à ᴦᴈ comme ᴢ est à ʜ. La droite ᴈᴦ sera plus petite que ᴦᴀ. Faisons passer de nouveau une circonférence de cercle par les points ᴈ, ᴋ, ᴀ. Puisque la droite ᴈᴦ est plus petite

que ΓΛ , et que les droites κμ , ΞΓ se coupent à angles droits,
on peut prendre une droite ιν qui, étant dirigée vers le point
κ ; soit égale à la droite ΓΜ. Puisque la surface comprise sous ΞΙ,

ιλ est à la surface comprise sous λι,
κε comme ΞΙ est à κε ; que la surface comprise sous κι, ιν est égale à
la surface comprise sous ΞΙ , ιλ , et
que la surface comprise sous κι, ΓΛ
est égale à la surface comprise sous
λι , κε; parce que κε est à ικ comme
λΓ est à λι; la droite ΞΙ sera à κε

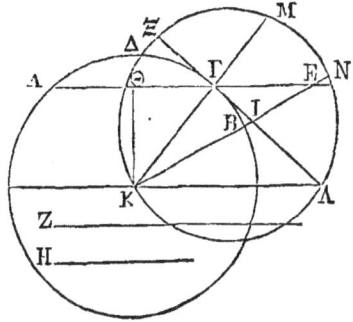

comme la surface comprise sous κι, ιν
est à la surface comprise sous κι , ΓΛ , c'est-à-dire comme νι est
à ΓΛ , c'est-à-dire comme ΓΜ est à ΓΛ. Mais ΓΜ est à ΓΛ comme
ΞΓ est à κΓ; donc ΞΙ est à κε comme ΞΓ est à κβ , et la droite restante ιΓ est à la droite restante βε comme ΞΓ est à Γκ. Mais ΞΓ est
à Γκ comme η est à z ; donc la droite κε tombe sur la ligne
prolongée, et la partie βε qui est placée entre la ligne prolongée et la circonférence est à la partie ιι de la tangente
placée entre la droite menée du centre et le point de contact
comme z est à η.

PROPOSITION X.

Si des lignes en aussi grand nombre que l'on voudra et qui
se surpassent également sont placées les unes à la suite des
autres, et si l'excès est égal à la plus petite; si l'on prend
d'autres lignes qui soient en même nombre que les premières,
et dont chacune soit égale à la plus grande de celles-ci, la
somme de tous les quarrés construits sur les lignes qui sont
égales chacune à la plus grande, conjointement avec le quarré

de la plus grande, et la surface comprise sous la plus petite et sous une ligne composée de toutes les lignes qui se surpassent également, sera triple de la somme de tous les quarrés construits sur les lignes qui se surpassent également (α).

Que des lignes A, B, Γ, Δ, E, Z, H, Θ, en aussi grand nombre qu'on voudra, et qui se surpassant également, soient placées les unes à la suite des autres; et que Θ soit égal à leur excès. A la ligne B ajoutons une ligne I égale à Θ; à la ligne Γ, une ligne K égale à H; à la ligne Δ, une ligne Λ égale à Z; à la ligne E, une ligne M égale à la ligne E; à la ligne Z, une ligne N égale à Δ; à la ligne H, une ligne Ξ égale à la ligne Γ; et enfin à la ligne Θ, une ligne O égale à B. Les lignes qui résulteront de cette addition seront égales entre elles, et égales chacune à la plus grande. Il faut démontrer que la somme des quarrés de toutes ces droites, c'est-à-dire la somme du quarré de A et des quarrés des droites qui résultent de cette addition, conjointement avec le quarré de A, et la surface comprise sous Θ et sous une ligne composée de toutes les lignes A, B, Γ, Δ, E, Z, H, Θ est triple de la somme de tous les quarrés construits sur A, B, Γ, Δ, E, Z, H, Θ.

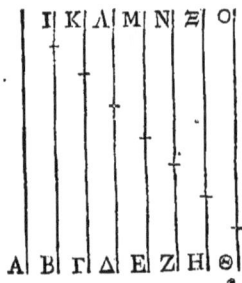

Car le quarré de BI est égal à la somme des quarrés des lignes I, B, conjointement avec le double de la surface comprise sous B, I; le quarré de KΓ est égal à la somme des quarrés des lignes K, Γ, conjointement avec le double de la surface comprise sous K, Γ; semblablement, les sommes des quarrés des autres lignes égales chacune à A sont égaux aux sommes des quarrés de leurs segmens, conjointement avec les doubles des surfaces comprises sous œs mêmes segmens. Donc la somme des quarrés des lignes A, B, Γ, Δ, E, Z, H, Θ, avec la somme des quarrés con-

·struits sur ɪ, ᴋ, ʌ, ᴍ, ɴ, ᴣ, ᴏ, conjointement avec le quarré de ᴀ est double de la somme des quarrés construits sur ᴀ, ʙ, ᴦ, ᴧ, ᴇ, ᴢ, ʜ, ᴏ.

Il reste à démontrer que la somme des doubles des surfaces comprises sous les segmens de chacune des lignes égales à ᴀ, conjointement avec la surface comprise sous la ligne ᴏ et sous une ligne composée de toutes les lignes ᴀ, ʙ, ᴦ, ᴧ, ᴇ, ᴢ, ʜ, ᴏ est égale à la somme des quarrés des lignes ᴀ, ʙ, ᴦ, ᴧ, ᴇ, ᴢ, ʜ, ᴏ. En effet, le double de la surface comprise sous ʙ, ɪ est égal au double de la surface comprise sous ʙ, ᴏ; le double de la surface comprise sous ᴋ, ᴦ est égal à la surface comprise sous ᴏ et sous le quadruple de ᴦ, parce que ᴋ est double de ᴏ; la double surface comprise sous ᴧ, ʌ est égale à la surface comprise sous ᴏ sous le sextuple de ᴧ; parce que ʌ est triple de ᴏ, et semblablement les doubles des autres surfaces comprises sous les seg-

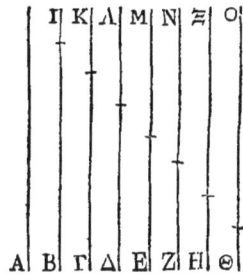

mens sont égaux à la surface comprise sous la ligne ᴏ et sous la ligne suivante, multipliée par les nombres pairs qui suivent ceux-ci. Donc la somme de toutes ces surfaces, conjointement avec celle qui est comprise sous la ligne ᴏ et sous une ligne composée de ᴀ, ʙ, ᴦ, ᴧ, ᴇ, ᴢ, ʜ, ᴏ sera égale à la surface comprise sous la ligne ᴏ et sous une ligne composée de ᴀ, du triple de ʙ, du quintuple de ᴦ et des lignes suivantes multi-pliées par les nombres impairs qui suivent ceux-ci (6). Mais la somme des quarrés construits sur ᴀ, ʙ, ᴦ, ᴧ, ᴇ, ᴢ, ʜ, ᴏ est aussi égale à la surface comprise sous ces mêmes lignes, parce que le quarré de ᴀ est égal à la surface comprise sous la ligne ᴏ et sous une ligne composée de toutes ces lignes; c'est-à-dire sous une ligne composée de ᴀ et des lignes restantes dont chacune est égale à A; car la ligne ⊙ est contenue autant de fois dans A, que A est contenu dans la somme des lignes égales à A (γ). Donc le quarré de A est égal à la surface comprise sous la ligne ⊙ et sous une ligne composée de A, et du double de la somme des lignes B, Γ, Δ, E, Z, H, ⊙; car la somme des lignes égales à A, la ligne A exceptée, est égale au double de la somme des lignes B, Γ, Δ, E, Z, H, ⊙ (♂). Semblablement, le quarré de B est égal à la surface comprise sous la ligne ⊙, et sous une ligne composée de la ligne B et du double des lignes Γ, Δ, E, Z, H, ⊙; le quarré de Γ est égal à la surface comprise sous la ligne ⊙, et sous une ligne composée de la ligne Γ et du double des lignes Δ, E, Z, H, ⊙. Par la même raison les quarrés des lignes restantes sont égaux aux surfaces comprises sous la ligne ⊙ et sous une ligne composée de la ligne qui suit et des doubles des lignes restantes. Il est donc évident que la somme des quarrés de toutes ces lignes est égale à la surface comprise sous ⊙ et sous une ligne composée de toutes ces lignes, c'est-à-dire sous une ligne composée de A, du triple de B, du quintuple de Γ, et des lignes suivantes multipliées par les nombres qui suivent ceux-ci.

COROLLAIRE.

Il suit évidemment de-là que la somme des quarrés construits sur les lignes qui sont égales chacune à la plus grande est plus petite que le triple de la somme des quarrés construits sur les lignes inégales; car la première somme seroit triple de la seconde, si l'on augmentoit la première de certaines quantités. Il est encore évident que la première somme est plus grande que le triple de la seconde, si on retranche de celle-ci le triple du quarré de la plus grande ligne. Car ce dont la première somme est augmentée est moindre que le triple du quarré de la plus grande ligne (ε). Donc si l'on construit des figures semblables sur les lignes qui se surpassent également et sur les lignes qui sont égales chacune à la plus grande, la somme des figures construites sur les lignes qui sont égales chacune à la plus grande sera plus petite que le triple de la somme des figures construites sur les lignes inégales, et la première somme sera plus grande que le triple de la seconde, si l'on retranche de celle-ci le triple de la figure construite sur la plus grande ligne. Car ces figures qui sont semblables ont entre elles la même raison que les quarrés dont nous avons parlé.

PROPOSITION XI.

Si des lignes en aussi grand nombre qu'on voudra, et qui se surpassent également sont placées les unes à la suite des autres, et si l'on prend d'autres lignes dont le nombre soit plus petit d'une unité que le nombre de celles qui se surpassent également, et dont chacune soit égale à la plus grande des lignes inégales. La raison de la somme des quarrés des lignes qui sont égales chacune à la plus grande à la somme des quarrés des lignes qui se surpassent également, le quarré de la plus petite étant excepté, est moindre que la raison du quarré de la plus grande à la surface comprise sous la plus grande ligne et sous la plus petite, conjointement avec le tiers du quarré construit sur l'excès de la plus grande sur la plus petite; et la raison de la somme des quarrés des lignes qui sont égales chacune à la plus grande à la somme des quarrés des lignes qui se surpassent également, le quarré de la plus grande étant excepté, est plus grande que cette même raison (α).

Que des lignes en aussi grand nombre qu'on voudra, et qui se surpassent également soient placées les unes à la suite des autres, la droite AB surpassant ΓΔ; ΓΔ, EZ; EZ, HΘ; HΘ, IK; IK, ΛM; et ΛM, NΞ. A la ligne ΓΔ, ajoutons une ligne ΓO égale à un excès; à la ligne EZ, la ligne EΠ égale à deux excès; à la ligne HΘ, la ligne HP égale à trois excès; et ainsi de suite. Les lignes ainsi composées seront égales entre elles, et égales chacune à la plus grande. Il faut démontrer que la raison de la somme des quarrés des lignes ainsi composées à la somme des quarrés des lignes qui se surpassent également, le quarré de NΞ étant excepté, est moindre que la raison du quarré de AB, à la surface comprise sous AB, NΞ, conjointement avec le tiers du quarré de NΥ; et que la raison de la somme des quarrés des lignes ainsi composées à la somme de tous les quarrés des lignes qui se surpassent également, le quarré de la plus grande ligne étant excepté, est plus grande que cette même raison (α).

De chacune des lignes qui se surpassent également, retranchons une ligne égale à l'excès (6). Le quarré de AB sera à la surface comprise sous AB, ΦB, conjointement avec le tiers du quarré de AΦ, comme le quarré de OΔ est à la surface comprise sous OΔ, ΔX, conjointement avec le tiers du quarré de XO; comme le quarré de ΠZ est à la surface comprise sous ΠZ, ΨZ, conjointement avec le tiers du quarré de

ΨΠ, et comme les quarrés des autres lignes sont à des surfaces prises de la même manière. Donc la somme des quarrés construits sur les lignes OΔ, ΠZ, PΘ, ΣK, TM, ΥΞ est à la surface comprise sous la ligne NΞ, et sous une ligne composée de celles dont nous venons de parler, conjointement avec le tiers de la somme des quarrés construits sur les lignes OX, ΠΨ, PΩ, Σ⊤, TЧ, ΥN, comme le quarré de AB est à la surface comprise sous AB, ΦB, conjointement avec le tiers du quarré de ΦA.

30

Donc, si l'on démontre que la surface comprise sous la ligne ΝΞ et sous une ligne composée de ΟΔ, ΠΖ, ΡΘ, ΣΚ, ΤΜ, ΥΞ, conjointement avec le tiers de la somme des quarrés construits sur ΟΧ, ΠΨ, ΡΩ, ΣϤ, ΤϤ, ΥΝ est plus petite que la somme des quarrés construits sur ΑΒ, ΓΔ, ΕΖ, ΗΘ, ΙΚ, ΛΜ, et qu'elle est plus grande que la somme des quarrés construits sur les lignes ΓΔ, ΕΖ, ΗΘ, ΙΚ, ΛΜ, ΝΞ, il sera évident qu'on aura démontré ce qui est proposé.

En effet, la surface comprise sous la ligne ΝΞ et sous une ligne composée de ΟΔ, ΠΖ, ΡΘ, ΣΚ, ΤΜ, ΥΞ, conjointement avec le tiers de la somme des quarrés construits sur ΟΧ, ΠΨ, ΡΩ, ΣϤ, ΤϤ, ΥΝ est égale à la somme des quarrés construits sur ΧΔ, ΨΖ, ΩΘ, ϤΚ, ϤΜ, ΝΞ, conjointement avec la surface comprise sous la ligne ΝΞ, et sous une ligne composée de ΟΧ, ΠΨ, ΡΩ, ΣϤ, ΤϤ, ΥΝ, et le tiers de la somme des quarrés construits sur les lignes ΟΧ, ΠΨ, ΡΩ, ΣϤ, ΤϤ, ΥΝ; et la somme des quarrés construits sur les lignes ΑΒ, ΓΔ, ΕΖ, ΗΘ, ΙΚ, ΛΜ est égale à la somme des quarrés construits sur les lignes ΒΦ, ΧΔ, ΨΖ, ΩΘ, ϤΚ, ϤΜ, conjointement avec la somme des quarrés construits sur les lignes ΑΦ, ΓΧ, ΕΨ, ΗΩ, ΙϤ, ΛϤ, et la surface comprise sous la ligne ΒΦ et sous le double d'une

ligne composée ΑΦ, ΓΧ, ΕΨ, ΗΩ, ΙϤ, ΛϤ. Mais les quarrés construits sur des lignes égales chacune à ΝΞ, sont communs aux unes et aux autres de ces quantités; et la surface comprise sous la ligne ΝΞ et sous une ligne composée de ΟΧ, ΠΨ, ΩΡ, ϤΣ, ϤΤ, ΥΝ est plus petite que la surface comprise sous ΒΦ et sous le double d'une ligne composée de ΑΦ, ΓΧ, ΧΨ, ΗΩ, ΓϤ, ΛϤ; parce que la somme des lignes dont nous venons de parler est égale à la somme des lignes ΓΟ, ΕΠ, ΡΗ, ΙΣ, ΛΤ, ΥΝ, et plus grande que la somme des lignes restantes. De plus, la somme des quarrés construits sur AΦ, ΓX, EΨ, HΩ, IϚ, ΛЧ est plus grande que le tiers de la somme des quarrés construits sur OX, ΠΨ, PΩ, ΣϚ, TЧ, ΥN; ce qui a été démontré plus haut (10. *Cor.*). Donc la somme des surfaces dont nous venons de parler est plus petite que la somme des quarrés construits sur AB, ΓΔ, EZ, HΘ, IK, ΛM. Il reste à démontrer que la somme de ces mêmes surfaces est plus grande que la somme des quarrés construits sur ΓΔ, EZ, HΘ, IK, ΛM, NΞ. En effet, la somme des quarrés construits sur les lignes ΓΔ, EZ, HΘ, IK, ΛM, NΞ est égale à la somme des quarrés construits sur ΓX, EΨ, HΩ, IϚ, ΛЧ, conjointement avec la somme des quarrés construits sur XΔ, ΨZ, ΩΘ, ϚK, ЧM, ΞΞ, et la surface comprise sous la ligne NΞ et sous le double d'une ligne composée de ΓX, EΨ, HΩ, IϚ, ΛЧ. Mais les quarrés construits sur XΔ, ΨZ, ΩΘ, ϚK, MЧ, NΞ sont communs; et la surface comprise sous la ligne NΞ et sous une ligne composée de OX, ΠΨ, PΩ, ΣϚ, ЧT, ΥN est plus grande que la surface comprise sous NΞ et sous le double d'une ligne composée de ΓX, EΨ, HΩ, IϚ, ΛЧ; de plus, la somme des quarrés construits sur XO, ΨΠ, ΩP, ϚΣ, ЧT, ΥN est plus grande que le triple de la somme des quarrés construits sur les lignes ΓX, EΨ, HΩ, IϚ, ΛЧ; ce qui est aussi démontré (10. *Cor.*). Donc la somme des surfaces dont nous venons de parler est plus grande que la somme des quarrés construits sur les lignes ΓΔ, EZ, HΘ, IK, ΛM, NΞ.

COROLLAIRE.

Donc, si sur ces lignes on construit des figures semblables, tant sur celles qui se surpassent également, que sur celles qui sont égales chacune à la plus grande, la raison de la somme des figures construites sur les lignes égales chacune à la plus grande à la somme des figures construites sur les lignes qui se surpassent également, la figure construite sur la plus petite étant exceptée, sera moindre que la raison du quarré de la plus grande ligne à la surface comprise sous la plus grande ligne et sous la plus petite, conjointement avec le tiers du quarré de l'excès de la plus grande ligne sur la plus petite ; et la raison de la somme des figures construites sur les lignes égales chacune à la plus grande à la somme des figures construites sur les lignes qui se surpassent également, la figure construite sur la plus grande étant exceptée, sera plus grande que cette même raison. Car ces figures qui sont semblables sont entre elles comme les quarrés dont nous avons parlé.

DÉFINITIONS.

1. Si une droite menée dans un plan, une de ses extrémités restant immobile, tourne avec une vîtesse uniforme jusqu'à ce qu'elle soit revenue au même endroit d'où elle avoit commencé à se mouvoir, et si dans la ligne qui a tourné, un point se meut avec une vîtesse uniforme en partant du point immobile de cette ligne, ce point décrira une hélice.

2. Le point de la ligne droite qui reste immobile s'appellera le commencement de l'hélice.

3. La position de la ligne droite d'où cette ligne a commencé à se mouvoir, s'appellera le commencement de la révolution.

4. La droite que le point a parcourue dans celle où il se meut pendant la première révolution, s'appellera la première droite; celle que le point a parcourue pendant la seconde révolution s'appellera la seconde, et ainsi de suite; c'est-à-dire que les

noms des autres droites seront les mêmes que le nom des révolutions.

5. La surface comprise par l'hélice décrite dans la première révolution et par la première droite s'appellera la première surface ; la surface comprise par l'hélice décrite dans la seconde révolution et par la seconde droite s'appellera la seconde surface, et ainsi de suite.

6. Si du point qui est le commencement de l'hélice, on mène une ligne droite quelconque, ce qui est du côté de cette ligne vers lequel la révolution se fait, s'appellera les antécédens, et ce qui est de l'autre côté s'appellera les conséquens.

7. Le cercle décrit du point qui est le commencement de l'hélice comme centre, et d'un rayon égal à la première droite, s'appellera le premier cercle ; le cercle décrit du même point et avec un rayon double de la première droite s'appellera le second, et ainsi des autres.

PROPOSITION XII.

Si tant de droites que l'on voudra sont menées du commencement d'une hélice décrite dans la première révolution à cette même hélice en formant des angles égaux entre eux, ces droites se surpasseront également.

Soit une hélice dans laquelle les droites AB, AΓ, AΔ, AE, AZ fassent des angles égaux entre eux. Il faut démontrer que l'excès de AΓ sur AB est égal à l'excès de AΔ sur AΓ, et ainsi de suite.

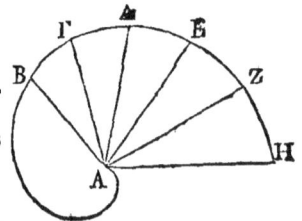

Car dans le temps que la ligne droite qui tourne arrive de AB en AΓ, le point qui se meut dans cette ligne parcourt l'excès de ΓA sur AB ; et dans le temps que la ligne droite arrive de AΓ en AΔ, le point parcourt l'excès de AΔ sur AΓ. Mais la ligne droite va dans un temps égal de AB en AΓ et de AΓ en AΔ, parce que les angles sont égaux ; donc le point qui se meut dans la ligne droite parcourt dans un temps égal l'excès de AΓ sur AB, et l'excès de AΔ sur AΓ (1); donc, l'excès de AΓ sur AB est égal à l'excès de AΔ sur AΓ, et ainsi de suite.

PROPOSITION XIII.

Si une ligne droite touche une hélice, elle ne la touchera qu'en un seul point.

Soit l'hélice ABΓΔ. Que le commencement de l'hélice soit le point A ; que le commencement de la révolution soit la droite AΔ, et que la droite ZE touche cette hélice. Je dis que cette droite ne la touchera qu'en un seul point.

Car que la droite ZE touche l'hélice aux deux points Γ, H, si cela est possible. Menons les droites AΓ, AH. Partageons en deux parties égales l'angle compris entre AH, AΓ, et que le point où la droite qui partage cet angle en deux parties égales rencontre l'hélice soit le point Θ. L'excès de AH sur AΘ sera

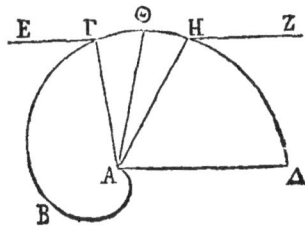

égal à l'excès de AΘ sur AΓ, parce que ces droites comprennent des angles égaux entre eux. Donc la somme des droites AH, AΓ est double de AΘ. Mais la somme des droites AH, AΓ est plus grande que le double de la droite AΘ qui est dans le triangle et qui partage l'angle en deux parties égales (α). Il est donc évident que le point où la droite AΘ rencontre la droite ΓH tombe entre les points Θ, A. Donc la droite EZ coupe l'hélice, puisque parmi les points qui sont dans ΓH, il en est quelqu'un qui tombe en dedans de l'hélice.

Mais on avoit supposé que la droite EZ étoit tangente. Donc la droite EZ ne touche l'hélice qu'en un seul point.

PROPOSITION XIV.

Si deux droites sont menées à une hélice décrite dans la première révolution du point qui est le commencement de l'hélice, et si ces droites sont prolongées jusqu'à la circonférence du premier cercle, les droites menées à l'hélice seront entre elles comme les arcs de ce cercle compris entre l'extrémité de l'hélice, et les extrémités des droites prolongées qui sont dans la circonférence : les arcs de cercle étant pris à partir de l'extrémité de l'hélice, en suivant le sens du mouvement.

Soit l'hélice ABΓΔEΘ décrite dans la première révolution ; que le commencement de l'hélice soit le point A ; que le commencement de la révolution soit ΘA, et que le premier cercle soit ΘKH. Que les droites AE, AΔ soient menées du point A à l'hélice, et que ces droites soient prolongées jusqu'à la circonférence du cercle, c'est-à-dire jusqu'aux points Z, H. Il faut démontrer que AE est à AΔ comme l'arc ΘKZ est à l'arc ΘKH.

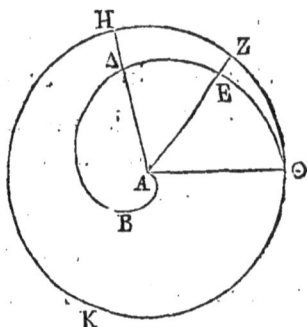

Car la ligne droite AΘ ayant fait une révolution, il est évident que le point Θ se sera mu avec une vîtesse uniforme dans la circonférence ΘKH, et le point A, dans la ligne droite AΘ ; que le point Θ aura parcouru l'arc ΘKZ, et le point A la droite AE ; que le point A aura parcouru la droite AΔ et le point Θ l'arc ΘKH, et que chacun de ces deux points se sera mu avec une vîtesse uniforme. Il est donc évident que AE est à AΔ comme l'arc ΘKZ est à l'arc ΘKH. Ce qui a été démontré plus haut (2). On démontreroit semblablement que cela arriveroit encore, quand même l'une des deux droites menée du centre à la circonférence tomberoit à l'extrémité de l'hélice.

PROPOSITION XV.

Si deux droites sont menées à une hélice décrite dans la seconde révolution du commencement de cette hélice, ces droites seront entre elles comme les arcs dont nous avons parlé, conjointement avec une entière circonférence du cercle.

Soit l'hélice ABΓΔΘEΛM, dont la partie ABΓΔΘ soit décrite dans la première révolution, et dont l'autre partie ΘEΛM soit décrite dans la seconde. Menons à l'hélice les droites AE, AΛ. Il faut démontrer que AΛ est à AE comme l'arc ΘKZ, conjointement avec une entière circonférence du cercle est à l'arc ΘKH, conjointement avec une entière circonférence du cercle.

Car le point A qui se meut dans la ligne droite parcourt la ligne AΛ dans le même temps que Θ parcourt une entière circonférence du cercle et l'arc ΘKZ ;
et le point A parcourt la droite AE dans le même temps que le point Θ parcourt une entière circonférence du cercle et l'arc ΘKH. Or ces deux points se meuvent chacun avec une vîtesse uniforme. Il est donc évident que AΛ est à AE comme l'arc ΘKZ, conjointement avec une entière circonférence du cercle est à l'arc ΘKH, conjointement avec une entière circonférence du cercle (2).

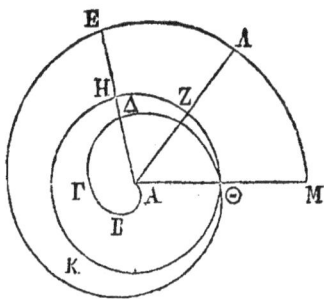

Si des droites étoient menées à une hélice décrite dans la troisième révolution, on démontreroit de la même manière que ces droites seroient entre elles comme les arcs dont nous avons parlé, conjointement avec deux fois la circonférence entière du cercle. Semblablement, si des droites étoient menées à d'autres hélices, on démontreroit semblablement que ces droites seroient entre elles comme les arcs dont nous avons parlé, conjointement avec la circonférence entière du cercle, prise autant de fois qu'il y auroit eu de révolutions moins une, quand même une des droites tomberoit à l'extrémité de l'hélice.

PROPOSITION XVI.

Si une droite touche une hélice décrite dans la première révolution, et si l'on mène une droite du point de contact au point qui est le commencement de l'hélice, les angles que la tangente fait avec la droite qui a été menée, seront inégaux; et celui qui est du côté des antécédens est obtus, et celui qui est du côté des conséquens est aigu.

Que ABΓΔΘ soit une hélice décrite dans la première révolution ; que le point A soit le commencement de l'hélice ; la droite AΘ le commencement de la révolution et ΘKH le premier cercle. Qu'une droite ΔEZ touche l'hélice au point Δ, et joignons le point Δ et le point A par la droite ΔA. Il faut démontrer que ΔZ fait avec ΔA un angle obtus.

Avec l'intervalle AΔ et du point A comme centre, décrivons

le cercle ΔΤΝ. Il faut nécessairement que la partie de la circonférence de ce cercle qui est du côté des antécédens tombe en dedans de l'hélice, et que la partie qui est du côté des conséquens
tombe en dehors ; parce que parmi les droites menées du point
A à l'hélice, celles qui sont du côté des antécédens sont plus
grandes que AΔ, et que celles qui sont du côté des conséquéns
sont plus petites. Il est donc évident que l'angle formé par
les deux droites AΔ, ΔZ n'est pas aigu, parce que cet angle
est plus grand que l'angle du demi-cercle (α). Il faut démontrer
à présent qu'il n'est pas droit. Qu'il soit droit, si cela est possible. Alors la droite EΔZ sera tangente au cercle ΔΤΝ. Mais il
est possible de mener du point A à la tangente une droite,
de manière que la raison de la droite comprise entre le cercle
et la tangente au rayon soit moin-
dre que la raison de l'arc compris
entre le point de contact et la droite
menée du centre à un arc don-
né (5). C'est pourquoi menons la
droite AI qui coupe l'hélice au point
Λ, et la circonférence au point P ;
et que la raison de PI à AP soit moindre que la raison de l'arc ΔP à l'arc
ΔΝΤ. Donc, la raison de la droite
entière IA à AP est moindre que la raison de l'arc PΔΝΤ à l'arc
ΔΝΤ, c'est-à-dire que la raison de l'arc ΣΗΚΘ à l'arc ΗΚΘ. Mais
la raison de l'arc ΣΗΚΘ à l'arc ΗΚΘ est la même que la raison de
la droite AΛ à la droite AΔ; ce qui est démontré (14) ; donc la
raison de AI à AP est moindre que la raison de ΛA à AΔ. Ce qui est
impossible; car PA est égal à AΔ et IA, est plus grand que AΛ.
Donc l'angle compris par les droites AΔ, ΔZ n'est pas droit. Mais
nous avons démontré qu'il n'est pas aigu; il est donc obtus.

On démontreroit semblablement que la même chose arriveroit
encore si la droite qui touche l'hélice la touchoit à son
extrémité.

PROPOSITION XVII.

Il en sera de même si une droite touche une hélice décrite·
dans la seconde révolution.

Que la droite EZ touche une hélice décrite dans la seconde
révolution. Faisons les mêmes cho-
ses qu'auparavant. Par la même
raison, les parties de la circonférence qui sont du côté des antécédens
tomberont dans l'hélice, et celles qui
sont du côté des conséquens tomberont en dehors. Donc l'angle formé·
par les droites AΔ, ΔZ n'est point droit,
mais bien obtus. Qu'il soit droit, si
cela est possible. Alors la droite EZ touchera le cercle PNΔ au point
Δ. Conduisons de nouveau à la tangente une droite AI que coupe
l'hélice au point X, et la circonférence du cercle PNΔ au point
P. Que la raison de PI à PA soit moindre que la raison de l'arc
ΔP à une circonférence entière du cercle ΔPN, conjointement avec
l'arc ΔNT; car on démontre que cela peut se faire (5). Donc la
raison de la droite entière IA à la droite AP, est moindre que la
raison de l'arc PΔNT, conjointement avec une circonférence du
·cercle à l'arc ΔNT, conjointement avec une circonférence entière
du cercle. Mais la raison de l'arc PΔNT, conjointement avec
une circonférence entière du cercle ΔNTP à l'arc ΔNT, conjointement avec une circonférence entière du cercle ΔNTP est la même
que la raison de l'arc ΣHKΘ, conjointement avec une circonfé-

rence entière du cercle ΘΣΗΚ à l'arc ΗΚΘ, conjointement avec une circonférence entière du cercle ΘΣΗΚ; et la raison des arcs dont nous venons de parler est la même que la raison de la droite ΧΑ à la droite ΑΔ; ce qui est démontré (14). Donc la raison de ΙΑ à ΑΡ est moindre que la raison de ΑΧ à ΑΔ. Ce qui est impossible, parce que ΡΑ est égal à ΑΔ, et que ΙΑ est plus grand que ΑΧ. Il est donc évident que l'angle formé par les droites ΑΔ, ΔΖ est obtus. Donc l'angle restant est aigu. Les mêmes choses arriveroient, si la tangente tomboit à l'extrémité de l'hélice.

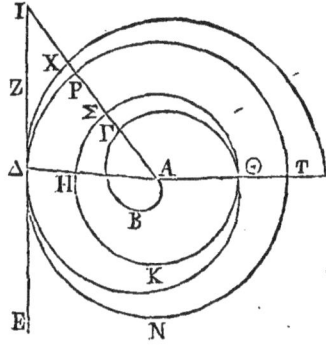

Si une droite touchoit une hélice formée d'une révolution quelconque et même à son extrémité, on démontreroit semblablement que cette droite formeroit des angles inégaux avec la droite menée du point de contact; et que celui de ces angles qui est du côté des antécédens seroit obtus, et que celui qui est du côté des conséquens seroit aigu.

PROPOSITION XVIII.

Si une hélice décrite dans la première révolution est touchée à son extrémité par une droite; si du point qui est le commencement de l'hélice, on élève une perpendiculaire sur la droite qui est le commencement de la révolution, cette perpendiculaire. rencontrera la tangente, et la partie de cette perpendiculaire comprise entre la tangente et le commencement de l'hélice sera égale à la circonférence du premier cercle.

Soit l'hélice ΑΒΓΔΘ. Que le point Α soit le commencement de l'hélice; la droite ΘΚ le commencement de la révolution,

et ΘΗΚ le premier cercle. Que la droite ΘΖ touche l'hélice
au point Θ ; et du point Α menons la droite ΑΖ perpendiculaire sur ΘΑ. Cette perpen-
diculaire rencontrera nécessairement la tangente ΘΖ ,
parce que les droites ΖΘ ,
ΘΑ comprennent un angle
aigu (16). Que cette perpendiculaire rencontre la tangente au point Ζ. Il faut démontrer que la perpendiculaire ΖΑ est égale à la circonférence du cercle ΘΚΗ.

Car si elle ne lui est pas égale,
elle est ou plus grande ou plus
petite. Qu'elle soit d'abord plus
grande , si cela est possible. Je
prends une droite ΑΛ plus petite que ΖΑ, mais plus grande
que la circonférence du cercle ΘΗΚ. On a donc un cercle ΘΗΚ, et
dans ce cercle une droite ΘΗ plus petite que le diamètre; et de
plus, la raison de ΘΑ à ΑΛ est plus grande que la raison de
la moitié de la droite ΗΘ à la perpendiculaire menée du point
Α sur la droite ΗΘ ; parce que la première raison est encore plus
grande que la raison de ΘΑ à ΑΖ (α). On peut donc mener du point
Α à la ligne prolongée une droite ΑΝ, de manière que la raison
de la droite ΝΡ placée entre la circonférence et la ligne prolongée à la droite ΘΡ soit la même que la raison de ΘΑ à
ΑΛ (7). Donc la raison de ΝΡ à ΡΑ sera la même que la raison
de ΘΡ à ΑΛ (ϛ). Mais la raison ΘΡ à ΑΛ est moindre que la raison
de l'arc ΘΡ à la circonférence du cercle ΘΗΚ ; car la droite ΘΡ

est plus petite que l'arc ϴP , et la droite AΛ est au contraire plus grande que la circonférence du cercle ϴHK. Donc la raison de NP à PA est moindre que la raison de l'arc ϴP à la circonférence du cercle ϴHK. Donc la raison de la droite entière NA à AP est moindre que la raison de l'arc ϴP, conjointement avec la circonférence du cercle ϴHK à cette circonférence (γ). Mais la raison de l'arc ϴP, conjointement avec la circonférence du cercle ϴHK à la circonférence du cercle ϴKH, est la même que la raison de XA à Aϴ; ce qui est démontré (15). Donc la raison de NA à AP est moindre que la raison de XA à Aϴ. Ce qui ne peut être; car NA est plus grand que AX , tandis que AP est égal à Aϴ. Donc la droite ZA n'est pas plus grande que la circonférence du cercle ϴHK.

Que la droite ZA soit à présent plus petite que la circonférence du cercle ϴHK, si cela est possible. Je prends une droite AΛ plus grande que AZ, mais plus petite que la circonférence du cercle ϴHK. Du point ϴ , je mène la droite ϴM parallèle à AZ. On a un cercle ϴKH, et une droite ϴH dans ce cercle qui est plus petite que le diamètre ; on a de plus une droite qui touche le cercle au point ϴ ; et la raison de Aϴ à AΛ est moindre que la raison de la moitié de la droite Hϴ à la perpendiculaire menée du point A sur la droite HΘ ; parce que la première raison est moindre que celle de ΘA à AZ. On peut donc mener du point A à la tangente une droite AΠ, de manière que la raison de la droite PN placée entre la ligne donnée dans le cercle, et entre la circonférence à la droite ΘΠ placée entre la droite AΠ et le point de contact soit la même que la raison de ΘA à AΛ (8). Que la droite AΠ coupe le cercle au point P et l'hélice au point X. Par permutation, la raison de la droite NP à PA sera la même que celle de ΘΠ à AΛ. Mais la raison de ΘΠ à AΛ est plus grande que la raison de l'arc ΘP à la circonférence du cercle ΘHK ; car la droite ΘΠ est plus grande que l'arc ΘP, tandis que la droite AΛ est plus petite que la circonférence du cercle ΘHK. Donc la raison de NP à AP est plus grande que la raison de l'arc ΘP à la circonférence du cercle ΘHK. Donc la raison de PA à AN est aussi plus grande que la raison de la circonférence du cercle ΘHK à l'arc ΘKP (𝛿). Mais la raison de la circonférence du cercle ΘHK à l'arc ΘKP est la même que la raison de ΘA à AX ; ce qui est démontré (14). Donc la raison de PA à AN est plus grande que la raison de AΘ à AX. Ce qui ne peut être. Donc la droite ZA n'est ni plus grande ni plus petite que la circonférence du cercle ΘHK. Donc elle lui est égale.

PROPOSITION XIX.

Si une hélice décrite dans la seconde révolution est touchée à son extrémité par une droite, et si du commencement de l'hélice, on mène une perpendiculaire sur la ligne qui est le commencement de la révolution, cette perpendiculaire rencontrera la tangente, et la partie de cette perpendiculaire placée entre la tangente et l'origine de l'hélice sera double de la circonférence du second cercle.

Que l'hélice ABΓΘ soit décrite dans la première révolution, et l'hélice ΘEΓ dans la seconde. Que ΘKH soit le premier cercle et TMN le second. Qu'une droite TZ touche l'hélice au point T, et menons la droite ZA perpendiculaire sur TA ; cette perpendiculaire rencontrera la droite TZ, parce qu'on a démontré que l'angle compris par les droites AT, TZ est aigu (17). Il faut démontrer que la droite ZA est double de la circonférence du cercle TMN.

Car si cette droite n'est pas double de cette circonférence, elle est ou plus grande ou plus petite que son double. Qu'elle soit d'abord plus grande que son double. Prenons une droite AΛ plus petite que ZA, mais plus grande que le double de la circonférence du cercle TMN. On a dans un cercle et une droite inscrite dans ce cercle, qui est plus petite que le diamètre ; et la raison de TA à AΛ est plus grande que la raison de la moitié de la droite TN à la perpendiculaire menée du point A sur la droite TN (α). On peut donc mener du point A à la ligne prolongée une droite AΣ, de manière que la droite PΣ placée entre la circonférence et la droite prolongée à la droite TP soit la même que la raison de TA à AΛ (7). Que la droite AΣ coupe le cercle au point P et l'hélice au point X. Par permutation, la raison de la droite ΡΣ à la droite ΤΑ sera la même que la raison de la droite ΤΡ à la droite ΑΛ. Mais la raison de ΤΡ à ΑΛ est moindre que la raison de l'arc ΤΡ au double de la circonférence ΤΜΝ ; car la droite ΤΡ est plus petite que l'arc ΤΡ ; tandis que la droite ΑΛ est plus grande que le double de la circonférence du cercle ΤΜΝ. Donc la raison de ΡΣ à ΑΡ est moindre que la raison de l'arc ΤΡ au double de la circonférence du cercle ΤΜΝ. Donc la raison de la droite entière ΣΑ à ΑΡ est moindre que la raison de l'arc ΤΡ, conjointement avec le double de la circonférence du cercle ΤΜΝ au double de la circonférence ΤΜΝ. Mais la dernière raison est la même que celle de ΧΑ à ΑΤ ; ce qui a été démontré (15). Donc la raison de ΑΣ à ΑΡ est moindre que la raison de ΧΑ à ΤΑ. Ce qui ne peut être. Donc la droite ΖΑ n'est pas plus grande que le double de la circonférence du cercle ΤΜΝ. On démontrera semblablement que cette droite n'est pas plus petite que le double de la circonférence du cercle ΤΜΝ. Donc elle est double de cette circonférence.

On démontrera de la même manière que si une hélice décrite dans une révolution quelconque est touchée à son extrémité par une droite, la perpendiculaire menée du commencement de l'hélice sur la ligne qui est le commencement de la révolution, rencontrera la tangente, et cette perpendiculaire sera égale au produit de la circonférence du cercle dénommé d'après le nombre des révolutions par ce même nombre.

PROPOSITION XX.

Si une hélice décrite dans la première révolution est touchée non à son extrémité par une droite, si l'on mène une droite du point de contact au commencement de l'hélice, et si du point qui est le commencement de l'hélice et avec un intervalle égal à la droite qui a été menée, on décrit un cercle ; et de plus, si du commencement de l'hélice on mène une droite perpendiculaire sur celle qui a été menée du point de contact au commencement de l'hélice, cette droite rencontrera la tangente (16), et la partie de cette droite qui est placée entre la tangente et le commencement de l'hélice sera égale à l'arc de cercle qui est placé entre le point de contact et le point de section dans lequel le cercle décrit coupe la ligne qui est le commencement de la révolution : cet arc étant pris à partir du point placé dans la ligne qui est le commencement de la révolution en suivant le sens du mouvement.

Que ABΓΔ soit une hélice décrite dans la première révolution. Qu'une droite ΔEZ la touche au point Δ, et du point Δ menons au commencement de l'hélice la droite AΔ. Du point A comme centre, et avec l'intervalle AΔ, décrivons le cercle ΔMN qui coupe au point K la ligne qui est le commencement de la révolution ; et menons la droite ZA perpendiculaire sur AΔ. La droite ZΛ rencontrera la tangente (16). Il faut démontrer que cette droite est égale à l'arc KMNΔ.

Car si elle ne lui est pas égale, elle est plus grande ou plus petite. Qu'elle soit d'abord plus grande, si cela est possible. Prenons une droite AΛ plus petite que ZΛ, mais plus grande que l'arc кмn∆. On a un cercle кмn, et dans ce cercle une droite ∆n, qui est plus petite que le diamètre ; et de plus, la raison de ∆à à aʌ est plus grande que la raison de la droite ∆n à la perpendiculaire menée du point a sur la droite ∆n. On peut donc mener du point a sur la droite n∆ prolongée une droite ae, de manière que la raison de ep à ∆p soit la même que la raison de ∆a à aʌ ; car on a démontré que cela se peut (7). Donc la raison de ep à ap sera la même que la raison de ∆p à aʌ. Mais la raison de ∆p à aʌ est moindre que la raison de l'arc ∆p à l'arc км∆ ; parce que la droite ∆p

est plus petite que l'arc ∆p, tandis que la droite aʌ est plus grande que l'arc км∆. Donc la raison de ep à pa est moindre que la raison de l'arc ∆p à l'arc км∆. Donc la raison de ae à ap est encore moindre que la raison de l'arc кмp à l'arc км∆. Mais la raison de l'arc кмp à l'arc км∆ est le même que la raison de хa à a∆ (14) ; donc la raison de ea à ap est moindre que la raison de хa à ∆a. Ce qui ne peut être. Donc la droite za n'est pas plus grande que l'arc км∆. On démontrera semblablement comme on l'a fait plus haut, qu'elle n'est pas plus petite. Elle lui est donc égale.

Si une hélice décrite dans la seconde révolution est touchée non à son extrémité par une droite, et si l'on fait le reste comme auparavant, on démontrera de la même manière que la droite comprise entre la tangente et le commencement de l'hélice est égale à la circonférence du cercle qui a été décrit, conjointement avec l'arc qui est placé entre les points dont nous avons parlé , cet arc étant pris de la même manière; et si une hélice décrite dans une révolution quelconque est touchée non à son extrémité , et si l'on fait le reste comme auparavant, la droite placée entre les points dont nous avons parlé sera égale à la circonférence du cercle qui aura été décrit , multipliée par le nombre des révolutions moins une , conjointement avec l'arc placé entre les points dont nous avons parlé , cet arc étant pris de la même manière.

PROPOSITION XXI.

Ayant pris la surface qui est contenue par une hélice décrite dans la première révolution, et par la première des droites parmi celles qui sont dans le commencement de la révolution , on peut circonscrire à cette surface une figure plane , et lui en inscrire une autre , de manière que l'excès de la figure circonscrite sur la figure inscrite soit plus petit que toute surface proposée.

Que ABΓΔ soit une hélice décrite dans la première révolution;
que le point Θ soit le commencement de l'hélice; que la droite ΘA
soit le commencement de la révolution; et que ZHIA soit le premier cercle , ayant ses diamètres
AH , ZI perpendiculaires l'un sur
l'autre. Si l'on partage continuellement en deux parties égales un
angle droit, et le secteur qui con-
tient cet angle droit, ce qui restera du secteur sera enfin plus petit que la surface proposée. Que le secteur restant AΘK soit

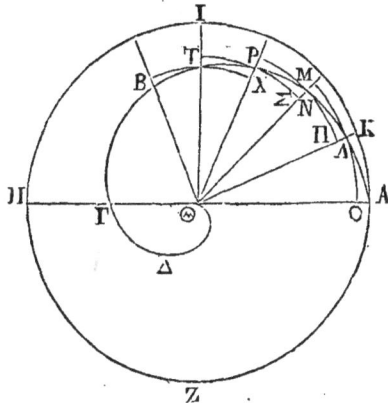

celui qui est plus petit que la surface proposée. Partageons les
quatre angles droits en angles égaux à celui qui est compris
par les droites A⊖, ⊖K, et prolongeons jusqu'à l'hélice les droites
qui comprennent ces angles. Que Λ soit le point où la droite
⊖K coupe l'hélice, et du point ⊖ comme centre et avec l'intervalle ⊖Λ décrivons un cercle. La partie de la circonférence de
ce cercle qui est dans les antécédens tombera dans l'hélice, et
la partie qui est dans les conséquens tombera en dehors. C'est
pourquoi décrivons l'arc OM, de manière que cet arc rencontre
à un point O la droite ⊖A, et au point M celle qui est menée à
l'hélice après la droite ⊖K. Que N soit le point où la droite ⊖M
coupe l'hélice; et du point ⊖ comme centre et avec l'intervalle ⊖N décrivons un arc de cercle, de manière que cet arc
rencontre la droite ⊖K, et celle qui est menée à l'hélice après
la droite ⊖M. Semblablement du centre ⊖ décrivons des arcs
de cercle qui passent par les autres points où les droites qui
forment des angles égaux coupent l'hélice; de manière que
chacun de ces arcs rencontre la droite qui précède et celle qui
suit. On aura alors une figure composée de secteurs semblables
qui sera inscrite dans la surface qui aura été prise, et une autre
figure qui sera circonscrite. On démontrera de la manière suivante que l'excès de la figure circonscrite sur la figure inscrite
est plus petit que toute surface proposée.

Le secteur ⊖ΛO est égal au secteur ⊖MΛ; le secteur ⊖NΠ, au
secteur ⊖NP; le secteur ⊖XΣ, au secteur ⊖XT; et chacun des autres
secteurs de la figure inscrite est égal à chacun des secteurs de la
figure circonscrite qui a un côté commun. D'où il suit que
la somme de tous premiers secteurs est égale à la somme de tous
les seconds. Donc la figure inscrite dans la surface qu'on a prise
est égale à la figure circonscrite à la même surface, le secteur
⊖AK étant excepté; car le secteur ⊖AK est le seul de tous ceux de

la figure circonscrite qui n'ait pas été pris. Il est donc évident
que l'excès de la figure circonscrite sur la figure inscrite est égal
au secteur AKΘ qui est plus petit que la surface proposée.

Il suit évidemment de-là qu'on peut circonscrire à la surface dont nous avons parlé, une figure telle que celle dont nous
avons parlé, de manière que l'excès de la figure circonscrite
sur cette surface soit moindre que toute surface proposée, et
qu'on peut lui en inscrire un autre, de manière que l'excès
de la surface dont nous avons parlé sur la figure inscrite soit
encore moindre que toute surface proposée.

PROPOSITION XXII.

Ayant pris la surface qui est contenue dans l'hélice décrite
dans la seconde révolution, et la seconde droite parmi celles qui
sont dans le commencement de l'hélice, on peut circonscrire à
cette surface une figure composée de secteurs semblables, et
lui en inscrire un autre, de manière que l'excès de la figure
circonscrite sur la figure inscrite soit plus petite que toute surface proposée.

Soit ABΓΔE une hélice décrite
dans la seconde révolution. Que
le point Θ soit le commencement
de l'hélice; la droite AΘ, le commencement de la révolution; et la
droite EA, la seconde droite parmi
celles qui sont dans le commencement de la révolution. Que AZH
soit le second cercle, ayant ses
diamètres AH, ZI perpendiculaires
l'un sur l'autre. Si l'on partage continuellement en deux par-

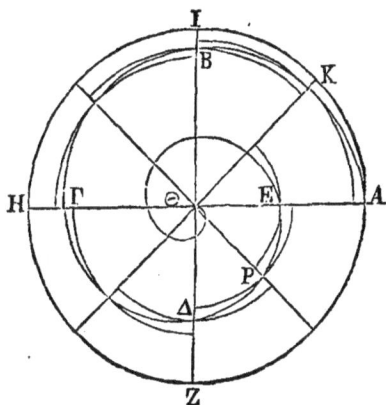

ties égales un angle droit et le secteur qui comprend cet angle droit, ce qui restera sera enfin plus petit que la surface proposée. Que le secteur restant ΘKA soit celui qui est plus petit que la surface proposée. Si l'on partage les autres angles droits en angles égaux à celui qui est compris par les droites KΘ, ΘA, et si l'on fait le reste comme auparavant, l'excès de la figure circonscrite sur la figure inscrite sera une surface plus petite que le secteur ΘKA. Car cet excès sera plus grand que l'excès du secteur ΘKA sur le secteur ΘEP.

Il est donc évident qu'il peut se faire que l'excès de la figure circonscrite sur la surface qui a été prise soit plus petit que toute surface proposée; et que l'excès de la surface qu'on a prise sur la figure inscrite soit plus petit que toute surface proposée.

Il est semblablement évident qu'ayant pris une surface contenue par une hélice décrite dans une révolution quelconque et par une droite dénommée d'après le nombre des révolutions, on peut circonscrire une surface plane telle que celle dont nous avons parlé, de manière que l'excès de la figure circonscrite sur la surface qui a été prise soit plus petit que toute surface proposée, et lui en inscrire une autre, de manière que l'excès de cette surface sur la figure inscrite soit plus petite que toute surface proposée.

PROPOSITION XXIII.

Ayant pris une surface contenue par une hélice plus petite que celle qui est décrite dans la première révolution et qui ne soit point terminée au commencement de la révolution, si l'on prend la surface contenue par cette hélice et par les droites menées de l'extrémité de cette même hélice, on pourra circonscrire à cette surface une figure plane et lui en inscrire une autre, de manière que l'excès de la figure circonscrite sur la figure inscrite soit moindre que toute surface proposée.

Soit ABΓΔE une hélice dont les extrémités soient les points A, E, et dont le commencement soit le point Θ. Menons les droites AΘ, ΘE. Du point Θ comme centre et avec l'intervalle ΘA, décrivons un cercle qui rencontre la droite ΘE au point z. Si l'on partage continuellement en deux parties égales l'angle qui est placé au point Θ et le secteur ΘAZ, on aura enfin un reste qui sera plus petit que la surface proposée. Que le secteur ΘAK soit plus petit que la surface proposée. Décrivons, comme auparavant, des arcs de cercle qui passent par les points où les droites qui font des angles égaux au point Θ, rencontrent l'hélice, de manière que chaque arc tombe sur la ligne qui précède et sur celle qui suit. On aura circonscrit à la surface contenue par l'hélice ABΓΔE et par les droites AΘ, ΘE une surface plane composée de secteurs semblables, et on lui en aura aussi inscrit une autre. Or, l'excès de la figure circonscrite sur la figure inscrite sera moindre que la surface proposée; car le secteur ΘAK est plus petit que la surface proposée.

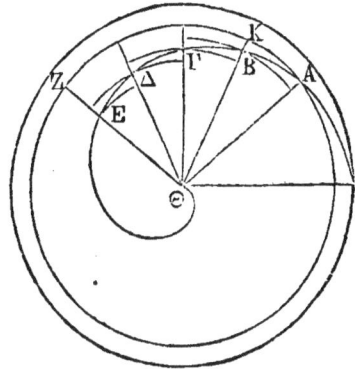

Il suit manifestement de-là qu'on peut circonscrire à la surface dont nous avons parlé, une surface plane telle que celle dont nous avons parlé, de manière que l'excès de la figure circonscrite sur cette surface soit plus petite que toute surface proposée; et que l'on peut encore lui en inscrire une autre, de manière que l'excès de la surface dont nous avons parlé sur la figure inscrite soit moindre que toute quantité proposée.

PROPOSITION XXIV.

La surface qui est comprise par une hélice décrite dans la première révolution, et par la première des droites qui sont dans le commencement de la révolution, est la troisième partie du premier cercle.

Que ABΓΔEΘ soit une hélice décrite dans la première révolu-

tion; que le point Θ soit l'origine de l'hélice; la droite ΘA, la première de celles qui sont dans le commencement de la révolution, et AKZHI, le premier cercle. Que la troisième partie de ce cercle soit celui où se trouve la lettre ꙋ. Il faut démontrer que la surface dont nous venons de parler est égale au cercle ꙋ.

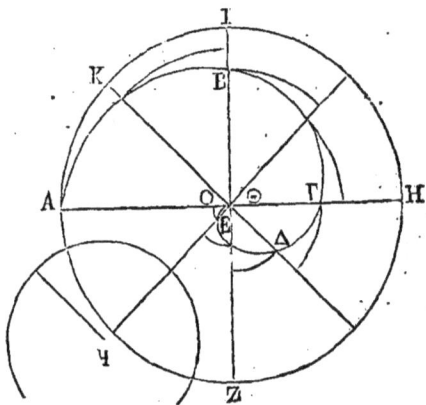

Car si elle ne lui est pas égale, elle est plus grande ou plus petite. Qu'elle soit d'abord plus petite, si cela est possible. On peut circonscrire à la surface comprise par l'hélice ABΓΔEΘ, et par la droite AΘ, une figure plane composée de secteurs semblables, de manière que l'excès de la figure circonscrite sur la surface dont nous venons de parler soit moindre que l'excès du cercle ꙋ sur cette même surface (21). Circonscrivons cette figure. Que parmi les secteurs dont la figure dont nous venons de parler est composée, le plus grand soit le secteur ΘAK, et le plus petit le secteur ΘEO. Il est évident que la figure circonscrite sera plus petite que le cercle ꙋ.

Prolongeons jusqu'à la circonférence du cercle les droites

33

qui font des angles égaux au point ⊖. On a certaines lignes menées du point ⊖ à l'hélice, qui se surpassent également (12); la plus grande de ces lignes est la ligne ⊖A; la plus petite, qui est la ligne ⊖E, est égale à l'excès. On a de plus certaines lignes menées du point ⊖ à la circonférence du cercle, qui sont en même nombre que les premières et dont chacune est égale à la plus grande de celles-ci; et l'on a construit des secteurs semblables sur toutes ces lignes, c'est-à-dire sur celles qui se surpassent également et sur celles qui sont égales entre elles et égales chacune à la plus grande. Donc la somme des secteurs construits sur les lignes qui sont égales chacune à la plus grande est plus petite que le triple des secteurs construits sur les lignes qui se surpassent également. Ce qui est démontré (10, *Cor.*). Mais la somme des secteurs construits sur les·lignes qui sont égales chacune à la plus grande est égale au cercle AZHI; et la somme des secteurs construits sur les lignes qui se surpassent également est égale à la figure circonscrite. Donc le cercle ZHIK est plus petit que le triple de la figure ·circonscrite. Mais· ce cercle est le triple du cercle ч; donc le cercle ч est plus petit que la figure circonscrite. Mais il n'est pas plus petit, puisqu'au contraire il est plus grand; donc la surface comprise par l'hélice AEΓΔE⊖ et par la droite A⊖ n'est pas·plus petite que le cercle ч.

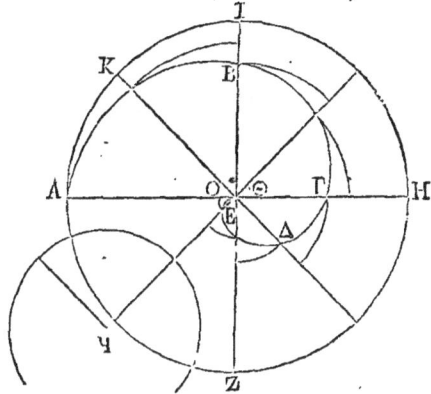

Elle n'est pas plus grande. Qu'elle soit plus grande, si cela est possible. On peut inscrire une figure dans la ·surface comprise par l'hélice ABΓΔE⊖ et par la droite A⊖, de manière que l'excès de la surface dont nous venons de parler sur la figure inscrite soit plus petit que l'excès de cette surface sur le cercle ꟼ (21). Inscrivons cette figure ; et que parmi les secteurs dont la figure inscrite est composée, le secteur ΘΡΞ soit le plus grand, et le secteur ΘΕΟ, le plus petit. Il est évident que la figure inscrite sera plus grande que le cercle ꟼ.

Prolongeons jusqu'à la circonférence du cercle les droites qui font des angles égaux au point Θ. On a certaines lignes menées du point Θ à l'hélice, qui se surpassent également (12). La plus grande de ces lignes est la droite ΘΑ, et la plus petite, qui est la ligne ΘΕ, est égale à l'excès. On a de plus certaines lignes menées du point Θ à la circonférence du cercle, qui sont en même

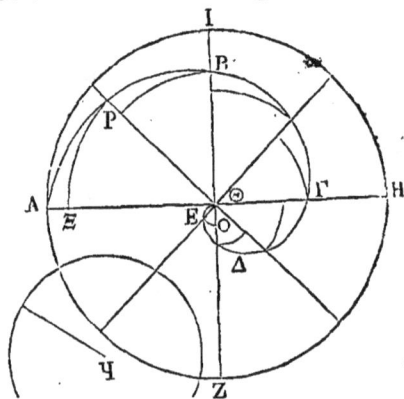

nombre que les premières, et dont chacune est égale à la plus grande de celles-ci, et l'on a des secteurs semblables construits sur toutes ces lignes, c'est-à-dire sur celles qui sont égales entre elles et égales chacune à la plus grande, et sur celles qui se surpassent également. Donc la somme des secteurs construits sur les lignes égales est plus grande que le triple de la somme des secteurs construits sur les lignes qui se surpassent également, celui qui est construit sur la plus grande étant excepté. Ce qui est démontré (10, *Cor.*). Mais la somme des secteurs construits sur les lignes égales est égale au cercle ΑΖΗΙ ; et la somme des secteurs construits sur les lignes qui se surpassent également, celui qui est décrit sur la plus grande étant excepté, est égale à la figure inscrite. Donc le cercle est plus grand que le triple de la figure inscrite. Mais ce cercle est le triple du cercle

५. Donc le cercle ५ est plus grand que la figure inscrite. Mais il n'est pas plus grand, puisqu'au contraire il est plus petit. Donc la surface comprise par l'hélice ABΓΔEΘ et par la droite AΘ n'est pas plus grande que le cercle ५. Donc le cercle ५ est égal à la surface comprise par l'hélice et la droite AΘ.

PROPOSITION XXV.

La surface comprise par une hélice décrite dans la seconde révolution et par la seconde des droites qui sont dans le commencement de la révolution est au second cercle comme sept est à douze, c'est-à-dire comme la surface comprise sous le rayon du second cercle et sous le rayon du premier, conjointement avec le tiers du quarré de l'excès du rayon du second cercle sur le rayon du premier est au quarré du rayon du second cercle.

Que ABΓΔE soit une hélice décrite dans la seconde révolution. Que le point Θ soit l'origine de l'hélice; la droite ΘE, la première des droites qui sont dans le commencement de la révolution, et la droite AE, la seconde des droites qui sont dans le commencement de la révolution. Que AZHI soit le second cercle, et que ses diamètres AH, IZ soient perpendiculaires l'un sur l'autre. Il faut démontrer que la surface comprise par l'hélice ABΓΔE et par la droite AE est au cercle AZHI comme sept est à douze.

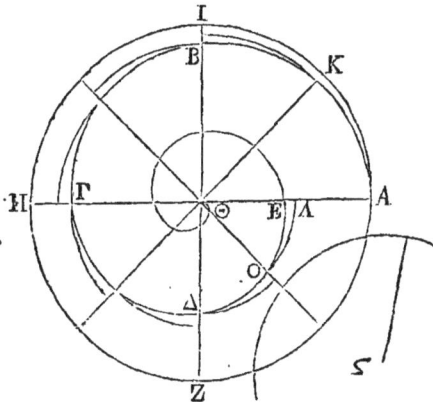

Soit ς un certain cercle dont le quarré du rayon soit égal à la surface comprise sous AΘ , ΘE, conjointement avec le tiers du quarré de AE. Le cercle ʒ sera au cercle AZHI comme sept est à douze, parce que la dernière raison est la même que celle du quarré du rayon du cercle ʒ est au quarré du rayon du cercle AZHI (α). Nous allons démontrer à présent que le cercle ʒ est égal à la surface comprise par l'hélice ABΓΔE et par la droite AE.

Car si le cercle ʒ n'est pas égal à cette surface, il est plus grand ou plus petit. Qu'il soit d'abord plus grand , si cela est possible. On peut circonscrire à cette surface une figure plane composée de secteurs semblables , de manière que l'excès de la figure circonscrite sur cette surface soit plus petit que l'excès du cercle ʒ sur cette même surface (22). Circonscrivons-lui cette figure. Que parmi les secteurs dont la figure circonscrite est composée, le plus grand soit le secteur ΘAK., et le plus petit, le secteur ΘOΛ. Il est évident que la figure circonscrite sera plus petite que le cercle ʒ.

Prolongeons jusqu'à la circonférence les droites qui font des angles égaux au point Θ. On a certaines lignes menées du point Θ à l'hélice, qui se surpassent également (12), dont la plus grande est la ligne ΘA et la plus petite la ligne ΘE. On a, de plus d'autres lignes menées du centre Θ à la circonférence du cercle AZHI, qui sont en même nombre que les premières et qui sont égales entre elles et égales chacune à la plus grande de celles-ci ; et l'on a construit des secteurs semblables non-seulement sur les lignes qui sont égales chacune à la plus grande , mais encore sur celles qui se surpassent également, excepté sur la plus petite. Donc la raison de la somme des secteurs qui sont construits sur les lignes égales à la plus grande à la somme des secteurs construits sur les lignes qui se surpassent également, le secteur construit sur la plus petite étant excepté, est moindre

que la raison du quarré de la plus grande à la surface comprise sous AΘ, ΘE, conjointement avec le tiers du quarré
de AE. Ce qui est démontré (11, *Cor.*). Mais le cercle AZHI est égal
à la somme des secteurs construits sur les lignes qui sont égales
entre elles et égales chacune à la plus grande; et la figure circonscrite est égale à la somme des secteurs construits sur les lignes
qui se surpassent également,
celui qui est construit sur la
plus petite étant excepté. Donc
la raison du cercle AZHI à la
figure circonscrite est moindre que la raison du quarré
de AΘ à la surface comprise
sous ·AΘ, ΘE, conjointement
avec le tiers du quarré de AE.
Mais la raison du quarré de

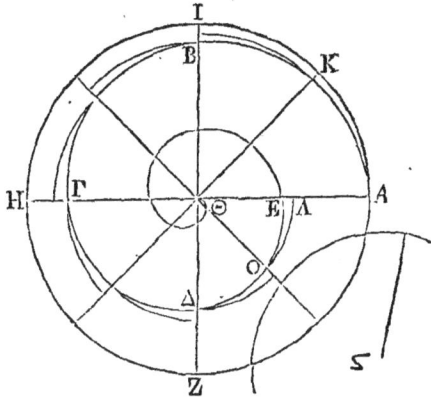

ΘA à la surface comprise sous ΘA, AE, conjointement avec le ·
tiers du quarré de AE est égale à la raison du cercle AZHI au
cercle ϛ; donc la raison du cercle AZHI à la figure circonscrite
est moindre que la raison du cercle AZHI au cercle ϛ. Donc le
cercle ϛ est plus petit que la figure circonscrite. Mais il n'est
pas plus petit, puisqu'au contraire il est plus grand; donc le
cercle ϛ n'est pas plus grand que la surface comprise par l'hélice ABΓΔE et par la droite AE.

Le cercle ϛ n'est pas plus petit que cette surface. Qu'il soit
plus petit, si cela est possible. On peut inscrire dans la surface comprise par l'hélice et par la droite AE une figure plane
composée de secteurs semblables, de manière que l'excès de la
surface comprise par l'hélice ABΓΔE et par la droite AE sur la
figure inscrite soit plus petit que l'excès de cette même surface sur le cercle ϛ. Inscrivons cette figure. Que parmi les

secteurs dont la figure inscrite est composée , le plus grand soit le secteur ⊖KP, et le plus petit, le secteur ⊖EO. Il est évident que la figure inscrite sera plus grande que le cercle ϝ.

Prolongeons jusqu'à la circonférence du cercle les droites qui forment des angles égaux au point ⊖. On a de nouveau certaines lignes menées du point ⊖ à l'hélice, qui se surpassent également, dont la plus grande est la ligne ⊖A, et la plus petite, la ligne ⊖E. On a de plus d'autres lignes menées du point ⊖ à la circonférence du cercle, dont le nombre est plus petit d'une unité que celui des lignes inégales, et qui sont égales entre elles et égales chacune à la plus grande ; et

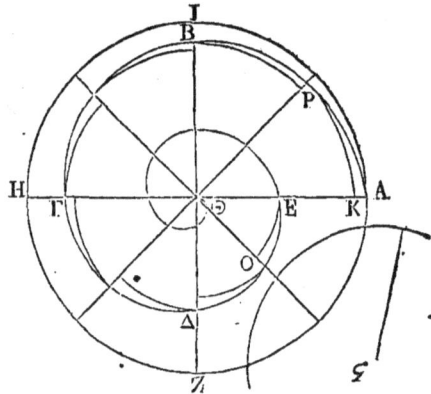

l'on a construit des secteurs semblables non-seulement sur les lignes qui se surpassent également, mais encore sur celles qui sont égales chacune à la plus grande. Donc la raison de la somme des secteurs construits sur les lignes qui sont égales chacune à la plus grande à la somme des secteurs construits sur les lignes qui se surpassent également, celui qui est construit sur la plus petite étant excepté, est plus grande que la raison du quarré construit sur ⊖A à la surface comprise sous ⊖A, ⊖E, conjointement avec le tiers du quarré de EA (11, *Cor.*). Mais la figure inscrite est composée de secteurs construits sur les lignes qui se surpassent également, celui qui est construit sur la plus grande étant excepté ; et le cercle est égal à la somme de tous les autres secteurs ; donc la raison du cercle AZHI à la figure inscrite est plus grande que la raison du quarré de ⊖A à la surface comprise sous ⊖A, ⊖E, conjointement avec le tiers du quarré de ᴀ̇ᴇ, c'est-à-dire plus grande que la raison du cercle ᴀᴢʜɪ au cercle ꞇ. Donc le cercle ꞇ est plus grand que la figure inscrite. Ce qui ne peut être ; car il est plus petit. Donc le cercle ꞇ n'est pas plus petit que la surface comprise par l'hélice ᴀʙᴦᴧᴇ et par la droite ᴧᴇ. Donc il lui est égal.

On démontrera de la même manière que la surface comprise par une hélice et par une droite dénommées d'après le nombre des révolutions, est au cercle dénommé d'après le nombre des révolutions comme la somme des deux surfaces suivantes, savoir : la surface comprise sous le rayon du cercle dénommé d'après le nombre des révolutions et sous le rayon du cercle dénommé d'après ce même nombre diminué d'une unité, et le tiers du quarré construit sur l'excès du rayon du plus grand de ces deux cercles sur le rayon du plus petit est au quarré du rayon du plus grand.

PROPOSITION XXVI.

La surface comprise par une hélice plus petite que celle qui est décrite dans la première révolution, et qui n'a pas pour extrémité l'origine de l'hélice, et par les droites menées par ses extrémités à son origine, est au secteur dont le rayon est égal à la plus grande des droites menées des extrémités de l'hélice à son origine, et dont l'arc est celui qui est placé entre les droites dont nous venons de parler, et du même côté de l'hélice comme la surface comprise sous les droites menées des extrémités de l'hélice à son commencement, conjointement avec le tiers du quarré de l'excès de la plus grande des lignes dont nous venons de parler sur la plus petite, est au quarré de la plus grande des droites qui sont menées des extrémités de l'hélice à son commencement.

Que ABΓΔE soit une hélice plus petite que celle qui est décrite dans la première révolution. Que ses extrémités soient les points A, E, et son commencement le point Θ. Du point Θ comme centre et avec l'intervalle ΘA décrivons un cercle. Que la droite ΘE rencontre sa circonférence au point Z. Il faut démontrer que la surface comprise par l'hélice ABΓΔE, et par les droites AΘ, ΘE est au secteur AΘZ comme la surface

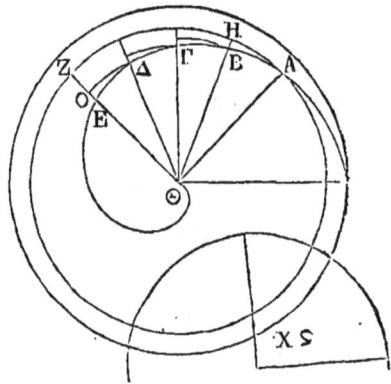

comprise sous AΘ, ΘE, conjointement avec le tiers du quarré de EZ, est au quarré de ΘA.

Que le quarré du rayon du cercle où se trouvent les lettres XϚ soit égal à la surface comprise sous AΘ, ΘE, conjointement avec le tiers du quarré de EZ, et formons à son centre un angle égal à celui qui est formé au point Θ. Le secteur ϚX sera au secteur ΘAZ comme la surface comprise sous AΘ, ΘE, conjointement avec le tiers du quarré de EZ, est au quarré de ΘA; car les quarrés des rayons de ces secteurs sont entre eux comme ces mêmes secteurs.

Nous allons démontrer à présent que le secteur ZϚ est égal à la surface comprise par l'hélice ABΓΔE et par les droites AΘ, ΘE. Car si ce secteur n'est pas égal à cette surface, il est plus

34

grand ou plus petit. Qu'il soit d'abord plus grand, si cela est possible. On peut circonscrire à la surface dont nous venons de parler, une figure plane composée de secteurs semblables, de manière que l'excès de la figure circonscrite sur la surface dont nous venons de parler soit plus petite que l'excès du secteur sur cette même surface (23). Que cette figure soit circonscrite. Que parmi les secteurs dont la figure circonscrite est composée, le plus grand soit le secteur ΘAH, et le plus petit le secteur ΘOΔ. Il est évident que la figure circonscrite sera plus petite que le secteur xϛ.

Prolongeons, jusqu'à l'arc du secteur ΘAZ, les droites qui font des angles égaux au point Θ. On a certaines lignes menées du point Θ à l'hélice, qui se surpassent également, dont la plus grande est la ligne ΘA, et la plus petite, la ligne ΘE. On a aussi d'autres lignes dont le nombre est moindre d'une unité que le nombre des lignes

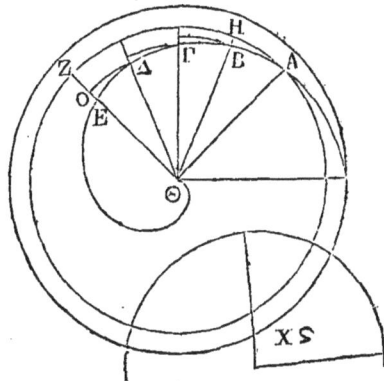

menées du point Θ à l'hélice, et ces lignes sont égales entre elles et égales chacune à la plus grande de celles-ci, la droite Θz étant exceptée; et de plus on a construit des secteurs semblables sur les lignes qui sont égales chacune à la plus grande et sur les lignes qui se surpassent également; et l'on n'a pas construit de secteur sur la ligne ΘE. Donc la raison de la somme des secteurs construits sur les lignes qui sont égales entre elles et égales chacune à la plus grande à la somme des secteurs construits sur les lignes qui se surpassent également, celui qui est construit sur la plus petite étant excepté, est moindre que la raison du quarré de ΘA à la surface comprise sous AΘ, ΘE, conjointement avec le tiers du quarré de EZ (11, *Cor.*). Mais le secteur ΘAZ est égal à la somme des secteurs construits sur les lignes qui sont égales entre elles et égales chacune à la plus grande; et la figure circonscrite est égale à la somme des secteurs construits sur les lignes qui se surpassent également. Donc la raison du secteur ΘAZ à la figure circonscrite est moindre que la raison du quarré de ΘA à la surface comprise sous ΘA, ΘE, conjointement avec le tiers du quarré de ZE. Mais la raison du quarré de ΘA à la somme des surfaces dont nous venons de parler est la même que la raison du secteur ΘAZ au secteur ΧϚ; donc le secteur ΧϚ est plus petit que la figure circonscrite. Mais il n'est pas plus petit, puisqu'il est au contraire plus grand; donc le secteur ΧϚ ne sera pas plus grand que la surface comprise par l'hélice ABΓΔE et par les droites AΘ, ΘE.

Le secteur ΧϚ ne sera pas plus petit que cette même surface. Qu'il soit plus petit, si cela est possible. Faisons les mêmes choses qu'auparavant. On pourra inscrire dans la surface dont nous avons parlé une figure plane composée de secteurs semblables, de manière que l'excès de cette surface sur la figure inscrite soit moindre que l'excès de cette même surface sur le secteur Χ. Inscrivons cette figure. Que parmi

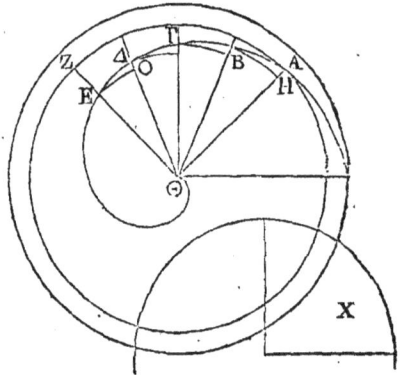

les secteurs dont la figure inscrite est composée, le plus grand soit le secteur ΘBH, et le plus petit, le secteur OΘE. Il est évident que la figure inscrite sera plus grande que le secteur Χ.

On a de nouveau certaines lignes menées du point Θ à l'hélice

qui se surpassent également, dont la plus grande est la ligne
ΘA, et la plus petite la ligne ΘE. On a aussi d'autres lignes
menées du point Θ à l'arc du secteur ΘAZ, dont le nombre est
moindre d'une unité que le nombre des lignes menées du
point Θ à l'hélice, et ces lignes sont égales entre elles et égales
chacune à la plus grande de celles-ci, la ligne ΘA étant
exceptée ; et de plus on a construit des secteurs semblables
sur chacune de ces lignes, et
l'on n'a pas construit de secteur sur la plus grande de
celles qui se surpassent également. Donc la raison de
la somme des secteurs construits sous les lignes qui sont
égales entre elles et égales chacune à la plus grande à la
somme des secteurs construits
sur les lignes qui se surpassent
également, excepté celui qui est construit sur la plus grande,
est plus grande que la raison du quarré de ΘA à la surface
comprise sous ΘA, ΘE, conjointement avec le tiers du quarré
de EZ (11, *Cor.*). Donc la raison du secteur ΘAZ à la figure
inscrite est plus grande que la raison du secteur ΘAZ au secteur X. Donc le secteur X est plus grand que la figure inscrite.
Mais il n'est pas plus grand, puisqu'il est au contraire plus petit.
Donc le secteur X n'est pas plus petit que la surface comprise
par l'hélice ABΓΔE et par les droites AΘ, ΘE. Donc il lui est égal.

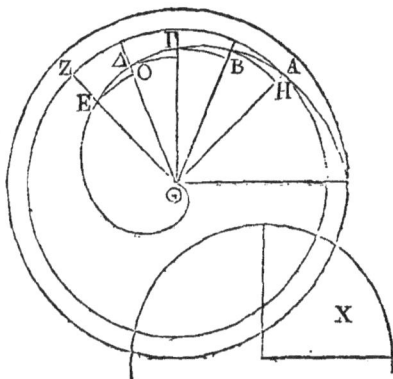

PROPOSITION XXVII.

Parmi les surfaces comprises par des hélices et par les droites
qui sont dans le commencement des révolutions, la troisième

est double de la seconde; la quatrième, triple; la cinquième, quadruple, et ainsi de suite, c'est-à-dire que toujours la surface qui suit est un multiple qui croît suivant l'ordre des nombres. La première surface est la sixième partie de la seconde.

Soit proposée une hélice décrite dans la première révolution; une hélice décrite dans la seconde, et enfin des hélices décrites dans toutes les révolutions suivantes. Que le commencement de l'hélice soit le point ϴ, et le commencement de la révolution, la droite ϴE. Que la première des surfaces soit κ; la seconde, ʌ; la troisième, м; la qua-trième, N; la cinquième, ϵ. Il faut démontrer que la surface κ est la sixième partie de celle qui suit; que la surface м est double de la surface ʌ; que la surface N est triple de cette même surface; et que toujours les surfaces qui se suivent par ordre sont des multiples qui se suivent aussi par ordre.

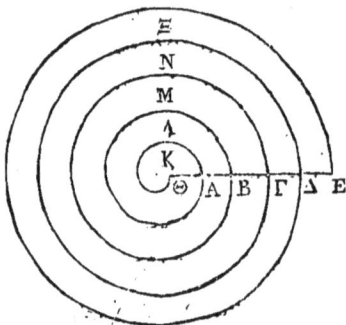

On démontrera de cette manière que la surface κ est la sixième partie de la surface ʌ. Puisque l'on a démontré que la surface κʌ est au second cercle comme sept est à douze (25); puisque le second cercle est évidemment au premier comme douze est à trois (α); et puisque le premier cercle est à la surface κ comme trois est à un (24), il s'ensuit que la surface κ est la sixième partie de la surface ʌ (6).

On a démontré que la surface κʌм est au troisième cercle comme la surface comprise sous тϴ, ϴв, conjointement avec le tiers du quarré тв est au quarré de тϴ (25). De plus, le troisième cercle est au second comme le quarré de тϴ est au quarré de ϴв; et le second cercle est à la surface κʌ comme le quarré de BƟ est à la surface comprise sous BƟ, ƟA, conjointement avec le tiers du quarré de AB (25). Donc la surface KΛM est à la surface KΛ comme la surface comprise sous ΓƟ, ƟB, conjointement avec le tiers du quarré de ΓB est à la surface comprise sous BƟ, ƟA, conjointement avec le tiers du quarré de AB. Mais ces surfaces sont entre elles comme dix-neuf est à sept; donc la surface KΛM est à ΛK comme dix-neuf est à sept; donc la surface M est à la surface KΛ comme douze est à sept. Mais la surface KΛ est à la surface Λ comme sept est à six; donc la surface M est double de la surface Λ (γ).

On démontrera de cette manière que les surfaces suivantes sont égales à la surface Λ, multipliée successivement par les viennent ensuite.

La surface KΛMNΞ est au cercle qui a pour rayon la droite ƟE comme la surface comprise sous ƟE, ƟΔ, conjointement avec le tiers du quarré de ΔE est au quarré de ƟE (25). Mais le cercle qui a pour rayon la droite ƟE est au cercle qui a pour rayon la droite ƟΔ comme le quarré de ƟE est au quarré de ƟΔ; et le cercle qui a pour rayon ƟΔ est à la surface KΛMN comme le quarré de ƟΔ est à la surface comprise sous ƟΔ, ƟΓ, conjointement avec le tiers du quarré de ΔΓ. Donc la surface KΛMNΞ est à la surface KΛMN comme la surface comprise sous ƟE, ƟΔ, conjointement avec le tiers du quarré de ΔE, est à la surface comprise sous ΔƟ, ƟΓ, conjointement avec le tiers du quarré de ΔΓ. Donc, par soustraction, la surface Ξ est à la surface KΛMN comme l'excès de la surface comprise sous EƟ, ƟΔ, conjointement avec le tiers du quarré de EΔ sur la surface com-

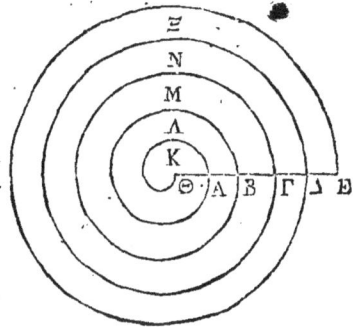

prise sous ΘΔ, ΔΓ, conjointement avec le tiers du quarré de ΔΓ, est à la surface comprise sous ΘΔ, ΘΓ, conjointement avec le tiers du quarré de ΔΓ. Mais l'excès de la somme des deux premières surfaces sur la somme des deux secondes est égale à l'excès de la surface comprise sous EΘ, ΘΔ sur la surface comprise sous ΔΘ, ΘΓ, c'est-à-dire à la surface comprise sous ΔΘ, ΓE. Donc la surface Ξ est à la surface KΛMN comme la surface comprise sous ΘΔ, ΓE est à la surface comprise sous ΔΘ, ΘΓ, conjointement avec le tiers du quarré de ΓΔ. On démontrera de la même manière que la surface N est à la surface comprise sous KΛ, ΛM, comme la surface comprise sous ΘΓ, BΔ est à la surface comprise sous ΓΘ, ΘB, conjointement avec le tiers du quarré de ΓB. Donc la surface N est à la surface KΛMN comme la surface comprise sous ΘΓ, BΔ est à la surface comprise sous ΘΓ, ΘB, conjointement avec le tiers du quarré de ΓB, et avec la surface comprise sous ΘΓ, BΔ ; et par conversion...... (δ). Mais la somme de ces surfaces est égale à la surface comprise sous ΔΘ, ΘΓ, conjointement avec le tiers du quarré de ΓΔ ; donc, puisque la surface Ξ est à la surface KΛMN comme la surface comprise sous ΘΔ, ΓE est à la surface comprise sous ΔΘ, ΘΓ, conjointement avec le tiers du quarré de ΓΔ ; que la surface KΛMN est à la surface N comme la surface comprise sous ΔΘ, ΘΓ, conjointement avec le tiers du quarré de ΓΔ est à la surface comprise sous ΘΓ, ΔB, la surface Ξ sera à la surface N comme la surface comprise sous ΘΔ, ΓE est à la surface comprise sous ΘΓ, ΔB. Mais la surface comprise sous ΘΔ, ΓE est à la surface comprise sous ΘΓ, ΔB comme ΘΔ est à ΘΓ ; parce que les droites ΓE, BΔ sont égales entre elles. Il est donc évident que la surface Ξ est à la surface N comme ΘΔ est à ΘΓ.

On démontrera semblablement que la surface N est à la surface M comme ΘΓ est à ΘB ; et que la surface M est à la surface

Λ comme BΘ est à AΘ. Or les droites EΘ , ΔΘ , ΓΘ , BΘ, AΘ sont entre elles comme des nombres pris de suite.

PROPOSITION XXVIII.

Si dans une hélice décritedans une révolution quelconque, on prend deux points qui ne soient pas ses extrémités , si l'on mène de ces points des droites au commencement de l'hélice , et si du commencement de l'hélice comme centre et avec des intervalles égaux aux droites menées au commencement de l'hélice , on décrit des cercles ; la surface comprise tant par l'arc du plus grand cercle placé entre ces droites , que par la portion de l'hélice placée entre ces mêmes droites , et par le prolongement de la plus petite de ces droites sera à la surface comprise tant par l'arc du plus petit cercle que par la même portion de l'hélice et par la droite qui joint leurs extrémités comme le rayon du plus petit cercle , conjointement avec les deux tiers de l'excès du rayon du plus grand cercle sur le rayon du plus petit cercle est au rayon du plus petit cercle , conjointement avec le tiers de son excès.

Soit l'hélice ABΓΔ décrite dans la première révolution. Prenons dans cette hélice les deux points
A , Γ. Que le point Θ soit son commencement ; des points A , Γ menons des droites au point Θ ; et du point Θ comme centre et avec les intervalles ΘA , ΘΓ , décrivons des cercles. Il faut démontrer que la surface Ξ est à la surface Π comme la droite ΘA , conjointement avec les deux tiers de la droite HA est à la droite ΘA , conjoiutement avec le tiers de HA.

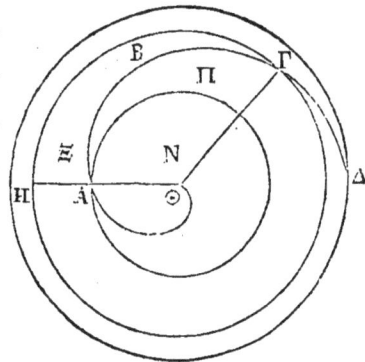

Car on a démontré que la surface ΝΠ est au secteur ΗΓΘ comme la surface comprise sous ΗΘ, ΑΘ, conjointement avec le tiers du quarré de ΑΗ. est au quarré de ΗΘ (26). Donc' la surface Ξ est à la surface ΝΠ comme la surface comprise sous ΘΑ, ΑΗ, conjointement avec les deux tiers du quarré de ΗΑ est à la surface comprise sous ΑΘ, ΘΗ, conjointement avec le tiers du quarré de ΗΑ (α). Mais la surface ΝΠ est au secteur ΝΠΞ comme la surface Θ comprise sous ΘΑ, ΘΗ, conjointement avec le tiers du quarré de ΗΑ, est au quarré de ΘΗ; et le secteur ΝΠΞ est au secteur Ν comme le quarré de ΘΗ est au quarré de ΘΑ. Donc la surface ΝΠ sera au secteur Ν comme la surface comprise sous ΘΑ, ΘΗ, conjointement avec le tiers du quarré de ΗΑ, est au quarré ΘΑ. Donc la surface ΝΠ est à la surface Π comme la surface comprise sous ΗΘ, ΘΑ, conjointement avec le tiers du quarré de ΗΑ, est à la surface comprise sous ΗΑ, ΘΑ, conjointement avec le tiers du quarré de ΗΑ. Mais la surface Ξ est à la surface ΝΠ comme la surface comprise sous ΘΑ, ΑΗ, conjointement avec les deux tiers du quarré de ΗΑ, est à la surface comprise sous ΗΘ, ΘΑ, conjointement avec le tiers du quarré de ΗΑ; et la surface ΝΠ est à la surface Π comme la surface comprise sous ΗΘ, ΘΑ, conjointement avec le tiers du quarré de ΗΑ, est à la surface comprise sous ΗΑ, ΑΘ, conjointement avec le tiers du quarré de ΗΑ. Donc la surface Ξ sera à la surface Π comme la surface comprise sous ΘΑ, ΗΑ, conjointement avec les deux tiers du quarré de ΗΑ, est à la surface comprise sous ΘΑ, ΗΑ, conjointement avec le tiers du quarré de ΗΑ. Mais la surface comprise sous ΘΑ, ΗΑ, conjointement avec les deux tiers du quarré de ΗΑ est à la surface comprise sous ΘΑ, ΗΑ, conjointement avec le tiers du quarré de ΗΑ comme la droite ΘΑ, conjointement avec les deux tiers de la droite ΗΑ est à la droite ΘΑ, conjointement avec le tiers de

35

la droite HA. Il est donc évident que la surface ∉ est à la surface N comme la droite ⊖A , conjointement avec les deux tiers
de la droite HA , est à la droite ⊖A , conjointement avec le tiers
de la droite HA.

FIN DES HÉLICES.

DE L'ÉQUILIBRE DES PLANS

OU

DE LEURS CENTRES DE GRAVITÉ.

LIVRE PREMIER.

DEMANDES.

1°. D es graves égaux suspendus à des longueurs égales sont en équilibre (α).

2°. Des graves égaux suspendus à des longueurs inégales ne sont point en équilibre ; et celui qui est suspendu à la plus grande longueur est porté en bas.

3°. Si des graves suspendus à de certaines longueurs sont en équilibre, et si l'on ajoute quelque chose à un de ces graves, ils ne sont plus en équilibre ; et celui auquel on ajoute quelque chose est porté en bas.

4°. Semblablement, si l'on retranche quelque chose d'un de ces graves, ils ne sont plus en équilibre ; et celui dont on n'a rien retranché est porté en bas.

5°. Si deux figures planes semblables sont appliquées exactement l'une sur l'autre, leurs centres de gravité seront placés l'un sur l'autre.

6. Les centres de gravité des figures inégales et semblables sont semblablement placés.

Nous disons que des points sont semblablement placés dans des figures semblables, lorsque les droites menées de ces points à des angles égaux forment des angles égaux avec les côtés homologues.

7°. Si des grandeurs suspendues à de certaines longueurs sont en équilibre, des grandeurs égales aux premières suspendues aux mêmes longueurs seront encore en équilibre.

8°. Le centre de gravité d'une figure quelconque dont le contour est concave du même côté, se trouve nécessairement en dedans de la figure.

Cela posé, je procède ainsi qu'il suit:

PROPOSITION I.

Lorsque des graves suspendus à des longueurs égales sont en équilibre, ces graves sont égaux entre eux.

Car s'ils étoient inégaux, après avoir ôté du plus grand son excès, les graves restans ne seroient pas en équilibre, puisque l'on auroit ôté quelque chose d'un des graves qui sont en équilibre (*Dem.* 3). Donc lorsque des graves suspendus à des longueurs égales sont en équilibre, ces graves sont égaux entre eux.

PROPOSITION II.

Des graves inégaux suspendus à des longueurs égales ne sont pas en équilibre; et le grave qui est le plus grand est porté en bas.

Car ayant ôté l'excès, ces graves seront en équilibre, parce que des graves égaux suspendus à des longueurs égales sont en équilibre (*Dem.* 1). Donc, si l'on ajoute ensuite ce qui a été ôté, le plus grand des deux graves sera porté en bas, car on aura ajouté quelque chose à un des graves qui sont en équilibre (*Dem.* 3).

PROPOSITION III.

Des graves inégaux suspendus à des longueurs inégales peuvent être en équilibre, et alors le plus grand sera suspendu à la plus petite longueur.

Que A, B soient des graves inégaux, et que A soit le plus grand. Que ces graves suspendus aux longueurs AΓ, ΓB soient en équilibre. Il faut démontrer que la longueur AΓ est plus petite que la longueur ΓB.

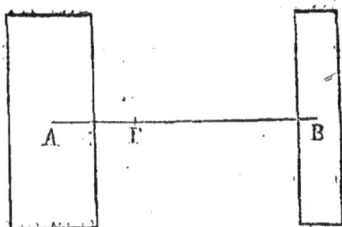

Que la longueur AΓ ne soit pas la plus petite. Retranchons l'excès de A sur B. Puisque l'on a ôté quelque chose d'un des graves qui sont en équilibre, le grave B sera porté en bas (*Dem.* 4). Mais ce grave ne sera point porté en bas; car si ΓA est égal à ΓB, il y aura équilibre (*Dem.* 1); et si ΓA est plus grand que ΓB, ce sera au contraire le grave A qui sera porté en bas; puisque des graves égaux suspendus à des longueurs inégales ne restent point en équilibre, et que le grave suspendu à la plus grande longueur est porté en bas (*Dem.* 2). Donc ΓA est plus petit que ΓB. Donc, si des graves suspendus à des longueurs inégales sont en équilibre, il est évident que ces graves seront inégaux, et que le plus grand sera suspendu à la plus petite longueur.

PROPOSITION IV.

Si deux grandeurs égales n'ont pas le même centre de gravité, le centre de gravité de la grandeur composée de ces deux
grandeurs est le point placé au milieu de la droite qui joint
les centres de gravité de ces deux grandeurs (α).

Que le point A soit le centre de
gravité de la grandeur A, et le point
B le centre de gravité de la grandeur B. Ayant mené la droite AB,
partageons cette droite en deux parties égales au point Γ. Je dis que le
centre de gravité de la grandeur composée des deux grandeurs
A, B est le point Γ.

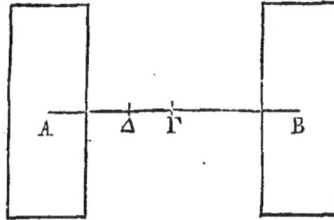

Car, si le point Γ n'est pas le centre de gravité de la
grandeur qui est composée des deux grandeurs A, B, supposons, si cela est possible, que ce soit le point Δ. Il est
démontré que le centre de gravité est dans la droite AB (ε).
Puisque le point Δ est le centre de gravité de la grandeur
composée des deux grandeurs A, B, le point Δ étant soutenu,
les grandeurs A, B seront en équilibre. Donc les grandeurs
A, B suspendues aux longueurs AΔ, ΔB sont en équilibre. Ce
qui ne peut être; car des grandeurs égales suspendues à des
longueurs inégales ne sont point en équilibre (*Dem.* 2). Il est
donc évident que le point Γ est le centre de gravité de la grandeur qui est composée des grandeurs A, B.

PROPOSITION V.

Si les centres de gravité de trois grandeurs sont placés dans une même droite ; si ces grandeurs ont la même pesanteur, et si les droites placées entre les centres de gravité sont égales, le centre de gravité de la grandeur composée de toutes ces grandeurs sera le point qui est le centre de gravité de la grandeur du milieu.

Soient les trois grandeurs A, B, Γ; que leurs centres de gravités soient les points A, B, Γ placés dans une même droite ; et que les grandeurs A, B, Γ soient égales entre elles, ainsi que les droites AΓ, ΓB. Je dis que le centre de gravité de la grandeur composée de toutes ces grandeurs est le point Γ.

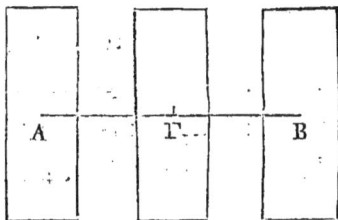

Car, puisque les grandeurs A, B ont la même pesanteur, leur centre de gravité sera le point Γ (4); car les droites AΓ, ΓB sont égales. Mais le point Γ est aussi le centre de gravité de la grandeur Γ; il est donc évident que le centre de gravité de la grandeur composée de toutes ces grandeurs sera le point qui est le centre de gravité de la grandeur du milieu.

Il suit évidemment de-là que, si les centres de gravité de tant de grandeurs que l'on voudra et d'un nombre impair, sont dans la même droite, si celles qui sont également éloignées de celle qui est au milieu ont la même pesanteur, et si les droites comprises entre les centres de gravité sont égales, le centre de gravité de la grandeur composée de toutes les grandeurs sera le point qui est le centre de gravité de la grandeur du milieu.

Si ces grandeurs sont d'un nombre pair, si leurs centres de

gravité sont dans la même droite , si celles du milieu et celles qui sont également éloignées de part et d'autre des grandeurs du milieu ont la même pesanteur , et si les droites placées entre

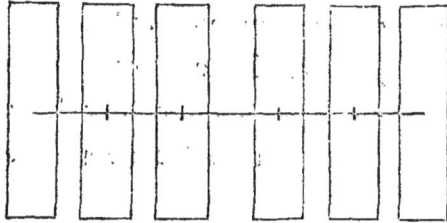

les centres de gravité sont égales , le centre de gravité de la grandeur composée de toutes ces grandeurs sera le point placé au milieu de la droite qui joint les centres de gravité , ainsi que cela est représenté dans la figure (*a*

PROPOSITION VI.

Des grandeurs commensurables sont en équilibre , lorsqu'elles sont réciproquement proportionnelles aux longueurs auxquelles ces grandeurs sont suspendues.

Soient les grandeurs commensurables A, B; que leurs centres

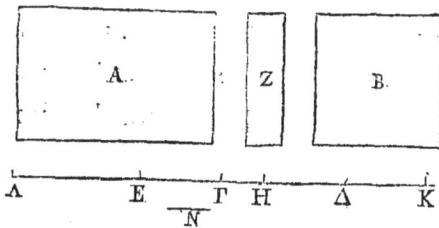

de gravité soient les points A, B ; soit une certaine longueur EΔ ; et que la grandeur A soit à la grandeur B comme la longueur ΔΓ est à la longueur ΓE. Il faut démontrer que le centre de gravité de la grandeur composée des deux grandeurs A, B, est le point Γ.

Puisque A est à B comme ΔΓ est à ΓE, et que les grandeurs A, B sont commensurables, les droites ΓΔ, ΓE seront aussi commensurables, c'est-à-dire qu'elles seront entre elles comme une droite est à une droite. Donc les droites EΓ, ΓΔ ont une commune mesure. Que cette commune mesure soit N. Supposons que chacune des droites ΔH, ΔK soit égale à la droite EΓ et que la droite EΛ soit égale à la droite ΔΓ. Puisque la droite ΔH est égale à la droite ΓE, la droite ΔΓ sera égale à la droite EH, et la droite ΛE égale à la droite EH. Donc la droite ΛH est double de la droite ΔΓ, et la droite HK double de la droite ΓE. Donc la droite N mesure chacune des droites ΛH, HK, puisqu'elle mesure leurs moitiés. Mais A est à B comme la droite ΔΓ est à la droite EΓ, et la droite ΔΓ est à la droite ΓE comme la droite ΛH est à la droite HK, puisque les droites ΛH, HK sont doubles des droites ΔΓ, ΓE ; donc A est à B comme ΛH est à HK. Que A soit autant de fois multiple de Z que ΛH l'est de N. La droite ΛH sera à la droite N comme A est à Z. Mais KH est à ΛH comme B est à A : donc, par raison d'égalité, la droite KH est à la droite N comme B est à Z. Donc autant de fois KH est multiple de N, autant de fois B l'est de Z. Mais on a démontré que A est aussi un multiple de Z. Donc Z est la commune mesure de A et de B. Donc si ΛH est partagé dans des segmens égaux chacun à N, et A dans des segmens égaux chacun à Z, les segmens égaux chacun à N, qui sont dans ΛH, seront en même nombre que les segmens égaux chacun à Z qui sont dans A. Donc si à chacun des segmens de ΛH, on applique une grandeur égale à Z, qui ait son centre de gravité dans le milieu de chacun des segmens, toutes ces grandeurs seront égales à A, et le centre de gravité de la grandeur composée de toutes ces grandeurs sera le point E ; car elles sont en nombre pair,

36

attendu que ᴀᴇ est égal à ʜᴇ (5). On démontrera semblablement que si à chacun des segmens de ᴋʜ, on applique une grandeur égale à ᴢ, qui ait son centre de gravité au milieu de chacun de ces segmens, toutes ces grandeurs seront égales à ʙ, et que le

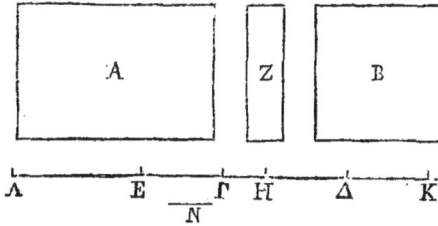

centre de gravité de la grandeur composée de toutes ces grandeurs sera le point ᴅ. Mais la grandeur ᴀ est appliquée au point ᴇ et la grandeur ʙ au point ᴅ; donc certaines grandeurs égales entre elles sont placées sur une droite; leurs centres de gravité ont entre eux le même intervalle, et ces grandeurs sont en nombre pair. Il est donc évident que le centre de gravité de la grandeur composée de toutes ces grandeurs est le point placé au milieu de la droite, sur laquelle sont les centres de gravité des grandeurs moyennes (5). Mais la droite ᴀᴇ est égale à la droite ᴦᴅ et la droite ᴇᴦ égale à la droite ᴅᴋ; donc la droite entière ᴀᴦ est égale à la droite entière ᴦᴋ. Donc le centre de gravité de la grandeur composée de toutes ces grandeurs est le point ᴦ. Donc la grandeur ᴀ étant appliquée au point ᴇ, et la grandeur ʙ au point ᴅ, ces grandeurs seront en équilibre autour du point ᴦ (α).

PROPOSITION VII.

Des grandeurs incommensurables sont en équilibre, lorsque ces grandeurs sont réciproquement proportionnelles aux longueurs auxquelles ces grandeurs sont suspendues.

Que les grandeurs ᴀʙ, ᴦ soient incommensurables, et que ᴅᴇ,

EZ soient les longueurs auxquelles ces grandeurs sont suspendues. Que la grandeur AB soit à la grandeur Γ comme la longueur EΔ est à la longueur EZ. Je dis que le centre de gravité de la grandeur composée des deux grandeurs AB, Γ est le point E.

Car si les grandeurs AB, Γ ne sont pas en équilibre, lorsque l'une est appliquée au point Z et l'autre au point Δ, la grandeur AB est trop grande, par rapport à la grandeur Γ, pour qu'elle soit en équilibre avec elle, ou elle n'est pas assez grande ; que

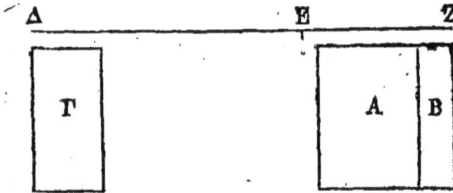

la grandeur AB soit trop grande. Retranchons de AB moins qu'il ne faudroit pour rétablir l'équilibre, mais juste ce qu'il faut pour ôter l'incommensurabilité. Les grandeurs A, Γ seront commensurables. Mais la raison de A à Γ sera moindre que la raison de ΔE à EZ ; donc les grandeurs A, Γ suspendues aux longueurs ΔE, EZ ne seront point en équilibre, lorsque l'une sera appliquée au point Z et l'autre au point Δ (6). Par la même raison, elles ne seront point en équilibre, si on suppose que la grandeur Γ est trop grande, par rapport à la grandeur AB, pour qu'elle puisse être en équilibre avec elle (α).

PROPOSITION VIII.

Si d'une grandeur quelconque, on retranche une certaine grandeur qui n'ait pas le même centre de gravité que la grandeur entière, pour avoir le centre de gravité de la grandeur restante, il faut prolonger, vers le côté où est le centre de gra-

vité de la grandeur entière, la droite qui joint les centres de
gravité de la grandeur totale et de la grandeur retranchée ;
prendre ensuite sur le prolongement de la droite qui joint
les centres de gravité dont nous venons de parler, une
droite qui soit à la droite qui joint les centres de gravité
comme la pesanteur de la grandeur retranchée est à la pesanteur de la grandeur restante, le centre de gravité de la
grandeur restante sera l'extrémité de la droite prise sur le
prolongement (α).

Que le point г soit le centre de gravité d'une grandeur AB.
De AB retranchons une grandeur AΔ, dont le centre de gravité
soit le point E. Ayant mené la droite Eг et l'ayant prolongée,

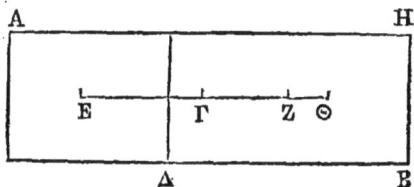

retranchons de son prolongement une partie гz qui soit à la
droite гE comme la grandeur AΔ est à la grandeur ΔH. Il faut
démontrer que le point z est le centre de gravité de la
grandeur ΔH.

Que le point z ne soit pas le centre de gravité de ΔH, mais
bien un autre point ⊙, si cela est possible. Puisque le point E est
le centre de gravité de la grandeur AΔ, et le point ⊙ le centre de
gravité de la grandeur ΔH, le centre de gravité de la grandeur
composée des deux grandeurs AΔ, ΔH sera dans la droite E⊙
partagée de manière que ses segmens soient réciproquement
proportionnels à ces deux grandeurs (6 et 7) (ϐ). Donc le point
г ne coïncidera pas avec la section dont nous venons de
parler. Donc le point г n'est pas le centre de gravité de la

grandeur composée des deux grandeurs ΑΔ, ΔΗ, c'est-à-dire de ΑΒ. Mais il l'est par supposition ; donc le point Θ n'est pas le centre de gravité de la grandeur ΔΗ.

PROPOSITION IX.

Le centre de gravité d'un parallélogramme quelconque est dans la droite qui joint les milieux de deux côtés opposés.

Soit le parallélogramme ΑΒΓΔ, dont les milieux des côtés ΑΒ ,

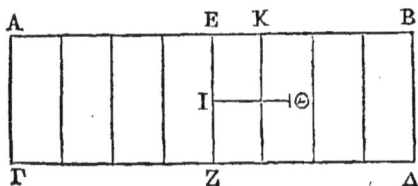

ΓΔ sont joints par la droite ΕΖ. Je dis que le centre de gravité du parallélogramme ΑΒΓΔ est dans la droite ΕΖ.

Que cela ne soit point ainsi ; et supposons, si cela est possible, que le point Θ soit le centre de gravité. Menons la droite ΘΙ parallèle à ΑΒ. Si la droite ΕΒ est continuellement partagée en deux parties, il restera enfin un segment plus petit que ΘΙ. Partageons donc chacune des droites ΑΕ, ΕΒ dans des segmens égaux chacun à ΕΚ, et par les points de division conduisons des droites parallèles à ΕΖ. Le parallélogramme entier sera divisé dans des parallélogrammes égaux et semblables chacun à ΚΖ. Donc ces parallélogrammes égaux et semblables chacun au parallélogramme ΚΖ, étant appliqués exactement les uns sur les autres, leurs centres de gravité s'appliqueront aussi exactement les uns sur les autres (*Dem.* 4). Donc ces parallélogrammes seront certaines grandeurs égales chacune à ΚΖ, et en nombre pair, ayant leurs centres de gravité placés dans la

même droite (α). Mais les grandeurs moyennes sont égales, et ainsi
que toutes celles qui sont également distantes de part et d'autre
des moyennes, et les droites placées entre le centre de gravité
sont aussi égales entre elles ; donc le centre de gravité de la
grandeur qui est composée de toutes ces grandeurs, est dans
la droite qui joint les centres de gravité des grandeurs
moyennes (5). Mais cela n'est point, puisque le point Θ
tombe au-delà de la moitié des parallélogrammes. Il est donc
évident que le centre de gravité du parallélogramme est dans
la droite EZ.

PROPOSITION X.

Le centre de gravité d'un parallélogramme est le point où
les deux diagonales se rencontrent.

Soit le parallélogramme ABΓΔ ; que EZ coupe les côtés AB,
ΓΔ, en deux parties égales, et que KΛ coupe aussi les côtés

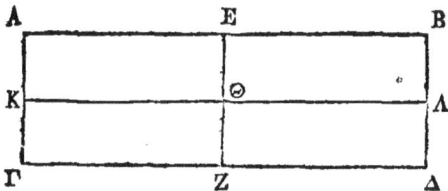

AΓ, BΔ en deux parties égales. Le centre de gravité du parallélogramme ABΓΔ sera dans la droite EZ ; ce qui a été démontré (9). Par la même raison, il sera aussi dans la droite KΛ.
Donc le point Θ est le centre de gravité. Mais les diagonales se
rencontrent au point Θ ; donc la proposition est démontrée.

On peut encore démontrer autrement cette proposition.

Soit le parallélogramme ABΓΔ, dont ΔB est la diagonale. Les

triangles ABΔ, BΓΔ sont égaux et semblables. Donc ces triangles étant placés exactement l'un sur l'autre, leurs centres de gravité seront appliqués l'un sur l'autre (*Dem.* 5). Que le point E soit le centre de gravité du triangle ABΔ. Partageons la droite· ΔB en deux parties égales au point Θ. Ayant conduit la droite EΘ et l'ayant prolongée, prenons ZΘ égal à EΘ. Le triangle ABΔ

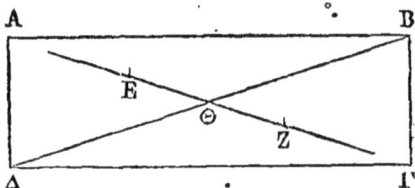

étant appliqué exactement sur le triangle BΔΓ, le côté AB sur le côté ΔΓ et le côté AΔ sur le côté BΓ, la droite ΘE s'appliquera exactement sur la droite ZΘ et le point E sur le point Z. Mais le centre de gravité du triangle ABΔ s'applique exactement sur le centre de gravité du triangle BΓΔ (*Dem.* 5); donc puisque le centre de gravité du triangle ABΔ est le point E, et que le centre de gravité du triangle ABΓ est le point Z; il est évident que le centre de gravité de la grandeur composée de ces deux triangles, est le point placé au milieu de la droite EZ, qui est certainement le point Θ.

PROPOSITION XI.

Si deux triangles sont semblables, si des points sont semblablement placés dans ces triangles, et si l'un de ces points est le centre de gravité du triangle dans lequel il est placé, l'autre point sera aussi le centre de gravité du triangle dans lequel il est placé. Nous disons que des points sont semblablement placés dans des figures semblables, lorsque les droites menées de ces points à des angles égaux font des angles égaux avec les côtés homologues.

Soient les deux triangles ABΓ, ΔEZ ; et que AΓ soit à ΔZ comme AB est à ΔE, et comme BΓ est à EZ. Que dans les triangles dont nous venons de parler, les points ⊙, N soient semblablement placés, et que le point ⊙ soit le centre de gravité du triangle ABΓ. Je dis que le point N est aussi le centre de gravité du triangle ΔEZ.

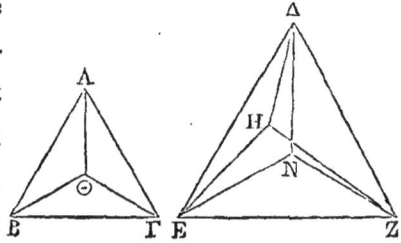

Que le point N ne soit pas le centre de gravité du triangle ΔEZ, et que ce soit un autre point H, si cela est possible. Menons les droites ⊙A, ⊙B, ⊙Γ, ΔN, EN, ZN, ΔH, EH, ZH. Puisque les triangles ABΓ, ΔEZ sont semblables, que leurs centres de gravité sont les points ⊙, H, et que les centres de gravité des figures semblables sont semblablement placés, c'est-à-dire que les droites menées des centres de gravité aux angles égaux et correspondans, forment des angles égaux avec les côtés homologues, l'angle HΔE sera égal à l'angle ⊙AB. Mais l'angle ⊙AB est égal à l'angle EΔN, puisque les points ⊙, N sont semblablement placés. Donc l'angle EΔH est égal à l'angle EΔN, c'est-à-dire que le plus grand est égal au plus petit ; ce qui ne peut être. Donc le point N n'est pas le centre de gravité du triangle ΔEZ. Donc le point N dont nous avons parlé est son centre de gravité.

PROPOSITION XII.

Si deux triangles sont semblables, et si le centre de gravité de l'un est dans la droite menée d'un des angles au milieu de la base, le centre de gravité de l'autre sera aussi dans une droite semblablement menée.

Soient les deux triangles ABΓ, ΔEZ. Que AΓ soit à ΔZ comme AB est à ΔE, et comme BΓ est à ZE. Ayant partagé la droite AΓ en deux parties égales au point H, menons la droite BH. Que le point Θ, pris dans la droite BH, soit le centre de gravité du triangle ABΓ. Je dis que le centre de gravité du triangle EΔZ sera aussi dans une droite semblablement menée.

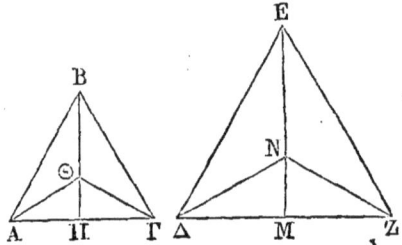

Partageons ΔZ en deux parties égales au point M, et menons la droite EM. Faisons en sorte que BH soit à BΘ comme ME est à EN, et menons les droites AΘ, ΘΓ, ΔN, NZ. Puisque AH est la moitié de ΓA, et ΔM la moitié de ΔZ, la droite BA sera à la droite EΔ comme AH est à ΔM. Mais ces côtés qui sont proportionnels sont placés autour d'angles égaux; donc l'angle AHB est égal à l'angle ΔME. Donc AH est à ΔM comme BH est à EM. Mais BH est à BΘ comme ME est à EN (α); donc, par raison d'égalité, la droite AB est à la droite ΔE comme BΘ est à EN. Mais ces côtés qui sont proportionnels sont placés autour d'angles égaux; donc l'angle BAΘ est égal à l'angle EΔN. Donc l'angle restant ΘAΓ est aussi égal à l'angle NΔZ. Par la même raison, l'angle BΓΘ est égal à l'angle EZN, et l'angle ΘΓH égal à l'angle NZM. Mais on a démontré que l'angle ABΘ est égal à l'angle ΔEM; donc l'angle restant ΘBΓ est aussi égal à l'angle NEZ. D'où

37

il suit que les points Θ, N sont semblablement placés sur des côtés homologues, et qu'ils forment des angles égaux. Donc les points Θ, N sont semblablement placés. Mais le point Θ est le centre de gravité du triangle ABΓ; donc le point N est aussi le centre de gravité du triangle ΔEZ (*dem.* 6).

PROPOSITION XIII.

Le centre de gravité d'un triangle quelconque est dans la droite qui est menée d'un des angles au milieu de la base.

Soit le triangle ABΓ, et que dans ce triangle la droite AΔ soit menée au milieu de la base. Il faut démontrer que le centre de gravité du triangle ABΓ est dans la droite AΔ.

Que cela ne soit point ainsi; et que le point Θ soit son centre de gravité, si cela est possible. Par ce point conduisons la droite ΘI parallèle à BΓ. Si la droite ΔΓ est continuellement partagée en deux parties égales, il restera enfin un segment moindre que

ΘI. Partageons chacune des droites BΔ, Δ en segmens égaux; par les points de division conduisons des parallèles à AΔ, et menons les droites EZ, HK, AM; ces droites seront parallèles à BΓ (α). Or, le centre de gravité du parallélogramme MN est dans la droite ΥΣ, celui du parallélogramme KΞ, dans la droite TΥ, et enfin celui du parallélogramme ZO, dans la droite TΔ. Donc le centre de gravité de la grandeur composée de toutes ces grandeurs est dans la droite ΣΔ (5). Que son centre de gravité soit le point P. Menons la droite PΘ, et ayant prolongé cette droite , conduisons la droite ΓΦ parallèle à AΔ. Le triangle AΔΓ est à la

somme de tous les triangles qui sont semblables au triangle
AΔΓ et qui sont construits sur les droites AM, MK, KZ, ZT,
comme ΓA est à AM ; parce que les droites AM, MK, KZ, ZΓ
sont égales entre elles (ϛ). Mais le triangle AΔB est aussi à la
somme de tous les triangles construits sur les droites AΛ, ΛH,
HE, EB comme BA est à AΛ ; donc le triangle ABΓ est à la somme
de tous les triangles dont nous venons de parler comme ΓA est
à AM. Mais la raison de ΓA à AM est plus grande que la raison
de ΦP à PΘ ; car ΓA est à AM comme ΦP est à PΠ, parce que les
triangles sont semblables (γ) ; donc la raison du triangle ABΓ
à la somme des triangles dont nous avons parlé est plus grande
que la raison de ΦP à PΘ. Donc par soustraction, la raison de
la somme des parallélogrammes MN, KΞ, ZO à la somme des
triangles restans est plus grande que la raison de ΦΘ à ΘP. Que
la droite XΘ soit à la droite ΘP comme la somme des parallélogrammes est à la somme des triangles. Puisque l'on a une certaine
grandeur ABΓ dont le centre de gravité est le point Θ, que de
cette grandeur on a ôté une grandeur composée des parallélogrammes MN, KΞ, ZΘ, et que le centre de gravité de la grandeur
retranchée est le point P, le centre de gravité de la grandeur restante qui est composée des triangles restans sera dans la droite PΘ
prolongée, et le prolongement de cette droite sera à la droite ΘP
comme la grandeur retranchée est à la grandeur restante (8).
Donc le point X est le centre de gravité de la grandeur composée des triangles restans. Ce qui ne peut être ; car ayant conduit par le point X, et dans le plan du triangle ABΓ une droite
parallèle à AΔ, tous les triangles seroient du même côté de cette
droite, c'est-à-dire de l'un ou de l'autre côté. Donc la proposition est évidente.

Soit le triangle ABΓ ; menons la droite AΔ au milieu de BΓ. Je dis que le centre de gravité du triangle ABΓ est dans la droite AΔ.

Que cela ne soit pas ainsi, et que le centre de gravité soit le point Θ, si cela est possible. Menons les droites AΘ, ΘB, ΘΓ, et les droites EΔ, ZE aux milieux de BA, AΓ. Conduisons ensuite les droites EK, ZΛ parallèles à la droite AΘ, et menons enfin les droites KΔ, ΛΔ, ΔK, ΔΘ, MN. Puisque le triangle ABΓ est semblable au triangle ΔZΓ, à cause que BA est parallèle à ZΔ, et puisque le centre de gravité du triangle ABΓ est le point Θ, le centre de gravité du triangle ZΔΓ sera le point Λ ; car il est évident que les points Θ, Λ sont semblablement placés dans chaque triangle (α)(11). Par la même raison, le centre de gravité du triangle EBΔ est le point K. Donc le centre de gravité de la grandeur composée des triangles EBΔ, ZΔΓ est au milieu de la droite KΛ, parce que les triangles EBΔ, ZΔΓ sont égaux. Mais le point N est le milieu de KΛ, parce que BE est à EA comme BK est à ΘK, et que ΓZ est à ZΛ comme ΓΛ est à ΛΘ. Donc, puisque cela est ainsi, la droite KΛ est parallèle à la droite BΓ. Mais on a mené la droite ΔΘ ; donc BΔ est à ΔΓ comme KN est à NΛ. Donc le centre de gravité de la grandeur composée des deux triangles, dont nous venons de parler, est le point N. Mais le centre de gravité du parallélogramme AEΔZ est le point M ; donc le centre de gravité de la grandeur composée de toutes ces grandeurs est dans la droite MN. Mais le centre de gravité du triangle ABΓ est le point Θ ; donc la droite MN prolongée passera par le point

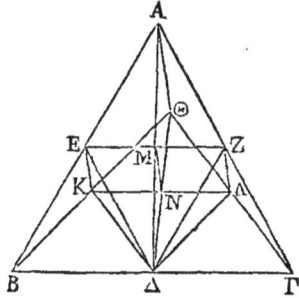

Θ. Ce qui est impossible. Donc le centre du triangle ΑΒΓ n'est point hors de la droite ΑΔ. Il est donc dans cette droite.

PROPOSITION XIV.

Le centre de gravité d'un triangle quelconque est le point où se coupent mutuellement des droites menées des angles du triangle aux milieux des côtés.

Soit le triangle ΑΒΓ. Conduisons la droite ΑΔ au milieu du côté ΒΓ, et la droite ΒΕ au milieu du côté ΑΓ. Le centre de gravité du triangle ΑΒΓ est dans les deux droites ΑΔ, ΒΕ, ce qui a été démontré (13). Donc le point Θ est le centre de gravité du triangle ΑΒΓ.

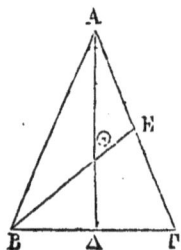

PROPOSITION XV.

Le centre de gravité d'un trapèze quelconque ayant deux côtés parallèles, est dans la droite qui joint les milieux des deux côtés parallèles, partagée de manière que la partie placée vers le point où le plus petit des côtés parallèles est partagé en deux parties égales, soit à l'autre partie comme le double du plus grand des côtés parallèles, conjointement avec le plus petit est au double du plus petit, conjointement avec le plus grand.

Soit le trapèze ΑΒΓΔ, ayant les côtés ΑΔ, ΒΓ parallèles. Que la droite ΕΖ joigne les milieux des côtés ΑΔ, ΒΓ. Il est évident que le centre de gravité du trapèze est dans la droite ΕΖ; car si nous prolongeons les droites ΓΔΗ, ΖΕΗ, ΒΑΗ, ces droites se rencontreront en un même point (α). Donc le centre de gravité du triangle

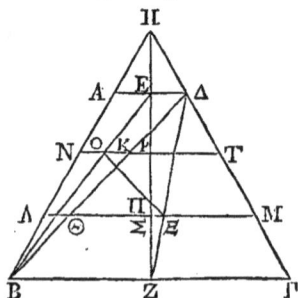

HBΓ est dans la droite HZ. Mais le centre de gravité du triangle AHΔ est aussi dans la droite EH; donc le centre de gravité du trapèze restant ABΓΔ est aussi dans la droite EZ (8). Menons la droite BΔ, et partageons cette droite en trois parties égales aux points K, Θ; par ces points con-duisons les droites ΛΘM, NKT parallèles à BΓ, et menons ΔZ, BΞ, OΞ. Le centre de gravité du triangle ΔBΓ sera dans ΘM, parce que ΘB est le tiers de BΔ (6), et que la droite MΘ a été conduite par le point Θ parallèlement à la base MΘ. Mais le centre du triangle ΔBΓ est dans la droite

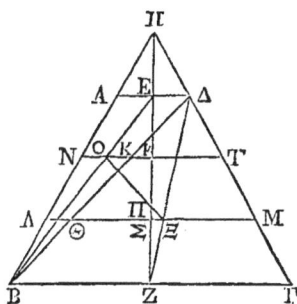

ΔZ; donc le point Ξ est le centre de gravité du triangle dont nous venons de parler. Mais, par la même raison, le point O est le centre de gravité du triangle ABΔ; donc le centre de gra-vité de la grandeur composée des triangles ABΔ, BΔΓ, c'est-à-dire du trapèze, est dans la droite OΞ. Mais le centre de gravité du trapèze dont nous venons de parler est aussi dans la droite EZ; donc le point Π est le centre de gravité du trapèze ABΓΔ. Donc le triangle BΓΔ est au triangle ABΔ comme OΠ est à ΠΞ (6 et 7). Mais le triangle BΔΓ est au triangle ABΔ comme BΓ est à AΔ, et OΠ est à ΠΞ comme ΠΡ est à ΠΣ; donc BΓ est à AΔ comme ΡΠ est à ΠΣ. Donc aussi le double de BΓ, conjointement avec AΔ est au double de AΔ, conjointement avec BΓ comme le double de ΡΠ, conjoin-tement avec ΠΣ est au double de ΠΣ, conjointement avec ΠΡ. Mais le double de ΡΠ, conjointement avec ΠΣ est égal à ΣΡ, conjointement avec ΡΠ, c'est-à-dire à ΡE; et le double de ΠΣ, conjointement avec ΠΡ est égal à ΡΠ, conjointement avec ΠΣ, c'est-à-dire à ΠZ. Donc la proposition est démontrée.

DE L'ÉQUILIBRE DES PLANS

OU

DE LEURS CENTRES DE GRAVITÉ.

LIVRE SECOND.

PROPOSITION PREMIÈRE.

Sɪ deux surfaces qui sont comprises par une droite et par une parabole, et qui peuvent par conséquent s'appliquer sur une droite donnée, n'ont pas le même centre de gravité, le centre de gravité de la grandeur composée des deux premières sera dans la droite qui joint les centres de gravité, la droite dont nous venons de parler étant partagée de manière que ses segmens soient réciproquement proportionnés aux surfaces paraboliques.

Soient deux surfaces AB, ΓΔ, telles que celles dont nous

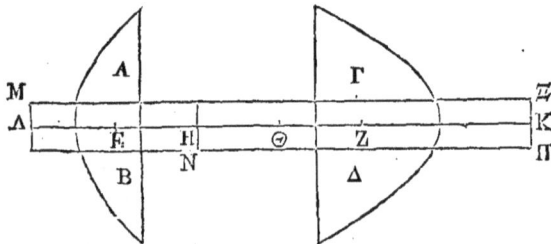

venons de parler. Que leurs centres de gravité soient les points ᴇ, ᴢ, et que la surface AB soit à la surface ΓΔ comme ᴢΘ est à

ΘE. Il faut démontrer que le point Θ est le centre de gravité de la grandeur composée des deux grandeurs AB, ΓΔ.

Que chacune des droites ZH, ZK soit égale à EΘ, et la droite EΛ égale à la droite ZΘ, c'est-à-dire à la droite HE. La droite ΛΘ

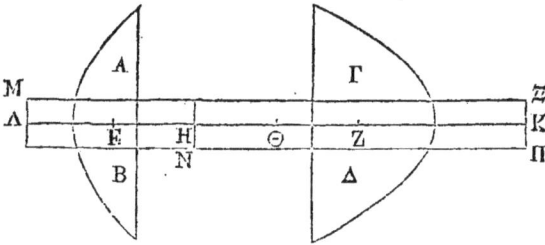

sera aussi égale à la droite KΘ ; et la surface AB sera à la surface ΓΔ comme ΛH est à HK; car chacune des droites ΛH, HK est double de chacune des droites ZΘ, ΘE. Appliquons sur la droite ΛH de l'un et de l'autre côté, la surface AB; de manière que la surface MN soit égale à la surface AB (α). Le centre de gravité de la surface MN sera le point E (1, 9). Achevons le rectangle NΞ. La surface MN sera à la surface NΞ comme ΛH est à NK. Mais la surface AB est à la surface ΓΔ comme ΛH est à HK; donc la surface AB est à la surface ΓΔ comme la surface MN est à la surface NΞ, et par permutation.......... Mais la surface AB est égale à la surface MN; donc la surface ΓΔ est égale à la surface NΞ. Puisque le centre de gravité de NΞ est le point Z, que la droite ΛΘ est égale à la droite ΘK, et que la droite entière ΛK partage les côtés opposés en deux parties égales, le point Θ sera le centre de gravité de la surface entière ΠM (1, 9). Mais la surface MΠ est égale à une surface composée de MN, NΞ; donc le point Θ est le centre de gravité de la surface composée des surfaces AB, ΓΔ.

Si dans le segment qui est compris par une droite et par

une parabole, on inscrit un triangle qui ait la même base et
la même hauteur que le segment; si dans les segmens restans
ont inscrit des triangles qui aient la même base et la même
hauteur que ces segmens, et si l'on continue d'inscrire de la
même manière des triangles dans les segmens restans, la figure
produite est dite inscrite régulièrement dans le segment (6). Il
est évident que les droites qui joignent les angles de la figure
inscrite de cette manière, non-seulement ceux qui sont les plus
près du sommet, mais encore ceux qui viennent ensuite, seront
parallèles à la base du segment. Ces droites seront coupées en
deux parties égales par le diamètre du segment; et ces mêmes
droites couperont le diamètre de manière que ses segmens, en
comptant pour un celui qui est vers le sommet, seront entre
eux comme les nombres successivement impairs. Ce qu'il faut
démontrer (γ).

PROPOSITION II.

Si dans un segment compris par une droite et par une
parabole, on inscrit régulièrement une figure rectiligne, le
centre de gravité de la figure rectiligne sera dans le diamètre
du segment.

Que le segment ABΓ soit tel que celui dont nous venons

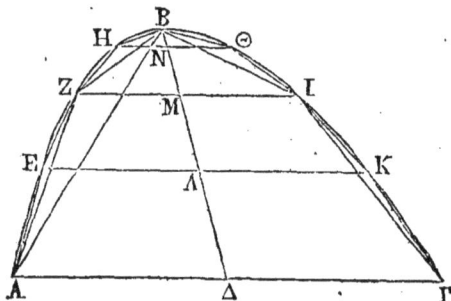

de parler. Inscrivons-lui régulièrement la figure rectiligne

AEZHBΘIKГ. Que BΔ soit le diamètre du segment. Il faut démontrer que le centre de gravité de cette figure rectiligne est dans BΔ.

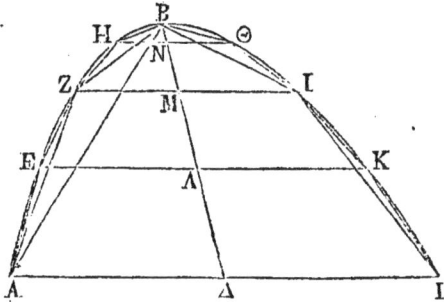

Car puisque le centre de gravité du trapèze AEKГ est dans la droite ΛΔ (1 , 15), le centre de gravité du trapèze EZIH dans MΛ, le centre de gravité du trapèze ZHΘI dans MN, et enfin le centre de gravité du triangle HBΘ dans BN, il est évident que le centre de gravité de la figure rectiligne entière sera dans BΔ.

PROPOSITION III.

Si dans deux segmens semblables compris par une droite et par une parabole, on inscrit régulièrement des figures rectilignes qui aient le même nombre de côtés, les centres de gravité des figures rectilignes seront semblablement placés dans les diamètres des segmens (α).

Soient les deux segmens ABГ, ΞΟΠ. Inscrivons-leur régulièrement des figures rectilignes qui aient chacune le même nombre de côtés. Que BΔ, ΟΡ soient les diamètres des segmens. Menons les droites EK, ZI, HΘ; et les droites ΣΤ, ΥΦ, ΧΨ. Puisque les diamètres BΔ, ΡΟ sont partagés semblablement par les parallèles ; que leurs segmens sont comme les nombres successivement impairs, et que ces segmens sont égaux en nombre, il est évident que non-seulement les segmens des diamètres, mais encore les parallèles, seront dans les mêmes raisons (6). Mais les centres de gravité des trapèzes AEKΓ, ΞΣΤΠ seront semblablement placés dans les droites ΛΔ, ΩP, parce que la raison

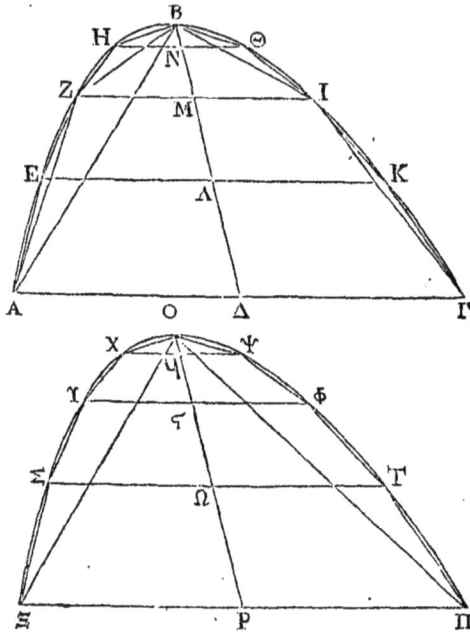

de AΓ à EK est la même que la raison de ΞΠ à ΣΤ (1 , 15); les centres de gravité des trapèzes EZIK, ΣΥΦΤ seront semblablement placés dans les droites ΛM, Ωϛ; les centres de gravité des trapèzes ZΘ, ΥΨ seront semblablement placés dans les droites MN, ϛ4, et les centres de gravité des triangles HBΘ, XOΨ seront encore semblablement placés dans les droites BN, O4; et de plus les trapèzes et les triangles sont proportionnels. Il est donc évident que le centre de gravité de la figure rectiligne entière inscrite dans le segment ABΓ, et le centre de gravité de la figure rectiligne entière inscrite dans le segment ΞΘΠ sont semblablement placés dans les diamètres BΔ, OP. Ce qu'il falloit démontrer.

PROPOSITION IV.

Le centre de gravité d'un segment quelconque compris par une droite et par une parabole est dans le diamètre du segment.

Soit ABΓ un segment tel que celui dont nous venons de

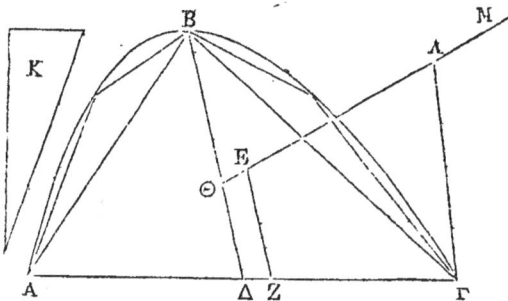

parler. Que son diamètre soit BΔ. Il faut démontrer que le centre de gravité du segment dont nous venons de parler est dans la droite BΔ.

Que cela ne soit point; et que le point E soit son centre de gravité. Par ce point conduisons EZ parallèle à BΔ. Inscrivons dans le segment un triangle ABΓ, ayant la même base et la même hauteur que ce segment; et que ΓZ soit à ΔZ comme le triangle ABΓ est à la surface K. Inscrivons régulièrement dans le segment une figure rectiligne, de manière que la somme des segmens restans soit moindre que la surface K (α). Le centre de gravité de la figure rectiligne inscrite est dans la droite BΔ (2, 2); que son centre de gravité soit le point Θ. Menons la droite ΘE; et ayant prolongé cette droite, conduisons ΓΛ parallèle à BΔ. Il est évident que la raison de la figure rectiligne inscrite dans le segment à la somme des segmens restans est plus grande que la raison du triangle ABΓ à la surface K. Mais le triangle ABΓ est à la surface κ comme ΓZ est à ZΔ; donc la raison de la figure inscrite dans le segment à la somme des segmens restans est plus grande que la raison de ΓZ à ZΔ, c'est-à-dire de ΛE à EΘ. Que ME soit à EΘ comme la figure rectiligne inscrite est à la somme des segmens. Donc puisque le centre de gravité du segment entier est le point E, et que le centre de gravité de la figure inscrite est le point Θ, il est évident que le centre de gravité de la grandeur restante qui est composée de tous les segmens restans sera dans la droite ΘE prolongée, de manière que son prolongement soit à ΘE comme la figure rectiligne inscrite est à la somme des segmens restans (1, 8). Donc le centre de gravité de la grandeur composée des segmens restans sera le point M. Ce qui est absurde; car tous les segmens restans sont du même côté de la droite menée par le point M parallèle à BΔ. Il est donc évident que le centre de gravité est dans BΔ.

PROPOSITION V.

Si dans un segment compris par une droite et par une para-bole, on inscrit régulièrement une figure rectiligne, le centre de gravité du segment est plus près du sommet que le centre de gravité de la figure rectiligne.

Soit ABΓ un segment tel que celui dont nous venons de parler;

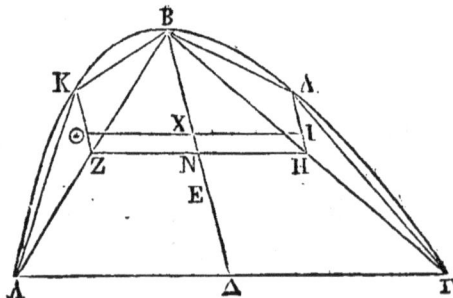

que BΔ soit son diamètre. Inscrivons-lui d'abord régulièrement le triangle ABΓ. Partageons BΔ au point E, de manière que BE soit double de EΔ. Le point E sera le centre de gravité du triangle ABΓ. Partageons les droites AB, BΓ en deux parties égales aux points Z, H, et par les points Z, H conduisons les droites ZK, ΛH parallèles à BΔ; le centre de gravité du segment

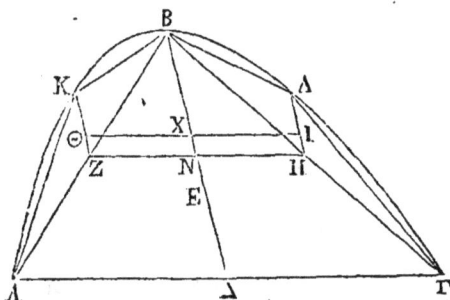

AKB sera dans la droite ZK, et le centre de gravité du segment BΓΛ dans la droite HΛ (2, 4). Que ces centres de gravité soient les points Θ, I. Menons ΘI. Puisque la figure ΘZHI est un parallélogramme (α), et que ZN est égal à NH, la droite XΘ sera égale à la droite XI. Donc le centre de gravité de la grandeur composée des deux segmens AKB, BΛΓ sera dans le milieu de ΘI, c'est-à-dire en X; car ces segmens sont égaux (6). Puisque le centre de gravité du triangle ABΓ est le point E, et que le centre de gravité de la grandeur composée des deux segmens AKB, EΛΓ est le point X, il est évident que le centre de gravité du segment total ABΓ sera dans XE, c'est-à-dire entre les points X et E (2, 8). Donc le centre de gravité du segment entier sera plus près du sommet que le centre de gravité du triangle régulièrement inscrit.

Inscrivons ensuite régulièrement dans le segment ABΓ le pentagone AKBΛΓ. Que la droite BΔ soit le diamètre du segment entier, et les droites KZ, ΛH les diamètres des segmens AKB, BΛΓ.

Puisque dans le segment AKB on a inscrit régulièrement un triangle, le centre de gravité du segment entier est plus près du sommet que le centre de gravité du triangle. Que le point ⊙ soit le centre de gravité du segment AKB, et le point I celui

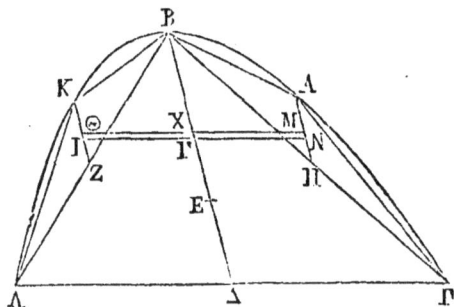

du triangle; que le point M soit le centre de gravité du segment BAΓ, et le point N celui du triangle. Joignons les points ⊙, M et les points I, N. La droite ⊙X sera égale à la droite XM, et la droite IT à la droite TN. Mais le triangle BAΓ est égal au triangle AKB, et le segment BAΓ au segment AKB, car on a démontré dans d'autres livres que ces segmens sont égaux à quatre fois le tiers des triangles (ר); donc le point X sera le centre de gravité de la grandeur composée des segmens AKB, BAΓ, et le point T le centre de gravité de la grandeur composée des triangles AKB, BAΓ. Donc puisque le point E est le centre de gravité du triangle ABΓ, et le point X le centre de gravité de la grandeur composée des segmens AKB, BAΓ, il est évident que le centre de gravité du segment entier ABΓ est dans la droite XE, partagée de manière que la partie dont l'extrémité est le point X soit à la plus petite partie comme le triangle ABΓ est à la somme des segmens AKB, BAΓ (1, 8). Mais le centre de gravité du pentagone AKBAΓ est dans la droite ET, partagée de manière que la partie dont l'extrémité est le point T, soit à l'autre partie comme le triangle ABΓ est à la somme des triangles AKB, BAΓ. Donc puisque la raison du triangle ABΓ à la somme des triangles KAB, ABΓ est plus grande que la raison du triangle ABΓ à la somme des segmens AKB, BΛΓ (δ), il est évident que le centre de gravité du segment ABΓ est plus près du sommet B que le centre de gravité de la figure rectiligne inscrite. On pourra faire le même raisonnement pour toutes les figures rectilignes régulièrement inscrites.

PROPOSITION VI.

Un segment compris par une droite et par une parabole étant donné, on peut lui inscrire régulièrement une figure rectiligne, de manière que la droite qui est entre le centre de gravité du segment et celui de la figure rectiligne soit plus petite que toute droite proposée.

Soit donné le segment ABΓ tel que celui dont nous venons de parler; que son centre de gravité soit le point Θ. Inscrivons-lui régulièrement le triangle ABΓ, et que Z soit la droite proposée. Que le triangle ABΓ soit à la surface K comme BΘ est à Z. Inscrivons régulièrement dans le segment ABΓ la figure rectiligne AKBΛΓ, de manière que la somme des segmens restans soit plus petite que la surface K. Que le point E soit le centre de gravité de la figure rectiligne inscrite. Je dis que la droite ΘE est plus petite que la droite Z.

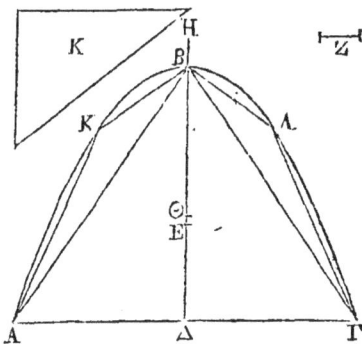

Car si la droite ΘE n'est pas plus petite que la droite Z, elle lui est égale ou plus grande. Mais puisque la raison de la figure rectiligne AKBΛΓ à la somme des segmens restans est plus grande que la raison du triangle ABΓ à la surface K (α), c'est-à-dire que la raison de la droite ⊙B à la droite z , et que la raison ⊙B à z n'est pas moindre que la raison de ⊙B à ⊙E ; parce que ⊙E n'est pas plus petit que z, la raison de la figure rectiligne AKBΛΓ à la somme des segmens restans sera encore plus grande que la raison des B⊙ à ⊙E. C'est pourquoi, si nous faisons en sorte que la figure recti-ligne AKBΛΓ soit à la somme des segmens restans comme une autre droite est à la droite ⊙E , cette autre droite sera plus grande que la droite B⊙. Que cette autre droite soit ⊙H. Puisque le point ⊙ est le centre de gravité du segment ABΓ, et le point E le centre de gravité de la figure rectiligne AKBΛΓ , si l'on prolonge la droite E⊙ et si l'on prend une certaine partie de son pro-longement qui soit à ⊙E comme la figure rectiligne AKBΛΓ est à la somme des segmens restans, cette partie du prolongement sera plus grande que ⊙B. Que H⊙ soit donc à ⊙E comme la figure rectiligne AKBΛΓ est aux segmens restans ; le point H sera le centre de gravité de la grandeur composée de tous les seg-mens restans. Ce qui ne peut être ; car si l'on conduit par le point H une droite parallèle à BΓ, les segmens restans seront du même côté que le segment entier. Il est donc évident que la droite ⊙E est moindre que la droite z ; ce qu'il falloit démon-trer (6).

PROPOSITION VII.

Les centres de gravité de deux segmens semblables compris par une droite et par une parabole, coupent leurs diamètres dans la même raison.

Soient les deux segmens ABΓ, EZH tels que ceux dont nous venons de parler. Que BΔ , Z⊙ soient leurs diamètres ; que le point K soit le centre de gravité du segment ABΓ, et le point Λ le centre de gravité du segment EZH. Il faut démontrer que les points K , Λ coupent les diamètres en parties proportionnelles.

39

Car si cela n'est point, que ZM soit à ΘM comme KB est à KΔ. Inscrivons régulièrement dans le segment EZH une figure rectiligne, de manière que la droite qui est entre le centre de gravité du segment et le centre de gravité de la figure rectiligne soit

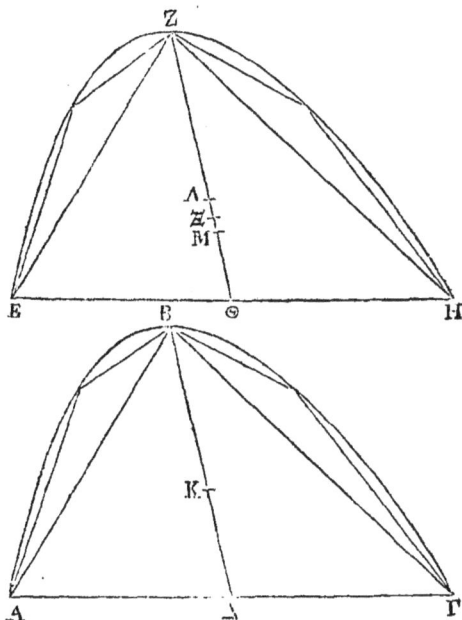

plus petite que ΛM. Que le point Ξ soit le centre de gravité de la figure inscrite. Inscrivons dans le segment ABΓ une figure rectiligne semblable à celle qui est inscrite dans le segment EZH, c'est-à-dire régulièrement (α). Le centre de gravité de cette dernière figure sera plus près du sommet que le centre de gravité du segment (2, 5). Ce qui ne peut être. Il est donc évident que BK est à KΔ comme ZΛ est à ΛΘ.

PROPOSITION VIII.

Le centre de gravité d'un segment compris par une droite et par une parabole partage le diamètre, de manière que la partie qui est vers le sommet est égale à trois fois la moitié de la partie qui est vers la base.

Soit un segment ABΓ tel que celui dont nous venons de parler. Que BΔ soit son diamètre, et le point Θ son centre de gravité. Il faut démontrer que la droite BΘ est égale aux trois moitiés de la droite ΘΔ.

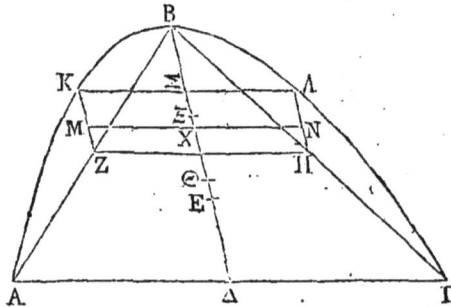

Inscrivons régulièrement dans le segment ABΓ le triangle ABΓ dont le centre de gravité soit le point E. Partageons chacune des droites AB, BΓ en deux parties égales aux points z, H, et conduisons les droites KZ, HΛ parallèles à BΔ : ces droites seront les diamètres des segmens AKB, BΛΓ.

Que le point M soit le centre de gravité du segment AKB, et le point N le centre de gravité du segment BΛΓ. Menons les droites ZH, MN, KΛ. Le point X sera le centre de gravité de la grandeur composée de ces deux segmens. Puisque BΘ est à ΘΔ comme KM est à MZ (α), par addition et par permutation, la droite BΔ sera à la droite KZ comme ΘΔ est à MZ. Mais la droite BΔ est quadruple de KZ, ainsi qu'on le démontrera à la fin,

à l'endroit où est la lettre ☉ (6). Donc la droite ΔΘ est quadruple de la droite MZ. Donc la droite restante BΘ est aussi
quadruple de la droite restante KM, c'est-à-dire de la droite
ΣX. Donc la somme des droites restantes BΣ; XΘ est triple de la

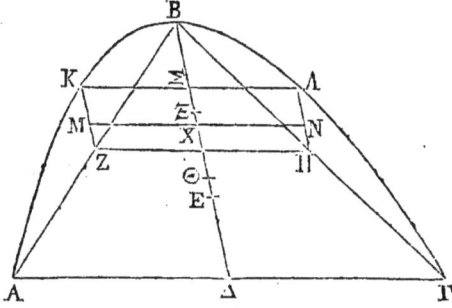

droite ΣX (γ). Que BΣ soit triple de ΣΞ; la droite XΘ sera triple de
ΞX. Puisque BΔ est quadruple de BΣ, car cela se démontre, et
que BΣ est triple de ΣΞ, la droite ΞB sera le tiers de BΔ. Mais
EΔ est le tiers de ΔB, parce que le point E est le centre de
gravité du triangle ABΓ. Donc la droite restante ΞE est le tiers
de la droite BΔ. Puisque le point ☉ est le centre de gravité du
segment entier, que le point x est le centre de gravité de la
grandeur composée des deux segmens AKB, BΛΓ, et qu'enfin le
point E est le centre de gravité du triangle ABΓ, le triangle ABΓ
sera à la somme des segmens restans comme XΘ est à ΘE (1, 8).
Mais le triangle ABΓ est triple de la somme des segmens; parce
que le segment entier est égal à quatre fois le tiers du triangle
ABΓ (δ); donc XΘ est triple de ΘE. Mais on a démontré que XΘ
est triple de XΞ; donc ΞE, c'est-à-dire ΔE est quintuple de EΘ,
car les droites ΞE, ΔE sont égales. Donc ΔΘ est sextuple de ΘE;
Mais BΔ est triple de ΔE (ε); donc BΘ est égal aux trois moitiés
de ΘΔ. Ce qu'il falloit démontrer.

PROPOSITION IX.

Si quatre lignes droites sont continuellement proportionnelles, si l'on prend une droite qui soit aux trois cinquièmes de l'excès de la plus grande sur la troisième, comme la plus petite est à l'excès de la plus grande sur la plus petite, et si l'on prend une autre droite qui soit à l'excès de la plus grande sur la troisième, comme une droite composée du double de la plus grande, du quadruple de la seconde, du sextuple de la troisième, du triple de la quatrième, est à une droite composée du quintuple de la plus grande, du décuple de la seconde, du décuple de la troisième et du quintuple de la quatrième; ces deux droites prises ensemble seront les deux cinquièmes de la plus grande (α).

Soient AB, BΓ, BΔ, BE quatre droites proportionnelles. Que la droite ZH soit aux trois cinquièmes de la droite AΔ comme BE est à EA, et que HΘ soit à AΔ comme une droite composée du double de AB, du quadruple de BΓ, du sextuple de BΔ et

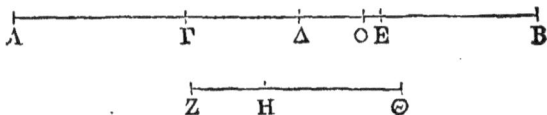

du triple de BE, est à une droite composée du quintuple de AB, du décuple de ΓB, du décuple de BΔ et du quintuple de BE. Il faut démontrer que ZΘ est égal aux deux cinquièmes de AB.

Puisque les droites AB, BΓ, BΔ, BE sont proportionnelles, les droites AΓ, ΓΔ, ΔE seront dans la même raison (6). Donc la somme des droites AB, BΓ est à BΔ, et la somme des droites BΔ, BΓ, est à EB comme AΔ est à ΔE, et comme la somme de tous les antécédens est à la somme de tous les conséquens. Donc AΔ est à ΔE comme une droite composée du double de AB, du triple de ΓB et de ΔB est à une droite

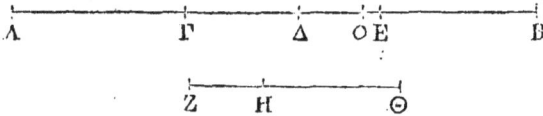

composée du double de BΔ et de BE. Mais une droite composée du double de AB, du quadruple de BΓ, du quadruple de BΔ, du double de BE, est à une droite composée du double de BΔ et de BE comme la droite ΔA sera à une droite plus petite que ΔE; que ce soit à ΔO. La dernière raison sera égale à la première. Donc OA sera à AΔ comme une droite composée du double de AB, du quadruple de ΓB, du sextuple de BΔ, du triple de BE est à une droite composée du double de chacune des droites AB, EB, et du quadruple de chacune des droites ΓB, BΔ. Mais AΔ est HΘ comme une droite composée du quintuple de chacune des droites AB, BE, et du décuple de chacune des droites ΓB, BΔ, est à la droite composée du double de AB, du quadruple de ΓB, du triple de EB et du sextuple de BΔ. Donc les raisons étant disposées différemment, c'est-à-dire la proportion étant troublée, par raison d'égalité, la droite OA sera à HΘ comme une droite composée du quintuple de chacune des droites AB, BE et du décuple de chacune des droites ΓB, BΔ, est à une droite composée du double de chacune des droites AB, BE et du quadruple de chacune des droites ΓB, BΔ. Mais une droite composée du quintuple de chacune des droites, AB, BE, et du décuple de chacune des droites ΓB, BΔ, est à une droite composée du double de chacune des droites AB, BE et du quadruple de chacune des droites гв , вᴅ , comme cinq est à deux ; donc ᴀᴏ est à нᴏ comme cinq est à deux. De plus, puisque ᴏᴅ est à ᴅᴀ comme ᴇв, conjointement avec le double de вᴅ est à une droite composée du double de chacune des droites ᴀв, вᴇ et du quadruple de chacune des droites гв , вᴅ , et que ᴀᴅ est à ᴅᴇ comme une droite composée du double de ᴀв, du triple de гв et de вᴅ, est à une droite composée de ᴇв et du double de вᴅ. Donc les raisons étant autrement disposées, c'est-à-dire la proportion étant troublée, par raison d'égalité, la droite ᴏᴅ sera à la droite ᴅᴇ comme une droite composée du double de ᴀв, du triple de вг et de вᴅ, est à une droite composée du double de chacune des droites ᴀв, вᴇ et du quadruple de chacune des droites гв , вᴅ. Donc ᴇᴏ est à ᴇᴅ comme une droite composée de гв, du triple de вᴅ et du double de ᴇв, est à une droite composée du double de chacune des droites ᴀв, вᴇ et du quadruple de chacune des droites гв , вᴅ. Mais ᴅᴇ est à ᴇв comme ᴀг est à гв, et comme гᴅ est à ᴅв, et par addition, comme le triple de гᴅ est au triple de ᴅв, et comme le double de ᴅᴇ est au double de ᴇв ; donc aussi une droite composée de ᴀг, du triple de гᴅ et du double de ᴅᴇ est à une droite composée de гв, du triple de ᴅв et du double de ᴇв. Donc les raisons étant autrement disposées, c'est-à-dire la proportion étant troublée, par raison d'égalité la droite ᴇᴏ sera à la droite ᴇв comme une droite composée de ᴀг, du triple de гᴅ et du double de ᴅᴇ est à une droite composée du double de chacune des droites ᴀв, вᴇ et du quadruple de chacune des droites гв, вᴅ. Donc la droite entière ᴏв est à ᴇв comme une droite composée du triple de ᴀв, du sextuple de гв et du triple de вᴅ est à une droite composée du double de chacune des droites ᴀв, вᴇ, et du quadruple de chacune des droites гв, вᴅ. Puisque non-seulement les droites ᴇᴅ, ᴅг, гᴅ ont la même raison, mais encore les sommes des droites ᴇв, вᴀ, des

droites ΔB , ΓB et des droites ΓB , ΓA; donc une droite composée
des droites EB , BΔ sera à une droite composée des droites ΔB ,
BΓ et des droites ΓB , BA comme EΔ est à ΔA. Donc, par addition , la droite AE est à AΔ comme une droite composée des
droites EB , BΔ, et des droites AB , BΓ , et des droites ΓB , BΔ ,
c'est-à-dire des droites EB , BA et du double de chacune des
droites ΔB , BΓ est à une droite composée de chacune des droites
BΔ, BA et du double de BΓ. Donc la raison du double au double
sera la même , c'est-à-dire qu'une droite composée du double
de chacune des droites EB , BA , et du quadruple de chacune des
droites ΓB , BΔ est à une droite composée du double de chacune des droites AB , BΔ et du quadruple de ΓB , comme EA est à
AΔ. Donc EA est aux trois cinquièmes de AΔ comme une
droite composée du double de chacune des droites AB , BE , du
quadruple de chacune des droites ΓB , BΔ aux trois cinquièmes
de la droite composée du double de chacune des droites AB ,
BΔ, et du quadruple de ΓB. Mais EA est aux trois cinquièmes
de AΔ comme EB est à ZH; donc EB est à ZH comme une droite
composée du double de chacune des droites AB , BE et du quadruple de chacune des droites ΔB , BΓ est aux trois cinquièmes
de la droite composée du double de chacune des droites AB ,
BΔ et du quadruple de ΓB. Mais on a démontré qu'une droite
composée du triple de chacune des droites AB , BΔ et du sextuple de ΓB , est à une droite composée du double de chacune
des droites AB , BE et du quadruple de chacune des droites ΓB ,
BΔ, comme OB est à EB ; donc, par raison d'égalité, une droite
composée du triple de chacune des droites AB , BΔ et du sextuple de ΓB , est aux trois cinquièmes d'une droite composée du
double de chacune des droites AB , BΔ, du quadruple de ΓB ,
comme OB est à ZH. Mais la droite composée du triple de
chacune des droites AB , BΔ et du sextuple de ΓB , est à une

droite composée du double de chacune des droites AB, BΔ
et du quadruple de ΓB comme trois est à deux. Mais la première droite est aux trois cinquièmes de cette droite comme

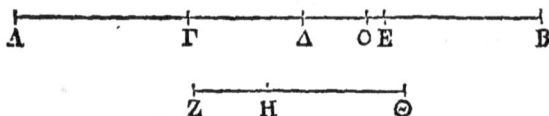

cinq est à deux, et l'on a démontré que AO est à HΘ comme
cinq est à deux. Donc la droite entière BA est à la droite entière ZΘ comme cinq est à deux. Cela étant ainsi, il faut que
ZΘ soit les deux cinquièmes de AB. Ce qu'il falloit démontrer.

PROPOSITION X.

Le centre de gravité d'un segment retranché d'une surface
parabolique est dans la ligne droite qui est le diamètre du segment partagée en cinq parties égales; et il est placé dans la partie
du milieu, coupée de manière que la portion qui est plus
près de la plus petite base du segment, soit à l'autre portion
comme un solide ayant pour base le quarré construit sur la
moitié de la grande base du segment, et pour hauteur le double
de la plus petite base, conjointement avec la plus grande, est à
un solide ayant pour base le quarré construit sur la moitié de
la plus petite base du segment et pour hauteur le double de
la plus grande base du segment, conjointement avec la plus
petite base du segment.

Soient dans une parabole les deux droites AΓ, ΔE; que BZ
soit le diamètre du segment ABΓ. Il est évident que HZ sera
aussi le diamètre du segment AΔEΓ, et que les droites AΓ, ΔE
sont parallèles à la tangente au point B (α). Partageons la

droite ʜᴢ en cinq parties égales, et que ⊙ᴋ soit la partie du milieu. Que ⊙ɪ soit à ɪᴋ comme un solide ayant pour base le quarré construit sur ᴀᴢ et pour hauteur le double de la droite

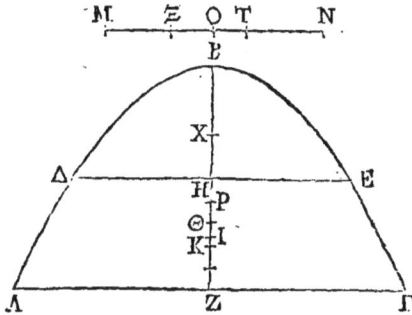

ᴀʜ, conjointement avec la droite ᴀᴢ, est à un solide ayant pour base le quarré construit sur ᴀʜ et pour hauteur le double de la droite ᴀᴢ, conjointement avec la droite ᴀʜ. Il faut démontrer que le point ɪ est le centre de gravité du segment ᴀᴀᴇᴦ.

Que ᴍɴ soit égal à ᴢʙ, et ɴᴏ égal à ʜʙ. Prenons une droite ɴᴣ moyenne proportionnelle entre ᴍɴ, ɴᴏ, et la droite ᴛɴ quatrième proportionnelle à ces trois droites. Faisons en sorte que ᴛᴍ soit à ᴛɴ comme ᴢ⊙ est à une droite ɪᴘ menée du point ɪ; son autre extrémité tombera où l'on voudra, car il est indifférent que son autre extrémité tombe entre ᴢ, ʜ ou entre ʜ, ʙ. Puisque ᴢʙ est un diamètre de la parabole, c'est-à-dire, ou le premier ou un diamètre parallèle au premier (6), et que les droites ᴀᴢ, ᴀʜ sont des ordonnées, parce qu'elles sont parallèles à la tangente au point ʙ, le quarré construit sur ᴀᴢ sera au quarré construit sur ᴀʜ comme ᴢʙ est à ʙʜ, c'est-à-dire comme ᴍɴ est à ɴᴏ. Mais ᴍɴ est à ɴᴏ comme le quarré construit sur ᴍɴ est au quarré construit sur ɴᴣ; donc le quarré construit sur ᴀᴢ est au quarré construit sur ΔH comme le quarré construit sur MN est au quarré construit sur NΞ. Donc AZ est à ΔH comme MN est à NΞ. Donc le cube construit sur AZ est au cube construit sur ΔH comme le cube construit sur MN est au cube construit sur NΞ. Mais le cube construit sur AZ est au cube construit sur ΔH comme le segment ΒAΓ est au segment ΔBE; et le cube construit sur MN est au cube construit sur NΞ comme MN est à NT. Donc, par soustraction, le segment AΔΓE est au segment ABE comme MT est à TN, c'est-à-dire comme les trois cinquièmes de HZ est à IP. Puisqu'un solide qui a pour base le quarré construit sur AZ et pour hauteur le double de AH, conjointement avec la droite AZ, est au cube construit sur AZ comme le double de la droite ΔH, conjointement avec la droite AZ est à ZA, et par conséquent comme le double de NΞ, conjointement avec MN est à NM. Donc le cube construit sur AZ est au cube construit sur ΔH comme MN est à NT. Mais le cube construit sur ΔH est à un solide ayant pour base le quarré construit sur ΔH et pour hauteur le double de la droite AZ, conjointement avec la droite ΔH comme ΔH est au double de la droite ΔZ, conjointement avec la droite ΔH, et comme la droite TN est au double de la droite ON, conjointement avec la droite TN. On a donc quatre quantités, savoir : le solide qui a pour base le quarré construit sur AZ et pour hauteur le double de la droite ΔH, conjointement avec la droite AZ; le cube construit sur AZ; le cube construit sur ΔH, et le solide qui a pour base le quarré de ΔH et pour hauteur le double de la droite AZ, conjointement avec la droite ΔH; et ces quatre quantités sont proportionnelles deux à deux à quatre quantités, savoir : au double de la droite NΞ, conjointement avec la droite NM, à la droite MN, à la droite NT, et enfin au double de la droite NO, conjointement avec la droite NT. Donc par raison d'égalité, le solide qui a pour base le quarré construit sur AZ et pour hauteur le double de la droite ΔH ,.conjointement avec la droite AZ est au solide qui a pour base le quarré construit sur ΔH et pour hauteur le double de la droite AZ , conjointement avec la droite ΔH ,

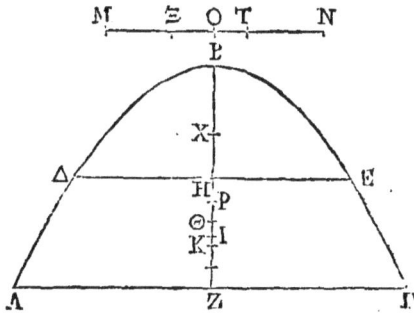

comme le double de la droite NΞ , conjointement avec la droite NM est le double de la droite NO , conjointement avec la droite NT. Mais le premier solide dont nous venons de parler est au second solide dont nous venons aussi de parler , comme ΘI est à IK ; donc ΘI est à IK comme la première droite composée est à la seconde droite composée. Donc , par addition et en quintuplant les antécédens , la droite ZH sera à la droite IK comme une droite composée du quintuple de chacune des droites MN , NT , et la décuple de chacune des droites NΞ , NO est au double de la droite ON, conjointement avec la droite NT. Mais ZH est aux deux cinquièmes de ZK comme une droite composée du quintuple de chacune des droites MN , NT, du décuple de chacune des droites ΞN, NO est à une droite composée du double de chacune des droites MN, NT et du quadruple de chacune des droites ΞN , NO. Donc une droite composée du quintuple de chacune des droites MN, NT et du décuple de chacune des droites ΞN , NO sera à une droite composée du double de MN , du quadruple de NΞ , du sextuple de ON et du triple de NT, comme

zh est à zi. Donc puisque les quatre droites mn, nꜱ, on, nt
sont continuellement proportionnelles, la droite nt est à tm
comme la droite pi qui a été prise est aux trois cinquièmes
de zh, c'est-à-dire à mo. Mais une droite composée du double
de nm, du quadruple de nꜱ, du sextuple de no et du triple de
nt est à une droite composée du quintuple de chacune des
droites mn, nt, du décuple de chacune des droites ꜱn, no,
comme l'autre droite iz qui a été prise est à zh, c'est-à-dire
à mo. Donc la droite pz, d'après ce que nous avons démontré
plus haut, sera les deux cinquièmes de mn, c'est-à-dire de zb.
Donc le point p est le centre de gravité du segment aбг. Que
le point x soit le centre de gravité du segment Δbꜱ; le centre
de gravité du segment aΔꜱг sera dans une droite placée dans
la direction de xp, qui sera à la droite xp comme le segment aΔꜱг est au segment restant (1, 8). Mais le point i est
ce centre de gravité, car бp est égal aux trois cinquièmes de
zb et bx aux trois cinquièmes de нb; donc la droite xp est égale
aux trois cinquièmes de la droite restante нz. Mais le segment
aΔꜱг est au segment Δbꜱ comme mt est à nt, et mt est à nt
comme les trois cinquièmes de нz, qui est xp, est à pi. Donc
le segment aΔꜱг est au segment Δbꜱ comme xp est à pi. Mais le
point p est le centre de gravité du segment total, et le point x
le centre de gravité du segment abꜱ. Il est donc évident que le
point i est le centre de gravité du segment aΔꜱг.

FIN DE L'ÉQUILIBRE DES PLANS.

DE LA QUADRATURE

DE LA PARABOLE.

Archimède a Dosithée, Salut.

Lorsque j'eus appris que Conon, le seul de mes amis qui me restoit encore, étoit mort ; que tu étois étroitement lié d'amitié avec lui, et très-versé dans la géométrie ; je fus grandement affligé de la mort d'un homme qui étoit mon ami et qui avoit dans les sciences mathématiques une sagacité tout-à-fait admirable ; et je pris la résolution de t'envoyer, comme je l'aurois fait à lui-même, un théorême de géométrie, dont personne ne s'étoit encore occupé et qu'enfin j'ai voulu examiner. J'ai découvert ce théorême, d'abord par des considérations de mécanique, et ensuite par des raisonnemens géométriques. Parmi ceux qui ont cultivé la géométrie avant nous, quelques-uns ont entrepris de faire voir comment il seroit possible de trouver une surface rectiligne égale à un cercle ou à un segment de cercle. Ils ont ensuite essayé de quarrer la surface comprise par la section d'un cône entier et par une droite ; mais en admettant des lemmes difficiles à accorder (α). Aussi ont-ils été repris par plusieurs personnes comme n'ayant point atteint leur but. Mais je ne sache pas qu'il se soit encore trouvé une seule personne qui ait cherché à quarrer la surface comprise sous une droite et une parabole. Ce que nous avons certainement fait aujourd'hui ; car nous démontrons qu'un segment quelconque compris par une droite et par une parabole est égal à quatre fois le tiers du triangle qui a la même base et la même hauteur que le segment (6). Pour démontrer ce théorème, nous nous sommes servis du lemme suivant : Si deux surfaces sont inégales, ce dont la plus grande surpasse la plus petite étant ajouté à lui-même un certain nombre de fois, il peut arriver que ce reste ainsi ajouté à lui-même surpasse une surface proposée et limitée. Les géomètres qui ont vécu avant nous, ont aussi fait usage de ce lemme pour démontrer que les cercles sont entre eux en raison doublée de leurs diamètres, et les sphères en raison triplée ; qu'une pyramide est le tiers d'un prisme qui a la même base et la même hauteur que cette pyramide, et qu'un cône est le tiers d'un cylindre qui a la même base et la même hauteur que ce cône. Or, les théorêmes démontrés de cette manière n'ont pas paru moins évidens que ceux qui ont été démontrés autrement. Ceux que je viens de publier ont donc le même degré d'évidence. Comme j'ai écrit les démonstrations de ce théorême, je te les envoie. Tu verras comment il a été résolu d'abord par des considérations de mécanique, et ensuite par des raisonnemens géométriques. Nous mettrons en tête de ce traité les élémens des sections coniques qui sont nécessaires pour démontrer ce théorême. Porte-toi bien.

PROPOSITION I.

Soit ABΓ une parabole; que BΔ soit une droite parallèle
au diamètre, ou le diamètre lui-
même; que la droite AΔΓ soit
parallèle à la tangente au point
B. Les droites AΔ, ΔΓ seront égales
entre elles; et si la droite AΔ est
égale à la droite ΔΓ, la droite AΓ
sera parallèle à la tangente au
point B (α).

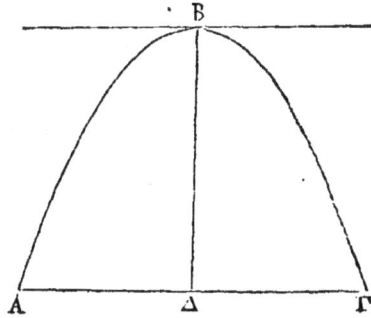

PROPOSITION II.

Si ABΓ est une parabole; si la
droite BΔ est une droite parallèle au
diamètre, ou le diamètre lui-même;
si la droite AΔΓ est parallèle à la
droite qui touche la parabole au
point B, et si la droite ΓE touche la
parabole au point Γ, les droites ΔB,
BE seront égales entre elles (α).

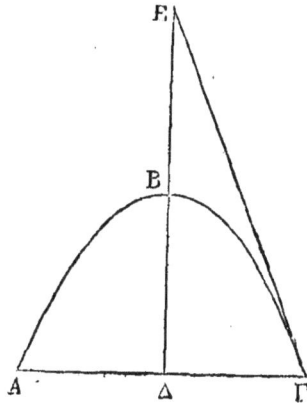

PROPOSITION III.

Si ABΓ est une parabole ; et si BΔ est une parallèle au diamètre ou le diamètre lui-même , et si l'on conduit certaines droites AΔ, EZ parallèles à la tangente au point B , les quarrés des droites AΔ, EZ seront entre eux comme les droites AΔ, BZ.

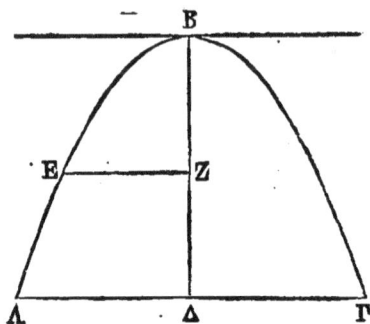

Cela est démontré dans les élémens des sections coniques (α).

PROPOSITION IV.

Soit ABΓ un segment compris par une droite et par une parabole. Du milieu de AΓ conduisons une droite BΔ qui soit une

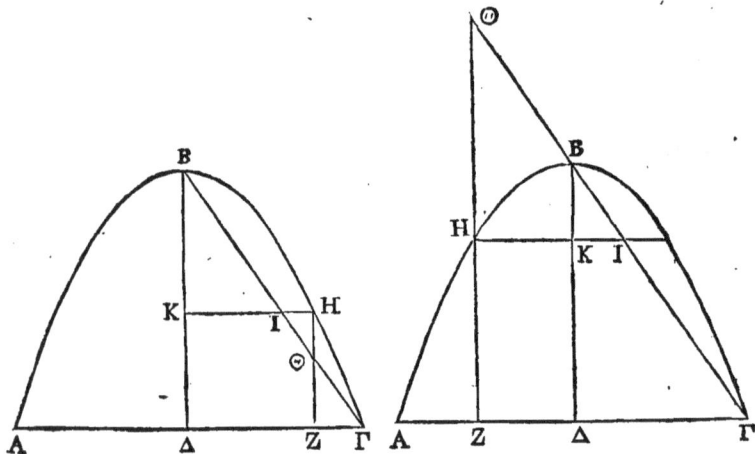

parallèle au diamètre , ou le diamètre lui-même , menons la droite BΓ et prolongeons-la. Si nous conduisons une autre droite ZΘ qui soit parallèle à BΔ, et qui coupe les deux droites AΓ et ΓB, la droite ZΘ sera à la droite ΘH comme ΔA est à ΔZ.

Par le point н conduisons кн parallèle à аг. Le quarré de ∆г sera au quarré de кн comme в∆ est à вк. Ce qui est démontré. Donc le quarré de ∆г est au quarré de ∆z comme вг est à ві ; car les droites ∆z, кн sont égales. Donc le quarré de вг est au quarré de во comme вг est à ві. Donc les droites вг, во, ві sont proportionnelles (α). Donc вг est à во comme го est à оі (б). Donc оz est à он comme г∆ est à ∆z. Mais ∆а est égal à ∆г ; il est donc évident que ∆а est à ∆z comme zо est à он.

PROPOSITION V.

Soit авг un segment compris par une droite et par une parabole. Du point а conduisons la droite zа parallèle au diamètre, et du point г la droite гz qui touche la parabole au point г. Si dans le triangle zаг, on conduit une droite parallèle à аz, la droite к∧ qui coupe la parabole et la droite аг qui va d'un point de la parabole à un autre, seront coupées dans la même raison, et la partie de la droite аг qui est du côté du point а, et la partie de droite к∧ qui est du côté du même point seront des termes correspondans de la proportion.

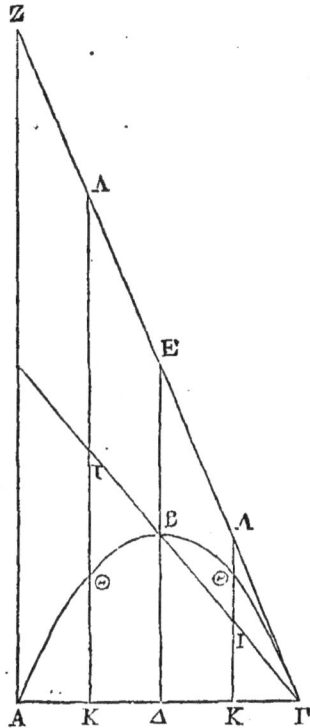

Conduisons une droite quelconque ∆е parallèle à аz. Que d'abord cette droite coupe en deux parties égales la droite аг. Puisque авг est une parabole, qu'on a conduit la droite в∆ parallèle au diamètre, et que а∆ est égal à аг, la droite аг sera

parallèle à la droite qui touche la parabole au point B. De plus,
puisque ΔE est parallèle à l'axe, que du point г on a mené
la droite гE tangente à la parabole au point г, et que Δг
est parallèle à la tangente au point B, la droite гB sera égale
à BΔ (2). Donc AΔ est à Δг comme ΔB est à BE. On a donc démontré ce qui étoit proposé, lorsque la droite qui a été menée
partage Aг en deux parties égales.

Supposons que cette droite ne partage pas la droite Aг en
deux parties égales. Conduisons une droite KΛ parallèle à AZ.
Il faut démontrer que AK est à Kг comme KΘ est à ΘΔ. Car
puisque la droite BE est égale à BΔ, et que la droite IΛ est
aussi égale à la droite KI, la droite KΛ sera à la droite KI
comme Aг est à ΔA. Mais KI est à ΘK comme ΔA est à AK. Ce qui
est démontré dans la proposition précédente; donc KΘ est à KΛ
comme AK est à Aг (α). Donc KΘ est à ΘΛ comme AK est à Kг.
Donc la proposition est démontrée.

PROPOSITION VI.

Supposons que les choses que nous nous proposons d'examiner soient placées devant les yeux dans un plan perpendiculaire sur l'horizon et passant par la droite AB; que ce qui
est du côté du point Δ soit
au bas, et que ce qui est placé
de l'autre côté soit en haut.
Que le triangle BΔг soit rectangle, ayant l'angle droit en B,
et que le côté Bг soit égal à la
moitié du fléau de la balance,
c'est-à-dire que AB soit égal à Bг. Que ce triangle soit suspendu
aux points B, г. Que la surface Z soit suspendue à l'autre extrémité de la balance, c'est-à-dire au point A, de manière que

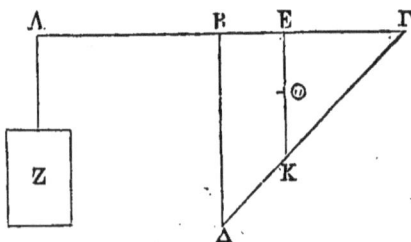

la surface z suspendue au point A soit en équilibre avec le triangle BΔΓ ainsi placé. Je dis que la surface z est la troisième partie du triangle ABΓ.

Car puisqu'on suppose que la balance est en équilibre , la droite sera parallèle à l'horizon , et les droites qui sont perpendiculaires sur AΓ , dans le plan perpendiculaire sur l'horizon, seront elles-mêmes perpendiculaires sur l'horizon. Coupons la droite EΓ au point E, de manière que ΓE soit double de la droite EB ; conduisons KE parallèle à BΔ , et partageons cette droite en deux parties égales au point ϴ. Le point ϴ sera le centre de gravité du triangle BΔΓ ; ce qui est démontré dans les mécaniques. Donc si le triangle qui est suspendu aux points B , Γ en est détaché , et si son centre de gravité est suspendu au point E, il restera dans sa position actuelle, car une chose qui est suspendue demeure en repos lorsque le point de suspension et le centre de gravité sont dans la même verticale. Ce qui est aussi démontré. Donc , puisque la position du triangle BΓΔ , par rapport à la balance , est la même qu'auparavant, la surface z lui fera pareillement équilibre ; et puisque la surface z et le triangle BΔΓ sont en équilibre , l'un étant suspendu au point A et l'autre étant suspendu au point E , il est constant que les longueurs sont réciproquement proportionnelles à ces surfaces , c'est-à-dire que la longueur AB est à la longueur BE comme le triangle BΔΓ est à la surface z. Mais la longueur AB est triple de la longueur BE ; donc le triangle BΔΓ est aussi triple de la surface z.

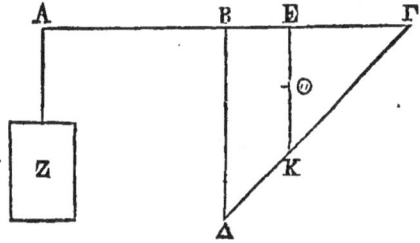

Il est encore évident que si le triangle étoit triple de la surface z , ces deux surfaces seroient pareillement en équilibre.

PROPOSITION VII.

Que la droite ΑΓ soit une balance, dont le milieu soit le point
Β. Que le triangle ΓΔΗ soit suspendu par rapport au point Β.

Que le triangle ΓΔΗ soit obtus - angle , ayant pour base
la droite ΔΗ, et pour hauteur
une droite égale à la moitié
de la balance. Suspendons le
triangle ΔΓΗ aux points Β, Γ.

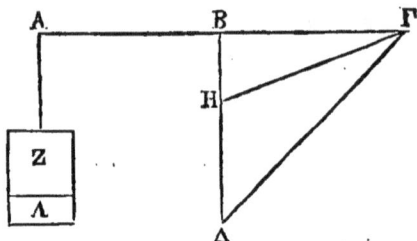

Que la surface Ζ suspendue au point Α soit en équilibre avec
le triangle ΓΔΗ ainsi placé. On démontrera pareillement que la
surface Ζ est la troisième partie du triangle ΓΔΗ.

Suspendons au point Α une autre surface qui soit la troisième
partie du triangle ΒΓΗ. Le triangle ΒΓΔ sera certainement en
équilibre avec la surface ΖΛ. Donc puisque le triangle ΒΓΗ est
en équilibre avec la surface Λ, que le triangle ΒΓΔ est en équilibre avec la surface ΖΛ, et que la surface ΖΛ est le tiers du
triangle ΒΓΔ, il est constant que le triangle ΓΔΗ est triple de la
surface Ζ.

PROPOSITION VIII.

Que la droite ΑΓ soit une balance, dont le milieu soit le point
Β. Suspendons , par rapport au
point Β, un triangle rectangle ΓΔΕ,
ayant l'angle droit en Ε; suspendons ce triangle aux points
Γ, Ε. Suspendons au point Α une surface Ζ, de manière qu'elle

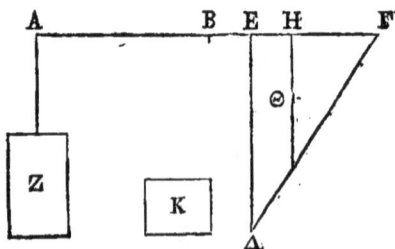

soit un équilibre avec le triangle ΓΔE ainsi placé. Que le triangle ΓΔE soit à la surface κ comme AB est à BE : je dis que la surface Z est moindre que le triangle ΓΔE et plus grande que la surface κ.

Car prenons le centre de gravité du triangle ΔEΓ ; que son
centre de gravité soit le point
Θ. Conduisons ΘH parallèle à
ΔE. Puisque le triangle ΓΔE est
en équilibre avec la surface Z ,

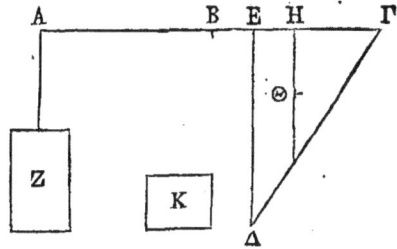

le triangle ΓΔE sera à la surface Z comme AB est à BH. Donc la surface Z est plus petite que le triangle ΓΔE ; mais le triangle ΓΔE est à la surface Z comme BA est à BH, et ce même triangle est à la surface κ comme BA est à BE ; il est donc évident que la raison du triangle ΓΔE à la surface x est plus grande que la raison de ce même triangle à la surface Z. Donc la surface Z est plus grande que la surface κ.

PROPOSITION IX.

Soit AΓ une balance dont le milieu soit le point B. Que ΓΔK
soit un triangle obtus angle
ayant pour base la droite ΔK
et pour hauteur la droite EΓ.
Que ce triangle soit suspendu
aux points Γ , E de la balance ;
et que la surface Z soit sus-

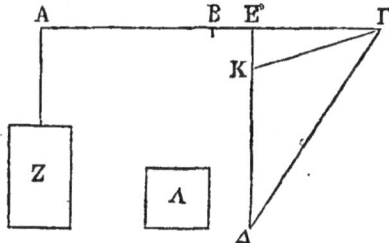

pendue au point A, de manière qu'elle soit en équilibre avec le triangle ΔΓK ainsi placé. Que le triangle ΓΔK soit à la surface Λ comme AB est à BE : je dis que la surface Z est plus grande que la surface Λ et plus petite que le triangle ΔΓK.

On démontrera cette proposition de la même manière que la précédente.

PROPOSITION X.

Soit la balance ABΓ dont le milieu soit le point B; soit aussi le trapèze BΔHK, ayant des angles droits en B, H et le côté KΔ dirigé vers le point Γ. Que BA soit à BH comme le trapèze BΔKH est à la surface Λ. Que le trapèze BΔHK soit suspendu aux points B, H de la balance. Qu'une surface Z soit suspendue au point A,

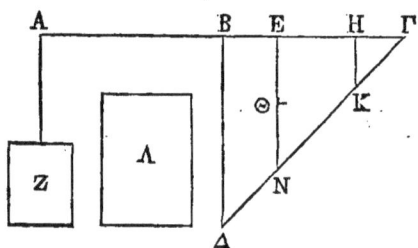

de manière qu'elle soit en équilibre avec le trapèze ABKH ainsi placé. Je dis que la surface Z est moindre que la surface Λ.

Coupons AΓ au point E, de manière que EH soit à BE comme le double de ΔB, conjointement avec KH est au double de KH, conjointement avec BΔ. Conduisons par le point E la droite EN parallèle à BΔ, et partageons cette droite en deux parties égales au point Θ. Le centre de gravité du trapèze BΔHK sera le point Θ. Car cela a été dans les mécaniques (α). Que le trapèze BΔHK soit suspendu au point E, et qu'il soit détaché des points B, H, par la même raison que nous avons dit plus haut, le trapèze ainsi placé restera en repos et sera en équilibre avec la surface Z. Donc puisque le trapèze BΔHK suspendu au point E est en équilibre avec la surface Z suspendue au point A, le trapèze BΔHK sera à la surface Z comme la droite BA est à la droite BE. Donc la raison du trapèze BΔAK à la surface Z est plus grande que la raison de ce trapèze à la surface Λ, puisque la raison de AB à BE est plus grande que la raison de AB à BH. Donc la surface Z sera plus petite que la surface Λ.

PROPOSITION XI.

Soit Aг une balance, dont le milieu soit le point в. Soit le
trapèze KΔтр, ayant ses côtés
KΔ, тр dirigés vers le point
г, et les côtés Δр, кт perpendiculaires sur вг. Que Δр
tombe sur le point в. Que le
trapèze ΔKтр soit à la surface
Λ comme Aв est à вн. Que le trapèze ΔKтр soit suspendu aux
points в, н de la balance, et la surface z au point A, de manière
que la surface z soit en équilibre avec le trapèze ΔKтр ainsi
placé. On démontrera, comme on l'a fait plus haut, que la surface z est moindre que la surface Λ.

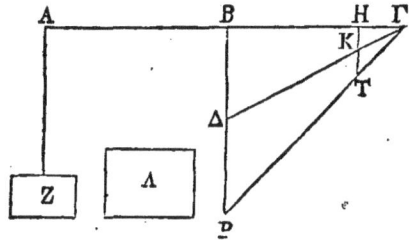

PROPOSITION XII.

Soit une balance Aг, dont le milieu soit le point в. Soit le
trapèze ΔEKн ayant des angles
droits en E, н et les côtés KΔ, Eн
dirigés vers le point г. Que le
trapèze ΔKEн soit à la surface м
comme Aв est à вн, et que le trapèze ΔKEн soit à la surface Λ
comme Aв est à вн. Que le trapèze ΔKEн soit suspendu aux points
E, н de la balance; et que la surface z soit suspendue au point
A, de manière qu'elle soit en équilibre avec le trapèze ainsi
placé. Je dis que la surface z est plus grande que la surface Λ,
et plus petite que la surface м.

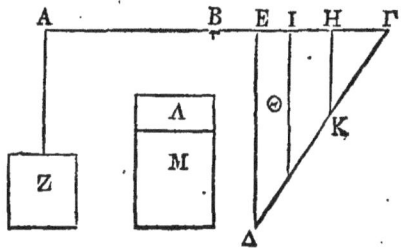

Prenons le centre de gravité du trapèze ΔKEн, et que son

centre de gravité soit le point ⊙. Nous prendrons son centre de gravité comme nous l'avons fait plus haut (10). Conduisons ⊙I parallèle à ΔE. Que le trapèze ΔKEH soit suspendu au point I de la balance, et qu'il soit détaché des points E, H. Par la même raison que nous avons dit plus haut, le trapèze étant ainsi placé restera en repos et sera en équilibre avec la surface Z (6). Donc puisque le trapèze ΔKEH suspendu au point I est en équilibre avec la surface Z suspendue au point A, le trapèze sera à la surface Z comme AB est à BI. Il est donc évident que la raison du trapèze à la surface Λ sera plus grande que la raison du trapèze à la surface Z. Mais la raison du trapèze à la surface M est moindre que la raison du trapèze à la surface Z; donc la surface Z est plus grande que la surface Λ, et plus petite que la surface M.

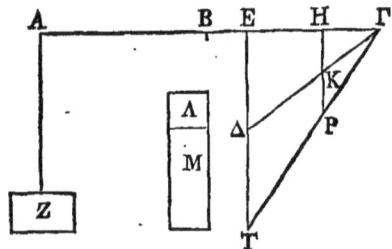

PROPOSITION XIII.

Soit AΓ une balance, dont le milieu soit le point B. Soit le trapèze KΔTP, ayant ses côtés KΔ, TP dirigés vers le point Γ, et ses côtés ΔT, KP perpendiculaires sur BΓ. Que le trapèze ΔKTP soit suspendu aux points E, H de la balance, et que la surface Z soit suspendue au point A, de manière qu'elle soit en équilibre avec le trapèze ΔKTP ainsi placé. Que le trapèze ΔKTP soit à la surface Λ comme AB est à BE; et que ce même trapèze soit à la surface M comme AB est à BH. On démontrera de la même manière que nous l'avons fait plus haut, que la surface Z est plus grande que la surface Λ, et plus petite que la surface M.

PROPOSITION XIV.

Soit un segment вот compris par une ligne droite et par une parabole. Que la droite вг soit d'abord perpendiculaire sur le diamètre. Du point в conduisons la droite в△ parallèle

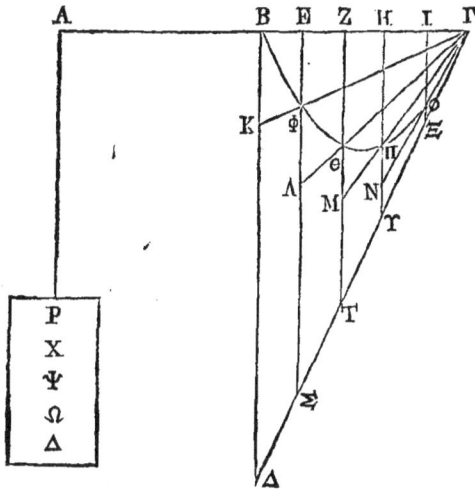

au diamètre ; et du point г conduisons la droite г△ tangente à la parabole au point г. Le triangle вг△ sera rectangle. Partageons la droite вг en un certain nombre de parties ве, ег, гн, ні ; par les points de division conduisons les droites ег, гт, нт, ін parallèles au diamètre. Joignons avec le point г les points où ces droites coupent la parabole, et prolongeons les droites qui joignent ces points. Je dis que le triangle в△г est plus petit que le triple de la somme des trapèzes ке, лг, мн, ni et du triangle ніг, et plus grand que le triple de la somme des trapèzes гф, пѳ, нп et du triangle іог.

Prolongeons la droite гв, et faisons ав égale à вг. Supposons une balance аг dont le milieu soit le point в ; et qui soit suspendue par le point в. Suspendons le triangle в△г aux points в, г de la balance ; de l'autre côté de la balance

suspendons au point A les surfaces P, X, Ψ, Ω, Δ. Que la surface P soit en équilibre avec le trapèze ΔE ainsi placé, la surface X avec le trapèze ZΣ, la surface Ψ avec le trapèze TH, la
surface Ω avec le trapèze ΥI, et enfin la surface Δ avec le
triangle ΞIΓ. La somme des premières surfaces sera en équilibre avec la somme des secondes. Donc le triangle BΔΓ sera
triple de la surface PXΨΩΔ (6). Puisqu'on a un segment BΓΘ compris par une droite et par une parabole, que du point B on a
conduit la droite BΔ parallèle au diamètre, et du point Γ la
droite ΓΔ tangente à la parabole au point Γ et que de plus l'on a
conduit une autre droite ΣE parallèle aussi au diamètre, la droite
BΓ sera à la droite BE comme ΣE est à EΦ (α). Donc aussi BA est à BE
comme le trapèze ΔE est au trapèze KE (6). On démontrera semblablement que AB est à BZ comme le trapèze ΣZ est au trapèze ΛZ;
que AB est à BH comme le trapèze TH est au trapèze MH, et enfin
que AB est à BI comme le trapèze ΥI est au trapèze NI. Donc
puisque le trapèze ΔE a des angles droits en B, E, et deux côtés
dirigés vers le point Γ; que la surface P, suspendue au point A
de la balance, est en équilibre avec le trapèze ainsi placé,
et que BA est à BE comme le trapèze ΔE est au trapèze KE, le
trapèze KE sera plus grand que la surface P; car cela a été
démontré (10). Puisque le trapèze ZΣ a des angles droits en z,
E, et le côté ΣT dirigé vers le point Γ; que la surface X, suspendue au point A de la balance, est en équilibre avec le
trapèze ainsi placé; que la droite BA est à la droite BE comme
le trapèze ZΣ est au trapèze ZΦ; et que la droite AB est à la
droite BZ comme le trapèze ZΣ est au trapèze ΛZ, la surface X
sera plus petite que le trapèze ΛZ, et plus grande que le trapèze
ZΦ; car cela a été démontré (12). Par la même raison, la surface Ψ est plus petite que le trapèze MH, et plus grande que le
trapèze ΘH; la surface Ω plus petite que le trapèze NOIH, et plus

grande que le trapèze пι, et enfin la surface Δ plus petite que le triangle ΞιΓ, et plus grande que le triangle ΓιΟ (8). Donc puisque le trapèze κε est plus grand que la surface ρ , le trapèze λz plus grand que la surface χ , le trapèze μη plus grand que la

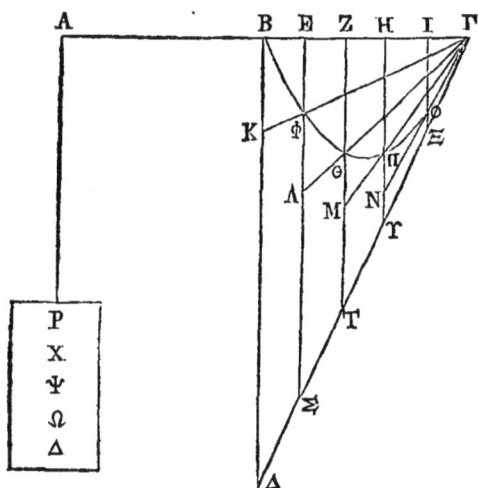

surface Ψ , le trapèze νι plus grand que la surface Ω, et enfin le triangle ΞιΓ plus grand que la surface Δ , il est évident que la somme des surfaces dont nous venons de parler est plus grande que la surface ρχΨΩΔ. Mais la surface ρχΨΩΔ est la troisième partie du triangle ΑΓΔ; donc le triangle ΒΓΔ est plus petite que le triple de la somme des trapèzes κε , λz , μη, νι et du triangle ΞιΓ. De plus, puisque le trapèze zΦ est plus petit que la surface χ (12), le trapèze Θη plus petit que la surface Ψ, le trapèze ιπ plus petit que le trapèze Ω , et enfin le triangle ιοΓ plus petit que la surface Δ (8), il est encore évident que la somme des trapèzes dont nous venons de parler est plus petite que la surface ΔΩΨχ. Donc le triangle ΒΔΓ est plus grand que le triple de la somme des trapèzes Φz , Θη , ιπ et du triangle ιΓΟ, et plus petit que le triple de la somme de ceux dont nous avons parlé auparavant.

PROPOSITION XV.

Soit un segment ʙɵᴦ compris par une droite et par une parabole. Que la droite ʙᴦ ne soit pas perpendiculaire sur le diamètre. Il faut nécessairement que l'une ou l'autre des

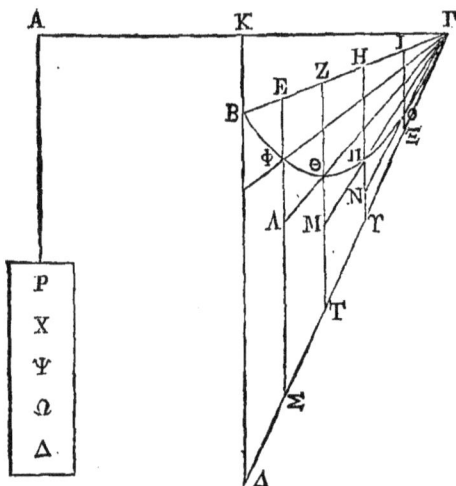

droites, ou celle qui est menée par le point ʙ du même côté du segment parallelement au diamètre, ou celle qui est menée du point ᴦ, fasse un angle obtus avec la droite ʙᴦ. Que la droite menée par le point ʙ fasse un angle obtus. Par le point ʙ menons la droite ʙᴅ parallèle au diamètre, et du point ᴦ, la droite ᴦᴅ tangente à la parabole au point ᴦ. Partageons la droite ʙᴦ en un certain nombre de segmens ʙᴇ, ᴇᴢ, ᴢʜ, ʜɪ, ɪᴦ, et des points de division ᴇ, ᴢ, ʜ, ɪ, conduisons les droites ᴇᴤ, ᴢᴛ, ʜᴦ, ɪᴤ parallèles au diamètre, et joignons avec le point ᴦ les points où la parabole est coupée par ces droites, et prolongeons les droites qui joignent ces points. Je dis que le triangle ʙᴅᴦ est plus petit que le triple de la somme des trapèzes ʙꝸ, ᴧᴢ, ᴍʜ, ɴɪ et du triangle ᴦɪᴤ, et plus grand que le triple de la somme des trapèzes ᴢꝸ, ʜɵ, ɪᴨ et du triangle ᴦɵɪ.

Prolongeons ΔB vers le côté opposé; menons la perpendiculaire ΓK, et faisons AK égal à ΓK. Supposons une balance AΓ dont le milieu soit le point K, et suspendons cette balance par le point K. Suspendons par rapport à la moitié de la balance le triangle

ΓKΔ, c'est-à-dire aux points Γ, K. Ce triangle étant placé comme il l'est actuellement, suspendons de l'autre côté de la balance au point A, les surfaces P, X, Ψ, Ω, Δ; que la surface P soit en équilibre avec le trapèze ΔE ainsi placé. Que la surface X soit en équilibre avec le trapèze ZΣ; la surface Ψ avec le trapèze TH; la surface Ω avec le trapèze ΨI, et enfin la surface Δ avec le triangle ΓIΞ. Il est évident que la somme des premières surfaces sera en équilibre avec la somme des secondes surfaces. Donc le triangle ABΓ sera triple de la surface PXΨΩΔ. On démontrera, comme nous l'avons fait plus haut, que le trapèze BΦ est plus grand que la surface P; que le trapèze ΘE est plus grand que la surface X, et que le trapèze ZΦ est plus petit; que le trapèze MH est plus grand que la surface Ψ, et que le trapèze HΘ est plus petit; que le trapèze NI est plus grand que la surface Ω, et que le trapèze ΠI est plus petit, et enfin que le triangle ΞΙΓ est plus grand que la surface Δ, et que le triangle ΓΙΟ est plus petit. Donc la proposition est évidente.

PROPOSITION XVI.

Soit ΒΘΓ un segment compris par une droite et par une parabole. Du point Β conduisons une parallèle au diamètre, et du point Γ une tangente à la parabole au point Γ. Que la surface Ζ soit la troisième partie du triangle ΒΔΓ. Je dis que le segment ΒΘΓ est égal à la surface Ζ.

Car si le segment ΒΘΓ n'est pas égal à la surface Ζ, il est plus grand ou plus petit. Qu'il soit plus grand, si cela est possible. L'excès du segment ΒΘΓ sur la surface Ζ, ajouté un certain nombre de fois à lui-même, sera plus grand que le triangle ΒΓΔ. Or, il est possible de prendre une surface qui soit plus petite que cet excès, et qui soit une partie du triangle ΒΔΓ. Que le triangle ΒΓΕ soit plus petit que l'excès dont nous venons de parler, et qu'il soit une partie du triangle ΒΔΓ.

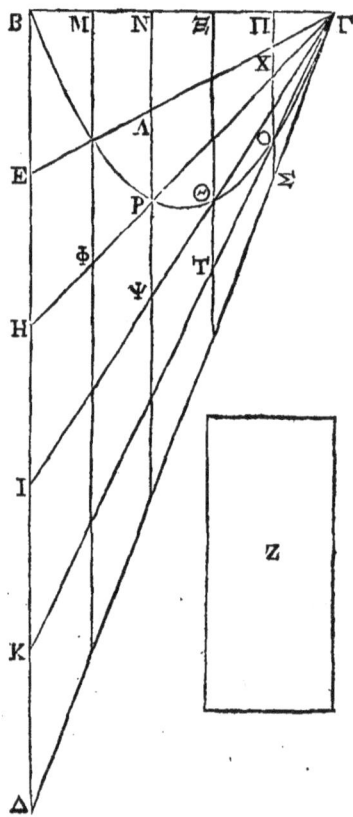

Il est évident que la droite ΒΕ sera une même partie de ΒΔ. C'est pourquoi, partageons ΒΔ en autant de parties égales que l'excès du segment sur la surface Ζ a été ajouté de fois à lui-même, et que les points de division soient les points

E, H, I, K. Joignons par des droites les points H, I, K avec le point
Γ. Ces droites couperont la parabole, puisque la droite ΓΔ
touche la parabole au point Γ. Par les points où ces droites
coupent la parabole, menons les droites MΦ, NP, ΞΘ, ΠO parallèles au diamètre; ces droites se-
ront aussi parallèles à BΔ. Donc
puisque le triangle BΓE est plus petit
que l'excès du segment BΘΓ sur la
surface Z, il est évident que la surface Z et le triangle BΓE, pris ensemble, sont plus petits que le segment
BΘΓ. Mais la somme des trapèzes
ME, ΦΛ, ΘP, ΘO et du triangle ΓOΣ
que la parabole traverse, est
égale au triangle BΓE; parce
que le trapèze ME est commun;
que le trapèze MΛ est égal au
trapèze ΦΛ; que le trapèze ΛΞ égal
au trapèze ΘP; que le trapèze XΞ
égal au trapèze OΘ et que le
triangle ΓXΠ égal au triangle ΓOΣ.
Donc la surface Z est plus petite
que la somme des trapèzes MΛ, ΞP,
ΠΘ et du triangle ΠOΓ (α). Mais le
triangle BΔΓ est triple de la surface Z; donc le triangle BΔΓ est
plus petit que le triple de la somme des trapèzes MΛ, PΞ, ΘΠ et
du triangle ΠOΓ. Ce qui ne peut être; car on a démontré qu'il
est plus grand que le triple de cette somme (14). Donc le segment BΘΓ n'est pas plus grand que la surface Z.

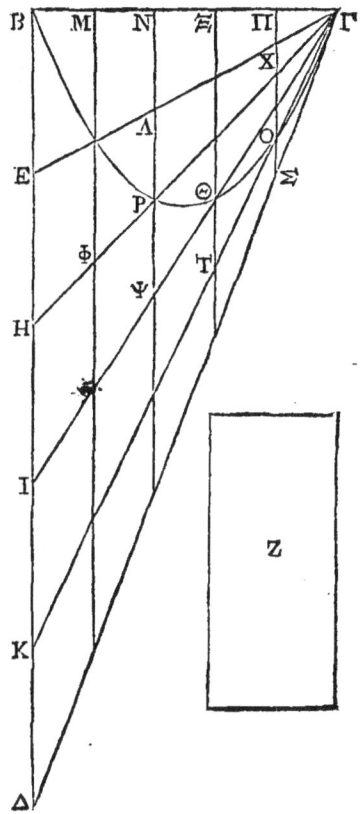

Je dis actuellement que le segment BΘΓ n'est pas plus petit
que la surface Z. Supposons, s'il est possible, qu'il soit plus

petit. L'excès de la surface z sur le segment вөг ajouté un certain nombre de fois à lui-même, sera plus grand que le triangle вʌг. Or, on peut prendre une surface qui soit plus petite que cet excès, et qui soit une partie du triangle вʌг. Que le triangle вгє soit plus petit que ces excès ; que ce triangle soit une partie du triangle вʌг ; et que le reste soit comme auparavant. Puisque le triangle вгє est plus petit que l'excès de la surface z sur le segment вөг, le triangle вгє et le segment вөг pris ensemble seront plus petits que la surface z. Mais la surface z est plus petite que la somme des trapèzes єм, фн, ψʒ, пт et du triangle гпʒ ; car le triangle вʌг est triple de la surface z, et plus petit que le triple de la somme des trapèzes dont nous venons de parler ; ainsi qu'on l'a démontré dans la proposition précédente. Donc le triangle вгє, conjointement avec le segment вөг est plus petit que la somme des trapèzes єм, фн, ʒψ, ψт et du triangle гпʒ. Donc, si l'on retranche le segment commun, le triangle гвє sera plus petit que la somme des surfaces restantes. Ce qui est impossible ; car on a démontré que le triangle вєг est égal à la somme des trapèzes єм, фʌ, өр, өө et du triangle гоʒ, laquelle somme est plus grande que la somme des surfaces restantes (6). Donc le segment вөг n'est pas plus petit que la surface z. Mais on a démontré qu'il n'est pas plus grand ; donc le segment вөг est égal à la surface z.

PROPOSITION XVII.

Cela étant démontré, il est évident qu'un segment quelconque compris par une droite et par une parabole est égal à quatre fois le tiers d'un triangle qui a la même base et la même hauteur que le segment.

En effet, soit un segment compris par une droite et par

une parabole dont le sommet soit le point Θ. Inscrivons-lui un triangle BΘΓ qui ait la même base et la même hauteur que le segment. Puisque le point Θ est le sommet du segment, la droite menée du point Θ, parallèlement au diamètre, coupe en deux parties égales la droite BΓ ; parce que BΓ est parallèle à la tangente au point Θ (2). Conduisons la droite EΘ parallèle au diamètre ; du point B conduisons aussi la droite BΔ parallèle au diamètre, et du point Γ la droite ΓΔ tangente à la parabole au point Γ. Puisque KΘ est parallèle au diamètre, que ΓΔ touche la parabole au point Γ, et que EΓ est parallèle à la tangente au point Θ, le triangle BΔΓ sera quadruple du triangle BΘΓ (a). Puisque le triangle BΔΓ est quadruple du triangle BΘΓ, et qu'il est triple du segment BΘΓ, il est évident que le segment BΘΓ est égal à quatre fois le tiers du triangle BΘΓ.

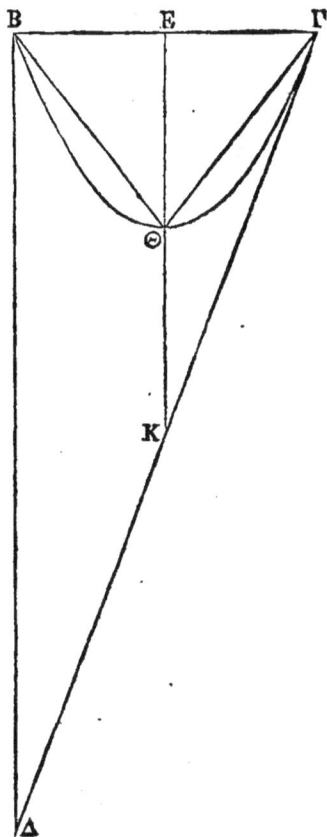

Lorsque des segmens sont compris par une droite et par une courbe, la droite s'appelle la base du segment ; la plus grande des perpendiculaires menées de la courbe à la base du segment, s'appelle la hauteur du segment, et enfin le point de la courbe d'où la plus grande perpendiculaire est abaissée sur la base, s'appelle le sommet.

PROPOSITION XVIII.

Si dans un segment compris par une droite et par une parabole, on conduit du milieu de la base une droite parallèle
au diamètre, le sommet du segment est le point de la parabole
rencontré par la droite parallèle au diamètre.

Soit ABΓ un segment compris par une droite et par une parabole. Du milieu de AΓ condui-
sons la droite ΔB parallèle à un
diamètre. Puisque dans une parabole nous avons mené BΔ parallèle au diamètre, et que les droites
AΔ, ΔΓ sont égales, la droite AΓ
et la droite qui touche la parabole
au point B seront parallèles (1). Il est donc évident que de
toutes les perpendiculaires menées de la parabole sur la droite
AΓ, celle qui est menée du point B sera la plus grande. Donc
le point B est le sommet du segment.

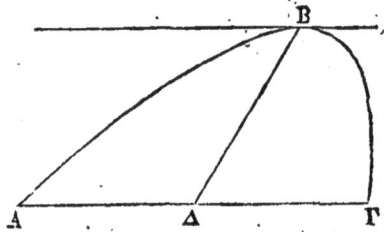

PROPOSITION XIX.

Si dans un segment compris par une droite et par une parabole, on conduit deux droites parallèles au diamètre, l'une
du milieu de la base et l'autre du milieu de là moitié de la
base; celle qui est conduite du milieu de la base est égale à quatre
fois le tiers de celle qui est conduite du milieu de la moitié
de la base.

Soit ABΓ un segment compris par une droite et par une
parabole. Du milieu de AΓ et du milieu AΔ, conduisons les
droites BΔ, EZ parallèles au diamètre de BΔ. Conduisons aussi ZE

parallèle à ΑΓ. Puisque dans une parabole nous avons conduit la
droite ΒΔ parallèle au diamètre,
et les droites ΑΔ, ΖΘ parallèles à
la droite qui touche la parabole
au point Β, la droite ΒΔ sera à la
droite ΒΘ comme le quarré construit sur ΑΔ est au quarré construit sur ΖΘ (3). Donc ΒΔ est ·
quadruple de ΒΘ. Il est donc évident que la droite ΒΔ est
égale à quatre fois le tiers de la droite ΕΖ.

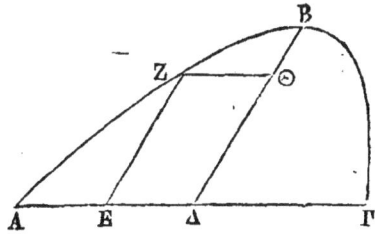

PROPOSITION XX.

Si dans un segment compris par une droite et par une parabole, on inscrit un triangle qui ait la même base et la même
hauteur que le segment, le triangle inscrit sera plus grand que
la moitié du segment.

Que le segment ΑΒΓ soit tel que celui dont nous venons de
parler. Inscrivons-lui un triangle qui ait la même hauteur que
ce segment (18). Puisque le triangle a la même base et la même

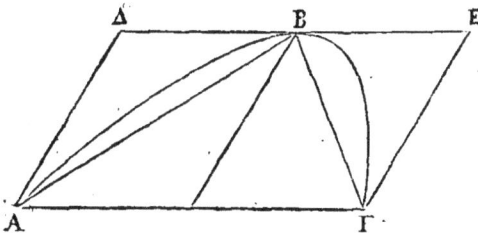

hauteur que le segment, le point Β sera le sommet du segment. Donc ΑΓ est parallèle à la droite qui touche la parabole
au point Β. Par le point Β conduisons la droite ΔΕ parallèle à
la droite ΑΓ, et des points Α, Γ les droites ΑΔ, ΓΕ parallèles au

diamètre. Ces droites tomberont hors de la parabole. Donc puisque le triangle ABΓ est la moitié du parallélogramme AΔEΓ, il est évident qu'il est plus grand que la moitié du segment.

Cela étant démontré, il est évident qu'on peut inscrire dans ce segment un polygone de manière que la somme des segmens restans soit plus petite que toute surface donnée. Car en retranchant continuellement une surface plus grande que la moitié, nous diminuerons continuellement la somme des segmens restans, et nous la rendrons par conséquent plus petite que toute surface proposée.

PROPOSITION XXI.

Si dans un segment compris par une droite et par une parabole, on inscrit un triangle qui ait la même base et la même hauteur que le segment; et si dans les segmens restans l'on inscrit d'autres triangles qui aient la même base et la même hauteur que ces segmens, le triangle inscrit dans le segment entier est égal à huit fois chacun des autres triangles qui sont inscrits dans les segmens restans.

Soit le segment ABΓ tel que celui dont nous venons de parler. Partageons AΓ en deux parties égales au point Δ; conduisons BΔ parallèle au diamètre. Le point B sera le sommet du segment (18). Donc le triangle ABΓ aura la même base et la même hauteur que le segment. Partageons ensuite AΔ en deux parties égales au point E, et conduisons la droite EZ parallèle au diamètre. La droite AB sera partagée en deux parties égales au point Θ. Donc le point Z sera le sommet du seg-

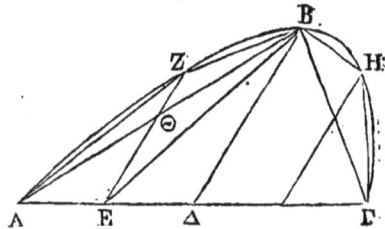

ment AZB. Donc le triangle AZB a la même base et la même hauteur que le segment AZB. Il faut démontrer que le triangle ABΓ est égal à huit fois le triangle ABZ.

En effet, la droite BΔ est égale à quatre fois le tiers de la droite EZ (19) et au double de la droite EΘ. Donc EΘ est double de ΘZ. Donc aussi le triangle AEB est double du triangle ZBA; car le triangle AEΘ est double du triangle AΘZ, et le triangle ΘBE double du triangle ZΘB. Donc le triangle ABΓ est - égal à huit fois le triangle AZB. Nous démontrerons de la même manière qu'il est aussi égal à huit fois le triangle qui est inscrit dans le segment BHΓ.

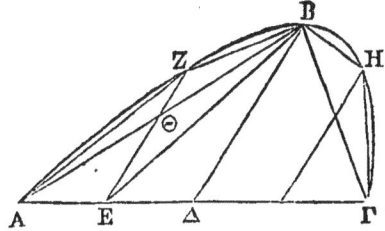

PROPOSITION XXII.

Si l'on a un segment compris par une droite et par une parabole; si des surfaces en aussi grand nombre que l'on voudra, sont placées à la suite les unes des autres; si chacune d'elles contient quatre fois celle qui la suit immédiatement; et si la plus grande de ces surfaces est égale à un triangle qui ait la même base et la même hauteur que le segment, la somme de toutes ces surfaces sera plus petite que le segment.

Soit un segment AΔBEΓ compris par une droite et par une parabole. Soient aussi autant de surfaces Z, H, Θ, I que l'on voudra, placées les unes à la suite des autres; que Z soit le quadruple de H, et égal à un triangle qui ait la même base et la même hauteur que le segment. Je dis que le segment est plus grand que la somme des surfaces Z, H, Θ, I.

Que le sommet du segment entier soit le point B, et les sommets des segmens restans les points Δ, ε. Puisque le triangle ΑΒΓ est égal à huit fois chacun des triangles ΑΒΔ, ΒΕΓ, il est évident qu'il est le quadruple de ces deux triangles pris ensemble. Mais le triangle ΑΒΓ est égal à la surface z; donc par la

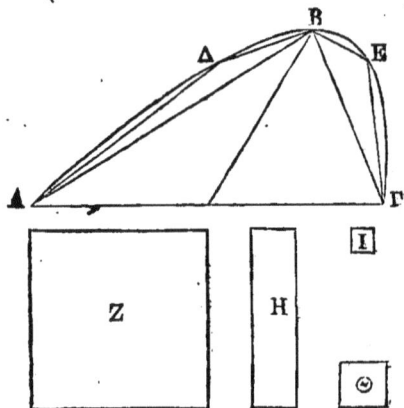

même raison la somme des triangles ΑΔΒ, ΒΕΓ est égale à la surface н. On démontrera pareillement que la somme des triangles qui sont inscrits dans les segmens restans, et qui ont la même base et la même hauteur que ces segmens est égale à la surface Θ. Mais la somme des triangles qui sont inscrits dans les segmens suivans est égale à la surface ι. Donc la somme de toutes les surfaces proposées est égale à un certain polygone inscrit dans le segment. Il est donc évident que la somme de toutes ces surfaces est plus petite que le segment.

PROPOSITION XXIII.

Si tant de grandeurs que l'on voudra, sont placées à la suite les unes des autres, et si chacune d'elles contient quatre fois celle qui suit immédiatement, la somme de ces grandeurs, conjointement avec le tiers de la plus petite est égale à quatre fois le tiers de la plus grande.

Soient tant de grandeurs que l'on voudra A, B, Γ, Δ, E, placées à la suite les unes des autres, dont chacune contienne

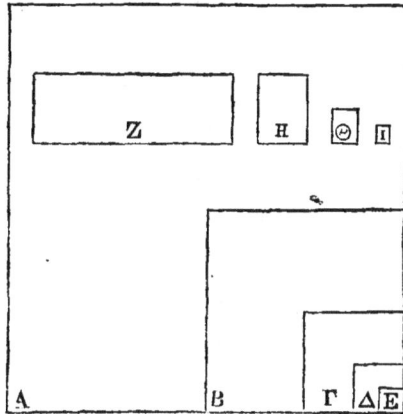

quatre fois celle qui suit immédiatement. Que la plus grande soit A ; que Z soit le tiers de B ; que H soit le tiers de Γ ; que Θ soit le tiers de Δ, et I le tiers de E. Puisque Z est le tiers de B, et que B est le quart de A, les grandeurs B, Z prises ensemble seront le tiers de A. Par la même raison, les grandeurs H, Γ prises ensemble, sont le tiers de B ; les grandeurs Θ, Δ prises ensemble, le tiers de Γ, et les grandeurs I, E prises ensemble, le tiers de Δ. Donc la somme des grandeurs B, Γ, Δ, E, Z, H, Θ, I est le tiers de la somme des grandeurs A, B, Γ, Δ. Mais la somme des grandeurs Z, H, Θ est le tiers de la somme des grandeurs B, Γ, Δ ; donc la somme des grandeurs restantes B, Γ, Δ, E, I est le tiers de la grandeur restante A. Donc la somme des grandeurs A, B, Γ, Δ, E, conjointement avec la grandeur I, c'est-à-dire avec le tiers de la grandeur E, est égal à quatre fois le tiers de la grandeur A (α).

PROPOSITION XXIV.

Un segment quelconque compris par une droite et par une parabole est égal à quatre fois le tiers d'un triangle qui a la même base et la même hauteur que ce segment.

Soit AΔBEΓ un segment compris par une droite et par une parabole. Soit aussi un triangle ABΓ qui ait la même base et la même hauteur que le segment. Que la surface K soit égale à quatre fois le tiers du triangle ABF. Il faut démontrer que la surface K est égale au segment AΔBEΓ.

Car si la surface K n'est pas égale au segment AΔBEΓ, elle est ou plus grande ou plus petite. Supposons d'abord, si cela est possible, que le segment AΔBEΓ soit plus grand que la surface K. Inscrivons les triangles AΔB, BEΓ, ainsi que cela a été dit (21). Inscrivons dans les segmens restans d'autres triangles qui aient la même base et la même hauteur que ces segmens; et continuons d'inscrire dans les segmens restans deux triangles qui ayent la même base et la même hauteur que ces segmens. La somme des segmens restans sera certainement plus petite que l'excès du segment AΔBEΓ sur la surface K. Donc le polygone inscrit sera plus grand que la surface K. Ce qui ne peut être. En effet, le triangle ABΓ étant quadruple de la somme des triangles AΔB, BEΓ, la somme de ceux-ci quadruple la somme de ceux qui sont inscrits dans les segmens suivans,

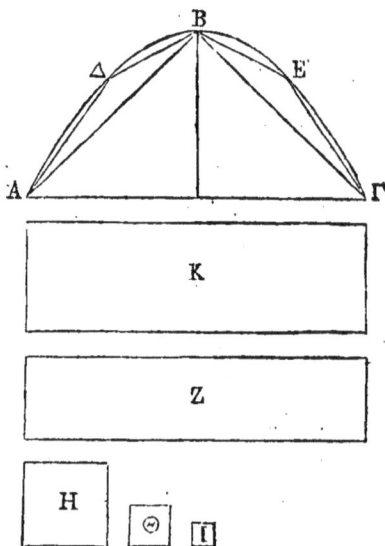

et ainsi de suite, des surfaces sont placées les unes à la
suite des autres, et chacune d'elles contient quatre fois celle
qui suit immédiatement (21). D'où il suit que la somme de
toutes ces surfaces est plus petite que quatre fois le tiers de
la plus grande de ces surfaces (23). Mais la surface κ est égale à
quatre fois le tiers de cette surface ; donc le segment AΔBEΓ n'est
pas plus grand que la surface κ.

Supposons à présent, si cela est possible, que le segment
AΔBEΓ soit plus petit que la surface κ. Que le triangle ABΓ
soit égale à la surface z ; que la surface H soit le quart de la
surface z ; que la surface Θ soit le quart de la surface H et
ainsi de suite, jusqu'à ce que la dernière surface soit plus petite
que l'excès de la surface κ sur
le segment. Que cette dernière
surface soit I. La somme des surfaces z, H, Θ, I, conjointement
avec le tiers de la surface I, est
égale à quatre fois le tiers de la
surface z (23). Mais la surface κ est
égale à quatre fois le tiers de la
surface z ; donc la surface κ est
égale à la somme des surfaces z,
H, Θ, I, conjointement avec le
tiers de la surface I. Mais l'excès
de la surface κ sur la somme des
surfaces z, H, Θ, I est plus pe-
tite que la surface I, et l'excès de la surface κ sur le segment est plus grand que la surface I ; il est donc évident que
la somme des surfaces z, H, Θ, I est plus grande que le segment. Ce qui ne peut être ; car on a démontré que si des
surfaces en aussi grand nombre qu'on voudra, sont placées

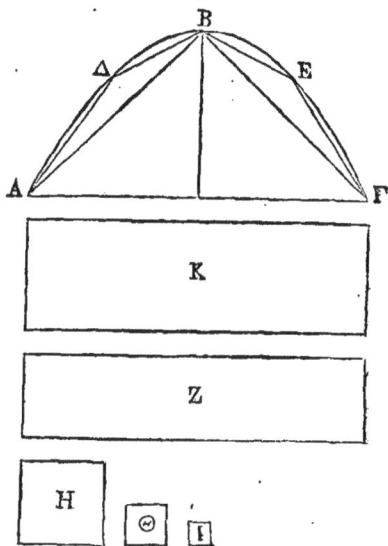

les unes à la suite des autres, si chacune d'elles contient quatre fois celle qui suit immédiatement, et si la plus grande de toutes est égale au triangle inscrit dans le segment, la somme de ces surfaces est plus petite que le segment (22). Donc le segment AΔBEΓ n'est pas plus petit que la surface K. Mais nous avons démontré qu'il n'est pas plus grand; donc il est égal à la surface K. Mais la surface K est égale à quatre fois le tiers du triangle ABΓ; donc le segment AΔBEΓ est égal à quatre fois le tiers du triangle ABΓ.

FIN DE LA QUADRATURE DE LA PARABOLE.

L'ARÉNAIRE.

Il est des personnes, ô roi Gélon, qui pensent que le nombre des grains de sable est infini. Je ne parle point du sable qui est autour de Syracuse et qui est répandu dans le reste de la Sicile, mais bien de celui qui se trouve non-seulement dans les régions habitées, mais encore dans les régions inhabitées. Quelques-uns croient que le nombre des grains de sable n'est pas infini, mais qu'il est impossible d'assigner un nombre plus grand. Si ceux qui pensent ainsi se représentoient un volume de sable qui fût égal à celui de la terre, qui remplît toutes ses cavités, et les abîmes de la mer, et qui s'élevât jusqu'aux sommets des plus hautes montagnes, il est évident qu'ils seroient bien moins persuadés qu'il pût exister un nombre qui surpassât celui des grains de sable.

Quant à moi, je vais faire voir par des démonstrations géométriques auxquelles tu ne pourras refuser ton assentiment, que parmi les nombres dénommés par nous dans les livres adressés à Zeuxippe, il en est qui excèdent le nombre des grains d'un volume de sable égal non-seulement à la grandeur de la terre, mais encore à celui de l'univers entier.

Tu sais que le monde est appelé par la plupart des astronomes une sphère dont le centre est le même que celui de la terre et dont le rayon est égal à la droite placée entre le centre de la terre et celui du soleil. Aristarque de Samos rapporte ces choses en les réfutant, dans les propositions qu'il a publiées contre les astronomes. D'après ce qui est dit par Aristarque de Samos, le monde seroit beaucoup plus grand que nous venons de le dire; car il suppose que les étoiles et le soleil sont immobiles ; que la terre tourne autour du soleil comme centre ; et que la grandeur de la sphère des étoiles fixes dont le centre est celui du soleil, est telle que la circonférence du cercle qu'il suppose décrite par la terre est à la distance des étoiles fixes comme le centre de la sphère est à la surface. Mais il est évident que cela ne sauroit être, parce que le centre de la sphère n'ayant aucune grandeur, il s'ensuit qu'il ne peut avoir aucun rapport avec la surface de la sphère. Mais à cause que l'on conçoit la terre comme étant le centre du monde, il faut penser qu'Aristarque a voulu dire que la terre est à la sphère que nous appelons le monde, comme la sphère dans laquelle est le cercle qu'il suppose décrit par la terre est à la sphère des étoiles fixes ; car il établit ses démonstrations, en supposant que les phénomènes se passent ainsi ; et il paroît qu'il suppose que la grandeur de la sphère dans laquelle il veut que la terre se meuve est égale à la sphère que nous appelons le monde (α).

Nous disons donc que si l'on avoit une sphère de sable aussi grande que la sphère des étoiles fixes supposée par Aristarque, on pourroit démontrer que parmi les nombres dénommés dans le Livre des Principes, il y en auroit qui surpasseroient le nombre de grains de sable contenus dans cette sphère.

Cela posé, que le contour de la terre soit à-peu-près de trois cent myriades de stades (ϐ), mais non plus grand. Car tu n'ignores point que d'autres ont voulu démontrer que le contour de la terre est à-peu-près de trente myriades de stades. Pour moi, allant beaucoup plus loin, je le suppose dix fois aussi grand, c'est-à-dire que je le suppose à-peu-près de trois cent myriades de stades, mais non plus grand. Je suppose ensuite, d'après la plupart des astronomes dont nous venons de parler ; que le diamètre de la terre est plus grand que celui

de la lune, et que celui du soleil est plus grand que celui de
la terre ; je suppose enfin que le diamètre du soleil est environ
trente fois aussi grand que le diamètre de la lune, mais non
plus grand. Car parmi les astronomes dont nous venons de
parler, Eudoxe a affirmé que le diamètre du soleil étoit
environ neuf fois aussi grand que celui de la lune ; Phi-
dias, fils d'Acupatre, a dit qu'il étoit environ douze fois
aussi grand ; et enfin Aristarque s'est efforcé de démontrer que
le diamètre du soleil étoit plus grand que dix-huit fois le diamètre de la lune et plus petit que vingt fois. Pour moi, allant
encore plus loin, afin de démontrer sans réplique ce que je me
suis proposé, je suppose que le diamètre du soleil est à-peu-
près égal à trente fois le diamètre de la lune, mais non plus
grand. Je suppose, outre cela, que le diamètre du soleil est
plus grand que le côté d'un polygone de mille côtés inscrit dans
un grand cercle de la sphère dans laquelle il se meut : je fais
cette supposition, parce qu'Aristarque affirme que le soleil
paroît être la sept cent vingtième partie du cercle qu'on appelle
le Zodiaque.

J'ai fait tous mes efforts pour prendre, avec des instrumens,
l'angle qui comprend le soleil et qui a son sommet à l'œil de
l'observateur. Cet angle n'est pas facile à prendre, parce qu'avec
l'œil, les mains et les instrumens dont on se sert pour cela, on
ne peut pas le mesurer d'une manière bien exacte. Mais il est
inutile de parler davantage de l'imperfection de ces instrumens,
parce que cela a déjà été fait plusieurs fois. Au reste, il me suffit,
pour démontrer ce que je me suis proposé, de prendre un angle
qui ne soit pas plus grand que celui qui comprend le soleil et
qui a son sommet à l'œil de l'observateur ; et ensuite un
autre angle qui ne soit pas plus petit que celui qui comprend
le soleil et qui a aussi son sommet à l'œil de l'observateur.

C'est pourquoi ayant placé une longue règle sur une surface plane élevée dans un endroit d'où l'on pût voir le soleil levant; aussitôt après le lever du soleil, je posai perpendiculairement sur cette règle un petit cylindre. Le soleil étant sur l'horison et pouvant être regardé en face (γ), je dirigeai la règle vers le soleil, l'œil étant à une de ses extrémités, et le cylindre étant placé entre le soleil et l'œil de manière qu'il cachât entièrement le soleil. J'éloignai le cylindre de l'œil jusqu'à ce que le soleil commençât à être apperçu le moins possible de part et d'autre du cylindre, et alors j'arrêtai le cylindre. Si l'œil appercevoit le soleil d'un seul point, et si l'on conduisoit de l'extrémité de la règle où l'œil est placé des droites qui fussent tangentes au cylindre, il est évident que l'angle compris par ces droites seroit plus petit que l'angle qui auroit son sommet à l'œil et qui embrasseroit le soleil; parce qu'on appercevroit quelque chose du soleil de part et d'autre du cylindre. Mais à cause que l'œil n'apperçoit pas les objets par un seul point; et que la partie de l'œil qui voit à une certaine grandeur (δ), je pris un cylindre dont le diamètre ne fût pas plus petit que la largeur de la partie de l'œil qui voit; je posai ce cylindre à l'extrémité de la règle où l'œil étoit placé, et je conduisis ensuite deux droites tangentes aux deux cylindres. Il est évident que l'angle compris par ces tangentes dut se trouver plus petit que l'angle qui embrassoit le soleil et qui avoit son sommet à l'œil.

On trouve un cylindre dont le diamètre ne soit pas plus petit que la largeur de la partie de l'œil qui voit de la manière suivante : on prend deux cylindres d'un petit diamètre, mais d'un diamètre égal, dont l'un soit blanc et dont l'autre ne le soit pas; on les place devant l'œil, de manière que le cylindre blanc soit le plus éloigné et que l'autre soit le plus près possible et touche le visage. Si les diamètres des cylindres sont plus petits que la largeur de la partie de l'œil qui voit, il est évident que cette partie de l'œil apperçoit, en embrassant le cylindre qui est près du visage, l'autre cylindre qui est blanc ; elle le découvre tont entier, si les diamètres des cylindres sont beaucoup plus petits que la largeur de la partie de l'œil qui vôit ; sinon, elle n'en découvre que quelques parties placées de part et d'autre de celui qui est près de l'œil. Je disposai donc de cette manière deux cylindres dont l'épaisseur étoit telle que l'un cachoit l'autre par son épaisseur sans cacher un endroit plus grand. Il est évident qu'une grandeur égale à l'épaisseur de ces cylindres n'est pas, en quelque façon, plus petit que la largeur de la partie de l'œil qui voit (ε).

Pour prendre un angle qui ne fût pas plus petit que l'angle qui embrasse le soleil et qui a son sommet à l'œil, je me conduisis de la manière suivante : Après avoir éloigné de l'œil le cylindre jusqu'à ce qu'il cachât le soleil tout entier, je menai de l'extrémité de la règle où l'œil étoit placé des droites tangentes au cylindre. Il est évident que l'angle compris par ces droites dut se trouver plus grand que celui qui embrasse le soleil et qui a son sommet à l'œil.

Ces angles ayant été pris de cette manière, et les ayant comparés avec un angle droit, le plus grand de ces angles, qui avoit son sommet au point marqué sur la règle, se trouva plus petit que la cent soixante-quatrième partie d'un angle droit et le plus petit se trouva plus grand que la deux centième partie de ce même angle. Il est donc évident que l'angle qui embrasse le soleil et qui a son sommet à l'œil est plus petit que la cent soixante-quatrième partie d'un angle droit et plus grand que la deux centième partie de ce même angle.

Cela étant ainsi, on démontre que le diamètre du soleil est

plus grand que le côté d'un polygone de mille côtés inscrit dans un grand cercle de la sphère du monde. En effet, supposons un plan conduit par le centre de la terre, par le centre du soleil et par l'œil de l'observateur, le soleil étant

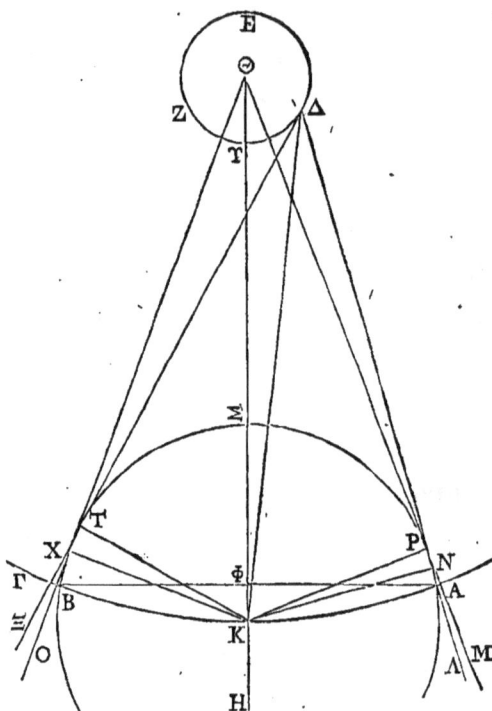

peu élevé au-dessus de l'horizon. Ce plan coupera la sphère du monde suivant le cercle ABΓ, la terre suivant le cercle AEZ, et le soleil suivant le cercle ΣH. Que le point Θ soit le centre de la terre, le point K le centre du soleil, et le point Δ l'œil de l'observateur. Conduisons des droites tangentes au cercle ΣH; savoir, du point Δ les droites ΔA, ΔΞ tangentes aux points N et T, et du point Θ les droites ΘM, ΘO tangentes aux points P et X. Que ces droites ΘM, ΘO coupent la circonférence du cercle ABΓ aux points A, B. La droite ΘK sera plus grande que la droite ΔK, parce que l'on suppose le soleil au-dessus de

l'horizon (ε). Donc l'angle compris par les droites ΔΛ, ΔΞ est
plus grand que l'angle compris par lès droites ΘM, ΘO (ζ). Mais
l'angle compris par les droites ΔΛ, ΔΞ est plus grand que la
200ᵉ partie d'un angle droit et plus petit que la 164ᵉ partie de

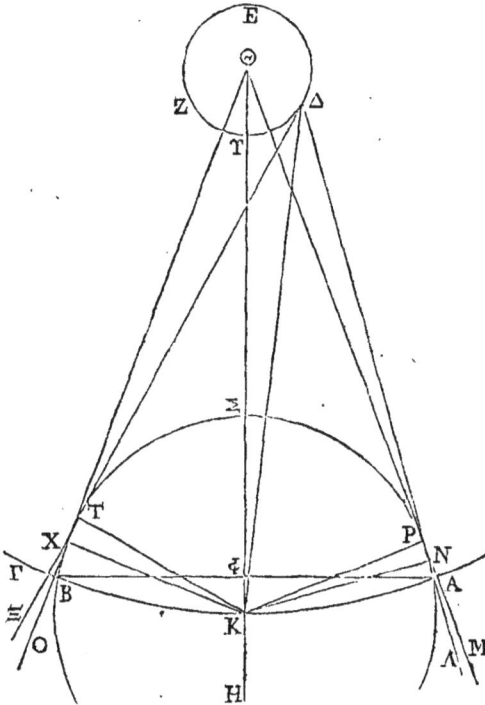

ce même angle; parce que cet angle est égal à l'angle qui embrasse
le soleil et qui a son sommet à l'œil. Donc l'angle compris par
les droites ΘM, ΘO est plus petit que la 164ᵉ partie d'un angle
droit. Donc la droite AB est plus petite que la corde de la 656ᵉ
partie de la circonférence du cercle ABΓ.

Mais la raison du contour du polygone dont nous venons de
parler au rayon du cercle ABΓ est moindre que la raison de 44
à 7; parce que la raison du contour d'un polygone quelconque
inscrit dans un cercle au rayon de ce cercle est plus petite que
la raison de 44 à 7. Car tu n'ignores pas que nous avons dé-

montré que le contour d'un cercle quelconque est plus grand
que le triple du diamètre, augmenté d'une certaine partie qui
est plus petite que le 7ᵉ de son diamètre, et plus grande que les
$\frac{10}{71}$ (de la *Mesure du Cercle, prop.* 3). Donc la raison de BA à ΘK
est moindre que la raison de 11 à 1148 (η). Donc la droite BA
est plus petite que la 100ᵉ partie de ΘK (θ). Mais le diamètre du
cercle ΣH est égal à BA ; parce que la droite ΦA moitié de BA
est égale à KP, à cause que les droites ΘK, ΘA étant égales, on a
abaissé de leurs extrémités des perpendiculaires opposées au
même angle. Il est donc évident que le diamètre du cercle ΣH
est plus petit que la 100ᵉ partie de ΘK. Mais le diamètre EΘY est
plus petit que le diamètre du cercle ΣH, parce que le cercle
ΔEZ est plus petit que le cercle ΣH ; donc la somme des droites
ΘY, KΣ est plus petite que la 100ᵉ partie de ΘK. Donc la raison
de ΘK à YΣ est moindre que la raison de 100 à 99 (ι). Mais ΘK
n'est pas plus petit que ΘP, et ΣY est plus petit que ΔT ; donc la
raison de ΘP à ΔT est moindre que la raison de 100 à 99. De
plus, puisque les côtés KP, KT des triangles rectangles ΘKP, ΔKT
sont égaux, que les côtés ΘP, ΔT sont inégaux et que le côté ΘP
est le plus grand, la raison de l'angle compris par les côtés
ΔT, ΔK à l'angle compris par les côtés ΘP, ΘK sera plus grande
que la raison de la droite ΘK à la droite ΔK, et moindre que la
raison de ΘP à ΔT ; car si parmi les côtés de deux triangles
rectangles qui comprennent l'angle droit, les uns sont égaux
et les autres inégaux, la raison du plus grand des angles inégaux compris par les côtés inégaux au plus petit de ces angles,
est plus grande que la raison du plus grand des côtés opposés à
l'angle droit au plus petit de ces côtés, et moindre que la raison du plus grand des côtés qui comprennent l'angle droit au
plus petit (χ). Donc la raison de l'angle compris entre les côtés
ΔΛ, ΔΞ à l'angle compris entre les côtés ΘO, ΘM est moindre

que la raison de ΘΡ à ΔΤ, laquelle est certainement moindre
que la raison de 100 à 99. Donc la raison de l'angle compris
par les côtés ΔΛ, ΔΞ à l'angle compris entre ΘΜ, ΘΟ est moindre
que la raison de 100 à 99. Mais l'angle compris par les côtés ΔΛ,
ΔΞ est plus grand que la 200e partie d'un angle droit; donc l'angle
compris par les côtés ΘΜ, ΘΟ sera plus grand que les $\frac{99}{2000}$ d'un
angle droit. Donc cet angle sera plus grand que le 203e d'un angle
droit. Donc la droite ΒΑ est plus grande que la corde d'un arc
de la circonférence du cercle ΑΒΓ divisée en 812 parties. Mais
le diamètre du soleil est égal à la droite ΑΒ; il est donc évident que le diamètre du soleil est plus grand que le côté d'un
polygone de mille côtés.

Cela étant posé, on démontre aussi que le diamètre du monde
est plus petit qu'une myriade de fois le diamètre de la terre, et
que le diamètre du monde est plus petit que cent myriades
de myriades de stades. Car puisqu'on a supposé que le diamètre du soleil n'est pas plus grand que trente fois le diamètre
de la lune, et que le diamètre de la terre est plus grand que le
diamètre de la lune, il est évident que le diamètre du soleil
est plus petit que trente fois le diamètre de la terre. De plus,
puisqu'on a démontré que le diamètre du soleil est plus grand
que le côté d'un polygone de mille côtés inscrit dans un grand
cercle de la sphère du monde, il est évident que le contour
du polygone de mille côtés dont nous venons de parler est plus
petit que mille fois le diamètre du soleil. Mais le diamètre du
soleil est plus petit que trente fois le diamètre de la terre; donc
le contour de ce polygone est plus petit que trois myriades de
fois le diamètre de la terre. Mais le contour de ce polygone est
plus petit que trois myriades de fois le diamètre de la terre
et plus grand que le triple du diamètre du monde, parce qu'il
est démontré que le diamètre d'un cercle quelconque est

plus petit que la troisième partie du contour d'un polygone
quelconque qui est inscrit dans ce cercle, et qui a plus de six
côtés égaux. Donc le diamètre du monde est plus petit qu'une
myriade de fois le diamètre de la terre. Il est donc évident que
le diamètre du monde qui est plus petit qu'une myriade de fois
le diamètre de la terre sera plus petit que cent myriades de myriades de stades. Mais nous avons supposé que le contour de la
terre ne surpasse pas trois cents myriades de stades, et le contour
de la terre est plus grand que le triple de son diamètre, parce que
le contour d'un cercle quelconque est plus grand que le triple de
son diamètre; il est donc évident que le diamètre de la terre
est plus petit que cent myriades de stades. Mais le diamètre du
monde est plus petit qu'une myriade de fois le diamètre de la
terre; il est donc évident que le diamètre du monde est plus
petit que cent myriades de myriades de stades.

Voilà ce que nous avons supposé relativement aux grandeurs
et aux distances, et voici ce que nous supposons relativement
aux grains de sable. Soit un volume de sable qui ne soit pas
plus grand qu'une graine de pavot; que le nombre des grains
de sable qu'il renferme ne surpasse pas une myriade, et que le
diamètre de cette graine de pavot ne soit pas plus petite que la
quarantième partie d'un doigt.

Voilà ce que je suppose, et voici ce que je fis à ce sujet. Je
plaçai des graines de pavot en droite ligne sur une petite règle, de
manière qu'elles se touchassent mutuellement; vingt-cinq de ces
graines occupèrent une longueur plus grande que la largeur d'un
doigt. Je supposai que le diamètre d'une graine de pavot étoit
encore plus petit, et qu'il n'étoit que le quarantième de la largeur d'un doigt, afin de ne point éprouver de contradiction
dans ce que je m'étois proposé. Telles sont les suppositions que
nous faisons. Mais je pense qu'il est nécessaire à présent d'ex-

poser les dénominations de nombres ; si je n'en disois rien dans
ce livre, je craindrois que ceux qui n'auroient pas lu celui que
j'ai adressé à Zeuxippe ne tombassent dans l'erreur.

On a donné des noms aux nombres jusqu'à une myriade
et au-delà d'une myriade, les noms qu'on a donné aux nombres sont assez connus, puisqu'on ne fait que répéter une
myriade jusqu'à dix mille myriades.

Que les nombres dont nous venons de parler et qui vont
jusqu'à une myriade de myriades soient appelés nombres
premiers, et qu'une myriade de myriades des nombres premiers soit appelée l'unité des nombres seconds ; comptons par
ces unités, et par les dixaines, les centaines, les milles, les
myriades de ces mêmes unités, jusqu'à une myriade de
myriades. Qu'une myriade de myriades des nombres seconds
soit appelée l'unité des nombres troisièmes ; comptons par ces
unités, et par les dixaines, les centaines, les milles, les myriades de ces mêmes unités, jusqu'à une myriade de myriades ; qu'une myriade de myriades des nombres troisièmes
soit appelée l'unité des nombres quatrièmes ; qu'une myriade
de myriades de nombres quatrièmes soit appelée l'unité des
nombres cinquièmes, et continuons de donner des noms aux
nombres suivans jusqu'aux myriades de myriades de nombres
composés de myriades de myriades des nombres troisièmes.

Quoique cette grande quantité de nombres connus soit certainement plus que suffisante, on peut cependant aller plus
loin. En effet, que les nombres dont nous venons de parler
soient appelés les nombres de la première période, et que le
dernier nombre de la première période soit appelé l'unité des
nombres premiers de la seconde période. De plus, qu'une
myriade de myriades des nombres premiers de la seconde
période soit appelée l'unité des nombres seconds de la seconde

période; qu'une myriade de myriades des nombres seconds de
la seconde période soit appelée l'unité des nombres troisièmes
de la seconde période, et continuons de donner des noms aux
nombres suivans jusqu'à un nombre de la seconde période
qui soit égal aux myriades de myriades de nombres composés
de myriades de myriades. De plus, que le dernier nombre de la
seconde période soit appelé l'unité des nombres premiers de la
troisième période, et continuons de donner des noms aux
nombres suivans jusqu'aux myriades de myriades de la période
formée d'une myriade de myriades de nombres de myriades
de myriades (λ).

Les nombres étant ainsi nommés, si des nombres continuellement proportionnels, à partir de l'unité, sont placés les
uns à la suite des autres, et si le nombre qui est le plus près
de l'unité est une dixaine, les huit premiers nombres, y compris l'unité, seront ceux qu'on appelle nombres premiers; les
huit suivans seront ceux qu'on appelle seconds et les autres
nombres seront dénommés de la même manière d'après la distance de leur octade à l'octade des nombres premiers. C'est
pourquoi le huitième nombre de la première octade sera de
mille myriades; le premier nombre de la seconde octade, qui
est l'unité des nombres seconds, sera une myriade de myriades,
parce qu'il est décuple de celui qui le précède; le huitième
nombre de la seconde octave sera de mille myriades des nombres seconds, et enfin le premier nombre de la troisième octade qui est l'unité des nombres troisièmes sera une myriade de
myriades des nombres seconds, parce qu'il est décuple de celui
qui le précède. Il est donc évident qu'on aura plusieurs octades,
ainsi qu'on l'a dit.

Il est encore utile de connoître ce qui suit. Si des nombres
sont continuellement proportionnels à partir de l'unité, et si

deux termes de cette progression sont multipliés l'un par
l'autre, le produit sera un terme de cette progression éloignée
d'autant de termes du plus grand facteur que le plus petit facteur l'est de l'unité. Ce même produit sera éloigné de l'unité
d'autant de termes moins un que les deux facteurs le sont
ensemble de l'unité (μ).

En effet, soient A, B, Γ, Δ, E, Z, H, Θ, I, K, Λ certains nombres
proportionnels à partir de l'unité; que A soit l'unité. Que le
produit de Δ par Θ soit x. Prenons un terme Λ de la progression
éloignée de Θ d'autant de termes que Δ l'est de l'unité. Il faut
démontrer que x est égal à Λ. Puisque les nombres A, B, Γ, Δ, E,
Z, H, Θ, I, K, Λ sont proportionnels, et que Δ est autant éloigné
de A que Λ l'est de Θ, le nombre Δ sera au nombre A comme
le nombre Λ est au nombre Θ; mais Δ est égal au produit de A
par Δ; donc Λ est égal au produit de Θ par Δ (ν); donc Λ est
égal à x. Il est donc évident que le produit de Δ par Θ est un
terme de la progression, et qu'il est éloigné du plus grand facteur d'autant de termes que le plus petit l'est de l'unité. De
plus il est évident que ce même produit sera éloigné de l'unité
d'autant de termes moins un que les facteurs le sont ensemble de
l'unité. En effet, le nombre des termes A, B, Γ, Δ, E, Z, H, Θ est égal
au nombre des termes dont Θ est éloigné de l'unité; et le nombre des termes I, K, Λ est plus petit d'une unité que le nombre
des termes dont Θ est éloigné de l'unité, puisque le nombre
de ces termes avec Θ est égal au nombre des termes dont Θ est
éloigné de l'unité.

Ces choses étant en partie supposées et en partie démontrées,
nous allons faire voir ce que nous nous sommes proposés. En
effet, puisque l'on a supposé que le diamètre d'une graine de
pavot n'est pas plus petit que la quarantième partie de la largeur
d'un doigt, il est évident qu'une sphère qui a un diamètre de la

largeur d'un doigt n'est pas plus grande qu'il ne le faut pour contenir six myriades et quatre mille graines de pavots. Car cette
sphère est égale à soixante-quatre fois une sphère qui a un
diamètre d'un quarantième de doigt ; parce qu'il est démontré
que les sphères sont entre elles en raison triplée de leurs diamètres. Mais on a supposé que le nombre des grains de sable
contenus dans une graine de pavot n'étoit pas de plus d'une
myriade ; il est donc évident que le nombre des grains de sable
contenus dans une sphère ayant un diamètre de la largeur d'un
doigt ne surpassera pas une myriade de fois six myriades et
quatre mille. Mais ce nombre renferme six unités des nombres
seconds et quatre mille myriades des nombres premiers ; ce
nombre est donc plus petit que dix unités des nombres seconds.

Une sphère qui a un diamètre de cent doigts est égal à cent
myriades de fois une sphère qui a un diamètre d'un doigt, parce
que les sphères sont en raison triplée de leurs diamètres (ξ). Donc
si l'on avoit une sphère de sable dont le diamètre fût de cent
doigts, il est évident que le nombre des grains de sable seroit
plus petit que celui qui résulte du produit de dix unités des
nombres seconds par cent myriades. Mais dix unités des nombres seconds sont, à partir de l'unité, le dixième terme d'une
progression dont les termes sont décuples les uns des autres, et
cent myriades en sont le septième terme, à partir aussi de
l'unité. Il est donc évident que le nombre qui résulte du produit de ces deux nombres est le sixième terme de la progression
à partir de l'unité. Car on a démontré que le produit de deux
termes d'une progression qui commence par un, est distant de
l'unité d'autant de termes moins un que les facteurs ensemble le
sont de l'unité. Mais parmi ces seize termes, les huit premiers
conjointement avec l'unité, appartiennent aux nombres premiers, et les huit autres appartiennent aux nombres seconds,

et le dernier terme est de mille myriades des nombres seconds. Il est donc évident que le nombre des grains de sable contenus dans une sphère de cent doigts de diamètre, est plus petit que mille myriades des nombres seconds.

Une sphère d'un diamètre d'une myriade de doigts est égal à cent myriades de fois une sphère d'un diamètre de cent doigts. Donc, si l'on avoit une sphère de sable d'un diamètre d'une myriade de doigts, il est évident que le nombre des grains de sable contenus dans cette sphère seroit plus petit que celui qui résulte du produit de mille myriades de nombres seconds par cent myriades. Mais mille myriades de nombres seconds sont le seizième terme de la progression, à partir de l'unité, et cent myriades en sont le septième terme, à partir aussi de l'unité; il est donc évident que le nombre qui résulte du produit de ces deux nombres sera le vingt-deuxième terme de la progression, à partir de l'unité. Mais parmi ces vingt-deux termes, les huit premiers y compris l'unité appartiennent aux nombres qu'on appelle premiers, les huit suivans aux nombres qu'on appelle seconds, les six restans à ceux qu'on appelle troisièmes, et enfin le dernier terme est de dix myriades des nombres troisièmes. Il est donc évident que le nombre des grains de sable contenus dans une sphère qui auroit un diamètre de dix mille doigts, ne seroit pas moindre que dix myriades des nombres troisièmes. Mais une sphère qui a un diamètre d'une stade est plus petite qu'une sphère qui a un diamètre d'une myriade de doigts. Il est donc évident que le nombre des grains de sable contenus dans une sphère qui auroit un diamètre d'une stade, seroit plus petit que dix myriades des nombres troisièmes.

Une sphère qui a un diamètre de cent stades est égal à cent myriades de fois une sphère qui a un diamètre d'une stade.

Donc si l'on avoit une sphère de sable aussi grande que celle qui a un diamètre de cent stades, il est évident que le nombre des grains de sable seroit plus petit que le nombre qui résulte du produit d'une myriade de myriades des nombres troisièmes par cent myriades. Mais dix myriades des nombres troisièmes sont le vingt-deuxième terme de la progression à partir de l'unité, et cent myriades en sont le septième terme, à partir aussi de l'unité. Il est donc évident que le produit de ces deux nombres est le vingt-huitième terme de cette même progression , à partir de l'unité. Mais parmi ces vingt - huit termes , les huit premiers, y compris l'unité, appartiennent aux nombres qu'on appelle premiers; les huit suivans, à ceux qu'on appelle seconds ; les huit suivans, à ceux qu'on appelle troisièmes ; les quatre restans, à ceux qu'on appelle quatrièmes, et le dernier de ceux-ci est de mille unités des nombres quatrièmes. Il est donc évident que le nombre des grains de sable contenus dans une sphère d'un diamètre de cent stades, seroit plus petit que mille unités des nombres quatrièmes.

Une sphère qui a un diamètre de dix mille stades est égale à cent myriades de fois une sphère qui a un diamètre de cent stades. Donc si l'on avoit une sphère de sable qui a un diamètre de dix mille stades, il est évident que le nombre des grains de sable seroit plus petit que celui qui résulte du produit de mille unités des nombres quatrièmes par cent myriades. Mais mille unités des nombres quatrièmes sont le vingt-huitième terme de la progression , à partir de l'unité, et cent myriades en sont le septième, à partir aussi de l'unité. Il est donc évident que le produit sera le trente-quatrième terme, à partir de l'unité. Mais parmi ces termes , les huit premiers, y compris l'unité , appartiennent aux nombres qu'on appelle premiers; les huit suivans, à ceux qu'on ap-

pelle seconds ; les huit suivans, à ceux qu'on appelle troisièmes ; les huit suivans, à ceux qu'on appelle quatrièmes ;
les deux restans, à ceux qu'on appelle cinquièmes ; et le
dernier de ceux-ci est de dix unités de nombres cinquièmes.
Il est donc évident que le nombre des grains de sable contenus
dans une sphère ayant un diamètre d'une myriade de stades,
seroit plus petit que dix unités des nombres cinquièmes.

Une sphère qui a un diamètre de cent myriades de stades
est égal à cent myriades de fois une sphère ayant un diamètre
d'une myriade de stades. Donc si l'on avoit une sphère de sable
ayant un diamètre de cent myriades de stades, il est évident
que le nombre des grains de sable seroit plus petit que le produit de dix unités des nombres cinquièmes par cent myriades.
Mais dix unités des nombres cinquièmes sont le trente-quatrième terme de la progression, à partir de l'unité, et cent
myriades sont le septième terme, à partir aussi de l'unité. Il
est donc évident que le produit de ces deux nombres sera le
quarantième terme de la progression, à partir de l'unité. Mais
parmi ces quarante termes, les huit premiers, y compris
l'unité, appartiennent aux nombres qu'on appelle premiers ;
les huit suivans, à ceux qu'on appelle seconds ; les huit suivans, à ceux qu'on appelle troisièmes ; les huit qui suivent les
nombres troisièmes, à ceux qu'on appelle quatrièmes ; les huit
qui suivent les nombres quatrièmes, à ceux qu'on appelle
cinquièmes, et le dernier de ceux-ci est de mille myriades de
nombres cinquièmes. Il est donc évident que le nombre des
grains de sable contenus dans une sphère ayant un diamètre
de cent myriades de stades seroit plus petit que mille myriades
des nombres cinquièmes.

Une sphère qui a un diamètre d'une myriade de myriades de
stades est égale à cent myriades de fois une sphère ayant un

diamètre de cent myriades de stades. Si donc l'on avoit une sphère de sable dont le diamètre fût d'une myriade de myriades de stades, il est évident que le nombre des grains de sable seroit plus petit que le produit de mille myriades de nombres cinquièmes par cent myriades. Mais mille myriades des nombres cinquièmes sont le quarantième terme de la progression, à partir de l'unité, et cent myriades sont le septième, à partir aussi de l'unité. Il est donc évident que le produit de ces deux nombres est le quarante-sixième de la progression, à partir de l'unité. Mais parmi ces quarante-six termes, les huit premiers, y compris l'unité, appartiennent aux nombres qu'on appelle premiers; les huit suivans, à ceux qu'on appelle seconds; les huit suivans, à ceux qu'on appelle troisièmes; les huit qui suivent les nombres troisièmes, à ceux qu'on appelle quatrièmes; les huit qui viennent après les nombres quatrièmes, à ceux qu'on appelle cinquièmes; les six restans à ceux qu'on appelle sixièmes, et le dernier de ceux-ci est de dix myriades des nombres sixièmes. Il est donc évident que le nombre des grains de sable contenus dans une sphère qui auroit un diamètre de dix mille myriades de stades, seroit plus petit que dix myriades des nombres sixièmes.

Une sphère qui a un diamètre de cent myriades de myriades de stades est égal à cent myriades de fois une sphère qui a un diamètre d'une myriade de myriades de stades. Si donc l'on avoit une sphère de sable dont le diamètre fût de cent myriades de myriades, il est évident que le nombre des grains de sable seroit plus petit que le produit de dix myriades des nombres sixièmes par cent myriades. Mais dix myriades des nombres sixièmes sont le quarante-sixième terme de la progression, à partir de l'unité, et cent myriades en sont le septième, à partir aussi de l'unité; il est donc évident que le

produit de ces deux nombres sera le cinquante-deuxième terme
de la progression, à partir de l'unité. Mais parmi ces cinquante-
deux termes, les quarante-huit premiers, y compris l'unité,
appartiennent aux nombres qu'on appelle premiers, seconds,
troisièmes, quatrièmes, cinquièmes et sixièmes, les quatre
restans appartiennent aux nombres septièmes, et le dernier
de ceux-ci est de mille unités des nombres septièmes. Il est
donc évident que le nombre des grains de sable contenus dans
une sphère ayant un diamètre de cent myriades de myriades de stades, sera plus petit que mille unités des nombres
septièmes.

Puisque l'on a démontré que le diamètre du monde n'est
pas de cent myriades de myriades, il est évident que le
nombre des grains de sable contenus dans une sphère égale
à celle du monde, est plus petit que mille unités de nombres
septièmes. On a donc démontré que le nombre des grains de
sable contenus dans une sphère égale en grandeur à celle que la
plupart des astronomes appellent monde, seroit plus petit que
mille unités des nombres septièmes.

Nous allons démontrer à présent que le nombre des grains
de sable contenus dans une sphère aussi grande que la sphère
des étoiles fixes, supposée par Aristarque, est plus petit que mille
myriades des nombres huitièmes. En effet, puisque l'on suppose
que la terre est à la sphère que nous appelons le monde comme
la sphère que nous appelons le monde est à la sphère des étoiles
fixes supposée par Aristarque; que les diamètres des sphères sont
proportionnels entre eux et que l'on a démontré que le diamètre
du monde est plus petit qu'une myriade de fois le diamètre de
la terre, il est évident que le diamètre de la sphère des étoiles
fixes est plus petit que dix mille fois le diamètre du monde. Mais
les sphères sont entre elles en raison triplée de leurs diamètres; il

est donc évident que le nombre des grains de sable contenus dans une sphère aussi grande que la sphère des étoiles fixes, supposée par Aristarque, seroit plus petit qu'une myriade de myriades de myriades de fois la sphère du monde; car il a été démontré que le nombre des grains de sable qui feroient un volume égal au monde est plus petit que mille unités de nombres septièmes. Il est donc évident que si l'on formoit de sable une sphère égale à celle qu'Aristarque suppose être celle des étoiles fixes, le nombre des grains de sable seroit plus petit que le produit de mille unités des nombres septièmes par une myriade de myriades de myriades. Mais mille unités des nombres septièmes est le cinquante-deuxième terme de la progression à partir de l'unité, et une myriade de myriades de myriades en est le treizième, à partir aussi de l'unité; il est donc évident que le produit sera le soixante-quatrième terme de la progression. Mais ce nombre est le huitième des nombres huitièmes, c'est-à-dire qu'il est de mille myriades des nombres huitièmes; il est donc évident que le nombre des grains de sable contenus dans une sphère aussi grande que celle des étoiles fixes supposée par Aristarque, est plus petit que mille myriades des nombres huitièmes (o).

Je pense, ô roi Gélon, que ces choses ne paroîtront pas très-croyables à beaucoup de personnes qui ne sont point versées dans les sciences mathématiques; mais elles seront démontrées pour ceux qui ont cultivé ces sciences et qui se sont appliqués à connoître les distances et les grandeurs de la terre, du soleil, de la lune et du monde entier. C'est pourquoi j'ai pensé qu'il ne seroit pas inconvenant que d'autres les considérassent de nouveau.

FIN DE L'ARÉNAIRE.

DES CORPS

QUI SONT

PORTÉS SUR UN FLUIDE.

LIVRE PREMIER.

HYPOTHÈSE PREMIÈRE.

On suppose que la nature d'un fluide est telle que ses parties étant également placées et continues entre elles, celle qui est moins pressée est chassée par celle qui l'est davantage. Chaque partie du fluide est pressée par le fluide qui est au-dessus suivant la verticale, soit que le fluide descende quelque part, soit qu'il soit chassé d'un lieu dans un autre.

PROPOSITION I.

Si une surface est coupée par un plan toujours par le même point, et si la section est une circonférence de cercle, ayant pour centre le point par lequel passe le plan coupant, cette surface sera une surface sphérique.

Qu'une surface soit coupée par un plan mené par le point κ; et que la section soit toujours une circonférence de cercle, ayant pour centre le point κ. Je dis que cette surface est une surface sphérique.

Car si cette surface n'est pas sphérique, les droites menées du point κ à cette surface ne seront pas toutes égales. C'est pourquoi, que A, B soient des points dans cette surface, et que les droites AK, KB soient inégales. Par les droites AK, KB conduisons un plan qui fasse, dans cette surface, une section qui soit la ligne DABC. La ligne DABC sera une circonférence de cercle qui aura pour centre le point K ; parce que l'on a supposé que la section de cette surface étoit un cercle. Donc les droites AK, KB sont égales entre elles. Mais elles sont inégales ; ce qui est impossible. Il est donc évident que cette surface est une surface sphérique.

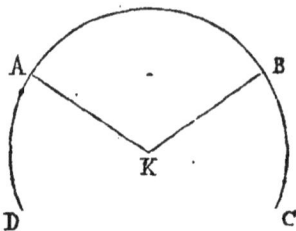

PROPOSITION II.

La surface de tout fluide en repos est sphérique ; et le centre de cette surface sphérique est le même que le centre de la terre.

Supposons un fluide en repos. Que sa surface soit coupée par un plan conduit par le centre de la terre. Que le centre de la terre soit le point K, et que la section de cette surface soit la ligne ABCD. Je dis que la ligne ABCD est un arc de cercle dont le centre est le point K.

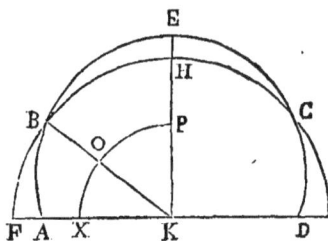

Car si cela n'est pas, les droites menées du point K à la ligne ABCD ne seront pas égales. Prenons une droite BK plus grande que certaines droites menées du point K à la ligne ABCD, mais plus petite que certaines autres ; et du centre K, avec un intervalle égal à cette droite, décrivons un arc de cercle. L'arc de ce cercle sera en partie en dehors de la ligne ABCD et en partie en dedans ; puisque

47

le rayon de cet arc est plus grand que certaines droites menées
du point κ à la ligne ABCD, et plus petit que certaines autres.
Que FBH soit l'arc de cercle dont nous venons de parler. Ayant
joint les points B, κ, menons les droites FK, KHE qui fassent des
angles égaux avec la droite κB. Du centre κ décrivons, dans un
plan et dans le fluide, un arc XOP.
Les parties du fluide qui sont dans
l'arc XOP sont également placées et
continues entre elles. Mais les parties
qui sont dans l'arc xo sont pressées
par le fluide qui est contenu dans
ABOX, et les parties qui sont dans l'arc OP sont pressées par le
fluide qui est contenu dans BEPO. Donc les parties du fluide qui
sont dans l'arc xo et dans l'arc OP sont inégalement pressées. Donc
celles qui sont moins pressées seront chassées par celles qui le sont
davantage (*hyp.* 1). Donc le fluide ne restera pas en repos. Mais
on a supposé qu'il étoit en repos; il faut donc que la ligne ABCD
soit un arc de cercle ayant pour centre le point κ. De quelque
manière que la surface du fluide soit coupée par un plan conduit
par le centre de la terre, nous démontrerons semblablement
que la section sera une circonférence de cercle, et que son
centre sera le même que celui de la terre. D'où il suit évidemment que la surface d'un fluide en repos est sphérique,
et que le centre de cette surface est le même que le centre de
la terre; puisque cette surface est telle qu'étant coupée toujours par le même point, sa section est un arc de cercle,
ayant pour centre le point par lequel passe le plan coupant.

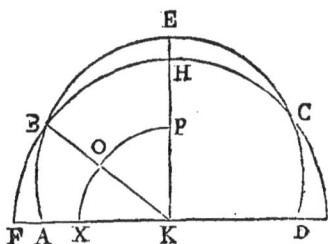

PROPOSITION III.

Si un corps qui, sous un volume égal, a la même pesanteur
qu'un fluide (α), est abandonné dans ce fluide, il s'y plongera
jusqu'à ce qu'il n'en reste rien hors de la surface du fluide;
mais il ne descendra point plus bas.

Soit un corps de même pesanteur qu'un fluide. Supposons,
si cela est possible, que ce corps étant abandonné dans ce
fluide, une partie reste au-dessus de sa surface. Que ce fluide
soit en repos. Supposons un plan qui, étant conduit par le
centre de la terre, coupe le fluide et le corps plongé dans ce
fluide, de manière que la section de la surface du fluide soit ABCD
et que la section de ce corps soit
EHTF. Que le centre de la terre soit
le point K. Que BHTC soit la partie
du corps qui est dans le fluide, et
que BEFC soit la partie qui est en
dehors. Supposons une pyramide,
qui ait pour base un parallélo-
gramme placé dans la surface du fluide (β), et pour sommet
le centre de la terre. Que les sections des faces de la pyramide, par le plan dans lequel est l'arc ABCD, soient KL, KM.
Dans le fluide et au-dessous de EF, TH, supposons une autre
surface sphérique XOP, ayant le point K pour centre, de manière que XOP soit la section de sa surface par le plan de l'arc
ABCD. Prenons une autre pyramide égale et semblable à la première; qu'elle lui soit contiguë et continue, et que les sections
de ses plans soient KM, KN. Supposons dans le fluide un autre
solide RSQY composé du fluide, et égal et semblable à BHTC qui
est la partie du corps EHTF plongé dans le fluide. Les parties du

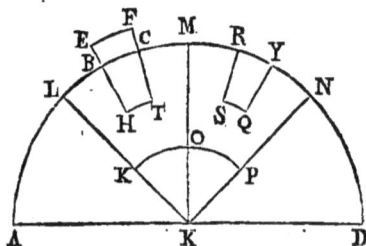

fluide qui, dans la première pyramide, sont contenues dans la surface xo et qui dans la seconde pyramide sont contenues dans la surface op, sont également placées et continues entre elles; mais elles ne sont pas semblablement pressées. Car les parties du fluide contenues dans xo sont pressées par le corps EHTF, et par le fluide placé entre les surfaces xo, LM et entre les faces de la pyramide; et les parties contenues dans po sont pressées par le solide RSQY et par le fluide placé entre op, PM, et entre les faces de la pyramide. Mais la pesanteur du fluide placé entre MN, op est plus petite que la pesanteur du fluide placé entre LM, xo solide; car le solide RSQY est plus petit que le solide EHTF, puisque RSQY est égal à BHTC, et l'on a supposé que, sous un volume égal, le corps plongé dans le fluide a la même pesanteur que ce fluide. Donc si on retranche les parties égales, les restes seront inégaux. Il est donc évident que la partie du fluide contenue dans la surface op sera chassée par la partie qui est contenue dans la surface xo; et que le fluide ne restera pas en repos (1). Mais on a supposé qu'il étoit en repos; donc il ne reste rien du corps plongé dans le fluide, au-dessus de la surface de ce fluide. Cependant ce corps ne descendra point plus bas; car les parties du fluide, étant également placées, le pressent semblablement, puisque ce corps à la même pesanteur que le fluide.

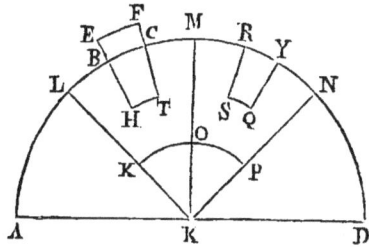

PROPOSITION IV.

Si un corps plus léger qu'un fluide est abandonné dans ce fluide, une partie de ce corps restera au-dessus de la surface de ce fluide.

Soit un corps plus léger qu'un fluide ; que ce corps abandonné dans ce fluide soit submergé tout entier, si cela est possible, de manière que nulle partie de ce corps ne soit au-dessus
de la surface du fluide. Que le fluide soit en repos. Supposons
un plan qui, étant conduit par le centre de la terre, coupe le
fluide et le corps plongé dans ce fluide. Que la section de
la surface du fluide soit l'arc de cercle ABC, et la section
du corps, la figure où est la lettre R.
Que le centre de la terre soit K.
Supposons, comme auparavant,
une certaine pyramide qui com-
prenne la figure R, et dont le sommet soit le point K. Que les faces
de cette pyramide soient coupés
par le plan ABC, suivant AK, KB; et
prenons une autre pyramide qui lui soit égale et semblable, et
dont les plans soient coupés par le plan ABC, suivant les droites
BK, KC. Dans le fluide et au-dessous du corps plongé dans le
fluide, imaginons une surface sphérique, ayant pour centre le
point K, et que cette surface sphérique soit coupée par le même
plan ABC suivant XOP. Enfin, supposons dans la dernière pyramide un solide H qui soit composé du fluide et qui soit égal
au corps R. Les parties du fluide qui, dans la première pyramide, sont contenues dans la surface XO, et qui, dans la seconde pyramide, sont contenues dans la surface OP, sont également placées et continues entre elles, et cependant elles ne
sont pas semblablement pressées ; car celles qui sont dans la première pyramide sont pressées par le corps R et par le fluide
contenu dans cette pyramide en ABOX, et celles qui sont dans
la seconde pyramide sont pressées par le corps H et par le fluide
contenu dans cette pyramide en POBC. Mais la pesanteur du

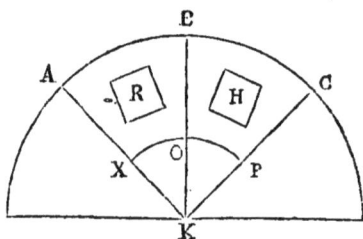

corps R est plus petite que la pesanteur du fluide contenu dans
H, puisque le corps, sous un égal volume, est supposé plus
léger que le fluide. Mais la pesanteur du fluide qui contient le
solide R est égal à la pesanteur du fluide qui contient le
solide H, puisque les pyramides sont égales. Donc la partie
du fluide qui est dans la surface OP est pressée davantage. Donc
cette partie chassera la partie moins pressée, et le fluide ne
restera pas en repos (1). Mais on a supposé que le fluide étoit
en repos ; donc le corps ne sera pas entièrement submergé, et
une partie de ce corps restera au-dessus de la surface du fluide.

PROPOSITION V.

Si un corps plus léger qu'un fluide est abandonné dans ce
fluide, il s'y enfoncera jusqu'à ce qu'un volume de liquide
égal au volume de la partie du corps qui est enfoncé ait la
même pesanteur que le corps entier.

Faisons la même construction qu'auparavant. Que le fluide
soit en repos, et que le corps EHTF soit plus léger que le fluide.
Si le fluide est en repos, ses par-
ties, qui sont également placées,
seront semblablement pressées.
Donc le fluide contenu dans les
surfaces XO, OP est semblablement pressé. Donc le fluide contenu dans les surfaces XO, OP, est
pressé par un poids égal.

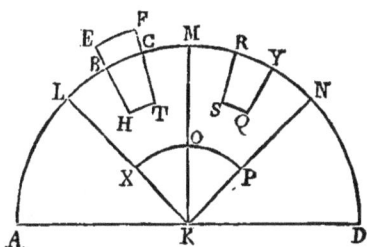

Mais la pesanteur du fluide qui est dans la première pyramide, le corps BHTC excepté, est égale à la pesanteur du
fluide qui est placé dans la seconde pyramide, le fluide RSQY
excepté. Il est donc évident que la pesanteur du corps EHTF est

égale à la pesanteur du fluide RSQY. D'où il suit qu'un volume du fluide égale à la partie du corps qui est enfoncée a la même pesanteur que le corps entier.

PROPOSITION VI.

Si un corps plus léger qu'un fluide est enfoncé dans ce fluide, ce corps remontera avec une force d'autant plus grande, qu'un volume égal du fluide sera plus pesant que ce corps.

Que le corps A soit plus léger qu'un fluide; que B soit la pesanteur du corps A, et que BC soit la pesanteur d'une partie du fluide, ayant un volume égal à celui de A. Il faut démontrer que le corps A, étant enfoncé dans le fluide, remontera avec une vitesse d'autant plus grande que la pesanteur C est plus grande.

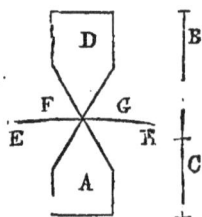

Prenons une grandeur D dont la pesanteur soit égale à C. Une grandeur composée de l'une et de l'autre grandeur, c'est-à-dire de A et de D sera plus légère que le fluide; car la pesanteur de la grandeur composée de AD est BC. Mais la pesanteur d'une partie du fluide ayant un volume égal à celui de ces deux grandeurs est plus grande que BC, parce que BC est la pesanteur d'une partie du fluide ayant un volume égal à celui de A. Donc si l'on abandonne dans le fluide la grandeur composée de AD, elle s'y enfoncera jusqu'à ce qu'un volume du fluide égal à la partie submergée ait une pesanteur égale à celle de la grandeur entière, ainsi que cela a été démontré (5). Que la surface d'un fluide quelconque soit une portion de la circonférence EFGH. Puisqu'un volume d'une partie du fluide égal à celui du corps A a la même pesanteur que les grandeurs A et D, il est évident que la partie submergée est le

corps A , et que D tout entier est hors de la surface du fluide.
Il est donc évident que le corps A remonte avec une force
égale à la force D qui est au-dessus de EFGH
et qui le presse en bas ; puisque l'une de ces
forces n'est point détruite par l'autre. Mais
la grandeur D est portée en bas avec une pesanteur égale à c ; car on a supposé que la
pesanteur D est égale à c. Donc la proposition est évidente.

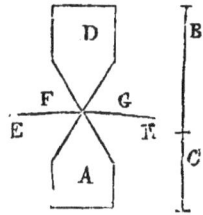

PROPOSITION VII.

Si un corps plus pesant qu'un fluide est abandonné dans ce
fluide, il sera porté en bas jusqu'à ce qu'il soit au fond ; et ce
corps sera d'autant plus léger dans ce fluide, que la pesanteur
d'une partie du fluide, ayant le même volume que ce corps,
sera plus grande.

Il est évident qu'un corps plus pesant qu'un fluide , étant
abandonné dans ce fluide, sera porté en bas, jusqu'à ce qu'il
soit au fond ; car les parties du fluide qui sont au-dessous sont
plus pressées que les parties qui leur sont également adjacentes ;
puisque l'on a supposé que le corps est plus pesant que le
fluide.

L'on démontrera que le corps est plus léger de la manière
suivante. Soit un solide A plus pesant que
le fluide ; que BC soit la pesanteur du
corps A, et que B soit la pesanteur d'une
partie du fluide, ayant un volume égal à
celui de A. Il faut démontrer que le corps A,
plongé dans le fluide, a une pesanteur égale
à c.

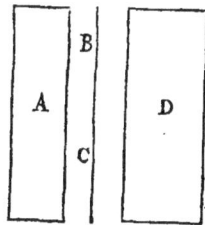

Prenons une autre grandeur D qui soit plus légère que le fluide, et dont la pesanteur soit égale à B ; que BC soit la pesanteur d'une portion du fluide, ayant un volume égal à la grandeur D. Les deux grandeurs A, D étant réunies, la grandeur composée de ces deux grandeurs aura la même pesanteur que le fluide. Car la pesanteur de la somme de ces deux grandeurs est égale à la somme des pesanteurs BC et B. Mais la pesanteur d'une portion du fluide, ayant un volume égal à la somme de ces deux grandeurs, est égale à la somme des pesanteurs ; donc ces grandeurs étant abandonnées et plongées dans le fluide, auront la même pesanteur que le fluide, et elles ne seront portées ni en haut ni en bas ; parce que la grandeur A, qui est plus pesante que le fluide, sera portée en bas, et reportée en haut avec la même force par la grandeur D. Mais la grandeur D, plus légère que le fluide, sera portée en haut avec une force égale à la pesanteur C ; car on a démontré qu'un corps plus léger que le fluide est porté en haut avec une force d'autant plus grande, qu'une partie du fluide ayant un volume égal à ce corps, est plus pesante que ce même corps. Mais une portion du fluide qui a un volume égal à D est plus pesant que D de la pesanteur C ; il est donc évident que le corps A est porté en bas avec une pesanteur égale à C. Ce qu'il falloit démontrer.

HYPOTHÈSE II.

Nous supposons que les corps qui, dans un fluide, sont portés en haut, le sont chacun suivant la verticale qui passe par leurs centres de gravité.

PROPOSITION VIII.

Si une grandeur solide qui est plus légère qu'un fluide, et qui a la figure d'un segment sphérique, est abandonnée dans un fluide, de manière que la base du segment ne touche point le fluide, le segment sphérique se placera de manière que l'axe du segment ait une position verticale. Si l'on incline le segment de manière que la base du segment touche le fluide, il ne restera point incliné, s'il est abandonné à lui-même, et son axe reprendra une position verticale (*).

« Supposons qu'une grandeur telle que celle dont nous venons de parler, soit abandonnée dans un fluide. Conduisons un plan par l'axe du segment et par le centre de la terre. Que la section de la surface du fluide soit l'arc ABCD; que la section de la surface du segment soit l'arc EFH; que EH soit une droite, et que FT soit l'axe du segment. Que le segment soit incliné de manière que son axe FT n'ait pat une position verticale. Il faut démontrer que le segment ne restera point en repos, et que son axe reprendra une position verticale.

» Le centre de la sphère est dans la droite FT. Supposons d'abord que le segment soit plus grand que la moitié de la sphère. Que le point T soit le centre de la sphère, dans la demi-sphère; que dans un segment plus petit le centre soit P, et que dans un segment plus grand le centre soit le point K. Par le point K et par le centre de la terre L, menons la droite KL qui coupe l'arc EFH au point N. Puisqu'un segment sphérique quelconque a son axe dans la droite menée du centre perpen-

---

(*) La démonstration de cette proposition est de Fréd. Commandin. Celle d'Archimède n'est point parvenue jusqu'à nous.

diculairement sur sa base, et qu'il a aussi, dans son axe, son centre de gravité, l'axe de la partie submergée qui est composée de deux segmens sphériques, sera dans la verticale menée par le point K. D'où il suit que son centre de gravité sera dans

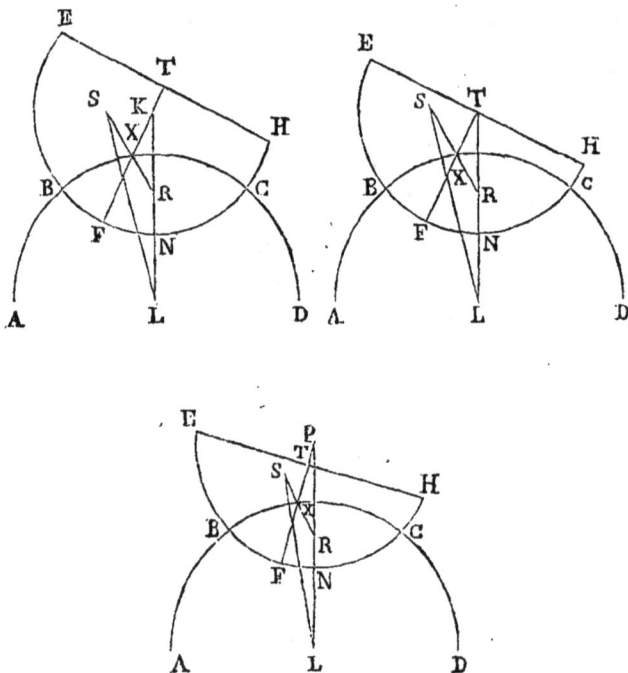

la droite NK. Supposons qu'il soit en R. Or le centre de gravité du segment entier est dans la ligne FT entre K et F. Qu'il soit en x. Le centre de gravité du reste du segment qui est hors du fluide sera dans la ligne RX, prolongé vers le point X, jusqu'à ce que son prolongement soit à RX comme la pesanteur de la partie plongée dans le fluide est à la pesanteur de la partie qui est hors du fluide (a). Que le point s soit le centre de gravité de la figure dont nous venons de parler, et par le point s conduisons la verticale LS. La figure qui est hors du fluide sera portée en bas, par sa pesanteur, suivant la droite SL, et la partie submergée sera portée en haut suivant la droite RL (hyp. 2). Donc la figure ne restera pas en repos, puisque les parties qui sont vers E seront portées en bas, et celles qui sont vers H seront portées en haut (*hyp.* 2), et cela continuera jusqu'à ce que la droite FT ait une position verticale. On démontrera la même chose dans les autres segmens sphériques.

PROPOSITION IX.

Si un segment sphérique plus léger qu'un fluide est abandonné dans ce fluide, de manière que la base entière soit dans le fluide, il se placera de manière que l'axe du segment ait une position verticale.

Qu'une grandeur telle que celle dont nous avons parlé, soit abandonnée dans un fluide; et supposons un plan mené par l'axe du segment et par le centre de la terre. Que l'arc ABCD soit la section de la surface du fluide; que l'arc EFH

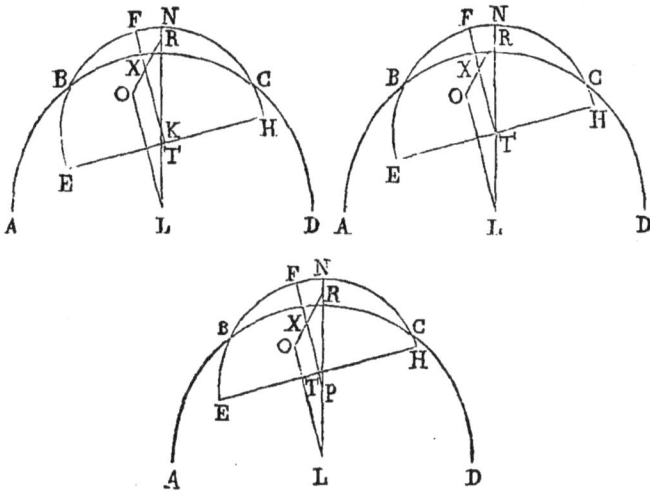

soit la section de la surface du segment; que EH soit un ligne droite, et FT l'axe du segment. Supposons, si cela est possible, que FT n'ait pas une position verticale. Il faut démontrer que le segment ne restera point en repos, et que son axe reprendra une position verticale.

Le centre de gravité du segment sera dans la droite FT. Supposons d'abord que le segment soit plus grand que la moitié de la sphère. Que dans la demi-sphère, le centre soit le point T; que dans un segment plus petit le centre soit le point P, et que dans un segment plus grand le centre soit le point K. Par le point K et par le centre de la terre L, menons KL. Le segment qui est hors de la surface du fluide a son axe dans la verticale menée par le point K. Il aura, d'après ce qui a été dit plus haut, son centre de gravité dans la droite NK. Que son centre de gravité soit le point R. Or, le centre de gravité du segment entier est dans la droite FT, entre K et F. Qu'il soit au point X. Le centre de gravité du reste du segment, c'est-à-dire de la partie qui est dans le fluide sera, dans la droite RX, prolongée vers le point X, jusqu'à ce que son prolongement soit à XR, comme la pesanteur de la partie du segment qui est hors du fluide est à la pesanteur du segment qui est dans le fluide (α). Que le point O soit le centre de gravité de la partie qui est hors du fluide; et par le point O menons la verticale LO. La partie du segment qui est hors du fluide sera portée en bas, par sa pesanteur, suivant la droite KL, et la partie qui est dans le fluide sera portée en haut, par sa pesanteur, suivant la droite OL (*hyp. 2, liv. 1*). Donc le segment ne restera pas en repos, puisque les parties qui sont vers H seront portées en bas, et celles qui sont vers E seront portées en haut, et cela continuera jusqu'à ce que FT ait une position verticale.

DES CORPS

QUI SONT

PORTÉS SUR UN FLUIDE.

LIVRE SECOND.

PROPOSITION PREMIÈRE.

Si une grandeur solide quelconque plus légère qu'un fluide est abandonnée dans ce fluide, la pesanteur de cette grandeur sera à la pesanteur d'un volume égal de ce fluide, comme la partie de cette grandeur qui est submergée est à la grandeur entière.

Abandonnons dans un fluide une grandeur solide quelconque FA plus légère que ce fluide. Que A soit la partie submergée, et que F soit la partie qui est hors du fluide. Il faut

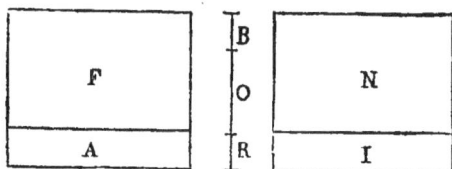

démontrer que la pesanteur de la grandeur FA est à la pesanteur d'un volume égal de ce fluide comme A est à FA.

Prenons un volume NI du fluide qui soit égal à la grandeur FA; que N soit égal à F, et I égal à A. Que la pesanteur de FA soit B ; que la pesanteur de NI soit OR, et que la pesanteur de I soit R. La pesanteur de FA sera à la pesanteur de NI comme B est à OR. Mais puisque la grandeur FA abandonnée dans le fluide est plus légère que le fluide, il est évident qu'un volume du fluide égal à la partie de la grandeur FA qui est submergée, a la même pesanteur que la grandeur FA, ainsi que cela a été démontré plus haut (1, 5). Mais le fluide I dont la pesanteur est R répond à A, et la pesanteur de FA est B; donc B qui est la pesanteur de la grandeur entière FA, sera égale à la pesanteur du fluide I, c'est-à-dire à R. Puisque la pesanteur de la grandeur FA est à la pesanteur du fluide NI qui lui est correspondant, comme B est à OR; que B est égal à R, et que R est à OR comme I est à NI, et comme A est à FA, il s'ensuit que la pesanteur de FA sera à la pesanteur d'un volume égal du fluide comme la grandeur A est à la grandeur FA. Ce qu'il falloit démontrer.

PROPOSITION II.

Lorsqu'un segment droit (α) d'un conoïde parabolique n'a pas son axe plus grand que trois fois la moitié du demi-paramètre (6); si ce segment, quelle que soit sa pesanteur par rapport à celle d'un fluide, est abandonné dans ce fluide, et s'il est posé incliné de manière que sa base ne touche point le fluide, il ne restera point incliné, mais il se placera verticalement. Je dis qu'il est placé verticalement, lorsque sa base est parallèle à la surface du fluide.

Soit un segment droit d'un conoïde tel que celui dont nous venons de parler. Que ce segment soit posé incliné. Il faut démontrer qu'il ne restera point incliné, mais qu'il se placera verticalement.

Conduisons par l'axe un plan perpendiculaire sur la surface du fluide (γ); que la section du segment soit la parabole APOL; que NO soit l'axe du segment et le diamètre de la parabole, et que la section de la surface du fluide soit la droite IS. Si le seg-

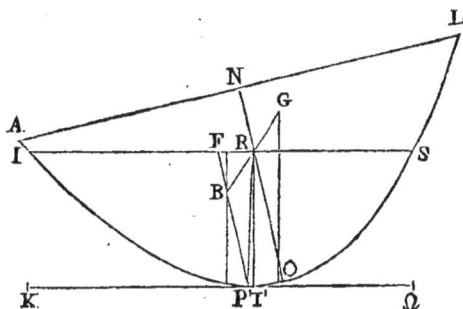

ment n'est pas vertical, la droite AL ne sera point parallèle à IS. Donc la droite NO ne formera pas des angles droits avec la droite IS. Conduisons une droite KΩ qui touche la parabole au point P (*) et qui soit parallèle à IS. Du point P conduisons jusqu'à IS la droite PF parallèle à ON. Cette droite sera le diamètre de la parabole IPOS, et l'axe de partie du segment qui est submergée. Prenons ensuite les centres de gravité (δ); que le point R soit le centre de gravité du segment APOL, et que le point B soit le centre de gravité du segment IPOS. Conduisons la droite BR, et prolongeons-la vers G. Que le point G soit le centre de gravité de la figure restante ISLA. Puisque la droite NO est égale à trois fois la moitié de RO, et que cette droite est plus petite que trois fois la moitié du demi-paramètre, la droite RO sera plus petite que la moitié du paramètre. Donc l'angle RPΩ sera aigu (ε). En effet, puisque la moitié du paramètre est plus grande que RO,

---

(*) Ce qui suit est de Fréd. Commandin. Le reste de la démonstration a péri par l'injure des temps.

la perpendiculaire menée du point ʀ sur ᴋΩ, c'est-à-dire ʀᴛ, rencontrera la droite ꜰᴘ hors de la parabole; elle tombera par conséquent entre le point ᴘ et le point Ω. Donc si par les points ʙ, ɢ, on conduit des parallèles à ʀᴛ, ces parallèles feront des angles droits avec la surface du fluide, et la partie qui est dans le fluide sera portée en haut, selon la perpendiculaire menée par le point ʙ, parallèlement à ʀᴛ (*liv.* 1, *hyp.* 2); et la partie qui est hors du fluide sera portée en bas, suivant la perpendiculaire menée par le point ɢ. Donc le segment ᴀ ᴘᴏʟ ne restera point en repos, puisque ce qui est vers ᴀ sera porté en haut et que ce qui est vers ʟ sera porté en bas, jusqu'à ce que ɴᴏ ait une position verticale » (ζ).

PROPOSITION III.

Lorsqu'un segment droit d'un conoïde parabolique n'a pas son axe plus grand que trois fois la moitié du paramètre, si ce segment, quelle que soit sa pesanteur par rapport à celle d'un fluide, est abandonné dans ce fluide, si sa base est toute entière dans le fluide, et s'il est posé incliné, il ne restera point incliné, mais il se placera de manière que son axe ait une position verticale (α).

Abandonnons dans un fluide un segment tel que celui dont nous venons de parler. Que sa base soit dans le fluide. Conduisons par l'axe un plan perpendiculaire sur la surface du fluide. Que la section du segment soit la parabole ᴀᴘᴏʟ; que ᴘꜰ soit l'axe du segment et le diamètre de la parabole; et que la section de la surface du fluide soit la droite ɪꜱ. Si le segment est incliné, son axe n'aura pas une position verticale. Donc la droite ᴘꜰ ne formera pas des angles droits avec la droite ɪꜱ. Conduisons une droite ᴋΩ parallèle à ɪꜱ et tangente à la parabole

49

APOL au point o. Que le point R soit le centre de gravité du segment APOL, et le point B le centre de gravité de IPOS. Joignons la droite BR ; prolongeons cette droite, et que le point G soit le centre de gravité de la figure restante ISLA. On démontrera sem-

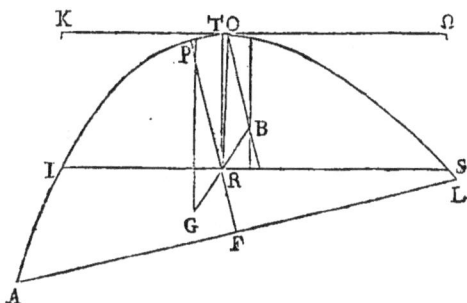

blablement que l'angle ROK sera aigu, et que la perpendiculaire menée du point R sur KΩ tombera entre K et o. Que cette perpendiculaire soit RT. Si des points G, B, on conduit des parallèles à RT, la partie du segment qui est dans le fluide sera portée en haut (*liv.* 1, *hyp.* 2), suivant la perpendiculaire menée par le point G, et la partie qui est hors du fluide sera portée en bas, suivant la perpendiculaire menée par le point B. Donc le segment APOL ainsi posé dans le fluide ne restera point en repos ; puisque ce qui est en A sera porté en haut, et ce qui est en L sera porté en bas, jusqu'à ce que la droite PF ait une position verticale.

PROPOSITION IV.

Lorsqu'un segment droit d'un conoïde parabolique plus léger qu'un fluide, a son axe plus grand que trois fois la moitié du demi-paramètre ; si la raison de la pesanteur de ce segment à la pesanteur d'un volume égal du fluide n'est pas moindre que la raison du quarré de l'excès de l'axe sur trois fois la moitié du demi-paramètre au quarré de l'axe; si ce segment étant abandonné dans ce fluide, sa base ne touche pas le fluide, et s'il est posé incliné, il ne restera pas incliné, mais il se placera verticalement.

Soit un segment d'un conoïde parabolique tel que celui dont nous venons de parler. Supposons, s'il est possible, que ce segment étant abandonné dans le fluide ne soit pas placé verticalement, mais bien incliné. Conduisons par l'axe un plan qui soit perpendiculaire sur la surface du fluide. Que la section du segment soit la parabole APOL; que la droite NO soit l'axe du segment et le diamètre de la parabole, et que la sec-

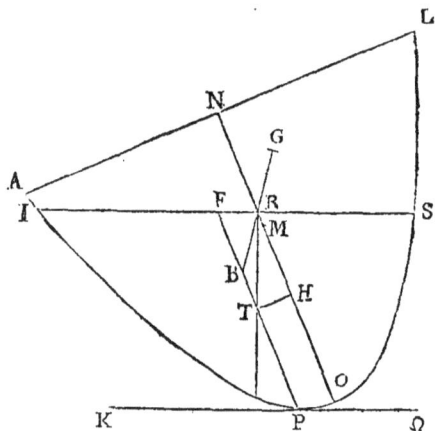

tion de la surface du fluide soit la droite IS. Si le segment n'est pas placé verticalement, la droite NO ne fera point des angles égaux avec la droite IS. Conduisons la droite KΩ tangente à la parabole en un point P, et parallèle à la droite IS, et du point P conduisons la droite PF parallèle à la droite ON. Prenons les centres de gravité: que le point R soit le centre de gravité du segment APOL, et le point B le centre de gravité du segment qui est dans le fluide. Menons la droite BR, prolongeons cette droite vers G, et que le point G soit le centre de gravité de

la grandeur solide qui est hors du fluide. Puisque la droite
NO est égale à trois fois la moitié de RO, et que NO est plus grande
que trois fois la moitié du demi-paramètre, il est évident que
la droite RO est plus grande que le demi-paramètre. Que la droite

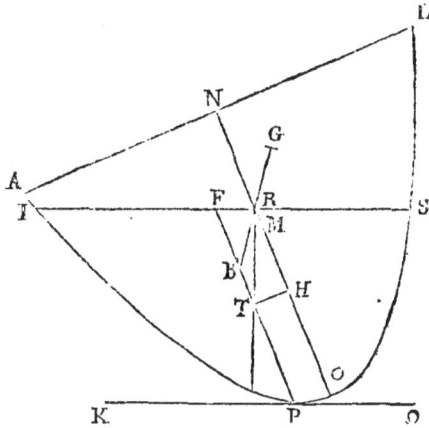

RH soit égale au demi-paramètre, et que OH soit double de HM.
Puisque NO est égal à trois fois la moitié de RO, et que MO est
aussi égal à trois fois la moitié de HO, la droite restante NM sera
égale à trois fois la moitié de RH (α). Donc l'excès de l'axe sur
trois fois la moitié du demi-paramètre est d'autant plus grand
que la droite MO est plus grande (6). Mais on a supposé que la
raison de la pesanteur du segment à la pesanteur d'un volume
égale du fluide, n'est pas moindre que la raison du quarré construit sur l'excès de l'axe sur trois fois la moitié du demi-paramètre au quarré construit sur l'axe; il est donc évident que la
raison de la pesanteur du segment à la pesanteur d'un pareil
volume du fluide n'est pas moindre que la raison du quarré
construit sur MO au quarré construit sur NO (7). Mais la raison
de la pesanteur du segment à la pesanteur d'un volume égal du
fluide est la même que la raison de la partie submergée au segment entier, ainsi que cela a été démontré plus haut (2, 1), et

la raison de la partie submergée au segment entier est la même que la raison du quarré PF au quarré de NO, parce qu'on a démontré dans le Traité des Conoïdes et des Sphéroïdes, que si un conoïde parabolique est partagé en deux parties par des plans menés d'une manière quelconque, les segmens sont entre eux comme les quarrés construits sur les axes. Donc la raison du quarré de PF au quarré de NO n'est pas moindre que la raison du quarré de MO au quarré de NO. Donc PF n'est pas plus petit que MO, ni BP plus petit que HO (δ'). Donc si du point H on conduit une perpendiculaire sur NO, elle rencontrera BP, et elle tombera entre B et P (ε). Que cette perpendiculaire rencontre la droite BP au point T. Puisque PF est parallèle à l'axe, que HT lui est perpendiculaire, et que RH est égal au demi-paramètre, si la droite menée du point R au point T est prolongée, elle fera des angles droits avec la tangente à la parabole au point P (ζ). Donc cette droite fera des angles droits avec la droite IS, et avec la surface du fluide qui passe par la droite IS. Donc si par les points B, G, on conduit des parallèles à RT, ces parallèles feront des angles droits avec la surface du fluide, et la partie du segment qui est dans le fluide sera portée en haut, suivant la droite menée par le point B parallèlement à RT, et la partie qui est hors du fluide sera portée en bas, suivant la droite menée par le point G, jusqu'à ce que le segment droit du conoïde soit placé verticalement.

PROPOSITION V.

Lorsqu'un segment droit d'un conoïde parabolique plus léger qu'un fluide a son axe plus grand que trois fois la moitié du demi-paramètre; si la raison de la pesanteur du segment à la pesanteur du fluide n'est pas plus grande que la raison de l'excès du quarré de l'axe sur le quarré de l'excès de l'axe

sur trois fois la moitié du demi-paramètre au quarré de l'axe ;
si ce segment étant abandonné dans le fluide, sa base est toute
entière dans ce fluide, et s'il est posé incliné, il ne restera point
incliné, mais il se placera de manière que son axe ait une position verticale.

Abandonnons dans un fluide un segment tel que celui dont
nous venons de parler, et que sa base soit toute entière dans
le fluide. Conduisons par l'axe un plan perpendiculaire sur la
surface du fluide. Que la section du segment soit la parabole
APOL; que la droite NO soit l'axe du segment et le diamètre
de la parabole, et que la section de la surface du fluide soit la
droite IS. Puisque l'axe n'a point une position verticale, la droite

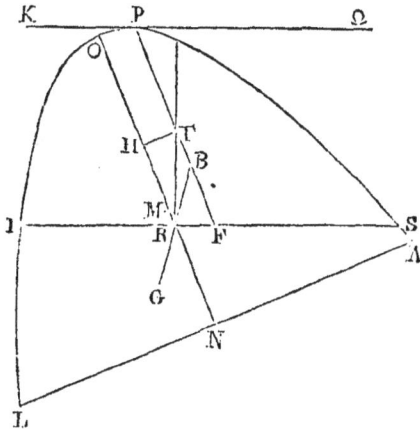

NO ne fera pas des angles droits avec la droite IS. Conduisons
la droite KΩ tangente à la parabole en un point P et parallèle à
IS. Par le point P menons la droite PF parallèle à NO ; et prenons les centres de gravité : que le point R soit le centre de
gravité de APOL, et le point B le centre de gravité de la partie
qui est hors du fluide. Menons la droite BR ; prolongeons-la
vers le point G, et que ce point soit le centre de gravité de la
partie du segment qui est dans le fluide. Prenons RH égal au

demi-paramètre ; que oh soit double de hm, et faisons le reste
comme nous l'avons dit plus haut. Puisque l'on a supposé que la
raison de la pesanteur du segment à la pesanteur du fluide n'est
pas plus grande que la raison de l'excès du quarré de no sur
le quarré de mo au quarré de no (α), et que l'on a démontré
dans la première proposition que la pesanteur du segment est
à la pesanteur d'un volume égal du fluide comme la partie du
segment qui est submergée est au segment entier, la raison de
la partie submergée au segment entier ne sera pas plus grande
que la raison dont nous venons de parler. Donc la raison du
segment entier à la partie qui est hors du fluide ne sera pas
plus grande que la raison du quarré de no au quarré de mo (6).
Mais la raison du segment entier à la partie qui est hors du
fluide est la même que la raison du quarré de no au quarré de
pf (γ); donc la raison du quarré de no au quarré de pf n'est
pas plus grande que la raison du quarré de no au quarré de
mo. D'où il suit que pf n'est pas plus petit que om, ni pb
plus petit que oh. Donc la perpendiculaire élevée du point h
sur la droite no, rencontrera la droite bp entre les points p et
b. Que cette perpendiculaire rencontre bp au point t. Puisque
dans la parabole la droite pf est parallèle au diamètre no, que
la droite ht est perpendiculaire sur le diamètre, et que la
droite rh est égale au demi-paramètre, il est évident que rt
prolongée fera des angles droits avec kpΩ, et par conséquent
avec is. Donc rt est perpendiculaire sur la surface du fluide.
Donc si par les points b, g, on mène les droites parallèles à
rt, ces parallèles seront perpendiculaires sur la surface du
fluide. Donc la portion du segment qui est hors du fluide sera
portée en bas, suivant la perpendiculaire menée par le point b,
et la portion qui est dans le fluide sera portée en haut, suivant
la perpendiculaire menée par le point g (*liv.* 1, *hyp.* 2). Donc

le segment APOL ne restera point en repos; mais il se mouvra dans le fluide jusqu'à ce que l'axe NO ait une position verticale.

PROPOSITION VI.

Lorsqu'un segment droit d'un conoïde parabolique plus léger qu'un fluide a son axe plus grand que trois fois la moitié du demi-paramètre, mais cependant trop petit pour qu'il soit au demi-paramètre comme quinze est à quatre; si ce segment étant abandonné dans ce fluide, sa base touche la surface du fluide, il ne restera jamais incliné de manière que la base touche la surface du fluide en un seul point.

Soit un segment tel que celui dont nous venons de parler. Abandonnons-le dans le fluide, comme nous l'avons dit, de manière que la base touche le fluide en un seul point. Il faut démontrer que le segment ne gardera point cette position, mais qu'il tournera jusqu'à ce que sa base ne touche en aucune manière la surface du fluide.

Conduisons par l'axe un plan perpendiculaire sur la surface du fluide. Que la section du segment soit la parabole APOL; que la section de la surface du fluide soit la droite AS, et que NO soit l'axe du segment et le diamètre de la parabole. Coupons NO en un point F, de manière que OF soit double de FN, et en un point Ω, de manière que NO soit à FΩ comme quinze est à quatre. Menons ΩK perpendiculaire sur NO. La raison de NO à FΩ sera plus grande que la raison de NO au demi-paramètre. Que FB soit égal au demi-paramètre. Menons la droite PC parallèle à AS et tangente à la parabole APOL en un point P, et la droite PI parallèle à NO. Que la droite PI coupe d'abord KΩ au point H. Puisque dans le segment APOL qui est compris par une droite et par une parabole, la droite KΩ est parallèle à AL; que la droite PI est parallèle au diamètre; que cette droite est coupée au point H par la droite KΩ, et que AS est parallèle à la tangente au point P, il faut nécessairement que la raison de PI à PH soit la même que la raison de NΩ à Ωo, ou qu'elle soit

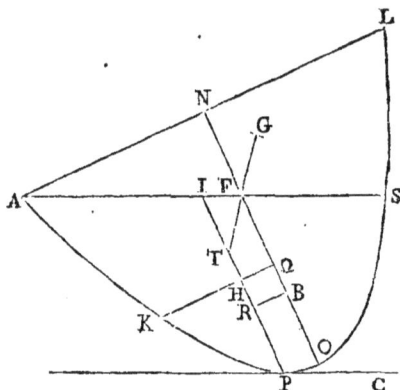

plus grande, car cela a déjà été démontré (α). Mais NΩ est égal à trois fois la moitié de Ωo; donc PI est égal à trois fois la moitié de HF ou plus grand que trois fois la moitié (ℰ); donc PH est double de HI ou plus petit que le double. Que PT soit double de TI; le point T sera le centre de gravité de la partie qui est dans le fluide. Menons la droite TF; prolongeons cette droite; que le point G soit le centre de gravité de la partie qui est hors du fluide, et du point B élevons la droite BR perpendiculaire sur NO. Puisque PI est parallèle au diamètre NO; que BR lui est perpendiculaire, et que FB est égal au demi-paramètre, il est évident que FR prolongé fera des angles égaux avec la tangente à la parabole APOL au point F, et par conséquent avec AS et avec la surface du fluide. Mais les droites menées par les points T, G parallèlement à FR seront perpendiculaires sur la surface du fluide; donc la partie du segment APOL qui est dans le fluide sera portée en haut suivant la perpendiculaire, menée par le

50

point т (*liv.* 1, *hyp.* 2), et la partie qui est hors du fluide sera portée en bas suivant la perpendiculaire menée par le point G. Donc le segment solide APOL tournera et sa base ne touchera en aucune manière la surface du fluide. Mais si la droite

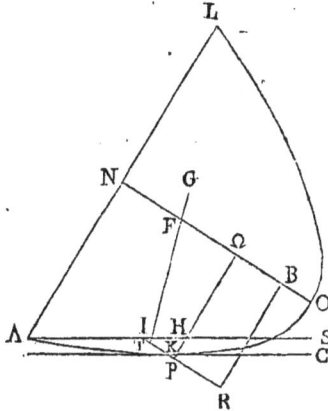

PI ne coupe pas la droite κΩ, comme dans la seconde figure, il est évident que le point т, qui est le centre de gravité de la partie submergée tombera entre le point P et le point ι, et l'on démontrera le reste d'une manière semblable.

PROPOSITION VII.

Lorsqu'un segment droit d'un conoïde parabolique plus léger qu'un fluide a son axe plus grand que trois fois la moitié du demi-paramètre, mais cependant trop petit pour qu'il soit au demi-paramètre comme quinze est à quatre; si ce segment étant abandonné dans un fluide, sa base entière est dans le fluide, le segment ne restera jamais incliné de manière que sa base touche le fluide; mais sa base sera toute entière dans le fluide et ne touchera sa surface en aucune manière.

Soit un segment tel que celui dont nous venons de parler.
Qu'il soit abandonné dans un fluide comme nous l'avons dit,
de manière que sa base touche la surface du fluide en un seul
point. Il faut démontrer qu'il ne gardera point cette position,
mais qu'il tournera jusqu'à ce que sa base ne touche en aucune
manière la surface du fluide.

Conduisons par l'axe un plan perpendiculaire sur la surface
du fluide. Que la section du segment soit la parabole APOL ; que
la section de la surface du fluide soit la droite AS, et que la
droite PF soit l'axe du segment et le diamètre de la parabole.
Coupons PF en un point R de manière que RP soit double de RF,

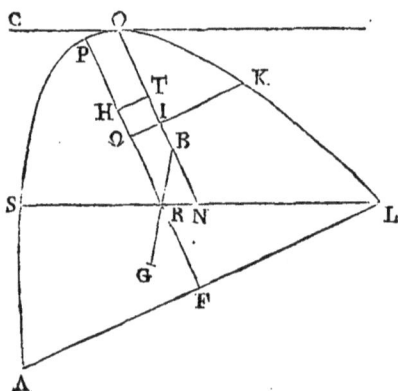

et en un point Ω de manière que PF soit à RΩ comme quinze est à
quatre. Menons la droite ΩK perpendiculaire sur PF. La droite
RΩ sera plus petite que le demi-paramètre. Prenons une droite
RH qui soit égale au demi-paramètre ; menons la droite CO
tangente à la parabole au point O et parallèle à SL, et menons
aussi la droite NO parallèle à PF. Que cette droite coupe
d'abord au point I la droite KΩ. Nous démontrerons, comme
auparavant, que la droite NO est ou égale à trois fois la moitié de
OI, ou plus grande que deux fois la moitié. Que la droite OI soit

plus petite que le double de IN ; que OB soit double de BN, et faisons les mêmes choses qu'auparavant. Si l'on mène la droite RT, nous démontrerons semblablement que cette droite sera perpendiculaire sur CO et sur la surface du fluide. Donc les droites menées par les points B, G parallèlement à RT, seront perpendiculaires sur la surface du fluide. Donc la partie du segment qui est hors du fluide sera portée en bas suivant la perpendiculaire qui passe par le point B, et la partie qui est dans le fluide sera portée en haut suivant la perpendiculaire qui passe par le point G (*liv.* 1, *hyp.* 2). D'où il suit évidemment que le segment tournera jusqu'à ce que sa base ne touche en aucune manière la surface du fluide, parce que sa base touchant le fluide en un point, le segment est porté en bas du côté L. Si

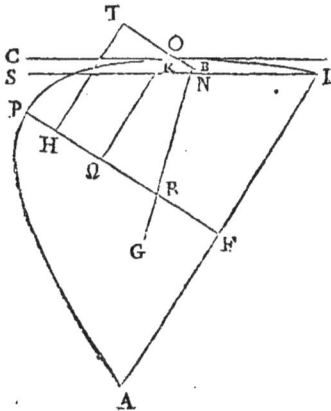

la droite NO ne coupoit point la droite ΩK, on n'en démontreroit pas moins les mêmes choses.

PROPOSITION VIII.

Lorsqu'un segment droit d'un conoïde parabolique a son axe plus grand que trois fois la moitié du demi-paramètre, mais cependant trop petit pour qu'il soit au demi-paramètre comme quinze est à quatre; si la raison de la pesanteur du segment à la pesanteur du fluide est moindre que la raison du quarré de l'excès de l'axe sur trois fois la moitié du demi-paramètre au quarré de l'axe; si ce segment étant abandonné dans le fluide, sa base ne touche point le fluide, il ne se placera point verticalement, et il ne restera point incliné, à moins que l'axe ne fasse avec la surface du fluide un angle égal à celui dont nous parlerons plus bas.

Soit un segment tel que celui dont nous venons de parler. Que BD soit égal à l'axe; que BK soit double de KD; que RK

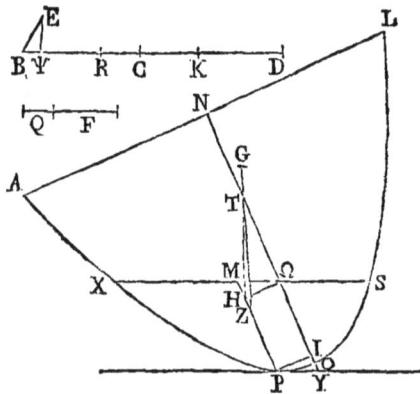

soit égal au demi-paramètre, et que CB soit égal à trois fois la moitié de BR. La droite CD sera égale à trois fois la moitié de KR (α). Que la raison du quarré de FQ au quarré de DB soit la même que la raison de la pesanteur du segment à la pesanteur du fluide; et que F soit double de Q. Il est évident que la raison de FQ à DB sera moindre que la raison de CB à BD ; car CB est l'excès de l'axe sur trois fois la moitié du demi-paramètre (6). Donc FQ est plus petit que BC, et par conséquent F est

plus petit que BR. Que RΨ soit égal à F ; conduisons la droite ΨE perpendiculairement sur BD ; que le quarré de ΨE soit la moitié du rectangle compris sous KR, ΨB, et joignons BE. Il faut démontrer que lorsque le segment est abandonné dans le fluide comme nous l'avons dit, il restera incliné de manière que l'axe fera avec la surface du fluide un angle égal à l'angle EBΨ.

Abandonnons le segment dans le fluide de manière que sa base ne touche point la surface du fluide ; que l'axe ne fasse point avec la surface du fluide un angle égal à l'angle EBΨ, si cela est possible, et supposons qu'il fasse d'abord un angle plus grand. Conduisons par l'axe un plan perpendiculaire sur la surface du fluide ; que la section du segment soit la parabole APOL ; que la section de la surface du fluide soit la droite XS, et que NO soit l'axe du segment et le diamètre de la parabole. Menons la droite PY parallèle à XS et tangente à la parabole APOL en un point P ; la droite PM parallèle à NO et la droite PI perpendiculaire sur NO. Que de plus la droite BR soit égale à OΩ ; la droite RK égale à TΩ, et que ΩH soit perpendiculaire sur l'axe. Puisqu'on suppose que l'axe du segment fait avec la surface du fluide un angle plus grand que l'angle в; l'angle ргı sera plus grand que l'angle в. Donc la raison du quarré de рı au quarré de ıı est plus grande que la raison du quarré de ᴇᴪ au quarré de ᴪв. Mais la raison du quarré рı au quarré de ıʏ est la même que la raison de кʀ à ıʏ (γ), et la raison du quarré de ᴇᴪ au quarré de ᴪв est la même que la raison de la moitié de кʀ à ᴪв (δ); donc la raison de кʀ à ıʏ est plus grande que la raison de la moitié de кʀ à ᴪв. Donc ıʏ est plus petit que le double de ᴪв. Mais ʏı est double de оı; donc оı est plus petit que ᴪв, et ıΩ plus grand que ᴪʀ. Mais ᴪʀ est égal à ғ; donc ıΩ est plus grand que ғ. Mais, par supposition, la pesanteur du segment est à la pesanteur du fluide comme le quarré de ғǫ est au quarré de вᴅ; la pesanteur du segment est à la pesanteur du fluide comme la partie submergée est au segment entier (2, 1), et la partie submergée est au segment entier comme le quarré de рм est au quarré de оɴ. Il s'ensuit donc que le quarré de рм est au quarré de оɴ comme le quarré de ғǫ est au quarré de вᴅ. Donc ғǫ est égal à рм. Mais on a démontré que рн est plus grand que ғ; il est donc évident que рм est plus petit que trois fois la moitié de рн, et par conséquent рн est plus grand que le double de нм. Que рᴢ soit double de ᴢм. Le point т sera le centre de gravité du segment entier, le point ᴢ le centre de gravité de la partie qui est dans le fluide, et le centre de gravité de la partie restante sera dans la droite ᴢт prolongée jusqu'en ɢ. On démontrera de la même manière que la droite тн est perpendiculaire sur la surface du fluide. Donc la partie du segment qui est plongée dans le fluide sera portée hors du fluide suivant la perpendiculaire menée par le point ᴢ sur la surface du fluide (*liv.* 1, *hyp.* 2); et la partie qui est hors du fluide sera portée dans le fluide suivant la perpendiculaire menée par le point G. Donc le segment ne restera pas incliné, ainsi qu'on l'a supposé, mais il ne se placera pas verticalement, parce que parmi les perpendiculaires menées par les points z, c, celle qui est menée par le point z tombe du côté où est le point L, et celle qui est menée par le point G tombe du côté où est le point A. D'où il suit que le centre de gravité z est porté en haut, et que le centre de gravité G est porté en bas. Donc toutes les parties du segment qui sont vers le point A seront portées en bas, et toutes les parties qui sont vers le point L seront portées en haut.

Que l'axe du segment fasse avec la surface du fluide un angle plus petit que l'angle B, le reste étant supposé comme auparavant. La raison du quarré de PI au quarré de IY, sera moindre que la raison du quarré de EY au quarré de YB. Donc la rai-

son de KR à IY est moindre que la moitié de KR à YB. Donc IY est plus grand que le double de YB. Mais IY est double de OI; donc OI sera plus grand que YB. Mais la droite entière OΩ est égale à RB, et la droite restante ΩI est plus petite que YR; donc la droite PH sera plus petite que F. Donc puisque MP est égal à FQ, il est évident que PM sera plus grand que trois fois la moitié de PH, et que PH sera plus petit

que ʜᴍ. Que ᴘᴢ soit double de ᴢᴍ ; le point ᴛ sera le centre
de gravité du segment entier, et le point ᴢ le centre de gravité
de la partie qui est dans le fluide. Joignons la droite ᴢᴛ, èt
cherchons le centre de gravité de la partie qui est hors du fluide
dans le prolongement de cette droite. Que le point ᴄ soit son
centre de gravité. Par les points ᴢ, ᴄ menons des perpendiculaires sur la surface du fluide, ces perpendiculaires seront
parallèles à ᴛʜ. Il suit de là que le segment ne restera point
en repos, mais qu'il tournera jusqu'à ce que son axe fasse avec
la surface du fluide un angle plus grand que celui qu'il fait
actuellement.

Mais on avoit supposé auparavant que l'axe faisoit un angle
plus grand que l'angle ʙ , et alors le segment ne restoit point
en repos ; il est donc évident que le segment restera en repos,
si l'axe fait avec la surface du fluide un angle égal à l'angle ʙ ;
car de cette manière la droite ɪᴏ sera égale à Ψʙ ; la droite ΩI
égale à Ψʀ, et la droite ᴘʜ égale à ꜰ. Donc la droite ᴍᴘ sera
égale à trois fois la moitié de ᴘʜ , et la droite ᴘʜ double de ʜᴍ.
Donc puisque le point ʜ est le centre de gravité de la partie qui
est dans le fluide, la partie qui est dans le fluide sera portée en
haut, et la partie qui est hors du fluide sera portée en bas,
suivant la même perpendiculaire. Donc le segment restera en
repos, parce qu'une partie n'est point chassée par l'autre.

PROPOSITION IX.

Lorsque le segment droit d'un conoïde parabolique a son
axe plus grand que trois fois la moitié du demi-paramètre ;
mais trop petit pour que la raison de l'axe au demi-paramètre
soit la même que la raison de quinze à quatre ; si la raison de la pesanteur du segment à la pesanteur du fluide est
plus grande que la raison de l'excès du quarré de l'axe sur

le quarré de l'excès de l'axe sur trois fois la moitié du demi-
paramètre au quarré de l'axe ; si ce segment étant abandonné dans le fluide, sa base est toute entière dans le fluide,
et s'il est posé incliné , il ne tournera point pour se placer
verticalement, et il ne restera incliné que lorsque son axe fera
avec la surface du fluide un angle égal à celui dont nous avons
parlé plus haut.

Soit un segment tel que celui dont nous venons de parler.
Supposons DB égal à l'axe du segment. Que la droite BK soit
double de KD ; la droite KR égale au démi-paramètre, et la

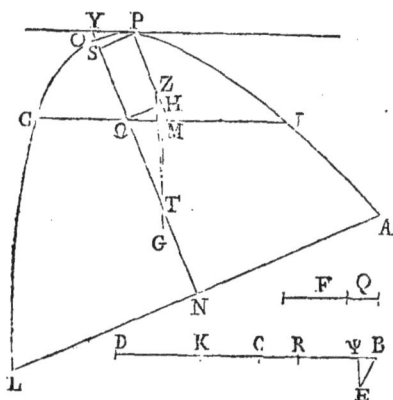

droite CB égale à trois fois la moitié de BR. Que la raison de l'excès du quarré de BD sur le quarré de FQ au quarré de BD soit la
même que la raison de la pesanteur du segment à la pesanteur du
fluide ; et que la droite F soit double de Q. Il est évident que la
raison de l'excès du quarré de BD sur le quarré de BC au quarré
de BD est moindre que la raison de l'excès du quarré de BD sur le
quarré de FQ au quarré de BD ; car BC est l'excès de l'axe sur
trois fois la moitié du demi-paramètre. Donc l'excès du quarré
de BD sur le quarré de FQ est plus grand que l'excès du quarré de
BD sur le quarré de BC. Donc la droite FQ est plus petite que la
droite BC, et la droite F plus petite que la droite BR. Que RY

soit égal à F. Menons sur BD la perpendiculaire ΨE dont le
quarré soit égal à la moitié du rectangle compris sous KR, ΨB.
Je dis que si ce segment étant abandonné dans le fluide,
sa base est toute entière dans le fluide, il se placera de manière que son axe fera avec la surface du fluide un angle égal
à l'angle B.

Abandonnons le segment dans le fluide comme on vient de
le dire, et que son axe ne fasse pas un angle égal à l'angle B,
mais d'abord un angle plus grand. Conduisons par l'axe un plan
perpendiculaire sur la surface du fluide. Que la section du segment soit la parabole APOL; que la section de la surface du fluide
soit la droite CI, et que la droite NO soit l'axe du segment
et le diamètre de la parabole. Coupons l'axe aux points Ω, T
comme auparavant. Conduisons la droite YP parallèle à CI, et
tangente à la parabole en un point P; la droite MP parallèle à
NO, et la droite PS perpendiculaire sur l'axe. Puisque l'axe du
segment fait avec la surface du fluide un angle plus grand
que l'angle B, l'angle SYP sera plus grand que l'angle B. Donc
la raison du quarré de PS au quarré de SY est plus grande
que la raison du quarré de ΨE au quarré de ΨB. Donc la raison de KR à SY est plus grande que la raison de la moitié de KR à
YB. Donc SY est plus petit que le double de ΨB, et SO plus petit
que ΨB. Donc SΩ est plus grand que RΨ, et PH plus grand que F.
Donc puisque la raison de la pesanteur du segment à la pesanteur du fluide est la même que la raison de l'excès du quarré de
BD sur le quarré de FQ au quarré de BD, et que la raison de la
pesanteur du segment à la pesanteur du fluide est la même
que la raison de la partie submergée au segment entier (2, 1), il
s'ensuit que la raison de la partie submergée au segment entier
est la même que la raison de l'excès du quarré de BD sur le
quarré de FQ au quarré de BD. Donc la raison du segment

entier à la partie qui est hors du fluide sera la même que la
raison du quarré de BD au quarré de FQ (α). Mais la raison du
segment entier à la partie qui est hors du fluide est la même
que la raison du quarré de NO au quarré de PM ; donc PM

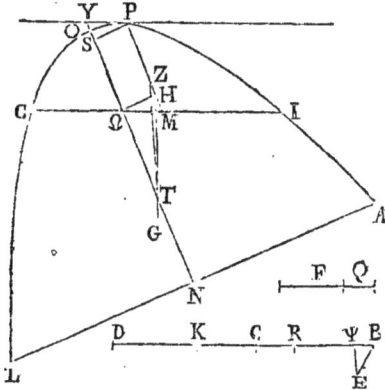

sera égal à FQ. Mais on a démontré que PH est plus grand que F $;$
donc MH sera plus petit que Q , et PH plus grand que le double
de HM. Que PZ soit double de ZM ; joignons la droite ZT , et prolongeons cette droite vers G. Le point T sera le centre de gravité
du segment entier ; le point Z le centre de gravité de la partie qui
est hors du fluide, et le centre de gravité de la partie restante
qui est dans le fluide sera dans le prolongement de la droite
ZT. Que le point G soit son centre de gravité. Nous démontrerons , comme nous l'avons fait plus haut , que TH est perpendiculaire sur la surface du fluide, et que les parallèles à TH
menées par les points Z , G sont aussi perpendiculaires sur la
surface du fluide. Donc la partie qui est hors du fluide sera
portée en bas suivant la perpendiculaire qui passe par le point
Z, et la partie qui est dans le fluide sera portée en haut suivant la
perpendiculaire qui passe par le point G (liv. I, hyp. 2). Donc le
segment ne restera pas incliné ainsi, mais il ne tournera pas de
manière que l'axe devienne perpendiculaire sur la surface du

fluide, puisque ce qui est du côté L sera porté en bas, et que ce qui est du côté A sera porté en haut, ce qui est évident d'après ce qui a été démontré. Si l'axe fait avec la surface du fluide un angle plus petit que l'angle B, on démontrera

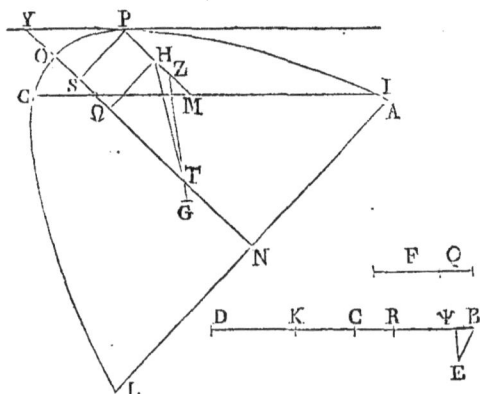

semblablement que le segment ne gardera point cette position, mais qu'il s'inclinera jusqu'à ce que l'axe fasse avec la surface du fluide un angle égal à l'angle B.

PROPOSITION X.

Lorsqu'un segment droit d'un conoïde parabolique plus léger qu'un fluide, et que la raison de son axe à trois fois la moitié du demi-paramètre est plus grande que la raison de quinze à quatre ; si ce segment étant abandonné dans ce fluide, sa base ne touche point le fluide, il sera tantôt vertical et tantôt incliné ; il sera quelquefois incliné de manière que sa base touchera la surface du fluide en un seul point, et cela dans deux positions différentes (α) ; quelquefois sa base s'enfoncera davantage dans le fluide, et quelquefois sa base ne touchera en aucune manière la surface du fluide, suivant la raison de la pesanteur du segment à la pesanteur du fluide. Nous allons démontrer séparément chacune de ces propositions.

Soit un segment tel que celui dont nous venons de parler.
Conduisons par l'axe un plan perpendiculaire sur la surface du
fluide. Que la section du segment soit la parabole APOL; que

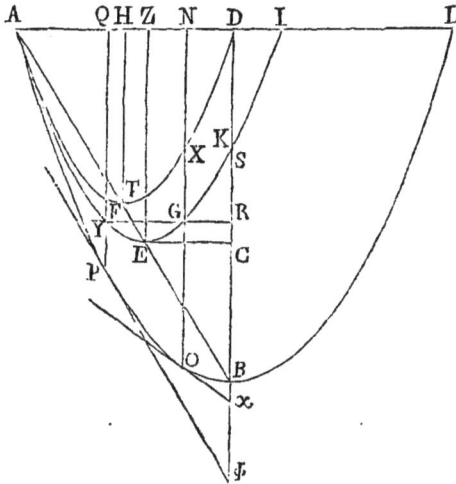

BD soit l'axe du segment et le diamètre de la parabole. Coupons BD en un point K, de manière que BK soit double de KD, et
en un point C, de manière que BD soit à KC comme quinze est à
quatre. Il est évident que KC sera plus grand que le demi-
paramètre. Que KR soit égal au demi-paramètre; que DS soit
égal à trois fois la moitié de KR. La droite SB sera égale à trois
fois la moitié de BR (6). Joignons AB; du point C et sur BD
élevons la perpendiculaire CE, qui coupe la droite AB au point
E; et par le point E conduisons EZ parallèle à BD. Partageons
AB en deux parties égales au point T, et conduisons TH parallèle à BD. Supposons deux paraboles AEI, ATD décrites l'une
autour de EZ comme diamètre et l'autre autour de TH; que ces
deux paraboles soient semblables à la parabole ABL (γ). La parabole AEI passera par le point K (δ), et la perpendiculaire élevée
du point R sur BD coupera la parabole AEI. Que cette perpen-

diculaire la coupe aux points Y, G; et par les points Y, G conduisons les droites PYQ, OGN parallèles à BD. Que ces parallèles coupent la parabole ATD aux points F, X. Conduisons enfin les droites PΦ, OX qui touchent la parabole APOL aux points P, O. Puisqu'on a trois segmens plans APOL, AEI, ATD compris par des droites et par des paraboles; que ces segmens sont semblables et inégaux, et qu'ils se touchent sur chacune des bases; que du point N on a élevé la perpendiculaire NXGO, et du point Q la perpendiculaire QFYP, la raison de OG à GX sera composée de la raison de IL à LA, et de la raison de AD à DI (ε). Mais IL est à LA comme deux est à cinq (ζ); parce que CB est à BD comme six est à quinze, c'est-à-dire comme deux est à cinq, parce que CB est à BD comme EB est à BA, et comme DZ est à DA, et parce que les droites LI, LA sont doubles des droites DZ, DA, et que AD est à DI comme cinq est à un (η). Mais la raison composée de la raison de deux à cinq, et de la raison de cinq à un est la même que la raison de deux à un; et deux est double de un. Donc GO est double de GX. On démontrera, par le même raisonnement, que PY est double de YF. Donc puisque la droite DS est égale à trois fois la moitié de KR, la droite BS sera l'excès de l'axe sur trois fois la moitié du demi-paramètre. Donc lorsque la raison de la pesanteur du segment à la pesanteur du fluide est la même que la raison du quarré de BS au quarré de BD, ou lorsqu'elle est plus grande, si le segment étant abandonné dans le fluide, sa base ne touche point le fluide, il restera dans une position verticale; car d'après ce qui a été démontré plus haut (2, 4), lorsque le segment a son axe plus grand que trois fois la moitié du demi-paramètre, et lorsque la raison de la pesanteur du segment à la pesanteur du fluide n'est pas moindre que la raison du quarré de l'excès de l'axe sur les trois fois la moitié du paramètre au quarré de l'axe, si l'on abandonne le segment dans le fluide, comme on l'a dit, le segment restera dans une position verticale.

2.

Lorsque la raison de la pesanteur du segment à la pesanteur du fluide est moindre que la raison du quarré de sʙ au

quarré de ʙᴅ, mais plus grande que la raison du quarré de xo au quarré de ʙᴅ, si le segment étant abandonné dans le fluide, est incliné sans que sa base touche le fluide, il restera incliné de manière que sa base ne touchera la surface du fluide en aucune manière, et l'axe fera avec la surface du fluide un angle plus grand que l'angle x.

3.

Lorsque la raison de la pesanteur du segment à la pesanteur du fluide est la même que la raison du quarré xo au quarré de ʙᴅ, si le segment étant abandonné dans le fluide, est incliné sans que sa base touche le fluide, il se placera de manière que sa base touchera la surface du fluide en un seul point, son axe faisant avec la surface du fluide un angle égal à l'angle *x*. Mais lorsque la raison de la pesanteur du segment à la pesanteur du fluide est la même que la raison du quarré de PF au quarré de BD, si le segment étant abandonné dans le fluide, est incliné sans que la base touche le fluide, il restera incliné de manière que sa base touchant la surface du fluide en un seul point, son axe fera un angle égal à l'angle ɸ.

4.

Lorsque la raison de la pesanteur d'un segment à la raison de la pesanteur du fluide est plus grande que la raison du quarré de FP au quarré de BD, mais moindre que la raison du quarré de xo au quarré de BD, si le segment étant abandonné dans le fluide, est incliné sans que sa base touche le fluide, il se placera de manière que sa base s'enfoncera dans le fluide.

5.

Lorsque la raison de la pesanteur du segment à la pesanteur du fluide est moindre que la raison du quarré de FP au quarré de BD, si le segment étant abandonné dans le fluide, est incliné sans que sa base touche le fluide, il restera incliné de manière que son axe fera avec la surface du fluide un angle plus petit que l'angle ɸ, sa base ne touchant en aucune manière la surface du fluide. Toutes ces propositions seront démontrées les unes après les autres.

DÉMONSTRATION DE LA SECONDE PARTIE.

Que la raison de la pesanteur du segment à la pesanteur du fluide soit plus grande que la raison du quarré de xo au quarré de BD, mais moindre que le quarré de l'excès de l'axe sur trois fois la moitié du demi-paramètre au quarré de BD, et que la

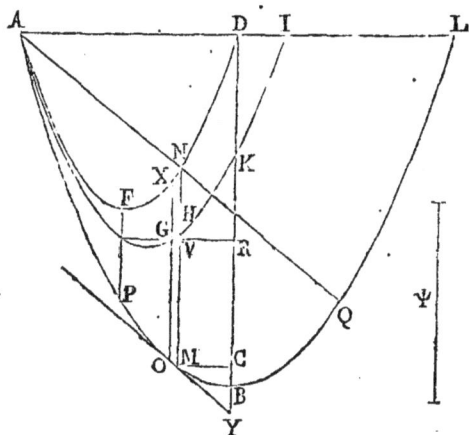

raison du quarré de la droite Ψ au quarré de BD soit la même que la raison de la pesanteur du segment à la pesanteur du fluide. Il est évident que Ψ sera plus grand que xo et plus petit que l'excès de l'axe sur trois fois la moitié du demi-paramètre. Appliquons entre les paraboles AMQL, AXD une certaine droite MN qui soit égale à Ψ. Que cette droite coupe la troisième parabole au point H, et la droite RG au point v. On démontrera que MH est double de HN, comme on a démontré que GO est double de GX (α). Par le point M menons la droite MY tangente à la parabole AMQL au point M, et la droite MC perpendiculaire sur BD. Ayant ensuite mené la droite AN, et l'ayant prolongée vers Q, les droites AN, NQ seront égales entre elles (6) ; car puisque dans les paraboles semblables AMQL, AXD on a mené des bases à ces paraboles les droites AQ, AN qui font des angles égaux avec les bases, la droite QA sera à la droite AN comme LA est à AD. Donc AN est égal à NQ, et AQ parallèle à MY (γ). Il faut démontrer que si le segment étant abandonné dans le fluide, est incliné sans que sa base touche le fluide, il restera incliné de manière que la base ne touchera en aucune manière la surface du fluide, l'axe fait avec la base un angle plus grand que l'angle x.

Abandonnons le segment dans le fluide, et qu'il soit placé de manière que sa base touche la surface du fluide en un point. Conduisons par l'axe un plan perpendiculaire sur la surface du fluide. Que la section du segment soit la parabole APOL, et la section de la surface du fluide la droite AO. Que la droite BD soit l'axe du segment et le diamètre de la parabole. Coupons BD aux

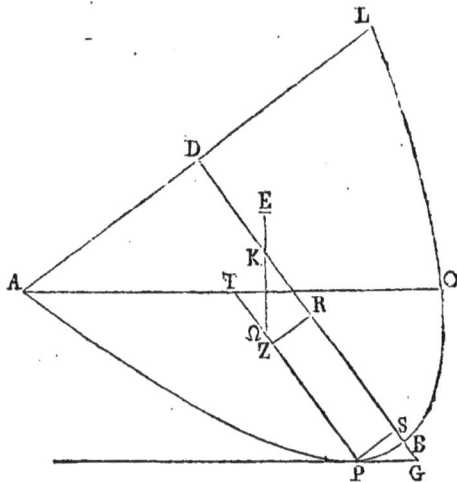

points K, R, comme cela a été dit. Menons la droite PG parallèle à AO et tangente à la parabole au point P, et de ce point menons PT parallèle à BD, et PS perpendiculaire sur BD. Puisque

la pesanteur du segment est à la pesanteur du fluide comme
le quarré de Ψ est au quarré de BD ; que la pesanteur du segment est à la pesanteur du fluide comme la partie du segment
qui est submergée est au segment entier (2 , 1) , et que la partie
submergée est au segment entier comme le quarré de TP est au

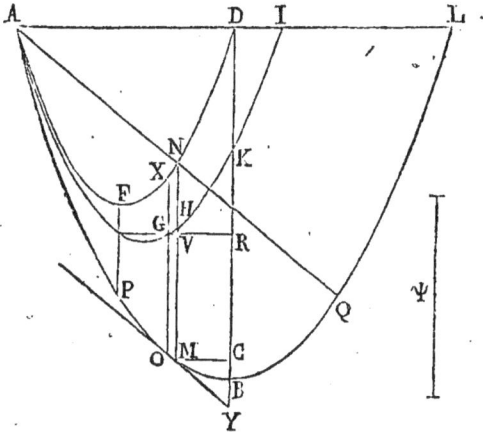

quarré de BD (δ), la droite Ψ sera égale à TP. Donc les droites
MN, PT sont égales entre elles, ainsi que les segmens AMQ,
APO. Puisque dans les paraboles égales et semblables APOL,
AMQL, on a conduit des extrémités des bases les droites AO,
AQ, de manière que les segmens retranchés font des angles
égaux avec les axes, les angles qui sont en Y , G seront égaux,
ainsi que les droites YB, GB, et les droites BC, BS. Donc les
droites CR, SR sont aussi égales entre elles, ainsi que les droites
MV, PZ, et les droites VN, ZT. Donc puisque MV est plus petit
que le double de VN, il est évident que PZ sera plus petit que
le double de ZT. Que PΩ soit le double de ΩT. Menons la droite
ΩK; et prolongeons-la vers E. Le point K sera le centre de
gravité du segment entier, et le point Ω le centre de gravité
de la partie qui est dans le fluide, et le centre de gravité de la

partie qui est hors du fluide sera dans la droite KE. Que le
point E soit son centre de gravité. Mais la droite KZ sera
perpendiculaire sur la surface du fluide; donc les droites
menées par les points E, Ω parallèlement à KZ, le sont aussi.
Donc le segment ne restera pas en repos, mais il se placera

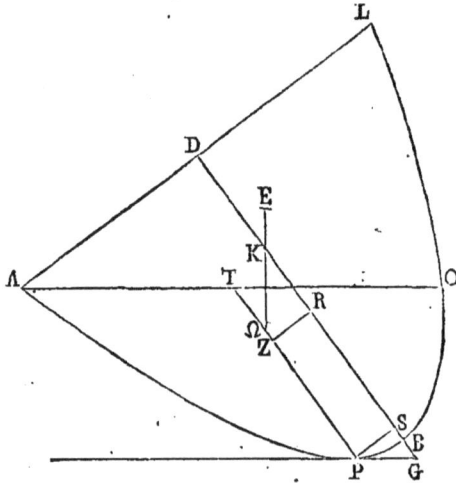

de manière que sa base ne touche en aucune manière la
surface du fluide, parce que la base touchant la surface du
fluide en un point, le segment est porté en haut du côté du
point A. Il est donc évident que le segment se placera de manière que l'axe fera avec la surface du fluide un angle plus
grand que l'angle x.

DÉMONSTRATION DE LA TROISIÈME PARTIE.

Que la pesanteur du segment soit à la pesanteur du fluide
comme le quarré de XO est au quarré de BD. Abandonnons le
segment dans le fluide de manière que sa base soit inclinée
et ne touche point cependant le fluide. Conduisons par l'axe

un plan perpendiculaire sur la surface du fluide. Que la section du segment soit la parabole APML; que la section de la surface du fluide la droite IM, et que BD soit l'axe du segment et le diamètre de la parabole. Coupons la droite BD, comme auparavant, et menons la droite PN parallèle à IM et tangente au

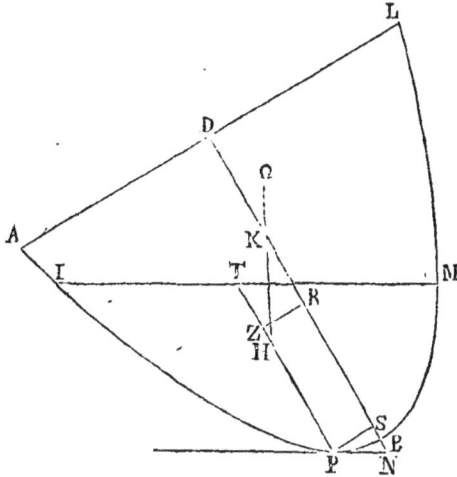

point P; la droite PT parallèle à PB, et la droite PS perpendiculaire sur BD. Il faut démontrer que le segment posé ainsi ne restera pas en repos, mais qu'il s'inclinera jusqu'à ce que la base touche la surface du fluide en un point.

Que la figure soit la même que la précédente. Menons OC perpendiculaire sur BD; joignons la droite AX, et prolongeons-la vers Q. La droite AX sera égale à la droite XQ. Menons ensuite OX parallèle à AQ. Puisqu'on suppose que la pesanteur du segment est à la pesanteur du fluide comme le quarré de XO est au quarré de BD, comme la partie submergée est au segment entier, c'est-à-dire comme le quarré de TP est au quarré de BD, la droite TP sera égale à XO, et les segmens IPM, AOQ seront aussi égaux puisque leurs diamètres sont égaux. De plus, puisque dans les segmens égaux et semblables AOQL, APML, on a mené les droites AQ, IM qui séparent des segmens égaux, l'une de l'extrémité de la base et l'autre d'un point qui n'est pas l'extrémité de la base; il est évident que celle qui est menée de l'extrémité de la base fait avec l'axe du segment entier un angle aigu plus petit (a). Mais

l'angle qui est en x est plus petit que l'angle qui est en N ; donc BC est plus grand que BS, et CR plus petit que SR. Donc OG est plus petit que PZ, et GX plus grand que ZT. Donc PZ est plus grand que le double de ZT, parce que OG est double de GX. Que PH soit double de HT. Menons la droite HK, et prolongeons-la vers Ω. Le point K sera le centre de gravité du segment entier; le point H sera le centre de gravité de la partie qui est dans le fluide, et le centre de gravité de la partie qui est hors du fluide sera dans la droite KΩ. Que le point Ω soit son centre de gravité. On démontrera semblablement que la droite KZ et que les parallèles à KZ menées par les points H, Ω sont per-pendiculaires sur la surface du fluide. Donc le segment ne restera point en repos, mais il s'inclinera jusqu'à ce que sa base touche en un point la surface du fluide, et il restera dans cette position. Car alors dans les segmens égaux AOQL, APML, on aura conduit des extrémités des bases des droites AQ, AM qui séparent des segmens égaux; parce que l'on démontrera, comme nous l'avons fait plus haut, que AOQ est égal à APM. Donc les angles aigus qui forment les droites AQ, AM avec les diamètres des segmens sont égaux entre eux, parce que les

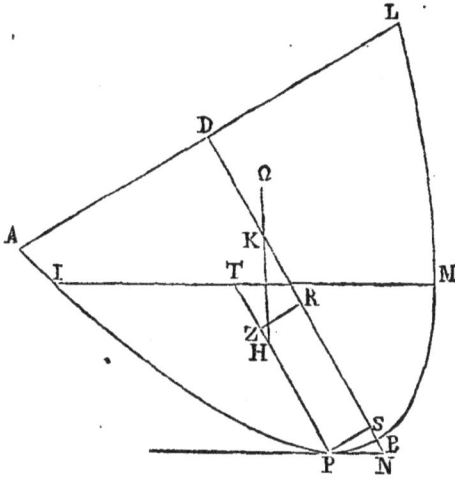

angles x et N sont égaux ($\mathcal{C}$). Donc si l'on prolonge la droite HK vers Ω, le point K sera le centre de gravité du segment entier, le point H le centre de gravité de la partie submergée, et le centre de gravité de la partie qui est hors du fluide sera dans la droite HK. Que son centre de gravité soit le point Ω. Or, la droite HK est perpendiculaire sur la surface du fluide; donc la partie qui est dans le fluide sera portée en haut, et la partie qui est hors du fluide sera portée en bas, suivant les mêmes droites. Donc le segment restera en repos, sa base touchant la surface du fluide en un point, et l'axe fera avec la surface du fluide un angle égal à l'angle *x*. Si la pesanteur du segment est à la pesanteur du fluide comme le quarré de PF est au quarré de BD, on démontrera semblablement que si le segment est abandonné dans

le fluide de manière que sa base ne touche point le fluide, le segment restera incliné de manière que la base touchera la surface du fluide en un point, et que l'axe fera avec la surface du fluide un angle égal à l'angle Φ.

DÉMONSTRATION DE LA QUATRIÈME PARTIE.

Que la raison de la pesanteur du segment à la pesanteur du fluide soit plus grande que la raison du quarré de FP au quarré de BD, mais moindre que la raison du quarré de xo au quarré de BD, et que la raison de la pesanteur du segment à la pesanteur du fluide soit la même que la raison du quarré de Ϥ au quarré de BD. La droite Ϥ sera plus grande que FP et plus petite que xo. Appliquons entre les paraboles AVQL, AXD une droite IV qui soit égale à Ϥ et parallèle à BD, et qui ren-

contre la troisième parabole au point ʏ. Nous démontrerons
que vʏ est double de ʏɪ, comme on a démontré que oɢ est
double de ɢx. Menons du point v la droite vΩ tangente à la
parabole ᴀvꞯʟ au point v. Joignons la droite ᴀɪ, et prolongeons-la vers ꞯ. Nous démontrerons de la même manière que

la droite ᴀɪ est égale à la droite ɪꞯ, et que la droite ᴀꞯ est
parallèle à vΩ. Il faut démontrer que si le segment étant abandonné dans le fluide, est incliné sans que sa base touche le
fluide, la base du segment s'enfoncera dans le fluide plus
qu'il ne le faut pour qu'elle ne touche le fluide qu'en un seul
point.

Abandonnons le segment dans le fluide, comme nous l'avons
dit, et que d'abord il soit incliné de manière que sa base ne
touche le fluide en aucune manière. Conduisons par l'axe un
plan perpendiculaire sur la surface du fluide. Que la section
du segment soit la parabole ᴀɴzɢ; que la section de la surface du fluide soit la droite ᴇz, et que l'axe du segment et le
diamètre de la parabole soit la droite ʙᴅ. Coupons ʙᴅ aux
points ᴋ, ʀ, comme auparavant. Menons la droite ɴʟ paral-

lèle à EZ et tangente à la parabole ANZG au point N; que la droite NT soit parallèle à BD, et que la droite NS soit perpendiculaire sur BD. Puisque la pesanteur du segment est à la pesanteur du fluide comme le quarré de Ʇ est au quarré de BD,

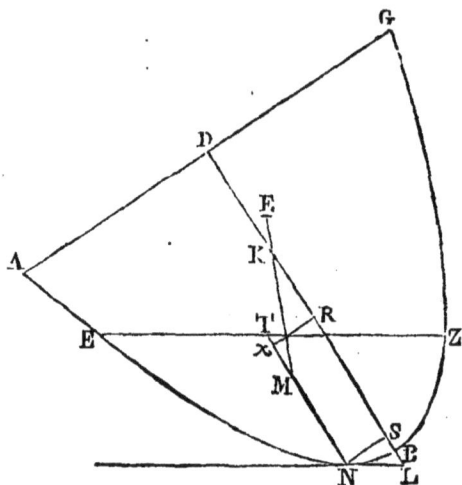

la droite Ʇ sera égale à NT, ce que l'on démontrera comme on l'a fait plus haut. Donc NT est égal à VI. Donc les segmens AVQ, ENZ sont égaux entre eux. Mais dans les paraboles égales et semblables AVQL, ANZG, l'on a conduit les droites AQ, EZ, qui séparent des segmens égaux, l'une étant conduite de l'extrémité de la base et l'autre étant conduite d'un point qui n'est pas l'extrémité de la base; donc celle qui est conduite de l'extrémité de la base fera avec le diamètre du segment un angle aigu qui sera plus petit. Mais parmi les angles des triangles NLS, VΩC, l'angle en L est plus grand que l'angle en Ω; donc BS est plus petit que BC, et SR plus grand que CR. Donc Nx est plus grand que VH, et xT plus petit que HI. Donc puisque VY est double de YI, il est évident que Nx est plus grand que le double de xT. Que MN soit double de MT. Il suit évidemment de ce qui a été dit, que le segment ne restera point en repos, mais qu'il s'inclinera jusqu'à ce que sa base touche la surface du fluide en un point, comme on le voit dans la figure. Que les

autres choses soient les mêmes. Nous démontrerons de nouveau que NT est égal à VI, et que les segmens AVQ, ANZ sont égaux entre eux. Donc puisque dans les segmens égaux et sem-

blables AVQL, AVZG, on a conduit les droites AQ, AZ qui séparent des segmens égaux, ces droites feront des angles égaux avec les diamètres des segmens. Donc les angles des triangles NLS, VΩC, qui sont vers les points L, Ω, sont égaux; donc la droite BS est égale à la droite BC; la droite SR égale à CR; la droite NX égale à VH, et la droite XT égale à HI. Mais VY est double de YI; donc NX sera plus grand que le double de XT. Que NM soit double de MT. Il est encore évident que le segment ne restera pas en repos, mais qu'il s'inclinera du côté du point A. Mais on supposoit que le segment touchoit la surface du fluide en un point; il est donc nécessaire que sa base s'enfonce davantage dans le fluide.

DÉMONSTRATION DE LA CINQUIÈME PARTIE.

Qu'enfin la raison de la pesanteur du segment à la pesanteur du fluide soit moindre que la raison du quarré de FP au

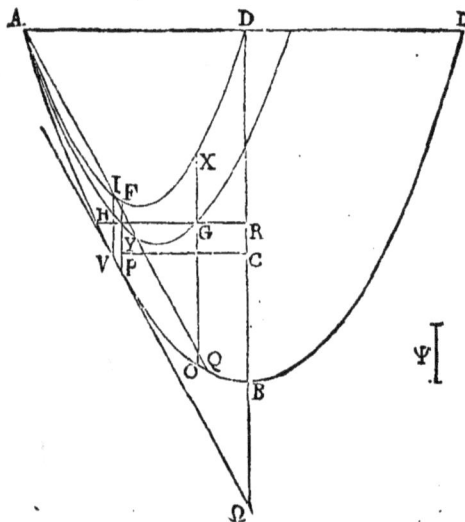

quarré de BD, et que la raison de la pesanteur du segment à la pesanteur du fluide soit la même que la raison du quarré de Ψ au quarré de BD. La droite Ψ sera plus petite que PF. Appli-

quons de nouveau, entre les paraboles AVQL, AXD, une certaine droite VI qui soit parallèle à BD, et qui coupe la parabole du milieu au point H, et la droite RY au point Y. Nous
démontrerons que VH est double de HI, comme nous avons
démontré que OG est double de GX. Menons ensuite la droite
VΩ tangente à la parabole AVQL au point V, et la droite VC

perpendiculaire sur BD. Joignons la droite AI, et prolongeons-la
vers Q. La droite AI sera égale à IQ, et la droite AQ parallèle à
la droite VΩ. Il faut démontrer que si le segment étant abandonné dans le fluide, est incliné sans que sa base touche le
fluide, il se placera de manière que son axe fera avec la surface du fluide un angle plus petit que l'angle Φ, et que sa base
ne touchera en aucune manière la surface du fluide.

Abandonnons le segment dans le fluide, et qu'il soit placé
de manière que sa base touche la surface du fluide en un
point. Conduisons par l'axe un plan perpendiculaire sur la surface du fluide. Que la section du segment soit la parabole ANZL;
que la section de la surface du fluide soit la droite AZ, et que BD

soit l'axe du segment et le diamètre de la parabole. Coupons
BD aux points K, R, comme on l'a dit plus haut; menons la
droite NF parallèle à AZ et tangente à la parabole au point N;
la droite NT parallèle à BD, et la droite NS perpendiculaire sur
BD. Puisque la pesanteur du segment est à la pesanteur du
fluide comme le quarré de Ψ est au quarré de BD, et que la
partie submergée est au segment entier comme le quarré de NT

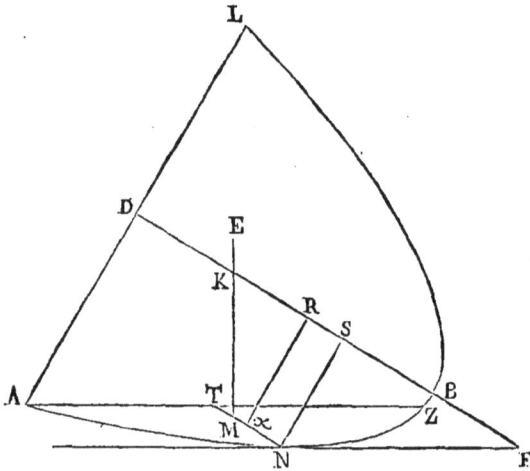

est au quarré de BD, d'après ce qui a été dit, il est évident que
NT sera égal à Ψ. Donc les segmens ANZ, AVQ sont égaux.
Mais dans les segmens égaux et semblables AVQL, ANZL, on
a mené des extrémités des bases les droites AQ, AZ qui séparent
des segmens égaux; il est donc évident que ces droites feront des
angles égaux avec les diamètres des segmens, et que les angles des
triangles NFS, VΩC, placés en F, Ω sont égaux, ainsi que les
droites SB, CB et les droites SR, CR. Donc les droites Nx, GY sont
égales, ainsi que les droites xT, YI. Mais la droite GH est double
de HI; donc la droite Nx sera plus petite que le double de xT.
Que NM soit double de NT; menons la droite MK, et prolongeons-la vers E. Le point K sera le centre de gravité du segment

entier; le point M le centre de gravité de la partie qui est dans le
fluide, et le centre de gravité de la partie qui est hors du
fluide sera dans le prolongement de la droite MK. Que le point
E soit son centre de gravité. Il suit évidemment de ce qui a
été démontré, que le segment ne restera point en repos,
mais qu'il s'inclinera de manière que sa base ne touchera la
surface du fluide en aucune manière. On démontrera de la
manière suivante que le segment se placera de manière que
l'axe fasse avec la surface du fluide un angle plus petit que
l'angle Φ. En effet, si cela est possible, que l'axe ne fasse pas
un angle plus petit que l'angle Φ. Que les autres choses soient
disposées comme on le voit dans la figure. Nous démontrerons

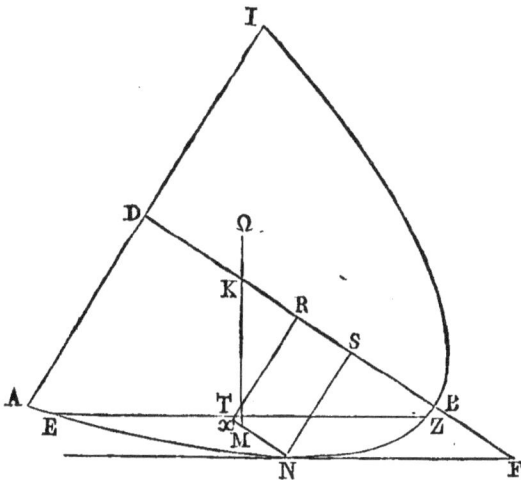

de la même manière que NT est égal à Ψ, et par conséquent à GI.
Mais dans les triangles PΦC, NFS, l'angle F n'est pas plus petit
que l'angle Φ; donc la droite BS ne sera pas plus grande que BC.
Donc la droite SR ne sera pas plus petite que CR, ni la droite
Nx plus petite que PY. Mais puisque la droite PF est plus
grande que NT, et que la droite PF est égale à trois fois la
moitié de PY, la droite NT sera plus petite que trois fois la

moitié de Nx, et par conséquent la droite Nx plus grande que
le double de xT. Que la droite NM soit double de MT; menons
la droite MK, et prolongeons-la. Il suit évidemment, d'après ce
qui a été dit, que le segment ne restera pas en repos, mais qu'il
tournera jusqu'à ce que l'axe fasse avec la surface du fluide un
angle plus petit que l'angle φ.

FIN DES CORPS PORTÉS SUR UN FLUIDE.

LEMMES.

PROPOSITION PREMIÈRE.

Si deux cercles AEB, CED se touchent mutuellement en un point E; si leurs diamètres AB, CD sont parallèles, et si l'on joint les deux points B, D et le point de contact E par les droites DE, BD; je dis que la ligne BDE sera une ligne droite.

Que les points G, F soient les centres de ces deux cercles.

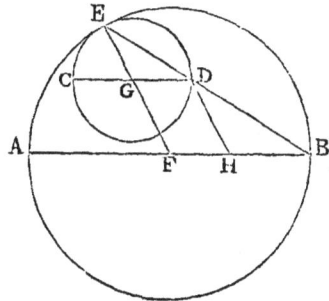

Menons la droite GF et prolongeons-la jusqu'en E (α). Conduisons la droite DH parallèle à GF. Puisque la droite HF est égale à la droite GD et que les droites GD, EG sont égales, il est évident que si des droites égales FB, FE, on retranche les droites égales FH, GE les droites restantes GF ou DH et HB seront égales. Donc les deux angles HDB, HBD seront égaux. Mais les deux angles EGD, EFB sont égaux et par conséquent les deux angles EGD, DHB; donc les deux angles GED, GDE qui sont égaux entre eux seront égaux aux deux angles HDB, HBD. Donc l'angle EDG est égal à l'angle DBF. Donc si à ces angles égaux on ajoute l'angle GDB, les deux angles GDB, FBD qui sont égaux à deux droits seront égaux aux deux angles GDB, GDE. Donc ces deux derniers angles sont aussi égaux à deux droits. Donc la ligne EDB est une ligne droite. Ce qu'il falloit démontrer (6).

PROPOSITION II.

Que CBA soit un demi-cercle; que les droites DC, DB soient des tangentes; que la droite BE soit perpendiculaire sur AC, et joignons AD. Je dis que BF est égal à FE (α)

Menons la droite AB, et prolongeons cette droite. Prolongeons aussi la droite CD jusqu'à ce qu'elle rencontre la droite AG au point G, et joignons CB. Puisque l'angle CBA est dans le demi-cercle, cet angle sera droit, ainsi que l'angle CBG. Mais la figure DBEC est un rectangle. Donc dans le triangle rectangle GBC la droite BD menée du point B, est perpendiculaire sur la base. Mais les droites BD, DC seront égales, puisqu'elles sont deux tangentes au cercle; donc CD est égal à DG (α), ainsi que nous le démontrons dans les propositions qui regardent les rectangles. Mais dans le triangle rectangle GAC, la droite BE est parallèle à la base, et du milieu de la base on a conduit la droite DA qui coupe cette parallèle au point F; donc la droite BF sera égale à la droite FE. Ce qu'il falloit démontrer.

PROPOSITION III.

Soit un segment de cercle CA. Que B soit un point quelconque de son arc; que BD soit perpendiculaire sur AC; et que la droite DE soit égale à la droite DA, et l'arc BF égal à l'arc BA. Je dis que la droite CF est égale à la droite CE.

Menons les droites, AB, BF, FE, EB. Puisque l'arc BA est égal à l'arc BF, la corde AB sera égale à la corde BF. Mais la droite AD est égale à ED; les angles sont droits en D, et la droite

DB est commune ; donc la droite AB sera égale à BE. Donc BF est égal à BE, et l'angle BFE égal à l'angle BEF. Mais le quadrilatère CFBA est inscrit dans un cercle ; donc l'angle CFB, con-

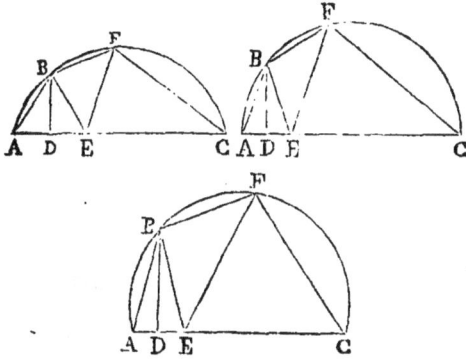

jointement avec l'angle CAB qui lui est opposé, ou avec l'angle BEA, est égal à deux angles droits. Mais l'angle CEB, conjointement avec l'angle BEA est aussi égal à deux angles droits ; donc les deux angles CFB, CEB sont égaux. Donc les angles restans CFE, CEF sont aussi égaux. Donc la droite CE est égale à la droite CF. Ce qu'il falloit démontrer.

PROPOSITION IV.

Soit un demi-cercle ABC. Sur son diamètre AC construisons deux demi-cercles dont l'un soit AD et l'autre DC. Que DB soit perpendiculaire sur AC. La figure qui résulte de cette construction, et qui est comprise entre l'arc du demi grand

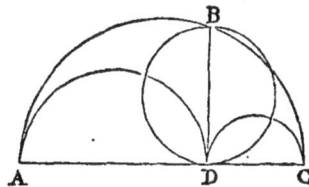

cercle et entre les deux arcs des plus petits demi-cercles se nomme Arbelon. Je dis que l'Arbelon est égal au cercle qui a pour diamètre la perpendiculaire DB.

Puisque la droite DB est moyenne proportionnelle entre les deux droites DA, DC, le rectangle compris sous les droites AD,

DC sera égal au quarré de DB. Ajoutons de part et d'autre le rectangle compris sous AD, DC, et les quarrés de AD et de DC. Le double du rectangle compris sous AD, DC, conjointement avec les deux quarrés de AD et de DC, c'est-à-dire le quarré de AC sera égal au double du quarré de DB, conjointement avec les deux quarrés de AD, DC (α). Mais les cercles sont entre eux comme les quarrés de leurs rayons; donc le cercle qui a pour diamètre la droite AC est égal au double du cercle qui a pour diamètre la droite BD, conjointement avec les deux cercles qui ont pour diamètres les droites AD, DC. Donc le demi-cercle, qui a pour diamètre AC, est égal au double du cercle qui a pour diamètre DB, conjointement avec les deux demi-cercles qui ont pour diamètres les droites AD, DC. Donc si nous retranchons de part et d'autre les deux demi-cercles AD, DC, la figure comprise entre les trois demi-circonférences des cercles AC, AD, DC, c'est-à-dire l'Arbelon, sera égal au cercle dont le diamètre est DB. Ce qu'il falloit démontrer.

PROPOSITION V.

Soit un demi-cercle AB. Que c soit un point quelconque de

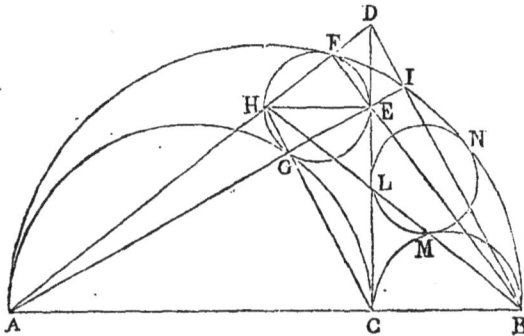

son diamètre. Construisons sur son diamètre les deux demi-cercles AC, CB; du point c élevons la droite CD perpendiculaire

sur AB; et de part et d'autre de cette perpendiculaire décrivons
deux cercles qui touchent cette perpendiculaire et les arcs des
demi-cercles. Je dis que ces deux cercles sont égaux entre eux.

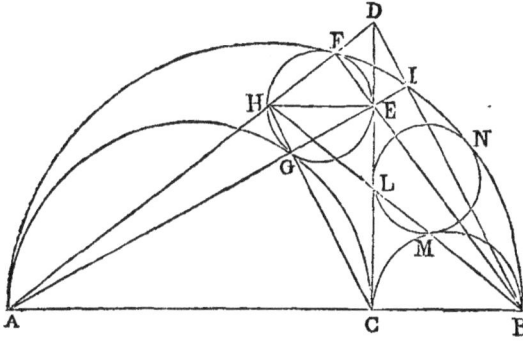

Supposons qu'un de ces cercles touche la perpendiculaire DC
en E; qu'il touche la circonférence du demi-cercle AB au point
F, et la circonférence du demi-cercle AC au point G. Menons le
diamètre HE perpendiculaire sur DC. Le diamètre HE sera parallèle au diamètre AB, parce que les deux angles HEC, ACE sont
droits. Joignons FH, HA. La ligne AF sera une ligne droite,
ainsi qu'on l'a démontré dans la première proposition; et les
droites AF, CE se rencontreront en un point D, parce que les
angles DAC, DCA pris ensemble sont moindres que deux droits.
Joignons aussi FE, EB; la ligne EFB sera aussi une ligne droite,
ainsi que nous l'avons dit; et cette droite sera perpendiculaire
sur AD, parce que l'angle AFB est droit à cause qu'il est compris
dans le demi-cercle AB. Joignons HG, GC. La ligne HC sera une
ligne droite. Joignons EG, GA. La ligne EGA sera une ligne droite.
Prolongeons cette droite vers I, et joignons BI. La droite BI sera
perpendiculaire sur AI. Joignons DI. Puisque les lignes AD, AB
sont deux droites; que du point D on a conduit la droite DC
perpendiculaire sur AB; que du point B on a conduit la droite
BF perpendiculaire sur DA; que ces deux perpendiculaires se

coupent mutuellement au point E, et que de plus la droite AE prolongée jusqu'en I est perpendiculaire sur BI, la ligne BID sera une ligne droite, ainsi que nous l'avons démontré dans nos propositions qui regardent les triangles rectangles (α). Mais les deux angles AGC, AIB sont droits, les droites BD, CG étant parallèles, et la raison de AD à DH, qui est la même que la raison de AC à HE, est encore la même que la raison de AB à BC (ϐ); donc le rectangle compris sous AC, CB est égal au rectangle compris sous AB, HE. Nous démontrerons semblablement que dans le cercle LMN, le rectangle compris sous AC, CB est égal au rectangle compris sous AB et sous le diamètre du cercle LMN, et l'on conclura de là que les diamètres des cercles EFG, LMN sont égaux. Donc ces deux cercles sont égaux. Ce qu'il falloit démontrer.

PROPOSITION VI.

Soit un demi-cercle ABC. Prenons un point D sur son diamètre, de manière que la raison de AD à DC soit la même que la raison de trois à deux; sur AD, DC décrivons deux demi-cercles.

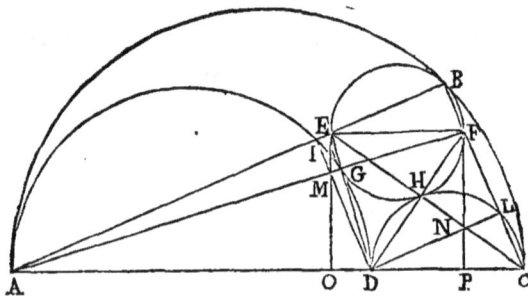

Supposons un cercle EF tangente aux trois autres demi-cercles, et menons dans ce cercle le diamètre EF parallèle au diamètre AC. Il faut trouver la raison du diamètre AC au diamètre EF.

Joignons AE, EB, et CF, FB. Les lignes CFB, AEB seront des lignes droites, ainsi qu'on l'a démontré dans la proposition 1ère. Menons aussi les deux lignes FGA, EHC, on démontrera que ces deux lignes seront des droites ainsi que les deux lignes DE, DF.

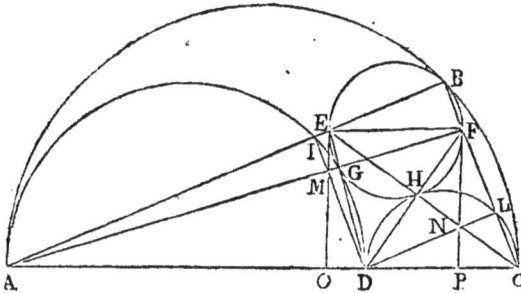

Joignons DI, DL, ainsi que EM, FN, et prolongeons ces dernières droites vers O, P. Puisque dans le triangle AED, la droite AG est perpendiculaire sur ED; que la droite DI est perpendiculaire sur AE, et que les droites AG, DI se coupent au point M, la droite EMO sera perpendiculaire sur AD (α), ainsi que nous l'avons démontré dans notre exposition des propriétés des triangles, sur laquelle est fondée la démonstration précédente. La droite FP sera semblablement perpendiculaire sur CA. Mais les angles en L et B sont droits; donc DL sera parallèle à AB, et DI parallèle à CB. Donc AD est à DC comme AM est à FM, et comme AO est à OP. Mais CD est à DA comme CN est à NE, et comme CP est à PO; et nous avons supposé que AD étoit à DC comme trois est à deux; donc AO est à OP comme trois est à deux. Mais OP est à CP comme trois est à deux; donc les trois droites AO, OP, PC sont proportionnelles. Donc la droite PC étant quatre, la droite OP sera six, la droite AO neuf et la droite CA dix-neuf. Mais PO est égal à EF; donc AC est à EF comme dix-neuf est à six. Donc nous avons trouvé la raison demandée.

Si la raison de AD à DC étoit différente, si par exemple elle étoit la même que la raison de quatre à trois ou de cinq à quatre, ou tout autre raisonnement, et la manière de procéder ne seroit pas différente (6). Ce qu'il falloit trouver.

PROPOSITION VII.

Si un cercle est circonscrit à un quarré, et si un autre cercle lui est inscrit, le cercle circonscrit sera double du cercle inscrit.

Circonscrivons un cercle AB au quarré AB, et inscrivons-lui le cercle CD. Que AB soit la diagonale du quarré et le diamètre du cercle circonscrit. Conduisons dans le cercle inscrit le diamètre CD parallèle au côté AE, qui est égal à CD. Puisque le quarré de AB est double du quarré de AE ou de DC, et que les cercles sont entre eux comme les quarrés de leurs diamètres, le cercle AB sera double du cercle CD. Ce qu'il falloit démontrer.

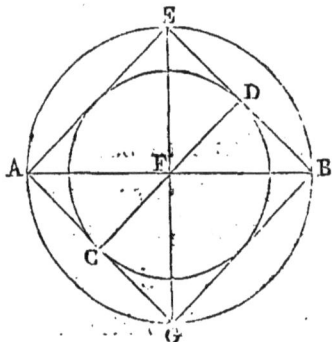

PROPOSITION VIII.

Si une corde AB d'un cercle est plongée, et si l'on fait BC égal au rayon de ce cercle ; si ensuite l'on joint le point C et le centre du cercle qui est le point D, et si l'on prolonge CD jusqu'en E, l'arc AE sera triple de l'arc BF.

Menons EG parallèle à AB, et joignons DB, DG. Puisque l'angle DEG est égal à l'angle DGE, l'angle GDC sera double de l'angle DEG. Mais l'angle BDC est égal à l'angle BCD, et l'angle CEG égal à l'angle ACE ; donc l'angle GDC sera double de l'angle CDB, et

55

l'angle entier BDG triple de l'angle BDC. Donc l'arc AE qui est

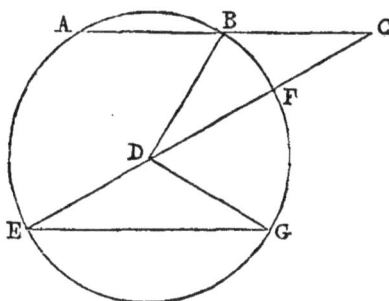

égal à BG sera triple de l'arc BF. Ce qu'il falloit démontrer.

PROPOSITION IX.

Si dans un cercle deux droites AB, CD, qui ne passent pas par le centre, se coupent à angles droits, les arcs AD, CB pris ensemble, seront égaux aux deux arcs AC, DB pris ensemble.

Menons le diamètre EF parallèle à AB; ce diamètre coupera CD en deux parties égales au point G. Donc l'arc EC sera égal à l'arc ED. Mais l'arc EDF est égal à la demi-circonférence, ainsi que l'arc ECF, et l'arc ED est égal à l'arc EA, conjointement avec l'arc AD; donc l'arc CF, conjointement avec les deux arcs EA,

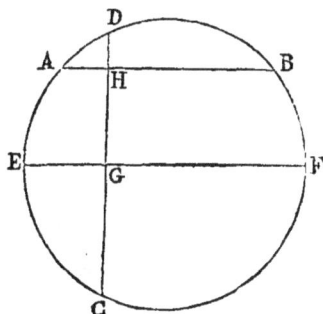

AD sera égal à la demi-circonférence. Mais l'arc EA est égal à l'arc BF; donc l'arc CB, conjointement avec l'arc AD est égal à la demi-circonférence. Donc la somme des arcs EC, EA, c'est-à-dire l'arc AC, conjointement avec l'arc DB est aussi égal à la demi-circonférence. Ce qu'il falloit démontrer.

PROPOSITION X.

Soient le cercle ABC; la tangente DA ; la sécante DB ,.et la tan-gente DC. Menons la droite CE parallèle à DB , et la droite EA qui coupe la droite DB en F. Du point F abaissons la perpendicu-laire FG sur la droite CE. Je dis que la perpendiculaire FG cou-pera la droite EC en deux parties égales au point G.

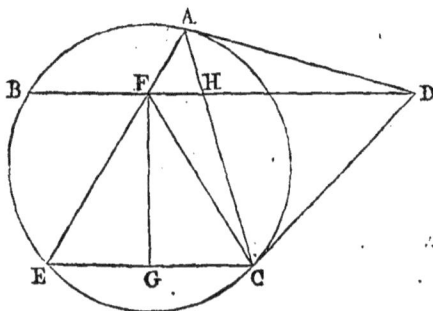

Joignons AC. Puisque la droite DA est tangente, et que la droite AC est une corde , l'angle DAC sera égal à l'angle du seg-ment alterne ABC ,. c'est-à-dire à l'angle AEC. Mais l'angle AEC est égal à l'angle AFD , parce que les droites CE , BD sont paral-lèles; donc les angles DAC , AFD sont égaux. Donc les deux triangles DAF , AHD ont les angles AFD , HAD égaux chacun à chacun, mais ils ont de plus un angle commun en D; donc le rectangle compris sous FD , DH est égal au quarré de DA , et par conséquent au quarré de DC. Donc puisque FD est à DC comme CD est à DH , et que l'angle BDC est commun , les triangles DFC , DCH sont semblables. Donc l'angle DFC est égal à l'angle DCH , qui est égal à l'angle DAH , et celui-ci est égal à l'angle AFD. Donc les deux angles AFD , CFD sont égaux. Mais l'angle DFC est égal à l'angle FCE , et nous avons vu que l'angle DFA est égal à l'angle AEC;

donc dans le triangle FEC l'angle FCG est égal à l'angle FEG.
Mais les deux triangles FGE, FGC ont de plus chacun un angle droit
en G et un côté commun GF ; donc la droite CG est égale à la
droite GE. Donc la droite CE est coupée en deux parties égales
en G. Ce qu'il falloit démontrer.

PROPOSITION XI.

Si dans un cercle deux cordes AB, CD se coupent mutuellement à angles droits en un point E qui ne soit pas le centre,
la somme des quarrés des droites AE, BE, EC, ED sera égale
au quarré du diamètre.

Menons le diamètre AF, et les droites AC, AD, CF, DB.
Puisque l'angle AED est droit, cet
angle sera égal à l'angle ACF. Mais
l'angle ADC est égal à l'angle AFC ;
puisqu'ils comprennent le même
arc ; donc dans les triangles ADE,
AFC, les autres angles CAF, DAE
sont égaux chacun à chacun. Donc
les deux arcs CF, DB sont égaux, et
par conséquent les cordes de ces
arcs. Mais la somme des quarrés de DE et de EB est égale au
quarré de BD, et par conséquent au quarré de CF ; la somme
des deux quarrés de AE et de EC est égale au quarré de CA, et
la somme des quarrés de CF et de CA est égale au quarré du
diamètre FA ; donc la somme des quarrés de AE, EB, CE, ED
est égale au quarré du diamètre. Ce qu'il falloit démontrer.

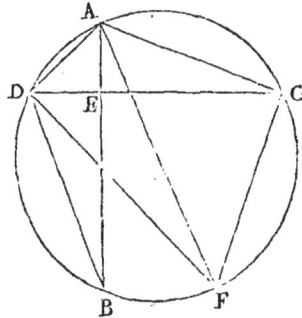

PROPOSITION XII.

Soit un demi-cercle décrit sur AB comme diamètre. Du point c conduisons deux droites tangentes aux points D, E. Menons les droites EA, DB, qui se coupent mutuellement au point F. Joignons CF et prolongeons CF jusqu'en G. Je dis que la droite CG sera perpendiculaire sur AB.

Joignons DA, EB. Puisque l'angle BDA est droit, la somme des deux angles restans DAB, DBA du triangle DAB, sera égale à un droit. Mais l'angle AEB est droit; donc la somme des deux angles DAB, DBA est égale à l'angle AEB. Donc si nous ajoutons de part et d'autre l'angle FBE, la somme des deux angles DAB, ABE sera égale à la somme des angles FBE, FEB, et par conséquent à l'angle extérieur DFE du triangle FBE. Mais la droite CD est tangente au cercle, et DB une corde ; donc l'angle CDB est égal à l'angle DAB. Semblablement l'angle CEF est égal à l'angle EBA. Donc la somme des angles CEF, CDF est égale à l'angle DFE. Mais nous avons démontré dans le livre des quadrilatères que si entre deux droites égales CD, CE qui se rencontrent en un point, on mène deux droites DF, EF qui se coupent mutuellement, et si l'angle DFE compris par ces deux droites est égal à la somme des deux angles CEF, CDF, la droite CF sera égale à chacune des droites CD, CE (α). D'où il suit que CF sera égal à CD. Donc l'angle CFD est égal à l'angle CDF, c'est-à-dire à l'angle DAG. Mais l'angle CFD, conjointement avec l'angle

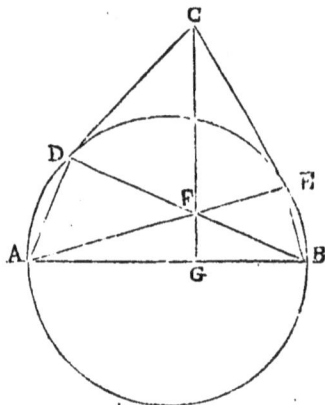

DFG, est égal à deux angles droits; donc l'angle DAG, conjointement avec l'angle DFG est égal à deux droits. Mais la somme des deux angles restans ADF, AGF du quadrilatère est égale à deux droits, et l'angle ADB est droit; donc l'angle AGC est droit. Donc CG est perpendiculaire sur AB. Ce qu'il falloit démontrer.

PROPOSITION XIII.

Que deux droites AB, CD se coupent mutuellement dans un cercle; que AB soit un diamètre; que CD ne soit point un diamètre, et des points A, B conduisons les droites AE, BF perpendiculaires sur CD. Je dis que les droites CF, DE seront égales.

Joignons EB. Du point I, qui est le centre du cercle, conduisons la droite IG perpendiculaire sur CD, et prolongeons-la jusqu'au point H de la droite EB. Puisque la perpendiculaire IG est menée du centre sur CD, cette perpendiculaire partagera la droite CD en deux parties égales en G. Mais les droites IG, AE sont deux perpendiculaires sur CD; donc ces deux perpendiculaires sont parallèles. Mais BI est égal à IA; donc la droite BH est égale à la droite HE. Donc, à cause de l'égalité de ces deux droites, et à cause que BF est parallèle à HG, la droite FG sera égale à la droite GE. Donc si des droites égales GC, GD, on retranche les droites égales GF, GE, les droites restantes FC, ED seront égales. Ce qu'il falloit démontrer.

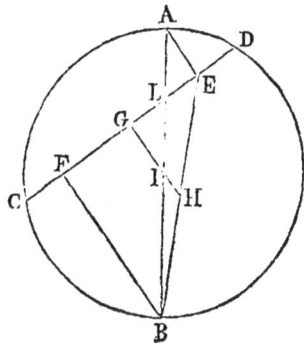

PROPOSITION XIV.

Soit un demi-cercle AB. De son diamètre AB retranchons les parties égales AC, BD. Sur les droites AC, CD, BD décrivons des demi-cercles; que le point E soit le centre des deux demi-cercles AB, CD. Que la droite EF soit perpendiculaire sur AB, et prolongeons la droite EF vers G. Je dis que le cercle qui a la droite FG pour diamètre est égal à la surface comprise par la demi-circonférence du demi grand cercle, par la demi-circonférence de deux demi-cercles qui sont placés dans le grand demi-cercle, et enfin par la demi-circonférence du demi-cercle qui est hors du demi grand cercle. La figure comprise entre les quatre demi-circonférences des demi-cercles AB, CD, DB, AC s'appelle Salinon.

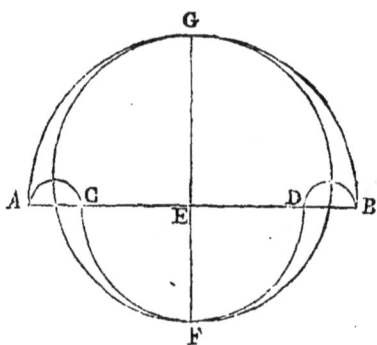

Puisque la droite DC est coupée en deux parties égales au point E, et qu'on lui a ajouté la droite CA, la somme des quarrés des droites DA, CA sera double de la somme des quarrés des droites DE, EA (a). Mais FG est égal à DA; donc la somme des quarrés des deux droites FG, AC est double de la somme des quarrés des deux droites DE, EA. Mais AB est double de AE, et CD double de ED; donc la somme des quarrés des deux droites AB, DC est quadruple de la somme des quarrés des deux droites DE, EA, et par conséquent double de la somme des quarrés des deux droites GF, AC. Donc la somme des deux cercles qui ont pour diamètres les droites AB, DC sera semblablement double de la somme des cercles qui ont pour diamètres les droites GF, AC. Donc la somme des demi-cercles qui ont pour diamètres les droites AB, CD est égale à la somme des deux cercles qui ont pour diamètres les deux droites GF, AC. Mais le cercle qui a pour diamètre la droite AC est égal à la somme des deux demi-cercles AC, BD; donc si l'on retranche de part et d'autre les deux demi-cercles AC, BD qui sont communs, la figure restante, qui est comprise entre les quatre demi-circon-férences des demi-cercles AB, CD, DB, AC, et qu'on appelle salinon, sera égale au cercle qui a pour diamètre la droite FG. Ce qu'il falloit démontrer.

PROPOSITION XV.

Soit AB un demi cercle; que AC soit le côté du pentagone inscrit, et AD la moitié de l'arc AC. Menons la droite CD, et prolongeons-la

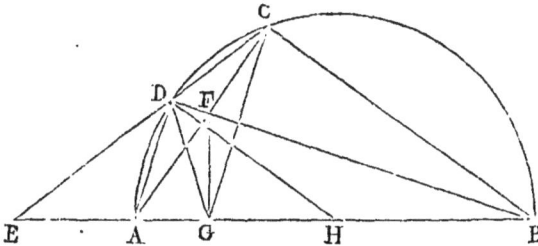

jusqu'à ce qu'elle rencontre en E la droite BA prolongée. Me-nons la droite BD, qui coupe la droite CA en un point F, et du point F abaissons sur AB la perpendiculaire FG. Je dis que la droite EG sera égale au rayon du cercle.

Joignons CB. Que le point H soit le centre du cercle. Joi-gnons HD, DG et AD. Puisque l'angle ABC qui embrasse le côté du pentagone vaut les deux cinquièmes d'un angle droit, cha-cun des angles CBD, DBA vaudra le cinquième d'un angle droit. Mais l'angle DHA est double de l'angle DBH; donc l'angle DHA vaut les deux cinquièmes d'un droit. Mais les deux triangles

GBF, GFB ont chacun un angle égal en B, et chacun un angle droit en G et C; ils ont de plus un côté commun FB; donc BC sera égal à BG. Mais les deux triangles CBD, GBD ont les côtés CB, BG égaux entre eux, ainsi que les deux angles FBC, FBG, et ils ont de plus le côté BD commun, donc les deux angles BCD, BGD sont égaux. Mais chacun de ces angles, qui vaut les six cinquièmes d'un angle droit, est égal à l'angle externe DAE du quadrilatère BADC, qui est inscrit dans le cercle (α); donc l'angle restant DAB sera égal à l'angle DGA, et le côté DA égal au côté DG. Mais l'angle DHG vaut les deux cinquièmes d'un angle droit, et l'angle DGH vaut les six cinquièmes d'un angle droit; donc l'angle restant HDG vaut les deux cinquièmes d'un droit. Donc DG est égal à GH. Mais l'angle externe ADE du quadrilatère ADCB inscrit dans le cercle est égal à l'angle CBA, qui vaut les deux cinquièmes d'un angle droit et à l'angle GDH, et de plus dans les deux triangles EDA, HDG, les deux angles EDA, HDG, sont égaux ainsi que les deux angles DGH, DAE et les deux côtés DA, DG; donc EA sera égal à HG. Donc si l'on ajoute de part et d'autre AG, la droite EG sera égale à la droite AH. Ce qu'il falloit démontrer.

Il suit de là que la droite DE est égale au rayon du cercle. Car puisque l'angle DAE est égal à DGH, la droite DH sera égale à la droite DE. Je dis de plus que la droite EC est partagée en moyenne et extrême raison en D, et que DE est le plus grand segment. En effet, la droite ED est le côté d'un hexagone, et DC le côté d'un décagone(6). Ce qui est démontré dans les élémens. Ce qu'il falloit démontrer.

FIN DES LEMMES ET DES ŒUVRES D'ARCHIMÈDE.

56

COMMENTAIRE

SUR LES ŒUVRES

D'ARCHIMEDE.

COMMENTAIRE

SUR LES DEUX LIVRES

DE LA SPHÈRE ET DU CYLINDRE.

LIVRE PREMIER.

ARCHIMÈDE A DOSITHÉE.

(*a*) La section du cône rectangle est une parabole.

Un cône rectangle est un cône droit dont les côtés, c'est-à-dire les intersections de sa surface convexe et du plan conduit par l'axe, forment un angle droit. Si ces côtés forment un angle aigu, le cône s'appelle cône acutangle, et il s'appelle cône obtus-angle, si ces côtés forment un angle obtus.

Il suit évidemment de là que, si l'on coupe perpendiculairement un des côtés d'un cône rectangle par un plan, la section du cône rectangle sera une parabole; puisque le plan coupant sera parallèle à l'autre côté du cône. La section du cône acutangle, seroit une ellipse, et la section du cône obtus-angle, une hyperbole. C'est ainsi que les anciens Géomètres, avant Apollonius, considéroient les sections du cône qui donnent la parabole, l'ellipse et l'hyperbole. *Voyez* là note (*a*) de la lettre d'Archimède à Dosithée, qui est à la tête du Traité des Conoïdes et des Sphéroïdes.

Dans Archimède, la parabole est toujours nommée section du cône rectangle; l'ellipse, section du cône acutangle, et l'hyperbole, section du cône obtus-angle. Pour éviter ces circonlocutions, et à l'exemple d'Apollonius, j'emploierai désormais les mots *parabole, ellipse* et *hyperbole*.

(*c*) Ce passage d'Archimède est très-obscur; j'ai suivi la leçon de

M. Delambre. Voici la lettre qu'il me fit l'honneur de m'écrire au sujet de ce passage :

Paris, ce 14 décembre 1806.

« A peine étiez-vous sorti , Monsieur, qu'il m'est venu un doute sur le sens que nous donnons au passage obscur de la lettre à Do-sithée. Voici comme on pourroit l'entendre : « Ces propositions » étoient renfermées dans la nature de ces figures, quoiqu'aucun » géomètre avant nous ne les eût apperçues; mais pour se con- » vaincre de leur vérité , il suffira de comparer mes théorèmes aux » démonstrations que j'ai données sur ces figures. La même chose » est arrivée à Eudoxe. Ses théorèmes sur la pyramide et le cône » étoient aussi dans la nature, et n'avoient été reconnus par aucun » géomètre avant lui. Je laisse le jugement sur mes découvertes à » ceux qui seront en état de les examiner. Plût à Dieu que Conon » vécût encore , il auroit été bien en état d'en dire son avis »,

» Ainsi il ne s'agit pas dans la comparaison des figures aux théo-rèmes, de juger si ces théorèmes sont nouveaux, mais s'ils sont vrais. De ce qu'ils n'ont été vus par personne , il ne s'ensuit pas qu'on doive les regarder comme douteux; la même chose est arrivée à Eudoxe, qui a trouvé sur la pyramide et le cône des théorèmes nouveaux et qui pourtant ont été admis; que les géomètres exa-minent donc mes propositions et les jugent. Voilà je pense le vrai sens de la lettre. Les mots *ut quivis facile intelliget* ne sont pas exactement dans le grec ; *ut* y manque, et cet *ut* change le sens. Au lieu de *ut* le grec porte *et*. *Ces propositions sont dans la nature, et pour les comprendre il suffit de comparer les théorèmes aux figures et aux démonstrations.* J'avoue pourtant que l'expres-sion grecque me paroît trop peu développée, και νοήσειεν ός, *et com-prendra celui qui.* Remarquons que ce mot νοήσειεν, *comprendra, se mettra dans la tête,* ne seroit pas le mot propre s'il s'agissoit de reconnoître seulement la nouveauté du théorème. Pour décider si un théorème est nouveau, l'*intelligence* ne fait rien; il suffit d'avoir des yeux et de savoir lire ; mais pour s'assurer de la vérité d'un théorème, il faut être en état de suivre une démonstration, et souvent celles d'Archimède ont besoin qu'on ait quelque intelligence et quelque force de tête.

» Je serois tenté de croire le passage altéré, et qu'il a dû être originairement à-peu-près ainsi : Καὶ νοήσειεν ὃς ἂν τούτων τῶν θεωρημάτων ταῖς ἀποδείξεσι ἀντιπαραβάλη αὐτὰ τὰ σχήματα. Je mets θεθεωρημένων, au lieu de σχημάτων, et σχήματα au lieu de θεθεωρημένα. C'est une simple transposition, alors le sens est clair, et alors Archimède dira : *Pour comprendre mes propositions, en sentir l'exactitude, il suffit de comparer la figure à la démonstration des théorèmes,* c'est-à-dire de suivre sur la figure la démonstration des théorèmes. Cependant on peut soutenir la leçon de Torelli, en entendant littéralement le mot *démonstration.* Aujourd'hui par ce mot nous entendons une preuve claire et irrésistible; mais dans le fait il ne signifie que l'action d'exposer, de *montrer. Pour sentir la vérité de ces propositions, il suffit de les comparer à ce que montrent ces figures;* ou *l'inspection seule de la figure mettra dans tout son jour la vérité des théorèmes.*

» Au reste, ce passage est tellement tronqué dans un manuscrit n° 2360, qu'il est impossible d'en rien tirer; heureusement il est en lui-même très-peu important. *Voyez* les variantes édit. de Torelli.

» J'ai l'honneur d'être, etc. »

AXIOMES.

(a) Archimède appelle lignes courbes, non-seulement les lignes qui ne sont ni droites, ni composées de lignes droites, mais encore les lignes brisées et les lignes mixtilignes.

D'après le premier axiôme, un arc de cercle est une courbe, qui est toute entière du même côté de la droite, qui joint ses extrémités. Si une courbe étoit composée d'une demi-circonférence de cercle et d'un rayon qui joindroit une de ses extrémités, cette courbe n'auroit aucune de ses parties de l'autre côté de la droite qui joindroit ses extrémités, quand même cette droite seroit prolongée : `alors seulement une partie de la courbe seroit sur le prolongement de la droite qui joindroit ses extrémités. Ce qui n'arriveroit point, si l'arc étoit plus grand que la demi-circonférence.

(6) Cet axiôme, qui a beaucoup embarrassé les commentateurs, est cependant de la plus grande clarté. Il suffit pour le comprendre de faire attention qu'une ligne courbe, quelle qu'elle soit, a deux côtés aussi bien qu'une ligne droite.

Soit la courbe ΑΡΙΣΚ. Les lettres ΒΓΔΕΗΘ sont placées d'un des côtés de cette courbe, et les lettres ΛΜΝΞΟΠ sont placées de l'autre

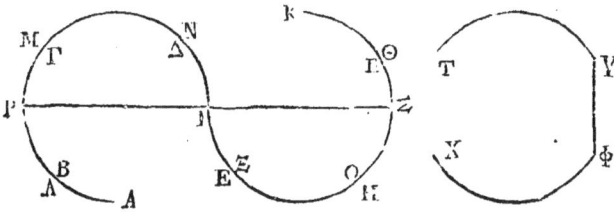

côté. Si l'on s'imaginoit que le point A se mût dans la courbe ΑΡΙΣΚ jusqu'à ce qu'il fût arrivé au point K, on pourroit dire que les lettres ΒΓΔΕΗΘ sont à la droite de la courbe, et que les lettres ΛΜΝΟΠ sont à sa gauche.

Cela posé, joignons les deux points ΡΣ de cette courbe par la droite ΡZ. Il est évident que la droite ΡΣ sera de différens côtés de cette courbe; la portion ΡΙ sera d'un côté, et la portion ΙΣ sera de l'autre; ou si l'on veut, la première portion sera à la droite de la courbe, et la seconde à sa gauche. Donc cette courbe n'est pas concave du même côté, puisque la droite ΡΣ, qui joint deux de ses points, est de différens côtés de cette courbe.

Une circonférence de cercle, une portion de sa circonférence, une ellipse, une portion de l'ellipse, une parabole et une hyperbole, sont au contraire des courbes concaves du même côté, parce que les droites qui joindroient deux points quelconques de ces courbes, seroient nécessairement des mêmes côtés de ces courbes.

Soit la ligne courbe ΤΥΦΧ, qui est composée de deux arcs ΤΥ, ΧΦ appartenant à un même cercle, et d'une droite ΤΦ menée du point Τ au point Φ; cette courbe sera encore concave du même côté, parce que les droites qui joignent deux points quelconques de cette courbe tombent toutes du même côté, excepté la droite menée du point Υ au point Φ, qui tombe sur cette ligne courbe.

Il sera facile d'appliquer au quatrième axiôme ce que je viens de dire du second.

PRINCIPES.

(α) Ce principe n'est point, comme beaucoup de Géomètres l'ont cru, une définition de la ligne droite : c'est simplement l'énoncé d'une de ses propriétés.

(ε) Il est des personnes qui pensent que l'injure des temps a fait périr une partie des Elémens d'Euclide, qui regardent le cylindre, le cône et la sphère : ces personnes sont dans l'erreur. Tous les théorêmes qu'on regrette de ne pas trouver dans Euclide, ne peuvent être démontrés qu'à l'aide des principes 2 et 4 : or, Euclide n'a jamais fait usage de ces deux principes ; on ne doit donc pas être surpris de ne pas trouver dans ses Elémens les théorêmes, dont nous venons de parler, et qu'Archimède démontre dans ce traité.

Plusieurs Géomètres ont tenté, mais en vain, de démontrer ces deux principes, lorsque les lignes courbes et les surfaces courbes ne sont point des assemblages de lignes droites et de surfaces planes. Si ces deux principes pouvoient être démontrés, ils l'auroient été par Archimède. Je dis dans la Préface la raison pourquoi il est impossible de démontrer ces deux principes.

(γ) Ce principe est une conséquence de la première proposition du dixième livre d'Euclide.

57

PROPOSITION III.

(*a*) Mais ΓA est à AΘ comme HE est à ZH; donc la raison de EH à ZH est moindre que la raison de ΓA à ΓB.

PROPOSITION IV.

(*a*) Si l'angle THΓ étoit égal à l'angle ΛKM, il est évident que la raison de MK à ΛK seroit la même que la raison de ΓH à HT. Si nous supposons ensuite que l'angle THΓ diminue, la droite ΓH diminuera aussi, et la raison de ΓH à HT deviendra plus petite; donc alors la raison de MK à ΛK sera plus grande que la raison de ΓH à HT.

(*c*) Donc la raison du côté du polygone circonscrit au côté du polygone inscrit est moindre que la raison de A à B.

PROPOSITION VI.

(*a*) Cette proposition est démontrée dans les Elémens d'Euclide. *Voyez* la proposition II, livre XII.

PROPOSITION VII.

(*a*) Appelons P le polygone circonscrit, et *p* le polygone inscrit. Puisque $P : p < A + B : A$, et que $P < A$, on aura à plus forte raison $P : A < A + B : A$. Donc par soustraction $P - A : A < B : A$. Donc $P - A$, c'est-à-dire la somme des segmens placés autour du cercle est plus petite que la surface B.

PROPOSITION VIII.

(*a*) Lorsqu'Archimède parle d'une surface comprise sous deux droites, il entend toujours parler d'un rectangle, dont une de ces droites est la base et dont l'autre est la hauteur.

PROPOSITION XIV.

(α) La raison en est simple; car puisque ΓΔ : H :: H : EZ, il est évident qu'on aura $\dfrac{\text{ΓΔ}}{2}$: H :: H : 2 × EZ , ou bien ΤΔ : H :: H : PZ.

(ζ) La raison de la surface du prisme à la surface du cylindre est moindre que la raison du polygone inscrit dans le cercle B au cercle B. Voilà ce qui est sousentendu, et ce qu'Archimède sousentend toujours dans la suite, lorsqu'il a un raisonnement semblable à faire. Pour que le lecteur puisse, dans ce cas, suppléer ce qui manque, il faut qu'il se souvienne que, lorsqu'on a quatre quantités, et que la raison de la première à la seconde est moindre que la raison de la troisième à la quatrième, la raison de la première à la troisième est encore moindre que la raison de la seconde à la quatrième.

(γ) Parce que ces triangles sont entre eux comme les droites ΤΔ, PZ, et que nous avons vu dans la première partie de la démonstration que ΤΔ est à PZ comme $\overline{\text{ΤΔ}}^2$ est à $\overline{\text{H}}^2$.

(δ) La raison du polygone qui est circonscrit au cercle B à ce même cercle, est moindre que la raison du polygone inscrit dans le cercle B à la surface du cylindre.

PROPOSITION XV.

(α) Donc, par permutation, la raison de la surface de la pyramide qui est circonscrite au cône à la surface du cône est moindre que la raison du polygone inscrit dans le cercle B au cercle B.

(ζ) En effet, la raison du rayon du cercle A au côté du cône est la même que la raison de la perpendiculaire menée du centre du cercle A sur le côté du polygone à la parallèle au côté du cône menée du milieu du côté du polygone et terminée à l'axe du cône. Mais la perpendiculaire menée du sommet du cône sur le côté du polygone est plus longue que la parallèle dont nous venons de parler ; donc la raison du rayon du cercle A au côté du polygone est plus grande que la raison de la perpendiculaire menée du centre sur le côté du polygone à la perpendiculaire menée du sommet du cône sur le côté de ce même polygone.

(γ) Donc, par permutation, la raison du polygone circonscrit au cercle B est moindre que la raison de la surface de la pyramide inscrite à la surface du cône.

PROPOSITION XVI.

(α) Donc le cercle Δ est au cercle A comme le quarré de E est au quarré de B. Mais à cause que E est moyen proportionnel entre Γ et B, la droite Γ est à la droite B comme le quarré de E est au quarré de B ; donc le cercle Δ est au cercle A comme Γ est à B ; mais le cercle Δ est égal à la surface du cône.

LEMME.

(α) Le parallélogramme BH pourroit n'être pas un rectangle, mais alors par les surfaces comprises sous BA, AH ; sous BΔ, ΔZ, etc. il faudroit entendre des rectangles dont les droites AH, ΔZ seroient les bases et les droites BA, BΔ les hauteurs.

LEMMES.

(α) Les cylindres qui ont la même base sont entre eux comme leurs hauteurs ; donc les cônes qui ont la même base sont aussi entre eux comme leurs hauteurs : ce qui est l'inverse du premier lemme. Je pense qu'il y a une omission, et que le lemme doit être posé ainsi : Lorsque des cônes et des cylindres ont les mêmes bases et les mêmes hauteurs, les cônes sont entre eux comme les cylindres.

(6) Voyez le douzième livre d'Euclide.

PROPOSITION XIX.

(α) Car puisque les cônes BAΓ, BΔΓ ont la même base, la droite AE est à la droite ΔE comme le cône BAΓ est au cône BΔΓ (17, *lemm.* 1). Donc, par addition, la droite AΔ est à la droite ΔE comme le rhombe ABΓΔ est au cône BΔΓ.

PROPOSITION XXIV.

(α) Archimède veut que le nombre des côtés soit divisible par quatre, afin que deux diamètres perpendiculaires l'un sur l'autre aient leurs extrémités aux angles du polygone inscrit.

(6) Perpendiculaires l'un sur l'autre.

PROPOSITION XXV.

(α) En effet, puisque les cercles sont proportionnels aux quarrés

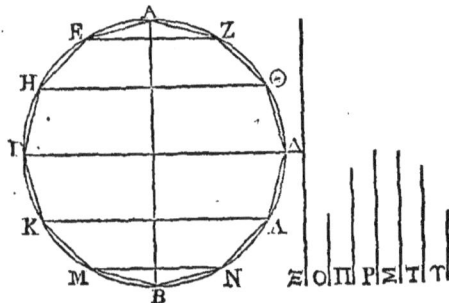

de leurs rayons, le quarré du rayon du cercle ⋍ est au cercle ⋍,

comme le quarré du rayon du cercle o est au cercle o, comme le
quarré du rayon du cercle Π est au cercle Π, comme le quarré du
rayon du cercle P est au cercle P, comme le quarré du rayon du cercle Σ est au cercle Σ, comme le quarré du rayon du cercle T est au
cercle T, comme le quarré du rayon du cercle Υ est au cercle Υ. Donc
le quarré du rayon du cercle Ξ est au cercle Ξ comme la somme des
quarrés des rayons des cercles o, Π, P, Σ, T, Υ est à la somme des
cercles o, Π, P, Σ, T, Υ. Mais le quarré du rayon des cercles Ξ est
égal à la somme des quarrés des rayons des cercles o, Π, P, Σ, T,
Υ; donc le cercle Ξ est égal à la somme des cercles o, Π, P, Σ, T, Υ.

PROPOSITION XXXI.

(α) Car les deux triangles ΚΘΖ, ΣΧΖ étant semblables, la droite
ΘΖ est à ΧΖ comme ΘΚ est à ΧΣ. Mais ΘΖ est double de ΧΖ; donc
ΘΚ est double du rayon ΧΣ; donc ΘΚ est égal au diamètre du
cercle ΑΒΓΔ.

PROPOSITION XXXIV.

(α) Car puisque les droites qui joignent les angles du polygone
circonscrit, et les droites qui joignent les angles du polygone inscrit sont entre elles comme les côtés des polygones, la somme des
premières droites est à la somme des secondes droites comme ΕΛ
est à ΑΚ. Donc les surfaces comprises sous les sommes des droites
qui joignent les angles des polygones et les côtés des polygones
sont des figures semblables.

PROPOSITION XXXV.

(α) Donc, par permutation, la raison de la surface de la figure
circonscrite à la surface de la sphère est moindre que la raison de
surface de la figure inscrite au cercle Α.

PROPOSITION XXXVI.

(α) Soient a, $a - d$, $a - 2d$, $a - 3d$, quatre termes d'une progression arithmétique décroissante, et que ces quatre termes soient ou tous positifs ou tous négatifs. Je dis que la raison du premier terme au quatrième est plus grande que la raison triplée du premier au second; c'est-à-dire, que

$$\frac{a}{a - 3d} > \frac{a^3}{(a - d)^3}.$$

J'élève $a - d$ au cube; je fais disparoître les dénominateurs. La réduction étant faite, la première quantité devient $3ad^2$, et la seconde d^3. Mais $3ad^2$ est plus grand que d^3, puisque a est plus grand que d; donc

$$\frac{a}{a - 3d} > \frac{a^3}{(a - d)^3}.$$

Donc la raison du premier terme d'une progression arithmétique décroissante au quatrième terme est plus grande que la raison triplée du premier terme au second.

(ζ) Mais la raison de K à H est moindre que la raison de la sphère au cône $\mathbb{Z}$; donc la raison de la figure circonscrite à la figure inscrite est encore moindre que la raison de la sphère au cône. Donc, par permutation, la raison de la figure circonscrite à la sphère est encore moindre que la raison de la figure inscrite au cône.

(γ) Donc la raison de la figure circonscrite à la figure inscrite est encore moindre que la raison du cône $\mathbb{Z}$ à la sphère. Donc, par permutation, la raison de la figure circonscrite au cône $\mathbb{Z}$ est moindre que la raison de la figure inscrite à la sphère.

PROPOSITION XLII.

(α) En effet, la surface engendrée par la droite MZ est égale à un cercle dont le rayon est moyen proportionnel entre la droite ZM et la moitié de la somme des droites ZH, MN (17), et la surface décrite par la droite MA est égale à un cercle dont le rayon est moyen proportionnel entre la droite MA et la moitié de la somme des droites AB, MN. Mais ZM est plus grand que MA, et ZH plus grand que AB; donc la première moyenne proportionnelle est plus grande que la seconde. Donc la surface décrite par ZM est plus grande que la surface décrite par MA.

PROPOSITION XLIV.

(α) Ce qui précède, à partir de ces mots *mais la surface*, etc. est un peu obscur, voici ce qu'on pourroit mettre à sa place. Donc le quarré du rayon du cercle N, qui est égal à la surface comprise sous MΘ, HZ est encore égal à la surface comprise sous ΓΔ, HZ. Mais le quarré de la droite ΔΑ est égal à la surface comprise sous ΓΔ, ΔΞ, et nous venons de démontrer que HZ est plus grand que ΔΞ; donc la surface comprise sous ΓΔ, HZ est plus grande que la surface comprise sous ΓΔ, ΔΞ. Donc le quarré du rayon du cercle N, qui est égal à la première surface, est plus grand que le quarré de la droite ΔΑ, qui est égal à la seconde surface. Donc le rayon du cercle N est plus grand que le droite ΔΑ. Donc le cercle N, et par conséquent la surface de la figure circonscrite au segment sphérique KZΛ, est plus grande que le cercle décrit autour du diamètre ΔΑ.

PROPOSITION XLVII.

(*a*) En effet, les droites qui joignent les angles du polygone cir-conscrit, et les droites qui joignent les angles du polygone inscrit sont proportionnelles aux côtés des polygones ; donc la somme des droites qui joignent les angles du polygone circonscrit est à la somme des droites qui joignent les angles du polygone inscrit, comme EK est à AΛ. Donc la surface comprise sous EK et sous la somme des droites qui joignent les angles du polygone circonscrit, con-jointement avec la moitié de EZ , est semblable à la surface comprise sous AΛ et sous la somme des droites qui joignent les angles du polygone inscrit, conjointement avec la moitié de AΓ. Donc la première figure est à la seconde comme le quarré de EK est au quarré de AΛ. Mais le quarré du rayon du cercle M est égal à la première figure, et le quarré du rayon du cercle N est égal à la seconde ; donc le pre-mier quarré est au second comme le quarré de EK est au quarré de AΛ. Donc le cercle M, c'est-à-dire la surface de la figure cir-conscrite est au cercle N, c'est-à-dire à la surface de la figure in-scrite comme le quarré de EK est au quarré de AΛ.

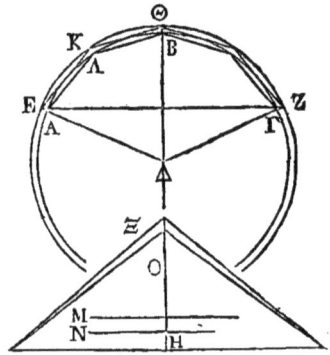

(*δ*) Puisque dans la première partie de cette démonstration, l'on a vu que le quarré de EK est au quarré de AΛ comme le cercle M est au cercle N, il est évident que EK est à AΛ comme le rayon du cercle M est au rayon du cercle N.

PROPOSITION XLVIII.

(*a*) Donc la raison de la surface de la figure circonscrite à la surface de la figure inscrite est moindre que la raison de la surface du segment au cercle z. Donc, par permutation, la raison de la surface de la figure circonscrite à la surface du segment est moindre que la raison de la surface de la figure inscrite au cercle z.

(*c*) Puisque le polygone circonscrit est au polygone inscrit comme la surface de la figure circonscrite est à la surface de la figure inscrite, la raison de la surface de la figure circonscrite à la surface de la figure inscrite est moindre que la raison du cercle z à la surface du segment. Donc, par permutation, la surface de la figure circonscrite au cercle z est moindre que la raison de la surface de la figure inscrite à la surface du segment. Mais la surface de la figure circonscrite est plus grande que le cercle z (44); donc la surface de la figure inscrite est plus grande que la surface du segment; ce qui ne peut être.

PROPOSITION L.

(*a*) *Voyez* la note (*a*) de la proposition xxxvi. .

(*c*) Donc la raison de la figure solide circonscrite au secteur est moindre que la raison de la figure inscrite au cône Θ.

LIVRE SECOND.

PROPOSITION II.

(α) Alors au lieu de $\overline{\text{ГД}}^2 : \overline{\text{HӨ}}^2 :: \text{HӨ} : \text{EZ}$, on aura $\overline{\text{ГД}}^2 : \text{ГД} \times \text{MN}$ :: $\text{HӨ} : \text{EZ}$; ou bien $\text{ГД} : \text{MN} :: \text{HӨ} : \text{EZ}$, et par permutation $\text{ГД} : \text{HӨ}$ :: $\text{MN} : \text{EZ}$. Mais $\overline{\text{HӨ}}^2 = \text{ГД} \times \text{MN}$; donc $\text{ГД} : \text{HӨ} :: \text{HӨ} : \text{MN}$. Mais ГД : $\text{HӨ} :: \text{MN} : \text{EZ}$; donc $\text{ГД} : \text{HӨ} :: \text{HӨ} : \text{MN} :: \text{MN} : \text{EZ}$. Cette note se rapporte à la fin de la phrase précédente.

(ϵ) Car le cylindre ГZД étant construit, il est évident que le diamètre de sa base et son axe sont nécessairement donnés.

(γ) Archimède n'en donne pas le moyen. Eutocius expose très au long les différentes manières de résoudre le problème des deux moyennes proportionnelles. J'aurois fait avec plaisir un extrait de son commentaire, si je n'avois pas craint de trop grossir le volume. Je me contenterai de dire que ce problème a été résolu par Platon, Archytas, Héron, Philon de Byzance, Apollonius, Dioclès, Pappus, Sporus, Menechime, Eratosthène et Nicomède. On sait qu'avec la ligne droite et le cercle seulement le problème n'a point de solution, c'est-à-dire qu'on ne sauroit résoudre ce problème avec la géométrie ordinaire.

(δ) Puisque $\text{ГД} : \text{HӨ} :: \text{MN} : \text{EZ}$; par permutation et à cause que $\text{HӨ} = \text{KΛ}$, on aura $\text{ГД} : \text{MN} :: \text{KΛ} : \text{EZ}$. Mais $\text{ГД} : \text{MN} :: \overline{\text{ГД}}^2 : \overline{\text{HӨ}}^2$; donc $\overline{\text{ГД}}^2 : \overline{\text{HӨ}}^2 :: \text{KΛ} : \text{EZ}$. Donc cer. ГД : cer. $\text{HӨ} :: \text{KΛ} : \text{EZ}$. Donc les bases E, K des cylindres sont réciproquement proportionnelles à leurs hauteurs.

PROPOSITION III.

(*α*) Il est entendu que la base de ce cône doit être égale au cercle qui a pour rayon la droite Bᴦ.

(*ϵ*) La démonstration du premier livre ne regarde qu'un secteur sphérique dont la surface est plus petite que la moitié de la surface de la sphère; mais il est facile d'en conclure que l'autre secteur BΘZA est aussi égal à un cône qui a pour base le cercle décrit autour de Bᴦ comme diamètre, et pour hauteur le rayon de la sphère.

(*γ*) Par permutation et addition.

(*δ*) Dans toute proportion géométrique, le quarré de la somme des deux premiers termes est à leur produit comme le quarré de la somme des deux derniers est à leur produit. Soit la proportion géométrique $a : aq :: b : bq$; je dis qu'on aura :

$$(a + aq)^2 : a^2 q :: (b + bq)^2 : b^2 q.$$

En effet, ces quatre quantités peuvent être mises sous la forme suivante :

$$(1 + q)^2 a^2, \ a^2 q, \ (1 + q)^2 b^2, \ b^2 q.$$

Divisant les deux premiers termes par a^2, et les deux derniers par b^2, on aura les deux raisons égales :

$$(1 + q)^2 : q, \ \text{et} \ (1 + q)^2 : q.$$

(*ϵ*) On pourroit démontrer de la manière suivante que ᴀE : Eᴦ :: ΘA + ᴀE : ᴀE, lorsque le segment solide ᴀBᴦ est égal au cône ᴀᴧΘ, ou ce qui est la même chose, lorsque le secteur solide BᴦZΘ est égal au rhombe solide BᴧZΘ.

Supposons donc que le secteur solide BᴦZΘ, ou le cône M soit

égal au rhombe solide BΔZΘ. Nous aurons, ΘΔ : ΘΓ :: cer. BΓ : cer. BE
:: $\overline{BΓ}^2$: $\overline{BE}^2$ :: $\overline{AΓ}^2$: $\overline{AB}^2$ :: AΓ : AE. Donc ΘΔ : ΘΓ :: AΓ : AE. D'où l'on
déduit, par soustraction, ΓΔ : ΘΓ :: EΓ : AE; par permutation,

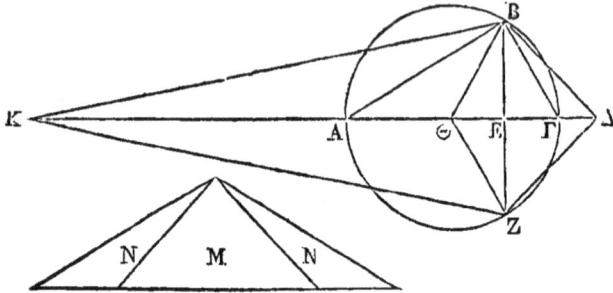

ΓΔ : EΓ :: ΘΓ : AE; et enfin par addition, ΔE : EΓ :: AΘ $+$ AE : AE. Ce
qu'il falloit démontrer.

Je démontrerois ensuite que KE : EA :: ΘΓ $+$ ΓE : ΓE, lorsque
le segment solide BAZ est égal au cône BKZ, ou lorsque le secteur
solide BΘZA est égal à la figure solide BΘZK, en me conduisant de
la même manière.

Supposons en effet que le secteur solide BΘZA, ou que le cône N
soit égal à la figure solide BΘZK; nous aurons, KΘ : AΘ :: cer. BA
: cer. BE :: $\overline{BA}^2$: $\overline{BE}^2$ :: $\overline{AΓ}^2$: $\overline{BΓ}^2$ :: AΓ : EΓ. Donc KΘ : AΘ :: AΓ : EΓ. D'où
l'on déduit par soustraction, KA : AΘ :: AE : EΓ; par permutation,
KA : AE :: AΘ : EΓ; et enfin par addition, KE : AE :: ΘΓ $+$ EΓ : EΓ.
Ce qu'il falloit démontrer.

PROPOSITION V.

(α) Par permutation et par addition.

(ϐ) Parce que dans la proportion continue, le premier terme est
au troisième comme le quarré du premier est au quarré du second.

(γ) En effet, puisque XΔ : XB :: KB : BP, et que ΔX est plus grand
que BX, la droite KB sera plus grande que la droite BP.

(δ) Parce que la somme des deux premiers termes d'une proportion est au premier comme la somme des deux derniers est au troisième.

(ε) Si l'on a trois quantités a, b, c, la raison de la première à la seconde est la même que la raison composée de la raison de la première à la troisième, et de la raison de la troisième à la seconde; c'est-à-dire, que la raison de $a : b$ est composée de la raison de la raison a à b, et de la raison de $c : b$; c'est-à-dire, que la raison a à b est égale à la raison de ac à bc.

(η) Cette solution et cette construction ne se trouvent point dans Archimède. Voyez sur ce problème la note suivante. Cette note, qui m'a paru très-intéressante, m'a été communiquée par M. Poinsot.

(θ) Il est bien aisé de voir que la construction d'Archimède résoudroit le problême; car il faut que le plus grand segment soit au plus petit comme Π à Σ, ou le plus grand segment à la sphère comme Π à $\Pi + \Sigma$; or, en nommant r le rayon, et x l'apothème KX, la première proportion d'Archimède,

$$\Theta Z : \Theta B :: \Pi : \Sigma, \text{ donne } \Theta Z : r :: \Pi : \Pi + \Sigma.$$

La deuxième, · (A)

$$XZ : \Theta Z :: \overline{B\Delta}^2 : \overline{\Delta X}^2, \text{ devient } 2r - x : \Theta Z :: 4r^2 : (r+x)^2.$$

D'où, en multipliant par ordre, on tire :

$$2r - x : r :: 4r^2 \Pi : (r+x)^2 (\Pi + \Sigma), \quad (B);$$

ou bien, en faisant passer le facteur $(r + x)^2$ à l'autre extrême, et le facteur $4r^2$ à l'autre moyen, ce qui est permis :

$$(2r - x)(r + x)^2 : 4r^3 :: \Pi : \Pi + \Sigma.$$

Mais le premier terme $(2r - x)(r + x)^2$ étant multiplié par le tiers du rapport ϖ de la circonférence au diamètre, donne le volume du segment dont x est l'apothème et $r + x$ la flèche; et le deuxième $4\,r^3$ étant multiplié par le même nombre donne la sphère. Donc, etc.

Réciproquement, si l'on vouloit poser immédiatement la proportion du problème, il faudroit faire : le segment, ou $\frac{\varpi}{3}\,(2\,r - x)$ $(r + x)^2$, à la sphère, ou $\frac{\varpi}{3}\,4\,r^3$, comme Π à $\Pi + \Sigma$. D'où l'on déduiroit la proportion (B), qu'on pourroit regarder comme le

résultat des deux proportions (A) qu'Archimède a su découvrir par son génie.

Archimède en promet pour la fin la solution; mais cette solution ne se trouve pas; et s'il entend une solution ordinaire, c'est-à-dire, par la règle et le compas, comment l'a-t-il pu trouver? La proportion donne pour x l'équation du troisième degré :

$$x^3 - 3\,r^2\,x + r^2.\ 2\,r\left(\frac{\Pi - \Sigma}{\Pi + \Sigma}\right) = o,$$

laquelle, comparée à la formule générale $x^3 + px + q = o$, donne p essentiellement négatif, et $\dfrac{p^3}{27} > \dfrac{q^2}{4}$, et par conséquent tombe dans le cas irréductible, et a ses trois racines essentiellement réelles. Cette équation répond à la trisection d'un arc φ dont la corde c seroit égale à $2\,r\left(\dfrac{\Pi - \Sigma}{\Pi + \Sigma}\right)$ dans le cercle dont le rayon est r. Car en nommant x la corde du tiers de cet arc, on a par la géométrie, $x^3 - 3\,r^2\,x + r^2.\,c = o$; de sorte que l'une des racines de l'équation est la corde de l'arc $\dfrac{\varphi}{3}$; et les deux autres sont les cordes respectives des arcs $\dfrac{u + \varphi}{3}$, $\dfrac{2u + \varphi}{3}$ (en nommant u la circonférence

entière). Car on sait que la même corde c répond, non-seulement à l'arc φ, mais encore aux arcs $u + \varphi$, $2u + \varphi$; et encore à une infinité d'autres $3u + \varphi$, etc. $u - \varphi$, $2u - \varphi$, etc., mais dont les tiers redonneroient les mêmes cordes que les trois premiers.

Ainsi Archimède auroit, par sa construction, exprimé des radicaux cubes par des radicaux quarrés, et résolu le problème de la trisection de l'angle, ce qui est impossible. Il faut donc penser que s'il a donné la construction qu'il annonce, elle n'étoit pas *géométrique*, c'est-à-dire qu'elle se faisoit par le moyen du cercle et de quelqu'autre section conique, telle que la parabole. Mais d'un autre côté, comme il n'emploie jamais dans ses constructions que la règle et le compas, il est plus probable qu'il n'avoit pas encore de solution ; et que ne la jugeant pas d'abord supérieure au cercle, il ne l'annonce pour la fin, que dans l'espérance où il est de la trouver lorsqu'il viendra à s'en occuper d'une manière particulière. Et cela devient plus probable encore, si l'on observe que l'inconnue de sa proportion ayant nécessairement trois valeurs réelles différentes, il est impossible que sa construction, quelle qu'elle fût, les ait distinguées pour lui en donner une de préférence aux autres. Or, dans ce cas, il n'auroit pu s'empêcher d'en faire la remarque, et de dire un mot sur ce singulier paradoxe, d'avoir trois valeurs différentes, pour résoudre un problème qui n'a évidemment qu'une seule solution ; car il est évident qu'il n'y a qu'une manière de couper la sphère en deux segmens qui soient dans une raison donnée. Il est donc peu probable que la construction d'Archimède soit perdue, puisqu'il est très-probable qu'elle n'a point existé.

Au reste, si l'on veut voir ce que signifient les trois valeurs qu'on trouve pour l'apothème inconnue x, on considérera que la corde c de l'arc φ étant $2r\left(\dfrac{\Pi - \Sigma}{\Pi + \Sigma}\right)$, et par conséquent plus petite que le diamètre $2r$; $\dfrac{\varphi}{3}$ est nécessairement moindre qu'un síxième de la circonférence u. Par conséquent la première racine $x =$ cord. $\dfrac{\varphi}{3}$ est nécessairement plus petite que le rayon, et les deux autres $x' =$ cord. $\dfrac{u + \varphi}{3}$, $x'' =$ cord. $\dfrac{2u + \varphi}{3}$, sont nécessairement plus grandes. De ces trois valeurs, il n'y a donc que la première qui puisse résoudre le problème que l'on a en vue, puisque l'apothème du segment est toujours plus petite que le rayon de la sphère. Les deux autres racines résolvent donc quelqu'autre problème analogue intimement lié à celui-là. Elles indiquent deux sections à faire dans le solide décrit par la révolution de l'hyperbole équilatère de même axe que le cercle générateur de la sphère; et ces sections faites aux distances x' et x'' du centre, déterminent en effet deux segmens hyperboliques respectivement égaux à ceux de la sphère proposée. Car si l'on nomme x la perpendiculaire abaissée du centre sur la base du segment hyperbolique, de sorte que $x - r$ en soit la flèche, on trouve, pour le volume de ce segment,

$$\frac{\varpi}{3}\left(2r^3 - 3r^2 x + x^3 \right);$$

ce qui est aussi l'expression du segment sphérique dont la flèche est $r - x$. Ainsi la liaison intime de l'hyperbole équilatère au cercle, fait qu'on ne peut résoudre le problème proposé dans la sphère, sans le résoudre en même temps dans l'hyperboloïde de révolution.

La suite des signes dans l'équation,

$$x^3 - 3r^2 x + r^2 \cdot 2r\left(\frac{\Pi - \Sigma}{\Pi + \Sigma} \right) = 0,$$

fait voir que des trois racines x, x', x'', deux sont nécessairement positives et la troisième négative; et l'absence du second terme montre que celle-ci est égale à la somme des deux autres. On prendra donc les deux plus petites cordes, qui sont x et x'', en plus; et l'autre x' en moins. La première portée à droite à partir du centre sur le diamètre répondra aux deux segmens sphériques qui sont entre eux comme π à Σ; la deuxième portée du même côté sur la même ligne répondra au segment hyperbolique égal au segment sphérique adjacent; et la troisième portée à gauche répondra, dans l'autre partie de l'hyperboloïde, à un segment égal au second segment sphérique adjacent : de sorte que ces deux segmens de l'hyperboloïde seront aussi entre eux comme π et Σ, et que leur somme sera aussi égale à la sphère proposée.

Telle est l'analyse de ce problème dont les divers exemples peuvent vérifier ce qu'on vient de dire. Qu'on suppose, par exemple, π = Σ, auquel cas on veut partager la sphère en deux parties égales. On aura,

$$\text{cord. } \varphi = 2\,r\left(\frac{\pi - \Sigma}{\pi + \Sigma}\right) = o;$$

par conséquent,

$$x = \text{cord. } \frac{\varphi}{3} = o.$$

Ce qui indique d'abord la section à faire par le centre, comme cela doit être. Ensuite on aura :

$$x' = \text{cord.} \frac{u}{3} = -r\sqrt{3},\text{et } x'' = \text{cord.} \frac{2\,u}{3} = r\sqrt{3};$$

ce qui répond à deux segmens hyperboliques égaux entre eux et à la demi-sphère, comme on peut s'en assurer.

Si l'on suppose Σ = o, on a cord. φ = 2r, et par conséquent φ = $\frac{u}{2}$. On a donc x = cord. $\frac{u}{6}$ = r; ce qui indique un segment nul et un autre égal à la sphère. Ensuite x'' = cord. $\frac{1}{6}u = r$, et x' = cord. $\frac{u}{2}$ = 2r, ou plutôt — 2r; ce qui indique deux segmens dans l'hyperboloïde, l'un nul et l'autre égal à la sphère. Au reste, dans ces deux cas, l'équation offre d'elle-même ses racines; car dans le premier elle devient, $x^3 - 3\,r^2 x = o$, qui donne sur-le-champ x = o, et x = ± $\sqrt{3\,r^2}$ = ± r$\sqrt{3}$; ce qui est le côté du triangle équilatéral inscrit.

Dans le second cas, elle devient $x^3 - 3\,r^2\,x + 2\,r^3 = 0$, et se décompose en ces trois facteurs, $(x - r)$, $(x - r)$, $(x - 2\,r)$.

Si l'on vouloit construire l'équation par le moyen du cercle et de la parabole, on pourroit employer le cercle dont l'équation est :

$$y^2 + x^2 - 4\,ry + 2\,r\left(\frac{\Pi - \Sigma}{\Pi + \Sigma}\right)x = 0,$$

et la parabole dont l'équation est, $x^2 - ry = 0$; car en éliminant y entre ces équations, afin d'avoir les abscisses x qui répondent aux points d'intersection des deux courbes, on trouve :

$$x^4 - 3\,r^2\,x^2 + r^2.\,2\,r\left(\frac{\Pi - \Sigma}{\Pi + \Sigma}\right)x = 0,$$

et divisant par x,

$$x^3 - 3\,r^2\,x + r^2.\,2\,r\left(\frac{\Pi - \Sigma}{\Pi + \Sigma}\right) = 0;$$

ce qui est l'équation proposée.

Enfin, nous observerons que le problème dont il s'agit étant proposé pour l'ellipsoïde de révolution, conduit absolument à la même équation. Ainsi, en nommant a le demi-grand axe de l'ellipse, on a, pour déterminer l'apothème x de deux segmens qui sont entre eux comme Π et Σ, l'équation

$$x^3 - 3\,a^2\,x + a^2.\,2\,a\left(\frac{\Pi - \Sigma}{\Pi + \Sigma}\right) = 0,$$

et comme le second axe b n'entre pas dans cette équation, on peut conclure qu'on aura toujours les mêmes solutions pour tous les ellipsoïdes de révolution de même axe a; et pour tous les hyperboloïdes conjugués, puisque l'équation de l'ellipse ne diffère de celle de l'hyperbole que par le signe du quarré de ce second axe : et c'est ce qui confirme encore ce que nous avons déjà dit, que la question ne peut être proposée pour l'ellipsoïde, sans l'être en même temps pour l'hyperboloïde conjugué.

PROPOSITION VL

(*a*) Puisque les segmens EZH, ΘΚΛ sont semblables, on aura

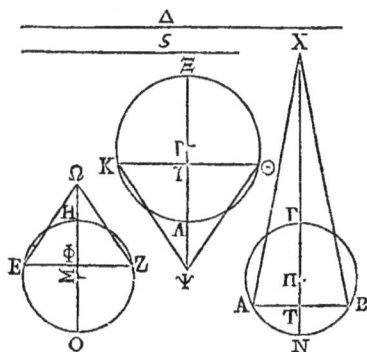

ΣΟ : ΦΟ :: PΞ : ΥΞ, et par addition, ΣΟ + ΦΟ : ΦΟ :: PΞ + ΥΞ : ΥΞ. Mais on a d'ailleurs,

$$ΣΟ + ΦΟ : ΦΟ :: ΩΦ : ΗΦ,$$
$$PΞ + ΥΞ : ΥΞ :: ΨΥ : ΛΥ;$$

donc ΩΦ : ΗΦ :: ΨΥ : ΛΥ. Donc par permutation ΩΦ : ΨΥ :: ΗΦ : ΛΥ. Mais ΗΦ : ΛΥ :: EZ : ΚΘ, à cause que les segmens sont semblables ; donc ΩΦ : ΨΥ :: EZ : ΚΘ. Donc les cônes EZΩ, ΨΘΚ sont semblables, puisque leurs hauteurs sont proportionnelles aux diamètres de leurs bases.

(*c*) C'est-à-dire, qu'elles forment une progression géométrique.

PROPOSITION IX.

(*a*) Une raison doublée d'une autre raison est cette seconde rai-son multipliée par elle-même, et une raison sesquialtère d'une autre raison est cette seconde raison multipliée par sa racine quarrée.

(*c*) Car la proportion EΔ + ΔΖ : ΔΖ :: ΘΖ : ZB donne par soustraction la proportion suivante, EΔ : ΔZ :: BΘ : ZB, qui devient, en échangeant les extrêmes, BZ : ZΔ :: BΘ : EΔ = BE.

(γ) En effet, dans la proportion BZ : ZΔ :: ΘB : BE, la droite BZ étant plus grande que la droite ZΔ, il est évident que ΘB sera plus grand que BE.

(δ) Et par permutation, KZ : HZ :: ZB : ZΔ.

(ε) Car puisque BΘ > BK, il est évident que ΘB : BZ > BK : BZ. Donc, par addition, ΘZ : BZ > KZ : BZ, et par conversion, ΘZ : ΘB < KZ : BK. Donc, par permutation, ΘZ : KZ < ΘB : BK.

(ζ) La première surface étant égale au quarré de l'ordonnée AZ, et la seconde étant égale au quarré du rayon, la première surface est plus petite que la seconde, parce que toute ordonnée qui ne passe pas par le centre est plus petite que le rayon.

(θ) Puisque $\overline{BN}^2 = \Theta B \times BK$, on aura, ΘB : BN :: BN : BK. Donc

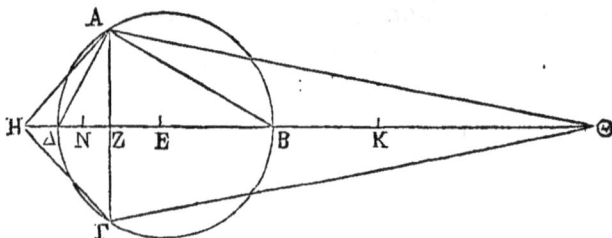

ΘB : BK :: $\overline{BN}^2$: $\overline{BK}^2$. Mais ΘB : BN :: BN : BK; donc, par addition, ΘN : BN :: KN : BK. Donc $\overline{\Theta N}^2$: $\overline{BN}^2$ :: $\overline{KN}^2$: $\overline{BK}^2$; et par permutation, $\overline{\Theta N}^2$: $\overline{KN}^2$ :: $\overline{BN}^2$: $\overline{BK}^2$. Mais ΘB : BK :: $\overline{BN}^2$: $\overline{BK}^2$; donc ΘB : BK :: $\overline{\Theta N}^2$: $\overline{KN}^2$.

(ι) Que les trois quantités a, b, c soient telles que $a^2 : b^2 > b : c$; je dis que $a : c > b^{\frac{3}{2}} : c^{\frac{3}{2}}$.

Prenons une moyenne proportionnelle d entre b et c, de manière qu'on ait $b : d :: d : c$; puisque $a^2 : b^2 > b : c$, et que $b : c :: b^2 : d^2$, nous aurons $a^2 : b^2 > b^2 : d^2$; ou bien $a : b > b : d$. Faisons en sorte que $\div c : d : b : e$. Puisque ces quatre quantités forment une progression géométrique, on aura $e : c :: b^3 : d^3$. Mais $b : d :: b^{\frac{1}{2}} : c^{\frac{1}{2}}$, parce que $b : c :: b^2 : d^2$; donc $b^3 : d^3 :: b^{\frac{3}{2}} : c^{\frac{3}{2}}$. Donc $e : c :: b^{\frac{3}{2}} : c^{\frac{3}{2}}$. Mais $a > e$; car si a étoit égal à e, on auroit $\div a : b : d : c$, et par conséquent $a^2 : b^2 :: b : c$, et si a étoit plus petit que e, on auroit $a^2 : b^2 < b : c$. Mais $a^2 : b^2 > b : c$; donc $a > e$. Donc $a : c > b^{\frac{2}{3}} : c^{\frac{2}{3}}$. Or, Archimède a démontré que $\overline{\Theta Z}^2 : \overline{ZK}^2 > ZK : ZH$; donc $\Theta Z : ZH > \overline{ZK}^{\frac{3}{2}} : \overline{ZH}^{\frac{3}{2}}$.

(λ) En effet, puisque le segment BAΔ : cône BAΔ :: HΘ : ΘΓ (2, 3); que le cône BAΔ : cône BΓΔ :: AΘ : ΘΓ, ces deux cônes ayant la

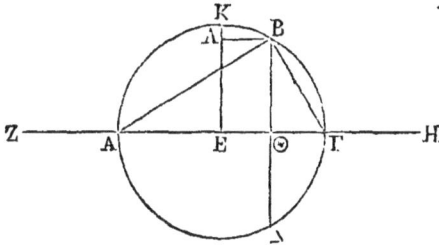

même base, et que le cône BΓΔ : segment BΓΔ :: AΘ : ΘZ (2, 3). Multipliant ces trois proportions, terme par terme, on aura :

segment BAΔ ✕ cône BAΔ ✕ cône BΓΔ : cône BAΔ ✕ cône BΓΔ

✕ segment BΓΔ :: HΘ ✕ AΘ ✕ AΘ : ΘΓ ✕ ΘΓ ✕ ΘZ;

ou bien,

segment BAΔ : segment BΓΔ :: segment BAΔ ✕ cône BAΔ ✕ cône

BΓΔ : cône BAΔ ✕ segment BΓΔ :: HΘ ✕ AΘ ✕ AΘ : ΘΓ ✕ ΘΓ ✕ ΘZ.

(μ) Soient quatre droites a, c, d, b; je dis que la raison composée de la raison de la surface comprise sous a, b, au quarré construit sur c, et de la raison de b à d, est égale à la raison de la surface comprise sous a, b, multipliée par b, au quarré de c, multiplié par d, ou ce qui est la même chose, je dis que la raison composée de la raison de ab à ac^2 et de la raison de b à d, est égale à la raison de ab multiplié par b, au quarré de c multiplié par d; c'est-à-dire, que la raison composée de la raison ab à c^2, et de la raison de b à d, est égale à la raison de $ab \times b$ à $c^2 d$. Ce qui est évident.

(v) Cette proposition peut se démontrer algébriquement avec la plus grande facilité.

Appelons r le rayon de la sphère, et x la droite EZ. La droite ΔZ sera égale à $r - x$; et le plus grand segment de la sphère, qui est ABΓ, sera égal à $\dfrac{\Pi \times \overline{AZ}^2}{3} \times \Theta Z$, c'est-à-dire à $\dfrac{\Pi \times AZ}{3} \dfrac{(2r-x)(r+x)}{r-x}$,

et le plus petit segment, qui est AΔΓ, sera égal à $\dfrac{\Pi \times \overline{AZ}^2}{3} \times HZ$,

c'est-à-dire à $\dfrac{\Pi \times \overline{AZ}^2}{3} \dfrac{(2r+x)(r-x)}{x}$.

Il faut démontrer d'abord que la raison de

$$\dfrac{\Pi \times AZ}{3} \dfrac{(2r-x)(r+x)}{r-x} \text{ à } \dfrac{\Pi \times AZ}{3} \dfrac{(2r+x)(r-x)}{x}$$

est moindre que la raison doublée de la surface du plus grand segment à la surface du plus petit; c'est-à-dire que

$$\dfrac{(2r-x)(r+x)}{r-x} : \dfrac{(2r+x)(r-x)}{x} < (r+x)^2 : (r-x)^2.$$

Il faut démontrer ensuite que

$$\dfrac{(2r-x)(r+x)}{r-x} : \dfrac{(2r+x)(r-x)}{x} > (r+x)^{\frac{3}{2}} : (r-x)^{\frac{3}{2}}.$$

Ou ce qui est la même chose, il faut démontrer d'abord que

$$\dfrac{\dfrac{(2r-x)(r+x)}{r-x}}{\dfrac{(2r+x)(r-x)}{x}} < \dfrac{(r+x)^2}{(r-x)^2};$$

et il faut démontrer ensuite que

$$\dfrac{\dfrac{(2r-x)(r+x)}{r-x}}{\dfrac{(2r+x)(r-x)}{x}} > \dfrac{(r+x)^{\frac{3}{2}}}{(r-x)^{\frac{3}{2}}}.$$

Ce qui sera évident, quand on aura fait les opérations convenables.

PROPOSITION X.

(α) Si une droite est coupée en deux parties inégales en un point et encore en deux autres parties inégales dans un autre point, le rectangle compris sous les deux segmens qui s'éloignent moins du milieu de cette droite, est plus grand que le rectangle compris sous les deux segmens qui s'en éloignent davantage ; d'où il suit que si le plus petit côté de l'un de ces rectangles est plus grand que le plus petit de l'autre rectangle, le premier rectangle est plus grand que le second.

Cette proposition est démontrée généralement dans Euclide, mais ici c'est un cas particulier facile à démontrer.

En effet, le rectangle $AP \times P\Gamma$ est égal au quarré de l'ordonnée qui passe par le point P, et le rectangle $AK \times K\Gamma$ est égal au quarré de l'ordonnée KB. Mais l'ordonnée qui passe par le point P est plus grande que l'ordonnée KB ; donc le rectangle $AP \times P\Gamma$ est plus grand que le rectangle $AK \times K\Gamma$.

(β) Le quarré de AP est égal à $AK \times \Gamma\Xi$; car puisque $AP = E\Lambda$, et que $\overline{E\Lambda}^2 = \dfrac{\overline{EZ}^2}{2}$, il est évident que $\overline{AP}^2 = \dfrac{\overline{AB}^2}{2}$, puisque $AB = EZ$.

(γ) En effet, puisque $AP \times P\Gamma + \overline{AP}^2 > AK \times K\Gamma + AK \times \Gamma\Xi$, on aura $(P\Gamma + AP) AP < (K\Gamma + \Gamma\Xi) AK$, ou bien $\Gamma A \times AP > \Xi K \times KA$.

FIN DU COMMENTAIRE SUR LA SPHÈRE ET LE CYLINDRE.

COMMENTAIRE

SUR

LA MESURE DU CERCLE.

PROPOSITION PREMIÈRE.

(*α*) En effet, puisque la somme des segmens restans est égale au cercle moins la figure rectiligne inscrite, le cercle moins cette figure rectiligne sera plus petit que le cercle moins le triangle. Donc la figure rectiligne est plus grande que le triangle.

(*ϐ*) Car nous venons de démontrer que la figure rectiligne est plus grande que ce triangle.

(*γ*) En effet, puisque OP > PM, le triangle OAP est plus grand que le triangle PAM; par la même raison le triangle OAΠ est plus grand que le triangle ΠAZ.

PROPOSITION III.

(*α*) Car le sinus du tiers d'un angle droit étant égal à la moitié du rayon, et le rayon étant au sinus comme la sécante est à la tangente, il est évident que EZ sera double de ZΓ, c'est-à-dire que EZ : ZΓ :: 3o6 : 153. Mais ZE = 3o6, et ZΓ = 153; donc la droite ΓE égalera $\sqrt{\overline{3o6}^2 - \overline{153}^2}$; c'est-à-dire 265 et une fraction. Donc ΓE : ZΓ > 265 : 153.

(*ϐ*) Puisque la raison de ΓE : ΓH > 571 : 153, il est évident que si

60

ΓH vaut 153, la droite ΓE surpassera 571. Donc $\overline{\Gamma E}^2 + \overline{\Gamma H}^2 : \overline{\Gamma H}^2$ $> \overline{571}^2 + \overline{153}^2 : \overline{153}^2$. Mais $\overline{\Gamma E}^2 + \overline{\Gamma H}^2 = \overline{EH}^2$; donc $\overline{EH}^2 : \overline{\Gamma H}^2 > \overline{571}^2$

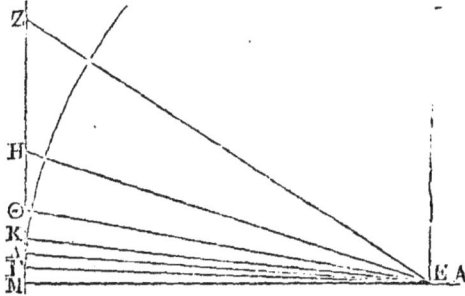

$+ \overline{153}^2 : \overline{153}^2$; c'est-à-dire, $\overline{EH}^2 : \overline{\Gamma H}^2 > 349450 : 23409$; et si l'on extrait les racines quarrées, on aura $EH : \Gamma H > 591\frac{1}{8} : 153$.

FIN DU COMMENTAIRE SUR LA MESURE DU CERCLE.

COMMENTAIRE

SUR

LES CONOÏDES ET LES SPHÉROÏDES.

ARCHIMÈDE A DOSITHÉE.

(α) Dans Archimède l'ellipse, la parabole et l'hyperbole sont toujours nommées section du cône acutangle, section du cône rectangle et section du cône obtusangle.

Par cône acutangle, il entend un cône droit dont les côtés qui sont les intersections de sa surface et du plan conduit par l'axe, forment un angle aigu. Si ces intersections forment un angle droit, le cône s'appelle rectangle, et si elles forment un angle obtus, le cône s'appelle obtusangle.

En effet, que chacun de ces cônes soit coupé par un plan perpendiculaire sur un des côtés de l'angle formé par le plan qui passe par l'axe, il est évident que la section du cône acutangle sera une ellipse, puisque le plan coupant rencontrera l'autre côté du cône; que la section du cône rectangle sera une parabole, puisque le plan coupant sera parallèle à l'autre côté, et que la section du cône obtusangle sera une hyperbole, puisque le plan coupant rencontrera le prolongement de l'autre côté.

Archimède ayant nommé section du cône rectangle, ce que nous appelons parabole, et section du cône obtusangle, ce que nous appelons hyperbole, il nomme conoïde rectangle, le solide de révolution engendré par une parabole, et conoïde obtusangle, le solide de révolution engendré par une hyperbole. Pour éviter les circonlocutions, et à l'exemple d'Apollonius, j'emploierai les mots *ellipse*, *parabole* et *hyperbole*, et par conséquent les mots *conoïde parabolique* et *conoïde hyperbolique*.

(ε) Toutes les paraboles sont semblables; donc tous les conoïdes paraboliques sont encore semblables. Les hyperboles semblables sont celles dont les axes sont proportionnels. Donc les conoïdes hyperboliques semblables sont ceux qui sont engendrés par des hyperboles semblables.

PROPOSITION I.

(a) Soit a la plus petite des quantités inégales, et n le nombre de ces quantités; la plus grande égalera an; leur somme égalera $\left(\dfrac{an + a}{2}\right)n$, et le double de leur somme égalera $(an + a)n$, c'est-à-dire $an^2 + an$; mais la somme des quantités égales est égale à an^2; donc la somme des quantités égales est plus petite que le double de la somme de celles qui se surpassent également de la quantité an, c'est-à-dire de la plus grande des quantités inégales. Mais la somme des quantités inégales, la plus grande étant exceptée, est égale à $a\,\dfrac{(n-1)(n-1)}{2}$; et le double de cette somme est égale à $a(n-1)(n-1)$, c'est-à-dire à $an^2 - 2an + a$; donc la somme des quantités égales surpasse le double de la somme des quantités inégales, la plus grande étant exceptée, de $2an - a$, c'est-à-dire du double de la plus grande des quantités inégales, moins la plus petite de ces quantités. Donc la somme des quantités égales est plus grande que la somme des quantités inégales, la plus grande étant exceptée.

PROPOSITION II.

(a) Soient les quantités

a, ab, abc, etc.	d, db, dbc, etc.
ae, abf, $abcg$, etc.	de, dbf, $dbcg$, etc.

l'on aura $a : ab :: d : db$; $ab : abc :: db : dbc$; $a : ae :: d : de$; $ab : abf :: db : dbf$; $abc : abcg :: dbc : dbcg$, etc. Je dis que $a + ab + abc : ae + abf + abcg :: d + db + dbc : de + dbf + dbcg$. Ce qui est évident; car en échangeant les moyens et en décomposant, on a

$$a(1 + b + bc) : d(1 + b + bc) :: a(e + bf + bcg) : d(e + bf + bcg),$$

c'est-à-dire $a : d :: a : d$.

(ϵ) Cela est évident, car dans ce cas au lieu de la proportion

$$a(1 + b + bc) : d(1 + b + bc) :: a(e + bf + bcg) : d(e + bf + bcg),$$

on auroit

$$a(1 + b) : d(1 + b) :: a(e + bf) : d(e + bf).$$

PROPOSITION III.

(α) Appliquer à une ligne une surface dont la partie excédante soit un quarré, c'est appliquer à cette ligne un rectangle tel que l'excès de sa hauteur sur cette même ligne soit égal à sa base.

(ϵ) Voyez cette proposition et la note (α) qui l'accompagne.

(γ) Cette proposition d'Archimède pourroit se démontrer algébriquement de la manière suivante.

Que le côté du plus petit quarré soit 1, et le nombre des quarrés n. Que a soit une des lignes qu'Archimède appelle A. La somme des quarrés sera égale à $\dfrac{2n^3 + 3n^2 + n}{6}$, et la somme des rectangles où est la lettre A sera égale à $\left(\dfrac{a + an}{2}\right) n$, c'est-à-dire $\dfrac{an + an^2}{2}$. Donc la somme des quarrés, conjointement avec la somme des rectangles, sera égale à

$$\tfrac{1}{6}(2n^3 + 3n^2 + n) + \tfrac{1}{2}(an + an^2).$$

La somme de tous les rectangles où sont les lettres Θ, I, K, Λ est égale à $(a + n)n^2$.

Il faut démontrer que la raison de $(a + n)n^2$ à

$$\tfrac{1}{6}(2n^3 + 3n^2 + n) + \tfrac{1}{2}(an + an^2)$$

est moindre que la raison de $n + a$ à $\tfrac{1}{3}n + \tfrac{1}{2}a$, et que la raison de $(n + a)n^2$ à

$$\tfrac{1}{6}(2n^3 + 3n^2 + n) + \tfrac{1}{2}(an + an^2) - (a + n)n,$$

est plus grande que la raison de $n + a$ à $\tfrac{1}{3}n + \tfrac{1}{2}a$, c'est-à-dire qu'il faut démontrer que

$$\frac{(n + a)n^2}{\tfrac{1}{6}(2n^3 + 3n^2 + n) + \tfrac{1}{2}(an + an^2)}$$

est plus petit que $\dfrac{n + a}{\tfrac{1}{3}n + \tfrac{1}{2}a}$, et que

$$\frac{(a + n)n^2}{\tfrac{1}{6}(2n^3 + 3n^2 + n) + \tfrac{1}{2}(an + an^2) - (n + a)n}$$

est plus grand que $\dfrac{n + a}{\tfrac{1}{3}n + \tfrac{1}{2}a}$. Dans le premier cas, je fais disparoître les dénominateurs, je supprime les facteurs communs, et la première quantité devient $2n^2 + 3an$, et la seconde devient $2n^2 + 3an + 3a + 3n + 1$. Or, la première quantité est plus petite que la seconde; donc le premier cas est démontré. Pour le second cas, je me conduis d'une manière semblable. La première quantité devient $2n^2 + 3an + 3a + 6n$, et la seconde devient $2n^2 + 3an + 1$. Or, la première quantité est plus grande que la seconde; donc le second cas est aussi démontré.

(δ) Apollonius, liv. III, prop. 17 et 18.

PROPOSITION IV.

(ς) Apollonius, liv. I, prop. 46.

(γ) Conduisons la droite ΔN tangente à la parabole au point Δ;

prolongeons HB, et du point Δ menons la perpendiculaire ΔM sur BH. Nommons ΔM, y, et BM, x; que Λ soit le paramètre. On aura ΔM

$$= \sqrt{\Lambda x}, \quad MN = 2x, \quad \Delta N = \sqrt{4x^2 + \Lambda x}, \quad AZ = \sqrt{(4x + \Lambda)\Delta Z}.$$

Les deux triangles AKZ, ΔMN étant semblables, on aura AZ : AK $:: \sqrt{4x^2 + \Lambda x} : \sqrt{\Lambda x}$; ou bien $\overline{AZ}^2 : \overline{AK}^2 :: 4x^2 + \Lambda x : \Lambda x$; c'est-à-dire $\overline{AZ}^2 : \overline{AK}^2 :: 4x + \Lambda : \Lambda$. Donc N $= 4x + \Lambda$. Mais $4x + \Lambda$ est égal au paramètre du diamètre ΔK; donc $\overline{AZ}^2 = N \times \Delta Z$.

(δ) Apollonius, liv. I, prop. 11.

PROPOSITION V.

(a) En effet, puisque MΛ : KΛ :: BΘ : EΘ, on aura MΛ + BΘ : KΛ + EΘ :: BΘ : EΘ. Multipliant la première raison par ΛΘ, on aura,

$$(M\Lambda + B\Theta)\,\Lambda\Theta : (K\Lambda + E\Theta)\,\Lambda\Theta :: B\Theta : E\Theta.$$

Mais le premier produit est égal au trapèze compris entre les ordonnées du cercle, et le second produit est égal au trapèze compris entre les ordonnées de l'ellipse; donc trapèze EΛ : trapèze ΘM :: ΘE : BΘ.

(ε) Euclide, liv. XII, prop. 2, démontre qu'on peut inscrire dans un cercle un polygone de manière que la somme des segmens placés entre la circonférence et les côtés du polygone soit plus petite qu'une surface donnée. On démontreroit absolument de la même manière qu'on peut inscrire dans une ellipse un polygone dont la somme des segmens compris entre l'ellipse et les côtés du polygone inscrit seroit plus petite qu'une surface donnée. Cela posé, si l'on inscrit dans l'ellipse un polygone dont la somme des segmens soit plus petite que l'excès de la surface comprise dans l'ellipse sur le cercle Ψ, il est évident que le polygone inscrit sera plus grand que le cercle Ψ.

PROPOSITION VI.

(α) Donc si l'on multiplie ces deux proportions termes par termes, et si l'on supprime les facteurs communs des deux termes de chaque raison, la surface X sera au cercle Ψ comme la surface comprise sous AΓ, BΔ est au quarré de EZ.

PROPOSITION VII.

(α) Donc par raison d'égalité, la surface A sera à la surface B comme ΓΔ est à EZ.

PROPOSITION VIII.

(α) Par le point E menons la droite ΠE parallèle à AB, on aura les deux proportions suivantes, AΔ : ΠE :: ΔΓ : ΓE; ΔB : EP :: ΔΓ : EΓ. Ces deux proportions donnent AΔ × ΔB : ΠE × EP :: $\overline{ΔΓ}^2$: $\overline{EΓ}^2$; ou bien AΔ × ΔB : $\overline{ΔΓ}^2$ :: ΠE × EP : $\overline{EΓ}^2$. Mais l'angle z est plus petit que l'angle ΡΠΓ, qui est égal à l'angle ΠΡΓ. Donc l'angle z est plus petit, que

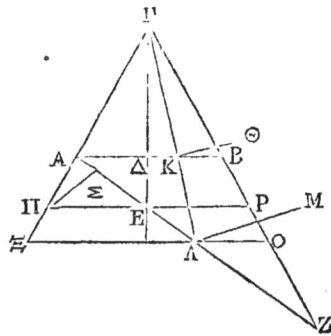

l'angle ΠΠΓ. Faisons l'angle ΕΠΣ égal à l'angle Ζ. Les deux triangles ΖΕΡ, ΕΠΣ seront semblables. Donc ΠΕ : ΕΖ :: ΣΕ : ΕΡ; donc ΠΕ × ΕΡ $=$ ΣΕ × ΕΖ. Mais ΠΕ × ΕΡ : $\overline{ΕΓ}^2$ :: ΑΔ × ΔΒ : $\overline{ΔΓ}^2$; donc ΣΕ × ΕΖ : $\overline{ΕΓ}^2$ :: ΑΔ × ΔΒ : $\overline{ΔΓ}^2$. Donc la raison de ΑΕ × ΕΖ à $\overline{ΕΓ}^2$ est plus grande que la raison de ΑΔ × ΔΒ à $\overline{ΔΓ}^2$.

(ς) Par raison d'égalité.

(γ) En effet, ΑΕ : ΕΠ :: ΑΛ : ΛΞ , et ΕΖ : ΕΡ :: ΛΖ : ΛΟ. Donc ΑΕ × ΕΖ : ΕΠ × ΕΡ :: ΑΛ × ΛΖ : ΛΞ × ΛΟ.

(δ) Parce que dans l'ellipse le quarré de la moitié du grand diamètre est au quarré de la moitié du petit diamètre comme le quarré d'une ordonnée est au produit des abscisses correspondantes.

(ϵ) Par raison d'égalité.

PROPOSITION IX.

(α) Dans cet endroit, Archimède se sert pour la première fois du mot ελλειψις, *ellipsis.*

(ς) Dans ce cas, le problème seroit résolu.

(γ) Dans l'ellipse le quarré d'une ordonnée est au produit des abscisses correspondantes comme le quarré du diamètre conjugué est au quarré du diamètre. Donc Ν^a est à ΖΔ × ΔΗ comme le quarré du diamètre conjugué de l'ellipse décrite autour du diamètre ΖΗ est au quarré de ΖΗ. Mais le quarré du diamètre conjugué de l'ellipse décrite autour du diamètre Ε est au quarré de ΕΒ comme Ν^a est à ΖΔ × ΔΟ. Donc le quarré du diamètre conjugué de l'ellipse décrite autour du diamètre ΕΒ est au quarré de son autre diamètre ΕΒ comme le quarré du diamètre conjugué de l'ellipse décrite autour de ΖΗ est au quarré de son autre diamètre ΖΗ. Donc ces ellipses sont semblables.

(*δ*) En effet, on a supposé que le quarré de N est à ZΔ × ΔH comme le quarré du diamètre conjugué de l'ellipse décrite autour de EB est au quarré du diamètre EB, c'est-à-dire comme le quarré

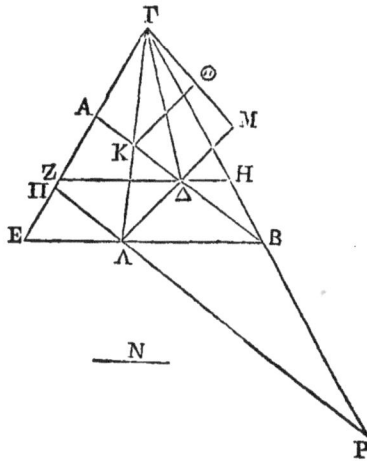

du demi-diamètre conjugué est au quarré de la moitié de EB. Mais le quarré du demi-diamètre conjugué est au quarré du demi-diamètre EB, comme le quarré de l'ordonnée ΛM est à EΛ × ΛB (Apoll. liv. I, prop. 21). Donc le quarré de N est à ZΔ × ΔH comme $\overline{\Lambda M}^2$ est à EΛ × ΛB.

(*ε*) Car les triangles semblables ZΔΛ, EΛΠ, et les triangles semblables ΔBH, ΛPB donnent ZΔ : ΛΔ :: EΛ : ΠΛ ; ΔH : ΔB :: ΛB : ΛP. D'où l'on déduit ZΔ × ΔH : ΛΔ × ΔB :: EΛ × ΛB ou $\overline{\Lambda M}^2$: ΠΛ × ΛP.

PROPOSITION X.

(*α*) C'est-à-dire que la raison du quarré de l'ordonnée ΘK au produit des abscisses correspondantes AK, KΛ, est la même que la raison du quarré du demi-diamètre ZΓ au quarré du demi-diamètre ΛΔ (Apoll. liv. I, prop. 21).

(*ϛ*) Car les droites ZA, ΓΔ, HB étant parallèles, on aura ZΛ : AK

$:: \mathrm{Z\Gamma} : \mathrm{A\Delta} ; \mathrm{\Lambda H} : \mathrm{KB} :: \mathrm{Z\Gamma} : \mathrm{A\Delta}$; ce qui donne $\mathrm{Z\Lambda} \times \mathrm{\Lambda H} : \mathrm{AK} \times \mathrm{KB}$ $:: \overline{\mathrm{Z\Gamma}}^2 : \overline{\mathrm{A\Delta}}^2.$

(δ) En effet, puisque $\overline{\mathrm{\Gamma Z}}^2 = \overline{\mathrm{Z\Gamma}}^2 - \overline{\mathrm{NZ}}^2$, nous aurons $\overline{\mathrm{Z\Gamma}}^2 = \overline{\mathrm{\Gamma Z}}^2 + \overline{\mathrm{NZ}}^2$. Mais $\overline{\mathrm{\Gamma N}}^2 = \overline{\mathrm{\Gamma Z}}^2 + \overline{\mathrm{NZ}}^2$; donc $\overline{\mathrm{\Gamma N}}^2 = \overline{\mathrm{Z\Gamma}}^2$.

(ε) A cause que les deux triangles $\mathrm{\Lambda MO}$, $\mathrm{\Gamma NZ}$ sont semblables.

(ζ) Car lorsque l'on a deux proportions, et que ces deux proportions ne diffèrent que par les deux premiers termes, les deux premiers termes sont égaux entre eux.

PROPOSITION XI.

(α) Ces propositions se démontrent comme Euclide a démontré celles qui leur sont analogues.

PROPOSITION XII.

(α) Ces propositions sont démontrées par Fr. Commandin et par Torelli.

PROPOSITION XIII.

(α) Entre $\mathrm{E\Theta}$, $\mathrm{\Theta Z}$.

(ς) Apollonius, liv. III, prop. 17.

(γ) Donc TB est à TM comme $\mathrm{A\Lambda}$ est à $\mathrm{A\Gamma}$, et par conséquent $\overline{\mathrm{TB}}^2$ est à $\overline{\mathrm{TM}}^2$ comme $\overline{\mathrm{A\Lambda}}^2$ est à $\overline{\mathrm{A\Gamma}}^2$.

(ε) Apollonius, liv. I, prop. 21.

PROPOSITION XIV.

(α) Apollonius, liv. III, prop. 17.

(ϵ) La droite BT est plus petite que la droite TN; car la droite BT est plus petite que la droite MT, qui est plus petite que la droite TN, à cause que la droite MB est plus petite que BP, ce qui

arrive dans l'hyperbole; et c'est ce qu'il est facile de démontrer. En effet, soit y une ordonnée de l'hyperbole; x l'abscisse, et a le grand diamètre. La droite MP égalera $\dfrac{ax + xx}{x + \frac{1}{2}a}$, et MB égalera $\dfrac{\frac{1}{2}ax}{x + \frac{1}{2}a}$. Or,

$\dfrac{\frac{1}{2}ax}{x + \frac{1}{2}a}$ est plus petit que $\dfrac{\frac{1}{2}ax + \frac{1}{2}x}{x + \frac{1}{2}a}$; donc MB est plus petit que $\frac{1}{2}$ MP. Donc MB est plus petit que BP.

(γ) Archimède ne démontre point que AΓ est le grand diamètre de l'ellipse, et que AΛ en est le petit, parce que cela peut se démontrer, à peu de chose près, de la même manière que dans la proposition précédente. Si l'on vouloit compléter la démonstration précédente, après ces mots *il est donc évident que cette section est une ellipse*, il faudroit ajouter ce qui suit : Joignons les points B, N par la droite BN; menons la droite ΓΛ parallèle à NB, et la droite ΛA perpendiculaire sur BΔ. Les deux triangles BTN, ΛAΓ seront semblables. Donc BΓ : TN :: ΛΑ : ΑΓ ; ou bien $\overline{BΓ}^2$: $\overline{TN}^2$ :: $\overline{ΛΑ}^2$: $\overline{ΑΓ}^2$.

Mais $\overline{KΘ}^2$: AΘ ✕ ΘΓ :: $\overline{BΓ}^2$: $\overline{TN}^2$; donc $\overline{KΘ}^2$: AΘ ✕ ΘΓ :: $\overline{ΛΑ}^2$; $\overline{ΑΓ}^2$. Il est donc encore évident que le grand diamètre est la droite ΑΓ, et que le petit diamètre est la droite ΛΑ.

La dernière phrase de cette démonstration est tout à-fait altérée dans le texte grec. Dans les manuscrits et dans toutes les éditions, les lignes ΑΓ, ΛΑ, BN manquent dans la figure. Voici le texte grec de cette dernière phrase : Δῆλον ἂν ὅτι ἁ τομα ἐστιν ὀξυγωνίε κώνε τομά· καὶ διάμετρος αὐτᾶς ἁ μείζων ΑΓ. Ὁμοίως καθετῦ ἔσης τᾶς NP ἐν τᾷ τῦ ἀμβλογωνίε κώνε τομᾶ, διάμετρος ταύτας μείζων ἐστὶν ἁ ΓΛ. Ce qui étant traduit mot à mot veut dire : « Il est donc encore certain que c'est une » section du triangle acutangle, et que son grand diamètre est la » droite ΑΓ. La droite NP étant semblablement perpendiculaire » dans la section du cône obtusangle, son grand diamètre est la » droite ΓΛ ».

Ce qui ne présente aucun sens. En effet, si le grand diamètre de l'ellipse est la droite ΑΓ, ce même diamètre ne pourroit pas être une droite différente désignée par ΓΛ qui n'existe pas dans la figure. Heureusement la proposition précédente nous offre le moyen de rétablir la figure, ainsi que le texte grec dans toute son intégrité. J'ai rétabli la figure, et voici le texte grec tel qu'il doit être : Δῆλον ἂν ὅτι ἁ τομά ἐστιν ὀξυγωνίε κώνε τομά· καὶ διάμετρος αὐτᾶς ἁ μείζων ἐστὶν ἁ ΑΓ· ἁ δὲ ἐλάσσων διάμετρος ἴσα ἐντὶ τᾷ ΛΑ, τᾶς μὲν ΓΛ παρὰ τὰν BN ἐεσας, τᾶς δὲ ΛΑ καθετῦ ἐπὶ τὰν BΔ.

PROPOSITION XV.

(α) Apollonius, liv. III, prop. 17.

PROPOSITION XIX.

(α) Apollonius, liv. II, prop. 6.

(ϲ) D'après la proposition 47 du premier livre d'Apollonius.

PROPOSITION XXIII.

(*α*) Car puisque fig. cir. — fig. ins. < seg. — Ψ, à plus forte raison seg. — fig. ins. < seg. — Ψ. Donc fig. ins. > Ψ.

(*ϛ*) Apollonius, liv. I, prop. 20.

(*γ*) En effet, on a six cylindres égaux et six droites égales, qui sont les rayons de ces cylindres, et ces cylindres sont proportionnels deux à deux à ces droites ; de plus cinq de ces cylindres sont comparés aux cylindres inscrits, et les droites égales sont comparées aux droites placées entre les droites BΔ, BA, sous les mêmes raisons (2).

(*δ*) C'est-à-dire la somme des rayons des bases des cylindres compris dans le cylindre total.

(*ε*) Parce que le premier cylindre, placé dans le cylindre total, est égal au premier des cylindres circonscrits.

PROPOSITION XXIV.

(*α*) Apollonius, liv. II, prop. 46.

(*ϛ*) *Idem*, liv. I, prop. 20.

PROPOSITION XXV.

(*γ*) Pour rendre cette conclusion évidente, je vais faire voir que la raison de KA à EΘ est la même que la raison de la surface comprise sous les diamètres de l'ellipse au quarré du diamètre EΓ. Pour cela je suppose une parallèle à BΔ menée par le point A, et une parallèle à ΓE menée par le point Z. La parallèle menée par le point Z et prolongée jusqu'à l'autre parallèle, sera égale au petit diamètre de l'ellipse (13). En effet, la portion de la parallèle à ΓE menée par le point Z, et qui est placée entre le point Z et la droite BΔ, est à la portion de cette même parallèle qui est placée entre la droite BΔ et la parallèle à BΔ menée par le point A, comme ZK est à KA. Mais ZK est égal à KA ; donc la parallèle à ΓE placée entre

le point Z et la parallèle à BΔ menée par le point A, est partagée en deux parties égales par la droite BΔ. Mais une des parties de cette parallèle est égale à XA, et XA est égal à EΘ (4) ; donc la parallèle à ΓÉ, menée du point Z et prolongée jusqu'à la parallèle à BΔ menée par le point A, est égale à ΓE. Mais cette parallèle est égale au petit diamètre de l'ellipse décrite autour de AZ comme diamètre (13) ; donc la droite ΓE est aussi égale au petit diamètre de cette ellipse.

Cela posé, il est évident que KA : EΘ :: AZ × ΓE : ΓE × ΓE ; car supprimant le facteur commun, et divisant la dernière raison par deux, on a KA : EΘ :: KA : EΘ.

(♂) A cause des triangles semblables KΛM, KΛX.

(ε) C'est-à-dire que le segment de cône est au cône comme la surface comprise sous ΛK, ΛM est à la surface comprise sous ΛK, KM.

PROPOSITION XXVI.

(*a*) Car ces deux cônes sont entre eux en raison composée de la raison du cercle décrit autour du diamètre AΓ, au cercle décrit autour du diamètre EZ, et de la raison BΔ à BΘ. Mais la raison du cercle décrit autour de AΓ comme diamètre, au cercle décrit autour du diamètre EZ est égale à la raison du quarré de AΔ au quarré de EΘ. Donc ces deux cônes sont entre eux en raison composée de la raison du quarré de AΔ au quarré de EΘ, et de la raison de BΔ à BΘ.

(*ϵ*) Apollonius, liv. 1, prop. 21.

PROPOSITION XXVII.

(*a*) Voyez la note (*γ*) de la proposition 3.

(*γ*) Apollonius, liv. 1, prop. 21.

PROPOSITION XXVIII.

(*a*) Apollonius, liv. 1, prop. 46.

(*ϵ*) *Idem*, liv. 1, prop. 21.

PROPOSITION XXIX.

(*ϵ*) Dans le quarré AΓ, menons la diagonale BΔ; et par le point z de cette diagonale menons les droites ΘK, HE parallèles aux côtés AB, AΔ. La réunion des deux rectangles AZ, ZΓ et le quarré ΘH, forment le gnomon du quarré AΓ.

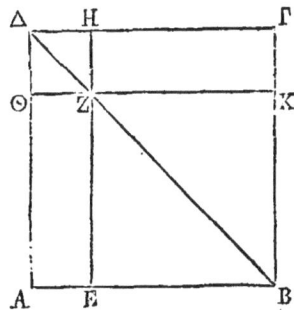

La largeur du gnomon étant AE, qui est égal à BI dans la figure d'Archimède, et le côté du quarré étant égal au demi-diamètre de l'ellipse, le rectangle AH sera égal à la surface comprise sous ΘΔ, BI, et la droite HΓ étant égale à BI, le rectangle ZΓ sera égal à la surface comprise sous IΘ, BI. Donc le gnomon sera égal à la surface comprise sous BI, IΔ.

(γ) Le second quarré est le premier de la rangée à droite, le premier étant celui qui est seul.

PROPOSITION XXXI.

(α) Que BH = 3 BΘ ; que BΔ = 3 BP. Il est évident que BH — BΔ = 3 BΘ — 3 BP = 3 (BΘ — BP), c'est-à-dire que ΔH = 3 ΘP.

(ϐ) Puisque NΞ = ZΔ, que OΞ = BΔ, il est évident que NΞ — ΘΞ = ZΔ — BΔ, c'est-à-dire que NO = 2 ΔΘ.

(γ) C'est-à-dire, retranchons du rectangle NΞ un gnomon dont la largeur ΦΞ, qui est égale à TO, soit égale à BΔ. Ce gnomon renfermera le rectangle NΞ, moins le rectangle NΩ. Or, ce gnomon égale le rectangle OΥ + le rectangle ΦΥ, c'est-à-dire NΞ × TO + ΦΩ × ΩΥ = (NΞ + ΦΩ) × ΩΥ = BE × EZ.

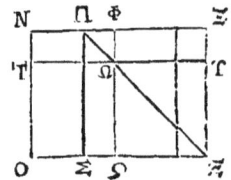

COMMENTAIRE

SUR

LE LIVRE DES HÉLICES.

ARCHIMÈDE A DOSITHÉE.

(*a*) Aʀᴄʜɪᴍᴇᴅᴇ ne parle ici que de deux problêmes défectueux, et cependant on verra plus bas qu'il en comptoit trois.

(*c*) C'est la proposition 6 du deuxième livre de la Sphère et du Cylindre, laquelle est énoncée ainsi : Construire un *segment* sphérique semblable à un segment sphérique donné, et égal à un autre segment sphérique aussi donné.

PROPOSITION I.

(*a*) Cette démonstration est fondée sur la sixième proposition du cinquième livre des Elémens d'Euclide.

PROPOSITION VI.

(*a*) Ce passage est un peu obscur. Voici comment on pourroit rendre la pensée d'Archimède : Plaçons la droite ʙɴ de manière que cette droite passant par le point ʀ une de ses extrémités se termine à la circonférence en dedans du cercle, et que l'autre extrémité se termine à la ligne ᴋɴ. Cette droite sera coupée par la circonférence, et tombera au-delà de ʀᴀ.

PROPOSITION VIII.

(*a*) Les antécédens ΞΙ×ΙΛ et ΚΙ×ΙΝ sont égaux; car puisque ΞΙ : ΚΙ :: ΙΝ : ΙΑ, on a ΞΙ × ΙΑ = ΚΙ × ΙΝ. Les conséquens ΚΕ × ΙΛ et ΚΙ × ΓΛ sont aussi égaux; car les deux triangles ΙΚΛ, ΙΕΛ étant sem-

blables, on a ΙΛ : ΚΙ :: ΙΛ : ΙΕ, et par soustraction ΙΛ : ΚΙ :: ΓΛ : ΚΕ; ce qui donne ΚΕ × ΙΛ = ΚΙ × ΓΛ. Donc ΙΝ : ΓΛ :: ΞΙ : ΚΕ.

(*c*) En effet, la proportion ΓΞ : ΚΒ :: ΞΙ : ΚΕ donne ΓΞ — ΞΙ : ΚΒ — ΚΕ :: ΓΞ : ΚΒ ou ΚΓ; c'est-à-dire ΙΓ : ΒΕ :: ΓΞ : ΚΒ.

PROPOSITION X.

(*a*) Soit la suite 1, 2, 3, 4, 5 ...... n;
Soit aussi la suite n, n, n, n, n ...... n.

Je dis d'abord que la somme des quarrés des termes de la seconde suite qui est n^3, plus le quarré d'un des termes de cette suite qui est n^2, plus du produit du premier terme de la première suite par la somme des termes de cette suite qui est $(n + 1) \dfrac{n}{2}$, c'est-à-dire $\dfrac{n^2 + n}{2}$, est égale à trois fois la somme des quarrés des termes de la première suite, qui est égale à $n^3 + \dfrac{3 n^2 + n}{2}$. Ce qui est évident, car la somme des trois premières quantités étant $n^3 + n^2 + \dfrac{n^2 + n}{2}$,

si l'on réduit n^2 en fraction, on aura $n^3 + \dfrac{3\,n^2 + n}{2}$.

Je dis ensuite que la somme des quarrés des termes de la seconde suite qui est égale à n^3, est plus petite que le triple de la somme des quarrés des termes de la première suite qui est égale à $n^3 + \dfrac{3\,n^2 + n}{2}$; cela est évident.

Je dis enfin que la somme des quarrés des termes de la seconde suite qui est n^3, est plus grande que le triple de la somme des quarrés des termes de la première suite, le dernier étant excepté, c'est-à-dire que $n^3 + \dfrac{3\,n^2 + n}{2} - n^2$, c'est-à-dire que $n^3 - \dfrac{3\,n^2}{2} + \dfrac{n}{2}$. Ce qui est encore évident.

(ϵ) Ce qui précède paroîtra très-clair, si l'on fait usage des signes de l'algèbre. En effet, l'on aura en faisant usage de ces signes :

$$2 \times B \times I = 2\,B \times \Theta,$$
$$2 \times \Gamma \times K = 4\,\Gamma \times \Theta,$$
$$2 \times \Delta \times \Lambda = 6\,\Delta \times \Theta,$$
$$2 \times E \times M = 8\,E \times \Theta,$$
$$2 \times Z \times N = 10\,Z \times \Theta,$$
$$2 \times H \times \Xi = 12\,H \times \Theta,$$
$$2 \times \Theta \times O = 14\,\Theta \times \Theta.$$

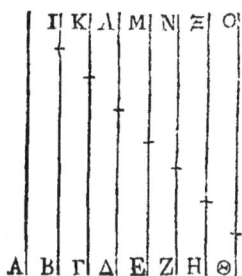

Donc la somme des premiers membres de ces équations, conjointement avec $\Theta\,(A + B + \Gamma + \Delta + E + Z + H + \Theta)$, sera égale à $\Theta\,(A + 3B + 5\Gamma + 7\Delta + 9E + 11Z + 13H + 15\Theta)$.

(γ) C'est-à-dire, $\Theta : A :: A : 8A$.

(δ) En effet, puisque les droites B, Γ, etc. sont en progression arithmétique, on a $B + \Theta = A ; \Gamma + H = A ; \Delta + Z = A ; 2E = A$.

(*) C'est-à-dire, que $A^2 + (A + B + \Gamma + \Delta + E + Z + H + \Theta) \times \Theta < 3 A^2$. En effet, on a démontré plus haut que $A^2 = (A + 2 B + 2 \Gamma + 2 \Delta + 2 E + 2 Z + 2 H + 2 \Theta) \times \Theta$. Donc $A^2 < (A + B + \Gamma + \Delta + E + Z + H + \Theta) \times \Theta$. Donc $A^2 + (A + B + \Gamma + \Delta + E + Z + H + \Theta) \times \Theta < 3 A^2$.

PROPOSITION XI.

(*a*) Que $\Lambda\Psi$ soit égal à 1 ; que le nombre des quantités inégales AB, $\Gamma\Delta$, etc. soit $n + 1$. Le nombre des quantités inégales $A\Phi$, ΓX, etc. sera égal à n, et $A\Phi$ égal aussi à n. Nommons a la ligne $N\Xi$. La somme des quarrés des lignes $O\Delta$, ΠZ, etc. égalera $(n + a)^2 \times n$, et la somme des quarrés des lignes AB, $\Gamma\Delta$, etc., le quarré de la ligne $N\Xi$ étant excepté, égalera $\overline{A\Phi}^2 + \overline{\Gamma X}^2 + \overline{E\Psi}^2 + \overline{H\Omega}^2 + \overline{I\Sigma}^2 + \overline{\Lambda\Psi}^2 + N\Xi \times n + 2 N\Xi (A\Phi + \Gamma X + E\Psi + H\Omega + I\Sigma + \Lambda\Psi)$, c'est-à-dire $\frac{1}{6}(2 n^2 + n + 1) n + a^2 n + 2 a(n + 1) \times \frac{1}{2} n$. Il faut démontrer que

$$\frac{(n + a)^2 \times n}{\frac{1}{6}(2 n^2 + 3 n + 1) n + a^2 n + 2 a(n + 1) \times \frac{1}{2} n} < \frac{(n + a)^2}{(n + a) a + \frac{1}{3} n^2}.$$

Il faut démontrer ensuite

$$\frac{(n + a)^2 \times n}{\frac{1}{6}(2 n^2 + 3 n + 1) n + a^2 n - (n + a)^2 + 2 a(n + 1) \times \frac{1}{2} n} > \frac{(n + a)^2}{(n + a) a + \frac{1}{3} n^2}.$$

Ce qui sera évident, lorsqu'on aura fait les opérations convenables.

(*c*) C'est-à-dire, égal à $N\Xi$.

PROPOSITION XIII.

(α) Si la droite ΑΔ partage en deux parties égales l'angle ΒΑΓ du triangle ΒΑΓ, la somme des deux côtés ΑΒ, ΑΓ sera plus grande que le double de la droite ΑΔ. Si les côtés ΑΒ, ΑΓ étoient égaux, il est évident que ΑΒ + ΑΓ seroit plus grand que 2 ΑΔ. Supposons que ces cô-tés ne soient pas égaux, et que ΑΓ soit le plus grand, je prolonge ΑΒ, et je fais ΑΕ égal à ΑΓ. Je joins les points Ε, Γ; par les points Δ et Β je mène les droites ΗΘ, ΒΖ parallèles à ΕΓ, et je joins les points Ε, Ζ. Il est évident que ΑΗ + ΑΘ > 2 ΑΔ. Il reste donc à dé-montrer que ΑΒ + ΑΓ > ΑΗ + ΑΘ. Puisque ΑΔ partage l'angle ΒΑΓ en deux parties égales, on aura ΑΓ : ΒΑ :: ΔΓ

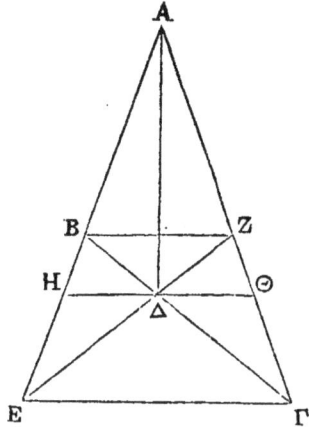

: ΒΔ. Mais ΑΓ > ΑΒ ; donc ΓΔ > ΒΔ. Donc ΓΔ > ΔΖ. Mais l'angle ΓΔΘ = l'angle ΒΔΗ, et l'angle ΖΔΘ = l'angle ΒΔΗ; donc ΓΔ : ΔΖ :: ΓΘ : ΘΖ. Mais ΔΖ = ΒΔ, et ΓΔ > ΓΔ; donc ΓΔ > ΔΖ. Donc ΓΘ > ΘΖ. Mais ΑΗ + ΑΘ > 2 ΑΔ; donc à plus forte raison ΑΒ + ΑΓ > 2 ΑΔ.

PROPOSITION XVI.

(α) L'angle du demi-cercle est l'angle formé par le diamètre et la circonférence. Euclide démontre (liv. III, prop. 18) que l'angle du demi-cercle est plus grand que tout angle rectiligne aigu.

PROPOSITION XVIII.

(α) Car si du point Α on abaisse une perpendiculaire sur ΗΘ, le triangle formé par cette perpendiculaire, par ΑΘ et par la moitié de ΗΘ, sera semblable au triangle ΘΑΖ. Donc ΘΑ sera à ΑΖ comme

la moitié de HΘ est à la perpendiculaire dont nous venons de parler.
Mais la raison de ΘA à AΛ est plus grande que la raison de ΘA à
AZ ; donc la raison de ΘA à AΛ est plus grande que la raison de
la moitié de HΘ est à la perpendiculaire dont nous avons parlé.

(ϵ) Par permutation.

(γ) Par addition.

(δ) Cette conclusion est fondée sur le principe suivant :

Si la raison d'une partie d'une quantité à cette même quantité
est plus grande que la raison d'une partie d'une autre quantité à
cette même quantité, la raison de la première quantité à son autre
partie sera encore plus grande que la raison de la seconde quantité à son autre partie.

Que la première quantité soit ap, et qu'une de ses parties soit a.
Son autre partie sera $ap - a$. Que la seconde quantité soit bq, et
qu'une de ses parties soit b. Son autre partie sera $bq - b$. Si

$\dfrac{a}{ap} > \dfrac{b}{bq}$, je dis que $\dfrac{ap}{ap - a} > \dfrac{bq}{bq - b}$.

Puisque $\dfrac{a}{ap} > \dfrac{b}{bq}$, il est évident que $p > q$. A présent pour faire

voir que $\dfrac{ap}{ap - a} > \dfrac{bq}{bq - q}$, ou que $\dfrac{p}{p - 1} > \dfrac{q}{q - 1}$, je fais dispa-

roître les dénominateurs, et la première quantité devient $pq - p$,

et la seconde devient $pq - q$, mais $p > q$; donc $\dfrac{ap}{ap - a} > \dfrac{bq}{bq - b}$.

PROPOSITION XIX.

(α) Car puisque le triangle TAZ, et celui dont les côtés sont TA,
la moitié de TN, et la perpendiculaire menée du point A sur TN
sont semblables, on a TA est à AZ comme $\dfrac{TN}{2}$ est à la perpendi-

culaire. Mais AΛ est plus petit que AZ; donc la raison de TA à AΛ est plus grande que la raison de $\frac{TN}{2}$ à la perpendiculaire.

PROPOSITION XXV.

(α) En effet, le quarré du rayon du cercle ς étant égal à AΘ $\times$ ΘE $+ \frac{AE \times AE}{3}$, et ΘE étant égal à EA, on aura cer. ς : cer. AZHI :: 2 ΘE $\times$ ΘE $+ \frac{\Theta E \times \Theta E}{3} : 2$ ΘE $\times 2$ ΘE :: $6 \times \overline{\Theta E}^2 + \overline{\Theta E}^2$: $12 \times \overline{\Theta E}^2$ :: $7 : 12$.

PROPOSITION XXVII.

(α) Parce que ΘB est double de ΘA.

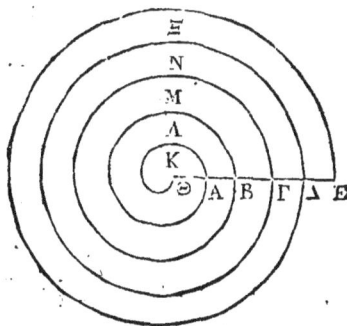

(δ) Puisque l'on a,

KΛ : 2me cerc. :: $7 : 12$;
2me cerc. : 1er cerc. :: $12 : 3$;
1er cerc. : K :: $3 : 1$.

Si l'on multiplie ces trois proportions par ordre, on aura, KΛ : K :: $7 : 11$. Ce qui donne KΛ — K : K :: $7 : 1$; c'est-à-dire Λ : K :: $6 : 1$; et l'on a par inversion, K : Λ :: $1 : 6$.

(γ) Puisque l'on a,

KΛM : 3me cerc. :: $\Gamma\Theta \times \Theta B + \frac{\overline{\Gamma B}^2}{3} : \overline{\Gamma\Theta}^2$;

3me cerc. : 2me cerc. :: $\overline{\Gamma\Theta}^2$: $\overline{B\Theta}^2$;

2me cerc. : $K\Lambda$ :: $\overline{B\Theta}^2$: $B\Theta \times \Theta A + \dfrac{\overline{AB}^2}{3}$.

Si l'on multiplie ces trois proportions par ordre, et si l'on supprime les facteurs communs de deux termes de chaque raison, on aura,

$$K\Lambda M : K\Lambda :: \Gamma\Theta \times \Theta B + \frac{\overline{\Gamma B}^2}{3} : B\Theta \times \Theta A + \frac{\overline{AB}^2}{3} ;$$

ou bien

$$K\Lambda M : K\Lambda :: 3\Theta A \times 2\Theta A + \frac{\overline{\Theta A}^2}{3} : 2\Theta A \times \Theta A + \frac{\overline{\Theta A}^2}{3} :: 19 : 7.$$

Donc M : $K\Lambda$ :: 12 : 7. Mais K : Λ :: 1 : 6; et par addition, $K\Lambda$: Λ :: 7 : 6; donc si l'on multiplie ces deux dernières proportions par ordre, on aura M : Λ :: 2 : 1.

PROPOSITION XXVIII.

(α) Puisque $N\Pi$: secteur $H\Gamma\Theta$ :: $H\Theta \times A\Theta + \dfrac{\overline{AH}^2}{3}$: $\overline{H\Theta}^2$, on aura

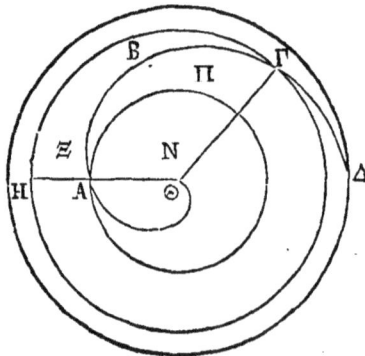

secteur $H\Gamma\Theta - N\Pi$: $N\Pi$ :: $\overline{H\Theta}^2 - H\Theta \times A\Theta - \dfrac{\overline{AH}^2}{3}$: $A\Theta \times \Theta H + \dfrac{\overline{AH}^2}{3}$;

Mais secteur $\mathrm{H\Gamma\Theta} - \mathrm{N\Pi} = Z$, et $\overline{\mathrm{H\Theta}}^2 - \mathrm{H\Theta} \times \mathrm{A\Theta} - \dfrac{\overline{\mathrm{AH}}^2}{3} = ($ AH

$+ \mathrm{A\Theta}) (\mathrm{AH} + \mathrm{A\Theta}) - \mathrm{A\Theta} (\mathrm{AH} + \mathrm{A\Theta}) - \dfrac{\overline{\mathrm{AH}}^2}{3} = (\mathrm{AH} + \mathrm{A\Theta})(\mathrm{AH} +$

$\mathrm{A\Theta} - \mathrm{A\Theta}) - \dfrac{\overline{\mathrm{AH}}^2}{3} = (\mathrm{AH} + \mathrm{A\Theta}) \mathrm{AH} - \dfrac{\overline{\mathrm{AH}}^2}{3} = (\mathrm{AH} + \mathrm{A\Theta} - \dfrac{\overline{\mathrm{AH}}^2}{3}) \mathrm{AH}$

$= (\mathrm{A\Theta} + \frac{2}{3} \mathrm{AH}) \mathrm{AH} = \mathrm{A\Theta} \times \mathrm{AH} + \frac{2}{3} \overline{\mathrm{AH}}^2;$ donc $Z : \mathrm{N\Pi} :: \mathrm{A\Theta} \times \mathrm{AH}$

$+ \frac{2}{3} \overline{\mathrm{AH}}^2 : \mathrm{A\Theta} \times \mathrm{\Theta H} + \dfrac{\overline{\mathrm{HA}}^2}{3}$

FIN DU COMMENTAIRE SUR LES HÉLICES.

COMMENTAIRE

SUR LES DEUX LIVRES

DE L'ÉQUILIBRE DES PLANS.

LIVRE PREMIER.

DEMANDES.

(a) Ces graves sont ou des surfaces, ou des solides : on considère ces surfaces et ces solides comme homogènes et comme ayant des pesanteurs proportionnelles à leurs grandeurs.

PROPOSITION IV.

(a) Deux grandeurs égales peuvent avoir le même centre de gravité. Soient, par exemple, deux cercles concentriques, de manière que le plus petit cercle soit égal à la couronne ; il est évident que le plus petit cercle et la couronne seront deux grandeurs égales qui auront le même centre de gravité. Il en seroit de même de deux sphères concentriques.

(c) Archimède dit qu'il est démontré que le centre de gravité est la droite AB. Cela n'est démontré dans aucun de ses écrits.

PROPOSITION VII.

(a) Retranchons de AB moins qu'il ne faudroit, etc. Cela se peut. Voyez le commencement du dixième livre des Elémens d'Euclide.

PROPOSITION VIII.

(*a*) Pesanteur est ici employée comme poids : le premier se prend ordinairement dans un sens plus général.

(*c*) Le centre de gravité de ΔH sera dans la droite qui passe par les points E, Γ, parce que le centre de gravité de AΔ, celui de ΔH et celui de AB doivent se trouver sur la même droite.

PROPOSITION XII.

(*a*) Ou bien BH est à ME comme BΘ est à EN.

PROPOSITION XIII.

(*a*) En effet, ΔB : BO :: ΔΓ : ΨΓ. Donc ΔB — BO : BO :: ΔΓ — ΨΓ : ΨΓ; ou bien ΔO : BO :: ΔΨ : ΨΓ. Mais ΔO : BO :: AE : EB, et ΔΨ : ΨΓ :: AZ : ZΓ ; donc AE : EB :: AZ : ZΓ. Donc les côtés AB, AΓ sont

coupés proportionnellement aux points E, Z. Donc la droite EZ est parallèle à la droite BΓ. On fera le même raisonnement pour les droites HK, ΛM.

(*c*) Car à cause des triangles semblables AΔΓ, AΣM, on a, triangle AΓΔ : triangle AMΣ :: $\overline{AΓ}^2 : \overline{AM}^2$. Donc triangle AΓΔ : triangle AMΣ ✕

$4 :: \overline{A\Gamma}^2 : \overline{AM}^2 \times 4 :: A\Gamma \times A\Gamma : AM \times (AM + MK + KZ + Z\Gamma) :: A\Gamma$
$\times A\Gamma : AM \times A\Gamma :: A\Gamma : AM.$

(γ) En effet, ΦP : PΠ :: ΓΔ : ΔΩ, et ΓΔ : ΔΩ :: ΓΑ : AM; donc ΓΑ
: AM :: ΦP : PΠ.

PROPOSITION XV.

(α) Supposons que la droite ZE prolongée ne passe pas par le
point H où se rencontrent les droites prolongées BA, ΓΔ. Joignons
les points Z et H, on aura BZ : ZΓ :: ΑΕ : ΕΔ. Mais BZ = ZΓ; donc
ΑΕ = ΕΔ. Donc la droite qui passe par les points Z et E passe aussi
par le point H.

LIVRE SECOND.

PROPOSITION I.

(α) Puisque le segment AB est égal à quatre fois le tiers du triangle
qui a la même base et la même hauteur que le segment (voyez

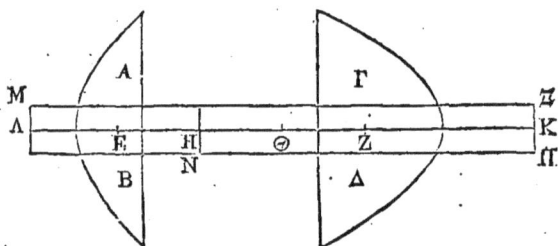

le Traité de la Quadrature de la Parabole), il sera facile de trans-
former ce triangle en un rectangle dont la base soit égale à la
droite ΛH.

(ϐ) Le grec dit *γνωρίμως*, *comme on sait;* en sorte que cette phrase signifie, *nommons cette figure inscrite dans le segment, suivant l'acception ordinaire.* Je ne blâme pourtant pas le mot *régulièrement*, il vaut peut-être mieux que tout ce qu'on pourroit mettre en place. Je dis seulement que la traduction n'est pas littérale, non plus que dans le latin. (*Delambre.*)

(γ) Dans le segment parabolique ABΓ, dont BΔ est le diamètre, ou une parallèle au diamètre, inscrivons régulièrement la figure rectiligne ABΓ. Menons les droites EΛ, ZM, HN, ΘΞ, IO, KΠ parallèles au diamètre, et menons ensuite les droites EK, ZI, HΘ. Il

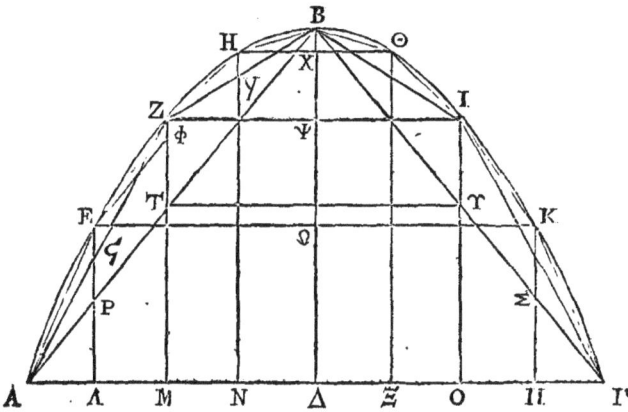

faut démontrer que les droites EK, ZI, HΘ sont parallèles à la base AΓ du segment; que ces droites sont coupées en deux parties égales par le diamètre BΔ, et que les droites BX, XΨ, ΨΩ, ΩΔ, sont entre elles comme les nombres 1, 3, 5, 7.

Puisque ZM est parallèle au diamètre BΔ, la droite AT sera égale à TB (*Quadr. de la Parab.* prop. 1). Donc AM est égal à MΔ. Par la même raison, la droite Aϛ étant égale à ϛZ, et la droite Z५ étant égale à B५, la droite AΛ sera égale à ΛM, et la droite MN égale à la droite NΔ. Mais la droite AM est égale à MΔ; donc les droites AΛ, ΛM, MN, NΔ sont égales entre elles. On démontrera semblablement que les droites ΔΞ, ΞO, OΠ, ΠΓ sont égales entre elles. Mais AΔ est égal à ΔΓ; donc les droites AΛ, ΛM, MN, NΔ, ΔΞ, ΞO, OΠ, ΠΓ sont toutes égales entre elles. Mais AΛ : ΛP :: AΔ

: BΔ, et ΠΓ : ΠΣ :: ΓΔ : BΔ :: ΛΔ : BΔ ; donc ΛΔ : ΛP :: ΠΓ : ΠΣ. Mais ΛΔ = ΠΓ ; donc ΛP = ΠΣ. Mais ΛP : PE :: ΛΔ : ΛΔ (*Quadr. de la Parabole*, prop. IV), et ΠΣ : ΣK :: ΔΓ : ΔΠ :: ΛΔ : ΛΔ ; donc ΛP : PE :: ΠΣ : ΣK. Mais ΛP = ΠΣ ; donc PE = ΣK. Donc ΛE = KΠ. Donc EK est parallèle à ΛΓ. On démontreroit de la même manière que les droites ZI, HΘ sont parallèles à ΛΓ.

Puisque les droites EK, ΛΠ sont parallèles entre elles, ainsi que les droites EΛ, BΔ, KΠ, et que ΛΔ est égal à ΔΠ, la droite EΩ sera égale à ΩK. Par la même raison, la droite ZΨ est égale à ΨI, et la droite HX égale à XΘ. Donc le diamètre BΔ partage les droites EK, ZI, HΘ en deux parties égales.

Puisque BΔ : BΨ :: 4 : 1 (*Quadr. de la Parab.* prop. XIX), et que BΨ : EX :: 4 : 1, il est évident que si la droite BX vaut 1, la droite BΨ vaudra 4 ; la droite XΨ, 3 ; et la droite B Δ, 16. D'où il suit que ZT vaudra 4, et que ΨΔ ou ZM vaudra 12. Menons la droite EΦ parallèle à AB, on aura ZT : ZΦ :: 4 : 1 (*Quadr. de la Parabole*, prop. XIX). Donc ΦT, c'est-à-dire EP, vaudra 3, et ΛP, qui est égal à la moitié de MT, vaudra 4. Donc ME, c'est-à-dire ΩΔ, vaudra 7, et par conséquent ΨΩ, qui est égal à ΨΔ — ΩΔ, vaudra 5. Donc BX étant 1, XΨ vaudra 3, ΨΩ vaudra 5, et ΩΔ vaudra 7. Donc les droites BX, XΨ, ΨΩ, ΩΔ sont entre elles comme les nombres 1, 3, 5, 7.

PROPOSITION III.

(*a*) Voyez la note (*a*) de la lettre à Dosithée qui est en tête du Traité des Conoïdes.

(*b*) Puisque les segmens des diamètres BΔ, OP sont entre eux comme les nombres 1, 3, 5, 7, 9, etc. il est évident que les seg-mens homologues seront proportionnels. Il n'est pas moins évident que les parallèles homologues seront encore proportionnelles. En effet, puisque $\overline{HN}^2 : \overline{ZM}^2$ :: BN : BM :: 1 : 4, et que $\overline{X\Upsilon}^2 : \overline{\Upsilon\varsigma}^2$ :: OY : ΘY :: 1 : 4 ; nous aurons HN : ZM :: XY : ΨΓ, et par conséquent HΘ : ZI :: XΨ : ΓΦ, et ainsi de suite.

PROPOSITION IV.

(*α*) Cela est évident d'après ce qui est dit dans le dixième livre des Elémens d'Euclide, et dans le premier livre de la Sphère et du Cylindre.

PROPOSITION V.

(*α*) Car puisque la droite menée du point κ au point Λ·, et la droite ZH sont parallèles à AΓ (2, 1), et que la droite KZ est parallèle à ΛH, il est évident que KZ = ΛH. Mais les droites ZΘ, HI

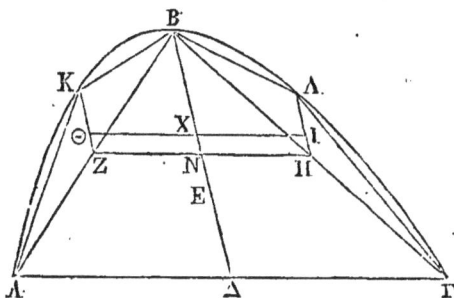

sont les mêmes parties de droites égales ; donc ΘZ = IH. Donc cette figure ΘZHI est un parallélogramme.

(*ϛ*) Les deux segmens AKB, BAΓ sont égaux. En effet, KZ = ΛΠ, et les perpendiculaires menées du point B sur les droites prolongées ZK, HΛ sont égales, parce que les droites KZ, ΛH sont également éloignées de la droite BΔ. Donc le triangle BKZ est égal au triangle BΛH. Le triangle KZA est égal au triangle ΛHΓ, par la même raison. Donc le triangle BKA est égal au triangle BΛΓ. Mais le segment BKA est égal à quatre fois le tiers du triangle BKA, et le segment BΛΓ est aussi égal à quatre fois le tiers du triangle BΛΓ (*Quadr. de la Parabole*, prop. xxiv). Donc le segment BKA est égal au segment BΛΓ.

(*γ*) *Quadr. de la Parabole*, prop. xxiv.

(δ) Puisque le centre de gravité du triangle ABΓ est le point E, et que le centre de gravité de la somme des triangles AKB, BΛΓ est le point T, il est évident que le centre de gravité de la figure rectiligne AKBΛΓ sera placé dans un point P de la droite TE, les segmens PE, TP, PE de cette droite étant proportionnels au triangle ABΓ, et à la somme des triangles AKB, BΛΓ (1, 8). Mais la raison du triangle ABΓ à la somme des triangles KAB, ABΓ est plus grande que

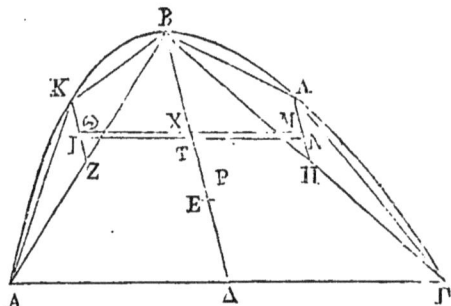

la raison ABΓ à la somme des segmens; car la somme des segmens est plus grande que la somme des triangles. Donc si la droite ET est partagée en deux segmens, de manière que celui qui est du côté du point T soit au segment qui est du côté du point E, comme le triangle ABΓ est à la somme des segmens, il est évident que le point de division tombera au-dessus du point P.

PROPOSITION VI.

(α) Cela est évident, puisque la figure rectiligne AKBΛΓ est plus grande que le triangle, et qu'au contraire la somme des segmens restans est plus petite que la surface K.

PROPOSITION VII.

(α) La figure inscrite régulièrement dans le segment ABΓ sera semblable à la figure inscrite dans le segment EZH, si la figure inscrite dans le segment ABΓ a le même nombre de côtés que la figure inscrite dans le segment EZH. Car puisque les points B, Z sont les sommets de segmens semblables, les figures rectilignes seront semblables.

PROPOSITION VIII.

(a) En effet, puisque les segmens sont semblables, leurs centres de gravité sont semblablement placés dans leurs diamètres.

(b) Eutocius démontre cette proposition, qui ne l'est point par Archimède.

Soit la parabole ABΓ, ayant pour diamètre la droite BΔ. Menons l'ordonnée AΔ, et la droite AB ; coupons AB en deux parties égales au point Z, et par ce point menons la droite ZK parallèle à BΔ.

Cette droite sera le diamètre du segment AKB. Par les points K, Z, menons les droites KΣ, ZO parallèles à AΔ. Puisque AZ est égale à BZ, la droite AB sera double de ZB, la droite ΔB double de BO et AΔ double de ZO, c'est-à-dire de KΣ. Donc le quarré de AΔ est quadruple du quarré de KΣ, et par conséquent la droite BΔ quadruple de BΣ. Donc puisque BΔ est double de BO, la droite BO sera double de BΣ. Mais ΣO est égal à KZ, puisque KZΣO est un parallélogramme ; donc BΔ est quadruple de KZ.

(γ) Puisque BΘ $= 4$ΣX, il est évident que BΘ $—$ ΣX, c'est-à-dire BΣ $+$ XΘ sera égal à 3 ΣX.

(δ) *Voyez* la Quadrature de la Parabole, prop. 24.

(ε) Puisque $\Delta E = 5\,E\Theta$, la droite $\Delta\Theta$ égalera $6\,E\Theta$. Mais $B\Delta = 3\,\Delta E$; donc $B\Delta = 15\,E\Theta$; donc $B\Theta = 9\,E\Theta$; donc $B\Theta : \Delta\Theta :: 9\,E\Theta : 6\,E\Theta :: 9 : 6 :: 3 : 2$. Donc $B\Theta = \frac{3}{2}\,\Theta\Delta$.

PROPOSITION IX.

(α) La démonstration de cette proposition est courte et facile, lorsqu'on emploie l'algèbre.

Soit la progression suivante $\div\ a : b : c : d$, et que $d : a - d ::$ $x : \left(\dfrac{3a - 3c}{5}\right)$, l'on aura $x = \dfrac{3cd - 3cd}{5a - 5d}$. Que $2a + 4b + 6c + 3d : 5a + 10b + 10c + 5d :: y : a - c$, on aura

$$y = \frac{2a^2 + 4ab + 6ac + 3ad - 2ac - 4bc - bc^2 - 3cd}{5a + 10b + 10c + 5d}.$$

Ou bien en faisant la réduction

$$y = \frac{2a^2 + 4ab + 4ac + 3ad + 4bc - 6c^2 - 3cd}{5a + 10b + 10c + 5d};$$

réunissant ces deux équations, les réduisant au même dénominateur, et faisant attention que $bc = ad$, on aura $x + y = \frac{2}{5}a$. Ce qu'il falloit démontrer.

« Quelquefois Eutocius, en suivant de trop près la marche d'Archimède, n'est guère moins obscur que lui; et c'est ce qu'on remarque principalement à la prop. 9 du livre II de l'Equilibre des Plans. La démonstration d'Archimède a trois énormes colonnes in-folio, et n'est rien moins que lumineuse. Eutocius commence sa note en disant, que le théorème est fort peu clair, et il promet de l'expliquer de son mieux. Il y emploie quatre colonnes du même format et d'un caractère plus serré, sans réussir davantage; au lieu que quatre lignes d'algèbre suffisent à M. Peyrard pour mettre la vérité du théorème dans le plus grand jour. Il est peu croyable qu'Archimède ait pu arriver par une voie si longue à la proposition qu'il vouloit établir; et il est beaucoup plus probable qu'il en aura reconnu la vérité par quelqu'autre moyen, et que, bien sûr de cette vérité, il aura pris ce long détour pour la démontrer, en ne supposant que des propositions avouées et reçues des Géomètres de son temps ». (*Rapport fait à l'Institut par MM. La Grange et Delambre.*)

(6) Que BE soit représenté par a, et que la raison soit q. Il est évident que $B\Delta = aq$; $B\Gamma = aq^2$; $AB = aq^3$. Mais $A\Gamma = AB - B\Gamma$;

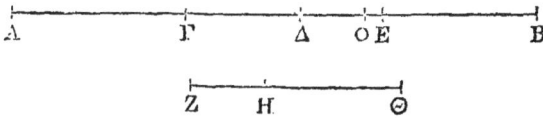

$\Gamma\Delta = B\Gamma - B\Delta$, et $\Delta E = \Delta B - BE$. Donc $A\Gamma = aq^3 - aq^2$; $\Gamma\Delta = aq^2 - aq$; $BE = aq - a$. Mais les trois quantités $aq^3 - aq^2$, $aq^2 - aq$, $aq - a$ forment une progression dont la raison est q. Donc les trois quantités $A\Gamma$, $\Gamma\Delta$, ΔE forment une progression.

PROPOSITION X.

(α) Archimède suppose que les bases des segmens sont parallèles.

(6) Le premier diamètre de la parabole est celui sur lequel les ordonnées sont perpendiculaires.

FIN DU COMMENTAIRE SUR L'ÉQUILIBRE DES PLANS.

COMMENTAIRE

SUR

LA QUADRATURE DE LA PARABOLE.

ARCHIMÈDE A DOSITHÉE.

(*a*) AʀᴄʜɪᴍÈᴅᴇ veut parler sans doute de l'ellipse.

(*c*) Le lemme dont Archimède fait usage est fondé sur le corollaire de la première proposition du dixième livre des Elémens d'Euclide.

PROPOSITION I.

(*a*) Apollonius, liv. ɪ, prop. 46, et liv. ɪɪ, prop. 5. Archimède appelle *diamètre* ce que nous appelons axe, et ce que nous appelons diamètre, il l'appelle *parallèle au diamètre*.

PROPOSITION II.

(*a*) Apollonius, liv. ɪ, prop. 35.

PROPOSITION IIL

(*a*) Apollonius, liv. ɪ, prop. 20.

PROPOSITION IV.

(*a*) En effet, puisque $\mathrm{B\Gamma} : \mathrm{BI} :: \overline{\mathrm{B\Gamma}}^2 : \overline{\mathrm{B\Theta}}^2$, on aura $\overline{\mathrm{B\Theta}}^2 \times \mathrm{B\Gamma} = \mathrm{BI} \times \overline{\mathrm{B\Gamma}}^2$; ou bien $\overline{\mathrm{B\Theta}}^2 = \mathrm{BI} \times \mathrm{B\Gamma}$. D'où l'on tire $\mathrm{B\Gamma} : \mathrm{B\Theta} :: \mathrm{B\Theta} : \mathrm{BI}$.

(ç) Parce que la proposition BΓ : BΘ :: BΘ : BI donne BΓ + ΕΘ : BΘ + BI :: BΓ : BΘ, c'est-à-dire ΓΘ : IΘ :: BΓ : BΘ, ou bien BΓ : BΘ :: ΓΘ : IΘ.

PROPOSITION V.

(α) Car comparant les deux proportions KΛ : KI :: AΓ : ΔA ; KI : ΘK :: ΔA : AK, on a par raison d'égalité KΛ : ΘK :: AΓ : AK, ou bien KΘ : KΛ :: AK : AΓ ; ce qui donne KΘ : KΛ — ΘK :: AK : AΓ — AK, ou bien KΘ : ΘΛ :: AK : KΓ.

PROPOSITION X.

(α) Livre I, prop. 15 de l'Equilibre des plans.

PROPOSITION XIV.

(α) En effet, on a démontré dans la proposition 5 que BE : EΓ :: EΦ : ΦΣ. Ce qui donne BE + EΓ : BE :: EΦ + ΦΣ : EΦ ; c'est-à-dire que BΓ : BE :: ΣE : EΦ.

(ç) Parce que le trapèze ΔE est au trapèze KE comme la droite menée du milieu de BE parallèlement à BΔ, et terminée à la droite ΔΣ, est à la droite menée du milieu de BE parallèlement à la droite BK et terminée à la droite KΦ. Mais cette première droite est à la seconde comme ΣE : ΦE, et ΣE : ΦΣ :: BΓ ou BA : EE ; donc BA : BE :: trapèze ΔE : trapèze KE.

PROPOSITION XVI.

(α) Car puisque le triangle BΓE et la surface Z pris ensemble sont plus petits que le segment BΘΓ, si nous retranchons de part et d'autre BΓE, nous aurons Z < BΘΓ — BΓE, ou bien Z < BΘΓ — ME — ΛΦ — ΘP — ΘO — ΓOΣ, c'est-à-dire Z < MΛ + ΞP + IIΘ + ΠOΓ,

PROPOSITION XVII.

(*α*) Car si l'on prolonge la droite ΓΘ jusqu'à la droite BΔ, cette droite partagera BΔ en deux parties égales, parce que EΘ = ΘK. Donc la droite ΓΘ prolongée partagera le triangle BΓΔ en deux triangles égaux. Mais le triangle formé par BΓ, par ΓΘ prolongé et par la moitié de B est double du triangle BΓΘ; donc le triangle BΓΔ est quadruple du triangle BΓΘ.

PROPOSITION XXIII.

(*α*) Cette proposition peut se démontrer algébriquement d'une manière très-simple. Soit a la plus petite de ces grandeurs, et u la plus grande. La somme de ces grandeurs égalera $\dfrac{4u - a}{3}$, et si l'on ajoute $\dfrac{a}{3}$, l'on aura $4u$.

FIN DU COMMENTAIRE SUR LA QUADRATURE DE LA PARABOLE.

COMMENTAIRE

SUR

L'ARÉNAIRE.

(α) Il est évident qu'Aristarque considère le centre d'une sphère comme étant une surface infiniment petite; et qu'en employant cette analogie, il ne se propose de faire entendre autre chose, sinon que l'orbite de la terre est infiniment petite., par rapport à la distance des étoiles au soleil. On auroit tort d'être surpris qu'Aristarque ait connu cette immense distance des étoiles : de cela seul que la hauteur méridienne des étoiles est toujours la même pendant une révolution de la terre autour du soleil, il lui étoit facile de conclure que, dans la supposition de l'immobilité des étoiles et du soleil, l'orbite de la terre devoit être infiniment petite par rapport à la distance des étoiles.

(ϐ) Une myriade veut dire dix mille; un stade étoit d'environ cent vingt-cinq pas géométriques.

(γ) Archimède prend le soleil à l'horison pour que l'œil puisse en soutenir l'éclat sans en être trop incommodé; car il n'avoit pas de moyen pour le dépouiller d'une grande partie de sa lumière. (*Delambre.*)

(δ) La partie de l'œil qui apperçoit les objets n'est autre chose que la prunelle dont le diamètre varie à chaque instant, selon que la lumière est plus ou moins vive. De cette manière il pourroit arriver que le cylindre trouvé d'après la méthode d'Archimède fût, au moment de l'observation, d'un diamètre plus petit ou plus grand que celui de la prunelle, et alors l'observation manqueroit d'exactitude.

(ε) Car si le centre du soleil étoit à l'horison, la droite ΔK seroit tangente à la terre, et par conséquent perpendiculaire sur le rayon qui joint les points Δ, ☉; et alors la droite ☉K seroit plus grande que la droite ΔK. Mais à mesure que le soleil s'élève au-dessus de l'horison, l'angle ☉ΔK augmente et l'angle Δ☉K diminue; donc la droite ☉K sera encore plus grande que la droite ΔK, lorsque le soleil est au-dessus de l'horison.

(ζ) En effet, les deux triangles ΔNK, ☉PK ayant chacun un angle droit en N et en P; le côté KN étant égal au côté KP, et l'hypoténuse ΔK étant plus petite que l'hypoténuse ☉K, l'angle NΔK sera plus grand que l'angle P☉K. Donc le double du premier sera plus grand que le double du second, c'est-à-dire que l'angle ΛΔΞ sera plus grand que l'angle M☉O,

(η) La raison du contour du polygone de 656 côtés inscrit dans le cercle ΑΒΓ à K☉ étant moindre que la raison de 44 à 7, la raison d'un des côtés de ce polygone à K☉ sera moindre que la raison de $\frac{44}{656}$ à 7, c'est-à-dire moindre que la raison de 44 à 4592, ou bien de 11 à 1148. Mais la droite ΑΒ est plus petite que le côté d'un polygone de 656 côtés; donc la raison de ΑΒ à K☉ est moindre que la raison de 11 à 1148.

(θ) Car la raison de ΒΑ à ☉K est moindre que la raison de 11 à 1148, c'est-à-dire que $\frac{BA}{\odot K} < \frac{11}{1148}$; ou bien en divisant la seconde fraction par 11, $\frac{BA}{\odot K} < \frac{1}{104 + \frac{4}{11}}$. Donc à plus forte raison $\frac{BA}{\odot K} < \frac{1}{100}$. Donc si ΒΑ est un, ☉K sera plus grand que cent. Donc ΒΑ est plus petit que le centième de ☉K.

(ι) Car puisque le diamètre du cercle ΣΗ est plus petit que la

65

centième partie de ΘK, et que ΘΥ + ΣK est plus petit que le diamètre du cercle ΣH, il est évident que ΘΥ + ΣK sera plus petit que
la centième partie de ΘK. Donc la droite ΘK étant partagée en cent
parties égales, la droite ΥΣ sera plus grande que quatre-vingt-dix-
neuf parties de ΘK. Donc la raison de ΘK à ΥΣ est moindre que
la raison de cent à quatre-vingt-dix-neuf.

(κ) Soient les deux triangles ABΓ, ΔEZ, ayant des angles droits
en B et E. Que BΓ soit égal à EZ et AB plus grand que ΔE : je dis
que la raison de l'angle Δ à l'angle A, qui est plus petit que l'angle
Δ, est plus grande que la raison de AΓ à ΔZ, et que la raison de
l'angle Δ à l'angle A est moindre que la raison de AB à ΔE.

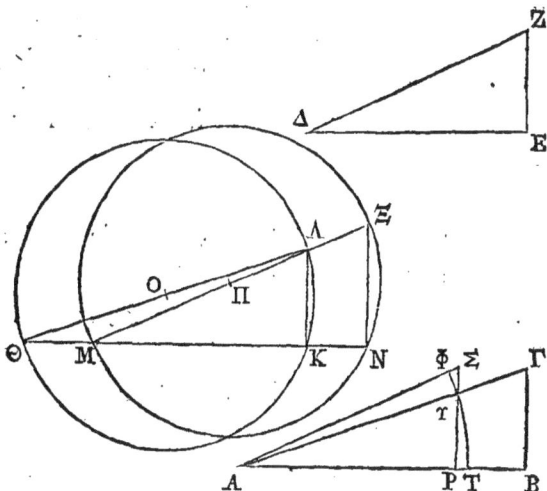

Faisons le triangle ΘKΛ égal et semblable au triangle ABΓ. Prenons MK égal à ΔE, et menons la droite MΛ. Le triangle MKΛ sera
égal et semblable au triangle ΔEZ. Prolongeons MΛ vers Ξ, jusqu'à
ce que MΞ soit égal à ΘΛ. Prolongeons aussi MK vers N, et du point
Ξ conduisons la droite ΞN perpendiculaire sur MN. Le triangle
MNΞ sera semblable au triangle MKΛ. Du point O, milieu de
ΘΛ, et avec le rayon OΛ, décrivons une circonférence de cercle :
cette circonférence passera par le point K. Du point Π, milieu de MΞ,
et avec le rayon ΠΞ, décrivons aussi une circonférence de cercle :

cette circonférence passera par le point N ; et ces deux circonférences seront égales, puisque leurs diamètres sont égaux.

Puisque les angles ΞMN, ΛΘK ont leurs sommets à des circonférences égales, ces angles seront entre eux comme les arcs compris
par leurs côtés, c'est-à-dire que l'angle ΞMN sera à l'angle ΛΘK
comme l'arc ΞN est à l'arc ΛK. Mais dans des cercles égaux, la raison des arcs est plus grande que la raison des cordes ; donc la raison de l'angle ΞMN à l'angle ΛΘK est plus grande que la raison de
ΞN à ΛK. Mais ΞN est à ΛK comme MΞ est à MΛ. Donc la raison de
l'angle ΞMN à l'angle ΛΘK est plus grande que la raison de ΘΛ à
MΛ, c'est-à-dire que la raison de l'angle Δ à l'angle A est plus
grande que la raison de AΓ à ΔZ.

Faisons à présent AP égal à ΔE. Du point P élevons une perpendiculaire sur AB ; faisons PΣ égal à EZ, et joignons AΣ. Le triangle
APΣ sera égal et semblable au triangle ΔEZ. Du point A et avec le
rayon AΥ décrivons l'arc ΦΥT. L'angle ΦAΥ sera à l'angle ΥAT
comme le secteur ΦAΥ est au secteur ΥAT. Mais la raison du secteur ΦAΥ au secteur ΥAT est moindre que la raison du secteur ΦAΥ
au triangle APΥ ; donc la raison de l'angle ΦAΥ à l'angle ΥAT est
moindre que la raison du secteur ΦAΥ au triangle APΥ, et moindre
par conséquent que la raison de ΣΥ à ΥP. Donc par addition, la
raison de l'angle ΦAΥ à l'angle ΥAT est moindre que la raison de
ΣP ou de ΓB à ΥP. Mais ΓB est à ΥP comme AB est à AP ; donc la
raison de l'angle ΦAΥ à l'angle ΥAT est moindre que la raison de
AB à AP, c'est-à-dire que la raison de l'angle ZΔE à l'angle ΓAB est
moindre que la raison de AB à ΔE.

(λ) Le système de numération imaginé par Archimède est fondé
sur les mêmes principes que le nôtre. Au lieu de nos neuf chiffres
significatifs, il se sert des lettres de l'alphabet. Sans doute Archimède avoit un caractère qui lui tenoit lieu de notre zéro. Dans son
système, comme dans le nôtre, les unités des caractères dont il se
sert forment une progression géométrique dont la raison est dix.
La seule différence consiste en ce que les unités sont à gauche au

lieu d'être à droite. Voyez le Tableau du systême d'Archimède comparé avec le nôtre.

(μ) C'est la propriété fondamentale des logarithmes, et c'est par le moyen de cette propriété qu'Archimède va exécuter tous ses calculs.

(ν) Puisque Δ : A :: Λ : Θ, on aura A × Λ = Θ × Δ. Mais Δ = Δ × A; donc A × Λ = Θ × Δ × A; donc Λ = Θ × Δ.

(ο) J'ai supposé, d'après Archimède, que le diamètre d'une graine de pavot étoit la quarantième partie de la largeur d'un doigt; qu'une graine de pavot contenoit 10,000 grains de sable; qu'un stade valoit 10,000 doigts, et que le diamètre de la sphère des étoiles fixes étoit de 10,000,000,000 stades. J'ai fait les calculs, et j'ai trouvé que le nombre des grains de sable contenus dans la sphère des étoiles fixes seroit de 64 suivi de 61 zéros. Ainsi Archimède a raison de dire que ce nombre est plus petit que 100 suivi de 61 zéros, c'est-à-dire plus petit que mille myriades des nombres huitièmes.

FIN DU COMMENTAIRE SUR L'ARÉNAIRE.

SYSTÊME DE NUMÉRATION D'ARCHIMÈDE, COMPARÉ AVEC LE NÔTRE.

Période	Nombres	Chiffre	Ordre	Nomenclature moderne
PREMIÈRE PÉRIODE.	…IERS.	[illegible]	Dizaines de myriades.	
		7	Centaines de myriades.	Millions.
		5	Mille myriades.	
	NOMBRES SECONDS.	1	Unités.	
		0	Dizaines.	Billions.
		6	Centaines.	
		8	Mille.	
		5	Myriades.	Trillions.
		7	Dizaines de myriades.	
		6	Centaines de myriades.	
		4	Mille myriades.	Quatrillions.
	NOMBRES TROISIÈMES.	4	Unités.	
		2	Dizaines.	
		7	Centaines.	Quintillions.
		1	Mille.	
		5	Myriades.	
		9	Dizaines de myriades.	Sextillions.
		3	Centaines de myriades.	
		8	Mille myriades.	
	NOMBR. QUATRIÈMES.	7	Unités.	Septillions.
		1	Dizaines.	
		3	Centaines.	
		9	Mille.	Octillions.
		4	Myriades.	
		6	Dizaines de myriades.	
		2	Centaines de myriades.	Nonillions.
		6	Mille myriades.	
	NOMBRES CINQUIÈMES.	8	Unités.	
		7	Dizaines.	Décillions.
		2	Centaines.	
		4	Mille.	
		0	Myriades.	Undécillions.
		9	Dizaines de myriades.	
		7	Centaines de myriades.	
		5	Mille myriades.	Duodécillions.
	NOMBRES SIXIÈMES.	1	Unités.	
		0	Dizaines.	
		8	Centaines.	Tridécillions.
		3	Mille.	
		5	Myriades.	
		2	Dizaines de myriades.	Quatuordécillions.
		8	Centaines de myriades.	
		7	Mille myriades.	
	NOMBRES SEPTIÈMES.	5	Unités.	Quindécillions.
		9	Dizaines.	
		3	Centaines.	
		1	Mille.	Sexdécillions.
		6	Myriades.	
		7	Dizaines de myriades.	
		4	Centaines de myriades.	Septemdécillions.
		5	Mille myriades.	
	NOMBRES HUITIÈMES.	7	Unités.	
		4	Dizaines.	Duodevigintillions.
		3	Centaines.	
		2	Mille.	
		5	Myriades.	Undevigintillions.
		8	Dizaines de myriades.	
		1	Centaines de myriades.	
		9	Mille myriades.	Vigintillions.
SECONDE PÉRIODE.	NOMBRES PREMIERS.	0	Unités.	
		9	Dizaines.	
		5	Centaines.	
		4	Mille.	
		3	Myriades.	
		2	Dizaines de myriades.	
		7	Centaines de myriades.	
		6	Mille myriades.	
	NOMBRES SECONDS.	9	Unités.	
		4	Dizaines.	
		3	Centaines.	
		2	Mille.	
		8	Myriades.	
		5	Dizaines de myriades.	
		7	Centaines de myriades.	
		1	Mille myriades.	
	NO…	6	Unités.	

COMMENTAIRE

SUR LES DEUX LIVRES

DES CORPS PORTÉS SUR UN FLUIDE.

LIVRE PREMIER.

PROPOSITION III.

(*a*) C'EST-A-DIRE, si un corps qui a la même pesanteur spécifique qu'un fluide est abandonné dans ce fluide.

(*b*) Ce parallélogramme n'est point une surface plane, mais bien une portion de la surface de la sphère comprise entre quatre arcs de grands cercles.

PROPOSITION VIII.

(*a*) Voyez la prop. 8 de l'Equilibre des Plans.

PROPOSITION IX.

(*a*) Voyez la note (*a*) de la prop. 8.

LIVRE SECOND.

PROPOSITION II.

(*a*) Un segment droit d'un conoïde est celui dont l'axe est perpendiculaire sur sa base.

(*b*) Archimède ne considère ici la parabole que dans le cône rectangle. (Voyez la note (*a*) de la lettre à Dosithée qui est à la tête du Traité des Conoïdes et des Sphéroïdes.) Cette parabole est telle que son demi-paramètre est égal à la droite placée entre son sommet et le sommet du cône. Voilà pourquoi le demi-paramètre est appelé par lui la droite jusqu'à l'axe.

En effet, soit le cône droit et rectangle ABEC. Coupons ce cône par l'axe, et que la section soit le triangle ABC. Par le point D conduisons un plan perpendiculaire sur le plan du triangle ABC, et

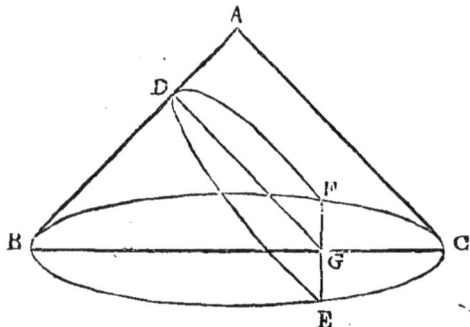

parallèle à AC. La section EDF sera une parabole. Nommons y, . l'ordonnée EG ; x, l'abscisse DG, et p le paramètre. Les triangles semblables BAC, BDG donnent DA : GC :: DB ou DG ou x : BG. Donc DA $= \dfrac{GC \times x}{BG}$. Mais BG $= \sqrt{2x^2}$; donc DA $= \dfrac{GC \times x}{\sqrt{2x^2}}$; mais $y^2 = px$, et $y^2 = BG \times GC$; donc $px = BC \times GC = \sqrt{2x^2} \times GC$. Donc GC $= \dfrac{px}{\sqrt{2x^2}}$. Donc au lieu de l'équation DA $= \dfrac{GC \times x}{\sqrt{2x^2}}$, nous aurons DA $= \dfrac{px^2}{\sqrt{2x^2} \times \sqrt{2x^2}} = \dfrac{px^2}{2x^2} = \dfrac{p}{2}$. Donc DA est égal à la moitié du paramètre.

Il est évident qu'à mesure que le point D s'éloigne du point A, le demi-paramètre et par conséquent le paramètre augmente ; qu'au point A le paramètre est infiniment petit, et qu'à une distance infiniment grande du point A, le paramètre sera infiniment grand. D'où il suit que la section d'un cône rectangle peut donner toutes les paraboles possibles. Donc ce qu'Archimede dit de la parabole qui est la section d'un triangle rectangle, et par

conséquent ce qu'il dit aussi d'un segment droit d'un conoïde
parabolique convient à toutes sortes de paraboles et à toutes sortes
de conoïdes paraboliques.

(γ) Dans le premier livre toutes les constructions se faisoient par
rapport au centre de la terre ; on y considéroit par conséquent la
surface d'un fluide en repos comme étant une surface sphérique.
Pour plus de simplicité, Archimède considère, dans le second
livre, la surface d'un fluide en repos comme étant une surface
plane, et par conséquent la section de cette surface par un plan
est considérée comme étant une ligne droite.

(δ) Frédéric Commandin a démontré le premier dans son Traité
du Centre de gravité des Solides (prop. 29), que le centre de gravité d'un conoïde parabolique est un point de l'axe qui le divise,
de manière que la partie qui est vers le sommet est double de la
partie qui est vers la base ; de cette manière le point R étant le
centre de gravité du conoïde parabolique APOL, la droite OR est
double de la droite RN ; et le point B étant le centre de gravité

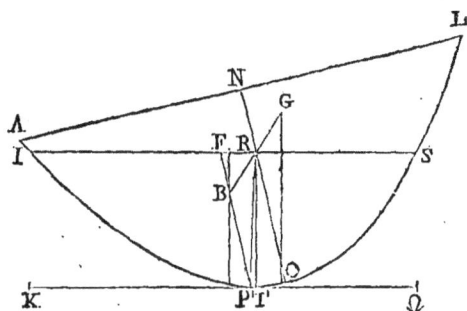

du conoïde IPOS, la droite PB est double de la droite BF. D'où
il suit que la droite NO est égale à trois fois la moitié de RO, et
PF égal à trois fois la moitié de PB.

Archimède regarde comme démontré que le centre de gravité
d'un conoïde parabolique est aux deux tiers de son axe à partir du
du sommet. Cela n'est démontré dans aucun des ouvrages existans
d'Archimède, ni dans aucun des ouvrages des géomètres anciens ;

d'où je conclus que l'ouvrage où cette proposition étoit démontrée du temps d'Archimède n'est point parvenu jusqu'à nous.

(ε) En effet, prolongeons RO jusqu'à ce que KH soit égal au demi-paramètre. Par le point H menons sur HN la perpendiculaire HV; prolongeons FP, et joignons RV. Par le point P menons sur NH la perpendiculaire PX, et par le point P menons sur KΩ la perpendiculaire PY. La droite XY, qui est la sous-normale, sera

égale à RH, puisque la sous-normale est égale à la moitié du para-mètre, la droite PX est égale à VH, et les angles sont droits en X et en H. Donc les deux triangles PXY, VHR sont égaux. Donc les droites PY, VR sont parallèles; mais PY est perpendiculaire sur KΩ; donc RV est aussi perpendiculaire sur KΩ. Donc l'angle RPΩ est aigu; donc la perpendiculaire abaissée du point R sur PΩ passe entre P et Ω. Donc la droite RT ne rencontrera la droite FP que hors de la parabole,

(ζ) D'après la proposition 6 du premier livre, et d'après la se-conde hypothèse du même livre, la partie du conoïde qui est dans le fluide est portée en haut suivant la verticale qui passe par le point B avec la même force que la partie qui est hors du fluide est portée en bas, suivant la verticale qui passe par le point G, jus-qu'à ce que le conoïde ait une position verticale. En effet, les deux parties du conoïde ayant alors leurs centres de gravité dans l'axe du conoïde qui aura une position verticale, la partie qui est dans le fluide tendra à monter avec la même force que celle qui est hors du fluide tendra à descendre. Donc ces deux forces se détruiront ; donc le conoïde restera en repos.

PROPOSITION III.

(α) Il seroit inutile d'avertir que le segment est supposé plus léger que le fluide.

PROPOSITION IV.

(α) Puisque $NO = \frac{1}{2} RO$, et $MO = \frac{1}{2} OH$, on aura $NO - MO = \frac{1}{2} RO - \frac{1}{2} OH$, ou bien $NM = \frac{1}{2} (RO - OH) = \frac{1}{2} RH$.

(ϛ) En effet, lorsque MO augmente, la droite NM diminue, et par conséquent $\frac{1}{2} RH$; et lorsque $\frac{1}{2} RH$ ou RH, c'est-à-dire le demi-paramètre, diminue, l'excès de l'axe sur le demi-paramètre devient plus grand.

(δ) Car PF n'étant pas plus petit que MO, la droite BP qui est égale aux deux tiers de BF, ne sera pas plus petite que la droite HO, qui est égale aux deux tiers de MO.

(ε) La perpendiculaire HT tombera entre B et P. En effet, menons une tangente à la parabole au point O, cette tangente sera hors de la parabole, et la droite HO sera égale à la droite PT prolongée jusqu'à la tangente. D'où il suit que si la droite BP prolongée jusqu'à la tangente étoit égale à HO, la perpendiculaire menée par le point H passeroit par le point B. Mais la droite BP prolongée jusqu'à la tangente, est plus grande que HO ; puisque BP n'est pas plus petit que HO ; donc la perpendiculaire menée par le point H tombe entre B et P.

(ζ) Pour démontrer que la droite RT prolongée fera des angles droits avec la tangente KΩ, élevons du point P une perpendiculaire PV sur KΩ, et abaissons du point P une perpendiculaire PX sur NO. La sous-normale VX est égale au demi-paramètre RH ; la droite PX est égale à la droite TH, et les angles sont droits en X et en H. Donc les deux triangles VXP, RHT sont égaux. Donc NP

66

est parallèle à RT. Mais NP est perpendiculaire sur $K\Omega$; donc RT

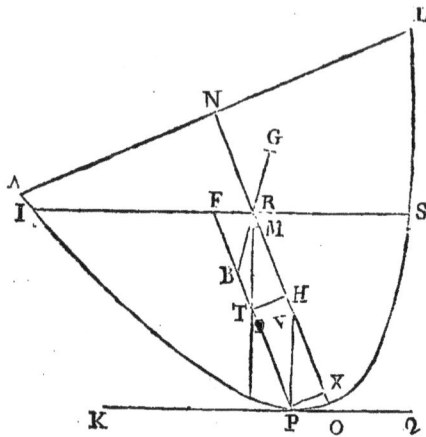

prolongé sera aussi perpendiculaire sur $K\Omega$.

PROPOSITION V.

(α) On a supposé que la raison de la pesanteur du segment à la pesanteur du fluide n'est pas plus grande que la raison de $\overline{NO}^2$ — $(NO - \frac{1}{2}RH)^2$ à $\overline{NO}^2$. Pour faire voir que la seconde supposition est la même que la première, il suffit de démontrer que MO est égale à NO moins $\frac{1}{2}$ HR. En effet, OH = OR — HR. Mais OR = $\frac{2}{3}$ ON; donc OH = $\frac{2}{3}$ ON — HR. Ce qui donne $\frac{1}{2}$ OH = ON — $\frac{1}{2}$ HR. Mais $\dfrac{HO}{2}$ = HM; donc $\frac{1}{2}$ OH = OM; donc OM = ON — $\frac{1}{2}$ HR.

(δ) Puisque la raison de la partie du segment qui est submergée au segment entier, n'est pas plus grande que la raison de $\overline{NO}^2$ — $\overline{MO}^2$ à $\overline{NO}^2$, par inversion, la raison du segment entier à la partie du segment qui est submergée, ne sera pas plus grande que la raison de $\overline{NO}^2$ à $\overline{NO}^2$ — $\overline{MO}^2$. Donc, par soustraction, la raison du segment entier à la partie qui n'est pas submergée, n'est pas plus grande que la raison de $\overline{NO}^2$ à $\overline{MO}^2$.

(γ) Prop. 26 des Conoïdes et des Sphéroïdes.

PROPOSITION VI.

(*a*) La démonstration de cette proposition ne se trouve ni dans Archimède ni dans aucun des Géomètres anciens. La démonstration suivante est de Torelli.

La construction restant la même, que les droites ΩK , CP se

rencontrent au point B; et par le point B menons la droite BV tangente à la parabole.

D'abord que la droite BV touche la parabole au point A, et rencontre les diamètres IP, NO aux points E, V. Que les droites BP, AI rencontrent le diamètre NV aux points C, Q. Par les points P, I, menons les droites PR, IZ parallèles à AL, et que ces droites rencontrent NO aux points R, Z. Enfin, menons AP, et que cette droite rencontre NV au point M. La droite IP sera égale à PE, la droite NO à OV et la droite RO à OC. (Prop. 35 et cor. de la prop. 5i du liv. i d'Apoll.) Mais à cause des parallèles EH, VΩ, la droite EP sera à la droite VC comme BP est à BC; c'est-à-dire, comme BH est à CΩ; et à cause des droites égales EP, PI, et par construction, la droite VM sera égale à la droite MQ. Mais RZ est égal à IP ou à EP; donc RZ est à VC comme PH est à CΩ. Mais

CV est égal à RN; donc RZ est à RN comme RΩ est à CΩ. Donc, par soustraction, RZ est à ZN comme KΩ est à CR. Mais IP est à CM comme AP est à PM, et AP est à PM comme AX est à XN ou IZ, c'est-à-dire, comme IX ou ZN est à QZ; donc à cause des droites égales IP, RZ, la droite RZ est à CM comme ZN est à QZ. Donc, par permutation, la droite RZ est à la droite ZN comme CM est à QZ. Mais à

cause des droites égales IZ, PR, et à cause des parallèles IZ, PR et IQ, PC, les droites QZ, CR seront égales entre elles. Donc RΩ est à CR comme CM est à CR. Donc les droites CM, RΩ sont égales entre elles. De plus, la droite AV est à BV comme VN est à VΩ, et comme VQ est à VC. Donc si l'on divise les antécédens par deux, la droite VO sera à la droite OΩ comme VM est à VC. Donc, par soustraction, la droite VO est à la droite OΩ comme VM est à MC; c'est-à-dire que NO est à OΩ comme QM est à MC. Donc, par soustraction, la droite NΩ est à la droite OΩ comme QC est à CM. Donc, puisque les droites QC, PC et les droites CM, KΩ, PH sont égales entre elles, la droite NΩ sera à la droite OΩ comme PI est à PH.

En second lieu, que VB touche la parabole en T, et conduisons la droite TR parallèle à AI ou à CB; et que la droite TR rencontre PI en R. Menons TF parallèle à AN ou à ΩK, et que TF rencontre

ON au point F. Prolongeons IA, et que son prolongement rencontre la tangente BT au point G. Menons la droite GD parallèle à AN, et que GD rencontre ON au point D. A cause des parallèles ΩB, DG,

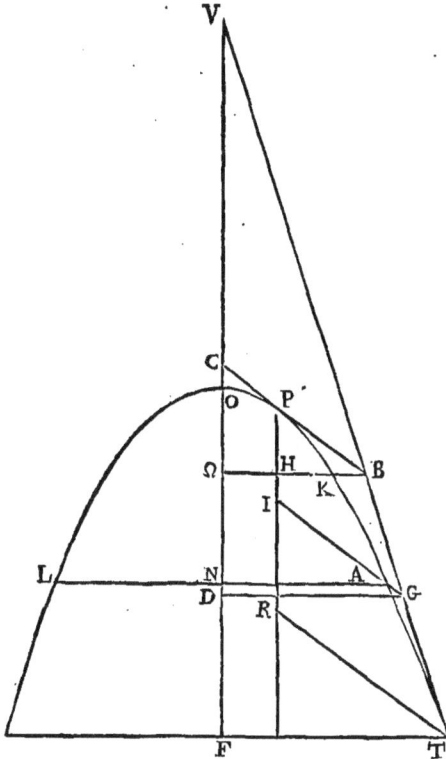

FT et PB, IG, RT, la droite DΩ sera à la droite FΩ comme BG est à BT; et BG sera à BT comme PI est à PR. Donc DΩ est à FΩ comme PI est à PR. Mais on démontrera comme on l'a fait plus haut que FΩ est à ΩO comme PR est à PH; donc DΩ est à ΩO comme PI est à PH. Mais la raison de DΩ à ΩO est plus grande que la raison de NΩ à ΩO; donc la raison de la droite PI à la droite PH est plus grande que la raison de la droite NΩ à la droite ΩO.

(6) Car puisque NO : FΩ :: 15 : 4, la droite $F\Omega = \dfrac{4 \times NO}{15}$.

Donc $N\Omega = NF + F\Omega = \dfrac{NO}{3} + \dfrac{4 \times NO}{15} = \dfrac{9 \times NO}{15}$. Donc O$\Omega$ =

$$NO - \frac{9 \times NO}{15} = \frac{6 \times NO}{15}. \text{ Donc } N\Omega : \Omega O :: \frac{9 \times NO}{15} : \frac{6 \times NO}{15}$$

:: 9 : 6 :: 3 : 2. Donc $N\Omega$ est égal à trois fois la moitié de ΩO.

PROPOSITION VIII.

(*a*) En effet, puisque la droite BK est double de la droite KD, la droite BD sera égale à trois fois la moitié de BK. Mais CB est égal à trois fois la moitié de BR; donc BD : CB :: $\frac{1}{2}$ BK : $\frac{1}{2}$ BR :: BK : BR; donc par permutation BD : BK :: CB : BR. Mais le premier terme est au second comme la différence des antécédens est à la différence des conséquens, c'est-à-dire que BD : BK :: BD — CB : BK — BR :: CD : KR; et BD : BK :: 3 : 2; donc CD : KR :: 3 : 2; donc CD = $\frac{2}{3}$ KR.

(*ɛ*) Car puisque CD est égal à trois fois la moitié du paramètre, la droite CB sera l'excès de l'axe sur trois fois la moitié du paramètre. Mais par supposition la raison du quarré de FQ au quarré de DB est la même que la raison de la pesanteur du segment à la pesanteur du fluide; et la raison de la pesanteur du segment à la pesanteur du fluide est moindre que la raison du quarré de CB au quarré de BD; donc la raison du quarré de FQ au quarré de DB est moindre que la raison du quarré de CB au quarré de BD; donc le quarré de FQ est plus petit que le quarré de CB; donc la droite FQ est plus petite que la droite CB.

(*γ*) Dans la parabole, le quarré de l'ordonnée est égal au rectangle compris sous le paramètre et l'abscisse, ou au rectangle compris sous le demi-paramètre et sa soutangente. Donc $\overline{PI}^2 = KR \times IY$; donc $\overline{PI}^2 : \overline{IY}^2 :: KR \times IY : \overline{IY}^2 :: KR : IY$.

(*δ*) Car puisqu'on a supposé que $\overline{E\Psi}^2 = \dfrac{KR \times \Psi B}{2}$, on aura $\overline{E\Psi}^2 : \overline{\Psi B}^2 :: \dfrac{KR \times \Psi B}{2} : \overline{\Psi B}^2 :: \dfrac{KR}{2} : \Psi B$.

PROPOSITION IX.

(α) Puisque la raison de la partie submergée du segment au segment entier est la même que la raison de l'excès du quarré de BD sur le quarré de FQ au quarré de BD, par inversion et par soustraction la raison du segment entier à la partie qui est hors du fluide sera la même que la raison du quarré de BD au quarré de FQ.

PROPOSITION X.

(α) Parce que lorsqu'un point de la base touche la surface du fluide, la base peut être toute entière hors du fluide, ou toute entière dans le fluide.

(β) En effet, puisque BD est égal à trois fois la moitié de BK, et que DS est aussi égal à trois fois la moitié de KR, on aura BD : DS :: $\frac{1}{2}$ BK : $\frac{1}{2}$ KR :: BK : KR; ou par permutation BD : BK :: DS : KR ; donc BD : BK :: BD — DS : BK — KR :: SB : BR. Mais BD = $\frac{1}{2}$ BK ; donc SB = $\frac{1}{2}$ BR.

(γ) Voyez la note (ε) de la lettre à Dosithée, qui est à la tête du Traité des Conoïdes.

(δ) Puisque BK = 2KD, on aura BC + CK = (CD — CK) × 2, d'où l'on déduit CK = $\dfrac{2CD - BC.}{3}$ Mais KC : DB :: 4 : 15 ; donc KC = $\dfrac{4\,DB}{15} = \dfrac{4\,BC + 4\,CD}{15}$. Donc $\dfrac{2\,CD - BC}{15} = \dfrac{4\,BC + 4\,CD}{15}$, ou bien 2 CD = 3 BC, ce qui donne la proportion suivante CD : BC :: B : 2. Mais CD : CB :: AE : EB :: AZ : ZD ; donc AZ : ZD :: 3 : 2. Mais DB : BK :: 3 : 2 ; donc la parabole AEI passe par le point K. (Traité de la Parabole , propos. 4.)

(ε) En effet, que la droite NΨ soit tangente à la parabole ABL , et qu'elle rencontre les droites DB, NO, ZE, HT aux points Ψ , T,

V , M , la droite BE sera à la droite EZ comme DA est à AZ. (Apoll. liv. vi, prop. 11.) Donc BD : EZ :: DΨ : ZV. Mais la droite DΨ est double de la droite BD ; donc la droite sera ZV double de la droite EZ. Donc la droite AΨ est tangente à la parabole AEI. On démontrera de la même manière que la droite AΨ est tangente à la parabole ATD.

D'après la proposition 5 du Traité de la Parabole , on a les proportions suivantes, AL : AN :: NΓ : ΓO ; IA : AN :: NΓ : ΓG, et

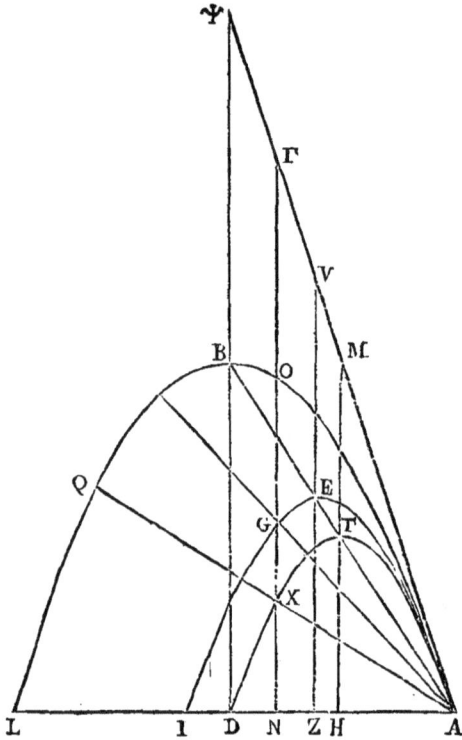

AD : AN :: NΓ : ΓX, et ces proportions donnent $\Gamma O = \dfrac{AN \times N\Gamma}{AL}$;

$\Gamma G = \dfrac{AN \times N\Gamma}{IA}$, et $\Gamma X = \dfrac{AN \times N\Gamma}{AD}$. Mais $OG = \Gamma G - \Gamma O =$

$\dfrac{AN \times N\Gamma}{IA} - \dfrac{AN \times N\Gamma}{AL}$, et $GX = \Gamma X - \Gamma G = \dfrac{AN \times N\Gamma}{AD} -$

$\dfrac{AN \times N\Gamma}{IA}$; donc $OG : GX :: \dfrac{AN \times N\Gamma}{IA} - \dfrac{AN \times N\Gamma}{AL} : \dfrac{AN \times N\Gamma}{AD}$

$- \dfrac{AN \times N\Gamma}{IA} :: \dfrac{I}{AI} - \dfrac{I}{AL} : \dfrac{I}{AD} - \dfrac{I}{IA} :: \dfrac{AL - IA}{IA \times AL} : \dfrac{IA - AD}{AD \times IA}$

$:: \dfrac{IL}{AL} : \dfrac{ID}{AD} :: IL \times AD : LA \times DI$; donc la raison de OG à GX

est composée des raisons de IL à LA et de AD à ID.

(ζ) On a démontré que $DC : CB :: 3 : 2$; donc par addition DC ou $ZE : DB :: 3 : 6$. Mais à cause des paraboles semblables AEI, ABL, on a $ZE : DB :: AI : AL$; donc $AI : AL :: 3 : 5$; donc $LA - AI : LA :: 5 - 3 : 5$; c'est-à-dire $IL : LA :: 2 : 5$.

(η) On a démontré que $AZ : ZD :: 3 : 2$; donc $AZ + DZ : ZD :: 5 : 2$; c'est-à-dire que $AD : ZD :: 5 : 2$. Mais $LA : LI :: 5 : 2$; donc $LA : LI :: AD : DZ$. Mais LA est double de AD ; donc LI est double de DZ ; donc les droites LI, LA sont doubles des droites DZ, DA.

Puisque $BD : DC :: 15 : 9 :: 30 : 18$, on aura $\dfrac{BD}{2} : DC :: \dfrac{BO}{2} : 18$ ou bien $TH : DC :: 15 : 18 :: 5 : 6$. Mais à cause de paraboles semblables, $TH : BC$ ou $EZ :: AD : AI$; donc $AD : AI :: 5 : 6$; donc AD $: AI - AD :: 5 : 6 - 5$, c'est-à-dire que $AD : DI :: 5 : 1$.

SECONDE PARTIE DE LA PROPOSITION 10.

(α) Première partie de la prop. 10.

(ϵ) D'après la prop. 5 de la Quadr. de la Parab. (fig. de la note (ϵ) de la prop. 10), on a $LN : NA :: NO : O\Gamma$, et par addition $LA : NA :: N\Gamma$ $: O\Gamma$; donc $NA = \dfrac{LA \times O\Gamma}{N\Gamma}$. Mais d'après la même proposition on

a encore $DA : NA :: N\Gamma : X\Gamma$; donc $NA = \dfrac{DA \times X\Gamma}{N\Gamma}$; donc $\dfrac{LA \times O\Gamma}{N\Gamma}$

$= \dfrac{DA \times X\Gamma}{N\Gamma}$, ou bien $LA \times O\Gamma = DA \times XL$; donc $LA : DA ::$

67

XΓ : OΓ. Mais LA est double de DA ; donc XΓ est double de OΓ ;
donc XO = OΓ. Menons la droite AX et prolongeons-la jusqu'en
Q. D'après la prop. 5 du Traité de la Parabole, on a QX : XA :: XO
: OΓ. Mais XO = OΓ ; donc QX = XA ; donc dans la figure de la
seconde partie, AN = OQ.

TROISIÈME PARTIE DE LA PROPOSITION 10.

(*a*) Cela est évident ; car si la droite menée du point M au point
I étoit menée au point A , cette dernière droite feroit avec l'axe un
angle aigu plus petit que celui que fait la droite MI avec l'axe.
Mais alors le segment retranché seroit plus grand que le segment
AOQ. Pour que le premier segment devînt égal au second , il faudroit que la droite menée du point A au point M tournât autour
du point A , en s'approchant du point B ; donc l'angle aigu formé
par l'axe et par la droite menée par le point A, diminueroit encore.
D'où je conclus que la droite menée du point A fait avec l'axe un
angle aigu plus petit que l'angle que fait avec l'axe la droite menée
du point I.

(*b*) Voyez la seconde partie.

FIN DU COMMENTAIRE SUR LES CORPS PORTÉS SUR UN FLUIDE.

COMMENTAIRE

SUR

LE LIVRE DES LEMMES.

PROPOSITION I.

(α) IL est évident que le rayon FG prolongé ira au point de contact.

(ϐ) Le manuscrit arabe ne parle que du cas où les circonférences du cercle se touchent intérieurement ; et cependant comme le cas où les cercles se touchent extérieurement est nécessaire dans la suite, je vais le démontrer.

Que les deux cercles ABE, DCE se touchent extérieurement au point E, et que leurs diamètres DC, AB soient parallèles. Joignons DE, EB. Je dis que la ligne DEB est une ligne droite. Joignons les centres de ces cercles par la droite GF ; cette droite passera par le point de contact E. Puisque les droites DC, AB sont parallèles, l'angle DGE sera égal à l'angle EFB ; mais les triangles DGE, EFB sont isolés. Donc les angles GDE, GED sont égaux entre eux et aux angles FEB, FBE. Donc l'angle GED est égal à l'angle FEB. Donc la somme des angles GED, GEB est égale à la somme des angles FEB, BEG. Mais la somme des angles FEB, BEG est égale à deux angles droits ; donc la somme des angles DEG, GEB est aussi égale à deux droits ; donc la ligne DEB est une ligne droite. Ce qu'il falloit démontrer.

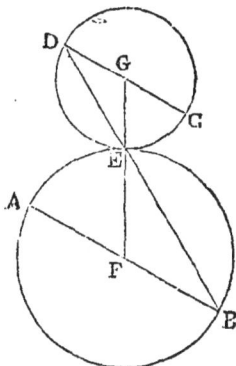

PROPOSITION II.

(α) Cette proposition a deux cas, le premier a lieu lorsque la perpendiculaire BE passe par le centre, et le second lorsque cette perpendiculaire ne passe pas par le centre. La démonstration du manuscrit arabe ne comprend que le premier cas; la démonstration suivante qui comprend les deux cas est de Torelli.

Que CBA soit un demi-cercle; que les droites DC, DB soient des tangentes; que BE soit perpendiculaire sur AC; menons la droite AD qui rencontre la droite BE au point F; je dis que BF sera égal à FE.

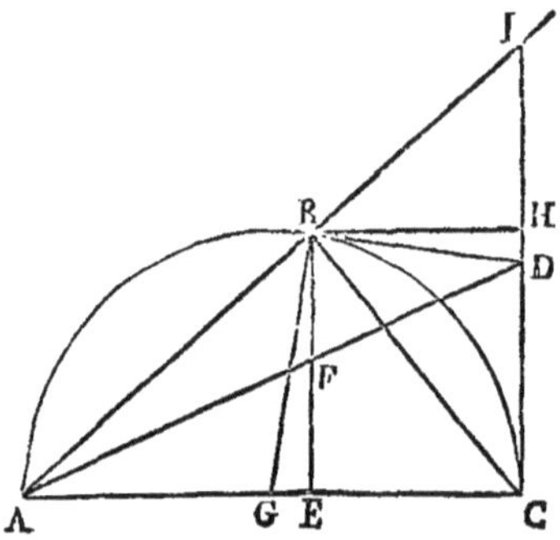

Menons la droite AB, et que cette droite prolongée rencontre CD au point I. Du point G, qui est le centre du demi-cercle CBA, menons GB, et du point B la droite BH parallèle à AC. Puisque l'angle EBH est égal à l'angle GBD, si l'on supprime l'angle commun EBD, l'angle DBH sera égal à l'angle GBE. Mais l'angle IBH est égal à l'angle ABG, puisqu'ils sont chacun égal à l'angle IAC; donc l'angle IBD, qui est composé des deux angles DBH, IBH est égal à l'angle ABE qui est composé des deux angles GBE, ABG. Mais l'angle BID est égal à l'angle ABE; donc l'angle IBD est égal à l'angle BID; car les choses qui sont égales à une troisième sont égales entr'elles; donc la droite BD est égale à la droite ID. Mais les droites BD, DC sont égales entr'elles; donc les droites ID, DC seront aussi égales entr'elles. Mais les triangles AID, ABF sont semblables, ainsi que les triangles AIC, ABE, et encore les triangles ADC, AFE; donc ID est à BF comme DC est à FE. Donc par permutation ID est à DC comme BF est à FE. Mais ID est égal à DC; donc BF est aussi égal à FE, ce qu'il falloit démontrer.

(ϐ) En effet, l'angle DCB est égal à l'angle DBC, à cause de l'égalité des droites DB, DC. Mais l'angle DBG a pour complément l'angle DBC, et l'angle DGB a pour complément l'angle DCB, c'est-à-dire l'angle DBC; donc les deux angles DBG, DGB ont le même complément. Donc ils sont égaux. Donc le côté GD est égal au côté DB. Mais le côté DB est égal au côté DC; donc GD est égal à DC.

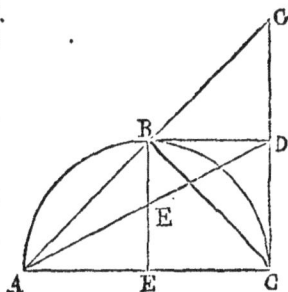

PROPOSITION IV.

(*a*) Puisque $AD \times DC = \overline{BD}^2$, si nous ajoutons de part et d'autre $AD \times DC + \overline{AD}^2 + \overline{DC}^2$, nous avons $\overline{AD}^2 + 2\,AD \times DC + \overline{DC}^2 = \overline{BD}^2 + AD \times DC + \overline{AD}^2 + \overline{DC}^2$, c'est-à-dire $\overline{AC}^2 = 2 \times \overline{BD}^2 + \overline{AD}^2 + \overline{DC}^2$.

PROPOSITION V.

(*a*) Soit le triangle ABD ayant un angle aigu en D. Menons les droites AI, BF perpendiculaires sur les côtés BD, AD, et par les points D, E conduisons la droite DC; je dis que la droite DC est perpendiculaire sur sa droite AB.

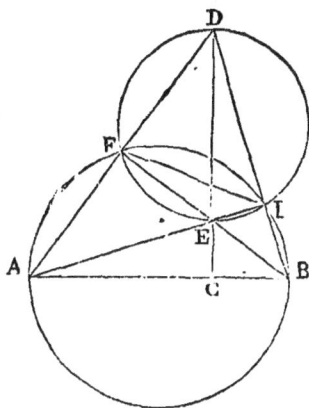

Autour de AB comme diamètre, décrivons une circonférence de cercle; cette circonférence passera par les points F, I, à cause des angles droits AFB, AIB. Autour de DE, comme diamètre, décrivons aussi une circonférence de cercle, cette circonférence passera aussi par les points F, I, par la même raison.

Joignons FI. L'angle EDI est égal à l'angle IFE, parce que ces deux angles sont compris dans le même segment. Mais l'angle IFB

est égal à l'angle BAI par la même raison ; donc les deux angles
BAI, BDC sont égaux ; donc les deux triangles BAI, BDC sont
semblables, puisqu'ils ont un angle égal de part et d'autre et un
angle commun en B. Mais l'angle BIA est droit ; donc l'angle BCD
est droit aussi ; donc la droite DC est perpendiculaire sur AB.

Il suit évidemment de là que si des trois angles d'un triangle, on
mène des perpendiculaires sur les côtés opposés, ces trois perpendiculaires se couperont en un seul et même point.

Supposons à présent que DC soit perpendiculaire sur AB, que
BF soit perpendiculaire sur AD, et que AI soit perpendiculaire sur
BI ; joignons ID ; je dis que la ligne BID est une ligne droite.

Que cela ne soit point. La droite qui joindra les points B, D
passera du côté G ou du côté H.
Supposons d'abord qu'elle passe du
côté G et qu'elle soit BGD ; l'angle
BGA sera droit. Mais l'angle BIA est
droit par supposition ; donc l'angle
extérieur BGA est égal à l'angle intérieur opposé BIA, ce qui est absurde.
Supposons qu'elle passe du côté H
et qu'elle soit BHD ; l'angle BHA sera
droit. Mais l'angle BIH est droit aussi ; donc l'angle extérieur BIA
est égal à l'angle intérieur opposé BHA, ce qui est encore absurde.
Donc la droite qui joint les points B, D ne passe ni du côté G ni du
côté H ; donc elle passe par le point I ; donc la ligne BID est une
ligne droite.

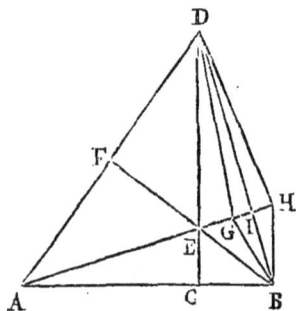

(ε) Car puisque les droites AC, HE sont parallèles, la droite AD
est à DH comme AC est à HE, et que les droites DB, HC sont
aussi parallèles, la droite AD est à DH comme AB est à BC ; donc
la raison de AD à DH, la raison de AC à HE et la raison de AB à BC
sont égales entr'elles.

PROPOSITION VI.

(α) Voyez la note (α) de la proposition précédente.

(ς) Cette proposition pouvant se démontrer généralement, il étoit fort inutile de prendre des nombres pour exemple.

PROPOSITION XII.

(α) Soit le quadrilatère ABDC, de manière que AB soit égal à AC, et que l'angle BDC soit égal aux deux angles ABD, ACD pris ensemble. Je dis que AD est égal à AB ou à AC.

Prolongeons CA jusqu'à ce que son prolongement AE soit égal à AC, et joignons EB. Puisque AE est égal à AB, l'angle AEB est égal à l'angle ABE. Donc l'angle BDC avec l'angle AEB est égal aux trois angles DCA, DBA, ABE pris ensemble, c'est-à-dire aux deux angles DCA, DBE. Mais les quatre angles d'un quadrilatère valent quatre angles droits; donc deux angles opposés du quadrilatère BDCE valent deux angles droits. Donc on peut circonscrire une circonférence de cercle au quadrilatère BDCE. Mais les trois droites AC, AB, AE sont égales ; donc le point A est le centre de la circonférence DCE. Donc AD est égal à AB ou à AC.

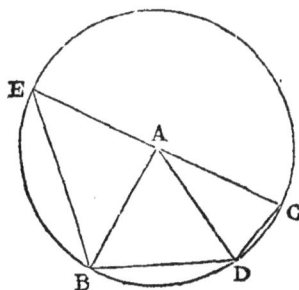

PROPOSITION XIV.

(α) En effet, puisque DA est égal à 2 EC + CA, le quarré de DA égalera $4\overline{EC}^2 + 4$ EC $\times$ CA + $\overline{CA}^2$; et puisque EA est égal à EC + CA, le quarré de EA égalera $\overline{EC}^2 + 2$ EC $\times$ AC + $\overline{CA}^2$. Donc la somme des quarrés des droites DA, CA égalera $4\overline{EC}^2 + 4$ EC

$\times$ CA $+ \overline{CA}^2 + \overline{CA}^2$, et la somme des quarrés des droites DE, EA égalera

$\overline{EC}^2 + \overline{EC}^2 + 2$ CD $\times$ AC $+ \overline{CA}^2$,

c'est-à-dire que la somme des quarrés des droites DE, BE égalera 2 EC $+$

2 EC $\times$ CA $+ \overline{CA}^2$. D'où il suit que la somme des quarrés des droites DA, CA est double de la somme des quarrés des droites DE, EA.

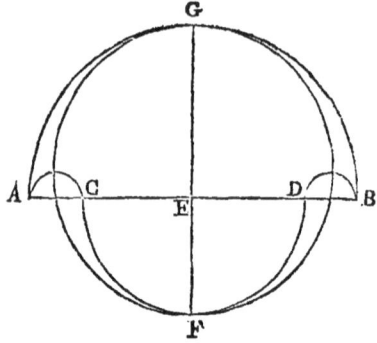

PROPOSITION XV.

(*a*) Car les deux angles BCD, BGD ont chacun pour supplément l'angle BAD.

(*c*) Euclide, liv. IV, prop. II.

MIROIR ARDENT

PAR LE MOYEN DUQUEL ON PEUT RÉFLÉCHIR ET FIXER,
SUR UN OBJET EN REPOS OU EN MOUVEMENT, LES RAYONS SOLAIRES,
EN AUSSI GRANDE QUANTITÉ QUE L'ON VEUT;

Par F. PEYRARD,

Professeur de Mathématiques au Lycée Bonaparte.

Ce Miroir ardent est approuvé par la Classe des Sciences Physiques et Mathématiques de l'Institut.

RAPPORT

Fait à l'Institut National, Classe des Sciences Physiques et Mathématiques, sur un MIROIR ARDENT, *présenté à la Classe par M.* PEYRARD,

M. PEYRARD, qui publie une belle Traduction des *Œuvres d'Archimède*, a dû naturellement s'occuper du moyen dont on dit que ce grand Géomètre se servit pour incendier la flotte de Marcellus devant Syracuse. Les anciens et les auteurs du moyen âge disent qu'il employa un Miroir ardent ; mais aucun d'eux n'entre à cet égard dans des détails suffisans pour nous donner une connoissance exacte de son procédé. Anthémius qui, dans le sixième siècle, bâtit l'église de Sainte-Sophie à Constantinople, et qui paroît avoir été un Architecte très-éclairé, imagina un assemblage de Miroirs plans qui devoit produire le même effet que le Miroir d'Archimède. Depuis cette époque, Kircher, qui peut-être n'avoit pas connoissance des ouvrages d'Anthémius, imagina quelque chose de pareil. Enfin, dans ces derniers temps, M. de Buffon a exécuté un Miroir ardent composé de cent soixante-huit glaces planes, et tout le monde connoît les expériences auxquelles il l'a employé. Ces trois procédés, qui reviennent absolument au même, ont des inconvéniens assez graves.

Pour qu'un Miroir réfléchisse en un même point les rayons du soleil, regardés comme parallèles entr'eux, on sait que sa surface réfléchissante doit faire partie de celle d'un paraboloïde de révolution, dont l'axe soit parallèle aux rayons de lumière, et dont le foyer soit un point de réunion. Si le Miroir doit être composé d'un grand nombre de Miroirs plans d'une grandeur médiocre, il faut que les plans de ces derniers soient parallèles, chacun au plan tangent à la surface du paraboloïde, au point où elle est coupée par le rayon vecteur correspondant. Or, en vertu du mouvement du soleil, la position de l'axe du paraboloïde change d'une manière assez rapide. Il faut donc, si la forme du Miroir est invariable, que ce Miroir tourne tout entier avec le soleil autour du foyer, ce qui paroît impraticable ; et si les élémens dont il est composé sont mobiles, indépendamment les uns des autres, il faut que chacun de ces élémens plans tourne de manière qu'il soit constamment perpendiculaire à la droite, qui partage en deux parties égales l'angle formé par le rayon du soleil et le rayon vecteur correspondant.

Il paroît difficile de donner aux Miroirs élémentaires le mouvement dont il s'agit, au moyen d'une machine, moins peut-être parce que les changemens de déclinaison du soleil rendroient cette machine compliquée, que parce que la dilatation des verges métalliques qui transmettroient le mouvement, changeroit d'une manière notable et imprévue les directions des Miroirs élémentaires, et parce que les engrenages inévitables donneroient à ces Miroirs un mouvement de vibration, qui mettroient les images individuelles dans une agitation perpétuelle.

Il ne reste donc d'autre moyen raisonnable de composer un Miroir ardent de plusieurs Miroirs plans, que de confier chacun de ces derniers à une personne individuellement chargée de le maintenir dans la position où il doit être pour réfléchir l'image du soleil sur un point déterminé, et de varier cette position conformément au mouvement du soleil. Mais M. Peyrard observe avec raison que ce moyen a un inconvénient qui s'oppose entièrement à son succès. Il est bien facile, à la vérité, à une personne seule, attentive et commodément placée, de diriger sur un point déterminé l'image du soleil réfléchie par un Miroir d'une grandeur médiocre, et de l'y maintenir malgré le mouvement du soleil; la difficulté ne seroit même pas bien grande pour trois ou quatre personnes qui seroient chargées de faire en même temps la même chose. Mais si 50, 100, 200 personnes, doivent former de cette manière un foyer ardent, comme aucune d'elles ne peut distinguer l'image qu'elle envoie de celle qu'envoient les autres, si une seule de ces images s'écarte du foyer, chacun des coopérateurs veut s'assurer si c'est la sienne ; il en résulte une agitation et un désordre qui empêchent le foyer de se former. C'est à cet inconvénient que M. Peyrard s'est proposé de parer, et qu'il évite entièrement d'une manière fort ingénieuse. Pour cela, il garnit chacun de ses Miroirs d'un équipage peu compliqué et que nous allons décrire.

Une petite lunette portée par un trépied, et garnie de deux fils qui se croisent aux foyers des verres, peut être facilement dirigée vers le point sur lequel on veut porter l'image. On la maintient dans cette direction par deux vis. La lunette, sans changer de direction, est mobile sur son axe, entre deux collets, et peut être maintenue dans toutes ses positions autour de cet axe par une autre vis; elle porte en dehors le Miroir qu'elle entraîne avec elle , quand elle tourne autour de son axe, et qui indépendamment de ce mouvement, peut tourner autour d'un axe particulier, perpendiculaire à celui de la lunette. On fait tourner la lunette sur son axe, jusqu'à ce que l'axe particulier du Miroir soit perpendiculaire au plan formé par les rayons incidens et réfléchis, et on la maintient dans cette position par la vis. Enfin, on fait tourner le Miroir sur son axe particulier, jusqu'à ce que les rayons réfléchis soient parallèles à l'axe de la lunette; et on est sûr qu'alors l'image du soleil se porte sur l'objet vers lequel la lunette est dirigée.

Les deux mouvemens dont nous venons de parler s'exécutent l'un après l'autre, et sont susceptibles d'une assez grande précision. D'abord pour le premier, lorsque l'axe particulier du Miroir est perpendiculaire au plan des rayons incidens et réfléchis, le bord du cadre qui est perpendiculaire à l'axe particulier du Miroir porte une ombre qui est dans un plan parallèle à celui des rayons incidens et réfléchis, et par conséquent parallèle à l'axe de la lunette. Ainsi cette ombre doit couper la face d'un index saillant en dehors de la lunette, dans une droite qui est à même distance de l'axe de la lunette qu'en est le bord du cadre. Donc cette droite étant tracée sur la face de l'index, pour exécuter le premier mouvement, il suffit de faire tourner la lunette sur son axe, jusqu'à ce que l'ombre du cadre du Miroir coïncide avec la droite tracée sur l'index ; ce qui est d'une précision assez grande.

Pour le deuxième mouvement, il est clair que quand le Miroir est placé de manière que les rayons réfléchis sont parallèles à l'axe de la lunette, si sur l'axe particulier du Miroir, et tout près des bords du cadre, on a enlevé le tain de la glace sur un petit trait, le défaut de tain produira une ombre qui tombera sur le milieu de la droite de l'index. Donc ce point du milieu étant marqué d'avance sur l'index, pour exécuter le deuxième mouvement, il suffit de faire tourner le Miroir sur son axe particulier, jusqu'à ce que l'ombre du trait privée de tain tombe sur ce point ; ce qui est de la même précision que pour le premier mouvement.

On voit donc que des coopérateurs , en quelque nombre qu'ils soient, peuvent chacun diriger l'image qu'il produit sur le point indiqué pour le foyer, sans s'occuper de ce que font ses voisins, et sans être gênés par leurs opérations. Il faut observer d'ailleurs que le mouvement du soleil dans son arc diurne n'est pas assez rapide pour qu'un même coopérateur ne puisse soigner et entretenir la direction de dix Miroirs voisins les uns des autres ; ce qui diminue beaucoup l'embarras et les frais qu'entraîneroit cette opération.

Nous concluons que M. Peyrard a apporté dans la construction des Miroirs ardens composés de plusieurs Miroirs plans, une perfection que ces instrumens n'avoient pas encore acquise, et qui nous paroît digne de l'approbation de la Classe.

Fait au Palais des Arts, le 3 août 1807.

Signé CHARLES, ROCHON, MONGE, *Rapporteur.*

La Classe approuve ce Rapport, et en adopte les conclusions.

Certifié conforme à l'original.

A Paris, le 4 août 1807.

Le Secrétaire perpétuel,

Signé DELAMBRE,

MIROIR ARDENT

Par le moyen duquel on peut réfléchir et fixer, sur un objet
en repos ou en mouvement, les rayons solaires, en aussi
grande quantité que l'on veut.

Ce miroir ardent est un assemblage de glaces planes étamées.
Chacune des glaces qui le composent est disposée de la manière
suivante :

Une lunette AB (*fig.* 1) est mobile sur son axe entre deux collets CC, C' C', qui sont fixes avec une pièce de métal DD.

La petite ouverture de la lunette est en A et la grande est en B:
deux fils se coupent à angles droits au centre de la grande ouverture de la lunette.

Une vis de pression E agit sur la lunette, et la maintient dans la
position qu'on veut lui donner.

La lunette est montée sur son pied comme une lunette ordinaire;
de sorte qu'on peut diriger son axe vers un point donné : deux
vis de pression F et G la maintiennent dans la position qu'on
lui veut donner.

On pourroit, au lieu des trois vis de pression dont je viens de
parler, employer des vis de rappel.

Le milieu de la lunette est surmontée d'un cylindre M' M', dont
la base supérieure est parallèle à l'axe de la lunette.

Une branche de fer HHH, ployée en équerre, est fixe avec la
lunette.

Une glace encadrée tourne sur deux pivots MM, OO. La droite
qui passe par le centre des pivots est tangente à la face postérieure
de la glace, et perpendiculaire sur l'axe de la lunette.

Le trait noir NN, qui est occasionné par le défaut de tain, est partagé en deux parties égales par l'axe du miroir.

La grande ouverture de la lunette est surmontée d'une plaque de métal qui est fixe avec elle. Devant cette plaque est une plaque quarrée ZZ, sur laquelle sont tracées les droites XX, YY, qui se coupent à angles droits. La plaque quarrée a une tige qui traverse un trou quarré, pratiqué dans la plaque fixe. La plaque quarrée peut se mouvoir à droite ou à gauche, s'élever ou s'abaisser : un écrou placé derrière la plaque fixe arrête la plaque mobile dans la position qu'on veut lui donner.

La plaque mobile doit être placée de manière que la droite XX prolongée passe par l'axe de la lunette et soit parallèle à l'axe particulier du miroir, et de manière que la distance de la droite YY à l'axe de la lunette soit égale à la distance de la droite IK à ce même axe. La plaque ZZ étant ainsi placée, il est évident que la droite YY sera parallèle à IK, et que la droite menée du point où l'axe de la glace coupe IK au point où XX coupe YY, sera parallèle à l'axe de la lunette.

La pièce Q Q' est un ressort fixe en Q' avec l'équerre. Ce ressort est traversé en Q par la vis RQ. En tournant cette vis, l'extrémité de l'équerre presse le pivot OO sur le cadre de la glace.

L'équerre HHH est surmontée d'un assemblage de pièces représenté dans la figure 2. La pièce *ab* et le pivot OO sont assemblés d'une manière invariable. L'extrémité de l'équerre et la pièce VV ont un trou quarré qui reçoit le pivot OO. Lorsqu'on détourne la vis de pression T, la pièce *ab* peut se mouvoir en avant ou en arrière, et lorsqu'on détourne la vis de pression S, la pièce VV peut se mouvoir à droite ou à gauche avec la pièce *ab*.

Pour donner à l'axe du miroir une position perpendiculaire sur l'axe de la lunette, pour placer la plaque mobile ZZ (*fig.* 1), de manière que la droite menée du point où l'axe du miroir coupe la ligne IK, au point où XX coupe YY soit parallèle à IK, et enfin pour placer la droite YY parallèle à IK, je me conduis de la manière suivante :

Je place le miroir de manière que la droite IK coupe à angles droits l'axe de la lunette. Je détourne la vis T, et je fais en sorte que le bord inférieur du cadre soit tangent à la surface circulaire M′ M′, qui est parallèle à l'axe de la lunette. Je tourne ensuite la vis T pour fixer la pièce *ab* (*fig.* 2) d'une manière invariable.

Je dirige ensuite l'axe du miroir sur un point d'une surface plane placée à une certaine distance. Il faut que ce point soit dans le plan vertical qui passe par l'œil de l'observateur et par le centre du soleil, et que ce plan soit perpendiculaire sur la surface plane dont nous venons de parler. Par ce point, je mène une droite horizontale, et à partir de ce point, je prends un second point qui soit autant éloigné du premier, que le centre de la glace est éloigné de l'axe de la lunette. Je détourne la vis de pression S. Je fais tourner la lunette sur son axe; le miroir aussi sur son axe particulier, et je fais avancer ou reculer la pièce VV, jusqu'à ce que le centre de l'image réfléchie tombe sur le second point. Je fixe la pièce VV. Je place ensuite la pièce ZZ de manière que l'ombre de la droite IK tombe sur la droite YY, et que l'ombre de MM soit partagée en deux parties égales par la droite XX, et je fixe la pièce ZZ.

Le miroir étant ainsi monté, il est évident que quel que soit le point sur lequel on aura dirigé l'axe de la lunette, l'ombre de NN et par conséquent tous les rayons réfléchis par la surface de la glace seront parallèles à l'axe de la lunette, pourvu que l'ombre de IK tombe sur YY, et que l'ombre de NN soit partagée en deux parties égales par la droite XX.

Le miroir étant ainsi disposé, voici le moyen de s'en servir:

Pour porter l'image du soleil sur un objet donné, il faut, 1°. diriger l'axe de la lunette sur un point de l'objet donné, 2°. faire tourner la lunette sur son axe, jusqu'à ce que l'ombre de la ligne IK tombe sur la ligne YY; 3°. faire tourner le miroir sur son axe particulier, jusqu'à ce que l'ombre de la bande MM soit partagée en deux parties égales par la droite XX.

Ces trois opérations étant faites, il est évident que l'image du soleil tombera sur l'objet donné; ou pour parler plus rigoureusement, le centre de l'image réfléchie, au lieu d'être sur le point de l'objet sur lequel on a dirigé l'axe de la lunette, en sera à une distance égale à celle qui est entre le centre du miroir et l'axe de la lunette.

Si à mesure que le soleil s'avance, on a soin de maintenir l'ombre de la droite IK sur la droite YY, et l'ombre de NN sur la droite XX, de manière que la droite XX partage l'ombre de NN en deux parties égales, il est évident que l'image conservera sa première position aussi long-temps qu'on le voudra.

Supposons à présent qu'on ait un grand nombre de ces miroirs; que ces miroirs soient placés les uns à côté des autres dans des rangées placées les unes au-dessus des autres; et supposons que ces miroirs soient dirigés chacun par une personne. Il est évident que les images réfléchies par les glaces pourront être portées sur le même objet, et qu'elles pourront y rester fixées aussi long-temps qu'on le voudra.

J'ai dit qu'il faudroit autant de personnes que de miroirs; mais il est aisé de prévoir qu'une seule personne pourroit diriger facilement dix et même vingt miroirs sans craindre le déplacement du foyer, ni la dispersion des images.

Si l'objet sur lequel on veut porter les images du soleil étoit en mouvement, il faudroit nécessairement que chaque miroir fût dirigé par deux personnes : l'une seroit chargée de diriger constamment l'axe de la lunette sur l'objet en mouvement, tandis que l'autre seroit chargée de faire tomber l'ombre de la droite IK sur la droite YY, et l'ombre du pivot NN sur la droite XX, de manière que cette droite partageât l'ombre du pivot en deux parties égales.

Tel est le miroir ardent que j'ai imaginé. La construction en est simple; la manière de s'en servir est facile, et il est hors de doute que par son moyen on peut réfléchir et fixer sur un objet en repos ou en mouvement les rayons solaires, en aussi grande quantité qu'on le veut.

Je vais examiner à présent quels sont les effets que mon miroir est capable de produire.

Buffon s'est assuré par plusieurs expériences que la lumière du soleil réfléchie par une glace étamée ne perdoit, à de petites distances, qu'environ moitié par réflexion; qu'elle ne perdoit, à de grandes distances, presque rien de sa force par l'épaisseur de l'air qu'elle avoit à traverser, et que seulement sa force diminuoit en raison inverse de l'augmentation des surfaces qu'elle occuperoit sur des plans perpendiculaires sur les rayons réfléchis (*).

Cela étant accordé, supposons que les glaces de chaque miroir aient chacune cinq décimètres de hauteur sur six décimètres de largeur. Je prends les glaces plus larges que hautes, afin que les images réfléchies aient leurs hauteurs à-peu-près égales à leurs largeurs ; car les rayons du soleil étant toujours perpendiculaires sur l'axe de chaque glace, tandis qu'ils sont plus ou moins inclinés sur la ligne IK, si les hauteurs des glaces étoient égales à leurs largeurs, lorsque les rayons du soleil ne seroient pas perpendiculaires sur le plan des glaces, les hauteurs des images du soleil seroient toujours plus petites que leurs largeurs.

Pour calculer plus facilement les effets de mon miroir, je suppose que les glaces sont de forme circulaire, ayant un diamètre de cinq décimètres, et qu'elles reçoivent perpendiculairement les rayons solaires. Les images réfléchies par les glaces de mon miroir étant plus grandes que les images réfléchies par ces glaces circulaires, il est évident que mes résultats seront de quelque-chose trop petits.

Le diamètre apparent du soleil étant de 32 minutes, il est évident que chaque point d'une glace réfléchit un cône lumineux dont la section par l'axe forme un angle de 32 minutes.

Cela posé, que AB, fig. 3, soit le diamètre d'une glace circulaire; et que ce diamètre soit de cinq décimètres. Supposons que la droite CD, menée du centre du soleil sur le centre de cette glace, soit perpendiculaire sur son plan. Par la droite AB et par la droite CD conduisons un plan, et que les droites AE, BF soient les intersections du plan coupant et de la surface du faisceau de la lumière réfléchie par cette glace. Si les droites EA, FB sont prolongées, elles se rencontreront en un point G, et formeront un angle de 32 minutes. En effet, le diamètre apparent du soleil étant de 32 minutes, chaque point de la glace réfléchit nécessairement un cône lumineux dont

---

(*) *Voyez* le Supplément de l'*Histoire Naturelle* de Buffon, édition *in-4°.*, Paris, 1774, tome I, pages 401 et 405.

la section par l'axe forme un angle de 32 minutes. Que la droite HA soit l'axe du cône lumineux réfléchi par le point A de la glace, et la droite KB l'axe du cône lumineux réfléchi par le point B. Il est évident que les angles EAH, FBK seront chacun de 16 minutes. Mais les angles EAH, FBK sont égaux aux angles EGC, FGC, puisque les trois droites HA, CG, KB sont parallèles; donc l'angle EGF est égal à la somme des angles EAH, FBK, qui vaut 32 minutes. Donc l'angle EGF est de 32 minutes.

Il me reste à calculer à quelle distance du miroir l'image réfléchie sera double, triple, quadruple, etc. de la surface de la glace réfléchissante.

Pour cet effet, je calcule d'abord la distance GD, en faisant cette proportion :

tang. AGD : R :: AD : GD ; ou bien tang. $16'$: R :: $0^{\text{mètre}},25$: GD ;

et je trouve que GD est de $53^{\text{m}},72$.

Je cherche ensuite à quelle distance de la glace l'image réfléchie est double, triple, quadruple, etc. de la surface de la glace. Supposons qu'elle soit double en LM, triple en NO, quadruple en EF, etc.

Pour trouver les distances DP, DQ, DC, etc. je me conduis de la manière suivante :

Pour trouver DP je fais cette proportion :

$$\overline{AB}^2 : \overline{LM}^2 :: \overline{GD}^2 : \overline{GP}^2; \text{ ou bien } 1 : 2 :: (53^{\text{m}},72)^2 : \overline{GP}^2;$$

à cause que $\overline{AD}^2$ est la moitié de $\overline{LM}^2$, lorsque la surface de la glace est la moitié de l'image réfléchie.

Connoissant la valeur de $\overline{AP}^2$, j'en prends la racine quarrée; de cette racine, j'en retranche GD, c'est-à-dire $53^{\text{m}},72$, et je trouve $22^{\text{m}},25$. D'où je conclus que l'image réfléchie est double de la surface de la glace lorsqu'elle en est éloignée de $22^{\text{m}},25$.

Pour trouver la distance DQ, on feroit cette proportion :

$$1 : 3 :: (53^{\text{m}},72)^2 : \overline{GQ}^2.$$

Pour trouver les autres distances, on se conduiroit d'une manière analogue.

J'ai calculé ces distances, et j'ai trouvé les résultats suivans :

L'image étant	La distance est de
Double......................	22 m.,25
Triple......................	39 ,33
Quadruple......	53 ,72
Quintuple..................	66 ,41
Sextuple....................	77 ,86
Septuple....................	88 ,41
Octuple.....................	98 ,22
Nonuple....................	107 ,44
Décuple	116 ,16

Il est inutile d'avertir que ces distances seroient doubles, triples, quadruples, etc. si les diamètres de mes glaces, au lieu d'être de cinq décimètres, étoient de dix, de quinze, de vingt, etc. décimètres.

Soit à présent un certain nombre de mes miroirs; et supposons qu'à une très-petite distance les images de ces miroirs réunies sur le même objet soient capables de produire un certain degré de chaleur. Il suit, d'après les résultats que j'ai obtenus, que pour produire le même degré de chaleur à une distance de 22 m.,25, de 39 m.,33, de 53 m.,72, etc. il faudroit doubler, tripler, quadrupler, etc. le nombre des miroirs. Il suit encore, qu'à une des distances calculées plus haut, on peut produire une chaleur au moins égale à celle qui seroit produite par la chaleur du soleil, répétée autant de fois qu'on le voudroit.

Mais combien faut-il répéter de fois la chaleur du soleil pour faire bouillir de l'eau, pour enflammer du bois, pour fondre tel ou tel métal, le calciner, le vaporiser, etc.? Ces différentes questions ne sont pas encore résolues. A l'aide de mon miroir, elles pourroient l'être. Cependant pour satisfaire jusqu'à un certain point la curiosité de mes lecteurs, je vais tâcher de résoudre quelques-unes de ces questions, en prenant pour base les expériences que Buffon a faites avec son miroir ardent.

Les glaces, dont le miroir de Buffon étoit composé, avoient chacune six pouces de hauteur sur huit de largeur. Pour simplifier les calculs, je supposerai d'abord que, lorsque Buffon faisoit ses expériences, chacune des glaces de son miroir produisoit un effet aussi grand que l'auroit fait une glace circulaire de même surface, sur laquelle les rayons solaires seroient tombés perpendiculairement. Je supposerai ensuite que toutes les images réfléchies par les glaces de son miroir s'appliquoient exactement les unes sur les autres.

Mais il est hors de doute que chacune des glaces du miroir de Buffon produisoit un effet moins grand que celui qui auroit été produit par une glace sur laquelle les rayons solaires seroient tombés perpendiculairement ; car les rayons solaires tombant obliquement sur les glaces de son miroir, il est évident que la quantité des rayons réfléchis étoit plus petite qu'elle ne l'eût été, si les rayons solaires fussent tombés perpendiculairement sur les glaces, et je ferai voir tout-à-l'heure qu'avec le miroir de Buffon, il est impossible de faire tomber exactement les images du soleil les unes sur les autres. Il s'ensuit donc qu'en prenant pour base les expériences de Buffon, mes résultats seront trop grands.

Le 23 mars, à midi, Buffon mit le feu à 66 pieds de distance, à une planche de hêtre goudronnée, avec quarante glaces, le miroir faisant avec le soleil un angle de près de 20 degrés de déclinaison, et un autre de plus de 10 degrés d'inclinaison.

En examinant le tableau de la p. 549, on verra qu'à cette distance l'image étoit quintuple de la surface du miroir. Donc le cinquième de 40 glaces, c'est-à-dire 8 glaces, auroient produit le même effet à une très-petite distance. Mais à une très-petite distance la chaleur de l'image réfléchie est la moitié de la chaleur du soleil ; donc quatre fois la chaleur du soleil mettroit le feu à une planche de hêtre goudronnée. Je suppose dans cette expérience, ainsi que dans celles qui suivent, qu'on n'a employé que le nombre des glaces nécessaire pour produire l'inflammation ou la fusion.

Le même jour, le miroir étant posé encore plus désavantageusement, il mit le feu à une planche goudronnée et soufrée à 126 pieds de distance, avec 98 glaces.

A cette distance, l'image réfléchie étoit, à peu de chose près, douze fois aussi grande. Donc la chaleur nécessaire pour mettre le feu à cette planche, seroit la chaleur du soleil multipliée par $\frac{98}{2\times12}$, c'est-à-dire que la chaleur nécessaire pour cela seroit égale à quatre fois et $\frac{1}{12}$ la chaleur du soleil.

Le 10 avril après midi, par un soleil assez net, on mit le feu à une planche de sapin goudronnée, à 150 pieds, avec 128 glaces. L'inflammation fut très-subite, et elle se fit dans toute l'étendue du foyer.

A cette distance, l'image étoit à très-peu de chose près, quinze fois aussi grande. Donc la chaleur nécessaire pour enflammer cette planche seroit la chaleur du soleil multipliée par $\frac{128}{2\times15}$; c'est-à-dire que la chaleur nécessaire pour cela seroit égale à quatre fois et $\frac{4}{15}$ la chaleur du soleil.

Le 11 avril, à une distance de 20 pieds et avec 21 glaces, on mit le feu à une planche de hêtre qui avoit déjà été brûlée en partie.

A cette distance, l'image étoit double à peu de chose près. Donc la chaleur nécessaire pour enflammer cette planche étoit la chaleur du soleil multipliée par $\frac{21}{2\times2}$, c'est-à-dire par 5 et $\frac{1}{4}$.

Le même jour, à la même distance, avec 12 glaces, on enflamma de petites matières combustibles. Donc la chaleur nécessaire pour les enflammer étoit la chaleur du soleil multipliée par trois.

Le même jour encore, à la même distance et avec 45 glaces, on fondit un gros flacon d'étain qui pesoit environ six livres. Donc la chaleur nécessaire pour cela, étoit la chaleur du soleil multipliée par $\frac{45}{2\times2}$, c'est-à-dire par 11 et $\frac{1}{4}$.

Avec 117 glaces, on fondit des morceaux d'argent minces; on rougit une plaque de tôle. Donc pour produire cet effet, il faudroit une chaleur égale à celle du soleil multipliée par $\frac{117}{2\times2}$, c'est-à-dire par 29 $\frac{1}{4}$.

« Par des expériences subséquentes, dit Buffon, j'ai reconnu que la distance la plus avantageuse pour faire commodément avec ces miroirs des épreuves sur les métaux, étoit à 40 ou 45 pieds. Les assiettes d'argent que j'ai fondues à cette distance avec 224 glaces, étoient bien nettes, en sorte qu'il n'étoit pas possible d'attribuer la fumée très-abondante qui en sortoit, à la graisse ou à d'autres matières dont l'argent se seroit imbibé, et comme se le persuadoient les gens témoins de l'expérience : je la répétai néanmoins sur des plaques d'argent toutes neuves, et j'eus le même effet. Le métal fumoit très-abondamment, quelquefois pendant plus de 8 ou 10 minutes avant de se fondre. J'avois dessein de recueillir cette fumée d'argent par le moyen d'un chapiteau et d'un ajustement semblable à celui dont on se sert dans les distillations, et j'ai toujours eu regret que mes autres occupations m'en aient empêché; car cette manière de tirer l'eau du métal est peut-être la seule que l'on puisse employer: et si l'on prétend que cette fumée, qui m'a paru humide, ne contient pas de l'eau, il seroit toujours très-utile de savoir ce que c'est, car il se peut aussi que ce ne soit que du métal volatilisé; d'ailleurs je suis persuadé qu'en faisant les mêmes épreuves sur l'or, on le verra fumer comme l'argent, peut-être moins, peut-être plus ».

A 40 pieds de distance l'image est triple ; donc la chaleur nécessaire pour produire cet effet est égale à celle du soleil multipliée par $\frac{224}{9\times3}$, c'est-à-dire par 37 et $\frac{1}{3}$.

Ainsi en partant des expériences imparfaites de Buffon, cinq fois la chaleur du soleil seroit plus que suffisante pour enflammer des planches goudronnées. Je suppose que huit fois cette chaleur soit suffisante pour enflammer toutes sortes de bois, et certes il ne faudroit pas une chaleur aussi grande.

Il suit de cette supposition :

1°. Qu'à une distance de 22^m,25, il faudroit 16 de mes glaces pour enflammer du bois;

2°. A une distance de 39^m,33, il en faudroit 24;

3°. A une distance de 53^m,72, il en faudroit 32;

4°. A une distance de 66 m.,41, il en faudroit 40;

5°. A une distance de 77 m.,86, il en faudroit 48;

6°. A une distance de 88 m.,41, il en faudroit 56;

7°. A une distance de 98 m.,22, il en faudroit 64;

8°. A une distance de 107 m.,44, il en faudroit 72;

9°. A une distance de 116 m.,16, il en faudroit 80;

10°. A une distance de 1250 mètres, c'est-à-dire un huitième de myriamètre, c'est-à-dire à un quart de lieue, il en faudroit 590 (*);

11°. A une demi-lieue, il en faudroit 2262.

Si les hauteurs et les largeurs des glaces devenoient doubles, triples, quadruples, etc., il est évident qu'elles enflammeroient à des distances doubles, triples, quadruples. Ainsi 590 glaces d'un mètre de hauteur produiroient le même effet à une demi-lieue, et des glaces de deux mètres de hauteur à une lieue; mais je me trompe, l'effet seroit beaucoup plus grand.

Si l'on se servoit de glaces d'un mètre de hauteur, le foyer auroit à une distance d'un quart de lieue, 24 mètres en hauteur et en largeur. Nul doute, du moins je le pense, qu'avec 590 glaces de cinq décimètres de hauteur, on ne fût en état d'embraser et de réduire en cendres une flotte à un quart de lieue de distance; à une demi-lieue, avec 590 glaces d'un mètre de hauteur, et à une lieue, avec 590 glaces de deux mètres de hauteur.

Au lieu d'employer des glaces qui auroient deux mètres de hauteur, on pourroit employer quatre glaces d'un mètre de hauteur qu'on assembleroit sur un même plan, et l'effet seroit le même.

Je ne parle point des effets utiles qu'un miroir, tel que le mien, seroit capable de produire. On pourra consulter à ce sujet le sixième

---

(*) Pour calculer combien il faut de glaces à cette distance, on fait la proportion suivante :

$$(53^{m.},72)^2 : (53^{m.},72 + 1250)^{m.2} :: 1 : x^2 .$$

et l'on trouve pour quatrième terme 590 moins une fraction.

Mémoire de Buffon, inséré dans le premier volume du supplément de son Histoire naturelle.

Avant de finir, je dois parler des miroirs ardens qui ont été imaginés pour brûler à de grandes distances. Le miroir de Buffon est le dernier qui ait été imaginé. Ce miroir est composé de 168 glaces planes, montées sur un châssis de fer. Ces glaces qui ont six pouces de hauteur sur huit de largeur, sont mobiles en tous sens.

Le miroir de Buffon a deux défauts qui nuisent essentiellement à l'effet qu'il produiroit, s'il en étoit exempt. Il faut environ une demi-heure pour l'ajuster, c'est-à-dire pour faire tomber sur le même point les 168 images du soleil réfléchies par les glaces. Mais les glaces étant ajustées les unes après les autres, et les images réfléchies s'éloignant à chaque instant de leurs premières positions, il est évident que lorsque l'opération est terminée, les images ont dû nécessairement s'éloigner du foyer en s'éparpillant. D'où il suit qu'à chaque instant le foyer se déplace, s'agrandit, et perd de son activité.

Supposons pour un moment que le miroir étant ajusté, les images du soleil soient exactement appliquées les unes sur les autres; je dis qu'alors le miroir de Buffon a toutes les propriétés, et n'a que les propriétés d'un miroir parabolique composé de glaces planes.

Supposons en effet un certain nombre de glaces planes BC, DE, etc. (*fig.* 4), placées comme on voudra, pourvu que leurs centres G, H, etc. réfléchissent les rayons solaires IG, KH en un point F. Par le point F menons la droite AL parallèle aux rayons solaires IG, KH; sur cette parallèle prenons un point A sur le prolongement de LF, et décrivons une parabole MAN, dont l'origine de l'axe soit le point A, et dont le foyer soit le point F.

Si cette parabole fait une révolution autour de son axe, elle décrira la surface d'un conoïde parabolique. Supposons à présent que les glaces BC, DE, etc. s'approchent ou s'éloignent du point F en se mouvant parallèlement à elles-mêmes, suivant les droites GF, HF, jusqu'à ce qu'elles soient tangentes au conoïde. Il est évident que les points de contacts seront les centres des glaces, et que les centres de ces glaces placées en *bc, de* réfléchiront les rayons so-

laires OH, PG, etc. au point F, de la même manière qu'elles y réflé-
chissoient les rayons solaires IG, KH, etc. lorsque ces glaces étoient
placées en BC, DE, etc. Je conclus donc que si le miroir de Buffon
étant ajusté, les images étoient exactement appliquées les unes sur
les autres, ce miroir auroit toutes les propriétés, et n'auroit que
les propriétés d'un miroir parabolique composé de glaces planes.
Mais un miroir parabolique ne réfléchit les images solaires en un
seul point, que lorsque l'axe est dirigé au centre du soleil; donc pour
que les images réfléchies par le miroir de Buffon restassent exactement
appliquées les unes sur les autres, il faudroit que l'axe du miroir,
en passant toujours par le même foyer F, fût constamment dirigé
au centre du soleil. Mais le miroir de Buffon reste immobile pendant l'expérience; donc, à mesure que le soleil s'avance, le foyer
change de place en s'éparpillant. Donc le miroir de Buffon auroit
un second défaut essentiel, quand même le premier n'existeroit pas.

Voilà quels sont les deux défauts qui sont inhérens au miroir de
Buffon, et qui nuisent grandement à l'effet qu'il produiroit, s'il en
étoit exempt.

Mon miroir est exempt de tous ces défauts; car à mesure que le
soleil s'avance, les glaces qui le composent ne cessent de former un
miroir parabolique dont l'axe est constamment dirigé au centre du
soleil, en passant par l'objet qu'on veut enflammer; c'est-à-dire qu'à
chaque instant mon miroir change de forme pour produire son
effet.

Avant Buffon, Athanase Kircher imagina un miroir ardent pour
brûler à cent pieds et au-delà. Son miroir étoit un assemblage de
glaces planes et circulaires : il posoit ses glaces sur un mur, en
leur donnant une inclinaison convenable, pour que les images du
soleil fussent réfléchies sur le même objet.

Athanase Kircher ne fit ses expériences qu'avec cinq glaces; il
dit que la chaleur produite avec quatre glaces étoit encore suppor-
table, et que la chaleur produite avec cinq étoit presque insuppor-
table. Je crois très-fermement, dit Kircher, que c'est avec des
miroirs plans ainsi disposés, que Proclius brûla les vaisseaux de
Vitalien.

Kircher ne poussa pas ses expériences plus loin, et se contenta d'inviter les savans à les répéter, avec un plus grand nombre de glaces (*).

Il est inutile de faire observer que le miroir d'Athanase Kircher a tous les défauts de celui de Buffon.

Anthémius de Tralles, qui naquit vers la fin du cinquième siècle, et qui fut chargé par Justinien 1er de construire le temple de Sainte-Sophie à Constantinople, a aussi imaginé un miroir ardent. Il nous reste de lui un fragment où il en fait la description. Ce fragment, qui a été traduit par M. Dupuy, se trouve dans les Mémoires de l'Académie des Inscriptions et Belles-Lettres, de l'année 1777. Au lieu de faire moi-même la description du miroir d'Anthémius, je vais le laisser parler lui-même.

Construire une machine capable d'incendier, à un lieu donné distant de la portée d'un trait, par le moyen des rayons solaires.

Ce problème paroît comme impossible, à s'en tenir à l'idée de ceux qui ont expliqué la méthode de construire ce qu'on appelle *miroirs ardens;* car nous voyons toujours que ces miroirs regardent le soleil, quand l'inflammation est produite; de sorte que si le lieu donné n'est pas sur le même alignement que les rayons solaires, s'il incline d'un côté ou d'un autre, ou s'il est dans une direction opposée, il est impossible d'exécuter ce qu'on propose par le moyen de ces miroirs ardens. D'ailleurs la grandeur du miroir, laquelle doit être proportionnée à la distance où il s'agit de porter le feu au point d'incendier, nous force de reconnoître que la construction, telle qu'elle est exposée par les Anciens, est presque impraticable. Ainsi, d'après les descriptions qu'on en a données, on a raison de croire que le Problème proposé est impossible. Néanmoins comme on ne peut pas enlever à Archimède la gloire qui lui est due, puisqu'on s'accorde unanimement à dire qu'il brûla les vaisseaux ennemis

---

(*) Kircher, *De Arte magnâ lucis et umbræ*, lib. x, par. ii, probl. iv.

par le moyen des rayons solaires, la raison nous force d'avouer que par ce moyen même, le problème est possible. Pour nous, après avoir examiné la matière, après l'avoir considérée avec toute l'attention dont nous sommes capables, nous allons exposer la méthode que la théorie nous a fait découvrir, en faisant précéder quelques préliminaires nécessaires au sujet.

A un point donné d'un miroir plan, trouver une position, telle qu'un rayon solaire venant, selon quelqu'inclinaison que ce soit, frapper ce point, soit réfléchi à un autre point aussi donné.

Soit A (*fig.* 5) le point donné, le rayon BA donné, selon une direction quelconque, et qu'il faille que le rayon BA, tombant sur un miroir plan et attaché à ce point A soit réfléchi au point donné Γ.

Tirez du point A au point Γ la droite AΓ : divisez en deux parties égales l'angle BAΓ par la droite AΔ, et concevez le miroir plan EAZ dans une situation perpendiculaire à la ligne AΔ, il est évident, par ce qui a été démontré, que le rayon BA tombant sur le miroir EAZ, se réfléchira au point Γ ; ce qu'il falloit exécuter......

Par conséquent aussi tous les rayons solaires également inclinés, et tombant parallèlement à AB sur le miroir, seront réfléchis par des lignes parallèles à AΓ. Il est donc démontré que, de quelque côté que se trouve le point Γ, dans quelque position qu'il soit à l'égard du rayon solaire, ce rayon sera réfléchi du même côté par le miroir plan. Mais l'inflammation ne s'opère par le moyen des miroirs ardens, que parce que plusieurs rayons sont rassemblés en un seul et même lieu, et que la chaleur est condensée au sommet au point d'incendier. C'est ainsi que le feu étant allumé dans un lieu, les parties d'alentour et l'air ambiant reçoivent quelque chaleur proportionnée. Si donc nous concevons qu'au contraire tous ces degrés de chaleur soient rassemblés et réunis au milieu de cet endroit, ils y exerceront la vertu du feu dont nous parlons. Qu'il faille donc porter au point Γ éloigné du point A de la distance que nous avons assignée, et y rassembler différens autres rayons, par le moyen de miroirs plans et semblables, de manière que tous ces rayons, réunis après la réflexion, produisent l'inflammation ; c'est ce qui peut s'exécuter à l'aide de plusieurs hommes tenant des miroirs, qui, selon la position indiquée, renvoient les rayons au point r .....

Mais pour éviter les embarras où jette l'exécution d'un pareil ordre prescrit à plusieurs personnes, car nous trouvons que la matière qu'il s'agit de brûler n'exige pas moins de-vingt-quatre réflexions ; voici la construction qu'il faut suivre.

Soit le miroir plan hexagone ABΓΔEZ, et d'autres miroirs adjacens, semblables, hexagones, et attachés au premier suivant les lignes droites AB , BΓ , ΓΔ , ΔE , EZ (*fig.* 6), par le plus petit diamètre, de manière qu'ils puissent se mouvoir sur ces lignes, au moyen de lames ou bandes appliquées qui les unissent et les collent les uns aux autres, ou à l'aide de ce qu'on appelle des charnières. Si donc nous faisons que les miroirs d'alentour se trouvent dans le même plan que le miroir du milieu, il est clair que tous les rayons éprouveront une réflexion semblable et conforme à la position commune de toutes les parties de l'instrument. Mais si le miroir du milieu restant comme immobile, nous inclinons sur lui avec intelligence, comme cela est facile, tous les autres miroirs qui l'entourent, il est évident que les rayons qui en réfléchiront, tendront vers le milieu de l'endroit où est dirigé le premier miroir. Répétons la même opération, et aux environs des miroirs dont nous avons parlé, plaçant d'autres miroirs pareils, dont ceux d'alentour peuvent s'incliner sur le central, rassemblons vers le même point les rayons qu'ils renvoient, de sorte que tous ces rayons réunis produisent l'inflammation dans le lieu donné.

Mais cette inflammation se fera bien mieux, si vous pouvez employer à cet effet quatre ou cinq de ces miroirs ardens, et même jusqu'au nombre de sept, et s'ils sont entre eux à une distance analogue à celle de la matière à brûler, de manière que les rayons qui en partent, se coupant mutuellement, puissent rendre l'inflammation plus considérable. Car si les miroirs sont dans un seul lieu, les rayons réfléchis se coupent selon des angles très-aigus, de

sorte que tout le lieu autour de l'axe étant échauffé...... l'inflammation ne se fait pas au seul point donné. On peut aussi, à l'aide de la
construction de ces mêmes miroirs plans, offusquer les yeux des
ennemis, qui, dans leur marche ne les appercevant point, tombent
sur ceux qui les portent attachés au haut et en dedans de leurs
boucliers. Ces derniers tournent à propos et dirigent la réflexion
des rayons solaires vers un ennemi, qui ne peut que difficilement se
garantir de leur action et la surmonter.

Il est donc possible, par le moyen des miroirs ardens dont on a
parlé, et dont on a décrit la construction, de porter l'inflammation
à la distance donnée..... Aussi ceux qui ont fait mention des miroirs
construits par le divin Archimède, n'ont pas dit qu'il se fût servi
d'un seul miroir ardent, mais de plusieurs ; et je pense qu'il n'y
a pas d'autre moyen de porter d'un lieu l'inflammation à une
distance......

Mais comme les Anciens, en traitant des miroirs ardens ordinaires, n'ont exposé de quelle manière il faut tracer les emboles
que par un procédé organique, sans présenter à cet égard aucune
démonstration géométrique, sans dire même que c'étoient des sections coniques, ni de quelle espèce, ni comment elles se formoient,
nous allons essayer de donner quelques descriptions de pareils
emboles, non sans démonstration, mais par des procédés géométriques et démontrés.

Soit donc AB (*fig.* 7) le diamètre du miroir ardent que nous voulons construire, ou sur lequel nous voulons opérer ; et sur la ligne
ΓΕΔ, qui coupe perpendiculairement la ligne AB en deux parties
égales, soit le point Δ où nous voulons que se fasse la réflexion ; le
point E étant le milieu de la ligne AB. Joignez B, Δ, et par B soit
tirée à ΔΕΓ la parallèle BZ égale à BΔ ; par le point Z, la ligne
ZΓ parallèle à BA, coupant au point Γ la ligne ΔΕΓ. Coupez par le
milieu ΓΔ au point Θ, et ΘE sera la hauteur de l'embole relatif au
diamètre AB, comme on le verra par la suite. Divisez en autant de
parties égales que vous voudrez la droite BE, en trois, par exemple,
comme dans la figure ci-jointe ; savoir, EK, KΛ et ΛB ; et par les
points K, Λ, tirez à BZ, ΕΓ, les parallèles ΛM, KN. Ensuite divisez en

deux parties égales l'angle ZBΔ, par la droite BΞ, le point Ξ étant censé être au milieu entre les parallèles BZ, ΛM. Prolongez toutes ces parallèles du côté de Δ vers les points Π, P, Σ, je dis que le rayon parallèle à l'axe, c'est-à-dire à EΔ, et tombant par ΣB sur le miroir au point B, se réfléchira au point Δ, à cause que l'angle ZBΔ est divisé en deux parties égales, et que la réflexion se fait à angles égaux, comme on l'a montré précédemment (*).

Nous ferons pareillement réfléchir en Δ le rayon PΛ de cette manière. Soit tirée la droite ΞΔ, de même ΞM, ΞZ. Il est évident que ΞΔ est égale à ΞZ, à cause que l'angle en B est divisé en deux également. Mais ΞZ est égale à ΞM, parce que du point milieu Ξ, elles sont dirigées vers les points Z, M. Ainsi MΞ est égale à ΞΔ. Soit donc coupé en deux parties égales l'angle MΞΔ par la ligne ΞTO, le point O étant censé tenir le milieu entre les parallèles MΛ, NK; et cette ligne coupant la parallèle MΛ au point T; on démontrera par les mêmes raisons, que MT est égale à TΔ, et que TΔ..... (**).

Le reste manque.

Le miroir d'Anthémius, comme celui de Buffon, a toutes les propriétés, et n'a que les propriétés d'un miroir parabolique, composé de glaces planes. Ces deux miroirs peuvent enflammer un objet, quelle que soit sa position. Le miroir d'Anthémius, qui est construit géométriquement, est un véritable miroir parabolique, tandis que le miroir de Buffon, quand il est ajusté, est un miroir parabolique très-imparfait. Le foyer du miroir parabolique d'Anthémius est inva-

---

(*) Dans les manuscrits la ligne ZB n'est point prolongée, et les copistes ont écrit ΠK et ΞE au lieu de ΣB, ce qui ne présente aucun sens raisonnable. J'ai rectifié la traduction de Dupuy, dans laquelle on lit : « Je dis que le rayon ΠK » est parallèle à l'axe, c'est-à-dire à EΔ, et tombant par ΞE sur le miroir au » point B ».

(**) La ligne ΘΔ étant égale à ΘΓ, la ligne ΔT à TM, et la ligne ΔB à BZ, il est évident que les points Θ, T, B appartiennent à une parabole.

riable, tandis que le foyer du miroir de Buffon est variable à volonté. Mais l'on se tromperoit étrangement si l'on pensoit que, la position de l'objet à enflammer étant donnée, et la position du miroir étant donnée aussi, on pourroit enflammer cet objet dans tous les instans du jour et tous les jours de l'année. Ces deux miroirs ne peuvent produire tous leurs effets qu'au moment où le soleil se retrouve au même point du ciel où il se trouvoit, lorsque le miroir d'Anthémius fut construit, et lorsque celui de Buffon fut ajusté.

Il me reste à parler du miroir ardent d'Archimède, avec lequel, dit-on, il réduisit en cendres la flotte de Marcellus, devant les murs de Syracuse.

Les auteurs anciens qui parlent de ce miroir sont Lucien, Galien, Anthémius de Tralles, Eustathe, Tzetzès et Zonare.

Lucien dit, dans son Hippias, qu'Archimède, par un artifice singulier, réduisit en cendres les vaisseaux des Romains.

Galien s'exprime ainsi : « C'est de cette manière, du moins je le pense, qu'Archimède brûla les vaisseaux des ennemis. Car, à l'aide d'un miroir ardent, on enflamme avec facilité de la laine, des étoupes, une mèche, de la férule, et enfin tout ce qui est sec et léger (*) ».

Anthémius, qui florissoit au commencement du sixième siècle, nous apprend que l'on s'accordoit unanimement à dire qu'Archimède avoit brûlé les vaisseaux ennemis par le moyen des rayons solaires.

Eustathe, dans son commentaire de l'Iliade, dit qu'Archimède, par une invention de catoptrique, avoit brûlé la flotte des Romains à une distance égale à celle de la portée de l'arc.

« Enfin, dit Zonare, Archimède brûla la flotte des Romains d'une manière tout-à-fait admirable : car il tourna un certain miroir vers le soleil; il en reçut les rayons. L'air ayant été embrasé à cause de la densité et du poli de ce miroir, il alluma une grande flamme

---

(*) *De Temperamentis*, lib. III, cap. 2.

71

qu'il précipita sur les vaisseaux qui étoient dans le port, et les réduisit tous en cendres (*) ».

« Lorsque la flotte de Marcellus fut à la portée de l'arc, dit Tzetzès (**), le vieillard (Archimède) fit approcher un miroir hexagone qu'il avoit fabriqué. Il plaça, à une distance convenable de ce miroir, d'autres miroirs plus petits, qui étoient de la même espèce, et qui se mouvoient à l'aide de leurs charnières et de certaines lames quarrées de métal. Il posa ensuite son miroir au milieu des rayons solaires du midi d'été et d'hiver. Les rayons du soleil étant réfléchis par ce miroir, il s'alluma un horrible incendie dans les vaisseaux qui furent réduits en cendres, à une distance égale à celle de la portée de l'arc. . . . . Dion et Diodore qui ont écrit l'histoire d'Archimède, et plusieurs autres en ont parlé, principalement Anthémius qui a écrit sur les pro-

---

(*) Zonarias, *Annal.* lib. IX.

(**) ὡς Μάρκελλος δ᾽ ἀπέςησε βολὴν ἐκείνας (ὁλκάδας) τόξυ,

Ἐξάγων ὄντι ¹ κάτοπ]ρον ἐτέκτηνεν ὁ Γέρων.

Ἀπὸ δὲ δ]ιαςήμα]ος συμμέτρυ τῦ κατόπ]ρυ,

Μικρὰ τοιαῦτα κάτοπ]ρα θεὶς τετραπλᾶ γωνίαις,

Κινύμενα λεπίσι τὲ καί τισι γίγγλύμοις,

Μέσον ἐκεῖνο τέθεικεν ἀκτίνων τῶν ἡλίυ,

Μεσημβρινῆς καὶ θερινῆς, καὶ χειμεριωτάτης.

Ἀνακλωμένων δὲ λοιπὸν εἰς τῦτο τῶν ἀκτίνων,

Ἔξαψις ἤρθη φοβερὰ πυρώδ]ης ταῖς ὁλκάσι.

Καὶ ταύτας ἀπιτέφρωσιν ² ἐκ μήκους τοξοβόλυ.

Οὕτω νικᾷ τὸν Μάρκελλον ταῖς μηχαναῖς ὁ Γέρων.

. . . .

Ὁ Δίων καὶ Διόδωρος γράφει τὴν ἱςορίαν.

Καὶ σὺν αὐτοῖς δὲ μέμνην]αι πολλοὶ τῦ Ἀρχιμήδ]ης.

Ἀνθέμιος μὲν πρώτιςον, ὁ παραδοξογράφος.

Ἥρων, καὶ Φίλων, Πάππος τὲ καὶ παῖς ³ μηχανογράφος,

Ἐξ ὧνπερ ἀνεγνώκειμεν ηιατοπ]ρικὰς ἐξάψεις....

Tzetzès, chil. 2, hist. 35.

---

¹ Ἐξάλωτόν τι. Mss.

² Ἀπιτόξευσιν. Mss. 2644.

³ Πᾶς. Mss.

diges de la méchanique ; Héron, Philon, Pappus et enfin tous ceux qui ont écrit sur les méchaniques : c'est dans leurs ouvrages que nous lisons l'histoire de l'embrâsement occasionné par le miroir d'Archimède ».

Telles sont les autorités sur lesquelles est fondée l'histoire des miroirs ardens d'Archimède, et ces autorités me paroissent d'un grand poids. Cependant le silence de Polybe, de Tite-Live et de Plutarque, qui racontent avec beaucoup de détails ce que fit Archimède pour défendre Syracuse, pourroit faire douter de l'histoire de l'embrâsement de la flotte de Marcellus. Au reste, qu'Archimède ait brûlé ou non la flotte de Marcellus, il n'en reste pas moins constant qu'Archimède avoit imaginé un miroir ardent, et que ce miroir étoit un assemblage de miroirs plans.

Mais quel étoit le miroir ardent d'Archimède? Je tâcherai de répondre à cette question, après que j'aurai fait quelques observations sur les différentes sortes de miroirs paraboliques composés de glaces planes.

Soit un conoïde parabolique dont l'axe soit constamment dirigé au centre du soleil ; supposons ensuite que des glaces planes soient tangentes à ce conoïde, et supposons que ce conoïde soit coupé par un plan vertical qui passe par son axe. Si l'on coupe ce conoïde par un plan perpendiculaire sur l'axe, on aura, du côté du sommet, un miroir ardent composé de glaces planes qui n'enflammera un objet qu'autant qu'il sera placé directement entre le miroir et le soleil. Si l'on coupe le conoïde par un plan qui soit perpendiculaire sur le plan vertical, et qui passe entre le soleil et le zénith, le segment supérieur donnera un miroir ardent qui enflammera un objet de haut en bas, et l'autre segment donnera un miroir qui l'enflammera de bas en haut, pourvu que cet objet soit dans le plan vertical dont nous avons parlé. Supposons enfin que le plan coupant ne soit pas perpendiculaire sur l'axe, et qu'il fasse, avec l'horizon, un angle aigu, soit que le plan coupant passe par l'axe, soit qu'il coupe ou qu'il ne coupe pas l'axe, un des miroirs ardens qui résultera de cette section, enflammera de haut en bas, l'autre de bas en haut, un objet qui sera placé à la droite ou à la gauche du soleil, et c'est le cas du miroir d'Anthémius et de celui de Buffon.

Cela posé, revenons au miroir ardent d'Archimède. Anthémius rapporte, que dans les descriptions que les anciens auteurs donnoient des miroirs ardens, on voyoit toujours que ces miroirs regardoient le soleil, quand l'inflammation étoit produite, et que l'objet enflammé n'étoit jamais ni à droite, ni à gauche. D'où je conclus que le miroir d'Archimède étoit un des segmens du conoïde parabolique dont nous avons parlé, lorsque le plan coupant est perpendiculaire sur le plan vertical.

Tzetzès nous apprend que le miroir d'Archimède étoit un assemblage de miroirs hexagonaux qui se mouvoient à l'aide de leurs charnières et de certaines lames de métal, c'est-à-dire que les miroirs d'Archimède étoient assemblés, de manière que chacun pouvoit se mouvoir en tous sens, comme dans le miroir de Buffon, et jusques-là le miroir de Buffon ne diffère de celui d'Archimède, qu'en ce que dans le premier les miroirs sont rectangulaires, et que dans le second les miroirs sont hexagonaux.

Tzetzès ajoute qu'Archimède plaça son miroir au milieu des rayons solaires du midi d'été et d'hiver (*); c'est-à-dire qu'il plaça son miroir perpendiculairement au plan de l'équateur. Si le miroir d'Archimède n'avoit été destiné à produire l'inflammation qu'au moment où le soleil étoit dans un plan perpendiculaire sur le plan

---

(*) Ce passage, qui n'a été compris par personne, est cependant bien clair. Voici ce passage traduit mot à mot : « Il posa le miroir au milieu des rayons » solaires méridionaux, estivaux et hyémaux ». Melot traduit ainsi ce passage : « Il plaça son miroir hexagone, de façon qu'il étoit coupé par le milieu par » le méridien d'hiver et d'été ». Ce qui n'offre aucun sens, car comment seroit-il possible qu'un même lieu eût deux méridiens. Buffon cherche à donner un sens raisonnable à cette version. « Tzetzès, dit-il, indique la position du » miroir en disant que le miroir hexagone, autour duquel étoient sans doute les » miroirs plus petits, étoit coupé par le méridien, ce qui veut dire apparemment » que le miroir doit être opposé directement au soleil ». Dutens, qui a traduit ce passage de Tzetzès, supprima cette phrase qu'il ne comprenoit pas.

du miroir et sur le plan de l'horizon, il est évident qu'il auroit été fort indifférent que ce miroir fût ou ne fût pas placé perpendiculairement sur le plan de l'équateur. Mais pourquoi Archimède plaçoit-il son miroir perpendiculairement sur le plan de l'équateur? C'étoit afin que son miroir pût réfléchir les rayons solaires sur le même objet pendant tout le temps que le soleil étoit sur l'horizon, et je vais démontrer que le miroir étant ainsi posé, étoit capable de produire cet effet de deux manières différentes.

Soit AB (*fig.* 8) une verge de fer parallèle à l'axe du monde. Que CD soit une branche de fer perpendiculaire sur AB, que EF soit le miroir d'Archimède, et qu'il soit placé de manière que la branche de fer CD soit perpendiculaire sur son plan prolongé. Il est évident que ce miroir placé ainsi sera perpendiculaire sur le plan de l'équateur. Supposons que par le moyen d'une vis de rappel, comme on le voit dans la fig. 9, on puisse faire mouvoir la verge de fer AB sur elle-même. Cela posé, qu'une personne en tournant la vis de rappel soit chargée de maintenir le miroir dans une position perpendiculaire sur le plan vertical, qui passe par l'axe de la verge de fer AB et par le centre du soleil, et qu'une autre personne soit chargée d'ajuster le miroir de manière que les images réfléchies soient portées en un point D, pris sur la verge de fer CD.

Si pendant toute la journée, on maintient, par le moyen de la vis de rappel, le miroir dans une position perpendiculaire sur le plan vertical qui passe par l'axe de la verge de fer AB et par le centre du soleil, il est évident que les images réfléchies au point D y resteront fixées sans éparpillement et sans déplacement du foyer; car si le contraire pouvoit arriver, ce seroit parce que, dans l'espace de douze ou quinze heures, le soleil s'approcheroit ou s'éloigneroit de l'équateur d'une manière sensible. Ce qui n'est point.

Soit en second lieu une pièce de fer ACDEB (*fig.* 9) : que ses extrémités AC, EB, soient cylindriques, et que la partie CDE soit aplatie et ployée en demi-cercle; que les axes des cylindres AC, EB, soient dans la droite AB, et que cette droite soit parallèle à l'axe du monde; que la pièce de fer ACDEB soit mobile autour de l'axe AB, et que LI soit une vis de rappel ; que DK soit le miroir d'Archimède ; que ce miroir soit placé parallèlement à AB et perpendiculairement au plan qui passe par l'axe de la droite AB et par le point D, milieu de la largeur de la bande CDE. Il est évident que le miroir DK sera placé perpendiculairement au plan de l'équateur.

Cela posé, qu'une personne en tournant la vis de rappel KL soit chargée de maintenir le miroir dans une position perpendiculaire sur le plan vertical qui passe par AB et par le centre du soleil, et qu'une autre personne soit chargée d'ajuster le miroir de manière que les images réfléchies soient portées en un point L de l'axe. Le miroir étant ajusté, il est évident que les images réfléchies au point D y resteront fixées pendant tout le temps que le soleil sera sur l'horizon.

Par le moyen d'un cadran GG et d'une aiguille fixe avec l'axe AB, il sera facile, connoissant l'heure du jour, de maintenir le miroir dans la position qu'il doit avoir.

J'ai démontré que le miroir ardent d'Archimède restant perpendiculaire sur le plan de l'équateur, il étoit possible de fixer sur un objet les images solaires, pendant tout le temps que le soleil étoit sur l'horizon, et j'ai fait voir que cela pouvoit se faire de deux manières. Mais il est évident qu'avec les constructions que je viens de donner, la chose n'est physiquement possible que quand la distance de l'objet à enflammer au miroir ne passe pas certaines bornes. Il me reste à faire voir qu'en modifiant la seconde construction on peut enflammer un objet placé à une grande distance.

Pendant que la droite DK tourne autour de l'axe AB, la perpendiculaire menée du point K sur AB engendre un cercle parallèle à l'équateur, et la droite menée du point K parallèlement à AB engendre une ellipse dans le plan horizontal. Il suit de là que si l'on faisoit mouvoir le miroir DK de manière que cette droite DK prolongée se mût suivant l'ellipse horizontale, et que le point D se mût suivant la circonférence du cercle parallèle à l'équateur, le plan du miroir restant toujours parallèle à l'axe du monde et perpendiculaire sur le plan vertical qui passe par le centre du soleil et par le centre du miroir, il est évident que les images réfléchies par les miroirs resteroient fixées au point L comme auparavant.

Cela posé, voici comment on pourroit venir à bout d'incendier un objet placé à une grande distance.

La hauteur du pôle et la distance de l'objet à incendier étant connues, l'ellipse qu'il s'agit de tracer sur le plan horizontal est déterminée. Cette ellipse étant tracée, on feroit mouvoir le miroir de la même manière que dans la figure 9, à l'aide d'une machine dont la construction seroit facile à imaginer. D'où je conclus qu'en suivant les mêmes principes qu'auparavant, on peut incendier un objet placé à une grande distance. Donc en se conduisant ainsi Archimède auroit pu embraser la flotte de Marcellus.

Il sera facile de s'appercevoir que le miroir EF (*fig.* 8) et DK (*fig.* 9), pourroit avoir une position oblique sur le plan de l'équateur, pourvu que dans les deux cas, il fût fixe avec la droite AB perpendiculaire sur le plan de l'équateur.

Voilà ce que j'avois à dire sur le miroir d'Archimède. Il ne me reste pour terminer ce Mémoire que deux observations à faire. Si le miroir DK, au lieu d'avoir une position fixe, étoit mobile dans la bande de fer CDE (*fig.* 9), et si ce miroir étoit ajusté pour porter les images au point R milieu de CE, il est évident que si l'on faisoit en sorte que ce miroir eût son axe YZ constamment dirigé au centre du soleil, le foyer resteroit au point R pendant toutes les heures du jour et pendant tous les jours de l'année.

J'appelle l'axe d'un miroir ardent l'axe du conoïde, dont une partie de la surface forme le miroir ardent.

D'après les mêmes principes, il seroit facile de monter un miroir de réfraction, de manière que son foyer fût constamment au même point.

Soit AB (*fig.* 10) une verge de fer parallèle à l'axe du monde ; que CDE soit une bande de fer ployée en arc de cercle, ayant pour centre le point M pris sur l'axe de la verge AB ; que KL soit une lentille mobile autour d'un axe perpendiculaire sur le plan qui passe par AB et par le milieu de la largeur de la bande CDE. Supposons qu'à l'aide d'une vis de rappel on maintienne, pendant tout le temps que le soleil est sur l'horizon, la lentille parallèle au soleil, il est évident que le foyer Q restera fixe au même point d'un creuset RDS placé sur la bande CDE.

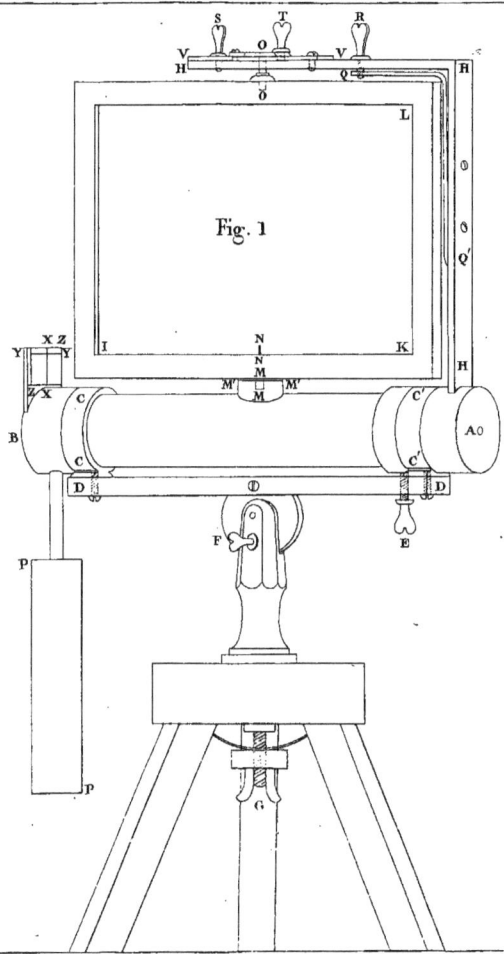

Fig. 1

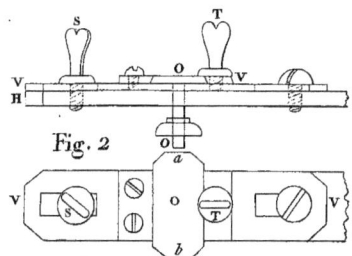

Fig. 2

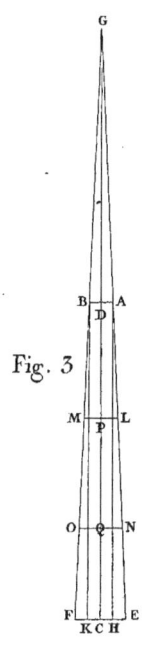

Fig. 3

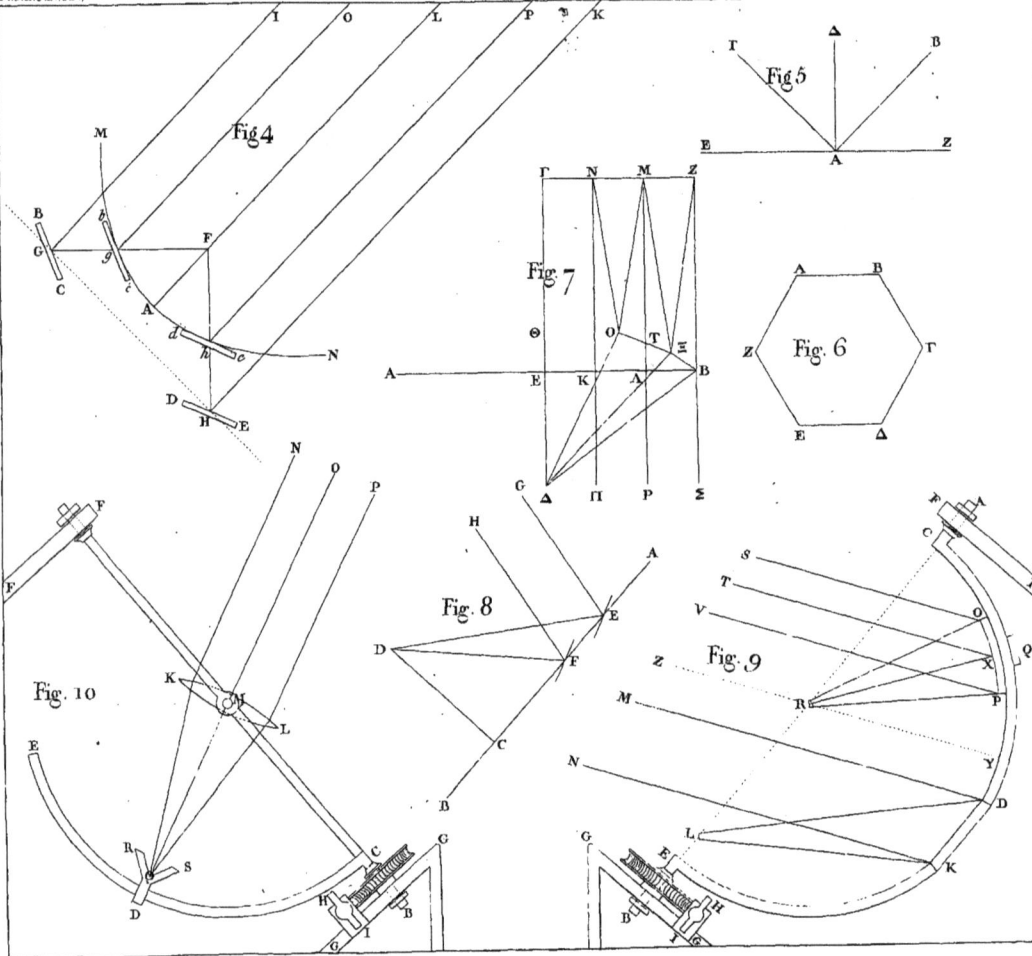

Fig 4

Fig 5

Fig. 6

Fig. 7

Fig. 8

Fig. 9

Fig. 10

DE
L'ARITHMÉTIQUE
DES GRECS;

Par M. DELAMBRE, Secrétaire perpétuel de la classe des Sciences physiques et mathématiques de l'Institut, Membre du Bureau des Longitudes, de la Légion d'honneur, etc.

DE
L'ARITHMÉTIQUE
DES GRECS.

Les Grecs n'avoient pas eu cette idée si heureuse et si féconde, que nous tenons des Arabes ou plutôt des Indiens, et qui fait qu'avec neuf chiffres dont la valeur augmente en progression décuple à mesure qu'on les avance vers la gauche, nous sommes en état d'exprimer commodément les nombres les plus considérables.

La supériorité du systême arithmétique des Indiens est si marquée, qu'elle a fait oublier entièrement les méthodes des anciens Grecs. Les foibles vestiges qui nous en restent sont épars dans des ouvrages qui n'ont pas été traduits, ou dont les traductions sont rares et ignorées. Les traducteurs se sont même contentés de nous donner en chiffres arabes l'équivalent à-peu-près de ce qui est dans le texte grec, s'embarrassant fort peu de montrer la marche et l'esprit de l'opération ; en sorte qu'à l'exception d'un petit nombre de lecteurs qui ont pu consulter les originaux ; on peut dire avec quelque vraisemblance que personne n'a une idée même incomplète de l'arithmétique grecque. Les Mémoires de l'Académie des inscriptions et belles-lettres renferment à la vérité une Histoire de l'arithmétique ancienne, mais on n'y trouve que quelques idées sur l'usage des jetons dans les calculs, et rien sur l'arithmétique écrite.

Une réflexion nous porte à croire que les monumens de ces méthodes abandonnées doivent être infiniment rares ; c'est qu'aucun de nos savans antiquaires ne les a choisis pour objet de ses recherches. Cependant nous avons la certitude qu'en géométrie et en astronomie, les Anciens ont exécuté des calculs assez considérables. Leurs moyens, sans doute, étoient fort inférieurs à ceux que nous pourrions employer aujourd'hui pour les mêmes problèmes ; mais cette considération même peut donner quelque intérêt aux recherches suivantes entreprises à l'issue d'une audience donnée par le premier Consul, au bureau des longitudes, et dans laquelle il avoit lui-même amené la conversation sur ce sujet.

Les auteurs qui nous ont conservé les notions recueillies dans ce Mémoire, sont Archimède, dans sa mesure du cercle et dans son *Arénaire ;* Eutocius, dans les Commentaires grecs qu'il nous a laissés sur cet ouvrage ; Ptolémée qui, dans sa *grande Composition* (l'Almageste), nous a donné des tables des cordes, de déclinaison, d'équation du centre, et de latitude pour le soleil et les planètes, et autres tables de ce genre, avec les méthodes qui ont servi à les construire ; Théon, dans ses Commentaires grecs sur la grande composition de Ptolémée ; et enfin Pappus, dans un fragment publié par Wallis dans le tome III de ses OEuvres. Les deux premiers livres de Pappus traitoient particulièrement de l'arithmétique, et nous y aurions peut-être trouvé les préceptes et les méthodes d'après lesquels les Grecs exécutoient les opérations numériques, c'est-à-dire, l'addition, la soustraction, la multiplication, la division et l'extraction des racines : mais ces livres sont perdus : il n'en reste que le fragment dont nous venons de parler. J'ai vainement consulté tous les ouvrages où j'espérois trouver des renseignemens utiles ; j'ai lu en entier le traité qui porte pour titre : Θεολογούμενα τῆς ἀριθμετικῆς ; celui de Psellus, *Arithmetica, Musica et Geometria;* celui de Camerarius, *de Græcis Latinisque numerorum notis et præterea Saracenicis seu Indicis, cum indicio elementorum ejus quam logisticen Græci nominant,* etc. On voit dans tous ces auteurs des idées sur la composition des nombres, sur les moyens de trouver les nombres premiers, sur les raisons, sur les proportions, sur les nombres figurés et sur quelques solides employés dans le toisé ; mais pas un mot de ce que j'y cherchois : tous ces écrivains supposent à leurs lecteurs la connoissance des premières règles de l'arithmétique.

J'avois même entrepris quelques recherches dans les manuscrits de la bibliothèque impériale. Feu M. Parquoy, savant aussi estimable que modeste, a bien voulu les continuer, mais sans beaucoup de succès. Il n'a pu rencontrer que trois exemples de division pour trouver l'indiction d'une année quelconque, et dans lesquels on n'avoit par conséquent à opérer que sur des nombres trop peu considérables pour qu'il en résultât de grandes lumières. Nous en donnerons ici de plus importans, et desquels nous pourrons tirer un traité complet des cinq opérations auxquelles se réduit toute l'arithmétique.

Si la notation des Grecs étoit beaucoup moins simple que la nôtre, elle étoit du moins fort régulière.

Au lieu des caractères. 1 2 3 4 5 6 7 8 9
ils avoient pour exprimer les unités, les lettres α β γ δ ε ς ζ η θ

Au lieu de les employer pareillement pour
les dixaines, ils se servoient des lettres . . . ι κ λ μ ν ξ ο π ϟ

Pour les centaines, ils prenoient . . . . . ρ σ τ υ φ χ ψ ω ϡ
Mais c'est à cela que se bornoient tous leurs chiffres.

Pour les mille, ils employoient . . . . . . α̗ β̗ γ̗ δ̗ ε̗ ς̗ ζ̗ η̗ θ̗

C'est-à-dire qu'ils avoient recours aux caractères des unités simples, avec cette seule différence que pour les distinguer ils y joignoient l'iota souscrit, ou bien qu'ils les marquoient d'un trait par-dessous.

Avant d'aller plus loin, remarquons le rapport constant qui règne entre les quatre caractères qu'on voit ici placés dans chaque colonne verticale.

α, ι, ρ, α̗, ou 1, 10, 100, 1000,

forment une progression géométrique dont la raison est dix. Il en est de même des nombres

β, κ, σ, β̗, ou 2, 20, 200, 2000

γ, λ, τ, γ̗, ou 3, 30, 300, 3000

et de tous les autres.

Les Grecs avoient remarqué ce rapport, et ils avoient des mots pour exprimer la relation de ces nombres. Les nombres de la première rangée horizontale, c'est-à-dire les simples unités α, β, γ, etc. étoient appelés les *fonds* (πυθμένες) des nombres de dixaines, de centaines et de mille ; et ces derniers s'appeloient les *analogues* de ceux auxquels ils correspondent parmi les unités. Dans certains cas, on opéroit sur les *fonds* au lieu d'opérer sur les *analogues;* après quoi, à l'aide de quelques théorêmes, on ramenoit le résultat du calcul à celui qu'on auroit eu si l'on eût opéré sur les *analogues* eux-mêmes, en suivant les règles ordinaires de l'arithmétique.

Avec les caractères qu'on vient de voir, les Grecs pouvoient exprimer un nombre quelconque au-dessous de 10000 ou d'une myriade. Ainsi, θϡϟθ signifioient 9999 ; ζτπβ valoient 7382 ; ηλϛ marquoient 8036 ; ϛυκ valoient 6420 ; δα, 40001, et ainsi des autres.

Pour exprimer une myriade ou 10000, on auroit pu mettre un trait sous la lettre ι, qui par elle-même vaut 10; et cette notation est en effet indiquée dans quelques lexiques, mais je ne vois pas qu'elle ait été employée par les géomètres.

Pour indiquer un nombre de myriades, on se servoit de la lettre M surmontée du nombre en question.

Ainsi $\overset{\alpha}{M}$ $\quad\overset{\beta}{M}$ $\quad\overset{\gamma}{M}$ $\quad\overset{\delta}{M}$

valoient 10000 20000 30000 40000, etc.

$\overset{\lambda\zeta}{M}$ valoient 37 myriades ou 370000 ; $\overset{\delta\tau o\beta}{M}$ exprimoient 4372 myriades ou 43720000 ; et en général la lettre M, mise au-dessous d'un nombre quelconque, produisoit le même effet que nous produisons en mettant quatre zéros à la suite de ce nombre.

Cette notation est celle dont se sert Eutocius dans ses Commentaires sur Archimède : elle étoit peu commode pour le calcul.

Pour désigner les myriades, Diophante et Pappus se servent des deux initiales Mυ placées après le nombre. Ainsi αMυ, βMυ, γMυ, etc. représentoient 10000, 20000, 30000, etc. ; δτοβMυ ηϞζ valoient 4372 myriades 8097 unités, ou 43728097. Cette manière ressemble à celle que nous employons pour les nombres complexes, comme 4 toises 5 pieds 6 pouces.

Les mêmes auteurs employent encore une notation bien plus simple ; c'est de remplacer par un point les initiales Mv. Ainsi $\delta\tau o\beta$. $\eta\zeta\zeta$ valoient 43728097.

Les Grecs pouvoient ainsi noter jusqu'à 9999.9999 qu'ils écri-voient $\theta\theta\zeta\theta.\theta\theta\zeta\theta$; une unité de plus auroit fait la myriade de my-riade, qui dans notre système vaut 100,000,000 = 10000^2 ou cent millions. C'étoit là que se bornoit l'arithmétique des Grecs ; et cette étendue leur suffisoit de reste, parce que leurs unités de compte, telles que le talent, le stade, étoient plus fortes que nos unités ordinaires, la livre ou la toise. Il n'y avoit donc guères que les géomètres et les astronomes qui pussent se trouver quelquefois trop à l'étroit entre ces limites. Par exemple, Archimède dans son *Arénaire*, ayant à exprimer le nombre de grains de sable que contiendroit une sphère qui auroit pour diamètre la distance de la terre aux étoiles fixes, et ce nombre étant, d'après lui, tel qu'il faudroit pour l'exprimer dans notre système un nombre de soixante-quatre figures ; Archimède, dis-je, se vit obligé de prolonger indé-finiment la notation arithmétique des Grecs.

Nous avons dit que cette notation avoit pour limite la myriade de myriade, ou la myriade quarrée, ou cent millions. Archimède imagina de prendre cette myriade quarrée pour unité nouvelle, et les nombres formés de ces unités nouvelles, il les appelle nombres du second ordre.

De cette manière il exprimoit tous les nombres qui, dans notre système, s'expriment avec 16 chiffres.

Prenant ensuite pour unité nouvelle, l'unité suivie de 16 zéros, ou la quatrième puissance de la myriade, il en forma ses nombres du troisième ordre.

L'unité suivie de 24 zéros, ou la sixième puissance de la myriade, compose pareillement les nombres du quatrième ordre.

En général, en prenant pour unité la puissance $2n$ de la myriade, il en forma des nombres de l'ordre ($n+1$).

Supposons $n = 8$, $2n = 16$, l'unité suivie de 16 fois 4 zéros, ou de 64 zéros, composera les nombres de l'ordre neuvième, ou $(8+1)$, dont le plus petit aura 65 figures. Ainsi, pour aller à 64 figures, Archimède n'avoit besoin que du huitième ordre.

Cette notation, imaginée pour un cas tout particulier, ne fut, suivant toute apparence, employée que cette seule fois, et même elle ne le fut pas réellement. En effet, Archimède se contenta d'in-diquer les opérations, sans en exécuter aucune. Après avoir évalué la sphère dont le diamètre est d'un quarantième de doigt, il en conclut d'abord celle d'un doigt, puis celle de 100 doigts, de 10000 doigts, d'un stade, de 100 stades, de 10000 stades, et ainsi de suite, en centuplant toujours le diamètre, d'où il suit que les capacités qui sont en raison triplée des diamètres, se trouveroient dans notre système en ajoutant 6 zéros à chaque opération. La chose est un peu moins facile dans le système des Grecs ; mais on conçoit qu'à l'aide de quelques lemmes, il a pu déterminer à quel ordre monteroit le produit de deux facteurs dont les ordres seroient connus. Il ne faut qu'un seul de ces lemmes quand les deux fac-teurs sont des *analogues* de l'unité ; c'est-à-dire, dans notre sys-tême, quand ils ne sont tous deux que l'unité suivie de plus ou moins de zéros. Ce lemme dans ce cas est extrêmement simple, et le voici.

Soit l'unité suivie de tous ses analogues, c'est-à-dire a, ι, ρ, a, $a M \upsilon$, ou 1, 10, 100, 1000, 10000, etc. Soit n le numéro d'un terme quelcon-que de cette progression, m le numéro d'un autre terme aussi quel-conque, le produit sera aussi un terme de la même progression et son numéro sera $(m + n - 1)$; ou bien soit n le nombre de figures d'un terme de la progression, m le nombre de figures d'un autre terme, le nombre de figures du produit sera $(m + n - 1)$. Ainsi supposons $m = 2$, $n = 3$, c'est-à-dire que les deux facteurs soient 10 et 100, $m + n = 2 + 3 = 5$, le nombre de figures sera $5 - 1 = 4$. En effet, $10 \times 100 = 1000$.

Le nombre de zéros du terme n sera $(n - 1)$, celui des zéros du terme m sera $(m - 1)$; le nombre de zéros du produit sera $(n - 1) + (m - 1) =$ somme des zéros des deux facteurs.

Archimède démontre ce théorême, mais il ne donne que celui-là. Quelques personnes ont cru y voir l'idée des logarithmes ; mais Archimède ne fait mention que des nombres entiers de la progression, 1, 10, 100, 1000, et ne dit rien qui puisse nous faire penser qu'il ait même entrevu la possibilité ou l'utilité d'intercaler entre ces nombres d'autres nombres fractionnaires qui approcheroient autant qu'on le jugeroit nécessaire, d'être égaux aux nombres de la suite naturelle, et qu'on pourroit par ce moyen substituer l'addition de leurs numéros d'ordre dans la progression, à la multiplication des deux nombres mêmes ; il n'a pas même étendu son idée à la soustraction, qui auroit pu remplacer la division ; enfin, il étoit si éloigné d'envisager cette idée comme devant être utile dans les calculs pratiques, qu'il paroît au contraire évident qu'elle n'a été pour lui-même qu'un moyen de se dispenser du calcul, et non pas un moyen de rendre les calculs plus faciles.

La progression employée par Archimède est donc

$$\alpha, \quad \iota, \quad \rho, \quad \varphi, \quad \alpha., \quad \iota., \quad \rho., \quad \varphi., \quad \text{etc.}$$
$$1, \ 10, \ 100, \ 1000, \ 10000, \ 100000, \ 1000000, \ 10000000, \ \text{etc.}$$

Si pour plus de simplicité il eût écrit

$$\underset{\text{I}}{\alpha} \quad \underset{\text{II}}{\alpha} \quad \underset{\text{III}}{\alpha}, \ \text{etc.}$$

il eût trouvé notre arithmétique, ou du moins les traits souscrits eussent été à-peu-près l'équivalent de nos zéros ; cependant, pour compléter la découverte il auroit fallu supprimer les traits, et dire que l'ordre des unités seroit déterminé par le rang que le nombre occuperoit ; et alors il auroit encore fallu imaginer un caractère pour remplir les places vacantes.

Ce qu'il n'a pas imaginé de faire pour la série ascendante, les astronomes l'ont appliqué à la série descendante.

α^0, α^{I}, α^{II}, α^{III}, α^{IV}, etc. formoient en effet une progression géométrique ; mais la raison étoit $\frac{1}{60}$ et non $\frac{1}{10}$.

En outre de la progression ci-dessus 1^0, 1^{I}, 1^{II}, 1^{III}, 1^{IV}, etc.
On avoit encore . . . . 2^0, 2^{I}, 2^{II}, 2^{III}, 2^{IV}, etc.
Ou telle autre qu'on vouloit . . . . 17^0, 17^{I}, 17^{II}, 17^{III}, 17^{IV}, etc.
Et ainsi jusqu'à. . . . . 59^0, 59^{I}, 59^{II}, 59^{III}, 59^{IV}, etc.

Les différens termes de cette progression étoient le plus souvent composés de deux chiffres, on ne pouvoit donc pas supprimer les signes ⁰, ᴵ, ᴵᴵ, ᴵᴵᴵ, ᴵⱽ, etc. qui marquoient leur ordre, et rendre la valeur du terme dépendant du rang qu'il occupoit dans la série ; il auroit fallu pour cela 59 caractères au lieu de 9. On ne pouvoit donc de ce côté arriver à notre arithmétique : on en étoit plus voisin en s'arrêtant à l'idée d'Archimède. Apollonius, au rapport de Pappus, y fit quelques changemens heureux. Au lieu de ces ordres ou tranches composées de 8 chiffres, et qu'Archimède nommoit pour cette raison des octades, il imagina de ne composer ses tranches que de quatre chiffres. La première tranche à droite étoit celle des unités ; la seconde en allant vers la gauche étoit celle des myriades simples ; la troisième étoit celle des myriades doubles ou du second ordre, ainsi de suite à l'infini ; en sorte qu'en général la tranche du numéro n contenoit les myriades du degré $(n-1)$. Ainsi à chaque tranche on voyoit reparoître les mêmes caractères, mais avec une valeur toujours croissante et proportionnelle aux puissances successives de la myriade. De cette manière, Apollonius auroit pu écrire tout ce que sait exprimer notre numération, et pour en donner un exemple, prenons la circonférence du cercle dont le diamètre est une myriade du neuvième ordre, la circonférence sera

γ. αυιε. θσξε. γϙπθ. ϛꟼλβ. γωμϛ. βχμγ. γωλβ. ϛꟼν. βωκδ.

3. 1415. 9265. 3589. 7932. 3846. 2643. 3832. 7950. 2824.

Il n'y avoit plus qu'un pas de cette arithmétique à la nôtre ; il falloit faire pour les simples dixaines ce qu'on avoit fait pour les dixaines de mille.

Il paroit que c'est encore à Apollonius qu'on étoit redevable d'un autre changement dans l'arithmétique des Grecs. Nous avons déjà dit qu'au nombre de dixaines, de centaines ou de mille, on substituoit quelquefois les unités qui leur correspondoient ; par exemple, si l'on avoit à multiplier 50 par 400 ou ν par υ, au nombre υ ou 400, on substituoit δ ou 4 qui en étoit le *fond*. Au nombre 50 ou ν on substituoit le *fond* 5 ou ε. On multiplioit donc 5 par 4 ;

le produit étoit κ ou 20. Mais on avoit rendu l'un des facteurs 100 fois trop petit et l'autre 10 fois trop petit; le produit étoit donc 100 × 10 fois et 1000 fois trop petit; il falloit donc le multiplier par 1000; au lieu de 20 on avoit 20000 ou 2 myriades.

C'étoit un acheminement vers notre arithmétique; mais comme ils ne faisoient là aucun usage de zéros, au lieu d'une règle unique qui nous suffiroit dans ce cas, et qui seroit de mettre à la suite du produit un nombre de zéros égal au nombre de zéros négligés dans l'un et l'autre facteur, il leur falloit une douzaine de théorêmes différens pour déterminer dans tous les cas à quel degré de myriades appartenoit le produit.

Ces théorêmes nous ont été conservés par Pappus, et publiés par Wallis; pour nous les démontrer tous il suffit de les écrire avec nos caractères arithmétiques. Nous ne rapporterons donc pas ces théorêmes; ceux qui en seroient curieux peuvent consulter le tome III des OEuvres de Wallis.

Le zéro n'étoit pourtant pas tout-à-fait inusité chez les Grecs. On le trouve dans Ptolémée, mais seulement dans l'usage des fractions sexagésimales; son emploi se borne à tenir la place d'un ordre sexagésimal qui manque entièrement. Ainsi, dans la table des déclinaisons des points de l'écliptique, 0°. κδ^I. ις^{II}. signifioient 0°. 24^I. 16^{II}.; ς°. 0^I. λα^{II}. valoient 6°. 0^I. 31^{II}.; κα°. μα^I. 0^{II}. exprimoient 21°. 41^I. 0^{II}.

Le zéro en grec se nommoit τζιφρα, d'où vient le mot chiffre. Mais τζιφρα ne se trouve à ma connoissance que dans le Traité de l'arithmétique indienne de Planude, qui écrivoit dans le quatorzième siècle. Ce mot a l'air un peu barbare, et je ne l'ai vu dans aucun auteur ancien.

Ainsi chez les Grecs le zéro étoit tout seul; jamais il ne se combinoit avec un autre chiffre pour en changer la valeur. Comme dans chaque tranche les nombres avoient leurs valeurs propres, indépendantes de la place qu'ils y occupoient, le zéro devenoit alors inutile, et les tranches au lieu d'être constamment de quatre chiffres, n'en avoient quelquefois que trois, deux, ou même un seul.

Ainsi pour exprimer le nombre . . . 3479. 5012. 6008. 7000. les Grecs auroient écrit . . . . γυοθ. ειβ. ςη. ζ.

Et ils n'auroient employé que 10 figures au lieu de 16 que nous aurions en mettant des zéros à toutes les places vides.

Quand la tranche des unités manquoit entièrement, on l'indiquoit en écrivant Mυ à la place de cette tranche ; et ce signe montroit que le nombre précédent avoit des myriades pour unités. Si deux ou plusieurs tranches manquoient à la droite, on y mettoit autant de fois Mυ.

Ainsi pour exprimer . . . . 37. 0000. 0000. 0000. 0000. les Grecs écrivoient . . . . λζ. Mυ. Mυ. Mυ. Mυ. ou 37 myriades quadruples. Voyez Pappus dans les OEuvres de Wallis.

Le caractère M° employé par Diophante et Eutocius, indique des monades, c'est-à-dire des unités. Ainsi M°κα signifie unités 21.

Il nous reste à dire comment les Grecs écrivoient les fractions.

Un trait placé à la droite d'un nombre et vers le haut, faisoit de ce nombre le dénominateur d'une fraction dont l'unité étoit le numérateur. Ainsi $\gamma' = \frac{1}{3}$; $\delta' = \frac{1}{4}$; $\xi\delta' = \frac{1}{64}$; $\rho\kappa\alpha' = \frac{1}{121}$. La fraction $\frac{1}{2}$ avoit un caractère particulier : $($ ou $<$ ou $($ ou K.

Quand le numérateur étoit autre que l'unité, le dénominateur se plaçoit comme nos exposans. Ainsi 15^{64} signifioit $\frac{15}{64}$ ou $\iota\epsilon\xi\delta'$; $\frac{7}{121}$ s'écrivoit $\zeta^{\rho\kappa\alpha}$, et l'on trouve dans Diophante, livre IV, question 46, la fraction $\sigma \xi\gamma. \gamma\varphi\mu\delta^{\lambda\gamma. \alpha\downarrow\circ\varsigma}= 2633544^{331776} = \frac{2633544}{331776}$.

Pour mieux entendre ce qui suit, le plus sûr seroit de se familiariser avec les 36 caractères grecs. Cependant, pour ceux qui ne voudroient pas prendre cette peine, je traduirai en chiffres arabes tous les exemples de calculs que je donnerai : le moyen est bien simple, c'est d'imiter ce que nous faisions dans nos opérations complexes, avant l'établissement du systême métrique décimal. Soient donc y le signe des myriades, m celui des mille, c celui des centaines, d celui des dixaines, o celui des monades ou unités, le nombre $\gamma. \varphi\downarrow\circ\varepsilon$ ou 31775 pourra s'écrire 3^y 1^m 7^c 7^d 5°.

Cette notation à laquelle nous sommes d'avance familiarisés, nous suffira par-tout pour faire toutes les opérations de l'arithmétique des Grecs.

Nous allons ainsi donner des exemples de toutes les opérations de l'arithmétique, soit dans le systême décimal, soit dans le systême sexagésimal, qui étoit seul employé dans les calculs astronomiques.

EXEMPLE DE L'ADDITION

Tiré d'Eutocius, sur le théorême IV de la mesure du cercle.

ωμζ. γϑκα	8^c 4^d 7°. 3^m 9^c 2^d 1°	847. 3921
ξ. ηυ	6^d 8^m $\bar{4}^c$	60. 8400
Somme ϑη. βτκα	9^c ..^{d} 8°. 2^m 3^c 2^d 1°	908. 2321

La seconde ligne ne contenant ni dixaines ni unités, l'addition pour les deux ordres se borne à prendre les nombres 2^d 1° de la première ligne.

Les centaines offrent $9^c + 4^c = 13^c = 1^m + 3^c$. Je pose donc les 3^c et je retiens le mille pour la colonne suivante ; là se trouve $3^m + 8^m = 11^m$, qui avec le mille retenu font $12^m = 1^y + 2^m$; nous poserons donc les 2^m, et nous retiendrons la myriade qui sera unité simple dans la seconde tranche.

Nous y trouvons d'abord 7° et rien au-dessous ; mais nous avons retenu une myriade ou unité, nous aurons donc 8° ; aux dixaines nous avons $4^d + 6^d = 10^d = 1^c + 0$; nous laisserons vide la place des dixaines de myriades, et retenant 1^c nous aurons $8^c + 1^c = 9^c$, et l'addition sera faite.

Cette addition est exactement celle de nos nombres complexes, elle est seulement plus facile, en ce que chaque unité d'un ordre quelconque vaut toujours dix unités de l'ordre immédiatement inférieur, avantage que n'avoient pas nos soudivisions anciennes des livres, des toises, etc.

Les points dans les chiffres grecs, comme dans ma traduction, séparent les myriades ou nombres du second ordre des nombres simples ou de premier ordre.

On verra bientôt que les Grecs ne s'astreignoient pas à placer les unités de différente espèce dans leur ordre naturel ; en effet, il n'y avoit aucune nécessité, mais cette attention facilite beaucoup le calcul.

L'addition des sexagésimales se faisoit comme nous le pratiquons encore : il suffira d'un exemple tiré de Ptolémée, p. 65.

o. νθ^I η^{II} ιζ^{III} ιγ^{IV} ιβ^V λα^{VI}	0°. 59^I 8^{II} 17^{III} 13^{IV}.12^V 31^{VI}
o ιδ$^$ μζ δ ιη ιη ζ	0. 14 47 4 18 18 7
α° ιγ^I νε^{II} κα^{III} λα^{IV} λ^V λη^{VI}	1. 13 55 21 31 30 38

EXEMPLE DE LA SOUSTRACTION.

Eutocius, Théor. III de la mesure du cercle,

θ. γ χ λς	9^y 3^m 6^c 3^d 6°
β. γ υ θ	2 3 4 .. 9
ζ. σ κ ζ	7^y ..^{m} 2^c 2^d 7°

Cet exemple n'offre aucune difficulté : le procédé est le même que dans notre système. On commence par la droite, et quand le nombre à soustraire est le plus grand des deux, on emprunte au nombre suivant à gauche une unité qui vaut dix. A la vérité, je n'ai trouvé ce précepte exprimé nulle part ; mais comme il est indépendant de la notation, et qu'il convient à celle des Grecs aussi bien qu'à la nôtre, nous devons croire qu'une idée aussi naturelle s'est présentée d'elle-même à l'esprit des Anciens.

SOUSTRACTION SEXAGÉSIMALE.

Voyez *Ptolémée*, *Almageste*, p. 65 et 66.

a^0 vn^{I} $\iota\varsigma^{\text{II}}$ $\lambda\delta^{\text{III}}$ $\kappa\varsigma^{\text{IV}}$ $\kappa\varepsilon^{\text{V}}$ β^{VI}	1° 58ᴵ 16ᴵᴵ 34ᴵᴵᴵ 26ᴵⱽ 25ⱽ 2ⱽᴵ
a $\mu\delta$ κa $\iota\beta$ $v\delta$ $v\delta$ $\kappa\gamma$	0. 44. 21 12 54 54 23
o $\iota\gamma$ $v\varepsilon$ κa λa λ $\lambda\theta$	1 13 55 21 31 30 39

Cet exemple où les emprunts sont nécessaires d'un bout à l'autre, ne laisse aucun doute sur ce que nous disions à l'article précédent.

Nous nous bornerons à ces exemples d'addition et de soustraction : nous en aurons de plus curieux dans les multiplications et les divisions.

Nous voyons ici le zéro tenir la place des degrés qui manquent dans la seconde ligne. Il est marqué comme chez nous par le caractère o ; ce caractère dans l'arithmétique grecque signifie 70 ; il ne pourroit donc sans équivoque se placer dans les opérations décimales. Ainsi, dans l'exemple ci-dessus $\beta.\gamma\nu o\theta$ eût signifié 23479 et non 23409. Mais dans l'arithmétique sexagésimale, o ne peut rien signifier, puisque le nombre le plus fort est 59. Cependant pour le distinguer on le couvre ordinairement d'un trait horizontal ō ; en effet, quand ō se trouve aux degrés, il pourroit absolument marquer 70° ; mais la circonstance empêchera toujours la méprise, et la raison que o = 70 est le premier des nombres qui se rencontrent jamais parmi les fractions sexagésimales, paroît être le motif déterminant qui l'a fait choisir pour le caractère du zéro, et l'on peut assurer avec beaucoup de vraisemblance que si les Grecs n'ont pas senti tout le parti que l'on pouvoit tirer de leur zéro pour simplifier la notation, c'est à eux cependant qu'on doit le caractère lui-même dont nous nous servons encore, et peut-être l'idée de l'employer à marquer l'absence d'un ordre de quantités.

MULTIPLICATION.

Les Grecs commençoient leurs multiplications par les chiffres de la gauche du multiplicateur : c'est une chose absolument indifférente, et nous le pratiquons encore quelquefois.

Ils prenoient aussi les chiffres du multiplicande, en allant de gauche à droite, pour l'ordinaire. Il y a pourtant des exemple desquels il résulte qu'ils commençoient quelquefois par la droite du multiplicande. Peut-être suivoient-ils cette marche quand ils opéroient sur de petits nombres.

Exemple tiré des Commentaires d'Eutocius, sur le théoréme III de la mesure du cercle.

ρνγ	1^c 5^d 3°
ρνγ	1 5 3
——	——
α. ϛτ	1^y 5^m 3^c
εβφ ρν	5^m 2^m 5^c 1^c 5^d
τρνθ	3^c 1^c 5^d 9°
——	——
β. γυθ	2^y 3^m 4^c 9°

ρ par ρ valent α. ; ou 100 par 100 = 10000 = 1^y = α.

ρ par ν valent ϛ , ou 100 par 50 = 5000 = ϛ

ρ par γ valent τ , ou 100 par 3 = 300 = τ

On place ces trois produits à la suite l'un de l'autre, comme on les voit dans le grec et dans la traduction, et cela étoit facile, parce que ces trois produits sont chacun d'un seul chiff e en grec , même dans la seconde ligne. L'exemple prouve par sa disposition qu'on a dû commencer par la gauche : suivons cette marche.

ν par ρ valent ϛ , ou 50 × 100 = 5000 = 5^m ; on pose ϛ.

ν par *ν* valent *βφ*, ou 5o × 5o = 25oo = 2ᵐ 5ᶜ ; on pose *βφ* à la suite de *ϵ*, quoique *β* et *ϵ* soient des quantités du même ordre, puisque *ϵ* = 5ooo et *β* = 2ooo.

ν par *γ* = *ρν*, ou 5o × 3 = 15o = 1ᶜ + 5ᵈ ; on pose encore *ρν* à la suite.

ρ par *γ* valent *τ*, ou 1oo × 3 = 3oo = 3ᶜ ; on place *τ* dans la troisième ligne.

ν par *γ* valent *ρν*; on place ces deux nombres à la suite de *τ*.

γ par *γ* valent *θ*, ou 3 × 3 = 9; on place *θ* ou 9 à la suite des produits précédens, et la multiplication est faite : il ne manque plus que l'addition.

Il paroît qu'elle a été commencée par la droite.

Dans cet amas de produits, qui ne sont pas très-bien ordonnés, on voit que *θ* = 9 est le seul chiffre d'unités, on le portera donc aussitôt aux unités dans la somme.

En dixaines, nous n'avons que *ν* = 5o; mais il s'y trouve deux fois ; *ν* et *ν* valent *ρ* = 1oo; il n'y aura donc rien aux dixaines.

Pour les centaines, nous avons d'abord le cent que nous venons de trouver, puis deux fois *ρ* ou 1oo; total jusqu'ici 3oo; puis deux fois *τ* ou 3oo, ce qui fait 6oo, et avec les précédens nous aurons déjà 9oo; mais il reste encore *φ* = 5oo; total des centaines, 14ᶜ. On posera donc *υ* = 4oo et l'on retiendra *α* = 1ooo.

A ce mille retenu ajoutons *β* = 2ooo et deux fois *ϵ* = 2 × 5ooo = 1oooo = 1ʸ, nous aurons au total 13ooo = *α.γ* ou 1ʸ 3ᵐ. Mais nous avons encore 1ʸ; le total des myriades est donc de 2ʸ ou *β.*, et la somme totale 2ʸ 3ᵐ 4ᶜ.... 9° = 234o9.

Cet exemple est copié fidèlement dans Eutocius, qui ne donne d'ailleurs aucune explication; mais la disposition prouve que l'on faisoit séparément tous les produits, qu'on les posoit sans rien retenir, et qu'on mettoit dans une même ligne séparée les produits obtenus par un même chiffre du multiplicateur.

On voit encore dans l'édition de Bâle, p. 51, que les Grecs indiquoient la somme ou le total par la lettre *θ*, traversée d'un ou de deux traits obliques, et que les Grecs ne mettoient pas de filet

pour séparer l'addition de tous les produits partiels de la multiplication.

*Autre exemple tiré du même endroit, et qui confirme tout ce que
nous avons dit sur le premier.*

φ ο α	$5^c \ 7^d \ 1^\circ$
φ ο α	$5 \ \ 7 \ \ 1^\circ$
---	---
κ ε γ ε φ M M '	$25^y \ 3^y \ 5^m \ 5^c$
γ ε ϛ ϡ ο M '	$3^y \ 5^m \ 4^m \ 9^c \ 7^d$
φ ο α	$5^c \ 7^d \ 1^\circ$
---	---
λ β ϛ μ α M	$32^y \ 6^m \ 4^d \ 1^\circ$

On a mis séparément les produits :

$$5^c \times 5^c = 25^y \, ; \ 5^c \times 7^d = 3^y \ 5^m \, ; \ 5^c \times 1^\circ = 5^c.$$

Puis dans une seconde ligne :

$$5^c \times 7^d = 3^y \ 5^m \, ; \ 7^d \times 7^d = 4^m \ 9^e \, ; \ 7^d \times 1^\circ = 7^d.$$

Et enfin dans une troisième :

$$(5^c \ 7^d \ 1^\circ) \times 1^\circ = 5^c \ 7^d \ 1^\bullet.$$

Après quoi vient l'addition.

On voit donc clairement dans ces exemples la manière des
Grecs ; elle est plus facile que la nôtre, moins sujette à erreur,
mais plus longue. Rien ne nous empêcheroit de la suivre, en dis-
posant le calcul comme on le voit ici.

$$
\begin{array}{r}
571 \\
571 \\
\hline
\end{array}
$$

$$
\left.\begin{array}{r}
25\ldots \\
35\ldots \\
5\ldots
\end{array}\right\} \text{Produits par 500.}
$$

$$
\left.\begin{array}{r}
35\ldots \\
49\ldots \\
7\ldots
\end{array}\right\} \text{Produits par 70.}
$$

$$
\frac{571}{} \quad \text{Produit par 1.}
$$

$$
326041
$$

Exemple de multiplication, dans lequel le multiplicande et le multiplicateur sont des nombres fractionnaires. Eutocius, Mesure du cercle, th. IV.

$\alpha\,\omega\,\lambda\,\eta\quad\theta^{\iota\alpha}$	1^m 8^c 3^d 8° $\frac{9}{11}$
$\alpha\,\omega\,\lambda\,\eta\quad\theta^{\iota\alpha}$	$1\quad 8\quad 3\quad 8\ \frac{9}{11}$

$\overset{\rho\ \pi\ \gamma\ \eta\ \omega\ \iota\ \eta\ \beta^{\iota\alpha}}{\text{M M M}}$	100^y 80^y 3^y 8^m 8^c 1^d 8° $\frac{2}{11}$
$\overset{\pi\ \xi\,\delta\,\beta\ \ \delta\,\varsigma\ \upsilon\ \chi\ \nu\ \delta\,\varsigma^{\iota\alpha}}{\text{M M M}}$	80^y 64^y 2^y 4^m 6^m 4^c 6^c 5^d 4° $\frac{6}{11}$
$\overset{\gamma\ \ \beta\,\delta\,\Im\,\sigma\,\mu\,\varkappa\,\delta\,\varsigma^{\iota\alpha}}{\text{M M}}$	3^y 2^y 4^m 9^c 2^c 4^d 2^d 4° $\frac{6}{11}$
$\eta\ \varsigma\ \upsilon\ \sigma\ \mu\ \xi\ \delta\ \varsigma\ \varsigma^{\iota\alpha}$	8^m 6^m 4^c 2^c 4^d 6^d 4° 6° $\frac{6}{11}$
$\omega\ \iota\ \eta\ \beta^{\iota\alpha}\ \chi\ \nu\ \delta\ \varsigma^{\iota\alpha}$	8^c 1^d 8° $\frac{2}{11}$ 6^c 5^d 4° $\frac{6}{11}$
$\varkappa\ \delta\varsigma^{\iota\alpha}\ \varsigma\ \varsigma^{\iota\alpha}\ \pi\ \alpha^{\rho\varkappa\alpha}$	24° $\frac{6}{11}$ 6^d $\frac{6}{11}$ 81^{121}

$\overset{\tau\lambda\eta}{\text{M}}\ \alpha\ \sigma\ \nu\ \alpha\ \zeta^{\iota\alpha}\ \pi\ \alpha^{\rho\varkappa\alpha}$	338^y 1^m 2^c 5^d 1° $\frac{7}{11}$ $\frac{81}{121}$
ou $\overset{\tau\lambda\eta}{\text{M}}\ \alpha\ \sigma\ \nu\ \beta\ \lambda\ \zeta^{\rho\varkappa\alpha}$	ou 338^y 1^m 2^c 5^d 2° $\frac{37}{121} = 3381252\,\frac{37}{121}$

Cet exemple est extrêmement curieux : Eutocius se contente de présenter le tableau de l'opération, sans en donner la moindre explication; elle est au reste bien simple.

$1^m \times 1^m = 100^y$, ou $1000 \times 1000 = 1000000 = 100$ myriades $= 100^y$.

$1^m \times 8^c = 80^y$, ou $1000 \times 800 = 800000 = 80$ myriades $= 80^y$.

$1^m \times 3^d = 3^y$, ou $1000 \times 30 = 30000 = 3$ myriades $= 3^y$.

$1^m \times 8^o = 8^m$, ou $1000 \times 8 = 8000 = 8^m$.

$1^m \times \frac{9}{11} = \frac{9^m}{11}$, ou $1000 \times \frac{9}{11} = \frac{9000}{11} = 8^c 1^d 8^o \frac{2}{11}$.

Voilà donc l'explication de la première ligne ; la seconde est toute pareille.

$8^c \times 1^m = 80^y$, ou $800 \times 1000 = 80000 = 80$ myriades $= 80^y$.

$8^c \times 8^c = 64^y$, ou $800 \times 800 = 640000 = 64$ myriades $= 64^y$.

$8^c \times 3^d = 2^y 4^m$, ou $800 \times 30 = 24000 = 2$ myriades 4 mille $= 2^y 4^m$.

$8^c \times 8^o = 6^m 4^c$, ou $800 \times 8 = 6400 = 6$ mille 400 $= 6^m 4^c$.

$8^c \times \frac{9}{11} = \frac{7200}{11}$, ou $800 \times \frac{9}{11} = \frac{7200}{11} = 6^c 5^d 4^o \frac{6}{11}$.

Troisième ligne.

$3^d \times 1^m = 3^y$, ou $30 \times 1000 = 30000 = 3$ myriades $= 3^y$.

$3^d \times 8^c = 2^y 4^m$, ou $30 \times 800 = 24000 = 2$ myriades 4 mille $= 2^y 4^m$.

$3^d \times 3^d = 9^c$, ou $30 \times 30 = 900 = 9^c$.

$3^d \times 8^o = 2^c 4^d$, ou $30 \times 8 = 240 = 2^c 4^d$.

$3^d \times \frac{9}{11} = \frac{270}{11}$, ou $30 \times \frac{9}{11} = \frac{270}{11} = 2^d 4^o \frac{6}{11}$.

La quatrième ligne s'explique de même.

$8^o \times 1^m = 8^m$, ou $8 \times 1000 = 8000 = 8^m$.

$8^o \times 8^c = 6^m 4^c$, ou $8 \times 800 = 6400 = 6^m 4^c$.

$8^o \times 3^d = 2^d 4^c$, ou $8 \times 30 = 240 = 2^o 4^d$.

$8^o \times 8^o = 6^d 4^o$, ou $8 \times 8 = 64 = 6^d 4^o$.

$8 \times \frac{9}{11} = \frac{72}{11}$, ou $8 \times \frac{9}{11} = \frac{72}{11} = 6^o \frac{6}{11}$.

Il nous reste enfin à prendre les $\frac{9}{11}$ du multiplicande.

$\frac{9}{11} \times 1^m = \frac{9^m}{11}$, ou $\frac{9}{11} \times 1000 = \frac{9000}{11} = 8^c 1^d 8^o \frac{2}{11}$.

$\frac{9}{11} \times 8^c = \frac{72^c}{11}$, ou $\frac{9}{11} \times 800 = \frac{7200}{11} = 6^c\ 5^d\ 4^o\ \frac{6}{11}$.

$\frac{9}{11} \times 3^d = \frac{27^d}{11}$, ou $\frac{9}{11} \times 30 = \frac{270}{11} = 2^d\ 4\ \frac{6}{11}$.

$\frac{9}{11} \times 8^o = \frac{72}{11}$, ou $\frac{9}{11} \times 8 = \frac{72}{11} = 6^o\ \frac{6}{11}$.

$\frac{9}{11} \times \frac{9}{11} = \frac{81}{121}$, ou $\frac{9}{11} \times \frac{9}{11} = \frac{81}{121} = \frac{81^o}{102^d 10^o}$.

Passons à l'addition, nous aurons en rassemblant les myriades une somme de 334^y; rassemblons de même tous les mille, nous en aurons $36 = 3^y\ 6^m$; tous les cent qui feront $49^c = 4^m\ 9^c$; toutes les dixaines qui feront $30^d = 3^c$; toutes les unités qui sont au nombre de $48 = 4^d\ 8^o$; tous les onzièmes qui feront $\frac{40}{11} = 3\ \frac{7}{11}$; réunissant le tout et ajoutant la fraction quarrée $\frac{81}{121}$, nous aurons $338^y\ 1^m\ 2^c\ 5^d\ 1^o\ \frac{7}{11}\ \frac{81}{121}$, ou $338^y\ 1^m\ 2^c\ 5^d\ 2^o\ \frac{37}{121}$; c'est-à-dire $3381252\ \frac{37}{121}$.

Autre exemple tiré du même théorême.

$\overset{\alpha}{,} \theta\ \varsigma'$	$1^m\ 0^c\ 0^d\ 9^o\ \frac{1}{6}$
$\overset{\alpha}{,} \theta\ \dot{\varsigma}'$	$1\quad 0\quad 0\quad 9\ \frac{1}{6}$
$\overset{\iota}{M}\overset{\theta}{,} \rho\ \xi\ \varsigma\ K\ \varsigma'$	$100^y\ 9^m\ 1^c\ 6^d\ 6^o\ \frac{1}{2}\ \frac{1}{6}$
$\overset{\theta}{,} \pi\ \alpha\ \alpha\ K$	$9\quad 8^d\ 1^o\ 1^o\ \frac{1}{2}$
$\rho\ \xi\ \varsigma\ K\ \varsigma'\alpha\ K\ \lambda\varsigma'$	$1^c\ 6^d\ 6^o\ \frac{1}{2}\ \frac{1}{6}\ 1\ \frac{1}{2}\ \frac{1}{36}$
$\overset{\iota\alpha}{M}\overset{\eta}{,}\varsigma^{o}\iota\ \zeta\ \gamma'\ \lambda\varsigma'$	$101^y\ 8^m\ 4^c\ 1^d\ 7^o\ \frac{1}{3}\ \frac{1}{36}$

Cet exemple est moins long, mais non moins curieux.

$1^m \times 1^m$, ou $1000 \times 1000 = 1000000 = 100^y$

$1^m \times 9^o$, ou $1000 \times 9 = 9000 = 9^m$.

$1^m \times \frac{1}{6}$, ou $1000 \times \frac{1}{6} = \frac{1000}{6} = 1^c\ 6^d\ 6^o\ \frac{4}{6}$, ou $1^c\ 6^d\ 6^o\ \frac{1}{2}\ \frac{1}{6}$.

Voilà pour la première ligne. On y voit que les Grecs préféroient les fractions qui avoient l'unité pour numérateur; au lieu de $\frac{4}{6} = \frac{2}{6} + \frac{1}{6}$, ils écrivoient $\frac{1}{2} + \frac{1}{6}$.

$9^o \times 1^m$, ou $9 \times 1000 = 9000 = 9^m$.

$9^o \times 9^o$, ou $9 \times 9 = 81 = 8^d\ 1^o$.

$9^o \times \frac{1}{6}$, ou $9 \times \frac{1}{6} = \frac{9}{6} = 1 + \frac{1}{2}$.

Voilà pour la seconde ligne.

$\frac{1}{6} \times 1^m$, ou $\frac{1}{6} \times 1000 = \frac{1000}{6} = 1^c\ 6^d\ 6^o\ \frac{4}{6}$, ou $\frac{1}{2}\ \frac{1}{6}$.

$\frac{1}{6} \times 9^o$, ou $\frac{1}{6} \times 9 = \frac{9}{6} = 1\ \frac{1}{2}$.

$\frac{1}{6} \times \frac{1}{6} = \frac{1}{36}$.

L'addition montre qu'ils réduisoient les fractions à leurs plus simples termes ; ainsi, au lieu de $\frac{2}{6}$ ils ont écrit $\frac{1}{3}$.

Le caractère grec K, qui ressemble à notre K, signifie $\frac{1}{2}$.

Dans un autre exemple que nous ne rapporterons pas, Eutocius arrive, dans une soustraction après une multiplication de nombres fractionnaires, au reste, $21\frac{11}{64}$, qu'il change en $21\ \frac{1}{6}\ \frac{1}{15}$ à-peu-près. Il ne dit pas par quel moyen il a trouvé cette fraction approximative :

$$\frac{15}{64} = \frac{45}{192} = \frac{32+13}{192} = \frac{1}{6} + \frac{13}{192} = \frac{1}{6} + \frac{1}{14 + \frac{10}{13}} = \frac{1}{6} + \frac{1}{14\frac{10}{13}} = \frac{1}{6} + \frac{1}{15}$$

presque.

Dans un autre exemple, Eutocius ayant à multiplier $3013\ \frac{1}{2}\ \frac{1}{4}$ par $3013\ \frac{1}{2}\ \frac{1}{4}$, laisse les deux fractions séparées, au lieu de les réduire à $\frac{3}{4}$. On voit en effet que le procédé est plus facile, et voilà sans doute la raison pour laquelle ils ne vouloient guères d'autres fractions que celles qui avoient l'unité au numérateur. Cependant nous avons vu ci-dessus la fraction $\frac{9}{11}$, mais elle n'étoit pas commode à décomposer.

J'ai refait de cette manière tous les calculs dont Eutocius ne donne que les types, et je n'y ai rien vu qui ne rentre dans ce qu'on vient de lire. Je ne rapporterai donc pas ces calculs qui n'apprendroient rien de nouveau.

Eutocius ne rapporte aucun exemple de division ; souvent il auroit à faire des extractions de racines quarrées ; mais alors il se contente toujours de dire quelle est à-peu-près cette racine, et pour le prouver, il la multiplie par elle-même, et retrouve en effet, à fort peu près, le quarré dont on vouloit le côté : ce qui porteroit

à croire que le procédé pour l'extraction étoit un simple tâtonne-
ment trop long pour être rapporté.

Mais ces exemples qu'on chercheroit inutilement dans Eutocius,
je les ai rencontrés dans le commentaire, non encore traduit, de
Théon, sur la grande composition de Ptolémée (c'est l'ouvrage qui
est plus connu sous le nom d'*Almageste*); mais toutes ces divisions et ces extractions sont en parties sexagésimales.

Les astronomes avoient trouvé plus commode de diviser le rayon
comme l'angle de l'hexagone en 60 parties, qui elles-mêmes se
divisoient en 60 parties ou 60'; les primes se divisoient chacune en
60" et ainsi à l'infini.

Le rayon valoit dont 3600' ou 216000", ce qui donnoit une précision un peu plus que double de celle que nous aurions en divisant le rayon en 10000 parties; c'est-à-dire avec des sinus à cinq
décimales. Il est clair que cette précision étoit plus que suffisante
pour les besoins de l'astronomie ancienne.

La raison qui a porté les Grecs à préférer cette division est,
d'après Ptolémée, la facilité qu'on y trouve pour les calculs (livre 1,
ch. 9, p. 8. *Basle,* 1538). Il dit encore au même endroit qu'il
emploiera par-tout la méthode sexagésimale, à cause de l'incom-
modité des fractions. Par ce dernier mot, il faut entendre les fractions ordinaires. Théon, en commentant ce passage, dit que 60 est
le plus commode de tous les nombres, en ce qu'étant assez petit, il
a un nombre considérable de diviseurs.

Pour nous donner un exemple de l'avantage de la division sexagésimale, il suppose que nous ayons à multiplier par elle-même
la quantité $\frac{1}{2} + \frac{1}{4} + \frac{1}{20}$; dans ce cas, il est bien plus court de changer ces trois fractions en 48'. On pourroit répondre que ces trois
fractions équivalent à $\frac{8}{10}$, et que la multiplication par 8, suivie de
la division par 10, est encore plus commode.

Mais cette multiplication des minutes par des minutes, ou plus
généralement des fractions sexagésimales de différens ordres, les
unes par les autres, exige quelques règles pour connoître la nature
ou l'espèce des produits qu'on obtient dans les différens cas. Tout
ce qu'il expose à ce sujet peut s'exprimer par une formule géné-

rale. Les fractions sexagésimales de différens ordres peuvent se représenter par $\frac{a}{60} + \frac{b}{60^2} + \frac{c}{60^3}$. Les Grecs remplaçoient comme nous ces déuominateurs, en écrivant a' b'' c''', etc. Soient les nombres $p^{(m)}$ et $q^{(n)}$ dont on demande le produit, $p^{(m)} = \frac{p}{60^m}$, $q^{(n)} = \frac{q}{60^n}$, $p^{(m)} q^{(n)} = \frac{pq}{60^{(m+n)}} = pq^{(m+n)}$. Soit $(m) = 0$ et $(n) = 3$, $p^0 \times q^m = pq^{(0+3)}$ pq'''.

Ce théorême est au fond le même qu'Archimède a démontré pour la progression 1. 10 : 100, réciproquement $\frac{p^{(n)}}{q^{(m)}} = \left(\frac{p}{q}\right)^{(n-m)}$.

Après ces préliminaires, Théon montre les règles à suivre dans la multiplication et dans la division des nombres sexagésimaux, et pour premier exemple il choisit le côté du décagone inscrit, qui est de $\lambda\zeta^\circ$ δ' $\nu\epsilon''$, ou 37° $4'$ 55.

$\lambda\zeta$ δ' $\nu\epsilon''$	37° $4'$ $55''$
$\lambda\zeta$ δ $\nu\epsilon$	37 4 $55\cdot$
$\bar{\alpha}\tau\xi\theta$ $\rho\mu\eta'$ $\beta\lambda\epsilon''$	1369° $148'$ $2035''$
$\rho\mu\eta$ $\iota\varsigma''$ $\sigma\varkappa'''$	$148'$ 16 $220'''$
$\beta\lambda\epsilon$ $\sigma\varkappa'''$	$2035''$ $220'''$
$\gamma\varkappa\epsilon''''$	$3025''''$

Après avoir écrit le multiplicateur au-dessous du multiplicande, il faut, dit Théon, multiplier 37° par 37°, ce qui donne 1369°; puis 37° par $4'$, dont le produit est $148'$; ensuite 37° par $55''$, qui donnent $2035''$. On voit que les ordres vont toujours décroissant uniformément; les unités par les unités donnent des unités; les unités par les soixantièmes ou primes, donnent des primes; par des secondes elles donnent des secondes, et ainsi à l'infini; pour former la seconde ligne, on multiplie par $4'$ les trois termes du multiplicande, et les produits sont $148'$ $16''$ $220'''$.

Le multiplicande multiplié par $55''$ donne à la troisième ligne $2035''$ $220'''$ $3025''''$

Ainsi réduite, continue Théon, la multiplication est plus facile : (en effet, on a tout au plus 59 à multiplier par 59, et il étoit aisé d'avoir une table de ces produits.) On place les produits comme on voit ci-dessus, et pour les additionner il faut d'abord diviser $3025''''$ par 60, ce qui donne . . . . $50''' 25''''$

En réunissant les secondes que nous avions déjà, nous aurions . . . . $440''$

Total . . . . $490'''$

En divisant la somme totale par 60, il nous vient . . . . $8'' 10'''$

Les trois produits de secondes font une somme de 4086

Ainsi le total des secondes est . . . . . . $4094''$

Ou divisant par 60 . . . . $68' 14''$

Mais nous avions en deux sommes . . . . . $296'$

Le total des minutes est donc 364

ou . . . . . $6° 4'$

Mais le premier de tous les produits est $1369°$

Réunissant toutes les quantités réduites, on a . . . . $1375° 4' 14'' 10''' 25''''$

Ptolémée qui néglige les tierces, s'est borné à . . . . $1375° 4' 14''$

Avec la table de multiplication dont je parlois tout-à-l'heure, on auroit eu les quantités toutes réduites, et le calcul se seroit fait comme il suit :

$$37° \text{ par } 37° = 22.\ 49 = 1369°$$
$$37° \text{ par } 4' \ . . . . 2.28$$
$$37° \text{ par } 55'' \ . . . . 33.55''$$
$$4' \text{ par } 37° \ . . . . 2.28$$
$$4' \text{ par } 4' \ . . . . 16''$$
$$4' \text{ par } 55'' \ . . . . 3.40'''$$
$$55'' \text{ par } 37° \ . . . . 33.55.$$
$$55'' \text{ par } 4' \ . . . . 3.40$$
$$55'' \text{ par } 55'' \ . . . . 50.25''''$$
$$\text{Somme } . . 1375.\ 4.\ 14.\ 10.\ 25''''$$

Théon ne fait nulle mention d'une pareille table ; mais j'ai peine à penser que les Grecs n'aient pas su se procurer un secours dont l'idée étoit si naturelle, d'autant plus qu'ils connoissoient la table de Pythagore.

Qu'il soit question maintenant, continue Théon, de diviser un nombre donné par un nombre composé de parties, minutes et secondes. Soit par exemple $1515°$. $20'$. $15''$ à diviser par $25°$. $12'$. $10''$; je divise d'abord par 60 (c'est-à-dire, je vois que le premier terme du quotient doit être 60); car 61 donneroit un produit trop fort ; retranchons 60 fois $25°$. $12'$. $10''$ du dividende ; et d'abord 60 fois $25°$ font $1500°$, qui retranchés de 1515, laissent $15°$ pour reste ; ce reste vaut $900'$; ajoutons-y les $20'$ du dividende, nous aurons $920'$; retranchons-en $60 \times 12'$ ou $720'$, il restera 200 ; retranchons de ce reste $60 \times 10'' = 600'' = 10'$, il nous restera $190'$.

Divisons maintenant ce reste par $25°$, le quotient sera $7'$; car $8'$ donneroient un produit trop fort. Or, $25°$ par $7'$ font $175'$; je les retranche de $190'$, il reste $15'$ qui valent $900''$; j'y ajoute les $15''$ du dividende, la somme est $915''$; j'en retranche $12' \times 7' = 84''$; le reste est $831''$, dont il faut encore retrancher $10'' \times 7' = 70''' = 1''.10'''$, il restera $829''$. $50'''$ à diviser par $25°$ $12'$ $10''$.

$829''$ divisés par $25°$ donnent $33''$, car $25° \times 33'' = 825''$; il reste donc $4''$. $50''' = 290'''$; j'en veux retrancher $12' \times 33'' = 396'''$; mais il s'en faut de $106'''$ que cela ne se puisse ; $33''$ est donc un peu trop fort, et le quotient de 1515. 20. 15 divisé par $25°$. $12'$. $10''$, n'est donc pas tout-à-fait $60°$. $7'$. $33''$; c'est cependant le plus exact que l'on puisse avoir en se bornant aux secondes. On en aura la preuve en multipliant le diviseur par le quotient.

Théon n'a pas donné le type du calcul : je l'ajoute ici pour plus de clarté.

Dividende ⁀ . 1515°.   20′.   15″|25°. 12′. 10″ diviseur.
25° × 60° . 1500 |60°.

Reste. . . . . . 15°.=900′

Total des minutes . .   920′
12′ × 60°   720

Reste. . . . . 200′
10″ × 60″ . . . . .   10′

Reste. . . . . 190′|25°. 12′. 10″
                         7′

25° × 7′ 175

15=900″

Descendez les 15″ . . . . . . 915″
12′ × 7 . . . . 84″

831″

10″ × 7′ . . . . 1″ 10‴

Reste . . . . 829 50‴|25° 12′ 10″
25° × 33″ . . . . 825 |33″

4″ 50‴=290″
12′ × 33″ 396

Le reste 290″ est trop petit de . . . . . 106‴

Cette opération ressemble tout-à-fait à nos divisions complexes; elle est un peu plus longue, mais elle n'emploie jamais que de petits nombres. La table subsidiaire dont j'ai parlé seroit infiniment utile pour appercevoir d'abord le quotient le plus approché, et elle éviteroit des tâtonnemens fastidieux.

Cette marche nous fait voir assez clairement comment les Grecs pouvoient faire la division sur les nombres ordinaires : un exemple va nous prouver combien elle seroit plus embarrassante que la division sexagésimale, si les nombres étoient un peu plus grands. Prenons τλβ.γτκθ, ou 332ᵛ 3ᵐ 3ᶜ 2ᵈ 9°, à diviser par ϟωκγ, ou ͵αᵐ 8ᶜ 2ᵈ 3°.

$$332^y \quad 3^m \quad 3^c \quad 2^d \quad 9^o \;\Big|\; 1^m \quad 8^c \quad 2^d \quad 3^o$$
$$182 \quad 3 \qquad\qquad\qquad\quad 1^m \quad 8^c \quad 2^d \quad 3^o$$

$$150 \quad 0 \quad 3 \quad 2 \quad 9$$
$$145 \quad 8 \quad 4$$

$$4 \quad 1 \quad 9 \quad 2 \quad 9$$
$$3 \quad 6 \quad 4 \quad 6$$

$$5 \quad 4 \quad 6 \quad 9$$
$$5 \quad 4 \quad 6 \quad 9$$

En 332^y combien de fois 1^m 8^c ou 2^m; on sait que 1^m × 1^m = 100^y, donc 2^m × 2^m = 400^y; le quotient 2^m paroît donc trop fort, il faut donc essayer 1^m.

Multiplions le diviseur par cette première partie du quotient, nous aurons 182^y 3^m à retrancher du diviseur, et le reste sera 150^y 0^m 3^c 2^d 9°.

Je vois qu'en 150 myriades, 2^m seroient plus de 750 fois, 1^m y seroit 1500 fois; j'entrevois que je peux essayer 800 fois ou 8^c; le produit du diviseur par le second terme du quotient, sera 145^y 8^m 4^c, et le reste 4^y 1^m 9^c 2^d 9°.

En 4^y ou 4 myriades, 2^m seroient 2 dixaines de fois; je mets 2^d au quotient, le produit est 3^y 6^m 4^c 6^d, et le reste 5^m 4^c 6^d 9°.

En 5^m on auroit 2$\frac{1}{2}$ fois 2^m; je hasarde 3; le produit est 5^m 4^c 6^d 9° égal au reste; le quotient exact est donc 1^m 8^c 2^d 3°.

La division des Grecs étoit donc toute pareille à notre division complexe, elle étoit seulement plus longue si, comme tout l'indique, ils commençoient leurs soustractions par la gauche. Ainsi, ils devoient dire de 150 ôtez 145, il resteroit 5; mais à cause du 8^c qui suit 145^y, ne mettez au reste que 4, il vous restera 1^y.

Si d'une myriade vous retranchez 8^m, il restera 2^m; mais à cause des 4^c ne mettez que 1^m, vous aurez un reste de 1^m 3^c = 13^c; retranchez 4^c, il restera 9^c.

Le procédé n'étoit donc pas bien embarrassant, même en allant toujours de gauche à droite.

Théon se propose ensuite ce problême : trouver d'une manière approchée le côté d'une surface quarrée qui n'a point de racine exacte.

Il commence par rappeler le théorême 4 du livre II des Élémens d'Euclide, qui est équivalent à la formule $(a+b) = a^2 + 2ab + b^2$; il prend ensuite pour exemple le nombre 4500, dont la racine approchée est suivant Ptolémée 67° 4′ 55″. Voici l'opération.

$$
\begin{array}{r|l}
4500'' & 67°\ 4'\ 55'' \\
4489 & \\ \hline
& 134° \\
11° = 660' & \\
\end{array}
$$

$$
\begin{array}{r}
536'\ 16'' \\ \hline
123'\ 44'' = 7424'' \mid 134°\ 8' \\
\end{array}
$$

$$
\begin{array}{rl}
134° \times 55'' & 7370 \\
8' \times 55'' & 7 \quad 20'' \\
55' \times 55'' & 50 \quad 25''' \\ \hline
\text{Reste} \quad 45 & 49 \quad 35''''
\end{array}
$$

Le plus grand carré contenu dans 4500 est 4489, dont la racine est 67°; je le retranche, il reste 11° = 660′; je double la racine, et j'ai 134°.

Je divise 660′ par 134°, le quotient est 4′; le produit de 134° par 4′ est 536′; j'y ajoute 16″ quarré de 4′; je fais la soustraction, le reste est 123′ 44″ = 7424″.

Je double la racine 67° 4′, elle devient 134° 8′.

Je m'en sers pour diviser le reste 7424″; le quotient est 55″.

Je multiplie 134 8 55 par 55; je retranche ces trois produits de 7424″, il me reste 45″ 49‴ 35⁗ : la racine 67° 4′ 55″ est donc un peu trop foible.

J'ai fait quelques légers changemens au calcul de Théon, mais sans rien supposer qui ne fût bien connu des Grecs. Leur règle pour

l'extraction étoit donc celle dont nous nous servons encore aujour-
d'hui. Théon la résume en ces termes :

Cherchez d'abord la racine du plus grand quarré contenu dans le
premier terme, retranchez ce quarré, et doublant la racine trouvée,
servez-vous en pour diviser le reste transformé en secondes ; quarrez
la somme des termes trouvés ; retranchez ce quarré, transformez
le reste en secondes, et divisez-le par le double de la racine déjà
trouvée, vous aurez à-peu-près la racine demandée.

RÉSUMÉ DE CES RECHERCHES.

La notation des Grecs ressembloit à celle que nous employons
pour les nombres complexes. Pour désigner les quantités des ordres
supérieurs, ils se servoient de traits et de points, mais ils les pla-
çoient au-dessous de leurs chiffres, au lieu que nous plaçons ces
signes caractéristiques à la droite et vers le haut de nos chiffres ; ils
n'avoient pas besoin de ces signes pour les centaines, les dixaines
et les unités, qui avoient des caractères qui leur étoient propres ;
mais c'étoit un désavantage auquel ils avoient remédié par l'idée
des *fonds*, c'est-à-dire des unités qu'ils substituoient dans les opérations à leurs *analogues*, c'est-à-dire aux dixaines, centaines,
mille, etc.

Leurs nombres complexes avoient un avantage sur les nôtres
dans l'uniformité de l'échelle qui étoit ou toute décimale ou toute
sexagésimale.

Il paroît que le plus souvent ils faisoient leurs additions de gauche
à droite, ce qui les rendoit nécessairement plus longues. J'ai quelques raisons de soupçonner cependant qu'ils savoient les faire
comme nous, en allant de droite à gauche, en réservant pour la
colonne suivante les quantités qui surpassoient 9 dans leurs opérations décimales, ou 59 dans leurs opérations sexagésimales.

Je soupçonne également qu'ils savoient faire la soustraction
comme nous, en allant de droite à gauche, en empruntant quand
il en est besoin ; mais je n'en ai pas de preuve bien directe, au
lieu que nous en avons de très-concluantes pour démontrer qu'ils

suivoient plus ordinairement la marche contraire de gauche à droite.

Ils alloient de gauche à droite dans leurs multiplications, qui ressembloient fort à nos multiplications algébriques; ils écrivoient pêle-mêle myriades, mille, centaines, dixaines, unités et fractions. Ce défaut d'ordre rendoit seulement l'addition plus difficile.

Dans les divisions, ils procédoient comme nous de gauche à droite; seulement les opérations étoient plus pénibles, et elles exigeoient qu'on fît à part des opérations partielles et subsidiaires; les tâtonnemens, les essais de quotients, étoient plus fréquens et plus longs.

L'extraction de la racine quarrée étoit la même que la nôtre.

Les calculs trigonométriques ne se faisant que par des analogies ou règles de trois qui exigent une multiplication et une division, et le rayon devant être de cent mille parties au moins, la multiplication des deux termes moyens produisoit des sommes que ne savoit pas exprimer l'arithmétique vulgaire.

Si l'on commençoit l'analogie par diviser l'un des moyens par le premier extrême, pour multiplier ensuite le quotient par l'autre moyen, on tomboit dans l'inconvénient des fractions, et cet inconvénient étoit extrême pour les Grecs, qui n'avoient pas de fractions décimales.

Pour éviter à-la-fois ces deux inconvéniens autant qu'il étoit possible, ils imaginèrent les fractions sexagésimales, et ils divisèrent le rayon en 360′ ou 216000″ ou 12960000‴; mais ordinairement, après avoir employé les tierces, les quartes, etc. dans le cours de l'opération, ils se bornoient aux secondes dans le résultat définitif.

De cette manière, on n'opéroit jamais que sur des nombres médiocres, et l'on pouvoit abréger le calcul par une table de multiplication qui donnoit à vue tous les produits depuis 1″ par 1″ jusqu'à 59″ par 59″, et qui occupoit un quarré de 59 cases de largeur sur 59 de hauteur. On trouve une table pareille dans les OEuvres de Lansberge, et je m'en suis servi avec avantage pour refaire tous les calculs de Théon. Mais Théon ni Ptolémée n'en parlent en aucun endroit. Les opérations expliquées dans ce Mémoire sont les seules

sur lesquelles j'ai pu me procurer des renseignemens. Héron, dans
son ouvrage intitulé τὰ Γεωμετρούμενα, dont le manuscrit est à la
Bibliothèque impériale, donne une multitude de règles pour l'ar-
pentage, avec une foule d'exemples ; mais il ne présente jamais
que le résultat, sans aucun type, sans aucun détail.

J'ai feuilleté un grand nombre de manuscrits grecs sans aucun
succès. Parmi ces manuscrits, j'ai remarqué l'arithmétique indienne
de Planude ; j'espérois y trouver quelques rapprochemens avec
l'arithmétique des Grecs; mais autant que j'ai pu en juger par une
lecture rapide, il ne contient rien de ce genre.

Le fragment du second livre de Pappus, publié par Wallis, ne
contient que quelques théorêmes dont nous avons déjà parlé, et
pour exemple de leur application il se propose de trouver les produits des nombres renfermés dans ces deux vers grecs :

$$\text{ἀρτεμίδος κλεῖτε κράτος ἔξοχον ἐννέα κοῦραι}$$
$$\text{μῆνιν ἀείδε θεὰ δημήτερος ἀγλαοκάρπου}$$

En prenant ces lettres pour des chiffres, on devra faire le produit des nombres

1.100.500.5.40.10.4.70.200.20.50.5.10.500.5.20.100.1.500.70.200.5.60.70.600.70.50.5.
  50.5.1.20.70.400.100.1.10.
40.8.50.10.50.1.5.10.4.5.9.5.1.4.8.40.8.500.5.100.70.200.1.5.50.1.70.20.1.100.80.70.400.

En supprimant d'abord tous les zéros et multipliant les chiffres
significatifs, et rétablissant ensuite les zéros, ou faisant l'équivalent à l'aide de ses théorêmes, il trouve

$$ρ\overline{ζς}.τ\overline{ξη}.\overline{δω}.Mυ.Mυ.Mυ.Mυ.Mυ.Mυ.Mυ.Mυ.Mυ.Mυ.Mυ$$
196 0368 4800 0000 0000 0000 0000 0000 0000 0000 0000 0000 0000 0000

Et $σ\overline{ιη}.\overline{δθ}μ\overline{δ}.σν\overline{ς}.Mυ.Mυ.Mυ.Mυ.Mυ.Mυ$
218 4944 0256 0000 0000 0000 0000 0000 0000

Cette idée d'Apollonius, de substituer dans les calculs les simples unités aux dixaines, aux centaines et aux mille, abrégeoit certainement les calculs, et c'étoit un pas asséz marqué vers le système indien; il semble que ses myriades simples, doubles, triples, etc. auroient dû le mener aux dixaines simples, doubles, triples; c'est-à-dire aux dixaines de tous les degrés et à notre arithmétique; alors ils n'auroient eu besoin que de neuf chiffres et du zéro qui fut aussi connu des Grecs.

Il paroît que le second livre de Pappus étoit en entier consacré à l'explication de ce qu'Apollonius avoit fait de nouveau en arithmétique : peut-être le premier contenoit-il les règles de l'arithmétique vulgaire.

J'avertirai en finissant que l'idée de séparer les myriades de différens ordres par des points, n'est pas d'Apollonius. Il dit pour le premier de ses deux vers, qu'il vaut 196 myriades treizièmes, 368 myriades douzièmes, 4800 myriades onzièmes. J'ai remplacé ces mots par des points, et j'ai mis à la fin 11 fois Mυ, suivant la manière de Diophane.

Le mot αβρασαξ, évalué à la manière d'Apollonius, vaut 365 ; car σ et ρ = 200 + 100 = 300; ξ = 60 ; β = 2 , et trois α = 3. Total 365, nombre des jours de l'année.

FIN.

ERRATA.

DE L'IMPRIMERIE DE CRAPELET.

www.ingramcontent.com/pod-product-compliance
Lightning Source LLC
Chambersburg PA
CBHW060820220326
41599CB00017B/2237